IT 공학도를 위한

# 확률, 랜덤변수, 통계 및 랜덤과정

IT 공학도를 위한

# 확률 랜덤변수 통계 및 랜덤과정

이준환

전북대학교
출판문화원

## preface

### | 우리가 교과서에서 다루어 왔던 모델들 |

우리 공학도가 교과서에서 다루는 내용들은 대부분 수학적인 모델일 따름이며, 이 모델들은 현상과는 잘 맞지 않는 경우가 많다. 이와 관련해서 가장 당황스러웠던 경험은 대학원 입학 직후에 전자회로 실험시간에서였다. 도대체 저항이 주파수가 높아지면 저항이 아니라 인덕터(inductor) 성질을 보였으며, 경우에 따라서는 커패시터(capacitor) 성질도 나타났다. 그래서 저항 소자 내에 인덕턴스나 커패시턴스도 들어있다고 가정하고 새로운 모델을 만들어야 이런 현상을 설명할 수 있었다. 즉 회로이론 시간에 배웠던 모델은 실제 사용되는 저항과는 다른 지극히 이상적이었다는 것이다. 우리가 교과서에서의 다뤄왔던 수학적인 모델은 실제의 물리적 현상에 대한 불완전하고 이상화된 표현일 따름이다.

### | 결정론적(deterministic)인 모델과 통계적(stochastic) 모델 |

앞서 이야기한 공학교재에서 다루어지는 수학적인 모델은 거의 대부분 결정론적인 모델이다. 각종 함수, 변환, 미분 방정식 등... 이 모두는 결정론적으로 모델을 표현하는 수학적인 도구로 사용된 것들이다. 하지만 세상에는 이런 결정론적인 모델이 적합한 현상만 있는 것인가? 그렇지 않다. 예를 들어 옴(Ohm)의 법칙을 생각해 보자. 이 역시 모델이기에 얼마든지 동일한 저항을 사용하더라도 이 법칙을 규정하는 함수 관계에 맞게 전류와 전압의 관계를 얻지 못할 수 있다. 주파수가 낮더라도 측정의 부정확성 때문에 오차가 생기며, 대략적인 추세는 맞을지라도 딱 떨어지게 맞추기는 어려울 수 있다. 즉 수학적 모델로부터 얻은 값과 실제 측정 값과는 오차가 존재하며, 이 오차는 일정한 값을 가지지 않으며 제멋대로이기 때문에 결정론적인 모델로 표현이 불가능하다.

또한 어떤 경우에는 아예 결정론적인 모델이 불가능한 경우도 있다. 예를 들어 주사위를 던져서 나오는 면을 정확하게 알아맞힐 수 있는가? 결정론적인 모델로서는 불가능한 일이다. 그렇다면 이런 결정론적인 모델 이외에 이런 현상을 더 근사하게 표현할 수 있는 모델은 없을까? 이것이 통계적인 모델이다. 즉 통계적인 모델은 결정론적인 모델에 대응하는 개념으로 앞서 언급한 결정론적인 모델의 부정확성이나, 그런 모델로서 다룰 수 없는 랜덤한 현상을 다룬다.

## | 통계적인 모델 |

그렇다면 이런 통계적인 모델은 결정론적인 모델과는 다르게 현상을 제대로 반영한 것인가? 그렇지도 않다. 이 역시 모델일 따름이다. 예를 들어 주사위를 던져서 나오는 면들의 상대빈도(도수)의 수학적인 모델로서 확률을 생각해 보자. 1부터 6까지의 면이 나올 확률은 모두 1/6이다. 그러나 주사위를 12번 던진다고 하면 일반적으로 모두 눈금이 2번씩 일어나지는 않을 것이다. 그렇다면 왜 확률이 1/6이라 한 것일까? 만약 12번이 아니라 12억 번을 던진다고 하면 거의 우리가 아는 확률에 접근해 갈 것이다. 즉 통계적인 모델은 표본을 얻는 회수가 많아지면 실제의 현상에 점점 더 근접해 감을 알 수 있다. 이것을 대수의 법칙(law of large number)이라고 한다. 하지만 12억 번이라 하더라도 과연 정확하게 1/6일까? 아니다 따라서 통계적인 모델은 현실을 반영하려 노력하지만 이 역시 어느 정도의 오차를 포함하는 이상화된 표현일 따름이다.

## | 이 책의 목적 |

우리는 확률과 통계를 왜 배우는가? 이 질문의 답은 왜 그동안 수학을 배웠는가와 같다. 각종 연장을 두루 갖춘 목수를 연상해 보라. 공학도는 연장이 많을수록 유리하다. 확률과 통계를 배우는 목적 역시 다른 수학과목과 마찬가지로 공학도로서 필요한 연장을 더 갖추기 위한 것이다. 결국 결정론적인 모델을 이해하고 활용하기 위한 다른 수학적 도구들에 덧 붙여 공학도로 하여금 통계적인 모델을 이해하고 활용하는 또 하나의 도구를 갖추게 하는 것이 이 책의 목적이다.

돌이켜 보면 그동안 우리가 배워왔던 수학 과목은 수학 그 자체로 학습하고 이해하려는 경향이 많았던 듯하다. 이런 수학의 학습방법 역시 나름대로 의미가 있으며, 특별히 수학을 전공하는 사람들은 그럴 수밖에는 없다. 하지만 공학도에게는 정의와 정리, 그리고 증명이 반복되는 방식이 그렇게 와 닿지 않을 수 있다. 왜냐하면 공학도는 늘 어디다 어떻게 사용할 것인가를 염두에 두고 새로운 지식을 쌓아가려하기 때문이다. 본 교재에서는 이런 부분을 고려하여 수식의 의미를 이해하고 어디에 쓸 것인가를 염두에 두고 엮으려 노력하였다. 매 단원마다 실제적인 예제들을 포함시켜 편집했을 뿐만 아니라 MATLAB프로그램으로 실습을 수행해 보게 함으로써 각 단원에서 소개되는 이론들을 쉽게 이해할 수 있도록 구성하였다. 다음 그림은 이 책에 포함된 내용과 내용간의 연계관계를 보여주고 있다.

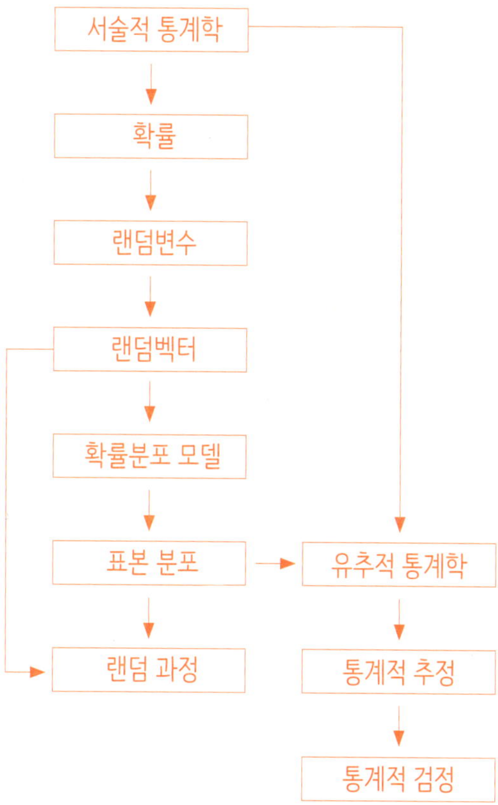


이 책에서는 서술적 통계학으로부터 시작하여 수학적 모델로서의 확률의 의미를

이해하도록 구성했으며, 확률, 랜덤변수, 랜덤벡터, 랜덤과정 등의 내용으로 전개해 나갔다. 통계학 부분은 서술 통계학과 표본분포로부터 시작하여 유추적 통계학의 소개, 통계적 추정과 검정 등의 내용을 포함하였다. 뿐만 아니라 마지막 장에는 심화된 내용도 일부 포함하여 다른 IT분야 교과목과 연결되도록 노력하였다. 따라서 이 책은 IT공학과 관련된 확률과 랜덤변수, 통계학 부분의 기본이 될 수 있는 모든 사항을 망라하고 있다고 보아도 무방하다. 하지만 너무 다양한 사항을 포함시키려 했기 때문에 한 학기에 모든 내용을 교육하기 어려울 수 있으며, 이런 경우에는 각 분야마다 필요한 부분을 발췌해서 가르칠 수도 있을 것이다.

모쪼록 본 교재가 엔지니어에게 보다 편안하게 확률과 통계라는 학문을 이해하고 활용하는 데 도움이 되기를 바란다.

2017년 6월

이준환

목차

## *chapter. 8* 통계적 추정



## *chapter. 9* 가설검정



## *chapter. 10* 랜덤과정



## *chapter. 11* 기타 유용한 사항들

chapter.1

# 서술적 통계학 Descriptive Statistics

통계학은 관찰 및 조사를 통해 얻은 데이터로부터 응용 수학의 기법을 이용해 수치상의 성질, 규칙성 등을 찾아내는 학문분야로 서술적 통계학과 유추적(inferential) 또는 귀납적(inductive) 통계학으로 나누어 볼 수 있다. 서술적 통계학은 데이터 표본의 주요 특징을 그저 정량적으로 표현하는데 사용되는 통계학의 학문분야이다. 서술적 통계가 유추적 통계와 구분되는 점은 서술적 통계에서는 데이터 표본 자체를 축약하여 표현하고 분석하는 데 있지 유추적 통계에서처럼 표본으로부터 모집단에 관한 다양한 정보를 추론하는 데 있지 않다는 것이다.

이 책에서 먼저 이런 서술적인 통계를 다루는 목적은 독자들로 하여금 다음 장부터 다루어질 확률과 랜덤변수를 보다 편안하게 이해하는데 도움을 주기 위해서이다. 왜냐하면 본 장에서의 평균(mean), 표준편차(standard deviation)와 분산(variance), 도수분포, 상관계수 등의 여러 가지 서술적 통계에서 활용되는 정량적인 척도(measure)들이 다음 장부터 살펴보게 될 확률과 랜덤변수의 기본개념과 이 랜덤변수를 어떻게 표현하는가를 이해하는데 도움이 되고, 나아가 확률과 통계 전반을 이해하는데 효과적이기 때문이다.

본 장에서는 간단한 예로부터 단일 변량(uni-variate) 랜덤변수의 확률분포에 해당하는 데이터의 도수분포와 그래프, 평균과 분산 등의 개념을 소개하며, 이들 개념과 확률, 랜덤변수 및 그 표현방법과의 관계에 대해 살펴보고자 한다. 뿐만 아니라 두 개(bivariate) 또는 그 이상의 다변량(multi-variate) 랜덤변수의 데이터 표본의 도수분포와 그래프, 평균과 분산, 공분산과 여러 개의 랜덤변수(랜덤벡터)의 표현방법과의 관계에 대해 알아보고자 한다. 유추적 통계학에 대해서는 이 책의 후반부에 다루어진다.

## 1.1 도수분포 및 그래프

어떤 목적으로든지 막대한 비용이 들지 않는다면 필요한 데이터들을 모아서 분석해 볼 수 있다. 예를 들어 어떤 학급의 학생들의 특정과목 성적이라든지 또는 그 학급의 학생들의 몸무게라든지 필요한 데이터를 모아 볼 수 있다. (이들 데이터는 전체 모집단의 규모가 큰 경우에는 표본이 될 수도 있으며 그렇지 않은 경우에는 모집단 전체 데이터가 될 수도 있기 때문에 일단 그냥 데이터라 부르기로 하자.) 여기서 중요한 것은 누가 몇 점을 받고 누가 몇 킬로그램인가는 관심의 대상이 아니라는 것이다. 그렇게 모아진 데이터를 크기순으로 정리하고 데이터의 최대와 최소값 사이를 6-20개의 등급으로 나누고, 이를 도수 분포표의 형태로 정리할 수 있다. (너무 등급수가 많을 경우 등급에 속하는 데이터의 빈도가 낮을 수 있으며, 너무 등급수가 적을 경우는 등급에 속하는 데이터가 너무 많아 그 빈도의 차이가 뚜렷이 들어나지 않을 수 있다.)

표 1.1은 어떤 학급의 성적 데이터를 도수 분포표의 형태로 보여주고 있다. 여기서 등급 수는 10개이며, 등급의 최대는 100 최소는 0이고, 등급의 간격은 10이다. 표 1.1은 여러 가지 정보를 제공해 준다. 먼저 각 열들을 살펴보자. 첫 번째 열은 등급을 표현하고 있다. 등급은 0부터 100점 사이를 총 10개로 등급으로 표현하고 있으며 등급의 간격은 10점이다. 두 번째 열은 급의 중앙값을 표현하며 평균이나 분산 등의 정량적인 측도를 근사적으로 계산하는데 유용하다. 세 번째 열은 각 등급에 속하는 데이터의 빈도(frequency)를 표현하며 총 데이터 수는 100개, 즉 100명의 학생이다. 또한 네 번째 열은 누적 빈도를 표현하고 있다. 즉 해당 등급의 빈도와 그 이전의 등급의 빈도를 합한 것으로 맨 마지막 등급은 모든 데이터를 포함하기 때문에 전체 데이터 수와 같다. 또한 다섯 번째 열은 상대빈도 또는 상대도수(relative frequency)로 전체 데이터 수로 등급의 빈도수를 나눈 값이며 이들을 모두 합하면 1과 같다. 또한 마지막 열은 누적된 상대빈도의 다섯 번째 열의 데이터를 해당 등급까지 더한 값이며 마지막 등급에서는 반드시 1이 되어야 한다.

제시된 도수분포표는 도수분포 그래프의 형태로도 표현될 수 있다. 그림 1.1은 표 1.1에 해당하는 도수 분포그래프를 막대그래프의 형태로 표현한 것이다. 그림 1.1(a)와 1.1(b)의 표현은 실제적으로 표 1.1과 동일한 정보를 제공하고 있다. 즉, 표 1.1이 주어지면 그림들을 얻을 수 있고 반대로 그림이 주어지면 표를 어렵지 않게 얻어낼 수 있다. 이런 의미에서 이들 표현은 동일하다고 말할 수 있다.

| 점수 | 중앙치 | 학생수(빈도) Frequency | 누적빈도 Cumulated Freq. | 상대빈도 Relative Freq. | 누적상대빈도 (Cum. Relative Freq.) |
|---|---|---|---|---|---|
| 0 – 10 | 5 | 2 | 2 | 0.02 | 0.02 |
| 10 – 20 | 15 | 3 | 5 | 0.03 | 0.05 |
| 20 – 30 | 25 | 5 | 10 | 0.05 | 0.10 |
| 30 – 40 | 35 | 7 | 17 | 0.07 | 0.17 |
| 40 – 50 | 45 | 8 | 25 | 0.08 | 0.25 |
| 50 – 60 | 55 | 16 | 41 | 0.16 | 0.41 |
| 60 – 70 | 65 | 25 | 66 | 0.25 | 0.66 |
| 70 – 80 | 75 | 17 | 83 | 0.17 | 0.83 |
| 80 – 90 | 85 | 12 | 95 | 0.12 | 0.95 |
| 90 – 100 | 95 | 5 | 100 | 0.05 | 1.00 |
| Total | | 100 | | 1.00 | |

[표 1.1] 어떤 학급 성적의 도수분포표

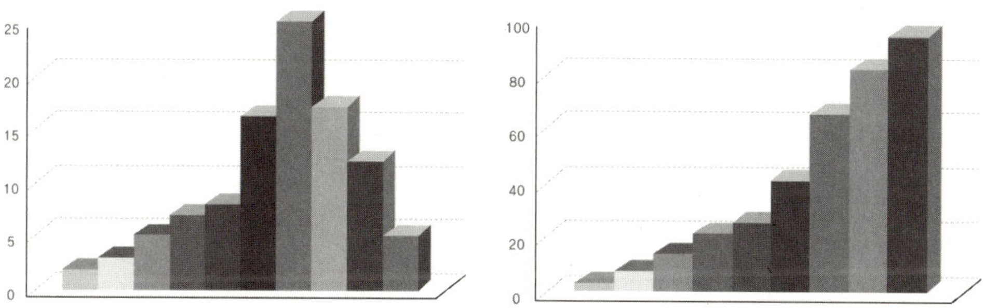


(a) 도수분포의 막대그래프

(b) 누적 도수분포의 막대그래프

[그림 1.1] 표 1.1의 도수분포 그래프

여기서 몇 가지 눈여겨 볼 점들을 살펴보기로 하자. 우선 그림 1.1(a)에서 등급의 막대가 표현하는 모든 빈도를 더하면 총 데이터의 수와 같을 것이며, 만약 이들을 상대빈도로 표현했다면 그 합은 1일 것이다. 또한 그림 1.1(b)에서 계단의 차이는 해당 등급의 빈도이며 해당 등급에 빈도가 클 경우 기울기가 급하며, 그렇지 않고 해당 등급의 빈도가 0이면 기울기 즉, 증분이 0이 된다. 물론 그림 1.1(b)에서 오른쪽 끝은 빈도 전체의 합 즉 데이터 수와 같으며 상대빈도로는 1이다.

## 연습문제

1. 마이크로 소프트 엑셀을 이용하여 다음 40명의 학생의 성적데이터에 대한 도수분포표를 만들어 보시오. 즉 10점 단위로 계급을 나누고 계급의 중앙치를 표시하고 빈도와 누적빈도, 상대빈도, 누적상대빈도를 표시하시오. 또한 이를 도수분포와 누적도수분포를 막대그래프로 그려보시오. 뿐만 아니라 누적빈도의 증가가 가장 큰 계급을 지적해 보시오.

| | | | | | | | | | |
|---|---|---|---|---|---|---|---|---|---|
| 85 | 69 | 62 | 76 | 60 | 75 | 80 | 80 | 93 | 85 |
| 92 | 78 | 94 | 65 | 78 | 70 | 79 | 63 | 79 | 91 |
| 77 | 87 | 88 | 71 | 70 | 93 | 79 | 60 | 68 | 78 |
| 89 | 86 | 86 | 79 | 86 | 72 | 80 | 91 | 88 | 98 |

2. 표 1.1에서 다음 경우의 상대빈도를 지적해 보시오.

(1) 60점에서 70점 사이의 계급의 상대빈도

(2) 60점 이상의 상대빈도 (3) 가장 큰 상대빈도를 가지는 계급

(4) 누적 상대빈도가 가장 급하게 증가하는 계급

(5) 성적이 60점 이상은 통과(pass)라고 하자. 통과한다는 가정아래 70점대일 상대빈도

3. 연습문제 1의 데이터의 평균치를 구해 보시오.

## 1.2 평균, 분산 및 표준편차

1.1절에서와 같이 데이터 각각을 구분하지 않는 이상 데이터를 도수분포표나 그래프로 정리하는 것은 어떤 의미에서 데이터를 정량적으로 표현(description)하는 가장 완전하고 충실한 방법이다. 다시 말해 1.1 절의 예에서 누가 얼마의 성적을 받았는가를 구분하지 않는다면 도수분포표 그 이상 데이터의 개관을 충실하게 보여주는 방법은 없다는 의미이다.

그러나 이렇게 도수분포표와 그래프로 표현하는 방법은 충실한 정보를 전달한다는 의미에서는 바람직할지 모르지만 요약된 표현을 제공하지는 못한다. 예를 들어 이 분포를 한마디로 요약하여 대표치(central tendency)로 표현한다면 어떻겠는가? 비록 도수분포표가 담고 있는 모든 정보를 충실하게 전달하지 못한다 하더라도 요약된 표현 그 자체로는 의미가 있을 것이다. 이 여러 대표치들 중에 식 (1.2.1)의 평균제곱오차(mean squared error) 관점에서 최적의 대표치를 평균(mean)이라 한다. 즉 임의의 값 $C$로서 데이터의 대표치를 예측한다면 식 (1.2.1)은 데이터 값과 예측치의 제곱된 오차의 합(이를 데이터의 개수 $n$으로 나누면 제곱된 오차합의 평균)을 의미한다.

$$E=\sum_{i=1}^{n}(x_i-C)^2 \tag{1.2.1}$$

식 (1.2.1)을 최소화하는 $C$를 구하면

$$\frac{dE}{dC}=-2\sum_{i=1}^{n}(x_i-C)=0 \text{ 또는 } nC=\sum_{i=1}^{n}x_i \text{ 또는 } \bar{x}=\frac{1}{n}\sum_{i=1}^{n}x_i \tag{1.2.2}$$

와 같으며 이는 통상 우리가 알고 있는 산술평균(arithmetic mean)이 된다.

그러나 평균은 표 1.1이나 그림 1.1의 데이터의 분포를 너무나 축약하여 표현함으로써 데이터 분포에 관한 정보를 충실히 표현하고 있다고 할 수는 없다. 예를 들어 두 학급의 성적의 평균이 같다고 성적분포가 같다고 할 수 없는 것이다. 따라서 이 데이터의 분포를 좀 더 충실히 표현하기 위해서 평균에 덧붙여 분산(variance) 또는 표준편차(standard deviation)의 표현을 추가적으로 고려할 수 있다. 분산이란 데이터가 평균치를 중심으로 얼마나 넓게 퍼져 분포하는가를 나타내는 척도(measure of dispersion)로

$$s^2 = \frac{1}{n-1}\sum_{i=1}^{n}(x_i - \overline{x})^2 = \frac{1}{n(n-1)}\left(n\sum_{i=1}^{N}x_i^2 - \left(\sum_{i=1}^{n}x_i\right)^2\right) \tag{1.2.3}$$

로 계산되며, 표준편차(standard deviation)는 이 분산의 제곱근인

$$s = \sqrt{\frac{1}{n-1}\sum_{i=1}^{n}(x_i - \overline{x})^2} = \sqrt{\frac{1}{n(n-1)}\left(n\sum_{i=1}^{N}x_i^2 - \left(\sum_{i=1}^{n}x_i\right)^2\right)} \tag{1.2.4}$$

이다. 식 (1.2.3)에서 분모의 ($n$–1)은 데이터의 개수가 많아지면 결국 $n$과 비슷한 값을 가지며, 분산은 평균과 데이터 값의 차이 제곱의 평균(mean squared error)에 해당한다. 즉 데이터가 평균으로부터 많이 벗어나 있으면 분산 $s^2$이 커지고, 그렇지 않고 극단적으로 모든 데이터 값이 동일하여 평균과 같다면 0이다. 여기서 후자의 경우가 통상 결정론적(deterministic)인 모델에서 다루어지는 값으로 이해할 수 있으며, 결국 결정론적 모델이란 통계적 모델의 특별한 경우라 이야기 할 수도 있다.

식 (1.2.3)에서 분모를 $n$대신 ($n$–1)로 취한 이유는 나중에 알아보겠지만 분산에 대한 비편향 추정(unbiased estimate)를 위한 것이다. 또한 분산의 단위(unit)는 원래 데이터의 단위의 제곱에 해당하며, 그 제곱근에 해당하는 표준편차의 단위는 데이터의 단위와 같다. 그림 1.2는 평균은 0이며 서로 다른 분산(표준편차)를 가지는 세 개의 데이터의 분포와 다른 세 개의 데이터와 평균이 다른 하나의 데이터 분포를 나타낸 것이다. 각 그래프의 높이는 데이터의 개수에 비례하며 그림 1.1 (a)의 막대그래프에서 계급의 폭이 무한히 좁으며 데이터의 개수가 무한히 많은 모습에 해당한다. 그림에서 평균이 0인 데이터분포들에서 뾰족한 부분의 분산이 평퍼짐한 분포의 분산보다 작다. (꼭 분산이 0인 데이터의 분포를 상상해 보기 바란다.)

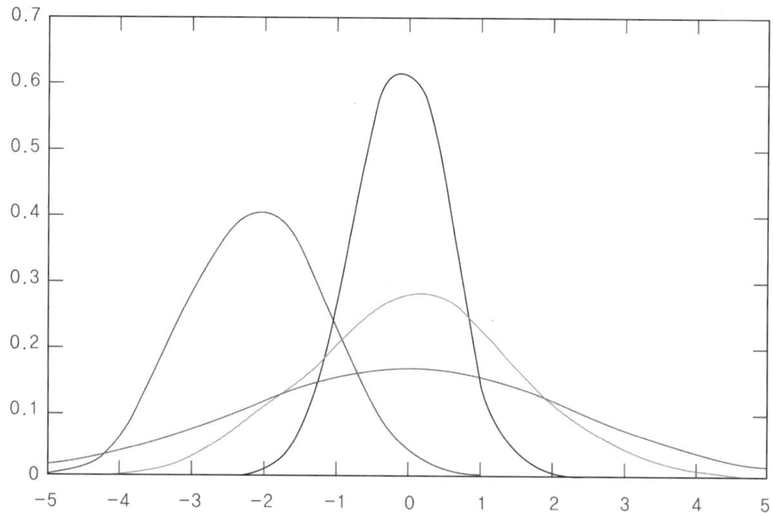


[그림 1.2] 서로 다른 평균과 분산을 가지는 분포

만약 평균과 분산이 같다면 데이터의 도수분포가 같은 모습일까? 그렇지 않다. 일반적으로 평균과 분산이 같더라도 서로 다른 모습의 분포를 가질 수 있다. 다시 말해 평균과 분산이 같은 값이더라도 그림 1.1이나 표 1.1과 같은 분포가 달라질 수 있다는 것이다. (반대로 분포가 같으면 평균과 분산은 같다.) 따라서 분포를 일의적(unique)으로 규정하기 위해서는 또 다른 척도들이 필요할 수 있다. 분포의 첨두치가 평균을 중심으로 오른쪽 또는 왼쪽으로 치우친 것을 나타내는 스큐니스(skewness)

$$b_1 = \frac{\frac{1}{n}\sum_{i=1}^{n}(x_i - \bar{x})^3}{s^3} \tag{1.2.5}$$

와 분포의 상부가 얼마나 평퍼짐한가를 표현하는 커토시스(kurtosis)

$$g_2 = \frac{\frac{1}{n}\sum_{i=1}^{n}(x_i - \bar{x})^4}{s^4} - 3 \tag{1.2.6}$$

등이 그것이다. 하지만 평균, 분산, 스큐니스, 커토시스가 같다고 하더라도 도수분포의 모습이 동일하다고 할 수 없다.

평균을 표현하는 식 (1.2.2)에는 데이터의 합, 분산을 표현하는 식 (1.2.3)은 데이터 제곱의 합을 포함하고 있다. 마찬가지로 식 (1.2.5)의 스큐니스는 데이터 세제곱의 합, 식 (1.2.6)의 커토시스는 데이터 네제곱의 합(여기서는 데이터에서 평균을 빼고 이들의 세제곱과 네제곱, 즉 3차와 4차의 중심모멘트(central moment)라 함.)을 포함한다. 이론적으로는 데이터의 무한대 제곱의 합까지 포함하는 척도들을 가져야 도수분포를 일의적으로 규정할 수 있다. 즉 평균은 1차 모멘트(first order moment), 분산은 2차 중심모멘트(second order central moment)에 해당하며 일반적으로 무한대차의 모멘트까지를 규정해야 일의적으로 도수분포를 규정하는 셈이 된다는 것이다. 그림 1.3은 첨두치가 하나인 분포들의 스큐니스와 커토시스에 따른 모습을 표현하고 있다.

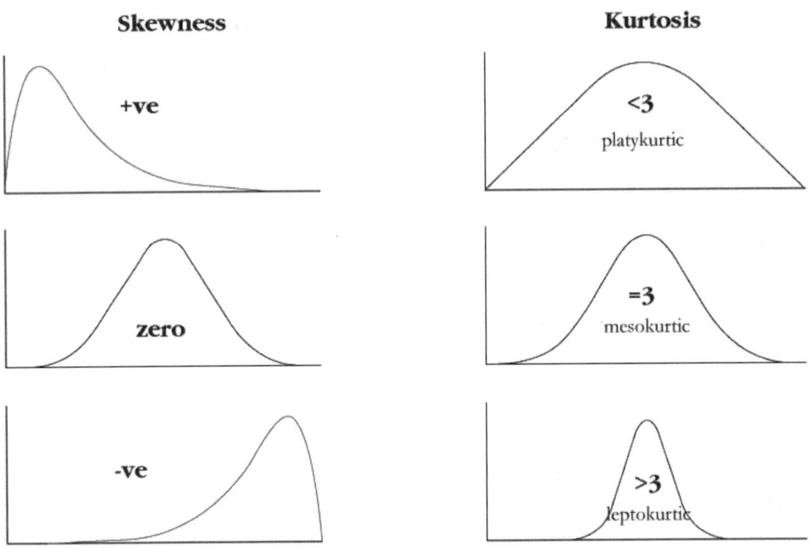


[그림 1.3] 스큐니스와 커토시스 값에 따른 단일모드분포 모습

통상 식 (1.2.2)와 같은 방법으로 평균을 구할 수 있으나 도수분포만이 주어진 경우에는 다른 방법을 적용할 수 있다. 즉 모든 데이터를 더한 식 (1.2.2)의 분자는 데이터 값과 그 데이터가 출현한 빈도를 곱하고 모든 계급 값들에 대해 더해도 구해질 수 있

다. 예를 들어 표 1.1에서 만약 점수가 어떤 범위라기보다는 계급 중앙치로만 주어진다면(실제 데이터는 계급 상한과 하한사이에서 중앙치보다 크거나 작을 수도 있음.) 계급 중앙치에 빈도를 곱하고 이들을 모두 더하면 식 (1.2.2)의 분자가 된다. 따라서 평균은

$$\bar{x} = \frac{\sum_{i=1}^{L} f_i x_i}{\sum_{i=1}^{L} f_i} \tag{1.2.7}$$

와 같으며 여기서 $L$은 계급수, $f_i$는 $i$번째 계급의 빈도, $x_i$는 계급의 데이터 값이며, 분모는 전체 데이터 수, 즉 빈도의 총합에 해당된다. (엄밀하게는 데이터는 급 상한과 하한사이에서 중앙치보다 크거나 같거나 작을 수 있기 때문에 평균의 근사치에 해당함.) 예를 들어 표 1.1의 모든 빈도가 계급의 중앙값만을 가진다면 평균은

$$\frac{(5\cdot 2)+(15\cdot 3)+\cdots+(95\cdot 5)}{2+3+\cdots+5} = \frac{6060}{100} = 60.6 \tag{1.2.8}$$

에 해당한다. 또한 식 (1.2.7)에서 분모는 데이터의 개수 $n$이므로 이 식을 변형하면

$$\bar{x} = \sum_{i=1}^{L} x_i \cdot \frac{f_i}{n} \tag{1.2.9}$$

과 같으며 여기서 $f_i/n$은 $i$번째 계급의 상대빈도에 해당하며 표 1.1의 5번째 열이며, 식 (1.2.8)의 평균계산은

$$(5\cdot 0.02)+(15\cdot 0.033)+\cdots+(95\cdot 0.055) = 60.6 \tag{1.2.10}$$

과 같다.

그림 1.1(a)에서 평균이 위치하는 곳이 어디쯤일까? 식 (1.2.7)은 평균의 위치는 그림 1.1(a)같은 그래프에서 무게중심에 해당한다. 즉 그림 1.1(a)의 막대들이 같은 재질

로 만들어져서 묶여있다면 밑 부분을 받혀서 평형을 이루는 부분에 평균치가 존재한다는 의미이다.

분산 계산에 있어서 식 (1.2.3)의 분자식도 같은 방법으로 바꿀 수 있다. 즉

$$s^2 = \frac{1}{n-1}\sum_{i=1}^{L} f_i(x_i - \overline{x})^2 \approx \sum_{i=1}^{L} \frac{f_i}{n}(x_i - \overline{x})^2 \tag{1.2.11}$$

과 같이 쓸 수 있으며, 여기서 데이터의 개수 $n$이 크다면 근사적으로 동일한 수식이 된다. 스큐니스와 커토시스 역시 계급의 상대빈도 $f_i/n$를 이용하여 식 (1.2.9)과 (1.2.11)의 형태로 바꾸어 쓸 수 있다.

## 연습문제

1. 1.1절의 연습문제 1의 분포에서 평균을 식 (1.2.2)와 식 (1.2.7)의 방법으로 구해서 비교해 보시오. 즉 데이터 자체를 가지고 평균을 구해보고 도수분포표로 만들고 급 중앙치를 이용하여 식 (1.2.7)로 근사적인 평균을 구해 비교해 보시오. 이 경우 식 (1.2.2)의 방법이 정확한 방법이며 식 (1.2.7)방법은 급 중앙치를 이용하기 때문에 근사치이다.

2. 1.1절의 연습문제 1의 데이터에 대한 분산과 표준편차를 구하시오.

3. 그림 1.2의 평균이 0인 분포들에 덧붙여서 분산이 0에 가까운 데이터 분포를 그려보시오.

4. 어떤 두 학급 학생들의 수학성적의 평균이 동일하게 75점이며 A학급은 분산이 50, B학급은 분산이 20이었다. 어떤 반의 학생들이 고르게 점수를 얻었는가?

5. 오디오 신호처리에서 특징의 데이터 분포를 그 자체로 이용하는 경우와 이 분포로부터 평균, 표준편차, 스큐니스, 커토시스를 구하여 이들을 이용하는 방법이 있다. 전자 즉 분포자체를 이용하는 경우와 이로부터 얻어지는 평균, 표준편차, 스큐니스, 커토시스의 4가지 척도를 이용하는 경우 둘 중에 어떤 방법이 정보 손실을 적게 하며 속성데이터를 이용하는 것 일까? 그 이유와 함께 답을 지적해 보시오.

6. 식 (1.2.5)와 식 (1.2.6)의 스큐니스와 커토시스 식을 계급의 상대빈도 $f_i/n$를 이용하여 식 (1.2.9)과 (1.2.11)의 형태로 바꾸어 보시오.

## 1.3 도수분포와 척도들의 수학적 모델

일반적으로 표 1.1의 상대도수를 확률이라고 말할 수 없다. 예를 들어 정육면체의 공평한 주사위를 던진다고 하자. 우리는 이미 주사위 눈금은 동일한 확률로 발생한다는 것을 알고 있다. 따라서 어떤 면의 눈금이 발생할 확률은 1/6이다. 그러나 이 주사위를 1,200번 던져서 이를 눈금이 나온 횟수를 세어서 표현해보면 표 1.2과 같은 표를 얻을 수 있을 것이나, 정확하게 1/6에 해당하는 200번씩을 얻을 수는 없을 것이다. 그렇다면 확률은 무엇인가? 만약 12,000번 주사위 던지기를 실행했다면 아마도 표 1.2의 세 번째 열, 즉 상대빈도는 더 1/6에 가까워질 것이며 12억 번 실행하여 데이터를 정리했다면 이는 더더욱 1/6에 가까워 질 것임을 어렵지 않게 추측할 수 있을 것이다.

이와 같이 데이터 표본 수가 많아지면 상대빈도는 대수의 법칙(law of large number)에 의해 안정된 값을 가지며 우리가 아는 확률이라는 수학적인 모델에 가까워짐을 확인할 수 있다. 이렇게 확률이란 상대빈도를 수학적으로 모델링한 것이라 할 수 있다.

| 눈금 | 도수(빈도) | 상대빈도(도수) |
|---|---|---|
| 1 | 198 | 0.165 |
| 2 | 205 | 0.171 |
| 3 | 189 | 0.158 |
| 4 | 202 | 0.168 |
| 5 | 205 | 0.171 |
| 6 | 201 | 0.167 |
| 합계 | 1,200 | 1.000 |

[표 1.2] 주사위 눈금의 실험결과

한편 표 1.2의 내용을 그림 1.1과 같이 막대그래프로 나타낸다고 하자. 그렇다면 높이가 비슷한 막대들이 늘어선 그래프를 얻을 수 있을 것이며, 이 또한 실험회수를 증가하여 표본수를 크게 늘리면 키가 1/6에 해당하여 거의 높이차이가 나지 않는 그래프를 얻을 수 있다. 이것이 결국 이산 랜덤변수(discrete random variable)의 확률분포(probability distribution)가 되는 것이다. 즉 주사위 눈금수와 같은 이산 랜덤변수의 확률분포는 상대빈도의 수학적 모델이라는 것이다. 다시 말해 상대빈도 $f_i/n$의 분모 즉 데이터 표본 수가 증가하면 이 상대빈도는 대수의 법칙에 의해 점점 확률에 접근해 간다는 것이다.

식 (1.2.9)의 평균을 구하는 식에서 표본 수가 증가하면 이 식은 어떻게 변화될까? 상대빈도 $f_i/n$가 확률에 접근해 가기 때문에 식 (1.2.9)는 계급의 (중앙) 데이터 값에 해당 확률을 곱하고 이들을 모두 합하여 평균을 계산하도록 변화된다. 이렇게 상대빈도 $f_i/n$가 확률에 접근해 갈 때 구해진 평균을 기댓값(expected value)이라 하며, 결국 기댓값이란 우리가 지금까지 이야기한 평균의 수학적인 모델이 되는 것이다. 또한 표본수가 증가해 가면 이들을 현재의 계급까지 더해온 결과 즉 표 1.1의 여섯 번째 열은 누적 확률분포(cumulative probability distribution)가 된다. 따라서 표본수가 무한히 많아질 경우 대수의 법칙을 적용하면 표 1.3과 같은 수학적인 모델들이 가능해지고, 이들 모델은 다음 장부터 시작되는 확률과 랜덤변수의 주요 학습대상이 된다.

| 도수분포표 | 수학적인 모델 |
| --- | --- |
| 데이터 | 랜덤변수의 값 |
| 상대빈도(도수) | 확률 |
| 도수분포 | 확률분포 |
| 누적상대도수 | 누적 확률분포 |
| 평균 | 기댓값 |

[표 1.3] 도수분포표와 수학적인 모델들

## 연습문제

1. 그림 1.1과 같은 막대그래프가 그림 1.2와 같은 곡선으로 모델링되기 위해서는 두 가지 조건이 필요하다. 그 하나는 각각의 데이터 값이 연속적이어야 하고 또한 데이터 수가 무한히 많아 막대그래프의 높이가 연속적으로 변화해야 한다. 또한 그림 1.2와 같은 확률분포(여기서는 연속된 데이터 값에서의 확률밀도함수라 함.)는 파즌 윈도우(Parzen window)방법과 $K$-근접이웃($K$-nearest neighbor) 방법을 이용하여 얻을 수 있다. 전자의 방법에서는 어떤 지점을 중심으로 좌우의 단위길이의 구간을 설정하고 그 구간에 존재하는 데이터의 수로 구간의 중심 지점의 확률 밀도 값을 추정하며, 후자의 방법에서는 어떤 지점에서 인접하는 $K$개의 데이터를 찾고, 이 $K$번째 데이터를 포함하는 구간의 길이에 반비례하는 값으로 확률밀도를 추정한다. 위키피디아(Wikipedia)를 통해 이들 방법을 조사해 보고, 그림 1.2의 각각의 분포에 대해 분포값을 참조하여 $X$-(가로)축에 표본점들을 늘어놓아 보시오.

## 1.4 대표치 (central tendency)

1.2절에서 평균이란 평균제곱오차를 최소화하는 대표치 추정 방법이라 했다. 그러나 과연 이러한 대표치 추정이 언제나 바람직할까? 그렇지 않다. 김연아 선수가 소치 동계올림픽에서 얻은 점수를 생각해 보라. 예를 들어 거의 모든 평가위원들이 10명중에 8명이 9.8점 이상의 좋은 점수를 주었지만 특별히 반감을 가진 2명의 심사위원들이 아주 낮은 점수 3점을 주었다고 하자. 평균을 구해보면 점수가 낮아질 수밖에는 없다. 통상 이와 같이 전체적인 추세를 반영하지 못하고 엉뚱한 값을 가진 데이터를 외톨이(outlier) 데이터라고 한다. 즉 평균은 외톨이 데이터가 존재하면 이들 데이터에 민감하여 전체적인 추세를 잘 반영하지 못하고 만다.

그렇다면 어떤 방법으로 대표치를 추정하는 것이 이들 외톨이 데이터에 대해서도 강인(robust)할 것인가? 여기서 강인하다는 의미는 앞선 예에서 두 명의 엉뚱한 평가에도 불구하고 김연아 선수의 연기성적을 보다 사실에 가깝게 평가한다는 의미이다. 이제 이러한 강건한 대표치들을 알아보자.

### ☑ 미디안(median)

미디안이란 데이터를 크기순으로 정렬(sorting)해서 늘어놓고 가운데 순위에 해당되는 데이터 값을 의미한다. 예를 들어 어떤 학생이 5번 시험을 보았는데 {87, 85, 88, 46, 97}과 같은 성적을 얻었다고 하자. 이 데이터를 증가하는 순서로 늘어놓으면 {46, 85, 87, 88, 97}이며 이들 데이터의 미디안은 3번째 순서에 해당하는 87이다. (여기서 외톨이 데이터에 해당하는 46은 미디안이란 대표치를 구하는데 전혀 영향을 주지 못하는 점을 주의하라.) 그러나 데이터의 개수가 짝수일 경우에는 가운데 순위에 해당하는 데이터가 2개 존재할 수 있다. 이런 경우에는 이들 가운데 순위의 두 개의 데이터의 평균을 취해 미디안을 얻을 수 있다. 이를 정리하면 미디안 $M_e$를 다음과 같이 정의할 수 있다.

데이터를 증가하는 순서로 정렬한 집합 $P=\{x_1, x_2, \cdots\cdots x_{n-1}, x_n\}$이라 하면,

$$\text{데이터 개수 } n\text{이 홀수라면 } M_e=x_{(n+1)/2} \text{ 이며,}$$
$$n\text{이 짝수라면 } M_e=(x_{(n/2)}+x_{(n/2)+1})/2 \tag{1.4.1}$$

예를 들어 그림 1.1(b)에서와 같은 누적분포그래프에서 미디안에 해당하는 데이터는 어디일까? 누적분포가 50%가 되는 지점, 즉 세로축의 1/2에 해당하는 지점을 통과하는 막대에 해당하는 데이터 값일 것이며, 누적분포의 값이 50%되는 점은 도수분포그래프와 같은 데이터 분포에서 좌우의 면적이 같은 지점의 데이터 값에 해당한다.

### ☑ $\alpha$-절삭 평균($\alpha$-trimmed mean), 사분위 데이터와 윈저드 평균(winsored mean)

$\alpha$-절삭 평균이란 데이터를 크기순으로 정렬하고 최하위 ($\alpha$/2)%의 데이터와 최상위 ($\alpha$/2)%의 데이터를 제외하고 (1$-\alpha$)%의 나머지 데이터로 평균을 구하여 대표치를 산정하는 방식이다. 즉 외톨이 데이터가 $\alpha$% 차지한다고 하더라도 이를 배제하기 때문에 대표치 추정에 영향을 미치지 않는다는 것이다. 또한 윈저드 평균에서는 데이터를 증가하는 순서대로 정렬하고 순위가 1/4미만이 되는 데이터에 대해서는 1/4에 해당하는 순위의 데이터로 치환하고 3/4을 넘는 데이터에 대해서는 3/4에 해당하는 데이터로 치환하여 평균을 구하는 방법이다. 사분위(quartile) 데이터란 데이터를 크기순으로 정렬하여 순위가 1/4, 2/4, 3/4에 해당하는 데이터를 의미하며, $Q_1$, $Q_2$, $Q_3$ 로 표현한다. 따라서 윈저드 평균이란 사분위 데이터 중에 $Q_1$이하, $Q_3$이상의 외톨이 데이터를 사분위 데이터 $Q_1$또는 $Q_3$로 치환하고 평균을 구하는 방식으로 외톨이 데이터의 영향을 배제할 수 있다.

### ☑ 최빈값 또는 모드(mode)

최빈값 또는 모드란 빈도가 가장 많은 데이터 값을 의미한다. 예를 들어 표 1.1에서는 계급 60-70에 해당하며 그림 1.1(a)에서 보면 막대가 가장 큰 부분이다. 일반적으로 모드는 한 계급 또는 한 값이 될 수도 있지만, 그렇지 않고 여러 곳에서 동일한 빈도값

으로 많은 경우도 있다. 그림 1.3은 모드가 하나인 분포들을 표현하고 있다.

### ☑ 분포와 대표치들

일반적으로 데이터의 분포가 어떤 값을 중심으로 대칭을 이룬다면 그 대칭점이 평균으로 미디안과 일치한다. 즉 분포의 무게중심에 해당하는 평균은 대칭 분포의 경우 대칭점에 해당하며 미디안과 일치한다. 만약 대칭분포를 이루며 모드가 하나라면 평균과 미디안, 모드가 모두 일치한다. 그러나 비대칭 분포의 경우는 분포의 무게중심이 평균, 분포의 면적을 반으로 나누는 지점이 미디안, 분포의 가장 높은 부분이 모드에 해당한다. 그림 1.4는 여러 분포에서 평균(mean), 미디안(median), 모드(mode)의 위치를 보여주고 있다.

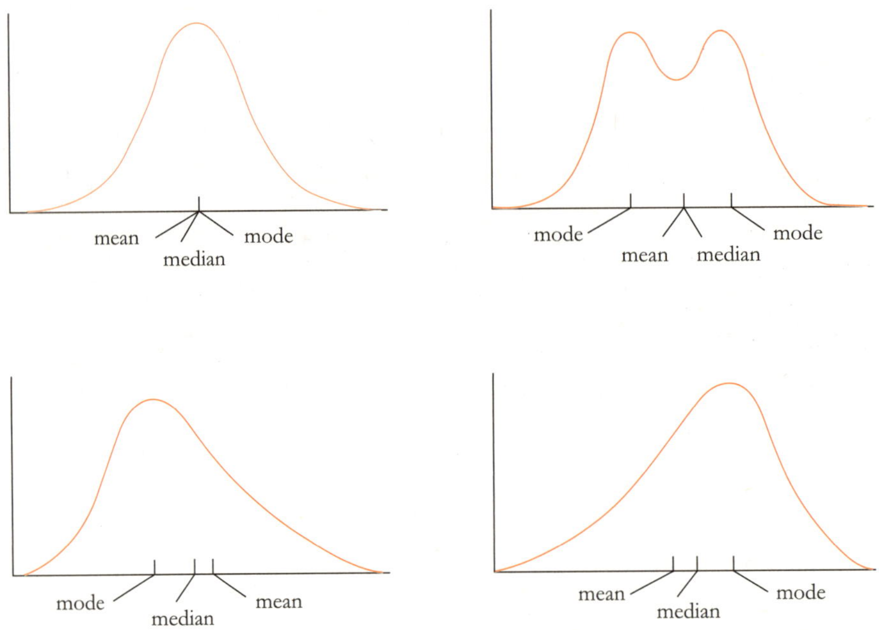


[그림 1.4] 다양한 분포와 대표치들

## 연습 문제

1. 어떤 체조선수의 연기점수를 10명의 심사위원이 다음과 같이 10점 만점으로 채점을 했다고 하자.

$$\{7.5, 7.8, 7.2, 7.8, 7.3, 7.3, 8.0, 3.5, 7.3, 9.8\}$$

(1) 이 데이터의 평균과 평균제곱오차를 구해 보시오.
(2) 이 데이터의 미디안을 구해 보시오. 또한 이 미디안과 데이터의 평균제곱오차를 구해보시오. (1)의 결과보다 작아지는가?
(3) 이 데이터에서 외톨이라 생각되는 데이터들을 지적해 보시오.
(4) 이 데이터의 모드를 구해보시오.
(5) 20% $\alpha$-절삭 평균을 구해보시오.
(6) 사분위수 $Q_1$, $Q_2$, $Q_3$를 구해 보시오. 정확한 사분위수를 구하지 못할 경우에는 미디안을 구할 때와 같은 방식으로 인접 값들을 이용하여 근사적으로 사분위수를 구하시오.

2. 다음과 같은 데이터 열(sequence)이 있다고 하자. 데이터 열에는 임펄스(impulse) 잡음도 들어 있고 또 계단과 같은 의미 있는 불연속도 있다. 즉 … 10, 255, 10 …등은 임펄스 잡음이라 하며, 10, 255 부분에는 계단이 있다. 아래 데이터 열에는 두 개의 임펄스 잡음이 있으며 한개의 계단이 있다.

..... 10, 10, 10, 255, 10, 10, 255, 250, 250, 10, 255, 255, .....

(1) 이 데이터를 필터링하는데 연속된 3개의 데이터를 포함하는 창(window)으로 하나씩 옮겨가며 평균을 내서 창의 중심의 위치에 필터링 된 결과데이터를 채운

다고 하자. 즉 처음 창은 10, 10, 10을 포함하며 그 평균에 해당하는 10이 두 번째 위치에 채워지고 다음 창에는 10, 10, 255의 반올림한 평균에 해당하는 92가 창의 중심 10위치에 채워진다고 하자. 나머지 결과를 나열해 보시오.

(2) 동일한 크기의 창으로 이제 미디안 연산을 수행한다고 하면 그 결과는 어떻게 될 것인가?

(3) (1)과 (2)의 결과를 비교해서 어떤 필터링이 효과적인가를 지적해 보시오.

3. 남학생과 여학생이 반 정도를 차지하는 어떤 학급의 키 분포를 상상하여 그려보시오. 이 분포의 평균과 미디안, 모드를 표시해 보시오.

## 1.5 산포 척도(measure of dispersion)

평균이외의 대표치 미디안, 모드 등을 알아보았는데 분산(표준편차) 이외에 데이터의 평균으로부터 얼마나 데이터가 흩어져 있는가를 나타내는 다른 척도는 없는가? 본 절에서는 분산(표준편차) 이외에 이렇게 데이터의 중심위치로부터 흩어진 정도를 표현하는  몇몇 척도들을 소개한다.

가장 간단하게는 데이터를 크기순으로 나열하고 최대값과 최소값의 차이로 데이터의 흩어진 정도를 표현할 수 있다. 또한 평균편차(mean deviation)

$$M.D = \frac{1}{n}\sum_{i=1}^{n} | x_i - \bar{x} | \tag{1.5.1}$$

역시 데이터의 산포척도로 활용할 수 있다. 표준편차와 유사하게 평균편차기 크면 이는 데이터가 평균으로부터 넓게 흩어져 있음을 의미한다. 뿐만 아니라 표준편차를 평균으로 나눈 변동계수(coefficient of variation)

$$C.V. = \frac{s}{\overline{x}} \quad (1.5.2)$$

역시 산포를 측정하는 측도로 사용할 수 있다. 변동계수가 크다는 것은 평균값에 비해 표준편차가 크다는 것으로 데이터의 변동 폭이 크다는 의미이다. 또한 사분위수에서

$$IQR = Q_3 - Q_1 \quad (1.5.3)$$

역시 데이터가 흩어진 정도를 표현하는데 이용할 수 있다. 반면 데이터를 표준화 하는데 사용하는 $z$-점수(score)

$$z\text{-점수} = \frac{x_i - \overline{x}}{s} \quad (1.5.4)$$

는 각각의 데이터와 평균사이의 거리와 표준편차의 비율을 제공한다.

때때로 여러 번 동일한 측정을 반복하여 상자-수염 그림(box-whisker plot)으로 나타낼 경우가 있다. 이들은 모두 데이터의 분포를 근사적으로 표현하는 방법으로 사분위수를 이용하여 외톨이 데이터를 구분하는 울타리를 정의하여 작성한다. 상자-수염 그림을 그리는 순서는 다음과 같다. 그림 1.5는 상자-수염 그림의 경계 값들을 보여준다.

### ☑ 〈상자-수염 그림그리기 순서〉

**단계** 1: $Q_1$과 $Q_3$를 잇는 상자를 그리고 미디안 $x_{med}(M)$에 해당하는 위치에 선을 긋는다.

**단계** 2: 내부 울타리(inner fence)와 외부 울타리(outer fence)를 계산하여 구한다. 여기서 $IQR$은 식 (1.5.3)과 같다.

하 내부 울타리(lower inner fence) : $LIF = Q_1 - 1.5 \cdot IQR$

상 내부 울타리(upper inner fence): $UIF = Q_3 + 1.5 \cdot IQR$

하 외부 울타리(lower outer fence) : $LOF = Q_1 - 3.0 \cdot IQR$

상 외부 울타리(lower outer fence) : $UOF = Q_3 + 3.0 \cdot IQR$

**단계** 3: 상하 내부울타리 내에 있는 데이터들 중에 이들 울타리와 가장 가까운 데이터(adjacent value)를 찾아 상자와 연결된 수염을 그린다. 통상 이 상하 내부 울타리와 외부 울타리 사이의 데이터를 외톨이라 부르며 상하 외부 울타리 밖의 데이터를 극단적인 외톨이(extreme outlier)라 부른다.

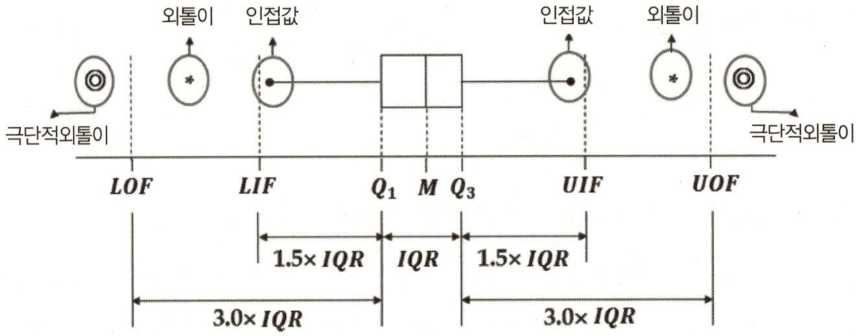


[그림 1.5] 상자-수염 그림의 구조

## 연습 문제

1. 1.1절의 연습문제 1의 데이터에 대해 평균편차와 변동계수, 상자-수염 그림을 그려보시오.

2. 1.4절의 연습문제 1의 데이터에 대해서 평균편차와 변동계수, 상자-수염 그림을 그리고, 극단적 외톨이 데이터가 존재하는지 여부와 존재한다면 어떤 데이터인지를 지적하시오.

## 1.6 두 개 이상의 변량을 가지는 데이터로 확장

지금까지의 내용에서 데이터는 일차원이었다. 즉 변량이 하나인 단일변량(univariate) 데이터에 대한 서술적 통계학에 관한 내용이었다. 그렇다면 데이터의 변량이 두 개 이상으로 증가하면 어떠하겠는가? 예를 들어 지역의 기혼자들을 대상으로 남편과 아내의 나이를 조사했다고 하자. 이제 데이터들은 2개의 변량(bivariate)을 가지게 되며 이를 그림으로 표현해 보면 그림 1.6과 같은 형태일 수 있다. 그림 1.6과 같이 데이터를 늘어놓은 그림을 산포도(scatter diagram)이라 하며, 이 예의 경우 변량이 두 개이므로 2차원 평면상에 표본들을 표현할 수 있다.

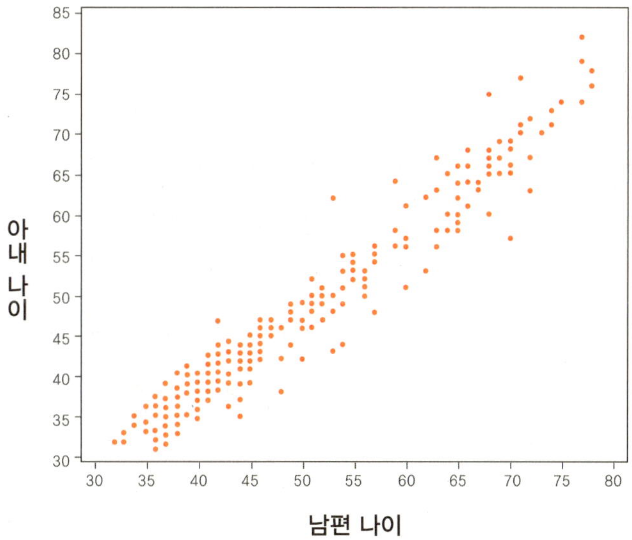


[그림 1.6] 남편과 아내 나이 데이터의 산포도

그림 1.6과 같은 두 개 또는 그 이상의 변량을 가진 데이터 역시 단일 변량만을 고려하면 이제껏 다루어온 단일 변량 데이터와 다를 바가 없다. 즉 그림 1.6에서 남편의 나이만 고려하거나 아내의 나이만을 고려하면 남편과 아내 각각의 도수분포표나 그래

프, 평균, 분산 등을 고려할 수 있다. 이는 그림 1.6의 데이터를 남편 나이에 해당하는 가로축 방향으로 투영하거나 아내 나이에 해당하는 세로축 방향으로 투영하여 얻어진 데이터 값들에 해당한다.

그렇다면 이렇게 변량을 따로따로 고려하는 것만이 전부인가? 그렇지 않다. 이들 변량을 동시에 고려함으로 나름대로 의미 있는 정보를 찾아낼 수 있다. 즉 변량 상호간의 관계를 알아낼 수 있다는 것이다. 예를 들어 그림 1.6과 같은 다변량 데이터를 기반으로 해답을 얻을 수 있는 질문들은 "아내와 남편의 나이는 어떤 상관관계를 얼마나 가지는가?" 또는 "남편의 나이가 40세라면 아내의 나이는 얼마로 추정하는 것이 합리적일까?" 등이 될 것이다. 이제 이런 질문들에 대한 답을 구하는 방법을 생각해 보자.

### ☑ 이차원 데이터의 도수분포표

먼저 두 개의 변량을 가진 데이터의 도수분포표를 생각해 보자. 그림 1.6과 같은 산포도가 놓인 이차원공간을 사각형 격자로 나눈다고 하자. 즉 석쇠를 그림 1.6의 공간에 겹쳐 놓는다고 생각해보라. 석쇠의 구멍에 해당하는 각 사각형 안에 데이터가 많이 존재하는 부분도 있을 것이며, 그렇지 않고 아무 데이터도 없는 사각형도 있을 것이다. 이 각각의 사각형 내의 데이터 수를 빈도로 하면 2차원 격자배열에 데이터의 빈도를 담은 도수 분포표를 만들 수 있을 것이다. 만약 각각의 사각형에 데이터 개수 대신에 이를 총 데이터 표본 수로 나눈 상대도수(빈도)를 담는다면 이 상대빈도는 단위면적당 데이터 수로 일종의 밀도(density)의 의미를 부여할 수 있을 것이다. 물론 1차원 데이터에 대해서도 단위면적 대신에 단위길이 당 데이터 수 즉, 밀도의 의미를 부여할 수 있다.

표 1.4는 학생 100명의 수학과 물리 성적을 도수분포표로 만들어 본 것이다. 이 표에 나타난 수를 전체 데이터 수 100으로 나누면 상대빈도가 되며 표의 마지막 열은 수학성적의 도수분포표이며 마지막 행은 물리 성적의 도수분포표이다. 이제 이 표의 숫자들을 높이로 하는 막대들을 이차원 평면위에 늘어놓은 모습을 상상해 보자. 이것이 이 이차원 데이터의 도수분포를 표현하는 그래프이다. 또한 표 1.4의 데이터를 그 지

점까지의 가로 세로의 데이터를 누적시켜보자. 표 1.4에서 괄호 ( )의 값들을 얻게 된다. 즉 괄호의 값들은 일차원 데이터로부터 얻은 표 1.1의 마지막 열이나 이를 그래프로 만든 그림 1.1(b)와 같은 의미로 이차원 데이터의 누적도수에 해당한다. 또한 표 1.4의 마지막 열과 마지막 행의 괄호 안의 수는 수학과 물리 성적 각각의 누적도수분포와 전혀 동일하다. 그림 1.7은 표 1.4의 도수분포표를 막대그래프로 표현한 것으로 막대의 길이는 단위 면적당 데이터 수를 의미한다.

| 물리(X) / 수학(Y) | 50 | 60 | 70 | 80 | 90 | Total |
|---|---|---|---|---|---|---|
| 50 | 5(5) | 3(8) | 2(10) | 0(10) | 0(10) | 10(10) |
| 60 | 4(9) | 9(21) | 6(29) | 1(30) | 0(30) | 20(30) |
| 70 | 2(11) | 5(28) | 15(51) | 5(57) | 3(60) | 30(60) |
| 80 | 3(14) | 2(33) | 15(71) | 10(87) | 5(95) | 35(95) |
| 90 | 0(14) | 0(33) | 1(72) | 1(89) | 3(100) | 5(100) |
| Total | 14(14) | 19(33) | 39(72) | 17(89) | 11(100) | 100 |

[표 1.4] 수학 및 물리 성적의 도수분포표

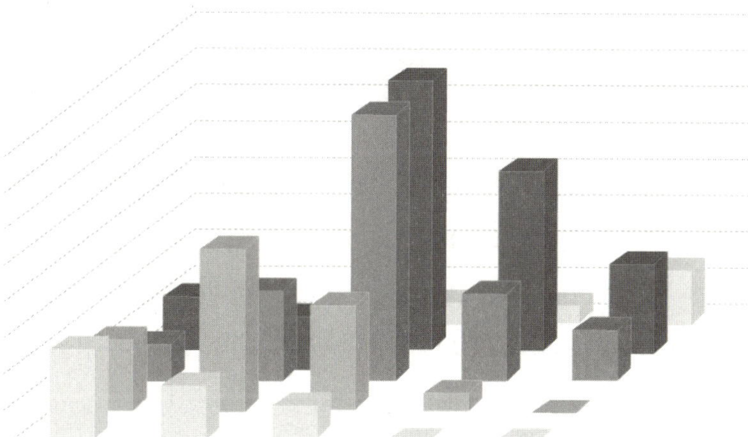

[그림 1.7] 표 1.4의 도수분포 그래프

### ☑ 이차원 데이터의 평균과 분산, 공분산

1.2절에서 언급한 바와 같이 서술적 통계학에서 표 1.4와 같은 도수분포표나 누적 도수분포표보다 더 완벽한 표현방법은 없다. 비록 이들이 가지고 있는 정보를 충실하게 표현하지는 못할지라도 요약하여 표현한다면 데이터의 각 변량의 평균값을 언급할 수 있을 것이다. 즉 표 1.4의 예에서 수학 성적의 평균, 물리 성적의 평균이 그것이다. 이는 각각의 성적이 이전에 다루어 왔던 단일 변량의 경우이기 때문에 다시 이야기할 필요가 없을 것이다. 마찬가지로 각 데이터의 변량들의 분산(표준편차)을 추가하여, 비록 요약된 표현이지만 좀 더 자세히 표현할 수 있을 것이다. 예를 들면 표 1.4에서 수학 또는 물리 성적의 분산(표준편차)을 추가한다는 것이다. 하지만 이 역시 단일 변량의 경우이기에 이전 절의 방법과 다른 점이 없다.

그렇다면 각각의 변량이외에 두 변량 상호간의 관계를 표현하는 척도는 없을까? 공분산(covariance)이 이 척도 해당되며 두 변량 사이의 관계를 대략적으로 보여준다. 공분산은

$$c_{xy} = \frac{1}{n-1}\sum_{i=1}^{n}(x_i - \overline{x})(y_i - \overline{y}) = \frac{n\sum_{i=1}^{n} x_i y_i - \sum_{i=1}^{n} x_i \sum_{i=1}^{n} y_i}{n(n-1)} \qquad (1.6.1)$$

와 같이 계산된다. 식 (1.6.1)의 가운데 변의 분자의 의미를 생각해 보자. 각 데이터의 평균값들을 빼고 이들 차이를 곱하고 있다. 이는 그림 1.8과 같이 데이터 표현의 원점을 평균치로 옮겨 곱하는 것과 같은 의미로 생각해 볼 수 있다. 그리고 그림 1.8에 표현된 바와 같이 이렇게 좌표가 변화된 데이터 중에 1상한(3상한)에 놓여 있는 데이터의 경우는 양의 값으로 더해지고 2상한(3상한)에 놓여있는 데이터는 그 곱이 음의 값으로 기여하게 될 것이다. 따라서 그림 1.6과 같이 1상한과 3상한에 데이터가 많은 경우는 공분산이 양의 값을 가지고, 그 반대인 경우인 그림 1.8과 같은 경우에는 음의 값을 가질 것으로 예상할 수 있다. 또한 1, 3상한과 2, 4상한의 데이터가 서로 비슷하게 균형을 이루는 경우에는 0에 가까운 공분산이 될 것이다. 따라서 공분산의 부호는 두 변량이 서로 양의 상관관계(positive correlation)를 갖는가, 또는 음의 상관관계(negative correlation)를 갖는가, 또는 상관관계가 없이 무관(uncorrelated)한가를 나타낸다.

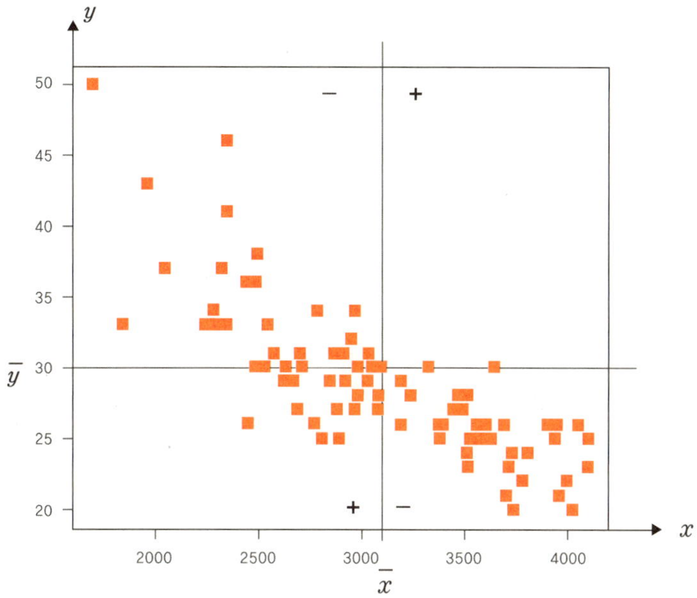


[그림 1.8] 공분산 구하기

그렇다면 평균과 함께 공분산까지 표현한다면 이차원 데이터의 분포를 충분하게 표현하는 것인가? 그렇지 않다. 이 역시 근사적인 표현일 따름이며 이전의 일차원 데이터 표현에서와 같이, 일반적인 이차원 분포를 일의적으로 규정하는 정확한 표현이 되기 위해서는 무한히 많은 차수(order)의 결합 모멘트(joint moment)들을 덧 붙여야한다.

종종 식 (1.6.1)의 공분산을 각각의 변량의 표준편차의 곱으로 정규화 시켜 상관계수(correlation coefficient)를 정의하기도 한다. 상관계수는

$$r_{xy} = \frac{c_{xy}}{s_x s_y} \tag{1.6.2}$$

로 정의되며, $s_x$와 $s_y$는 각각 데이터의 $x$방향과 $y$방향 성분들의 표준편차이다. 표준편차는 항상 양의 값이기 때문에 공분산의 부호와 상관계수의 부호는 같으며, $-1 \leq r_{xy} \leq 1$이다. 그림 1.9는 상관계수가 양 또는 음인 데이터의 산포도들을 보여주고 있다. 일반적으로 양의 기울기를 가지는 직선 가까이에 데이터가 많이 분포하면 +1에

가까운 강한 양의 상관관계 가지며, 멀리 분포하면 상관계수는 0에 가까운 약한 양의 상관관계를 가진다. 반대로 음의 기울기를 가지는 직선 가까이에 데이터가 많이 분포하면 −1에 가까운 강한 음의 상관계수를 가지고, 멀리 분포하면 상관계수는 0에 가까운 약한 음의 상관관계를 가진다.

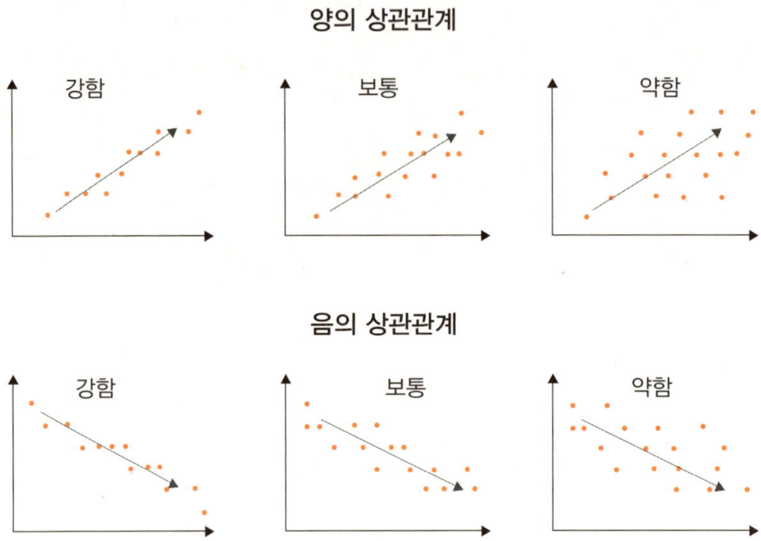


[그림 1.9] 데이터 분포와 상관계수

한편 표 1.4에서 "물리 성적 70점이라는 가정아래 수학 성적은 어떻게 될까?"라는 질문에 답을 고려해 보자. 일단 물리 성적 70점인 사람들 39명만을 대상으로 수학 성적만으로 일차원 도수분포표와 그래프, 평균들을 생각할 수 있을 것이다. 이때 물리 성적이 70점이라는 가정아래 수학 성적의 평균은

$$\frac{5\cdot 2+60\cdot 6+\cdots+90\cdot 1}{39}=50\cdot\frac{2}{39}+60\cdot\frac{6}{39}+\cdots+90\cdot\frac{1}{39}=71.79 \qquad (1.6.3)$$

과 같이 구할 수 있다. 그리고 이 평균값은 물리 성적 70점이라 가정할 때 수학 성적이 얼마일 것인가에 대한 식 (1.2.1)의 평균제곱오차 관점에서 최적인 대표치인 조건부

평균(conditional mean)이 된다. 그렇다면 이 조건부 평균은 외톨이 데이터에 대해 강건(robust)할까? 그렇지 않다. 이 역시 평균제곱오차 관점에서 최적이기 때문에 외톨이 데이터가 존재한다면 엉뚱한 결과를 제공할 수 있다. 따라서 여러 가지 종류의 강건한 추정(robust estimator)들이 등장하고 있다. 일반적으로 이렇게 구해진 조건부 평균이 물리 성적이 달라지면 직선적으로 변화할까? 그렇지 않다. 앞서 예에서 물리성적이 70점에서 80점, 90점으로 10점씩 증가할 경우 조건부 평균의 증분은 일반적으로 동일하지 않다. 따라서 이와 같이 평균제곱오차 관점의 최적의 예측치인 조건부 평균들을 구하면 일반적으로 비선형(nonlinear)적이다.

### ☑ 회귀분석(regression analysis) 및 주성분 분석(principal component analysis)

그림 1.6과 같은 산포도에서 남편의 나이에 따른 아내의 나이의 대표치들을 함수의 형태로 나타내면 어떨까? 이 함수에서 남편의 나이는 독립변수 아내의 나이의 대표치는 종속변수가 될 것이다. 그렇다면 어떠한 함수가 합당할까? 앞서 평균제곱오차를 최소화하는 조건부 평균에 대한 언급을 한 바 있다. 이미 지적한 바와 같이 일반적으로 조건부 평균은 비선형 함수이다. 비선형함수는 복잡하기 때문에 간단한 선형함수로 표현한다면 어떨까? 여기서 변량사이의 함수관계를 통상 회귀식(regressor)이라 부른다. 예를 들어 회귀식이 선형(linear)일 경우 이를 선형 회귀식이라 부르며 이 회귀식을 결정하는 과정을 회귀분석이라 한다.

이제 선형 회귀식을

$$y = \alpha x + \beta \tag{1.6.4}$$

라 하자. 여기서 $\alpha$는 회귀식의 기울기, $\beta$는 절편 값이다. 만약 식 (1.6.4)를 평균제곱오차 관점에서 최소화한다면

$$\epsilon = \frac{1}{n-1}\sum_{i=1}^{n}(y_i - \alpha x_i - \beta)^2 \tag{1.6.5}$$

을 기울기와 절편에 대해 편미분하여 이를 0으로 놓고 극값을 구하면 된다. 즉

$$\frac{\delta\epsilon}{\delta\alpha}=\frac{-2}{n-1}\sum_{i=1}^{n}(y_i-\alpha x_i-\beta)x_i=0$$

$$\frac{\delta\epsilon}{\delta\beta}=\frac{-2}{n-1}\sum_{i=1}^{n}(y_i-\alpha x_i-\beta)=0 \tag{1.6.6}$$

이며, 이 두 방정식을 정리하여 $\alpha$와 $\beta$를 구하면,

$$\alpha=\frac{n\sum_{i=1}^{n}x_iy_i-\sum_{i=1}^{n}x_i\sum_{i=1}^{n}y_i}{n\sum_{i=1}^{n}x_i^2-(\sum_{i=1}^{n}x_i)^2}=\frac{n\sum_{i=1}^{n}x_iy_i-\sum_{i=1}^{n}x_i\sum_{i=1}^{n}y_i}{n(n-1)s_x} \tag{1.6.7}$$

$$\beta=\overline{y}-\alpha\overline{x}=\frac{1}{n}\sum_{i=1}^{n}y_i-\frac{\alpha}{n}\sum_{i=1}^{n}x_i \tag{1.6.8}$$

와 같다. 식 (1.6.7)의 분모는 0보다 작을 수 없으며 분자는 공분산의 분자와 같기 때문에 공분산이 양이면 양의 기울기, 음이면 음의 기울기를 가지는 것을 확인할 수 있다. 또한 식 (1.6.5)는 예측치 $\alpha x_i+\beta$와 실제 데이터 $y_i$의 평균제곱오차를 의미하기 때문에 이렇게 구한 선형 회귀식은 외톨이 데이터에 민감할 수밖에 없다. 그러므로 이를 방지하기 위해서는 평균제곱오차와는 다른 형태의 강건한 예측치를 제공하는 목적함수를 택해야 한다.

이미 언급한 바와 같이 일반적으로 최소제곱오차를 만족하는 회귀식은 선형이 아니다. 그림 1.10의 산포도를 가지는 데이터라면 $x$가 특정한 값으로 고정되었을 때 이에 해당하는 값을 가진 표본들의 $y$값을 관찰하여 최소제곱오차를 가지도록 $y$의 평균값을 $\hat{y}$ 구하고, 이러한 절차를 모든 $x$들에 대해 반복하여 $\hat{y}=g(x)$를 얻어낼 경우 이는 분명 직선이 아닐 것이다.

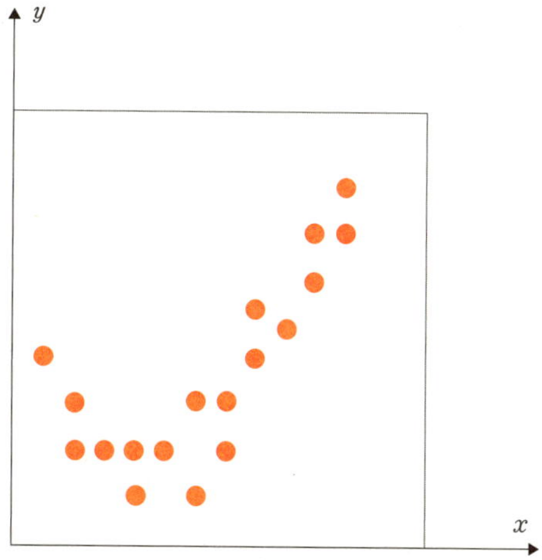

[그림 1.10] 최소제곱오차의 회귀가 선형이 아닌 데이터의 산포도

그림 1.6에서 남편의 나이와 아내의 나이 데이터들은 비록 특별한 경우에 해당하는 도둑 남편(?) 또는 도둑 아내(?)들을 제외하고 거의 직선상에 위치한다. 그렇다면 이들 데이터를 표현하는데 꼭 부부 모두의 나이를 이야기할 필요가 있겠는가? 만약 이들 데이터를 어떤 축 또는 벡터방향으로 투영하여 데이터를 분별한다면 어떤 축이 적합할까? 아마도 이 경우에는 데이터 벡터를 $v \approx (1/\sqrt{2}, 1/\sqrt{2})$방향으로 투영, 즉 데이터에서 평균을 뺀 벡터(그림 1.8에서와 같이 원점이 평균치로 옮겨진 후의 데이터)의 $v$방향의 투영을 구한다면, 그 결과의 분산이 최대가 될 것이다. 이 방향성분을 주성분(principal component)이라 부르며, 이러한 과정을 주성분 분석(principal component analysis)이라 한다. 이 부분은 이 책의 11장에서 좀 더 자세히 다루게 될 것이다.

### ☑ 일반적인 다차원 데이터의 경우

앞서 두 개의 변량을 갖는 이차원 데이터를 예로 들어 설명하였다. 만약에 3차원 데이터인 경우에 산포도는 어떻게 될까? 아마도 공간상에 데이터 표본들이 먼지 입자처럼 놓여 있을 것이라는 상상을 할 수 있을 것이다. 그리고 도수분포표는 이제 이 삼차원 공간에 입방체 격자를 배치시키고 단위 입방체 안에 들어있는 데이터의 개수, 즉 빈도나 상대빈도로 표현할 수 있을 것이다. 그림 1.11은 3개의 변량을 가지는 3차원 데이터 표본의 산포도를 보여주고 있다.

한편 이와 같은 삼차원 분포에서 한 개의 변량이 특정 값을 가지는 경우를 가정하면 나머지 두 변량의 이차원 분포를 생각할 수 있으며 또 두 개의 변량이 특정 값들을 가진다고 가정할 경우 나머지 한 변량의 일차원 분포를 생각할 수 있다. 따라서 이러한 다차원 데이터 표본에 대해서도 이차원 데이터의 산포도와 도수분포, 누적도수분포, 평균, 공분산, 회귀분석, 주성분 분석 등을 동일하게 적용할 수 있다. 뿐만 아니라 그 이상의 여러 개의 변량을 가지는 다차원 데이터의 경우도 그림을 그릴 수는 없으나 머리로나마 충분히 상상할 수 있을 것이다. 그림 1.11은 실제 패턴인식 분야에서 널리 알려진 "붓꽃(iris)" 데이터 표본을 보여주고 있는데 사실 원래 이 "붓꽃" 데이터는 4차원으로 4개의 변량을 가지고 있다. 4차원의 데이터는 그림그릴 수 없기 때문에 그림 1.11은 이들 4개 차원의 데이터 중에 하나의 차원에 해당하는 변량을 무시하고 3차원으로 가정하여 그린 그림이다.

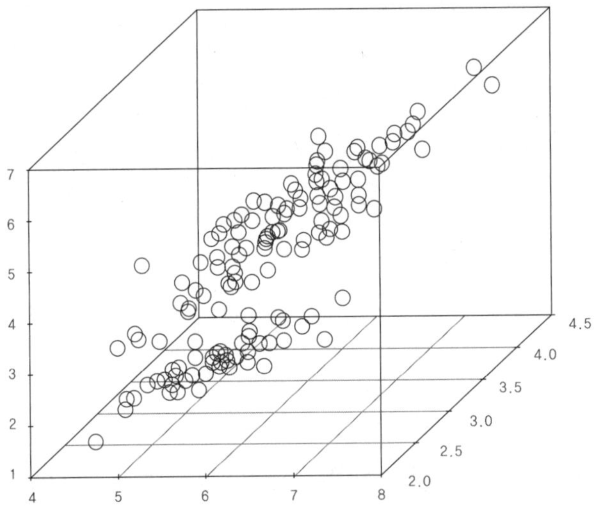


[그림 1.11] 3차원 산포도의 예

### ☑ 다차원 데이터의 도수분포와 수학적 모델

표 1.4와 같이 이차원 데이터의 분포에 대한 수학적인 모델은 무엇일까? 일차원 데이터와 마찬가지로 상대빈도의 수학적인 모델은 확률, 이차원 도수분포에 대한 수학적인 모델은 결합(joint) 확률분포, 누적도수분포에 대한 수학적인 모델은 결합 누적확률분포에 해당한다. 다만 변량이 두 개 이상이기 때문에 결합(joint)이란 말을 붙여 사용하는 것이다.

뿐만 아니라 이차원 데이터의 도수분포로부터 각각의 차원에 해당하는 서로 다른 변량 데이터 분포를 알 수 있으며 이로부터 각각의 평균, 분산 등도 구할 수 있다. 예를 들어 표 1.4에서 마지막 열과 행은 각각 수학과 물리 성적의 도수분포를 표현하며 이로부터 각 교과목의 평균, 분산 등을 구할 수 있다. 이렇게 원래의 이차원 도수 분포표에서 얻은 각 데이터 변량의 분포를 주변분포(marginal distribution)란 말로 표현한다. 또한 식 (1.5.3)에서처럼 전체 표본수가 아니고 어떤 가정을 만족하는 데이터 수를 기준으로 구한 상대빈도와 이들의 분포의 수학적인 모델을 조건부 확률(conditional probability)과 조건부 확률분포(conditional distribution)라하며, 이 가정을 만족하는 데이터의 평균의 수학적인 모델을 조건부 평균(기댓값)이라 한다.

예를 들어 표 1.4에서 수학이 70점 이하라는 조건을 만족하며 물리 성적의 조건부 분포를 생각하면 붉은 글씨 부분의 데이터만을 고려해야 한다. 따라서 수학이 70점 이하라는 조건에서 물리 성적의 분포는 표 1.5과 같으며 이 분포로부터 평균, 분산 등을 얻어낼 수도 있다. 표 1.6에는 본 절의 사항을 정리하여 다차원 데이터의 서술통계량들과 해당하는 수학적인 모델들을 나열하고 있다.

| 물리 | 50 | 60 | 70 | 80 | 90 | Total |
|---|---|---|---|---|---|---|
| 상대빈도 | 11/60 | 17/60 | 23/60 | 6/60 | 3/60 | 1.0 |

[표 1.5] 수학 성적 70점 이하라는 가정아래 물리 성적의 분포

| 표본의 서술통계량 | 수학적인 모델 |
|---|---|
| 다차원 데이터 값 | 랜덤벡터 |
| 상대빈도(도수) | 결합 확률 |
| 도수분포 | 결합 확률분포 |
| 누적상대도수 | 결합 누적확률 분포 |
| 특정 변량의 도수 분포 | 주변 확률분포 |
| 변량의 특정 값을 가정하고 나머지 변량의 분포 | 조건부 확률분포 |
| 변량의 특정 값을 가정하고 나머지 변량의 평균 | 조건부 기댓값 |

[표 1.6] 다차원 데이터의 서술통계량과 수학적 모델

## 연습 문제

1. 표 1.4를 참조하여 다음 질문에 답하시오.

(1) 수학, 물리 각 교과목의 성적분포를 상대빈도를 이용하여 표현해 보시오.

(2) 수학, 물리 각 교과목 성적 평균과 분산들을 구해 보시오. 어느 교과목이 더 점수가 높고 어느 교과목이 더 다양한 값들을 가지는가?

(3) 물리 성적이 80점인 학생이 있다. 평균제곱오차 관점에서 이 학생의 수학 성적을 얼마로 추정하는 것이 좋을까?

(4) 수학 성적이 A학점(90점 이상)이라는 가정아래 물리 성적이 70점 이하인 학생의 (조건부) 상대빈도는 얼마인가?

(5) 수학과 물리 두 과목의 평균성적이 60점 이상인 학생의 상대빈도는 얼마인가?

(6) 수학 성적이 60점 이상인 학생들 중에 물리 성적도 60점 이상인 학생의 (조건부) 상대빈도는 얼마인가?

(7) 표 1.4를 참조하여 공분산과 상관계수를 구할 수 있겠는가? 있다면 이를 구해 보시오.

2. 다음 (키, 몸무게) 이차원 변량 데이터에 대한 질문에 답하시오.

$$S = \{(175, 68), (170, 80), (160, 58), (150, 43), (178, 80), (180, 78), (183, 90)\}$$

(1) 이차원 공간에 산포도를 표현해 보시오.

(2) 이 산포도의 점들이 동등한 질량을 가지는 점이라 하면 무게중심의 위치는 어디일까?

(3) 공분산과 상관계수를 구해 보시오.

(4) 평균제곱오차를 최소로 하는 선형회귀식을 구해보시오. 또한 이렇게 구한 선형회귀식의 데이터에 대한 평균제곱오차를 구해보시오. 만약 이 오차 값이 작을 경우 또는 클 경우는 무엇을 의미하는 것일까? 정성적으로 답해보시오.

3. 그림 1.9의 산포도에서 최소제곱오차를 최소로 만드는 회귀곡선을 대략적으로 스케치하여 보시오. (힌트: 이 경우는 선형적인 직선이 아니라 비선형적인 곡선이 됨.)

## 1.7 컴퓨터 실습

컴퓨터로 발생시킨 난수(random number) 표본은 각종 시뮬레이션을 위해 유용하게 사용된다. 즉 일상에서 일어나는 사건이 특정한 분포를 갖는다고 가정하고 근사적으로 이 분포를 가지게끔 컴퓨터로부터 표본을 발생시켜서 시뮬레이션에 사용한다. 뿐만 아니라 이런 표본을 이용한 실험은 확률 및 통계를 이해하는데도 매우 유용하다.

C프로그램 등에서 컴퓨터가 발생시킬 수 있는 난수 표본은 균일분포(uniform distribution)이며 그 수의 범위는 0부터 워드길이에 의해 지정된 (RANDMAX-1) 범위

까지의 정수이다. 여기서 균일분포란 나중에 자세히 설명하겠지만 마치 주사위를 무수히 던지면 1부터 6까지의 눈금이 고르게 나오듯이 고르게 분포된 값들이 발생한다는 것이다. 또한 난수 표본이란 어떤 경향성을 가지고 데이터가 제공되는 것이 아니라 예측 불가능한 순서(이는 나중에 독립 또는 무관 등의 개념으로 정립될 것임.)로 데이터가 제공된다는 의미이다. 따라서 컴퓨터가 제공하는 균일분포의 랜덤변수는 0부터(RANDMAX-1) 범위까지의 정수가 고르게 발생하며 이전에 발생한 수와 어떤 경향성을 가지고 나타나는 것은 아니다.

이 책에서 다루어질 컴퓨터를 이용한 실험은 MATLAB을 이용한다. 실제 MATLAB은 C와는 다르게 0부터 1까지의 균일분포의 실수를 rand함수에 의해 제공한다. 또한 rand('seed'), rand('state'), rand('twister') 등은 난수 발생흐름을 다르게 하여 매번 실행될 때마다 다른 순서의 난수를 발생시키기 위해서이다.

### ☑ 주사위 만들기

만약 rand함수로 만든 난수를 이용하여 주사위를 만들어 표본을 얻고자 하면 그림 1.12 프로그램을 이용할 수 있다. 그림 1.12에서는 일단 rand('state')로 난수발생 흐름을 변화시키며, 공평한 주사위를 n번 던져서 1차원 배열 freq(1), freq(2), ... freq(6)에 발생횟수를 카운트하고 이를 바 차트로 그림 그린다. 만약 발생횟수 즉, 빈도가 아니라 상대빈도를 얻고자 하면 마지막 문장을 bar(Bincenter, Prob)로 바꾸면 확률로 모델링이 되는 상대빈도를 얻을 수 있다. 또한 n값을 120정도로 작은 값을 주면 상대빈도는 1/6씩이 아니라 들쭉날쭉한 값들을 얻을 것이며 그림에서와 같이 큰 값을 주면 거의 1/6에 가까운 균일한 상대빈도를 얻어 대수의 법칙을 확인할 수 있다. 그림 1.13은 프로그램 실행 결과를 막대그래프로 보여주고 있다. 프로그램에서는 n이 $12\times10^5$이기에 각각의 눈금에서 근사적으로 약 1/6에 해당하는 빈도를 동일하게 얻는 것을 확인하기 바란다.

### ☑ 일반적인 확률분포를 갖는 이산적인 사건(난수) 만들기

균일분포 난수로부터 일반적인 확률분포(상대빈도)를 갖는 이산적인 사건(난수)를 만들 수 있다. 이러한 사건(난수)을 만드는 방법에 대한 정당성은 5장에서 다루기로 하고 여기서는 알고리즘만을 소개하고자 한다. 만약 확률(상대빈도)들이 $P(A_1)=p_1$, $P(A_2)=p_2$, , ..., $P(A_n)=p_n$인 사건 $A_1, A_2, \ldots, A_n$을 만들고자 한다면 다음과 같은 알고리즘을 이용할 수 있다. 그림 1.12의 공평한 주사위에서는 $p_1=p_2=\cdots=p_6$임을 살펴보기 바란다.

〈알고리즘〉

**단계** 1: rand 함수를 이용하여 [0, 1]의 균일분포 난수를 발생함.

**단계** 2: 단계 1의 실수가 $p_1$보다 작으면 $A_1$

그렇지 않고 $p_1+p_2$보다 작으면 $A_2$

그렇지 않고 $p_1+p_2+p_3$보다 작으면 $A_3$

........

그렇지 않고 $p_1+p_2+p_3+\cdots+p_{n\text{-}1}$이면 $A_{n\text{-}1}$

그렇지 않은 경우는 $A_n$

**단계** 3: 여러 개의 난수 표본일 경우는 단계 1부터 반복

```
%%%%%%%%%%%%%%%%%%%%%%%%%%%%%%%%%%%%%%%%%%%%%%%%%%%%%%%%%%%%%%%%%%%%%%%%
% 주사위 만들어 n번 던져서 발생빈도를 그림으로 보는 프로그램
%
rand('state'); % 스트림 변화를 위한 문장
n=1200000; % 시행횟수
Bins = 6;
freq=zeros(1,Bins); % 빈도 초기화

for i=1:n
  x = rand;
  if x <1/6
      freq(1)=freq(1)+1;
  elseif x<2/6
      freq(2)=freq(2)+1;
  elseif x<3/6
      freq(3)=freq(3)+1;
  elseif x<4/6
      freq(4)=freq(4)+1;
```

```
    elseif x<5/6
        freq(5)=freq(5)+1;
    else
        freq(6)=freq(6)+1
    end
end

Bincenter = [1:1:6];
Prob = freq./n;
bar(Bincenter,freq); % 바차트로 freq()의 빈도를 그림으로 표시하기
```

[그림 1.12] 주사위 만들기 MATLAB 프로그램

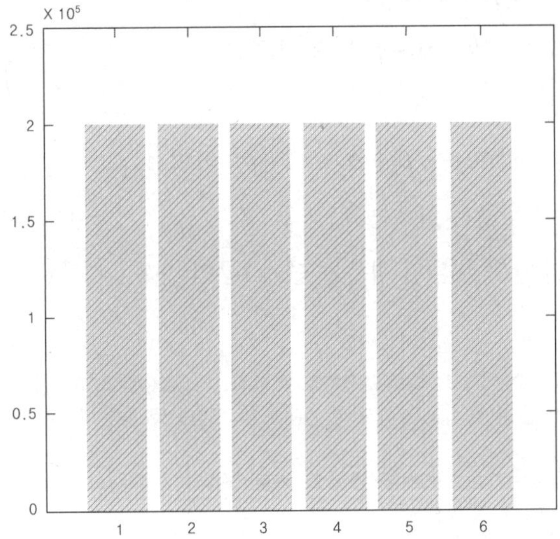


[그림 1.13] 주사위 만들기 프로그램 실행결과

## 연습 문제

1. 사지 선다형 문제의 정답을 잘 모를 경우에 대비해 연필 굴리기를 하고자 한다. 만약 연필 굴리기를 통한 정답의 확률을 각각 $P$(1번)=0.2, $P$(2번)=0.3, $P$(3번)=0.3, $P$(4번)=0.2라 할 경우, 이 연필을 컴퓨터 프로그램으로 만드시오.

2. 그림 1.12의 공평한 주사위 만들기 컴퓨터 프로그램에서 다음을 시도해 보시오.

(1) 이 주사위를 600번 던져서 각 면이 나온 회수를 표현하고 이들의 상대빈도를 그림으로 표현해 보시오.

(2) 이제 이 주사위를 6000번, 60000번, 600000번 던지면서 마찬가지로 나온 면의 회수와 상대빈도를 표현해 보시오.

(3) (1)과 (2)에서 특정한 면(예: 5)이 나오는 상대빈도를 600, 6000, 60000, 600000으로 증가하면서 어떤 값에 접근해가는 가를 관찰해 보시오.

(4) 앞선 실험을 통해 상대빈도는 어떤 경우 안정한 값, 즉 확률과 같아지는 가를 말로써 답해보시오.

chapter.2

# 확률

제1장에서 확률은 상대빈도의 수학적인 모델이라 하였다. 따라서 확률은 상대빈도가 가지는 여러 가지 성질을 그대로 공리로 수용한다. 본 단원에서는 확률이 정의되는 표본공간(sample space)과 표본공간의 부분집합으로 확률이 정의되는 사건(event)들을 살펴보고, 확률의 정의와 유용한 성질들을 알아본다. 뿐만 아니라 조건부확률의 정의를 알아보고 결합 확률(joint probability)의 계산과 사건의 독립성, 마르코프 체인, 전확률 법칙(law of total probability)과 베이즈 규칙(Bayes rule) 등을 살펴보고자 한다.

본 장을 통해 특별히 강조하는 사항은 이전 장에서의 상대빈도가 어떻게 수학의 틀 안에서 확률로 모델링 되는가이다. 즉 표본공간의 부분집합으로 사건이 규정되고 이 사건에 특별한 성질을 갖는 함수로서 확률이 정의되는 모습을 주의 깊게 살펴보아야 한다. 또한 본단원을 통해 향후 랜덤변수를 다루는데 중요한 역할을 하게 될 사건들의 독립성, 통계적인 의사결정에 폭넓은 응용분야를 갖는 조건부 확률, 전확률 법칙, 베이즈 정리 등을 잘 이해해야 한다.

## 2.1 표본공간 및 사건

먼저 제 1 장에서 언급한 상대빈도의 수학적인 모델로서 확률을 정의하기 위해 필요한 전제들을 살펴보기로 하자.

### ☑ 통계적 실험(statistical experiment)

통계적 실험이란 어떤 목적을 가지고 관찰을 통해 측정값을 얻어내는 과정을 의미한다. 예를 들어 선생님이 학생들의 성취도를 평가하기 위해 성적을 측정하는 과정, 공정제어를 위해 센서를 통해 어떤 대상을 측정하는 과정, 주식 가격의 추이를 분석하기 위해 주식가격을 매일 측정하는 과정 모두가 통계적 실험에 해당한다. 이렇게 얻어진 측정치들은 어떤 범위의 실수 값이 될 수도 있으며, 주사위 눈의 개수와 같이 정수 또는 자연수도 될 수 있고, 때로는 남자 또는 여자, 동전의 앞면과 뒷면 같이 크기나 순서를 분별할 수 없는 경우도 있다. 넓은 의미로 보면 사람이 인위적으로 행하는 실험뿐만 아니라 우리가 매일 접하는 데이터 역시 통계적 실험의 결과로 볼 수도 있다. 예를 들어 날씨라든지 이성 친구의 기분 상태라든지 수치로 표현할 수 있거나 그렇지 않거나 모두 통계적 실험의 결과로 볼 수 있다는 것이다.

### ☑ 표본공간(sample space)

크기나 순서를 가릴 수 있는 수치로 표현하든 아니면 순서를 가릴 수 없는 표현이든 어떠한 형태의 측정치이든 이 모든 가능한 측정결과를 나열한 집합(set)을 표본공간이라 한다. 즉 표본 공간은 제 1 장의 성적 예에서는 계급을 모두 나열한 집합이 될 수도 있으며, 물리와 수학성적의 모든 계급을 포함하는 집합이 될 수도 있다. 뿐만 아니라 이런 순서를 가릴 수 있는 경우뿐만 아니라 순서를 가릴 수 없는 날씨의 상태, {맑음, 흐림, 눈 또는 비}등의 표현들이 될 수도 있다.

일반적으로 표본공간이 되기 위해 반드시 요구되는 두 가지 조건이 있다. 먼저 표본공간의 모든 원소는 구별 가능해야 한다. 즉 원소상호 간에 모호하거나 중첩된 부분이 없어야 한다는 것이다. 이것을 표본공간 원소의 상호간의 배타적(mutually exclusive)인 성질이라 한다. 또한 이들 원소를 모으면 실험에서 나타날 수 있는 경우들을 모두 포함해야 한다는 것이다. 이것을 표본공간의 원소들을 모으면 통계적 실험에서 나타나는 모든 가능한 경우(collectively exhaustive)가 되는 성질이라 한다. 우리가 확률을 이용하여 어떤 현상을 모델링하기 위해서는 반드시 적절하고 합당한 표본공간을 정의해야 한다.

두 종류의 통계적 실험을 반복하는 경우 표본공간 $S$는 앞선 실험에서 구성된 표본공간 $S_1$과 두 번째 실험에서 구성된 표본공간의 카테지언 곱(Cartesian product)으로 정의할 수 있으며, 카테지언 곱이란 $S_1$과 $S_2$의 원소들을 순서에 따라 짝지어 놓은(ordered pair) 결과들을 원소로 하는 집합

$$S = S_1 \times S_2 = \{(s_1, s_2) \mid s_1 \in S_1,\ s_2 \in S_2\} \tag{2.1.1}$$

이다. 이러한 카테지언 곱은 $n$종류의 통계적 실험의 반복시행에서도 확장하여 활용할 수 있다. 즉

$$S = S_1 \times S_2 \times \cdots \times S_n = \{(s_1, s_2, \cdots, s_n) \mid s_1 \in S_1,\ s_2 \in S_2, \dots, s_n \in S_n\} \tag{2.1.2}$$

이다.

**예제 1** ▸▸▸

그림 2.1과 같은 100원 짜리 앞뒷면이 고르게 나오는 공평한 동전이 있다.

[그림 2.1] 공평한 100원짜리 동전

(1) 공평한 동전을 한번 던지는 통계적 실험에서 표본공간을 지적해 보시오. 또한 동전을 두 번 던지는 통계적 실험의 표본공간을 지적해 보시오.

(2) 또한 동전을 네 번 던지는 통계적 실험에서 표본공간은 4자리의 이진수와 일대일 대응이 가능한가? 가능하다면 일대일 대응을 한 결과를 나열해 보시오.

**풀이 ▸▸▸**

(1) 동전을 한번 던지는 실험의 표본공간은 $S_1$={앞면, 뒷면}이다. 이 표본공간의 원소들은 서로 구분이 가능하며, 이들을 모아 놓으면 실험에서 발생할 수 있는 모든 가능한 경우이다. 또한 동전을 두 번 던지는 통계적 실험에서 표본공간 $S_2$는 첫 번째 동전의 상태와 두 번째 동전의 상태를 조합한 네 가지 경우들인 의 카테지언 곱으로 정의할 수 있다.즉 두 집합의 모든 원소를 순서대로 짝지어 놓은 결과로

$$S_2 = S_1 \times S_1 = \{(\text{앞면, 앞면}), (\text{앞면, 뒷면}), (\text{뒷면, 앞면}), (\text{뒷면, 뒷면})\}.$$

(2) 때때로 동전을 던져서 나온 결과를 비트에 매핑하여 동전을 1회 던지는 실험의 경우, 앞면을 1, 뒷면을 0이라 하면 $S_1=\{1, 0\}$와 같이 표현할 수 있다. 두 번 동전을 던지는 실험의 경우 $S_2 = S_1 \times S_1$는 네 번 동전을 던지는 실험의 경우는 4비트의 이진수로

$$\begin{aligned} S_4 &= S_1 \times S_1 \times S_1 \times S_1 \\ &= \begin{Bmatrix} (0000), (0001), (0010), (0011), (0100), (0101), (0110), (0111) \\ (1000), (1001), (1010), (1011), (1100), (1101), (1110), (1111) \end{Bmatrix} \end{aligned}$$

로 매핑하여 표현할 수 있다. 이 표본공간의 모든 원소는 모두 각각을 구별가능하며, 원소들을 모두 모은 표본공간은 실험결과를 빠짐없이 나열하고 있다.

**예제 2 ▸▸▸**

공평한 주사위를 한번 던지는 통계적 실험의 표본공간과 두 번 던지는 경우의 표본공간을 지적하시오.

[그림 2.2] 주사위와 주사위 눈금

**풀이 ▸▸▸**

주사위를 한번 던지는 경우, 주사위 눈금 수를 헤아려 나열하면

$$S_1 = \{1, 2, 3, 4, 5, 6\}$$

이며, 주사위를 두 번 연속 던지는 실험의 표본공간은

$$S_2 = S_1 \times S_1 = \left\{ \begin{matrix} (1,1), (1,2), (1,3), (1,4), (1,5), (1,6) \\ (2,1), (2,2), (2,3), (2,4), (2,5), (2,6) \\ (3,1), (3,2), (3,3), (3,4), (3,5), (3,6) \\ (4,1), (4,2), (4,3), (4,4), (4,5), (4,6) \\ (5,1), (5,2), (5,3), (5,4), (5,5), (5,6) \\ (6,1), (6,2), (6,3), (6,4), (6,5), (6,6) \end{matrix} \right\}$$

이다. 여기서 주의할 것은 그림 2.2의 주사위 눈금이 관측결과이며, 따라서 이들이 표본공간을 이루는 것이지 풀이에 제시된 정수 값들이 관측결과 자체는 아니라는 것이다. 즉 엄밀한 의미에서 표본공간은 관측된 현상 그 자체로 구성될 따름이지 정수 값으로 매핑된 결과는 아니며, 풀이에서는 표현을 간단하게 하기 위해 정수로 눈금을 헤아린 결과를 표현하고 있는 것이다. 이런 방식의 해석은 나중에 랜덤변수의 필요성을 이해하는데 중요하다.

**예제 3 ▸▸▸**

그림 2.3과 같이 주머니에 빨강색 공이 1개, 파랑색 공이 2개, 초록색 공이 1개 들어 있다고 하자. 만약 주머니의 공을 두 번에 걸쳐 꺼내는데 처음 꺼낸 공을 다시 넣고 다음에 공을 꺼내는 복원추출을 한다고 하자. 표본공간을 지적해 보시오. 또한 처음 뽑은 공을 다시 넣지 않는 경우, 즉 비복원 추출의 경우 표본공간을 지적해 보시오.

[그림 2.3] 주머니 속의 공 꺼내기

**풀이 ▸▸▸**

처음 공을 뽑는 실험의 표본공간을 $S_1$={빨강, 파랑, 초록}이라면, 복원 추출(with replacement)의 경우 표본공간은

$$S_r = S_1 \times S_1 = \begin{Bmatrix} (\text{빨강}, \text{빨강}), (\text{빨강}, \text{초록}), (\text{빨강}, \text{파랑}) \\ (\text{초록}, \text{빨강}), (\text{초록}, \text{초록}), (\text{초록}, \text{파랑}) \\ (\text{파랑}, \text{빨강}), (\text{파랑}, \text{초록}), (\text{파랑}, \text{파랑}) \end{Bmatrix}$$

이 된다. 하지만 처음 뽑은 공을 다시 넣지 않는 경우, 즉 비복원 추출(without replacement)의 경우는 처음 뽑은 공이 무슨 색인가에 따라 달라지기 때문에

$$S_{nr} = \begin{Bmatrix} (\text{빨강}, \text{초록}), (\text{빨강}, \text{파랑}), (\text{초록}, \text{빨강}), (\text{초록}, \text{파랑}), \\ (\text{파랑}, \text{빨강}), (\text{파랑}, \text{초록}), (\text{파랑}, \text{파랑}) \end{Bmatrix}$$

와 같다. 여기서 처음에 빨강 또는 초록색 공이 뽑히면 두 번째에는 동일한 색의 공이 뽑힐 수 없음을 주의하라. 이들 표본공간의 원소들이 서로 중복되지 않고, 또한 표본공간 이외의 원소가 실험을 통해 발생하지 않는다.

### ☑ 사건(event)

확률은 어디에 정의되는가? 확률은 표본공간의 원소가 나타나는 상대빈도의 수학적인 모델로 볼 수 있다. 그러나 반드시 이들 표본공간의 원소에만 정의되는가? 그렇지 않다. 이들 원소에 대해서도 상대빈도를 이야기 할 수 있지만 이 원소들이 모인 표본공간의 부분집합에 대해서도 상대빈도를 이야기 할 수 있다. 따라서 이를 일반화하면 원소 하나를 포함하는 표본공간의 부분집합(singleton) 뿐만 아니라, 여러 개의 원소를 포함하는 표본공간의 부분집합에 대해서도 확률을 할당할 수 있다. 따라서 확률은 표본공간의 부분집합에 매겨질 수 있는 집합함수(set function)이다. 이때 표본공간의 부분집합을 사건(event)이라 한다.

**예제 4 ▸▸▸**

제1장의 표 1.1에서 표본공간을 지적하고, 가능한 사건을 예로 들어 보시오.

**풀이 ▸▸▸**

명백히 표본공간은 도수분포표의 계급에 해당하는

$$S = \{10\text{점 미만}, 10\text{점대}, 20\text{점대}, \ldots, 90\text{점대}\}$$

이다. 따라서 표 1.1의 상대빈도가 부여된 이들 각각의 원소를 포함하는 부분집합들을 사건이라 할 수도 있다. 예를 들어 30점대의 상대빈도는 0.07, 40점대의 상대빈도 0.08, ..., 90점대의 상대빈도는 0.05 등이 그것이다. 그러나 일반적으로 상대빈도는 이 표본공간의 부분집합에 부여 될 수도 있다. 예를 들어 '70점 이상 90점

미만'은 표본공간 $S$의 부분집합이며, 이때 상대빈도는 0.29에 해당된다. 따라서 $S$의 모든 부분집합에 상대빈도가 부여될 수 있으며 이들 모두가 사건이 될 수 있다.

그렇다면 여기서 표본공간의 부분집합인 임의의 사건의 상대빈도를 계산하기 위해 꼭 필요한 사건, 즉 필수적으로 상대빈도가 정의 되어야 편리한 사건은 무엇일까? 그것이 바로 단일 원소만을 포함하는 사건들에 대한 상대빈도들이다. 이들을 알면, 예를 들어 표 1.1과 같은 상대빈도 정보를 가지고 있으면, 어떠한 사건 즉 표본공간의 부분집합에 대한 상대빈도도 계산이 가능하다. 다음 장에서 이러한 단일 원소사건들에 부여된 확률을 확률 질량(probability mass)이라 하며, 이는 표본공간의 임의의 부분집합에 부여되는 확률을 계산하는 기초가 된다.

### ☑ 사건의 연산

단일 부분집합으로 표현되는 사건을 단순사건이라면 이들 단순 사건을 조합한 복합 사건은 사건과 사건을 연결하는 접속연산자에 의해 표현될 수 있다. 그런데 사건은 표본공간의 부분집합이므로, 이들 부분집합들의 접속연산에 의해 표본공간내의 복합사건을 표현하고, 이 복합사건에도 확률을 정의할 수 있다. 집합연산에서 합집합이란 접속사로는 "또는", "거나"의 의미를 가지며,

"어떤 사건 $A$이거나 또 다른 어떤 사건 $B$"인 경우 $A \cup B$

로 표현할 수 있다. 또한 공통부분 또는 교집합이란 접속사로 "그리고", "이며" 라는 의미를 가지며

"어떤 사건 $A$이며 또 다른 어떤 사건 $B$"인 경우는 $A \cap B$

로 표현할 수 있다. 때때로 $A \cap B$를 사건 $A$와 사건 $B$의 결합사건이라 부르기도 한다. 또한 "이 아닌"의 의미의 부정 접속연산도 생각할 수 있다. 즉

"사건 $A$가 아닌"은 $\bar{A}$

로 표현할 수 있으며 이는 전체 표본공간 중에 $A$에 속하지 않은 사건을 의미한다. 뿐만 아니라 두 집합의 차집합으로 표현되는 사건도 생각할 수 있다. 즉

"사건 $A$중에서 사건 $B$에 속하지 않는 사건"은 $A-B$

로 표현할 수 있다. 이들 집합의 연산은

$$\text{합집합}\ \ A\cup B=\{x\,|\,x\in A \text{ 또는 } x\in B\} \tag{2.1.3}$$

$$\text{교집합}\ \ A\cap B=\{x\,|\,x\in A \text{ 이며 } x\in B\} \tag{2.1.4}$$

$$\text{차집합}\ \ A-B=\{x\,|\,x\in A \text{ 이며 } x\notin B\} \tag{2.1.5}$$

$$\text{여집합}\ \ \bar{A}=\{x\,|\,x\notin A\} \tag{2.1.6}$$

와 같이 정의되며 벤 다이어그램(van diagram) 표현하여 집합연산의 등가관계를 확인할 수 있다. 그림 2.4는 집합연산의 벤 다이어그램을 표현하고 있다.

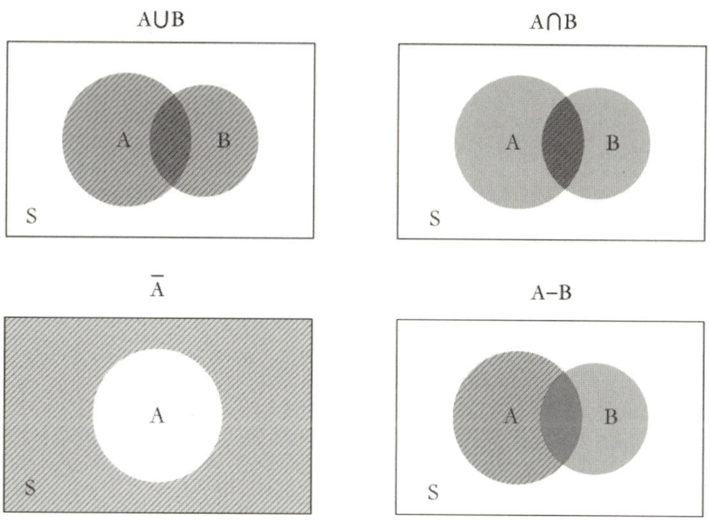


[그림 2.4] 집합연산의 벤 다이어그램

확률이 정의되는 사건이 집합 연산으로 표현되기 때문에 사건연산은 집합연산의 등가(equivalence) 관계를 모두 만족하게 된다. 즉 다음의 교환, 결합, 분배법칙 및 드모르간(De Morgan)의 법칙 등의 관계들이 모두 성립한다.

교환법칙 $$A\cap B=B\cap A \qquad A\cup B=B\cup A \tag{2.1.7}$$

결합법칙 $$A\cap(B\cap C)=(A\cap B)\cap C=A\cap B\cap C \tag{2.1.8}$$
$$A\cup(B\cup C)=(A\cup B)\cup C=A\cup B\cup C$$

분배법칙 $$A\cap(B\cup C)=(A\cap B)\cup (A\cap C) \tag{2.1.9}$$
$$A\cup(B\cap C)=(A\cup B)\cap (A\cup C)$$

드모르간의 법칙 $$\overline{A\cup B}=\bar{A}\cap\bar{B} \tag{2.1.10}$$
$$\overline{A\cap B}=\bar{A}\cup\bar{B}$$

또한 식 (2.1.8)과 같이 연속적으로 결합법칙이 성립하므로

$$A_1\cup A_2\cup A_3\cup \cdots\cdots \cup A_n=\bigcup_{i=1}^{N}A_i$$
$$A_1\cap A_2\cap A_3\cap \cdots\cdots \cap A_n=\bigcap_{i=1}^{N}A_i \tag{2.1.11}$$

이며, 이들 관계들과 분배법칙을 적용하면

$$B\cap(\bigcup_{i=1}^{N}A_i)=\bigcup_{i=1}^{N}(B\cap A_i)$$
$$B\cup(\bigcap_{i=1}^{N}A_i)=\bigcap_{i=1}^{N}(B\cup A_i) \tag{2.1.12}$$

관계가 성립한다.

**예제 5 ▸▸▸**

주사위를 두 번 던져서 처음 3이 나오는 사건 $A$, 두 번째에는 짝수가 나오는 사건 $B$라 하자. 다음 복합사건과 그 의미를 말로 표현해 보시오.

(1) $A\cup B$ (2) $A\cap B$ (3) $\bar{B}$ (4) $B-A$

**풀이 ▸▸▸**

사건 $A$와 사건 $B$는 각각

$$A=\{(3,1),(3,2),(3,3),(3,4),(3,5),(3,6)\}$$

$$B=\begin{Bmatrix}(1,2),(1,4),(1,6),(2,2),(2,4),(2,6),(3,2),(3,4),(3,6)\\(4,2),(4,4),(4,6),(5,2),(5,4),(5,6),(6,2),(6,4),(6,6)\end{Bmatrix}$$

이다.

(1) 복합사건 $A\cup B$ 는 사건 $A$와 사건 $B$의 합 사건은 "처음 3이 나오거나 두 번째 짝수"가 나오는 사건으로

$$A\cup B=\begin{Bmatrix}(1,2),(1,4),(1,6),(2,2),(2,4),(2,6),(3,1),(3,2),(3,3),(3,4),(3,5)\\(3,6),(4,2),(4,4),(4,6),(5,2),(5,4),(5,6),(6,2),(6,4),(6,6)\end{Bmatrix}.$$

(2) 복합사건 $A\cap B$는 사건 $A$와 사건 $B$의 공통 사건은 "처음 3이 나오고 두 번째 짝수"가 나오는 사건으로

$$A\cap B=\{(3,2),(3,4),(3,6)\}.$$

(3) 복합사건 $\bar{B}$ 는 "두 번째 짝수가 나오지 않는 사건", 즉 결국 "두 번째 홀수가 나오는 사건"으로

$$\bar{B}=\begin{Bmatrix}(1,1),(1,3),(1,5),(2,1),(2,3),(2,5),(3,1),(3,3),(3,5)\\(4,1),(4,3),(4,5),(5,1),(5,3),(5,5),(6,1),(6,3),(6,5)\end{Bmatrix}.$$

(4) 복합사건 $B-A$는 "두 번째 짝수가 나오는 사건 중에서 처음 3이 나오지 않는 사건"으로

$$B-A=\begin{Bmatrix} (1, 2), (1, 4), (1, 6), (2, 2), (2, 4), (2, 6), (4, 2), (4, 4) \\ (4, 6), (5, 2), (5, 4), (5, 6), (6, 2), (6, 4), (6, 6) \end{Bmatrix}.$$

한편 두 사건이 서로 공통부분이 없다면 겹치는 부분이 없는(disjoint) 또는 서로 배반인(mutually exclusive) 사건이라 한다. 어떤 사건들을 쌍(pair)으로 모았을 때 모든 쌍들이 서로 배반사건이면 이를 쌍마다(pair-wise) 배반사건들이라 한다.

표본공간 $S$가 여러 개의 쌍마다 배반인 사건 $A_1, A_2, \ldots, A_n$으로 나누어진다면, $\{A_1, A_2, \ldots, A_n\}$를 분할(partition)이라 한다. 즉 분할 $P=\{A_1, A_2, \ldots, A_n\}$는

$$A_1 \cup A_2 \cup \cdots \cup A_n = S \text{ 이며, } i \neq j \text{ 에 대해서 } A_i \cap A_j = \varnothing \qquad (1.2.13)$$

인 표본공간의 부분집합들의 집합이다. 그림 2.5는 배반사건과 분할의 벤 다이어그램을 보여주고 있다.

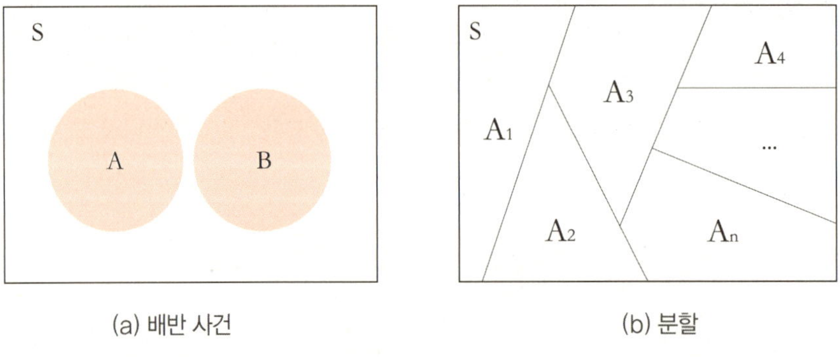


[그림 2.5] 배반사건과 분할

### 예제 6 ▸▸▸

다음 사건들이 분할이 되는지 여부를 가려 보시오.

(1) 예제 1의 동전을 두 번 던지는 실험의 표본공간에서 두 번째 동전에서 앞면이 나오는 사건 $A$와 뒷면이 나오는 사건 $B$

(2) 예제 1의 동전을 두 번 던지는 실험의 표본공간에서 처음 동전에서 앞면이 나오는 사건 $A$와, 두 번째 동전에서 뒷면이 나오는 사건 $B$

(3) 예제 2의 주사위를 두 번 던지는 실험의 표본공간에서 첫 번째 주사위 눈금수가 $i\,(i=1, 2, \ldots, 6)$인 사건 $A_i$들

### 풀이 ▸▸▸

(1) 예제 1의 동전을 두 번 던지는 실험의 표본공간에서, 두 번째 동전에서 앞면이 나오는 사건 $A$와 뒷면이 나오는 사건 $B$는 공통된 경우가 있을 수 없고, 이들의 합 사건은 모든 표본공간이 되기 때문에 분할이다.

(2) 예제 1의 동전을 두 번 던지는 실험의 표본공간에서 처음 동전에서 앞면이 나오는 사건 $A$={(앞면, 뒷면),(앞면, 앞면)} 와, 두 번째 동전에서 뒷면이 나오는 사건 $B$={(앞면, 뒷면),(앞면, 뒷면)} 이다. 따라서 이들의 합집합

$$A \cup B = \{(\text{앞면, 뒷면}), (\text{앞면, 앞면}), (\text{앞면, 뒷면})\} \neq S$$

이며, 공통부분

$$A \cup B = \{(\text{앞면, 뒷면})\} \neq \varnothing$$

이기에 분할이 될 수 없다.

(3) 예제 2의 주사위를 두 번 던지는 실험의 표본공간에서 첫 번째 주사위 눈금수가 $i\,(i=1, 2, \ldots, 6)$인 사건 $A_i$들의 합집합은 $S$이며, 이들이 쌍마다 배반사건이기에 분할이다.

## 연습문제

1. 다음 통계적 실험의 표본공간을 구성해 보시오.

(1) 어떤 남자가 맞선을 본다고 하자. 이 남자는 맞선을 보아서 결혼에 성공하지 못하면 영원히 본다고 하면 이 남자의 맞선 횟수를 모아놓은 집합

(2) 어떤 사람이 정류장에 도착한 시간을 0이라하고 기다리는 버스가 올 때까지의 시간 집합

(3) 우리나라 중부지방의 1년 동안의 기온의 집합

(4) OX 문제 10문제를 출제한다고 할 경우 10문제의 가능한 정답의 집합

(5) 어떤 분식집의 하루 손님 수의 집합

2. 다음을 카테지언 곱으로 표현해 보시오.

(1) 4지 선다형 한 문제의 정답의 표본공간이 $S_1=\{1, 2, 3, 4\}$일 경우, 10 문제 정답의 표본공간

(2) 주사위를 1번 던져서 얻은 눈금의 표본공간을 $S_1=\{1, 2, 3, 4, 5, 6\}$, 동전을 던져 얻은 결과의 표본공간을 $S_2=$ {앞면,뒷면}이라 할 경우 주사위와 동전을 동시에 던져서 나타나는 결과의 표본공간

(3) 우리나라 남성 키의 표본공간 $S_1=\{x\in R\ 0<x<250\text{cm}\}$과 몸무게의 표본공간 $S_2=\{y\in R\ 0<y<150\text{kg}\}$일 경우 우리나라 남성의 키와 몸무게의 표본공간

3. 다음은 4-비트의 비트열에 관한 질문이다.

(1) 4-비트의 비트열의 표본공간을 구성하시오.

(2) 두 비트이상이 1이면 출력이 1인 부울 함수가 있다고 하자. 이 함수가 1인 사건을 지적하시오.

4. 주사위를 두 번 던지는 실험에서 두 주사위 눈금의 합이 3인 사건을 $A$, 첫 번째 주사위에서 눈금이 3이하인 사건을 $B$, 두 번째 주사위 눈금이 3이하인 사건을 $C$라 할 때 다음을 구하시오.

(1) $A \cap B$ (2) $B \cup C$ (3) $(A \cup B) \cap C$ (4) $-(A \cup B)$ (5) $A-B$

5. 다음 집합에 관한 정리들을 밴 다이어그램을 그려 확인 해보시오. 단 $S$는 전체집합임.

(1) $A \cup \bar{A} = S$ (2) $A \cap \bar{A} = \varnothing$ (3) $(\overline{A \cup B}) = \bar{A} \cap \bar{B}$ (4) $(\overline{A \cap B}) = \bar{A} \cup \bar{B}$

6. 다음 두 사건 $A$와 $B$가 배반사건인지 여부와 표본공간의 분할을 구성하는지를 가리시오.

(1) 암수가 분명한 병아리를 임의로 선택하여 암컷이면 $A$, 수컷이면 $B$라 한다.

(2) 100점 만점인 시험에서 80점 이상을 $A$, 90점 이하를 $B$라 한다.

(3) 어떤 가게의 하루 손님수가 80명 이상이면 $A$, 그 미만이면 $B$라 한다.

(4) 병원환자들 중에 콜레라 환자는 $A$, 열이 많은 환자를 $B$라 한다.

(5) 임의로 선정된 사람의 혈액형이 $A$형이면 $A$, $B$형이면 $B$라 한다.

7. 임의의 세사건 $A, B, C$에 대하여 다음 사건을 벤 다이어그램으로 표현해 보시오.

(1) $B$만 해당되는 사건집합

(2) $A, B$는 해당되지만 $C$는 아닌 사건집합

(3) 적어도 하나의 사건인 사건집합

(4) 적어도 두 개 이상의 사건집합

(5) 세 사건 모두의 공통 사건집합

(6) 반드시 한 개만의 사건집합

8. 문제 3에서 $A$를 첫 번째 비트가 1인 4-비트 비트열들의 사건집합이라 하자.

또한 $B_i$를 $i$ 개의 비트가 1인 비트 열들의 사건집합이라 하자.

(1) $\{B_0, B_1, B_2, B_3, B_4\}$가 분할(partition)을 확인하시오.

(2) $A=(A\cap B_0)\cup(A\cap B_1)\cup(A\cap B_2)\cup(A\cap B_3)\cup(A\cap B_4)$임을 벤 다이아그램 (Venn diagram)으로 표현하여 확인해 보시오

## 2.2 확률(probability)

이전 절에서 표본공간과 그 부분집합인 사건을 살펴보았기 때문에 확률을 정의하기 위한 모든 준비가 끝난 셈이며, 이제 그 정의를 알아보기로 하자. 앞서 여러 차례 반복해서 언급했듯이 확률은 상대빈도의 수학적인 모델이기에 다음 확률의 정의에는 상대빈도의 성질들 중에 핵심이 되는 것만을 골라 포함한다.

**(정의 3 ▸▸▸)** 확률 $P:S\rightarrow[0, 1]$의 함수로 다음의 공리들을 만족한다.

**공리** 1 표본공간 $S$의 확률 $P(S)=1$

**공리** 2 임의의 사건 $A\subset S$의 확률 $P(A)\geq 0$

**공리** 3 $A$와 $B$가 표본공간 $S$의 서로 배반사건($A\cap B=\varnothing$) 이라면

$$P(A\cup B)=P(A)+P(B).$$

확률의 정의와 포함된 공리들은 당연히 모델의 대상인 상대빈도의 성질을 따르고 있다. 즉 상대빈도는 0과 1사이의 값이며, 전체 사건인 표본공간에 대한 상대빈도는 1이며 서로 중복되지 않는 배반 사건의 상대빈도는 각각의 상대빈도의 합과 같다.

한편 이러한 정의로부터 다른 유용한 정리들을 유도할 수 있다. 즉 이들 정리로 표현된 확률의 성질은 모두 상대빈도가 만족하는 성질이지만 정의 1의 핵심공리로부터

증명될 수 있기 때문에 정의에 포함되지 않는다.

### 정리 1 ▸▸▸

확률 $P$는 다음 성질들을 만족한다.

(1) $P(\varnothing)=0$

(2) $P(\bar{A})=1-P(A)$

(3) $P(A-B)=P(A)-P(A\cap B)$

(4) $P(A\cup B)=P(A)+P(B)-P(A\cap B)$

(5) 만약 $B\subseteq A$ 이면 $P(B)\leq P(A)$

### 증명 ▸▸▸

(1) $S\cup\varnothing = S$ 이며 $S\cap\varnothing = S$이다. 공리 (1)과 (3)에 의해

$1=P(S)=P(S\cup\varnothing)=P(S)+P(\varnothing)=1+P(\varnothing)$ 이기 때문에 $P(\varnothing)=0$.

(2) $A\cup\bar{A}= S$이며 $A\cap\bar{A}=\varnothing$이다. 따라서 공리 (1)과 공리 (3)에 의해

$1=P(S)=P(A\cup\bar{A})=P(A)+P(\bar{A})$ 이며 $P(\bar{A})=1-P(A)$.

(3) $A=(A-B)\cup(A\cap B)$ 이며 $(A-B)\cup(A\cap B)=\varnothing$. 따라서 공리 (3)을 이용하면

$P(A)=P(A-B)+P(A\cap B)$ 이다. 즉, $P(A-B)=P(A)-P(A\cap B)$.

(4) 연습문제

(5) $(A-B)\cup B=A$이며 $(A-B)\cap B=\varnothing$이다. 마찬가지로 공리 (3)을 이용하면

$P(A)=P(A-B)+P(B)$. 여기서 공리 (2)에 의해 $P(A-B)\geq 0$ 이므로

$P(A)\geq P(B)$.

### 예제 1 ▸▸▸

(1) 2.1절의 예제 1에서 동전이 공평한 동전일 경우 동전을 한번 던져서 앞면 또는 뒷면이 나오는 확률을 구하시오.

(2) 2.1절의 예제 2에서 주사위를 한번 던져서 눈금이 나타날 확률이 동일하다고 가정하고 4이상의 눈금이 나올 확률을 구하시오.

(3) 2.1절의 예제 2에서 주사위를 두 번 던져서 두 번째 4가 나오는 경우의 확률과 첫 번째 4이상이 나오고 두 번째 4가 나오는 경우의 확률을 구하시오.

(4) 2.1절의 예제 2에서 주사위를 두 번 던져서 첫 번째 4가 나오는 사건 $A$와 두 번째가 4가 나오는 사건 $B$의 확률과 합집합 $A \cup B$의 확률을 구하시오.

**풀이 ▸▸▸**

(1) 공평한 동전이기에 무한히 많은 표본수를 가정한다면 앞면과 뒷면의 상대빈도는 같을 것이다. 따라서 $P(\text{앞면}) = P(\text{뒷면}) = 1/2$이다. 또한 이 두 사건은 서로 배타적이며 두 사건의 합 사건은 전체 표본공간을 이루기 때문에, 정리 1 (2)에 의해 확률의 합은 1이다.

(2) 공평한 주사위를 가정하고 표본수가 무한히 증가하면 각 눈금이 나올 상대빈도는 동일하기 때문에

$$P(\{1\}) = P(\{2\}) = \cdots = P(\{3\}) = \frac{1}{6}$$

이다. 또한 4이상이 나올 사건의 확률은 공리 3에 의해

$$P(\{4, 5, 6\}) = P(\{4\}) + P(\{5\}) + P(\{6\}) = \frac{1}{2}.$$

(3) 앞서와 같은 이유로 표본공간 $S_2$에서 원소 하나만을 가진 사건의 확률은 1/36이다. "두 번째 4가 나오는 사건"

$$A = \{(1, 4), (2, 4), (3, 4), (4, 4), (5, 4), (6, 4)\}$$

에 해당하고, 공리 3에 의해

$$P(A) = \frac{1}{6}$$

이다. 또한 복합사건 "첫 번째 4이상 나오는 사건"

$$B = \begin{Bmatrix} (4,1), (4,2), (4,3), (4,4), (4,5), (4,6), \\ (5,1), (5,2), (5,3), (5,4), (5,5), (5,6), \\ (6,1), (6,2), (6,3), (6,4), (6,5), (6,6) \end{Bmatrix}$$

이며,

$$P(B) = \frac{1}{2}.$$

"첫 번째 4이상 나오고 두 번째 4가 나오는 사건"

$$C = \{(4, 4), (5, 4), (6, 4)\}$$

에 해당하며,

$$P(C) = \frac{1}{12}.$$

여기서 $C \subset B$이며 정리 1(5)에 따라 $P(C) < P(B)$임을 알 수 있다.

(3) 첫 번째가 4가 나오는 사건

$$A = \{(4, 1), (4, 2), (4, 3), (4, 4), (4, 5), (4, 6)\}$$

이며, 두 번째 4가 나오는 사건

$$B = \{(1, 4), (2, 4), (3, 4), (4, 4), (5, 4), (6, 4)\}$$

에 해당한다. 이들의 합집합

$$A \cup B = \begin{Bmatrix} (4,1), (4,2), (4,3), (4,4), (4,5), (4,6), \\ (1,4), (2,4), (3,4), (5,4), (6,4) \end{Bmatrix}$$

이므로

$$P(A \cup B) = \frac{11}{36}.$$

이는 $A \cap B = \{(4, 4)\}$이기 때문에 정리 1(4)에 의해서

$$P(A \cup B) = P(A) + P(B) - P(A \cap B) = \frac{1}{6} + \frac{1}{6} - \frac{1}{36} = \frac{11}{36}$$

과 결과적으로 같다.

참고적으로 오늘날의 확률을 이용한 인공지능 시스템에서는 확률을 상대빈도로만 해석하지는 않는다. 즉 어떤 경우에는 실험을 통해 사건을 충분히 관찰하고, 그 결과 즉, 상대빈도를 확률로 모델링할 수 없는 경우가 있으며, 이런 경우에는 단순히 믿음의 정도(degree of belief)를 확률로 가정하기도 한다. 즉 객관적인 상대빈도가 아니라 주관적인 믿음의 정도가 확률로 간주되고 이를 이용하여 확률론에 바탕을 두고 추론을 수행하기도 한다.

## 연습문제

1. 공정한 주사위를 두 번 던지는 실험에서 다음 확률들을 구해보시오.

(1) 첫 눈금이 1이고 두 번째 눈금이 홀수일 확률을 구하시오.

(2) 두 번 던진 눈금의 합이 5일 확률을 구하시오.

(3) 두 번째 눈금이 6일 확률을 구하시오.

2. 30도씩 부채꼴로 12조각으로 균등하게 나누어져 회전하는 원판의 각 조각에 $\alpha_1$부터 $\alpha_{12}$까지 이름이 붙여있다고 하자. 이제 이 원판을 회전시켜 고정된 막대가 가리키는 부채꼴의 확률은 동일하다고 가정하자. 만약

$A = \{\alpha_1, \alpha_3, \alpha_5, \alpha_7\}$

$B = \{\alpha_4, \alpha_5, \alpha_6, \alpha_7, \alpha_8\}$

$C = \{\alpha_6, \alpha_8, \alpha_{10}, \alpha_{12}\}$

라면 다음 사건들의 확률들을 구하시오.

(1) $A$ (2) $B$ (3) $C$ (4) $A \cup B$ (5)$A \cap B$ (6)$A \cup C$ (5)$A \cap C$ (6)$B \cup C$ (7) $B \cap C$

3. $P(A) = 0.7, P(B) = 0.8, P(A \cap B) = 0.6$일 경우 다음 확률들을 구하시오.

(1)$P(A \cup B)$ (2)$P(\bar{A} \cup B)$ (3)$P(A \cup \bar{B})$ (4) $P(\bar{A} \cup \bar{B})$

(5)$P(\bar{A} \cap B)$ (6)$P(A \cap \bar{B})$ (7)$P(\bar{A} \cap \bar{B})$

4. 어떤 학급에 남학생이 57%, 안경 낀 학생이 48%였다고 하자. 또한 여학생이며 안경 낀 학생이 22%라고 하자. 남학생과 여학생 집합이 서로 배반사건이며 안경 낀 학생과 그렇지 않은 학생의 집합역시 배반사건이라면 다음의 구성 비율을 구하시오.

(1) 남학생의 구성 비율 (2) 안경 끼지 않은 학생의 구성 비율

(3) 남학생이며 안경 끼지 않은 학생의 구성 비율

(4) 여학생이거나 안경 끼지 않은 학생의 구성 비율

5. 정리 1(4)를 증명하시오.

## 2.3 조건부 확률

### ☑ 조건부 확률(conditional probability)의 정의

어떤 사건이 또 다른 사건의 발생여부와 관계있는 경우는 대단히 많다. 예를 들어 주머니에 흰 공이 5개, 검은 공이 5개 들어 있다고 하자. 만약 주머니에서 처음 공을 추출하고 이를 다시 집어넣지 않고 다음 공을 추출하는 비복원 추출을 수행한다면 처음 공이 무엇이었는가에 따라 다음 공의 추출 확률에 영향을 준다. 이와 같이 어떤 사건 $B$를 가정한 상태에서 다른 사건 $A$가 일어날 확률을 조건부 확률(conditional probability) $P(A|B)$라고 한다.

앞서 여러 차례 언급했던 바와 같이 확률은 상대빈도의 수학적인 모델이기 때문에 조건부 확률 역시 예외가 될 수 없다. 앞서 1장의 도수분포표 표 1.4에서 수학 성적이 70점 이상인 사건 $B$의 가정 하에 수학 성적이 90점대 이거나 60점대일 사건 $A$의 상대빈도는 전체 학생 수를 대상으로 할 필요가 없고, 수학 성적이 70점 이상의 학생만을 대상으로 수학 성적 90점대이거나 60점대일 상대빈도를 구하면 될 것이다. 즉 수학 성적이 70점 이상인 70명에 대해 이들 중에 수학성적이 90점대이거나 60점대일 학생들을 헤아리면 된다. 당연히 60점대인 학생들은 전제, 즉 가정을 만족하지 못하기 때문에 수학 성적 90점대인 학생($A \cap B$)들만 고려하면 된다. 이를 다른 식으로 표현하면

$$\frac{5}{70} = \frac{5/100}{70/100} = \frac{\text{사건 } A\text{와} B\text{의 공통부분의 상대빈도}}{\text{사건 } B\text{의 상대빈도}}$$

과 같다. 이러한 조건부 상대빈도의 성질을 그대로 본 따서 조건부 확률을 다음과 같이 정의한다.

**(정의 2 ▸▸▸)** 사건 $B$라는 가정아래 사건 $A$의 조건부 확률

$$P(A|B)=\frac{P(A\cap B)}{P(B)},\ P(B)\neq 0 \qquad (2.3.1)$$

로 정의한다.

이러한 조건부 확률은 $B\subseteq A$일 경우 분자가 $P(A\cap B)=P(B)$이므로 1이 되며, 만약 $A\cap B=\emptyset$일 경우 0이다. 또한 이 극단적인 경우를 제외하고는 $0<P(A|B)<1$이다. 즉 그림 2.6과 같은 경우 0과 1사이의 값이 된다는 것이다. 그림 2.6에서 조건부 확률은 전체 표본공간이 아니라 조건에 해당하는 사건 $B$로 표본공간을 제한하는 것으로 생각할 수도 있다.

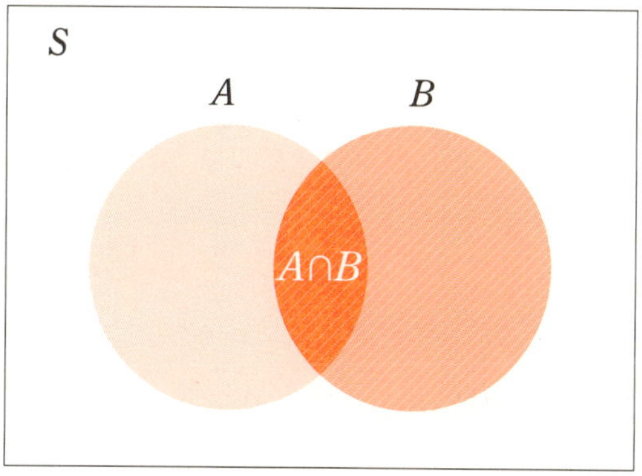


[그림 2.6] 조건부 확률 $0<P(A|B)<1$인 경우

한편 조건부 확률 역시 전체 표본공간 대신에 조건이 되는 사건으로 표본공간을제한한 상대빈도의 수학적 모델, 즉 확률이기 때문에 확률의 모든 공리를 만족한다.

**공리** 1 $P(S|B)=\dfrac{P(S\cap B)}{P(B)}=\dfrac{P(B)}{P(B)}=1$

**공리 2** $P(A|B) = \dfrac{P(A \cap B)}{P(B)}$ 는 분모 0보다 크고 분자는 0보다 작지 않으므로 $P(A|B) \geq 0$

**공리 3** 만약 $A_1$과 $A_2$가 상호 배타적이라면, 분배법칙에 의해

$$P(A_1 \cup A_2 | B) = \frac{P(A_1 \cup A_2) \cap B}{P(B)}$$

$$= \frac{P((A_1 \cap B) \cup (A_2 \cap B))}{P(B)}$$

이다. 한편 $(A_1 \cap B) \cap (A_2 \cap B) = \varnothing$이기 때문에 확률 공리 3에 의해

$$= \frac{P(A_1 \cap B)}{P(B)} + \frac{P(A_2 \cap B)}{P(B)}$$

이며, 조건부 확률의 정의에 의해 $P(A_1 \cap A_2 | B) = P(A_1 | B) + P(A_2 | B)$이 성립한다.

한편 식 (2.3.1)을 다른 식으로 표현하면

$$P(A \cap B) = P(A|B) \cdot P(B), \quad P(B) \neq 0 \tag{2.3.2}$$

와 같고, 이는 두 사건의 공통부분, 즉 결합사건의 확률을 구하는 유용한 방법이기도 하다.

**예제 1** ▸▸▸

2.1절의 예제 3에서 같이 주머니에 빨강색 공이 1개, 파랑색 공이 2개, 초록색 공이 1개 들어 있다고 하자.

(1) 만약 주머니의 공을 두 번에 걸쳐 꺼내는데 처음 꺼낸 공을 다시 넣고 다음에

공을 꺼내는 복원추출을 한다고 하자. 처음 빨강색 공을 추출하고 두 번째는 파랑색 공을 추출할 확률을 구하시오.

(2) 만약 주머니의 공을 두 번에 걸쳐 꺼내는데 처음 꺼낸 공을 다시 넣지 않고 다음에 공을 꺼내는 비복원추출을 한다고 하자. 처음 빨강색 공을 추출하고 두 번째는 파랑색 공을 추출할 확률을 구하시오.

**풀이 ▸▸▸**

(1) 조건부 확률과 결합사건의 관계 식 (2.3.2)로부터

$$P(\text{빨강색} \cap \text{파랑색}) = P(\text{빨강색}) \cdot P(\text{파랑색} \mid \text{빨강색})$$

이다. 따라서

$$\begin{aligned} P(\text{빨강색} \cap \text{파랑색}) &= P(\text{빨강색}) \cdot P(\text{파랑색} \mid \text{빨강색}) \\ &= P(\text{빨강색}) \cdot P(\text{파랑색}) = \frac{1}{4} \times \frac{2}{4} = \frac{1}{8} \end{aligned}$$

(2) 처음 꺼낸 공을 다시 넣지 않고 다음에 공을 꺼내는 비복원추출의 경우 처음 빨강색 공을 추출했다는 조건아래 두 번째 파랑색 공을 추출할 확률은 $P(\text{파랑색} \mid \text{빨강색})=2/3$ 이기 때문에 식 (2.3.2)에서

$$P(\text{빨강색} \cap \text{파랑색}) = \frac{1}{4} \times \frac{2}{3} = \frac{1}{6}\ .$$

### ☑ 독립 사건(independent event)과 종속 사건

독립성은 확률론 전체를 관통하는 주요개념이다. 이런 독립성은 사건의 독립성으로부터 출발하는데, 두 사건의 독립성은 다음과 같이 정의된다.

**( 정의 3 ▸▸▸ )** 두 개의 사건 $A$와 $B$가 독립이라 함은

$$P(A\cap B)=P(A)\cdot P(B) \tag{2.3.3}$$

로 정의된다.

**정리 2 ▸▸▸**

사건 $A$와 $B$가 독립이라면 사건 $\bar{A}$와 $B$, 사건 $A$와 $\bar{B}$, 사건 $\bar{A}$와 $\bar{B}$도 독립이다.

즉

$$\begin{aligned} P(\bar{A}\cap B)&=P(\bar{A})\cdot P(B) \\ P(A\cap \bar{B})&=P(A)\cdot P(\bar{B}) \\ P(\bar{A}\cap \bar{B})&=P(\bar{A})\cdot P(\bar{B}). \end{aligned} \tag{2.3.4}$$

**증명 ▸▸▸** 먼저 사건 $\bar{A}$와 $B$을 증명하자면

$$\begin{aligned} P(B)&=P((\bar{A}\cap B)\cup(A\cap B)) && (\because \text{집합의 성질}) \\ &=P(\bar{A}\cap B)+P(A\cap B) && (\because \text{두집합의 배반성}) \\ &=P(\bar{A}\cap B)+P(A)\cdot P(B) && (\because \text{전제}) \end{aligned}$$

이다. 이를 다시 쓰면

$$\begin{aligned} P(\bar{A}\cap B)&=P(B)-P(A)\cdot P(B) \\ &=(1-P(A))\cdot P(B)=P(\bar{A})\cdot P(B) \end{aligned}$$

이다. 사건 $A$와 $\bar{B}$의 독립성도 유사한 방법으로 증명할 수 있으며, 이들 결과를 이용하여 사건 $\bar{A}$와 $\bar{B}$의 독립성도 증명가능하다.

### ☑ 반복시행(repeated trial)

한편 사건의 독립성을 전제로 하는 중요한 개념은 독립적인 표본공간들이 연속적으로 만들어지는 반복시행이다. 이런 반복시행의 예로써 매일의 날씨를 생각해보자. 만약 표본공간을 $S=${맑음, 흐림, 비 또는 눈}이라 한다면, 날마다 이 표본공간의 사건들이 연속적으로 일어난다. 이와 같이 연속적으로 2일간의 날씨를 고려한다면 표본공간은 $S^2 = S \times S$이 될 것이며,

$$S^2 = \left\{ \begin{array}{lll} (\text{맑음}, \text{맑음}), & (\text{맑음}, \text{흐림}), & (\text{맑음}, \text{비 또는 눈}) \\ (\text{흐림}, \text{맑음}), & (\text{흐림}, \text{흐림}), & (\text{흐림}, \text{비 또는 눈}) \\ (\text{비 또는 눈}, \text{맑음}), & (\text{비 또는 눈}, \text{흐림}), & (\text{비 또는 눈}, \text{비 또는 눈}) \end{array} \right\}$$

이 표본 공간이 된다. 또한 연속적으로 $n$일간의 날씨를 고려할 경우 원래 하루의 날씨의 관측치를 모아놓은 표본공간을 $n$번 카테지언 곱을 하여 $S^n = S \times S \times \cdots \times S$ 라는 표본공간을 생각할 수 있다.

이제 이런 반복시행에서의 순차적으로 일어나는 사건과 확률을 고려해보자. 앞서 날씨의 예에서 이전 날의 날씨와 오늘의 날씨는 서로 관련이 있을까 아니면 그렇지 않을까? 나아가 $n$일간의 날씨는 서로 연관이 있을까 아니면 그렇지 않을까? 먼저 일반적인 경우를 유도해 보자. 앞서 언급한대로 $A_i \subseteq S_i$ 일 경우

$$P(A_1 \cap A_2) = P(A_1)\frac{P(A_1 \cap A_2)}{P(A_1)} = P(A_1)P(A_2 | A_1)$$

이며, 이 과정을 한 번 더 적용하면

$$P(A_1 \cap A_2 \cap A_3) = P(A_1)\frac{P(A_1 \cap A_2)}{P(A_1)}\frac{P(A_1 \cap A_2 \cap A_3)}{P(A_1 \cap A_2)} = P(A_1)P(A_2 | A_1)P(A_3 | A_1 \cap A_2)$$

임을 알 수 있다. 이러한 연쇄과정을 계속 적용하면

$$P(A_1 \cap A_2 \cap A_3 \cap \cdots \cap A_n) = P(A_1)P(A_2 | A_1) \cdots P(A_n | A_1 \cap A_2 \cap \cdots \cap A_{n-1}) \quad (2.3.5)$$

이다. 식 (2.3.5)의 의미를 살펴보면 연속적으로 일어나는 사건의 확률은 처음 일어난 사건 $A_1$의 확률과 그 사건을 가정하고 다음 일어난 사건 $A_2$의 확률, 또 연속된 두 개의 사건 $A_1 \cap A_2$를 가정하고 그 다음 일어난 사건 $A_3$의 확률, ......, 마지막으로 현재 이전에 특정한 사건 $A_1 \cap A_2 \cap \cdots \cap A_{n-1}$ 이 연속적으로 $n-1$번째까지 일어났다는 가정 아래 현재의 사건 $A_n$이 일어날 확률을 곱한 것과 같다는 것이다. 만약 100일 동안의 날씨를 식 (2.3.5)에 따라 구한다면 99일간의 날씨 변화를 가정하고 오늘 날씨의 복잡한 확률모델을 구성해야 한다.

한편 세 사건 $A$, $B$, $C$가 서로 독립이라는 의미는 서로 다른 쌍마다 독립(pair-wise independent), 즉 $P(A \cap B) = P(A) \cdot P(B)$, $P(B \cap C) = P(B) \cdot P(C)$, $P(A \cap C) = P(A) \cdot P(C)$이고 세 개의 사건에 대해 $P(A \cap B \cap C) = P(A) \cdot P(B) \cdot P(C)$와 등가이다. 이를 확장하여 $n$개의 사건 $A_1, A_2, A_3, \ldots, A_n$이 독립적이라는 의미는 이들이 쌍마다 독립이며, 세 개의 사건을 고려해도, 또 어떠한 $n-1$개의 사건도 독립이며, $n$개의 사건에 대해 $P(A_1 \cap A_2 \cap A_3 \cap \cdots \cap A_n) = P(A_1)P(A_2) \cdot \cdots \cdot P(A_n)$이 성립하는 경우와 등가이다.

여기서 주의해야 할 점은 서로 배타적인 사건과 독립인 사건은 개념적으로 서로 다르다는 것이다. 배타적인 사건은 공통부분이 없는 사건을 이야기하기 때문에 두 사건 $A_1$과 $A_2$가 배타적이면 $P(A_1 \cap A_2) = 0$이다.

따라서 만약 반복시행에서 $n$개의 사건 $A_1, A_2, A_3, \ldots, A_n$이 서로 독립이라면 식 (2.3.5)는 단순하게

$$P(A_1 \cap A_2 \cap A_3 \cap \cdots \cap A_n) = P(A_1) \cdot P(A_2) \cdot \cdots \cdot P(A_n) \tag{2.3.6}$$

로 표현될 수 있다. 반복시행에서 이전의 어떠한 사건도 이후의 사건과 독립이면 이를 독립적인 반복시행(independent repeated trial)이라 한다. 예를 들어 2.1절의 예제 1과 2, 그리고 예제 3의 복원추출의 경우는 독립적인 반복시행에 해당되어 몇 번을 시행한다 하더라도 이전의 사건들과 이후의 사건들은 서로 독립적이다. 반면에 2.1절의 예제 3의 비복원 추출의 경우의 연속된 사건들은 서로 종속되어 독립적인 반속시행이 아니다.

**예제 2 ▸▸▸**

주머니에 빨간 공이 3개, 검은 공이 2개, 흰 공이 3개 있었다고 하자. 이 주머니에서 세 번 연속 공을 임의로 비복원 추출을 수행 경우 순서대로 "빨간 공", "흰 공", "검은 공"이 추출될 확률 $P$(빨간공∩흰공∩검은공)을 구하시오. 또한 복원 추출의 경우는 어떠한가?

[그림 2.7] 예제 2의 주머니

**풀이 ▸▸▸**

비복원 추출의 경우는 각각의 사건이 독립이 아니므로

$$P(\text{빨간공}\cap\text{흰공}\cap\text{검은공}) = P(\text{빨간공})P(\text{흰공}\mid\text{빨간공})P(\text{검은공}\mid\text{빨간공}\cap\text{흰공})$$
$$= \frac{3}{8}\cdot\frac{3}{7}\cdot\frac{2}{6} = \frac{3}{56}$$

이며, 복원 추출의 경우는

$$P(\text{빨간공}\cap\text{흰공}\cap\text{검은공}) = P(\text{빨간공})P(\text{흰공})P(\text{검은공})$$
$$= \frac{3}{8}\cdot\frac{3}{8}\cdot\frac{2}{8} = \frac{9}{256}\,.$$

### ☑ 스위치 회로

때때로 독립성의 가정은 직렬 또는 병렬로 연결된 스위치 회로를 분석하는데도 이용된다. 그림 2.8은 이들 스위치 회로의 기본구조들을 보여주고 있으며 기본적으로 직렬 또는 병렬 구조를 가진다.

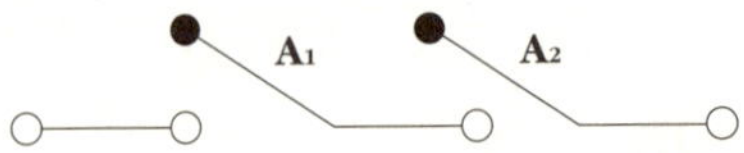


(a) 직렬 구조

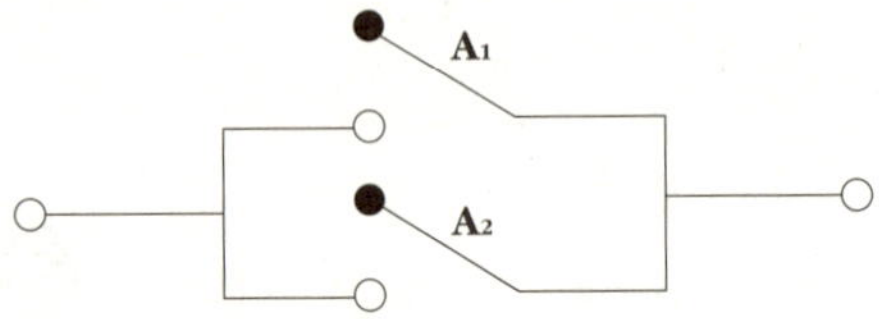


(b) 병렬구조

[그림 2.8] 스위치 직렬과 병렬구조

직렬구조의 경우 회로가 연결되기 위해서는 $C=A_1 \cap A_2$가 동시에 정상적으로 동작되어야 한다. 반면에 병렬구조의 경우에는 $C=A_1 \cup A_2$가 정상적으로 동작되면 연결된다. 따라서 두 개의 스위치 $A_1$과 $A_2$가 각각 독립적이라면 직렬구조에서 두 개의 스위치가 정상동작하여 회로가 연결될 확률은

$$P(C)=P(A_1 \cap A_2)=P(A_1)\cdot P(A_2) \qquad (2.3.7)$$

이다. 반면에 병렬구조에서는 회로가 연결되지 못할 사건 $\bar{C}=\bar{A}_1 \cap \bar{A}_2$이며 이들 역시 서로 독립이기 때문에 $P(\bar{C})=P(\bar{A}_1)\cdot P(\bar{A}_2)$이며 연결될 사건 $C$의 확률은

$$P(C)=1-P(\bar{C})=1-(1-P(A_1))(1-P(A_2)) \qquad (2.3.8)$$

에 해당한다. 식 (2.3.8)의 관계는

$$\begin{aligned} P(C)&=P(A_1 \cup A_2)=P(A_1)+P(A_2)-P(A_1 \cap A_2) \\ &=P(A_1)+P(A_2)-P(A_1)\cdot P(A_2) \end{aligned}$$

와 같다. 또한 이러한 관계를 일반화하여 $n$개의 스위치가 직렬연결인 경우 회로가 연결될 확률은

$$P(C)=P(A_1)\cdot P(A_2)\cdot\cdots\cdot P(A_n)=\prod_{i=1}^{n}P(A_i) \tag{2.3.9}$$

이며, 병렬연결인 경우 회로가 연결될 확률은

$$\begin{aligned}P(C)&=1-(1-P(A_1))\cdot(1-P(A_2))\cdot\cdots\cdot(1-P(A_n))\\&=1-\prod_{i=1}^{n}(1-P(A_i)).\end{aligned} \tag{2.3.10}$$

**예제 3 ▸▸▸**

다음 그림 2.9와 같은 스위치 회로에서 $P(A_1)=0.8, P(A_2)=0.7, P(A_3)=0.9$이며 서로 독립일 경우 회로가 정상동작하여 연결될 확률을 구하시오.

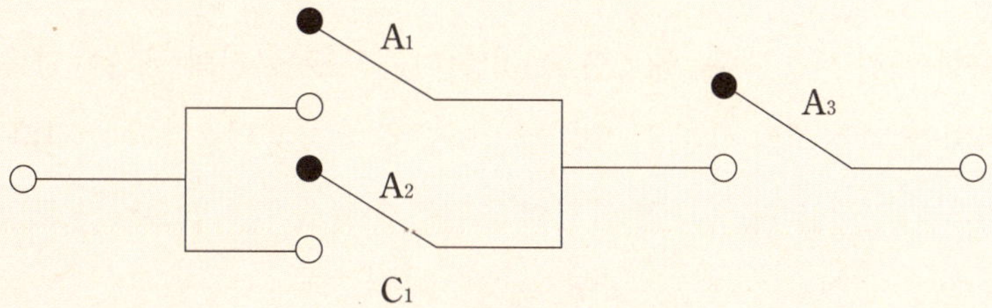


[그림 2.9] 스위치 회로구조

**풀이 ▸▸▸** 회로의 병렬구조인 부분의 경우 정상동작할 확률은

$$\begin{aligned}P(C_1)&=P(A_1\cup A_2)=P(A_1)+P(A_2)-P(A_1)\cdot P(A_2)\\&=0.8+0.7-0.56=0.94\end{aligned}$$

이며, 이 부분이 $A_3$와 직렬 연결되어 있으므로

$$P(C)=P(C_1\cap A_3)=P(C_1)\cdot P(A_3)=0.846\,.$$

### ☑ 마르코프 체인(Markov Chain)

식 (2.3.5)의 모델은 $n$이 커질 경우 매우 복잡한 확률모델을 필요로 하는 반면에 식 (2.3.6)은 너무 단순하다. 예를 들어 이차원 평면의 계조도 0부터 255까지를 가지는 화소 값들이 식 (2.3.6)과 같이 모두 독립적이라면 이는 화소 값을 결정하기 위해 마치 동전이나 주사위를 던지듯이 0부터 255의 랜덤넘버를 발생시켜서 화소 값으로 채워 나갈 수 있을 것이다. 과연 이렇게 채워나가면 우리가 경험하는 영상이 만들어 질까? 그렇지 않다가 답이다. 그렇다고 식 (2.3.5)와 같은 확률모델로 영상이 만들어진다고 가정하면 이는 너무 복잡하다. 그러면 독립적인 모델과 일반적인 모델의 중간에 절충할 수 있는 무언가를 가정하면 복잡성도 덜고, 또한 현상을 근사적으로 모델링할 수 있지 않을까? 그렇다. 이를 마르코프 체인(Markov chain)이라 한다. 마르코프 체인에서는 식 (2.3.5)을

$$P(A_1 \cap A_2 \cap A_3 \cap \cdots \cap A_n) = P(A_1)P(A_2 | A_1)P(A_3 | A_2)\cdots P(A_n | A_{n-1}) \tag{2.3.11}$$

과 같이 단순화 시켜 사용한다. 식 (2.3.11)의 의미는 바로 이전의 사건이 다음 사건에 영향을 미치지만 그 이전의 사건은 직접적인 영향을 미지치 않음을 의미한다. 따라서 이전의 사건을 가정했을 때 현재의 사건의 조건부 확률을 정의함으로써 모델을 구성할 수이다.

#### 예제 4 ▸▸▸

마르코프 체인의 예로서 매일의 날씨를 고려해 보자. 만약 오늘의 날씨의 확률이 어제의 날씨에 의해서만 영향을 받는다면 다음과 같은 조건부 확률들을 생각할 수 있다. 각 칸들이 의미하는 바는 $P$(오늘날씨|어제날씨)이며 열방향의 이 확률들의 합은 1임을 주목하기 바란다. 이러한 마르코프 체인의 확률들을 천이(transition)확률이라 하며, 마르코프 체인 모델은  이 천이확률들로 정의된다. 표 2.1의 천이 확률 표는 때때로 그림 2.10과 같이 상태도와 천이확률로 표현할 수 있으며 이러한 그림을 상태천이 다이어그

램(state transition diagram)이라 한다.

| 오늘 날씨 \ 어제 날씨 | 맑음 | 흐림 | 비 또는 눈 |
|---|---|---|---|
| 맑음 | 0.6 | 0.3 | 0.0 |
| 흐림 | 0.2 | 0.4 | 0.3 |
| 비 또는 눈 | 0.2 | 0.3 | 0.7 |

[표 2.1] 날씨의 천이 확률 $P$(오늘날씨|어제날씨)

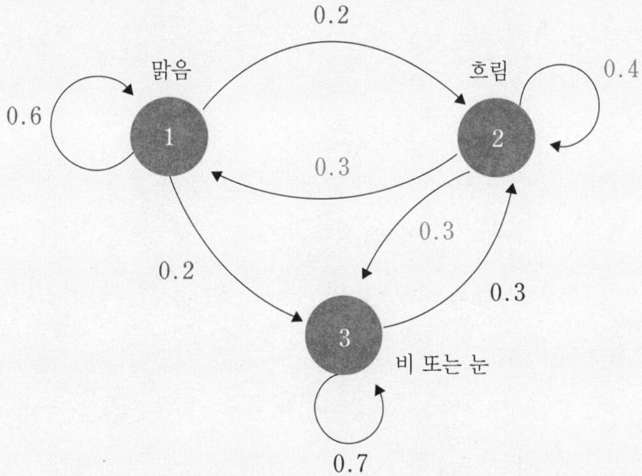


[그림 2.10] 마르코프 체인의 상태천이 다이어그램

(1) 만약 어떤 날 날씨가 맑았다고 하자. 다음날 날씨의 확률은 어떻게 되겠는가? 만약 상태 천이표의 내용을 천이행렬 $P$로 표현하고 어떤 날 날씨가 맑았다는 것은 상태확률 열벡터 $x$로 표현하면 다음날의 상태는 어떻게 표현되겠는가?

(2) 만약 어떤 날씨가 맑았다면 그로부터 3일후 날씨의 확률은 어떻게 될 것인가? 이전 문제 (1)에서 하루가 지나서 날씨의 확률을 계산할 수 있었다. 이러한 방법을 계속 적용하여 3일후의 날씨의 확률을 구해보시오.

(3) (2)의 과정을 반복하여 일반적으로 어떤 날의 날씨 상태의 확률을 구하시오.

**풀이 ▶▶▶**

(1) 이 예제에서 하루 전에 맑음이므로 $P(\text{맑음})=1$이며,

$$P(\text{맑음}) = P(\text{맑음}|\text{맑음})\cdot P(\text{맑음}) = 0.6\cdot 1$$
$$P(\text{흐림}) = P(\text{흐림}|\text{맑음})\cdot P(\text{맑음}) = 0.2\cdot 1$$
$$P(\text{비 또는 눈}) = P(\text{비 또는 눈}|\text{맑음})\cdot P(\text{맑음}) = 0.2\cdot 1$$

이다. 이를 천이행렬 $P$와 상태확률 $x$

$$P=\begin{pmatrix} 0.6 & 0.3 & 0 \\ 0.2 & 0.4 & 0.3 \\ 0.2 & 0.3 & 0.7 \end{pmatrix} \qquad x=\begin{pmatrix} 1 \\ 0 \\ 0 \end{pmatrix}$$

로 표현하면 $Px=\begin{pmatrix} 0.6 \\ 0.2 \\ 0.2 \end{pmatrix}$를 얻을 수 있으며 날씨가 $P(\text{맑음})=0.6$, $P(\text{흐림})=0.2$, $P(\text{비 또는 눈})=0.2$를 구할 수 있다.

(2) 이틀 후의 날씨는 $PPx$와 같으며, 또 다시 한 번 더 적용하면 3일후의 날씨의 확률을 계산할 수 있다. 즉

$$PPPx = P^3x = \begin{pmatrix} 0.330 \\ 0.284 \\ 0.386 \end{pmatrix}$$

을 얻으며 $P(\text{맑음})=0.330$, $P(\text{흐림})=0.284$, $P(\text{비 또는 눈})=0.386$이다.

(3) 만약 연속적으로 문제 2의 과정을 격어가면 나중에 이전 날 날씨의 확률과 오늘 날씨의 확률이 같아지는 정상상태(steady state)에 도달할 수 있을 것이다. 따라서 $x(n)=Px(n-1)$에서 $x(n)=x(n-1)$이 되는 벡터 $x(n)$을 구하면 된다. 즉

$$\begin{pmatrix} x_1(n) \\ x_2(n) \\ x_3(n) \end{pmatrix} = \begin{pmatrix} 0.6 & 0.3 & 0 \\ 0.2 & 0.4 & 0.3 \\ 0.2 & 0.3 & 0.7 \end{pmatrix} \begin{pmatrix} x_1(n) \\ x_2(n) \\ x_3(n) \end{pmatrix}$$

과 $x_1(n)+x_2(n)+x_3(n)=1$의 연립방정식을 풀면 $x_1(n)=3/13$, $x_2(n)=4/13$, $x_3(n)=6/13$이다.

일반적으로 마코프 체인을 시뮬레이숀해 보면 어느 정도 시간이 흐르지 않으면 이러한 정상상태에 도달할 수 없다. 예를 들어 날씨가 맑음으로부터 시작하여 다음날의 날씨의 확률을 구해 이에 따라 날씨를 결정하고 이런 방식으로 계속해서 진행하여 날씨의 변화를 만들어 본다면, 처음 과도상태(transient state)에서는 이 문제의 해답과 같은 확률과 날씨들의 확률들이 같아지지 않는다. 그러나 이런 과정을 반복해 가고 난 뒤에 정상상태(steady dtate)에 도달하면 대략 이 문제의 답에 가까워진다. 이렇게 마르코프 체인이 정상상태에 도달해가는 과정을 마르코프 체인을 "달군다(warm up)"고 한다.

### ☑ 전확률법칙(law of total probability) 및 베이즈 규칙(Bayes rule)

분할이란 전체 표본공간 $S$를 서로 겹치는 부분이 없는 사건, 즉 상호 배타적인 사건들의 집합으로 나눈 것을 의미한다. 즉 $S=\{B_1, B_2, \ldots, B_n\}$이 분할이라면 $S=B_1 \cup B_2 \cup \cdots \cup B_n$이며, 모든 $i \neq j$에 대해 $B_i \cap B_j = \varnothing$이다. 만약 임의의 사건 $A$를 고려한다면

$$A=(A \cap B_1) \cup (A \cap B_2) \cup \cdots \cup (A \cap B_1)$$

이며 이들은 모든 $i \neq j$에 대해 $(A \cap B_i) \cap (A \cap B_j)=\varnothing$이다. 따라서 확률의 공리 3과 조건부 확률 정의에 의해

$$\begin{aligned} P(A) &= P(A \cap B_1) + P(A \cap B_2) + \cdots + P(A_n \cap B_n) \\ &= P(A \mid B_1)P(B_1) + P(A \mid B_2)P(B_2) + \cdots + P(A \mid B_n)P(B_n) \\ &= \sum_{i=1}^{n} P(A \mid B_i)P(B_i) \end{aligned} \tag{2.3.12}$$

이 성립한다. 그림 2.11은 $n=5$인 경우의 분할 $B_1, B_2, \cdots, B_5$와 사건 $A$이 관계를 보여주고 있으며, 식 (2.3.12)를 전확률 법칙(rule of total probability)라고 한다. 전확률 법칙

의 의미를 이해하기 위해 다음의 예를 보기로 하자.

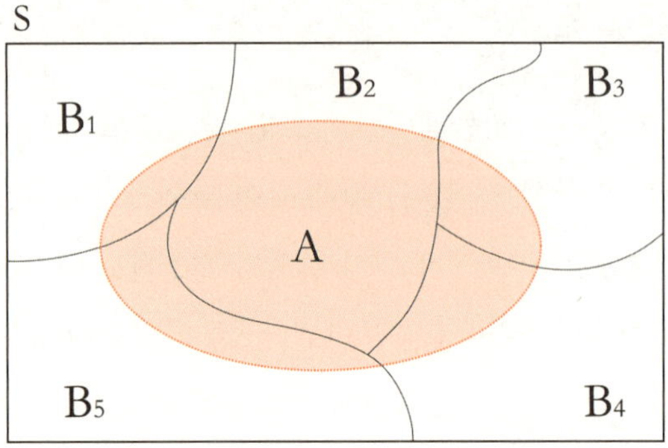


[그림 2.11] 분할 $B_1, B_2, \ldots, B_5$와 사건 $A$이 관계

### 예제 5 ▸▸▸

어떤 공장에서 SSD를 생산하는 $B_1, B_2, B_3$의 4개 라인이 있다고 하자. 각 라인에서 생산하는 비율은 각각 30%, 25%, 45% 라고 하고 각 라인에서 생산된 제품의 불량률은 10%, 15%, 10%라고 하자. 그렇다면 이 공장에서 생산된 SSD의 불량률은 얼마나 되겠는가?

### 풀이 ▸▸▸

$P(B_1)=0.3$, $P(B_2)=0.25$, $P(B_3)=0.45$이며, 각 라인에서 불량품이 나오는 사건 $A$의 확률은 각각 $P(A|B_1)=0.1$, $P(A|B_2)=0.15$, $P(A|B_3)=0.1$

전 확률 법칙에 의해 불량률은

$$P(A) = 0.3\times0.1 + 0.25\times0.15 + 0.45\times0.1 = 0.1125.$$

즉, 11.25%이다.

식 (2.3.1)의 조건부 확률의 정의와 전 확률 법칙에 의해 분할을 이루는 모든 $B_i$들은

$$P(B_i|A) = \frac{P(B_i \cap A)}{P(A)} = \frac{P(A|B_i)P(B_i)}{\sum_{j=1}^{n} P(A|B_j)P(B_j)} \tag{2.3.13}$$

와 같이 표현할 수 있으며, 이를 베이즈 규칙(Bayes rule)이라 한다. 식 (2.3.13)의 좌변의 $P(B_i|A)$는 사후(*a posteriori*)확률이라 부르며, 우변의 분모는 전 확률 법칙에 의해 $P(A)$를 다시 표현한 것에 불과하며, 우변의 분자 $P(B_i)$는 사전(*a priori*)확률이라 부른다. 또한 우변의 분자 $P(A|B_i)$는 경험으로부터 얻어진 일종의 문제해결을 위한 모델로 우도(*likelihood*)라 부른다. 실제 식 (2.3.13)은 확률론을 이용하는 대부분의 의사결정에서 활용하는 대단히 중요한 규칙으로 다음의 간단한 예를 통해 그 의미를 파악해 보도록 하자.

**예제 6 ▸▸▸**

예제 5에서 불량품이 나온 것을 관찰했다고 하자. 과연 이 불량품이 라인 $B_i$에서 나왔을 확률은 얼마인가?

**풀이 ▸▸▸** 식 (2.3.13)의 베이즈 법칙에 의해

$$P(B_1|A) = \frac{P(A|B_1)P(B_1)}{P(A)} = \frac{0.1 \times 0.3}{0.1125} = 0.267$$

$$P(B_2|A) = \frac{P(A|B_2)P(B_2)}{P(A)} = \frac{0.15 \times 0.25}{0.1125} = 0.333$$

$$P(B_3|A) = \frac{P(A|B_3)P(B_3)}{P(A)} = \frac{0.45 \times 0.1}{0.1125} = 0.400.$$

그렇다면 그 불량품이 어떤 라인으로부터 나온 것이라 판단하는 것이 바람직할까? 만약 라인 $B_1$으로부터 나온 것이라 판단한다면 $1-0.267=0.733$ 만큼은 오류 확률에 해당될 것이다. 즉 라인 $B_i$로부터 나온 것이라 판단할 경우 $1-P(B_i \mid A)$가 오류 확률이 되는 것이다. 그렇다면 이 오류가 가장 작게 하는 판단, 즉 $B_3$로부터 나온 것이라 판단하는 것이 최적의 의사결정이 될 것이다.

예제 4와 5에서 $P(A \mid B_i)$는 어떻게 얻을 수 있을까? 아마도 각 라인에서 생산된 제품 중에 불량품의 상대빈도로서 얻을 수 있을 것이며, 더 많은 제품 수를 관찰해서 얻을수록 안정된 값을 가지게 될 것이다. 또한 사전확률 $P(B_i)$는 어떻게 얻었을 것인가? 이는 각 라인에서 하루에 생산되는 제품 수의 상대빈도를 기반으로 할 수 있을 것이다. 그러나 매일 어떤 라인에서 생산되는 제품의 수가 일정하다면 이 사전확률이 안정된 값을 가지며 이를 이용하여 의사결정을 할 수 있으나, 그렇지 않으면 이는 정확한 값을 예측하기 어려운 확률이다. (예를 들어 어떤 라인이 잠시 정전이 되었었다고 하자.) 따라서 때로는 이 확률을 모를 경우 동일한 확률로 발생된다고 가정해야 되는 경우들이 발생하고, 그런 조건을 동등하게 일어난다는(equally likely) 가정, 다른 말로는 최대 엔트로피(maximum entropy) 가정이라고도 한다.

한편 베이즈 규칙의 분모는 과연 의사결정을 하는데 영향을 미치겠는가? 미치지 않는다. 이전 예제 5에서 불량품이라는 가정 하에 각 라인에서 생산되었을 확률 $P(B_i \mid A)$를 계산하는데 분모는 공통적으로 $P(A)$이며 이는 상수이기에 확률의 대소를 구별하는 데는 영향을 주지 않는다. 따라서 베이즈 규칙에 의한 의사결정 만이 중요한 경우에는 분모 식을 계산하지 않고도 대안(alternative)들 중에 하나를 선택할 수 있다.

## 연습문제

1. (1) 빨간 공 3개와 흰 공 5개 그리고 검은 공 2개가 들어있는 주머니에서 비복원 추출에 의해 무작위로 공 3개를 차례로 꺼낼 때, 흰 공과 검은 공 그리고 빨간 공의 순서로 나올 확률을 구하시오. 이 비복원 추출에서 처음 흰 공을 추출하는 사건과 두번째 검은 공을 추출하는 사건, 그리고 세번째 빨간 공을 추출하는 사건은 서로 독립적인가 그렇지 않은가?

(2) 이 문제를 복원추출의 경우로 바꾸어 보면 흰 공과 검은 공 그리고 빨간 공의 순서로 나올 확률은 얼마인가? 또한 이 복원추출의 경우 각각의 사건들은 독립적인가?

2. 다음 표를 이용하여 질문에 답하시오.

| $A \cap B$ | $A$ | $\bar{A}$ |
|---|---|---|
| $B$ | 0.020 | 0.049 |
| $\bar{B}$ | 0.001 | |

(1) 빈 칸의 내용 즉 $P(\bar{A} \cap \bar{B})$를 구하시오.

(2) 확률 $P(A), P(\bar{A}), P(B), P(\bar{B}), P(A|B), P(B|A)$를 구하시오.

3. 그림의 스위치 회로가 정상적으로 연결될 확률을 구하시오. 단 모든 스위치는 독립적이며 각각이 정상적으로 연결될 확률은 다음과 같다.

$P(A)=0.92 \quad P(B)=0.87 \quad P(C)=0.98 \quad P(D)=0.76 \quad P(E)=0.95$

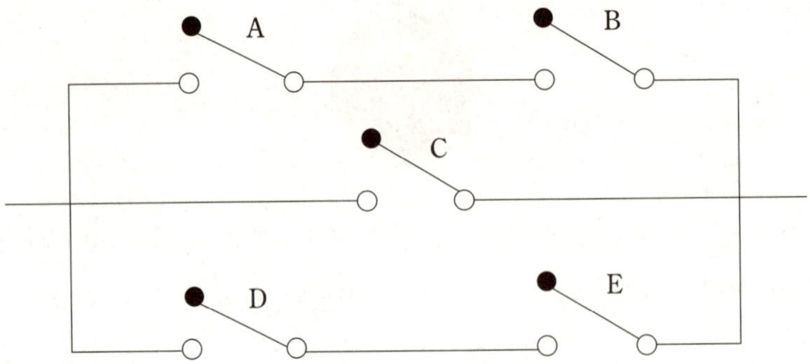


[그림 P3] 스위칭 회로

4. 어떤 과목의 시험점수가 51점에서 100점까지 동일한 확률로 분포되었다고 하자. 또한 A학점은 90점 이상, B학점은 80-89, …, D학점은 60-69점 등이며 59점 이하는 F학점이라고 하자. 다음 확률들을 구하시오.

(1) A 학점일 확률 (2) D학점 학생이라는 가정 하에 65점 이상일 확률
(3) A 학점이거나 B학점일 확률 (4) F가 아니라는 가정 하에 A 또는 B학점일 확률

5. 어떤 학급의 학생들을 남녀와 키가 큰 사람(180cm이상), 중간인 사람(165cm 이상 180cm미만), 작은 사람(164cm미만)등의 두 가지 속성으로 구분한다고 하며 그 확률은 다음 표와 같다. 다음 확률들을 구하시오.

| | 작은 | 중간 | 큼 |
|---|---|---|---|
| 남자 | 0.1 | 0.3 | |
| 여자 | 0.2 | 0.1 | 0.1 |

(1) $P$[남자 ∩큼] (2) $P$[남자]
(3) $P$[큼|남자] (4) $P$[여자|작음]

6. 윷놀이에서 4가락의 윷을 한 번씩 던진다고 하자. 각각의 윷이 등과 배가 나올 확률은 각각 $P$(등)=2/5, $P$(배)=3/5이며, 각각의 윷이 등과 배가 나오는

사건은 다른 윷의 등과 배가 나올 사건과는 독립(independent)이라고 하자. 다음 질문에 답하시오.

(1) 윷을 던져서 "개"가 나올 확률은 얼마인가?

(2) "개" 또는 "걸"이 나올 확률은 얼마인가?

(3) "모"가 나올 확률은 얼마인가?

7. 만약 어떤 사람의 기분변화를 다음과 같이 1차 마르코프 체인으로 모델링한다고 하자. 그림에서 표의 값은 $P$(오늘 기분 | 어제 기분)들을 보여주고 있다.

| 오늘 기분 \ 어제 기분 | 좋음 | 나쁨 | 그저 그럼 |
|---|---|---|---|
| 좋음 | 0.5 | 0.2 | 0.3 |
| 나쁨 | 0.2 | 0.3 | 0.3 |
| 그저 그럼 | 0.3 | 0.5 | 0.4 |

(1) 정상상태에서 이 사람의 기분이 어떤 날 좋음, 나쁨, 그저 그럼의 확률 $P$(좋음), $P$(나쁨), $P$(그저 그럼)을 구해보시오.

(2) 이 사람의 기분이 3일간 $P$(좋음∩나쁨∩그저 그럼)일 확률을 구해보시오. 단 첫째 날 $P$(좋음)은 (1)의 결과를 활용하시오.

(3) 문제에서 표에 주어진 조건부 확률들은 어떻게 구해질 수 있겠는가를 생각해보시오.

8. 어떤 사람의 핸드폰에서 수신하는 정상적인 메시지와 스팸 메시지의 확률은 각각 $P$(정상)=0.4, $P$(스팸)=0.6이라 하자. 두 종류의 메시지는 이진속성 A와 B를 가지며 아래 표를 이용하여 정상 또는 스팸 메시지를 판단하는데 이용된다고 하자.

| 속성 A | 속성 B | $P$(A, B∣정상) | $P$(A, B∣스팸) |
|---|---|---|---|
| 있음 | 있음 | 0.1 | 0.4 |
| 있음 | 없음 | 0.5 | 0.3 |
| 없음 | 있음 | 0.3 | 0.2 |
| 없음 | 없음 | 0.1 | 0.1 |

(1) 어떤 문자 메시지가 속성 A=있음, 속성 B=없음일 확률을 구하시오.

(2) 어떤 문자 메시지가 속성 A=있음, 속성 B=없음을 확인한 문자 메시지라면, 이 메시지가 정상 메시지일 확률과 또한 스팸 메시지일 확률을 구하시오.

(3) (2)의 결과를 구하는 과정에서 $P$(정상)=0.4, $P$(스팸)=0.6의 확률을 무엇이라 부르며 또한 (2)의 결과 확률을 무엇이라 부르는가?

## 2.4 컴퓨터 실습

본 장의 컴퓨터 실습에서는 먼저 윷을 만드는 방법을 살펴보고 2.3절의 마르코프 체인 모의실험을 통해 정상상태에서 각 상태에 머무르는 확률을 구해보며, 2.3절의 연습문제 8의 사후확률을 모의실험을 통해 근사적으로 구해 본다.

### ☑ 윷 만들기

컴퓨터를 이용하여 윷을 만들어 보자. 4가락 윷 각각에서 '등'이 나올 확률이 2/5, '배'가 나올 확률을 3/5이라 하고, 모든 윷가락에 대해 이 확률이 동일하다고 가정하자. 그러면 각각의 윷가락에 대해 rand 함수를 이용하여 '등' 또는 '배'를 결정하고 '등'의 개수를 헤아려

'등'이 하나도 없는 경우 '윷'

'등'이 하나인 경우 '걸'

'등'이 두 개인 경우 '개'

'등'이 세 개인 경우 '도'

'등'이 네 개인 경우 '모'

에 매핑해 주면 될 것이다. 이를 MATLAB 프로그램으로 구현하면 그림 2.12와 같으며, 윷 발생 빈도를 막대그래프로 표현하면 그림 2.13과 같다. 프로그램에서 Y는 4개의 윷에 대해 '등'이 출현한 횟수를 저장하며, 이 값에 따라 freq(Bins)에 '도', '개', '걸', '윷', '모'의 출현 빈도를 누적시키게 구성하였다. 그림 2.13은 이렇게 윷을 10만 번 던져서 얻은 '도', '개', '걸', '윷', '모'의 출현 빈도를 막대그래프로 보여주고 있다. 여기서 가로축에 해당하는 Bins=1이면 '도', Bins=2이면 '개', Bins=3이면 '걸', Bins=4이면 '윷', Bins=5이면 '모'에 해당한다. 5장에서 언급하겠지만 이 윷놀이는 이항분포의 랜덤변수에 해당된다.

### ☑ 마르코프 체인 모의실험

2.3절의 예제 4에서와 같은 마르코프 체인의 모의실험을 수행해 보자. 그림 2.14에서는 일단 임의로 한 날씨로부터 시작하여 천이확률을 이용하여 다음날의 날씨를 결정한다. 이렇게 다음날의 날씨가 결정되면 또 다시 천이확률을 이용하여 그 다음날의 날씨를 결정한다. 이런 과정을 계속해서 10,000번을 반복해 나가면 마르코프 체인에 의한 표본수열(sample sequence)를 얻을 수 있다. 이런 방식으로 어떤 날씨에서 어떤 날씨로 변화했는가의 변화한 빈도는 프로그램의 calc_tran(start, next)에 이전 날 날씨의 빈도는 state_count(start)에, 매일 날들에 날씨의 빈도는 f_count(next)에 각각 저장된다. 이렇게 저장된 값들을 이용하여 계산된 천이확률에 해당하는 상대빈도와 정상상태 날씨의 확률에 해당하는 상대빈도는 그림 2.15에 나타내었다. 이 확률들이 모의실험에 입력으로 주어진 천이확률과 유사할 뿐만 아니라, 예제 4에서 계산된 정상상태

의 확률 $x_1(n) = 3/13$, $x_2(n) = 4/13$, $x_3(n) = 6/13$과 근접함을 확인하기 바란다. 만약 10,000번이 아니라 10만 번을 수행한다면 대수의 법칙에 따라 더 유사한 값을 얻을 수 있을 것으로 기대할 수 있다.

### ☑ 베이즈 규칙의 모의실험

2.3절의 연습문제 8의 확률분포에 따라 표본들을 컴퓨터로 만들어 보는 것을 고려해 보자. 각각의 표본들은 확률 0.4와 0.6에 따라 정상메일과 스팸메일로 나누어진다. 정상메일인 경우는 속성 A와 B의 있고 없음을 각각 0.1, 0.5, 0.3, 0.1의 확률로 결정하여 f_N(1), f_N(2), f_t(3), f_N(4)에 스팸메일의 경우는 속성 A와 B의 있고 없음을 각각 0.4, 0.3, 0.2, 0.1의 확률로 결정하여 f_S(1), f_S(2), f_S(3), f_S(4)에 저장한다. 또한 정상메일의 개수는 f_N_count, 스팸메일의 개수는 f_S_count에 저장되며, 전체 표본 수 n=100000이다. 이렇게 얻어진 표본들을 이용하여 정상메일과 스팸메일의 사전확률을 구하였으며, 또한 어떤 속성이 있고 없는 것을 관찰한 경우의 사후확률들을 구하였다. 또한 베이즈 규칙의 분모에 해당하는 각각의 속성이 있고 없을 전확률을 구하여 표현하였다. 그림 2.16은 프로그램을 보여주고 있으며, 그림 2.17에는 모의실험으로부터 얻은 표본으로부터 구한 각종 확률들을 표현하였다. 이들 확률들을 연습문제 8의 계산된 확률들과 비교해 보기 바란다.

```
% 윷놀이 만들기 프로그램
%
rand('state'); % 스트림 변화를 위한 문장
n=100000; % 시행횟수
Bins = 5;
Yut = 4;
freq=zeros(1,Bins); % 빈도 초기화

for i=1:n
    Y=0; % 등의 갯수
    for j=1:Yut
        x = rand;
        if x < 2/5
            Y = Y+1;
        end
    end

    switch Y  % Y 는 등의 출현 횟수
        case 0
            Bins = 4; % 윷
        case 1
            Bins = 3; % 도
        case 2
            Bins = 2; % 개
        case 3
            Bins = 1; % 걸
        case 4
            Bins = 5; % 모
    end

    freq(Bins) = freq(Bins)+1;
end

Bincenter = 1:1:5;
Prob = freq./n;
bar(Bincenter,freq); % 바차트로 윷 발생 빈도를 그림으로 표시하기
```

[그림 2.12] 윷놀이 게임

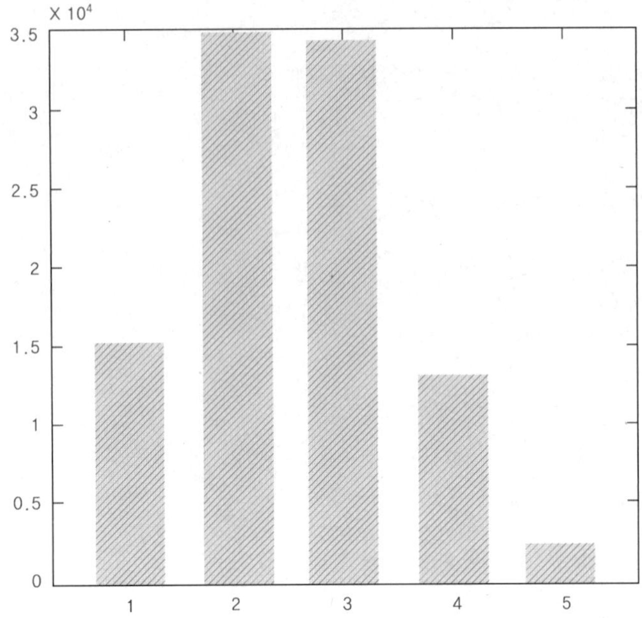


[그림 2. 13] 윷놀이 게임에서 윷의 출현빈도

```
% 마코프 체인 모의실험
tran_p = [0.6 0.2 0.2; 0.3 0.4 0.3; 0.0 0.3 0.7]; % 천이 확률
no_day=10000; % 고려할 날 수
rand('state'); % 난수의 흐름 바꾸기
f_count = zeros(1,3); % f(1)= 맑은 날 f(2)=흐린날 f(3)=강수일의 상대빈도
calc_tran = zeros(3,3); % 날씨의 천이 빈도수
state_count = zeros(1,3); % f(1)= 맑은 날 f(2)=흐린날 f(3)=강수일의 빈도

% 첫 날의 날씨는 3개의 날씨중에 임으로 시작
x = rand();
if x < 1/3
    start = 1;
elseif x < 2/3
    start =2;
else
    start =3;
end

for i=1:no_day
    % 천이행렬로 부터 다음 날의 날씨 결정
    x = rand();
    if x < tran_p(start,1)
        next = 1;
    elseif x < 1-tran_p(start,3);
```

```
        next = 2;
    else
        next = 3;
    end
    calc_tran(start,next)= calc_tran(start,next)+1; % 날씨천이 빈도 증가
    f_count(next)=f_count(next)+1; % 다음날 날씨빈도 증가
    state_count(start)=state_count(start)+1; % 천이전 날씨 빈도증가
    start = next;
end
for i=1:3
    calc_tran(i,:)=calc_tran(i,:)/state_count(i) % 천이확률 계산
end
f_count./no_day   % 정상상태 날씨확률 계산
```

[그림 2.14] 마르코프 체인의 모의실험

```
calc_tran =

    0.6034    0.1972    0.1994
    0.2927    0.4094    0.2979
         0    0.3019    0.6981


ans =

    0.2297    0.3113    0.4590
```

[그림 2.15] 마르코프 체인 실험결과

```
% 베이즈 규칙 모의실험
tran_p = [0.1 0.5 0.3 0.1; 0.4 0.3 0.2 0.1]; % 조건부 확률
no_samples=100000; % 고려할 표본 수
rand('state'); % 난수의 흐름 바꾸기

% f_N = 정상메일 카운트  f_S = 스팸메일 카운트 f = 정상 + 스팸
f_N = zeros(1,4); % f_N(1)= T T,f_N(2)= T F, f_N(3)= F T, f_N(4)= T T
f_S = zeros(1,4); % f_S(1)= T T,f_S(2)= T F, f_S(3)= F T, f_S(4)= T T

f_N_count = 0; f_S_count = 0;

% 표본 발생
for i=1:n
    x = rand();
    if x < 0.4   % 정상메일 이면  모델에 따라 표본의 속성 결정
        f_N_count = f_N_count +1; % 정상메일의 수
        y = rand();
        if y < 0.1
            f_N(1) = f_N(1)+1;
        elseif y < (0.1+0.5)
            f_N(2) = f_N(2)+1;
        elseif y < (0.1+0.5+0.3)
            f_N(3) = f_N(3)+1;
        else
            f_N(4) = f_N(4)+1;
        end
    else        % 스팸메일 이면  모델에 따라 표본의 속성 결정
        f_S_count = f_S_count +1; % 스팸메일의 수
        y = rand();
        if y < 0.4
            f_S(1) = f_S(1)+1;
        elseif y < (0.4+0.3)
            f_S(2) = f_S(2)+1;
        elseif y < (0.4+0.3+0.2)
            f_S(3) = f_S(3)+1;
        else
            f_S(4) = f_S(4)+1;
        end
    end
end
```

```
f = f_N + f_S;
ratio_N = f_N_count/n;  ratio_S = f_S_count/n; %사전확률 계산
fprintf('₩n');
disp('=== A Priori Probability ===');
fprintf('Normal = %f, Spam = %f ₩n', ratio_N, ratio_S);

fprintf('₩n');
disp('=== A Posteriori Probability === ');
N_TT = f_N(1)/f(1); N_TF = f_N(2)/f(2);  %사후확률 계산
N_FT = f_N(2)/f(2); N_FF = f_N(3)/f(3);
fprintf('Normal:₩n₩t TT = %f, TF = %f, FT = %f, FF = %f₩n',N_TT,N_TF,N_FT,N_FF);

S_TT = f_S(1)/f(1); S_TF = f_S(2)/f(2);
S_FT = f_S(2)/f(2); S_FF = f_S(3)/f(3);
fprintf('SPAM:₩n₩t TT = %f, TF = %f, FT = %f, FF = %f₩n',S_TT,S_TF,S_FT,S_FF);

fprintf('₩n');
disp('=== Total Probability === ');
f = f./n; % 전확률 계산
fprintf('TT = %f, TF = %f, FT = %f, FF = %f₩n',f(1),f(2),f(3),f(4));
```

[그림 2.16] 베이즈 규칙의 모의실험 프로그램

```
=== A Priori Probability ===
Normal = 0.400510, Spam = 0.599490

=== A Posteriori Probability ===
Normal:
     TT = 0.144314, TF = 0.524557, FT = 0.524557, FF = 0.499896
SPAM:
     TT = 0.855686, TF = 0.475443, FT = 0.475443, FF = 0.500104

=== Total Probability ===
TT = 0.278490, TF = 0.379940, FT = 0.239630, FF = 0.101940
```

[그림 2.17] 베이즈 규칙의 모의 실험결과

## 연습문제

1. 그림 2.12의 윷을 "등"과 "배"의 확률이 같게 구성하여 다시 만들어 보시오. 결과에서 "도"와 "걸", "윷"과 "모", "개"와 "걸"의 확률이 비슷하게 나타남을 확인하시오.

2. 그림 2.14의 마르코프 체인의 모의실험 프로그램에서 2.3절의 연습문제 7로 천이확률을 바꾸어 실험해 보시오.

3. 2.3절의 예제 3의 스위치 회로를 모의실험을 통해 회로가 정상동작하여 연결될 확률을 구해 보시오.

4. 두개의 심볼을 주고받는 전송시스템이 있다고 하자. 입력 심볼 $X_1$과 $X_2$가 동일한 빈도로 발생되며, 전송시스템의 잡음에 의해 $Y_i = X_i$로 수신되지 만은 않는 다음과 같은 형태의 채널이라 가정하자.

$$P(Y_i \mid X_j) = \begin{cases} 0.98, i = j \text{ 일 경우} \\ 0.02, \text{그 외의 경우} \end{cases}$$

이 전송시스템을 모의실험하기 위한 프로그램을 개발하여 다음 확률들의 근사치를 구해보시오.

(1) 확률 $P(X_1), P(X_2)$, $P(Y_1)$ 및 $P(Y_2)$.

(2) 확률 $i = 1, 2$와 $j = 1, 2$에 대한 $P(X_i \mid Y_j)$

(3) (2)의 결과에 따라 수신측에서 $Y_2$를 받았을 때, $X_1$ 또는 $X_2$중에 어느 심볼이 전송 측에서 송신되었다고 간주하는 것이 바람직할 것인가? 이런 의사결정 정책에 따라 디코더를 프로그램으로 구성해 보고, 오류 발생의 상대빈도를 구해 보시오.

chapter. 3

# 랜덤변수

이전 장에서는 표본공간에 정의된 확률함수를 살펴보았다. 확률이 정의되는 표본공간의 부분집합, 즉 사건들은 정수, 자연수, 실수도 되기는 하지만 일반적으로 동전의 앞뒷면 같이 수로서 표현하기 어려운 경우도 많았다. 이와 같이 수로 표현되지 않은 표본공간에서는 크기를 구분할 수 없기에 선과 후를 구별할 수 없으며, 수가 가지고 있는 편리한 성질을 이용할 수 없다. 이런 이유 때문에 인간은 통상 측정을 통해 관측되는 현상을 수로 매핑해서 표현해 왔다. 본 장에서는 이러한 표본공간을 수로 매핑하는 랜덤변수(random variable)에 대해 알아본다.

다시 말하면 랜덤 변수란 표본공간을 연속적(continuous)인 실수 값 또는 이산적(discrete)인 정수 값으로 매핑하는 함수이다. 랜덤변수로 매핑한 결과는 수로 표현되기 때문에, 이 수를 포함하는 집합 또는 공간에서의 부분집합의 확률과 매핑 이전에 현상들을 포함하는 표본공간의 부분집합의 확률은 동일하며, 이를 이용하여 랜덤변수의 확률분포를 정의한다. 이렇게 정의된 랜덤변수의 확률분포는 랜덤변수의 사건에 대한 확률을 계산하는 핵심 요소이며, 랜덤변수의 분포를 완벽하게 표현한다고 말할 수 있다. 본 장에서는 이러한 확률분포의 표현, 즉 확률질량함수(probability mass function), 확률밀도함수(probability density function), 누적분포함수(cumulative distribution function) 등과 이를 이용한 확률계산 방법을 알아본다.

한편 1장에서 언급한 바와 같이 랜덤변수에서 평균과 같은 기댓값을 구한다면, 랜덤변수를 대표할 수는 있지만 랜덤변수의 분포를 표현하기에는 완벽하지는 않다. 본 장에서는 이러한 기댓값과 랜덤변수의 함수들에 대한 기댓값을 알아보고 이들을 이용한 랜덤변수 표현인 특성함수(characteristic function)을 소개한다. 또한 확률 및 통계학에서 유용하게 사용되는 체비세프(Chebyshev) 부등식에 대해서도 알아본다. 본 장의 컴퓨터 실습에서는 이산 및 연속 랜덤변수의 표본을 만들어 누적하고 상대빈도를 구하여, 이 상대빈도가 이론적인 확률분포와 유사한지를 점검해 본다.

## 3.1 랜덤변수

이전 장에서 통계적 실험을 통해서 얻어진 결과들을 빠짐없이 모아 표본공간을 구성하고, 이 공간의 부분집합으로 사건을 정의하며, 확률은 이 사건들에 정의되었다. 그러나 이런 표본공간은 엄밀한 의미에서 수와는 관련이 없다. 예를 들어 주사위 눈금을 생각해보자. 그림 3.1의 주사위 눈금이 어떻게 $S = \{1, 2, 3, 4, 5, 6\}$일 수 있겠는가? 수를 셀 줄 모르는 사람들은 그림 3.1에서 같이 그저 점이 하나, 둘, ..., 여섯 이런 식으로 찍혀진 모습 자체로만 인식할 따름이지 수로서의 의미를 부여하지 못할 것이다. 즉 우리는 주사위 눈금을 세어서 자연수로 매핑하고 그 자연수를 표본공간으로 간주하고 있는 것인데, 엄밀하게 말하면 그저 눈금이 하나, 둘 이런 식으로 찍혀있는 그 자체들의 모임이 표본공간인 것이다. 만약 어떤 외계인들은 점이 하나있는 것을 2로, 두 개 있는 것을 4로, 즉 지구상의 인간이 세는 수보다 2배 더 크게 헤아린다면 어떨 것인가? 그래도 표본공간은 그림 3.1과 같으며 단지 매핑함수만 다르게 구성될 것이다. 이와 같이 표본공간은 하나지만 함수는 여러 종류가 될 수도 있다.

또 다른 예를 들어보자. 1장에서 성적에 관한 예를 많이 들었다. 엄밀한 의미에서 이 경우 표본공간은 학생들의 답안지의 상태들이며, 이들 답안지의 상태를 채점이라는 매핑과정을 통해 점수로 옮겨 놓은 것이다. 즉 점수들의 집합은 표본 공간이라기보다는 답안지 상태를 채점이라는 함수로 매핑된 결과이다. 이런 예는 얼마든지 많다. 우리가 키를 측정하는 과정, 몸무게를 측정하는 과정, 어떤 센서를 통해 물리량을 측정하는 모든 과정에서 사용하는 측도(measure)들은 일종의 함수로 생각할 수 있고, 물리적 현상을 실수 또는 실수의 부분집합인 정수 또는 자연수 값으로 매핑시키는 도구들이다.

그렇다면 왜 현상을 그대로 다루지 수로 매핑시켜야 하는 것일까? 앞서 언급한 바와 같이 수(number)는 여러 가지 유용한 성질들을 가지고 있기 때문이다. 그중에서 가장 의미있는 성질은 크기를 비교할 수 있고, 다양한 연산을 활용할 수 있다는 것이다. 즉 무엇이 앞이고 뒤라는 선후관계를 가릴 수 있고, 사칙연산 등 각종 연산을 이용하여 수학에서 발굴된 여러 도구들을 편리하게 이용할 수 있다는 점이다.

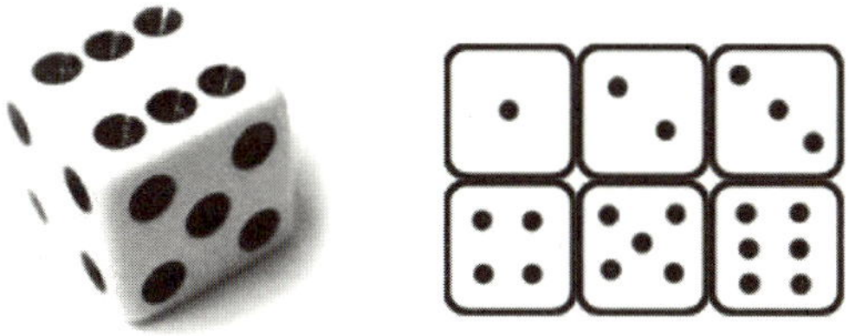

[그림 3.1] 주사위의 눈금과 표본공간

### ☑ 랜덤변수와 확률

이렇게 표본공간에 정의된 함수(엄밀한 의미에서는 측도(measure)라 함.) $X: S \rightarrow R$를 랜덤변수라 한다. 그림 3.2에서는 표본공간의 한 원소 $\omega$가 실수 $X$로 매핑되는 과정을 보여주고 있다. 그렇다면 랜덤변수 어떤 값에서의 확률은 얼마일까? 확률은 상대빈도이기 때문에 랜덤변수 어떤 값에서의 상대빈도란 전체 시행횟수에서 그 값이 얼마의 빈도로 나오는가를 의미한다. 그렇다면 이는 전체 표본공간의 원소들 중에 랜덤변수 어떤 값으로 매핑되는 원소가 어떤 상대빈도로 발생하는가와 전혀 같아야 하지 않는가? 즉 랜덤변수 $X = x$에 정의된 확률은

$$P_X(x) \equiv P(X(\omega) = x) = P(\{\omega \in S | X(\omega) = x\}) \qquad (3.1.1)$$

와 같다. 이 식 (3.1.1)의 의미는 랜덤 변수 $X = x$의 확률은 $X(\omega) = x$가 되는 확률을 의미하며, 이는 $X(\omega) = x$로 매핑되는 $\omega \in S$의 집합, 즉 사건에 매겨진 확률과 같다는 것이다.

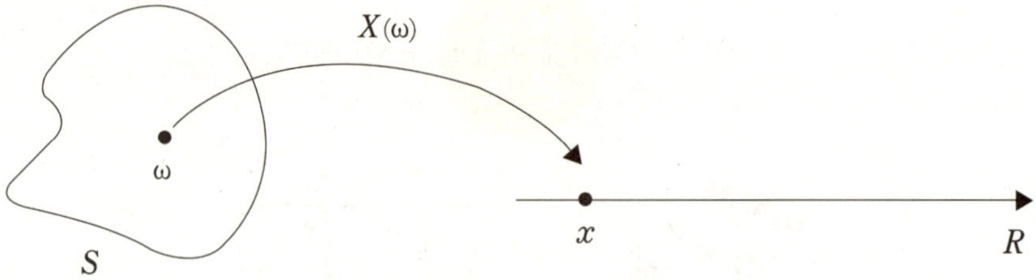


[그림 3.2] 랜덤 변수

**예제 1 ▸▸▸**

어떤 외계인들은 주사위 눈금 하나를 2, 두 개를 4,... 이런 식으로 여섯 개를 12로 헤아린다고 하자. 이 외계인이 주사위 눈금을 세는 함수 $X$가 10이하일 확률을 구하시오. 또한 랜덤변수 $Y$는 주사위 눈금이 짝수개이면 0, 홀수개이면 1로 정의되었다면 $Y=1$일 확률은 얼마인가?

**풀이 ▸▸▸** $\{X \leq 10\} = \{1, 2, 3, 4, 5\} \subset S$이기 때문에 이들의 확률은 같아야 하며

$$P(\{X \leq 10\}) = P(\{1, 2, 3, 4, 5\}) = 5/6$$

이다. 또한 $\{Y=1\} = \{1, 3, 5\} \subset S$이기 때문에

$$P(Y=1) = P(\{1, 3, 5\}) = 3/6.$$

이제 랜덤 변수의 함수를 생각해 보자. 이를테면 시험점수가 너무 낮아서 원래 점수 $X$를 올려주는 함수 $Y$를 생각해 보자. 함수 $Y$의 한 값에서의 확률은 얼마나 될까? 같은 방법으로 $Y=y$로 매핑하는 $X$에서의 집합을 생각하고, 한 번 더 나아가서 이 집합으로 매핑하는 원래 표본공간 $S$의 부분집합을 생각할 수 있으며, 여기에 매겨진 상대빈도, 즉 확률들은 모두 같을 것이다. 따라서

$$P(Y=y)=P(X=\{x\in X \mid Y(x)=y\})=P(\{\omega\in S \mid Y(X(\omega))=y\}). \quad (3.1.2)$$

그렇다면 이 원리는 왜 성립하는 것일까? 예를 들어 그림 3.3과 같이 노랑콩 5개, 검정콩 3개, 흰콩 4개를 솥에 넣고 삶는 다고 하자. 삶는 과정은 일종의 함수로 그 결과 노랑콩들은 삶은 노랑콩으로, 검정콩은 삶은 검정콩으로, 흰콩은 색이 바뀌어 삶은 노랑콩이 된다고 하자. 삶은 후에 솥에서 임의로 콩을 하나 꺼냈을 때 삶은 노랑콩의 확률은 9/12가 될 것이다. 이는 원래 삶기 전에 솥에서 노랑콩 또는 흰콩을 꺼낼 확률과 같지 않은가? 즉 확률은 상대빈도의 수학적 모델이기에 매핑 후의 상대빈도는 매핑 전의 도메인에서 사건의 상대빈도와 원리적으로 같아야 한다는 것이다.

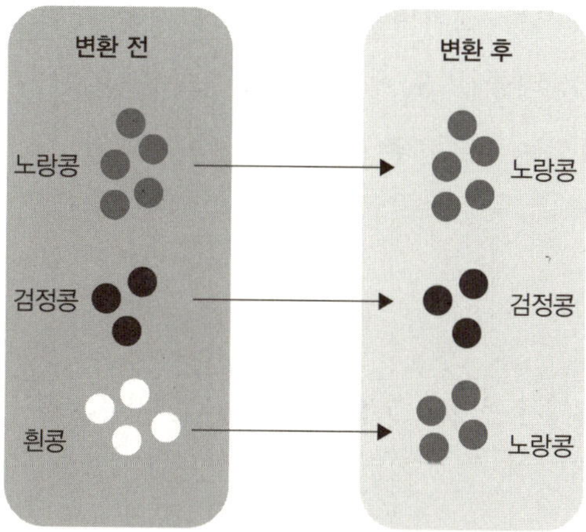


[그림 3.3] 변환 전후의 객체 수

**예제 2 ▸▸▸**

만약 랜덤변수 $Y$를 예제 1에서의 랜덤 변수 $X$에 10을 더한 값과 같다고 하자. 즉 $Y=X+10$. 이 랜덤변수 $Y\geq 15$의 확률은 얼마일까?

**풀이 ▸▸▸** $Y\geq 15$라는 집합은 $X\geq 5$와 같으며, 이는 원래 표본공간으로 보면 $\{3, 4, 5, 6\}$에 해당한다. 따라서 이들 집합의 확률은 모두 같으며 결국

$$P(Y \geq 15) = P(X \geq 5) = P(\{3, 4, 5, 6\}) = 4/6 .$$

### ☑ 이산(discrete) 랜덤변수와 연속(continuous) 랜덤변수

여기서 잠깐 랜덤변수 $X$의 정의역(domain)과 치역(range)를 생각해 보자. 두 말할 나위 없이 정의역은 표본공간 $S$에 해당하며, 치역은 실수집합 $R$의 부분집합, $S_X$가 될 것이다. 이 치역 $S_X$를 상태공간(state space)이라고 한다. 만약 상태공간 $S_X$가 연속적(continuous)인 실수 값을 가지면 랜덤변수 $X$를 연속(continuous) 랜덤변수라 하고, 이산적인(discrete) 정수 또는 자연수 값들을 가진다면 $X$를 이산(discrete) 랜덤변수라 한다. 특별히 랜덤변수는 함수이기 때문에 정의역의 여러 개의 원소가 동일한 값으로 매핑(many-to-one)될 수는 있으나, 정의역의 한 개의 값이 여러 개의 값에 매핑(one-to-many) 될 수는 없다. 따라서 상태공간 $S_X$에서 서로 공통부분이 없는 배타적인 사건들이 원래 표본공간에서 중첩되는 경우는 존재하지 않는다.

**예제 3 ▸▸▸**

주사위를 두 번 연속해서 던져서 그 합을 구하는 랜덤변수 $X$를 생각해 보자. $P_X(\{2, 4\})$를 구하시오.

**풀이 ▸▸▸** 표본공간

$$S_2 = S_1 \times S_1 = \begin{Bmatrix} (1,1), (1,2), (1,3), (1,4), (1,5), (1,6) \\ (2,1), (2,2), (2,3), (2,4), (2,5), (2,6) \\ (3,1), (3,2), (3,3), (3,4), (3,5), (3,6) \\ (4,1), (4,2), (4,3), (4,4), (4,5), (4,6) \\ (5,1), (5,2), (5,3), (5,4), (5,5), (5,6) \\ (6,1), (6,2), (6,3), (6,4), (6,5), (6,6) \end{Bmatrix}$$

이며 상태공간 $S_X = \{2, 3, 4, 5, 6, 7, 8, 9, 10, 11, 12\}$인 이산 랜덤변수이다. 만약 $P_X\{2, 4\}$ 는 $\{2, 4\}$로 매핑하는 표본공간의 사건의 확률, 즉 $P(\{(1, 1), (1, 3), (2, 2), (3, 1)\}) = 4/36$이다.

예제 1의 상태공간 $S_X = \{2, 4, 6, 8, 10, 12\}$이며, 예제 2의 상태공간 $S_Y = \{12, 14, 16, 18, 20, 22\}$은 모두 이산적인 값을 가지므로 이산 랜덤변수이다. 반면 어느 지하철역에 도착하는 열차 시간을 고려해 보자. 가령 정시로부터 얼마나 빨리 또는 늦게 도착하는지 그 시간을 측정하는 랜덤변수를 $T$라 하면, 이는 연속적인 값을 가지며 상태공간 $S_T \subseteq R$일 것이다. 즉, $T$는 연속 랜덤변수이다. 또한 어떤 회사에서 생산한 LED 램프의 수명 $L$을 생각해 보자. 이 역시 상태공간은 $S_L = R^+ \subseteq R$인 연속 랜덤변수에 해당한다. 이들 예에서 랜덤변수 $T$와 $L$은 열차의 도착시간 또는 수명을 측정하는 측도이다. 물론 상태공간이 이산적인 값들과 연속적인 값들이 혼재해서 나타나는 랜덤변수들도 있을 수 있으며, 이를 혼합(mixed) 랜덤변수라 한다.

## 연습 문제

1. 1년 동안에 일본에서 발생하는 진도 5.0이상의 지진에 관한 랜덤변수를 고려하자.

(1) 1년 동안 일본에서 발생하는 진도 5.0이상의 지진 발생횟수를 랜덤변수라 할 경우, 이 랜덤변수 $N$의 상태공간을 구성하고, 이 랜덤변수가 이산적인지 연속적인지를 구분하시오.

(2) 1월 1일 0시를 기준으로 첫 번째 진도 5.0이상의 지진이 발생하는데 까지 걸리는 시간 $T_1$의 상태공간을 구성하고, 이 랜덤변수가 이산적인지 연속적인지를 구분하시오.

(3) 만약 3번째 지진이 일어날 때까지 걸리는 시간을 랜덤변수 $T_3$라 하자. 이 랜덤변수 $T_3$의 상태공간을 구성하고, 이 랜덤변수가 이산적인지 연속적인지를 구분하시오.

2. 주사위를 두 번 던져서 각각의 실험에서 나타나는 눈금의 최소치를 취하는

랜덤변수 $X$에 관한 문제이다.

(1) 랜덤변수 $X$의 상태공간 $S_X$을 구하시오.

(2) 상태공간 $S_X$의 각 원소를 포함하는 단일원소 사건(singleton)의 확률들을 구하시오.

3. 윷놀이에서 "윷", 또는 "모"가 나오는 경우 오로지 다시 한 번만 던질 기회를 부여한다.(실제는 "윷" 또는 "모"가 나오는 경우, 무한히 반복할 수도 있는데 문제를 간단하게 만들기 위해서 한번만 더 던진다고 하자.) 4개의 윷가락 각각 배 또는 등이 나올 확률은 같으며, 어떤 윷가락과 다른 윷가락의 배 또는 등의 사건은 독립사건이라 하자.

(1) 이 윷놀이에서 어떤 사람이 윷을 던져서 나올 수 있는 표본공간 $S$를 구성하시오.

(2) 어떤 사람이 한번 기회에 말판에서 말이 움직일 수 있는 거리를 $D$라 하자. 이 랜덤변수 $D$의 상태공간 $S_D$를 구성하시오.

(3) $D=6$이라면 이 결과는 $S$의 원소 중에 어떤 표본에 대응되는가?

## 3.2 이산 랜덤변수

이산 랜덤변수의 확률분포는 확률질량함수와 누적분포함수로 완벽하게 표현할 수 있다. 본 절에서는 이들 표현방법과 상호간의 관계를 알아본다.

### ☑ 확률질량함수(probability mass function)

앞서 살펴본 바와 같이 이산적인 실수 값에 표본공간의 원소들을 매핑하는 함수를 이산 랜덤변수라 하였다. 그리고 이산 랜덤변수의 확률이 어떻게 정의되는가도 알아보았다. 이미 지적했듯이 이산 랜덤변수의 상태공간 $S_X$의 원소들은 구별이 가능하며 이들 각 원소를 포함하는 단일원소 집합(singleton), 즉 단일표본 사건을 생각할 수 있다. 이 단일표본 사건들의 확률은 물론 그 원소로 매핑되는 원래 표본공간 $S$에서의 사건의 확률과 같다. 이 $S_X$내에서 단일표본 사건의 확률을 확률질량(probability mass)이라 하며, 이산 랜덤변수는 크기순(수로 표현되었기 때문에 가능)으로 늘어 놓을 수 있기 때문에, 이산 랜덤변수의 확률질량을 늘어놓은 그림을 확률분포(probability distribution) 또는 이를 함수의 형태로 표현한 것을 확률질량함수라 한다.

**예제 1 ▸▸▸**

공평한 동전을 4번 던져서 숫자 면이 나오는 횟수를 세는 랜덤변수 $X$의 확률질량함수를 구하시오.

**풀이 ▸▸▸** 그림면을 0, 숫자 면을 1이라 표현하면 표본공간 $S^4$는 네개 비트의 비트열이며 이는 각각의 동전을 던지는 경우의 표본 공간 $S=\{0, 1\}$를 카테지안 곱 $S \times S \times S \times S$를 취하여 얻어진다. 랜덤변수 $X$의 상태공간은 1의 개수를 세는 것이기 때문에 $S_X=\{0, 1, 2, 3, 4\}$이다. 또한 $S_X$의 각 단일 원소를 가지는 사건은 $\{0\}$, $\{1\}$, $\{2\}$, $\{3\}$, $\{4\}$이며, 이들의 확률질량은 랜덤변수의 확률에 대한 식 (3.1.1)에 의해 $P(\{0\}\subseteq S_X)=P(\{(0, 0, 0, 0)\}\subseteq S^4)$이며, 반복시행 사건들의 독립성에 의해

$$\begin{aligned}P(\{(0, 0, 0, 0)\}\subseteq S^4) &= P(\{0\}\cap\{0\}\cap\{0\}\cap\{0\}) \\ &= P(\{0\})\cdot P(\{0\})\cdot P(\{0\})\cdot P(\{0\}) = 1/16\end{aligned}$$

이다. 또한 확률질량

$$P(\{1\}\subseteq S_X) = P(\{(1, 0, 0, 0)\cup(0, 1, 0, 0)\cup(0, 0, 1, 0)\cup(0, 0, 0, 1)\}\subseteq S^4)$$

이다. 여기서 각각의 사건들은 $S^4$에서 상호 배타적이기 때문에

$$P(\{(1, 0, 0, 0) \cup (0, 1, 0, 0) \cup (0, 0, 1, 0) \cup (0, 0, 0, 1)\} \subseteq S^4)$$
$$= P(\{(1, 0, 0, 0)\}) + P(\{(0, 1, 0, 0)\}) + P(\{(0, 0, 1, 0)\}) + P(\{(0, 0, 0, 1)\})$$

이며, 우변의 각각의 확률들은 반복시행의 독립성을 적용하면 모두 1/16이기 때문에 $P(\{1\} \subseteq S_X) = 4/16$이다. 나머지 확률질량들도 동일한 방법으로 계산할 수 있으며, 각각 $P(\{2\} \subseteq S_X) = 6/16$, $P(\{3\} \subseteq S_X) = 1/16$이다. 따라서 확률질량함수

$$P(x) = \begin{cases} 1/16, & x=0,\ 4 \text{ 일 때} \\ 4/16, & x=1,\ 3 \text{ 일 때} \\ 6/16, & x=2,\ 4 \text{ 일 때} \\ 0 & \text{, 그 외의 경우} \end{cases}$$

이다. 또 이를 그래프로 표현하면 그림 3.4와 같다. 여기서 이산 랜덤변수의 확률질량함수나 확률분포가 제 1장에서의 도수분포 또는 이를 그림으로 표현한 막대그래프와 궁극적으로 같은 의미라는 것을 명심하기 바란다.

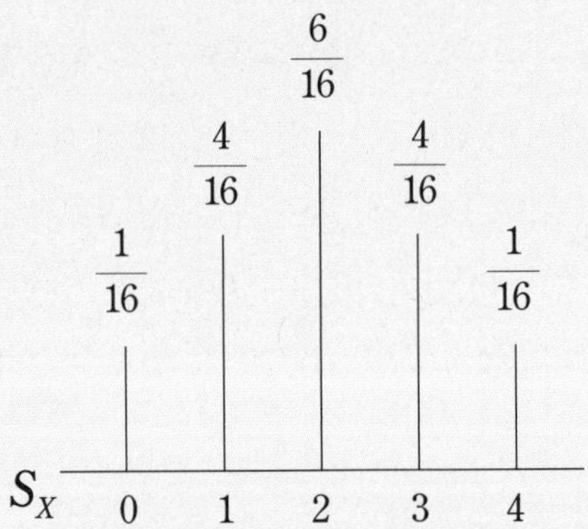


[그림 3.4] 동전을 4회 던져서 숫자 면을 세는 랜덤변수 $X$의 확률분포

### ☑ 누적분포함수(cumulative distribution function)

이제 랜덤변수의 누적분포(cumulative distribution) 또는 누적분포함수(cumulative distribution function)를 정의해 보자. 어떤 랜덤변수 $X$의 누적 분포함수는

$$F_X(x) = P(\{\omega \in S | X(\omega) \le x\}) \tag{3.2.1}$$

로 정의 된다. 식 (3.2.1)에서 우변은 확률로서 랜덤변수가 $x$이하로 매핑되는 표본공간의 사건에 매겨진 확률임을 의미하고 다음 관계들이 성립한다.

$$F_X(-\infty) = P(\{\omega \in S | X(\omega) \le -\infty\}) = P(\varnothing) = 0 \tag{3.2.2}$$
$$F_X(\infty) = P(\{\omega \in S | X(\omega) \le \infty\}) = P(S) = 1 \tag{3.2.3}$$

즉 $-\infty$이하로 매핑되는 사건은 존재하지 않기 때문에 공집합이고 확률의 성질에 따라 그 확률은 0이며, $\infty$ 이하로 매핑하는 사건은 모든 표본공간을 포함하기 때문에 그 확률은 1이다. 만약 $x_1 \le x_2$이면 $(-\infty, x_2]$구간을 $(-\infty, x_1]$과 $(x_1, x_2]$로 나눌 수 있으며 이들 구간들의 공통부분은 없다. 랜덤변수가 함수이기 때문에 이들 상호 배타적인 구간에 대한 원래 표본공간의 사건들도 서로 공통부분이 존재하지 않음을 주의하라. 따라서 확률의 공리에 의해

$$F_X(x_2) = P(\{X(\omega) \le x_1\}) + P(\{x_1 < X(\omega) \le x_2\})$$

또는

$$P(\{x_1 < X(\omega) \le x_2\}) = F_X(x_2) - F_X(x_1) \tag{3.2.4}$$

이다. 만약 식 (3.2.4)에서 $x_1 \to x_2^-$이면 $F_X(x_2) = P(\{X(\omega) \le x_2^-\}) + P(\{x_2^- < X(\omega) \le x_2\})$이며, $P(\{x_2^- < X(\omega) \le x_2\}) = F_X(x_2) - F_X(x_2^-) = P(x_2)$이기 때문에, $x_2$에서 $F_X(x)$의 불연속의 값이 $P(x_2)$에 해당한다. 그림 3.5는 이러한 모습을 예로써 보여주고 있다. 그림 3.5에서 $P(0) = 1/4, P(1) = 2/4, P(2) = 1/4$에 해당한다. 이산적인 랜덤변수의 경우 확률 질량이 0인 곳에서는 누적분포함수의 변화는 없으며, 확률 질량이 0이 아닌 곳에서 불연속이 발생함을 주의하기 바란다.

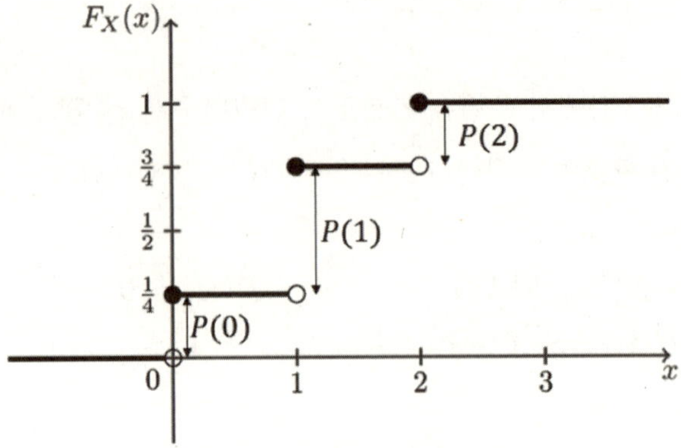


[그림 3.5] 누적분포함수의 예

이러한 구간 집합연산을 조심스럽게 고려하면, 다음의 관계들 역시 만족함을 확인할 수 있다. 나중에 또 그 이유와 함께 다시 언급하겠지만 이산 랜덤변수에서는 연속 랜덤변수와는 다르게 부등호를 조심해야한다.

$$P(x_1 \le X(\omega) \le x_2) = F_X(x_2) - F_X(x_1) + P(X = x_1) \quad (3.2.5)$$

$$P(x_1 \le X(\omega) < x_2) = F_X(x_2) - F_X(x_1) - P(X = x_2) + P(X = x_1) \quad (3.2.6)$$

$$P(x_1 < X(\omega) < x_2) = F_X(x_2) - F_X(x_1) - P(X = x_2) \quad (3.2.7)$$

**예제 2 ▸▸▸**

예제 1의 확률질량함수에 대한 누적확률분포함수를 구하시오.

**풀이 ▸▸▸** 일단 $x$가 0보다 작은 경우에는 $F_X(x) = 0$이지만 $x$가 0을 포함하는 경우에는 $P(X = 0)$의 확률질량을 포함하기 때문에 1/16이다. $x$가 0을 포함하고 1보다 작을 경우에는 이 값을 유지하지만, $x$가 1을 포함하는 경우에는 $P(X = 1)$의 확률질량을 포함하여 5/16가 된다. 이런 식으로 누적확률분포함수를 계산하면

$$F_X(x)=\begin{cases}0 & ,x<0\text{ 일 때}\\ 1/16 & ,0\le x<1\text{ 일 때}\\ 5/16 & ,1\le x<2\text{ 일 때}\\ 11/16 & ,2\le x<3\text{ 일 때}\\ 15/16 & ,3\le x<4\text{ 일 때}\\ 1 & ,4\le x\text{ 일 때}\end{cases}$$

이며, 이를 그림으로 표현한 누적분포함수는 그림 3.6과 같다.

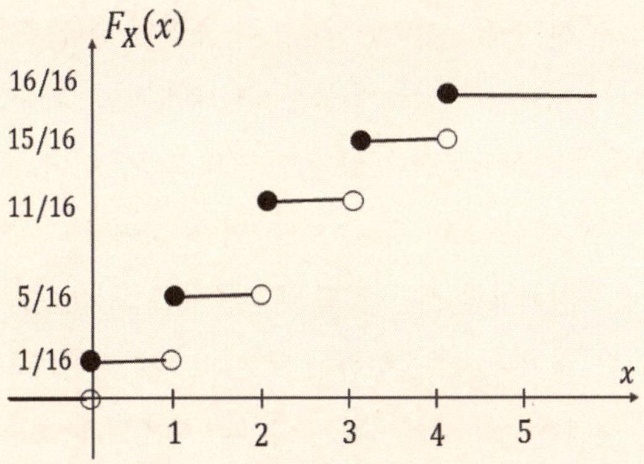


[그림 3.6] 예제 2의 누적분포함수

## 연습 문제

1. 3.1절의 연습문제 2에서 주사위를 두 번 던지는 실험에서 나타나는 눈금의 최소치를 취하는 랜덤변수 $X$의 확률질량함수를 구하시오. 또한 누적분포함수를 구하시오.

2. 3.1절의 연습문제 3에서 윷놀이에서 말판에서 말이 움직일 수 있는 거리를 $D$

의 확률질량함수를 구하시오. 또한 누적분포함수를 구하시오.

## 3.3 연속 랜덤변수

3.1절에서 언급한 바와 같이 연속 랜덤변수는 표본공간을 연속적인 상태공간으로 매핑하며 시간, 길이, 무게, 온도 등의 센서로부터 측정된 연속적인 물리량들이 여기에 속한다. 예를 들어 우리나라 사람들의 몸무게를 랜덤변수 $X$라면, 이는 연속 랜덤변수이며, 치역에 해당하는 상태공간은 양의 실수 $S_X = R^+$ 이며, 우리나라 매일의 기온을 랜덤변수 $T$라면 $S_T = \{t \in R \mid -50 \le t \le 50\}$이 될 것이다.

연속 랜덤변수에서 주의해야할 점은 어떤 랜덤변수의 한 값, 즉 실수축 상의 한 점에서의 확률은 0이라는 점이다. 이는 무한히 많은 소수점 이하자리까지 일치하는 점으로 매핑하는 연속 랜덤변수의 도메인에는 아무런 원소가 존재하지 않는 공집합이라는 의미이다. 이산 랜덤변수에서는 어떤 특정한 값으로 매핑하기 때문에 이 값에서의 확률질량이 0이 아닌 경우들을 이야기 할 수 있지만, 연속 랜덤변수에서는 그렇지 않고 모든 경우 한 점에서의 확률 값은 0이다.

따라서 연속랜덤변수의 확률질량을 확률분포로 정의할 수 없으며, 대신에 확률밀도함수와 누적분포함수를 사용하여 표현할 수 있다. 본 절에서는 이들 표현방법과 상호간의 관계를 살펴본다.

### ☑ 확률밀도함수와 확률

그렇다면 어떻게 연속 랜덤변수의 확률을 이야기해야 할까? 연속 랜덤변수의 점이 아닌 구간에서 즉 길이가 0이 아닌 사건에서 확률은 0이 아닐 수 있다는 것이다. 즉 연속 랜덤변수 $X(\omega) = x$이라는 특정한 값에서는 어떤 $x$값이라도 이 값으로 매핑하는 표본공간의 사건은 공집합이나, $x_1 < X(\omega) \le x_2$와 같이 구간일 경우에는 이 구간으

로 매핑하는 표본공간의 사건은 일반적으로 공집합이 아니다. 따라서 연속 랜덤변수에서는 확률밀도함수(probability density function) $f_X(x)$를 정의하고, 이를 이용하여 구간의 확률을 정의한다. 여기서 확률밀도함수란 랜덤변수가 어떤 값 주위에서 단위길이 당 확률을 의미한다. 즉 1장에서 변량의 일정범위에 포함된 표본들의 상대빈도를 의미하는 것이다. 연속 랜덤변수에서의 확률은 확률밀도함수 $f_X(x)$를 이용하여

$$P(x_1 < X(\omega) \le x_2) = \int_{x_1}^{x_2} f_X(x)\,dx \tag{3.3.1}$$

로 정의된다. 식 (3.3.1)에서 우변의 $f_X(x)dx$를 미소확률(differential probability)이라 하며, $X=x$주변에서 미소길이 $dx$의 할당된 확률을 의미한다. 식 (3.3.1)의 의미는 이 미소확률을 하한 $x_1$부터 상한 $x_2$까지 더하면 우변의 구간확률이 된다는 것이다.

확률밀도함수는 단위길이 당 상대빈도에 해당하기에 0이상이며, 이들 상대빈도를 모든 상태공간에 대해 합하면 전체가 되기 때문에

$$f_X(x) \ge 0 \tag{3.3.2}$$

$$P(S_X) = \int_{S_X} f_X(x)\,dx = \int_{-\infty}^{\infty} f_X(x)\,dx = 1 \tag{3.3.3}$$

이다. 또한 연속 랜덤변수의 어떤 값에서의 확률은 항상 0이기 때문에 식 (3.2.4)부터 식(3.2.7)까지의 이산 랜덤변수에서의 관계식에서 부등호를 세분하는 것이 큰 의미가 없다. 즉

$$\begin{aligned} P(\{x_1 < X(\omega) < x_2) &= P(\{x_1 < X(\omega) \le x_2\}) \\ &= P(\{x_1 \le X(\omega) \le x_2\}) \\ &= P(\{x_1 \le X(\omega) < x_2\}) = F_X(x_2) - F_X(x_1) \end{aligned} \tag{3.3.4}$$

이다. 이는 식 (3.3.1)에서 임의의 점 $x_1$에서 확률이

$$P(x_1^- < X(\omega) \le x_1) = \lim_{x_1^- \to x_1} \int_{x_1^-}^{x_1} f_X(x)\,dx = 0$$

이 되기 때문이다.

### ☑ 확률밀도함수와 누적분포함수

누적분포함수는 식 (3.2.1)의 정의에 의해

$$F_X(x) = P(-\infty < X \leq x) = P(\{\omega \in S \mid -\infty < X(\omega) \leq x\}) \qquad (3.3.5)$$
$$= \int_{-\infty}^{x} f_X(u)\,du$$

이며 식 (3.3.5)의 양변을 미분하면

$$f_X(x) = \frac{dF_X(x)}{dx} \qquad (3.3.6)$$

이다. 확률밀도함수는 누적분포함수의 미분치, 즉 기울기 값과 같다는 것을 의미하며, 확률밀도는 항상 0 이상(이 역시 단위구간의 확률이기 때문)이 되기 때문에 $F_X(x)$는 단조 증가(monotonically non-decreasing)하는 함수이다. 뿐만 아니라 확률 밀도가 크면 누적 확률분포의 기울기가 커지며 기울기가 가장 큰 부분이 확률밀도가 최대인 부분에 해당된다. 또한

$$F_X(-\infty) = 0 \quad \text{또는} \quad F_X(\infty) = P(-\infty < X \leq \infty) = 1 \qquad (3.3.7)$$

의 관계들이 성립함을 식 (3.3.5)에서 쉽게 확인할 수 있다. 그림 3.7은 확률 밀도함수와 그에 상응하는 누적분포함수를 보여주고 있다. 그림에서 확률밀도함수의 $a$지점까지의 그늘진 부분의 면적이 누적분포함수 $F_X(a)$에 해당한다.

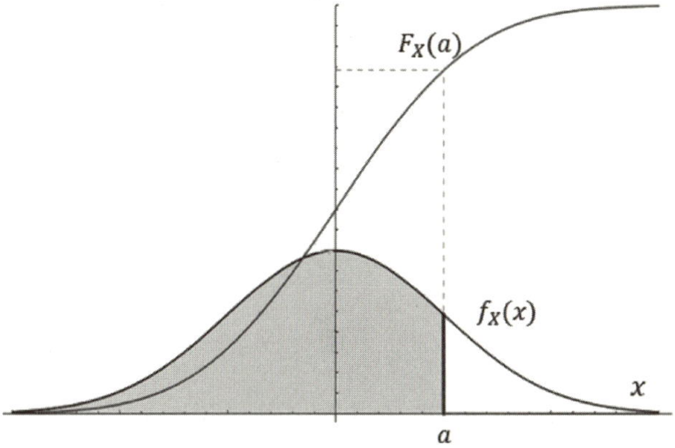


[그림 3.7] 확률밀도함수와 누적분포함수

## 예제 1 ▸▸▸

어떤 회사원이 정규출근 시간 전후에 회사에 도착하는 시간의 확률밀도함수가 그림 3.8과 같다고 하자.

(1) 그림에서 $c$값과 확률밀도함수를 구하시오.

(2) 누적분포함수를 구하시오.

(3) 이 회사원이 지각할 확률을 구하시오.

(4) 이 회사원이 지각했다는 가정아래 5분 이후에 도착할 확률을 구하시오.

## 풀이 ▸▸▸

(1) $c$값은 전체 확률밀도함수를 적분하면 1이기 때문에 1/10이다. 따라서 확률밀도함수는

$$f_X(x) = \begin{cases} 0 & , x \le -10 \\ \frac{1}{100}x + \frac{1}{10} & , -10 \le x < 0 \\ -\frac{1}{100}x + \frac{1}{10} & , 0 \le x \le 10 \\ 1 & , x > 10\ . \end{cases}$$

(2) 누적 확률분포 함수는 $-10 \le x < 0$ 에서

$$F_X(x) = \int_{-10}^{x} \left( \frac{1}{100} u + \frac{1}{10} \right) du = \frac{1}{200} x^2 + \frac{1}{10} x + \frac{1}{2}$$

이며, $0 \le x < 10$에서

$$F_X(x) = \frac{1}{2} + \int_{0}^{x} \left( -\frac{1}{100} u + \frac{1}{10} \right) du = -\frac{1}{200} x^2 + \frac{1}{10} x + \frac{1}{2}$$

이며, $x < -10$일 경우는 0, $x \ge 10$ 일 경우는 1이다.

(3) 이 사원이 지각할 확률을 구한다면

$$P(X \ge 0) = \int_{0}^{x} \left( -\frac{1}{100} x + \frac{1}{10} \right) dx = \frac{1}{2}$$

(4) 만약 이 사원이 지각을 했다는 가정아래 5분 이후에 도착할 확률은 삼각형의 면적을 이용하면

$$P(X \ge 5 | X \ge 0) = \frac{1/8}{1/2} = \frac{1}{4}.$$

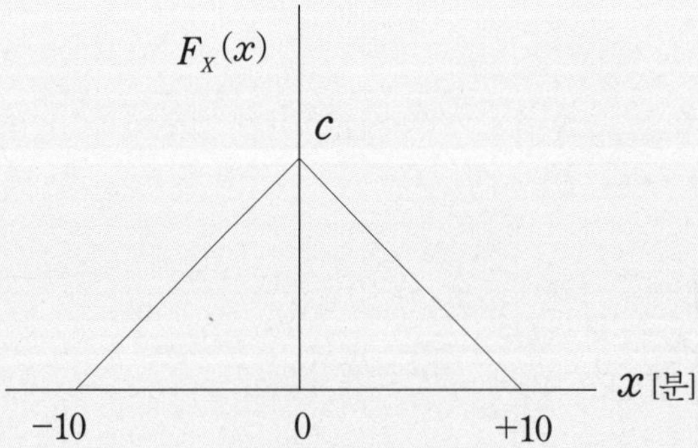


[그림 3.8] 도착시간의 확률 밀도함수

## 연습 문제

1. 잡음 $N$의 확률밀도함수가 아래 그림과 같다고 하자. 질문에 답하시오

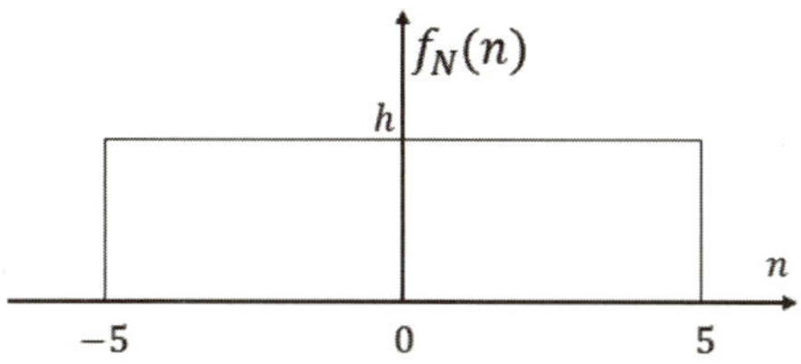


[그림 P1]

(1) 이 확률밀도 함수의 높이 $h$를 구하시오.

(2) 이 잡음의 확률 $P(N \geq 2.5)$를 구하고 이를 누적분포함수 $F_N(n)$로 표현하시오.

(3) 이 잡음의 조건부 확률 $P(N \geq 2.5 | N \geq 0)$을 구하시오.

(4) 잡음 $N$의 누적분포함수 $F_N(n)$을 구하시오.

2. 다음과 같은 누적분포함수를 갖는 랜덤변수 $Y$가 있다고 하자. 질문에 답하시오.

$$F_Y(y) = \begin{cases} 0\ ,\ y < 0 \text{ 경우} \\ y^3, 0 \leq y < 1 \text{ 경우} \\ 1\ , 1 \leq y \text{ 경우} \end{cases}$$

(1) 랜덤변수 $Y$의 확률밀도함수 $f_Y(y)$를 구하시오.

(2) $P(1/4 \leq Y \leq 3/4)$을 누적분포함수 $F_Y(y)$와 확률밀도함수 $f_Y(y)$로부터 구하고 비교해 보시오.

3. 랜덤변수 $X$의 확률밀도함수가 다음과 같다.

$$f_X(x) = \begin{cases} cxe^{-x/2}, & x \geq 0 \text{ 경우} \\ 0 & , \text{ 그 외의 경우} \end{cases}$$

부분적분(integration by part) 공식

$$\int_0^\infty xe^{-ax}dx = -\left[\frac{1}{a}xe^{-ax}\right]_0^\infty + \int_0^\infty \frac{1}{a}e^{-ax}dx$$
$$= 0 - \frac{1}{a^2}\left[e^{-ax}\right]_0^\infty = \frac{1}{a^2}$$

를 활용하여 다음 값들을 결정하시오.

(1) 상수 $c$

(2) 누적분포함수 $F_X(x)$

(3) $P(0 \leq X \leq 4)$

(4) $P(-2 \leq X \leq 2)$

## 3.4 단일 랜덤변수의 함수

때때로 우리는 랜덤변수의 함수를 고려할 필요가 있다. 예를 들어 어떤 센서를 통해 입력되는 연속적인 랜덤변수를 함수를 이용해 변환하고 그 결과를 활용한다면, 이는 랜덤변수의 함수이다. 또 다른 예로는 주사위 게임을 해서 상금을 결정한다고 할 경우, 주사위 눈금 수는 입력 랜덤변수이고 함수의 결과는 상금의 액수가 될 것이다. 이러한 경우 랜덤변수에서 확률이 결정되는 원리와 동일한 방법으로 출력의 확률이 결정될 수 있다. 즉 함수의 결과에 정의된 사건의 확률은 그 사건으로 매핑하는 입력공간에서 사건의 확률과 같다는 것이다. 이제 예를 들어 이 과정을 살펴보자.

### 예제 1 ▶▶▶

학생들의 시험성적이 너무 낮아서 성적을 올려주려 한다. 원래 성적을 랜덤변수 $X$라 하고 올려준 성적 $Y=X+20$이다. 그러나 성적이 100점을 넘어가는 경우는 없으므로 100점이 넘는 경우는 100점으로 제한한다.

(1) 원래 성적 $X$를 연속적인 랜덤변수라 하고, 확률밀도함수

$$f_X(x) = \begin{cases} \dfrac{1}{75}, & 15 \le x < 90 \text{ 일 때} \\ 0, & \text{그 외의 경우} \end{cases}$$

라면 올려준 성적 $Y$의 확률 밀도함수는 어떻게 되겠는가?

(2) 올려준 성적 $Y \ge 90$의 확률은 얼마인가?

### 풀이 ▶▶▶

(1) 분명히 15점 받은 사람은 35점에 80점 이상 받은 사람은 100점에 매핑되었을 것이다. 따라서

$$f_X(x) = \begin{cases} \dfrac{1}{75}, & 35 \le y < 100 \text{ 일 때} \\ \dfrac{10}{75}, & y = 100 \text{ 일 때} \\ 0, & \text{그 외의 경우} \end{cases}$$

에 해당한다. 이는 $y=100$에서는 확률밀도 값에 불연속이 생기는 랜덤변수로 이런 형태의 랜덤변수를 혼합(mixed) 랜덤변수라 한다.

(2) 올려준 성적 $Y \ge 90$은 올려주기 전의 성적 $X \ge 70$에 해당하며

$$P(Y \ge 90) = P(X \ge 70) = \frac{20}{75}$$

이다. 즉 변환후의 사건의 확률은 변환 전의 사건의 확률과 동일하다.

위의 결과는 어떠한 변환과정을 거친다하더라도 변환후의 사건의 확률은 해당 사건의 변환전의 사건을 찾아 그 사건의 확률을 계산하면 얻을 수 있다는 것을 보여준다.

이런 원리를 수식으로 정리하면 $Y=g(X)$라는 함수로 랜덤변수 $X$가 변환되었다면

$$P(Y\subseteq S_Y)=P(\{X\subseteq S_X \mid g(X)=Y\}) \tag{3.4.1}$$

이다. 따라서 누적분포함수

$$F_Y(y)=P(Y\leq y)=P(g(X)\leq y). \tag{3.4.2}$$

**예제 2 ▸▸▸**

랜덤변수 $Y$는 랜덤변수 $X$와 다음 관계를 가진다고 하자.

$$Y=aX+b\ ,a\neq 0$$

입력 랜덤변수 $X$의 확률밀도함수 $f_X(x)$가 주어졌다면 $f_Y(y)$를 구하시오.

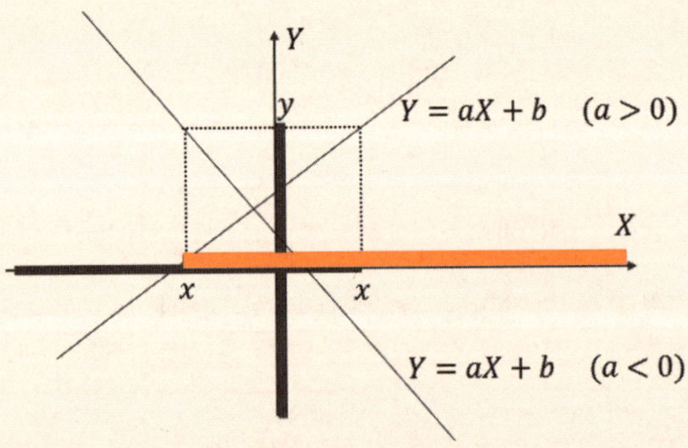


[그림 3.9] $Y=aX+b$에서 기울기의 부호에 따른 영역

**풀이 ▸▸▸** 출력 $Y$의 누적분포함수

$$F_Y(y) = P(Y \le y) = P(aX + b \le y)$$

이며, 이를 입력의 누적분포함수를 이용하여 표현하자. 만약 $a > 0$이면 그림 3.9의 검은색 부분에 의해

$$F_Y(y) = P\left(X \le \frac{y-b}{a}\right) = F_X\left(\frac{y-b}{a}\right)$$

이다. 따라서

$$f_Y(y) = \frac{d}{dy} F_Y(y) = \frac{d}{dy} F_X\left(\frac{y-b}{a}\right) = F_X\left(\frac{y-b}{a}\right) \cdot \frac{1}{a} \tag{3.4.3}$$

이다. 또한 $a < 0$이면 그림 3.5의 붉은색 부분에 의해

$$F_Y(y) = P\left(X \ge \frac{y-b}{a}\right) = P\left(X = \frac{y-b}{a}\right) + 1 - F_X\left(\frac{y-b}{a}\right)$$

이며,

$$f_Y(y) = \frac{d}{dy} F_Y(y) = -f_X\left(\frac{y-b}{a}\right) \cdot \frac{1}{a} \tag{3.4.4}$$

이다. 식 (3.4.3)과 식 (3.4.4)를 종합하면

$$f_Y(y) = f_X\left(\frac{y-b}{a}\right) \cdot \frac{1}{|a|}. \tag{3.4.5}$$

예제 2는 $Y = g(X)$라는 함수로 랜덤변수 $X$가 변환되었을 경우, 랜덤변수 $Y$의 누적분포함수 또는 확률밀도함수를 구하는 일반적인 방법을 제공한다. 즉 랜덤변수 $Y$의 누적분포함수를 정의하고 이를 입력 랜덤변수 $X$의 누적분포함수로 표현하며, 이 랜덤변수 $Y$의 누적분포함수를 미분하면 확률밀도 함수 $f_Y(y)$를 얻을 수 있다. 다만 $Y$의 누적분포함수를 랜덤변수 $X$의 누적분포함수로 표현할 경우, 함수 $g(\,)$에 따라

대응하는 영역이 다르게 결정될 수 있기 때문에 주의가 필요하다. 이를 정리하면 다음과 같다.

〈 $Y=g(X)$로 랜덤변수 $X$가 변환되었을 경우 랜덤변수 $Y$의 확률분포 구하기〉

**단계** 1: 랜덤변수 $Y$의 누적분포함수를 정의.

**단계** 2: 정의된 $Y$의 누적분포함수를 입력 랜덤변수 $X$의 누적분포함수로 표현
이때 함수 $g()$를 이용하는데 대응되는 $X$의 영역에 주의.

**단계** 3: 단계 2의 누적분포 함수를 $y$에 대해 미분하여 $Y$의 확률밀도 함수를 얻음.

**예제 3 ▸▸▸**

랜덤변수 $Y$는 랜덤변수 $X$와 다음 관계를 가진다고 하자.

$$Y=e^X$$

입력 랜덤변수 $X$의 확률밀도함수 $f_X(x)$가 주어졌다면 $f_Y(y)$를 구하시오.

**풀이 ▸▸▸**

출력 랜덤변수 $Y$의 누적분포함수

$$F_Y(y)=P(Y\le y)=P(e^X\le y),\ y>0$$

이며, 함수 $Y=e^X$는 단조증가함수이고, $X=\ln(Y)$이므로

$$F_Y(y)=P(e^X\le y)=P(X\le \ln(y))=F_X(\ln(y))$$

이다. 따라서

$$f_Y(y)=\frac{d}{dy}F_Y(y)=\frac{d}{dy}F_X(\ln(y))=f_X(\ln(y))\cdot\frac{1}{y}\ .$$

## 연습 문제

1. $X$는 공평하지 않은 동전을 던져서 앞면이면 1, 뒷면이면 0으로 매핑하는 랜덤변수로 확률질량함수는 다음과 같다. (이러한 랜덤변수를 베르누이 랜덤변수라 함.)

$$P_X(x) = \begin{cases} p & , X=1\text{일 경우} \\ 1-p, & X=0\text{일 경우} \end{cases}$$

만약 다음과 같은 변환을 거친다면 변환 후의 확률 질량함수는 어떻게 되겠는가?

(1) $Y=X+1$　　　(2) $Z=-X+1$

2. $Y=g(X)=X^2$일 경우 출력 랜덤변수 $Y$의 확률밀도함수를 입력 랜덤변수 $X$의 확률밀도함수 $f_X(x)$를 이용하여 표현하려 한다. 다음 질문에 답하시오.

(1) $Y=g(X)=X^2$의 역함수를 구하시오.

(2) (1)의 역함수를 이용하여 $F_Y(y)$를 입력 랜덤변수 $X$의 확률로 표현하시오. 여기서 $Y \leq y$에 해당하는 $X$의 영역을 구하는데 주의하시오.

(3) (2)의 결과를 $f_X(x)$를 이용하여 표현하시오.

(4) (3)의 결과를 미분하여 $f_Y(y)$를 구하시오.

## 3.5 기댓값(expected value)

앞서 랜덤변수의 확률분포를 표현하는 가장 완벽하고 충실한 방법으로 이산 랜덤변수의 경우는 확률질량함수와 누적분포함수, 연속적인 랜덤변수의 경우에는 확률밀도함수와 누적분포함수를 살펴보았다. 본 절에서는 이러한 확률분포를 축약해서 표현하는 파라메타인 평균, 분산 등을 알아본다. 이들은 1장에서 살펴본 평균의 수학적인 모델인 기댓값이라는 선형 연산자 $E[\cdot]$를 이용한다.

### ☑ 평균과 기댓값

제 1장의 식 (1.2.9)를 보면 변량의 값에 해당 변량의 상대빈도를 곱해서 이를 더함으로 평균을 얻을 수 있었다.

$$\bar{x} = \sum_{i=1}^{L} x_i \frac{f_i}{n} . \tag{1.2.9}$$

확률은 상대빈도를 수학적으로 모델링해 놓은 것이기에 이산적인 랜덤변수 $X$의 평균

$$\mu = E[X] = \sum_{x_i \in S_X} x_i P(X = x_i) \tag{3.5.1}$$

로 정의될 수 있다. 또한 연속적인 랜덤변수의 경우는 미소확률을 곱하고 이들을 더하는 과정에 해당되어

$$\mu = E[X] = \int_{-\infty}^{\infty} x f_X(x) dx \tag{3.5.2}$$

이다. 식 (3.5.1)과 (3.5.2)에서 $E[\cdot]$는 일종의 연산자(operator)로 기댓값이라 한다. 따라서 평균 $\mu$는 랜덤변수 $X$의 기댓값이라 할 수 있다.

### 예제 1 ▸▸▸

어떤 게임에서 공평하지 않은 주사위를 던지고 주사위 눈금에 따라 표 3.1과 같은 금액을 내거나 받는다고 하자. 표에서 −값은 금액을 내야함을 의미하며, +는 받는 금액을 의미한다. 랜덤변수 $N$과 랜덤변수 $X$의 기댓값을 구하시오.

**풀이 ▸▸▸** 랜덤변수 $N$의 기댓값, 즉 평균은

$$E[N]=1/3+2/6+3/6+4/12+5/12+6/6=35/12$$

이며, 랜덤변수 $X$의 기댓값, 즉 평균은

$$E[X]=-3000/3-2000/6-1000/6+1500/12+2500/12+3500/6=-583.3$$

로, 이 게임을 끊임없이 계속하면 평균적으로 회당 −583.3원씩을 잃는다는 것이다.

| 눈금($N$) | 1 | 2 | 3 | 4 | 5 | 6 |
|---|---|---|---|---|---|---|
| 금액($X$) | -3000 | -2000 | -1000 | 1500 | 2500 | 3500 |
| 확률 | 1/3 | 1/6 | 1/6 | 1/12 | 1/12 | 1/6 |

[표 3.1] 주사위 게임에서 내거나 받는 금액(원)

### 예제 2 ▸▸▸

어떤 전구의 수명이 다음과 같은 확률 밀도함수를 가지는 연속 랜덤변수라고 하자.

$$f_T(t)=\begin{cases}\dfrac{1}{\lambda}e^{-\frac{\lambda}{t}}, & t\geq 0\\ 0, & t<0\end{cases}$$

이 전구의 평균수명을 구하시오.

**풀이 ▸▸▸** 전구의 평균수명은

$$E[T]=\int_0^\infty \frac{1}{\lambda}t\cdot e^{-\frac{t}{\lambda}}dt=[-t\cdot e^{-t/\lambda}]_0^\infty+\int_0^\infty e^{-\frac{t}{\lambda}}dt=\lambda.$$

**예제 3 ▸▸▸**

---

예제 10에서 주사위 눈금 수 $N$으로부터 랜덤변수 $M=g(N)$을 다음과 같이 정의하자.

$$M=\begin{cases}-1, & N\text{이 홀수일 경우}\\ 1, & N\text{이 짝수일 경우}\end{cases}$$

$E[M]$을 구하시오.

**풀이 ▸▸▸**

(**방법** 1) 새로운 랜덤변수 $M$의 확률질량함수를 구하면

$$P(M=-1)=P(N=\{1,3,5\})=\frac{1}{3}+\frac{1}{6}+\frac{1}{12}=\frac{7}{12}$$

이며

$$P(M=1)=P(N=\{2,4,6\})=\frac{1}{6}+\frac{1}{12}+\frac{1}{6}=\frac{5}{12}$$

이다. 따라서

$$E[M]=-1\cdot\left(\frac{7}{12}\right)+1\cdot\left(\frac{5}{12}\right)=\frac{1}{6}$$

(**방법** 2) 함수 $M=g(N)$와 그 결과의 확률을 이용하는 것이 아니라

$$
\begin{aligned}
E[g(N)] &= g(1)\cdot\left(\frac{1}{3}\right)+g(2)\cdot\left(\frac{1}{6}\right)+g(3)\cdot\left(\frac{1}{6}\right)+g(4)\cdot\left(\frac{1}{12}\right)+g(5)\cdot\left(\frac{1}{12}\right)+g(6)\cdot\left(\frac{1}{6}\right) \\
&= -1\cdot\left(\frac{1}{3}\right)+1\cdot\left(\frac{1}{6}\right)-1\cdot\left(\frac{1}{6}\right)+1\cdot\left(\frac{1}{12}\right)-1\cdot\left(\frac{1}{12}\right)+1\cdot\left(\frac{1}{6}\right) \\
&= \frac{1}{6}
\end{aligned}
$$

로도 동일한 값을 얻을 수 있다.

예제 3 (방법 2)에서 살펴보았듯이, 이산 랜덤변수 $X$의 함수 $Y=g(X)$의 기댓값은

$$E[g(N)]=\sum_{x_i \in S_X} g(x_i)P(X=x_i) \tag{3.5.3}$$

로 계산할 수 있다. 또한 연속 랜덤변수의 경우는 미소확률을 곱하고 이들을 적분하여 더하는 과정에 해당되어

$$E[g(X)]=\int_{-\infty}^{\infty} g(x)f_X(x)\,dx \tag{3.5.4}$$

와 같다. 따라서 평균이란 특별한 함수 $g(X)=X$의 기댓값, 즉 항등함수(identity function)의 기댓값에 해당한다고 말할 수 있다.

### ☑ 모멘트 및 중심 모멘트, 분산

이러한 랜덤변수의 함수의 기댓값 중에 특별히 $Y=X^n$의 기댓값, 즉 $E[X^n]$을 랜덤변수 $X$의 $n$차 모멘트(moment)라고 한다. 또한 $Y=(X-E(X))^n$의 기댓값, $E[(X-E(X))^n]$을 $n$차 중심모멘트(central moment)라 한다. 특별히 2차의 중심모멘트를 랜덤변수 $X$의 분산(variance)라 하며, 그 제곱근을 표준편차(standard deviation)라 한다.

기댓값은 기본적으로 합과 적분으로 계산되기 때문에 선형연산자(linear operator)이다. 즉

$$E[(a \cdot g(X)] = a \cdot E[g(X)] \qquad \text{(동차성)} \qquad (3.5.5)$$

$$E[g_1(X) + g_2(X)] = E[g_1(X)] + E[g_2(X)] \ \text{(가산성)} \qquad (3.5.6)$$

을 만족하며, 따라서 중첩의 원리(superposition principle)

$$E[a_1 g_1(X) + a_2 g_2(X)] = a_1 E[g_1(X)] + a_2 E[g_2(X)] \qquad (3.5.7)$$

을 만족한다. (증명: 연습문제 5) 또한 어떤 상수의 기댓값은 그 상수 값에서만 확률이 1이고, 나머지 경우는 0이므로 상수 그 자체가 된다. 다시 말하면 $E[a] = a \cdot 1 = a$.

이제 분산을 구하는 다른 방법을 알아보자. 분산은

$$Var(X) = E[(X - E(X))^2] = E[X^2 - 2X \cdot E[X] + E^2[X]]$$

이며 $E[X]$ 또는 $E^2[X]$는 상수(확률이 1인 값)이기 때문에

$$\begin{aligned} Var(X) &= E[X^2 - 2X E[X] + E^2[X]] = E[X^2] - 2E[X] \cdot E[X] + E^2[X] \\ &= E[X^2] - E^2[X]. \end{aligned} \qquad (3.5.8)$$

즉 분산 $Var(X)$는 $X$의 이차 모멘트와 $X$의 1차 모멘트(평균)의 제곱의 차로 구해지며, 그 제곱근 표준편차 $\sigma(X) = \sqrt{E[X^2] - E^2[X]}$ 이다.

식 (3.5.8)과 제 1장의 식 (1.2.3)과 비교해 보자.

$$s^2 = \frac{1}{n-1}\sum_{i=1}^{n}(x_i - \overline{x})^2 = \frac{1}{n(n-1)}\left(n\sum_{i=1}^{N}x_i^2 - \left(\sum_{i=1}^{n}x_i\right)^2\right) \qquad (1.2.3)$$

만약 표본분산을 구하는 식 (1.2.3)의 가운데 변의 분모가 $n$이라면, 우변의 $\sum_{i=1}^{N}x_i^2/n$은 식 (3.5.8)의 우변의 첫째항인 2차 모멘트에 해당하며, $(\sum_{i=1}^{n}x_i)^2/n^2$은 식 (3.5.8)의 우변의 두 번째 항, 평균의 제곱에 해당되는 것을 알 수 있다.

**예제 4 ▸▸▸**

예제 1의 랜덤변수 $N$과 랜덤변수 $X$의 분산을 구하시오.

**풀이 ▸▸▸**

먼저 랜덤변수 $N$의 2차 모멘트는

$$
\begin{aligned}
E[N^2] &= (1)^2 \cdot \frac{1}{3} + (2)^2 \cdot \frac{1}{6} + (3)^2 \cdot \frac{1}{6} + (4)^2 \cdot \frac{1}{12} + (5)^2 \cdot \frac{1}{12} + (6)^2 \cdot \frac{1}{6} \\
&= \frac{163}{12} = 13.58
\end{aligned}
$$

이며, 따라서 분산은

$$Var(N) = E[N^2] - E^2[N] = 13.58 - (2.92)^2 = 5.07$$

이다. 한편 랜덤변수 $X$의 2차 모멘트는

$$
\begin{aligned}
E[X^2] &= (-3000)^2 \cdot \frac{1}{3} + (-2000)^2 \cdot \frac{1}{6} + (-1000)^2 \cdot \frac{1}{6} \\
&\quad + (1500)^2 \cdot \frac{1}{12} + (2500)^2 \cdot \frac{1}{12} + (3500)^2 \cdot \frac{1}{6} \\
&= 6,583,333.3
\end{aligned}
$$

이며, 분산은

$$Var(X) = E[X^2] - E^2[X] = 6,583,333.3 - (583.3)^2 = 6,243,094.4.$$

**예제 5 ▸▸▸**

예제 2의 확률밀도함수를 갖는 랜덤변수 $T$의 2차 모멘트와 분산을 구하시오.

**풀이 ▸▸▸**

2차 모멘트는 부분적분을 두 번에 걸쳐 수행하면

$$E[T^2] = \int_0^\infty t^2 \cdot \frac{1}{\lambda} e^{-t/\lambda} dt = 2\lambda^2$$

이다. 따라서

$$Var(T) = E[T^2] - E^2[T] = 2\lambda^2 - \lambda^2 = \lambda^2.$$

일반적으로 분산이 크다면 평균으로부터 데이터 사이들의 거리가 평균적으로 멀다는 의미이며 이는 데이터의 다양성(diversity)이 크다는 것을 의미한다. 그림 3.10은 좌우가 대칭이며 모드가 하나인 확률 밀도함수와 분산의 관계를 보여주고 있다.

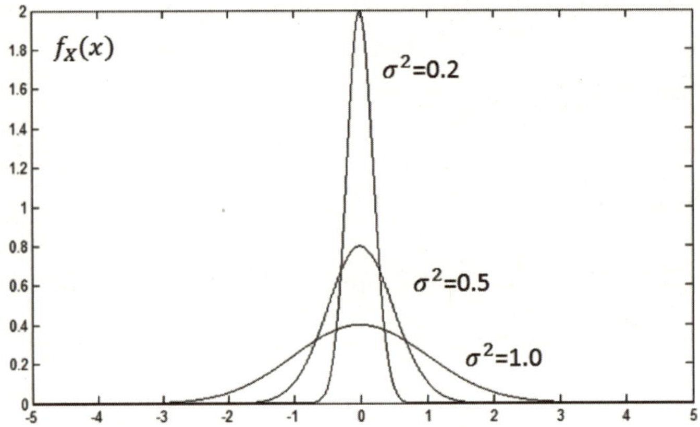


[그림 3.10] 분산과 확률 밀도함수

한편 분산은 $a$와 $b$가 상수인 경우

$$Var(a) = 0 \tag{3.5.9}$$

$$Var(aX) = a^2 Var(X) \tag{3.5.10}$$

$$Var(aX+b) = a^2 Var(X) \tag{3.5.11}$$

의 성질을 만족하고, 식(3.5.11)은 랜덤변수에 편이(bias)가 발생하더라도 분산이 변화되지 않음을 의미한다.

**예제 6 ▸▸▸**

어떤 학급의 성적의 원 점수를 $X$라 하고 조정된 점수를 $Y$라 하자. 만약 원 점수의 편차가 너무 커서

$$Y = 0.8X + 20$$

으로 조정했다면, 조정된 점수의 평균과 분산을 원점수 $X$의 평균과 분산으로 표현하시오.

**풀이 ▸▸▸**

$E[\cdot]$의 성질을 적용해 보면, 랜덤변수 $Y$의 평균

$$E[Y] = E[0.8X + 20] = 0.8E[X] + 20$$

이며, 식(3.5.11)에 따라 분산

$$Var(Y) = Var(0.8X + 20) = 0.64Var(X)$$

로 분산 값이 줄어들어 성적의 편차를 줄일 수 있다.

일반적으로 기계학습 등에서 입력의 변량을 정규화시키고, 이를 이용하여 학습 알고리즘을 구동하는 경우가 있다. 즉 속성에 해당하는 랜덤변수 $X$에서 평균을 빼고 이를 표준편차로

$$Z = \frac{X - E[X]}{\sigma} = \frac{X - \mu}{\sigma} \tag{3.5.12}$$

나누어 정규화(normalization)한다는 것이다. 식 (3.5.12)에서 랜덤변수 값 $X = x$에 대한

변한 값

$$z = \frac{x-\mu}{\sigma}$$

을 1장에서 $z$-점수(score)라 하였다. $E[\cdot]$의 성질에 의해 $E[Z]=0$이며 식 (3.5.11)에 의해

$$Var(Z) = \frac{1}{\sigma^2}Var(X) = \frac{1}{\sigma^2}\sigma^2 = 1.$$

### ☑ 평균, 미디안 및 모드

랜덤변수의 평균 $E[X]$는 $E[\cdot]$의 성질에 각각 확률질량이나 확률밀도로 표현되는 확률분포의 무게중심($M$)에 해당한다. 즉 질량 또는 밀도가 확률분포와 동일한 1차원 막대를 지레대로 평형을 유지하게 한다면, 평균 위치에 있었을 때 좌우의 균형이 맞아 수평을 유지할 수 있다는 의미이다. 한편 모멘트(moment)나 중심모멘트(central moment)들도 질량 또는 밀도의 분포와 관련되어 역학에서 사용되는 용어들로 확률론에서의 용어들과 상사성(analogy)이 존재한다.

그렇다면 1장에서 언급한 미디안($M_e$)은 어느 위치가 될까? 이는 확률질량 또는 확률밀도를 누적한 값이 0.5가 되는 부분을 의미한다. 즉 누적분포함수 값이 0.5가 되는 위치가 미디안에 해당된다는 의미이다. 또한 모드($M_o$)는 확률질량 또는 확률밀도가 최대인 지점을 의미한다. 이를 정리하면 그림 3.11 또는 표 3.2와 같다.

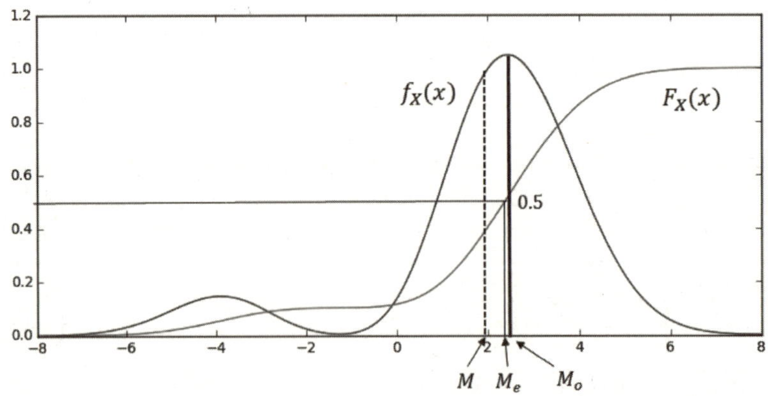


[그림 3.11] 평균, 미디안과 모드의 위치

| 종류 | 확률밀도(질량) 함수 | 누적분포함수 |
|---|---|---|
| 평균 | 무게중심 | - |
| 미디안 | 좌우의 면적비가 같은 곳 | 1/2 값의 위치 |
| 모드 | 최고치의 위치 | 기울기가 가장 급한 곳 |

[표 3.2] 평균, 미디안, 모드의 위치

**예제 7 ▸▸▸**

표 3.1의 주사위 눈금 수 $N$의 미디안과 모드를 구하시오.

**풀이 ▸▸▸** 표 4.1에서 누적확률분포는 표 3.3과 같다. 따라서 미디안은 $N=2$에 해당하며, 모드는 확률 값이 가장 큰 $N=1$에 해당한다.

| 눈금($N$) | 1 | 2 | 3 | 4 | 5 | 6 |
|---|---|---|---|---|---|---|
| 확률 | 1/3 | 1/6 | 1/6 | 1/12 | 1/12 | 1/6 |
| 누적확률 | 4/12 | 6/12 | 8/12 | 9/12 | 10/12 | 1/6 |

[표 3.3] 랜덤변수 $N$의 확률 질량분포 누적확률 분포

### ☑ 확률분포와 엔트로피(entropy)

이산적인 랜덤변수 $X$가 어떤 특별한 값을 가지고 나타났을 때 우리는 얼마나 많은 정보를 얻게 되겠는가? 예를 들어 확률적으로 극히 드문 일이 일어났다면, 확률적으로 자주 일어나는 일 보다는 정보가 많다고 볼 수 있다. 즉 드문 일이 발생하면 그만큼 정보량에 해당하는 놀람의 정도(degree of surprise) 또는 불확실성을 해소하는 정도(degree of uncertainty)는 크다고 볼 수 있다. 따라서 어떤 값이 발생할 확률의 역수를 밑수가 2인 로그를 취해 해당 값이 가지는 정보량이라 정의한다. 또한 이 각각의 값들에 대한 정보량의 기댓값을 어떤 랜덤변수의 엔트로피라 정의한다. 즉 상태공간 $S_X=\{x_1$

$, x_2, \ldots, x_n\}$이며 확률질량분포가 $\{p_1, p_2, \ldots, p_n\}$인 랜덤변수의 엔트로피는

$$Entropy_X = -\sum_{i=1}^{n} p_i \log_2(p_i) \quad [bits] \tag{3.5.13}$$

로 정의되며, 단위는 비트(bit)를 사용한다.

그렇다면 확률분포에 따라 달라지는 엔트로피는 언제 최대 값을 가지겠는가? 예를 들어 동전을 던져서 앞면이면 1, 뒷면이면 0이라 하고 앞면이 나올 확률을 $p$, 뒷면이 나올 확률을 $q=1-p$라 하자.(이런 랜덤변수를 베르누이 랜덤변수라 한다.) 이 경우 엔트로피는 확률 $p$의 함수로

$$Entropy(p) = -p \cdot \log_2(p) - q \cdot \log_2(q) \tag{3.5.14}$$

에 해당된다. 그렇다면 이런 베르누이 분포에서 언제 $Entropy(p)$가 최대가 되겠는가? 이를 알아보기 위해 그림을 그려보면 그림 3.12와 같다. 즉 $p=q=0.5$에서 평균 정보량인 엔트로피 $H(X)$가 최대가 되며, 그때 엔트로피는 1 비트에 해당한다.

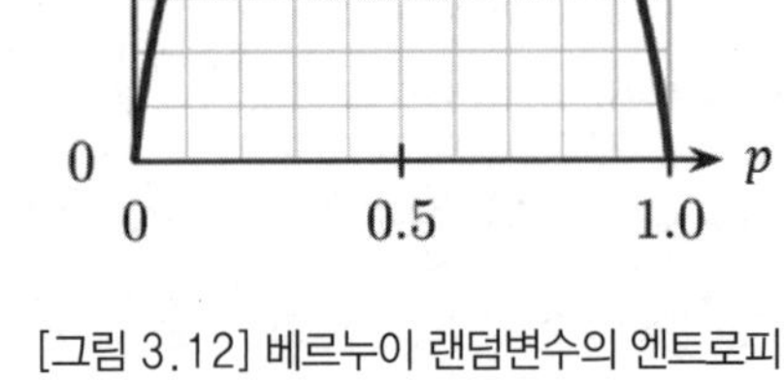


[그림 3.12] 베르누이 랜덤변수의 엔트로피

**예제 8 ▸▸▸**

공정한 주사위 $D_1$과 그렇지 못한 주사위 $D_2$가 있다. $D_2$의 확률질량이 표 3.1과 같을 경우 각각의 엔트로피를 구하시오.

**풀이 ▸▸▸** 공정한 주사위 $D_1$의 경우는

$$H(D_1) = -\frac{1}{6}\log_2\frac{1}{6} - \frac{1}{6}\log_2\frac{1}{6} - \dots - \frac{1}{6}\log_2\frac{1}{6} = 6\cdot\frac{1}{6}\log_2 6 = 2.585(bits)$$

이며, 주사위 $D_2$의 경우는

$$H(D_2) = -\frac{1}{3}\log_2\frac{1}{3} - \frac{1}{6}\log_2\frac{1}{6} - \frac{1}{6}\log_2\frac{1}{6} - \frac{1}{12}\log_2\frac{1}{12} - \frac{1}{12}\log_2\frac{1}{12} - \frac{1}{6}\log_2\frac{1}{6}$$
$$= \frac{1}{3}\log_2 3 + \frac{1}{2}\log_2 6 + \frac{1}{6}\log_2 12 = 0.528 + 1.292 + 0.597 = 2.418(bits)$$

이다. 따라서 공정한 주사위의 경우가 엔트로피가 더 크다. 일반적으로 확률분포가 균등할수록 엔트로피가 커진다. 2장의 베이즈 규칙에서는 사전확률을 정확히 모를 경우 최대 엔트로피(maximum entropy)로 가정한다는 것은 동등하게 일어난다(equally likely)는 가정과 같은 의미라 설명한 바 있다.

## 연습문제

1. 3.3절의 연습문제 1의 베르누이 랜덤변수 $X$와 이 랜덤변수의 함수 $Y=X+1$, $Z=-X+1$에 대한 질문에 답하시오.

(1) 랜덤변수 $X, Y, Z$의 기댓값을 구하시오.

(2) 랜덤변수 $X, Y, Z$의 2차 모멘트를 구하시오.

(3) 랜덤변수 $X, Y, Z$의 분산을 구하고, 이들 분산이 동일한가를 확인하시오.

2. 랜덤변수 $X$의 상태공간 $S_X = \{-1, 0, +1, +2\}$이며, 각각의 확률질량이 1/4이라 하자. 랜덤변수 $Y = X^2 - X$일 경우 다음 질문에 답하시오.

(1) $Y$의 상태공간 $S_Y$를 구하시오.

(2) $Y$의 확률 질량함수를 구하시오.

(3) 예제 3의 방법 1로 기댓값 $E[Y]$를 구하시오.

(4) 예제 3의 방법 2로 기댓값 $E[Y]$를 구하시오.

(5) 랜덤변수 $X$와 $Y$의 분산을 구하시오.

(6) 랜덤변수 $X$와 $Y$의 엔트로피를 구하시오.

3. 3.3절의 연습문제 1의 확률밀도를 갖는 연속 랜덤변수 $N$에 관한 질문에 답하시오.

(1) 랜덤변수 $N$의 평균 $E[N]$를 구하시오.

(2) 랜덤변수 $N$의 2차 모멘트 $E[N^2]$을 구하시오.

(3) 랜덤변수 $N$의 분산을 $Var(N)$구하시오.

(4) 만약 $Y = N^2 - 2N$라면 랜덤변수 $Y$의 평균 $E[Y]$와 분산 $Var(Y)$를 구해보시오.

4. 다음과 같은 확률밀도를 갖는 랜덤변수 $Y$에 관한 질문에 답하시오.

$$f_Y(y) = \begin{cases} 3y^2/2, & -1 \le y \le 1 \text{일 때} \\ 0 & \text{, 그 외의 경우} \end{cases}$$

(1) 랜덤변수 $Y$의 평균 $E[Y]$를 구하시오.

(2) $Y$의 2차 모멘트 $E[Y^2]$을 구하시오.

(3) 분산 $Var(Y)$과 표준편차를 구하시오.

5. (1) 식 (3.5.7)을 증명하시오.

(2) 상수 $a$의 평균과 분산을 구하시오. 또한 이 경우의 확률분포를 그림으로 그려보시오.

## 3.6 특성함수

본 절에서는 랜덤변수의 특별한 함수의 기댓값 $E[e^{j\omega X}]$을 고려해 보자. 여기서 $j$는 복소수의 허수부를 나타내는 기호로 $j=\sqrt{-1}$ 에 해당하며,

$$e^{j\omega X}=\cos(\omega X)+j\sin(\omega X) \tag{3.6.1}$$

로 정의된다. 이 특별한 랜덤변수 $e^{j\omega X}$의 기댓값은 식 (3.5.3)에 의해 이산 랜덤변수에 대해서는

$$\Phi_X(j\omega) \equiv E[e^{j\omega X}]=\sum_k e^{j\omega x_k}P[X=x_k] \tag{3.6.2}$$

식 (3.5.4)에 의해 연속 랜덤변수에 대해서는

$$\Phi_X(j\omega) \equiv E[e^{j\omega X}]=\int_{-\infty}^{\infty} e^{j\omega x}f_X(x)\,dx \tag{3.6.3}$$

이며, 이 기댓값 $\Phi_X(j\omega)$를 랜덤변수 $X$의 특성함수(characteristic function)라 한다. 식 (3.6.2)과 (3.6.3)에서 특성함수는 틀림없이 확률분포인 확률질량함수나 확률밀도함수에 따라 달라지는 것을 알 수 있다. 또한 특성함수가 주어지면 확률질량함수나 확률밀도함수를

$$P[X=x_k]=\frac{1}{2\pi}\int_{-\infty}^{\infty}\Phi_X(j\omega)\,e^{-j\omega x_k}d\omega \tag{3.6.4}$$

또는

$$f_X(x)=\frac{1}{2\pi}\int_{-\infty}^{\infty}\Phi_X(j\omega)\,e^{-j\omega x}d\omega \tag{3.6.5}$$

와 같이 일의적(unique)으로 구해 낼 수 있다.

통상 이 확률질량함수 또는 확률밀도함수와 특성함수의 관계를 푸리에(Fourier) 변환쌍이라고 한다. 따라서 확률질량함수나 확률밀도함수를 이야기하여 랜덤변수를 표현하는 것이나 이 랜덤변수의 특성함수를 표현하는 것은 서로 등가(equivalent)이다. 즉 랜덤변수의 확률분포를 가장 완벽하게 표현하는 방법이 확률질량함수 또는 확률밀도함수인데 여기에 덧 붙여서 특성함수를 표현한다고 해도 완벽한 표현이 되는 것이다. 여기서 완벽하다는 것은 더 이상의 충분한 표현이 없다는 의미이다. 즉 평균이나 분산 등으로 표현하는 것은 단지 랜덤변수의 확률분포를 근사적으로 표현하는 것 밖에는 되지 못한다는 것이다. 다시 말하면 평균과 분산이 같다고 두 랜덤변수의 특성함수 또는 확률질량이나 확률밀도 함수가 같다고 이야기 할 수는 없으나 그 역은 성립한다는 의미이다.

이제 이 특성함수를 $\omega$에 대하여 $n$번 미분하고 $\omega=0$에서 평가한다고 하자. 식 (3.6.2)에서

$$\begin{aligned}\left[\frac{d^n\Phi_X(j\omega)}{d\omega^n}\right]_{\omega=0} &=(j)^n\Big[\sum_k (x_k)^n P[X=x_k]e^{j\omega x_k}\Big]_{\omega=0}\\ &=(j)^n\sum_k (x_k)^n P[X=x_k]\\ &=(j)^n E[X^n]\end{aligned} \tag{3.6.6}$$

이며, 식 (3.6.6)에서

$$E[X^n]=\frac{1}{(j)^n}\left[\frac{d^n\Phi_X(j\omega)}{d\omega^n}\right]_{\omega=0} \tag{3.6.7}$$

임을 알 수 있다. 즉 특성방정식을 알고 있으면 이로부터 랜덤변수 $X$의 $n$차 모멘트를 구할 수 있다는 것이다. 또한 테일러급수를 $\omega=0$에서 전개한다면

$$\begin{aligned}\Phi_X(j\omega)&=1+\frac{1}{1!}\left[\frac{d\Phi_X(j\omega)}{d\omega}\right]_{\omega=0}\omega+\frac{1}{2!}\left[\frac{d^2\Phi_X(j\omega)}{d^2\omega}\right]\omega^2+\cdots+\frac{1}{n!}\left[\frac{d^n\Phi_X(j\omega)}{d^n\omega}\right]\omega^n+\ldots\\&=1+\frac{1}{1!}(j)E[X]\omega+\frac{1}{2!}(j^2)E[X^2]\omega^2+\ldots+\frac{1}{n!}(j^n)E[X^n]\omega^n+\ldots\end{aligned} \tag{3.6.8}$$

와 같이 표현할 수 있다. 이는 만약 랜덤변수 $X$의 $n$차 모멘트들을 모두 안다면 특성함수를 규정할 수 있음을 의미하며, 따라서 이 역시 랜덤변수를 가장 완벽하게 표현하는 방법인 것이다. 만약 몇 개의 낮은 차수의 모멘트 즉 평균, 2차 모멘트 등만이 주어졌다면 이는 일반적으로 랜덤변수의 확률분포를 완벽하게 표현하는 데는 불충분하다는 의미이다.

**예제 1 ▸▸▸**

공평하지 않은 동전을 던져서 앞면이 나오면 $X=1$ 뒷면이 나오면 $X=0$이라 하고 각각의 확률 $P(X=1)=p$, $P(X=0)=1-p=q$라 하자. (베르누이 랜덤변수를 의미함.) 이 이산 랜덤변수의 특성함수를 구하시오. 또한 이 특성함수를 이용하여 평균 $E[X]$과 2차모멘트 $E[X^2]$ 및 분산 $Var(X)$을 구하시오.

**풀이 ▸▸▸** 특성함수

$$\Phi_X(j\omega)=e^{j\omega 0}P[X=0]+e^{j\omega 1}P[X=1]=q+pe^{j\omega}$$

이다. 따라서

$$E[X] = \frac{1}{j}\left[\frac{d\Phi_X(j\omega)}{d\omega}\right]_{\omega=0} = p, \quad E[X^2] = \frac{1}{j^2}\left[\frac{d^2\Phi_X(j\omega)}{d^2\omega}\right]_{\omega=0} = p$$

이며

$$Var(X) = p - p^2 = p(1-p) = pq.$$

**예제 2 ▸▸▸**

랜덤변수 $Y$는 $Y = \alpha X + \beta$로 랜덤변수의 $X$함수라 하자. 이 랜덤변수 $Y$의 특성함수를 $X$의 특성함수를 이용하여 표현해 보시오.

**풀이 ▸▸▸** 정의에 의해 랜덤변수 $Y$의 특성함수

$$\Phi_Y(j\omega) = E[e^{j\omega Y}] = E[e^{j\omega(\alpha X+\beta)}] = e^{j\omega\beta}E[e^{j\omega\alpha X}] = e^{j\omega\beta}\Phi_X(j\alpha\omega). \qquad (3.6.9)$$

## 연습 문제

1. 랜덤변수 $D$의 상태공간은 $S_D = \{1, 2, 3, 4\}$이며 각각의 확률이 1/4로 동일하다. 이 랜덤변수 $D$의 특성함수를 구하시오. 또한 이 특성함수에 식 (3.6.7)을 적용하여 2차 모멘트를 구해보시오.

2. 다음과 같은 확률밀도 함수를 갖는 랜덤변수 $X$에 관한 질문에 답하시오.

$$f_X(x) = \begin{cases} 1, & 0 \le X \le 1\text{일 경우} \\ 0, & \text{그 외의 경우} \end{cases}$$

(1) 이 랜덤변수 $X$의 특성함수를 구해보시오.

(2) 만약 $Y=(b-a)X+a$라면 $Y$의 확률밀도함수 $f_Y(y)$는 어떤 모습인가?

(3) 식 (3.6.9)를 이용하여 랜덤변수 $Y$의 특성함수를 구하시오.

(4) 랜덤변수 $X$의 특성함수를 테일러급수로 표현하면

$$\Phi_X(j\omega) = \sum_{n=1}^{\infty} \frac{(j\omega)^{n-1}}{n!}$$

임을 보이시오. (단 $e^{j\omega} = 1 + \frac{1}{1!}(j\omega) + \frac{1}{2!}(j\omega)^2 + \cdots + \frac{1}{n!}(j\omega)^n + \cdots$ 임.)

(5) (4)의 결과를 이용하여 랜덤변수 $X$의 2차 모멘트 값을 구하시오.

3. 정규분포를 가지는 랜덤변수 $Z$의 확률밀도 함수는

$$f_Z(z) = \frac{1}{\sqrt{2\pi}} e^{-z^2/2}$$

이다. 이 랜덤변수의 특성함수가

$$\Phi_Z(j\omega) = \exp(-\omega^2/2)$$

임을 보이시오. 또한 랜덤변수 $X = \sigma_X Z + \mu_X$라면 식 (3.6.9)를 이용하여

$$\Phi_X(j\omega) = \exp(j\omega\mu_X - \omega^2\sigma^2_X/2)$$

임을 보이시오.

## 3.7 체비세프 부등식

확률론에서 부등식들은 확률 값 등의 한계(limit)를 결정하는데 활용된다. 랜덤변수 $X$는 항상 0보다 큰 값을 가진다고 하자. 즉

$$x<0 \text{ 일 때 } f_X(x)=0$$

이라면, 임의의 $K \geq 0$에 대해

$$E[X]=\int_0^\infty xf_X(x)\,dx \geq \int_K^\infty xf_X(x)\,dx \geq K\int_K^\infty f_X(x)\,dx = K \cdot P(X>K)$$

가 성립한다. 따라서

$$P(X>K) \leq \frac{E[X]}{K} \tag{3.7.1}$$

이며, 이를 마르코프(Markov) 부등식이라 한다. 식 (3.7.1)은 0보다 큰 값을 가지는 임의의 랜덤변수에 대해서도 성립하므로, $X=(Y-E[Y])^2$로 치환하더라도 성립한다. 여기서 랜덤변수 $Y$는 $Y \geq 0$과 같은 형태의 어떠한 제약도 없다. 식 (3.7.1)을 다시 쓰면

$$P(Y-E[Y])^2>K^2) \leq \frac{E[(Y-E[Y])^2]}{K^2} \tag{3.7.2}$$

이다. 부등식 (3.7.2)에서 우변의 분자는 랜덤변수 $Y$의 분산이며 좌변을 다시 쓰면

$$P(|Y-\mu_Y|>K) \leq \frac{Var(Y)}{K^2} \tag{3.7.3}$$

이 성립한다. 이를 체비세프(Chebyshev) 부등식이라 하며, 우변은 어떤 랜덤변수가 평균으로부터 $K$이상 벗어나 있을 확률의 상한(upper limit)을 제공하고 있다.

식 (3.7.3)에서 만약 $Var(Y)=0$이라면 어떤 일이 발생하겠는가? 우변은 0이며, 좌변의 확률은 언제나 0 이상이므로 결국

$$P(|Y-\mu_Y|>K)=0$$

일 수 밖에는 없다. 이는 임의의 $K$에 대해서 성립하기 때문에 아주 작은 $K$에 대해서도 성립하게 되며, 결국 $Y\neq\mu_Y$의 확률이 0이라는 것을 의미한다. 따라서 분산이 0인 랜덤변수는 거의 모든 경우 $Y=\mu_Y$이며 상수 값을 가진다.

한편 식 (3.7.3)에서 $K=\epsilon\sigma$ 라면

$$\begin{aligned}&P(|Y-\mu_Y|>\epsilon\sigma)\\&=P(Y<\mu_Y-\epsilon\sigma,\ Y>\mu_Y+\epsilon\sigma)\leq\frac{1}{\epsilon^2}\end{aligned} \tag{3.7.4}$$

이 성립하며 양변을 1에서 빼면

$$\begin{aligned}&1-P(Y<\mu_Y-\epsilon\sigma,\ Y>\mu_Y+\epsilon\sigma)\\&=P(\mu_Y-\epsilon\sigma\leq Y\leq\mu_Y+\epsilon\sigma)\geq 1-\frac{1}{\epsilon^2}\end{aligned} \tag{3.7.5}$$

가 성립한다. 결국 부등식 (3.7.5)의 우변은 랜덤변수 $Y$가 평균을 중심으로 거리가 $K=\epsilon\sigma$이내에 존재할 확률의 하한(lower limit)을 제공한다. 만약 $\epsilon=2$ 또는 $\epsilon=3$이라면

$$P(\mu_Y-2\sigma\leq Y\leq\mu_Y+2\sigma)\geq 1-\frac{1}{2^2}=0.75$$

$$P(\mu_Y-3\sigma\leq Y\leq\mu_Y+3\sigma)\geq 1-\frac{1}{3^2}=0.89$$

에 해당하며, 그림 3.13은 이런 모습을 보여준다.

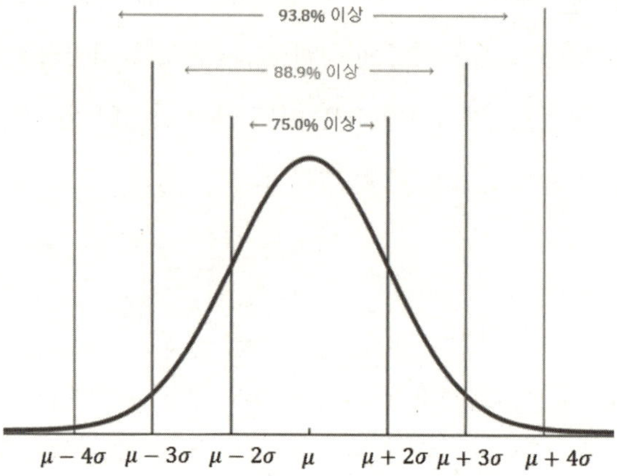


[그림 3.13] 체비세프 부등식에 따른 확률의 하한 값

**예제 1 ▸▸▸**

어떤 반 학생들의 키의 평균이 168cm이며 표준편차가 5cm라고 하자. 158cm에서 178cm사이의 확률은 최소 얼마 이상인가? 만약 평균은 동일하고 표준편차가 2.5cm인 학급에서는 어떠하겠는가?

**풀이 ▸▸▸** 식 (3.7.5)에서

$$P(168-2\cdot5<Y<168+2\cdot5)\geq 1-\frac{1}{2^2}=\frac{3}{4}.$$

표준편차가 2.5cm로 줄어들면

$$P(168-4\cdot2.5<Y<168+4\cdot2.5)\geq 1-\frac{1}{4^2}=\frac{15}{16}.$$

## 연습문제

1. 표 3.1의 공정하지 않은 주사위 눈금의 랜덤변수 $N$의 평균 $\mu_Y$와 표준편차 $\sigma_N$을 이용하여 식 (3.7.5)로부터 $N$이 $\mu_N \pm 2\sigma_N$범위에 들 확률의 하한 값을 결정하시오. 또한 실제 랜덤변수 $N$이 이 범위에 들 확률을 구하시오.

2. 3.5절의 연습문제 3에서 랜덤변수 $N$의 평균 $\mu_N$와 표준편차 $\sigma_N$를 이용하여 식 (3.7.5)로부터 $N$이 $\mu_N \pm 2\sigma_N$범위에 들 확률의 하한 값을 결정하시오. 또한 실제 랜덤변수 $N$이 이 범위에 들 확률을 구하시오.

3. 3.5절의 연습문제 4에서 랜덤변수 $Y$의 평균 $\mu_Y$와 표준편차 $\sigma_Y$를 이용하여 식 (3.7.5)로부터 $Y$가 $\mu_Y \pm \sigma_Y$과 $\mu_Y \pm 2\sigma_Y$범위에 들 확률의 하한 값을 결정하시오. 또한 실제 랜덤변수 $Y$가 이들 범위에 들 확률을 구하시오.

4. 사람들이 정류장에서 버스를 기다리는데 걸리는 시간이 평균 5분이며 표준편차는 1.5분이었다고 하자. 어떤 사람이 2분 이내거나 8분 이상 버스를 기다릴 확률의 상한 값을 구하시오.

## 3.8 컴퓨터 실습

본 장의 컴퓨터 실습에서는 이산 및 연속 랜덤변수의 표본을 만들어 이를 누적하고 상대빈도를 구하여 이 상대빈도가 이론적인 확률분포와 유사한지를 점검해 본다. 또한 표본들의 상대빈도를 확률분포로 가정하고 평균치와 분산을 구하여 이론치와 비교해 본다.

### ☑ 이산 랜덤변수의 확률질량함수와 누적분포함수

3.2절의 예제 1의 확률질량함수와 누적분포함수를 만들어 보자. 그림 3.14는 한 비트가 1일 확률이 0.5인 경우, 4비트 비트열을 발생시켜 1의 개수를 세고 그 개수를 랜덤변수로 하는 확률 Pr(k)를 구하고, 이를 누적시켜 cd(k)를 구해 각각 막대그래프와 계단그래프로 나타내는 프로그램이다.

그림 3.15는 프로그램 수행 결과를 보여준다.

```
s=rand('state');  % 난수 스트림 변경
p=0.5;            % 동전의 앞면 비트가 1일 확률
n=4; samples=200000; % n=시행횟수(비트수)  samples=전체 표본수
f=zeros(1,n+1);
Pr=zeros(1,n+1);
for i=1:samples     % 표본 만들기
    k=1;
    for j=1:n       % n 번 시행(비트수)
      x = rand;
      if x < p
        k=k+1;      % 1인 비트 세기
      end
    end
    f(k)=f(k)+1;    % 헤아린 비트수의 표본 증가
end
Pr=f./samples;      % 상대빈도 구하기
cd = zeros(1,n+1);
cd(1) = Pr(1);
for k = 2:n+1       % 누적 분포 구하기
    cd(k)=cd(k-1)+Pr(k);
end

k=1:n+1;
bar(k-1,Pr);        %상대빈도의 바 차트
hold on
stairs(k-1, cd);    %누적 분포의 계단 그림
hold off
```

[그림 3.14] 확률질량함수와 누적분포함수 프로그램

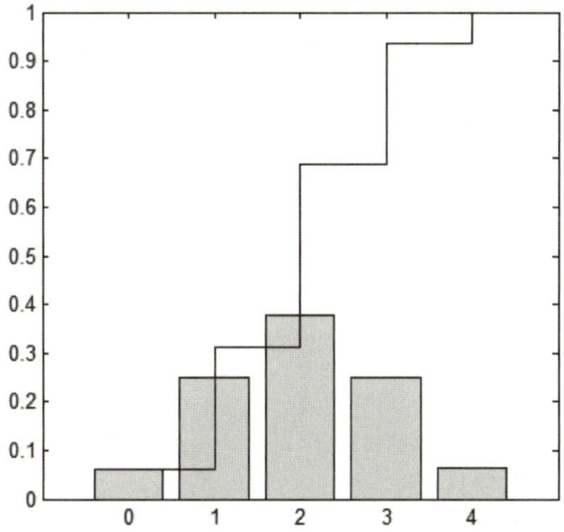


[그림 3.15] 확률질량함수와 누적분포함수

### ☑ 연속 랜덤변수의 확률밀도 함수와 누적분포함수

연속 랜덤변수의 표본을 만들어 일정구간내의 표본수를 헤아려 근사적인 확률밀도들을 구하자, 또한 이 근사적인 확률밀도를 막대그래프로 그려보고, 이들을 누적하여 누적분포함수를 계단그래프로 그려보자. 그림 3.16의 프로그램에서는 지수함수 분포의 표본을 만드는 exprnd(1) 함수를 사용하고 있다. 여기서 함수의 인수인 1은 6장에서 설명할 지수분포 랜덤변수의 파라메타이다. 이 함수로 발생시킨 표본은 임의의 실수 값이기 때문에 10이상이 될 수도 있지만 극히 드문 경우이기 때문에 10이내에서 표본이 발생한다고 가정하고 10을 ncells로 나누어 구간의 등분을 결정하고, 해당 랜덤넘버 표본이 포함될 구간에 빈도수 f(k)를 증가시켰다. 또한 프로그램에서는 이 빈도를 전체 표본수 n으로 나누어 상대빈도를 구해 이를 막대그래프로 그려보았으며, 이들 상대빈도를 누적시켜 근사적으로 누적분포함수를 구하고, 이를 계단그래프로 그려주고 있다. 그림 3.17은 프로그램 수행 결과를 보여준다.

### ☑ 평균과 분산구하기

앞서 그림 3.14의 이산 랜덤변수 실험을 통해 얻어진 표본의 평균과 분산을 구해보

자. 그림 3.14와 '%상대빈도 계산'이란 주석문장까지는 동일하며 이후 부분만을 그림 3.18에 포함하였다. 실제 표본들은 0부터 4까지의 값을 가지기 때문에 for 루프의 인덱스를 조정한 것을 제외하고는 식 (3.5.1) 및 식 (3.5.8)과 동일하다. 그러나 유한한 표본을 만들어 확률로 근사화 하였기 때문에 그림 3.19에서와 같이 시행할 때 마다 이론치 $E[X]=2, Var(X)=1$에서 약간의 편차가 있음을 확인할 수 있다.

```
s=rand('state');
n=10000; ncells=1000;
f=zeros(1,ncells);
dx=10/ncells; % 10까지를 ncells 등분으로 나눔

for i=1:n
    x=exprnd(1);  % 지수분포 랜덤넘버 발생
    k=floor((x)/dx)+1; % 발생된 랜덤넘버의 구간 결정
    f(k)=f(k)+1; % 해당 구간에 표본수 증가
end
P=f./n;  % 상대빈도 계산
k=1:ncells;
subplot(1,2,1);
bar(k*dx,P); % 확률밀도의 막대그래프
cd = zeros(1,ncells);
cd(1)=P(1);
for i=2:ncells % 누적분포함수 계산
    cd(i)=cd(i-1)+P(i);
end
subplot(1,2,2);
stairs(k*dx,cd); % 누적분포함수의 계단그래프
```

[그림 3.16] 지수분포 랜덤변수의 확률 밀도함수와 누적분포함수 프로그램

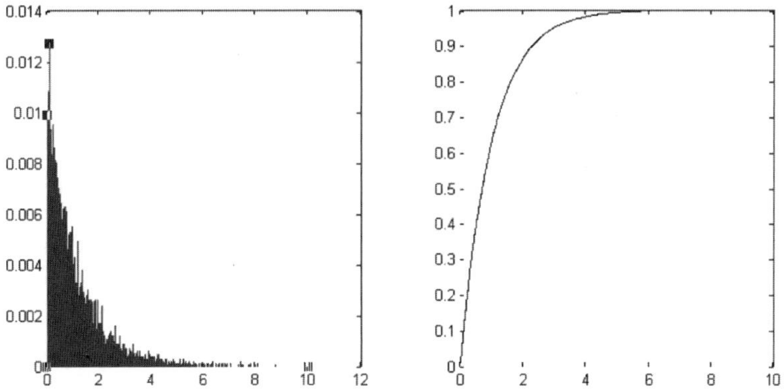

[그림 3.17] 지수분포 랜덤변수의 확률 밀도함수와 누적분포함수 결과

```
% 평균과 분산 구하기
sum = 0; sq_sum=0;
for k=1:n+1
    sum = sum+ Pr(k)*(k-1);
    sq_sum = sq_sum + Pr(k)*(k-1)*(k-1);
end

Av = sum;
Var = sq_sum - sum*sum;

fprintf('Average = %f, Variance = %f₩n', Av, Var);
```

[그림 3.18] 그림 3.14 랜덤변수의 평균 및 분산 구하는 프로그램

```
Average = 1.999735, Variance = 1.000745
Average = 2.001275, Variance = 0.998113
Average = 1.999850, Variance = 0.999580
Average = 1.999330, Variance = 1.003050
```

[그림 3.19] 그림 3.14 랜덤변수의 평균 및 분산 계산 결과

## 연습문제

1. 4지선다형 문제의 답을 예측하기 위한 연필을 만들었다. 통상 2번과 3번은 발생빈도가 많기 때문에 육각형 연필에 1과 4는 한 면만 표시하고 2와 3은 두면씩을 표시했다. 이 육각형 연필을 굴려서 위로 나오는 면에 새겨진 숫자로 답을 찍는다면 이 랜덤변수를 MATLAB프로그램으로 구현해 보시오. 또한 이 랜덤변수의 확률질량함수와 누적분포함수 및 평균과 분산을 구하는 프로그램을 구현해 보고 이론치와 비교해 보시오.

2. 그림 3.10과 같은 모습의 정규분포를 갖는 연속랜덤변수의 표본을 얻는 함수는 randn()이며,

```
y = randn(1,1000);
```

와 같은 문장으로 1x1000 배열인 y에 1,000개의 정규분포 랜덤변수를 담을 수 있다. 이 랜덤변수의 평균은 0이며, 분산은 1이다. 또한 이 랜덤변수는 -4이하 또는 +4이상에서는 거의 랜덤변수 표본이 생성되지 않는다. 이런 점들을 이용하여 이 랜덤변수의 표본을 만들고 막대그래프로 확률밀도함수를 그려보고, 누적분포함수를 계단그래프로 그려보시오.

3. 연습문제 1과 2 각각의 랜덤변수의 이론적인 평균과 분산을 계산하여 체비세프 부등식에 적용하고 발생시킨 표본들의 상대빈도를 이용하여 체비세프 부등식을 확인해 보시오.

chapter. 4

# 다수의 랜덤변수, 랜덤벡터

3장에서는 단일 랜덤변수를 살펴보았는데 이는 변량이 하나인 경우에 해당한다. 그러나 일반적으로 현상을 표현하는 데이터들은 여러 개의 변량을 가질 수 있다. 예를 들어 어떤 학생의 학업성취도를 평가하기 위해서는 국어, 영어, 수학, 물리, 화학 등 여러 교과목의 성적을 모두 포함해야 한다. 또한 공학적으로 어떤 시스템의 상태는 일반적으로 한 종류의 측정값 보다는 여러 종류의 측정값들로 표현되고 이들을 이용하여 시스템을 진단하기도 하며 제어에 이용하기도 한다.

이러한 여러 종류의 측정값, 또는 여러 변량을 가지는 데이터를 통계적 데이터라 한다면 각각의 측정값 또는 속성은 랜덤변수로 볼 수 있으며, 이들을 벡터형태로 표현하면 랜덤벡터가 된다. 랜덤벡터를 이루는 각각의 성분은 랜덤변수이기 때문에 3장에서와 같이 각 성분을 구성하는 랜덤변수의 확률질량함수나 확률밀도함수로 표현하고, 기댓값 등을 이야기 할 수 있다. 그러나 이미 1장에서 살펴본 바와 같이 각각의 랜덤변수 만을 고려한다면 여러 개의 랜덤변수, 즉 랜덤벡터를 동시에 고려함으로부터 얻을 수 있는 많은 정보를 간과해 버리는 결과를 가져올 수 있다. 본 장에서는 이렇게 여러 개의 랜덤변수로 이루어진 랜덤벡터에 관한 사항을 다룬다. (사실 오늘날 빅 데이터라 함은 여러 개의 랜덤변수를 동시에 고려하는 랜덤벡터 형태의 데이터를 분석하는 것이라 말할 수도 있다.)

본 장에서는 먼저 랜덤벡터의 확률분포 표현을 살펴본다. 이산 랜덤변수들의 랜덤벡터의 표현으로 결합 확률질량함수(joint probability mass function), 연속 랜덤변수의 랜덤벡터의 표현으로 결합 확률밀도함수(joint probability density function)를 소개하며, 이 랜덤벡터의 표현에서 하나 또는 몇 개의 랜덤변수들의 주변 확률질량함수 또는 주변 확률밀도함수를 얻어내는 방법을 알아본다. 뿐만 아니라 이들 확률질량함수 또는 확률밀도함수와 누적된 결합 분포함수(cumulative distribution function)와의 관계도 알아본다.

한편 랜덤벡터의 결합 확률분포가 주어지면 조건부 확률분포를 정의할 수 있다. 이들 조건부 확률분포는 여러 개의 랜덤변수로부터 어떤 랜덤변수가 주어졌을 때 나머지 랜덤변수의 분포를 제공하고 관측된 값들로부터 관측되지 않은 값을 추정하는데 사용될 수 있다.

앞서 3장에서 우리는 랜덤변수의 함수, 즉 단일 랜덤변수 입력에 단일 랜덤변수 출력을 가지는 함수에 관해 살펴보았다. 본 장에서는 다수의 랜덤변수 입력에 단일 랜덤변수 출력을 가지는 함수를 고려하고, 입력 랜덤변수들의 결합 확률분포가 주어졌을 때 출력 랜덤변수의 확률분포를 구하는 방법을 알아본다.

뿐만 아니라 본 장에서는 랜덤벡터의 함수의 기댓값에 관해 알아본다. 실제 결합 확률분포는 각각의 랜덤변수의 확률분포와 서로 쌍을 이루는 랜덤변수들의 결합 확률분포 등 모든 정보를 포함하고 있기 때문에 랜덤벡터의 결합 확률분포로부터 다양한 기댓값들을 정의할 수 있으며, 대표적인 랜덤변수의 쌍으로 부터의 기댓값이 상관(correlation)과 공분산(covariance)이다. 또한 독립적인 사건의 개념을 확장하여 랜덤벡터를 이루는 랜덤변수 상호관계를 표현하는 개념인 독립(independence)과 무관(uncorrelated) 등의 개념을 소개한다. 끝으로 3장에서 소개된 불확실성의 척도로 여러 개의 랜덤변수에 대한 결합 엔드로피(joint entropy)와 조건부 엔트로피(conditional entropy) 및 상호정보(mutual information) 등을 소개한다. 이들은 부호 및 정보이론의 근간이 되는 개념으로 최근 머신러닝 또는 데이터 마이닝 분야에서도 활용된다. 본 장의 컴퓨터 실습에서는 간단한 결합 확률분포나 이변량 정규분포의 표본을 만들어 본다.

실제 본 장은 이전 장의 내용을 포함하고 있기 때문에 이 장을 충실히 이해하면 이전 장의 내용은 쉽게 이해할 수 있을 것이다. 또한 본 장의 내용은 이 책의 후반부에 소개될 내용은 랜덤과정(random process) 또는 랜덤필드(random field)를 이해하는 기초가 되며, 랜덤변수의 독립성은 추정이나 검증을 이해하는데 대단히 중요한 개념이다.

## 4.1 다수의 랜덤변수, 랜덤벡터의 확률분포

### 결합 확률분포의 표현, 결합 확률질량함수와 결합 확률밀도함수

본 절에서는 먼저 두 개의 랜덤변수로 이루어진 랜덤벡터의 확률분포에 대한 표현을 예를 들어 언급하고, 이를 일반화하여 다수의 랜덤변수를 가지는 랜덤벡터 확률분포의 표현으로 확장한다.

**예제 1 ▸▸▸**

동전을 네 번 던져서 그림면의 횟수를 헤아리는 랜덤변수를 $X$, 숫자 면을 헤아리는 랜덤변수를 $Y$라 하자. 이들은 2차원의 랜덤벡터 $(X, Y)$로 표현하시오. 또한 이 랜덤벡터의 결합 확률(joint probability) $P_{XY}(x, y) = P(X=x, Y=y)$를 구하시오.

**풀이 ▸▸▸** 동전의 그림면을 $h$ 숫자면을 $t$라 할 경우 이 실험의 표본공간

$$S = \begin{Bmatrix} (h,h,h,h), (h,h,h,t), (h,h,t,h), (h,h,t,t), (h,t,h,h), (h,t,h,t), (h,t,t,h), (h,t,t,t) \\ (t,h,h,h), (t,h,h,t), (t,h,t,h), (t,h,t,t), (t,t,h,h), (t,t,h,t), (t,t,t,h), (t,t,t,t) \end{Bmatrix}$$

이며, 이 표본공간에 대응하는 2차원 랜덤벡터의 상태공간은

$$S_X \times S_Y = \{(X, Y)\} = \begin{Bmatrix} (4,0), (3,1), (3,1), (2,2), (3,1), (2,2), (2,2), (1,3) \\ (3,1), (2,2), (2,2), (1,3), (2,2), (1,3), (1,3), (0,4) \end{Bmatrix}$$

이다. 여기서 표본공간의 원소들은 서로 배타적(mutually exclusive)이며, 원소를 구성하는 네 번의 동전던지기 결과에서 발생하는 각각의 사건은 서로 독립이기 때문에, 각각의 확률은 모두 1/2을 네 번 곱한 1/16이다. 따라서 결합 확률 $P_{XY}(x, y)$는 특별한 상태 $(x, y) \in S_X \times S_Y$로 매핑되는 표본공간의 사건에 대한 확률과 같

고, $(x, y)$로 매핑하는 표본공간의 원소들의 수를 세어 1/16을 곱하면 얻을 수 있다. 표 4.1은 이 확률 질량을 표로 보여주고 있으며, 이를 그림으로 표현하면 그림 4.1과 같다. 표 4.1에서 랜덤변수 $X$의 확률 질량함수 $P_X(x)$는 $Y$값과는 관계없기 때문에 마지막 행에 표현된 바와 같으며, 이는 특별한 $x$에서 모든 $Y$값들의 결합 확률을 더한 값과 동일하다. 마찬가지로 $Y$의 확률 질량함수 $P_Y(y)$는 $X$값과는 관계없으며 마지막 열에 표현된 바와 같이 특별한 $y$에서 모든 $X$ 값들의 결합 확률을 더한 값과 동일하다.

| $Y$ \ $X$ | 0 | 1 | 2 | 3 | 4 | $P_Y(y)$ |
|---|---|---|---|---|---|---|
| 0 | 0 | 0 | 0 | 0 | 1/16 | 1/16 |
| 1 | 0 | 0 | 0 | 4/16 | 0 | 4/16 |
| 2 | 0 | 0 | 6/16 | 0 | 0 | 6/16 |
| 3 | 0 | 4/16 | 0 | 0 | 0 | 4/16 |
| 4 | 1/16 | 0 | 0 | 0 | 0 | 1/16 |
| $P_X(x)$ | 1/16 | 4/16 | 6/16 | 4/16 | 1/16 | |

[표 4.1] 예제 1의 결합 확률 질량함수 $P_{XY}(x, y)$

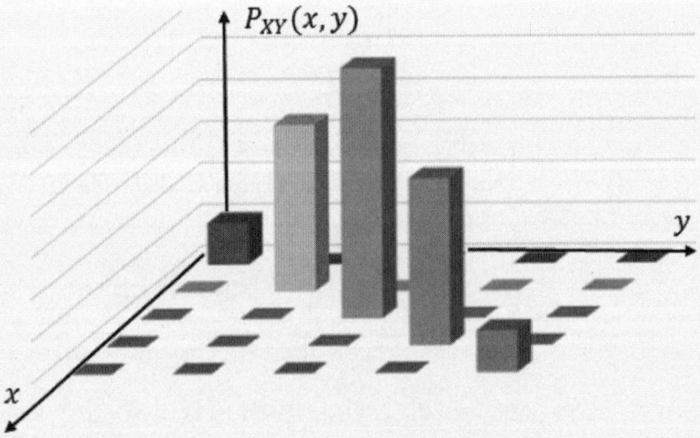


[그림 4.1] 예제 1의 확률 질량분포

### 예제 2 ▸▸▸

어떤 공장에서 제품을 출하하기 위해 두 가지 종류의 검사를 수행한다고 하자. 첫 번째 검사에서의 통과될 확률이 0.9, 두 번째 검사에서 통과될 확률이 0.8이라 하며 이들은 서로 독립이라고 하자. 이제 첫 번째 검사에서 통과되면 $X=1$, 그렇지 않으면 $X=0$, 두 번째 검사에서 통과되면 $Y=1$, 그렇지 않으면 $Y=0$이라 할 경우, 두 랜덤변수 즉 2차원 랜덤벡터의 결합 확률질량을 구하시오.

**풀이** ▸▸▸ 첫 번째와 두 번째의 검사에서 통과 또는 거부의 사건이 서로 독립이기 때문에 $P_{XY}(x, y)=P_X(x)\cdot P_Y(y)$이며 표 4.2와 같은 값을 가진다. $P_X(x)$는 두 번째 검사와 독립이며, $P_Y(y)$는 첫 번째 검사와 독립이기 때문에 문제에 주어진 확률과 같이 마지막 행과 열에 표현된 바와 같다.

| $Y$ \ $X$ | 0 | 1 | $P_Y(y)$ |
|---|---|---|---|
| 0 | 0.02 | 0.18 | 0.2 |
| 1 | 0.08 | 0.72 | 0.8 |
| $P_X(x)$ | 0.1 | 0.9 | |

[표 4.2] 예제 1의 결합 확률 질량함수 $P_{XY}(x, y)$

일반적으로 두 개의 이산 랜덤변수 즉 2차원 랜덤벡터 2차원의 랜덤벡터 $(X, Y)$의 결합 확률 질량함수는 예제에서 살펴보았듯이 $(x, y)$지점에서의 확률 질량을 의미하며

$$P_{XY}(x, y)=P(X=x, Y=y) \tag{4.1.1}$$

에 해당한다.

한편 연속 랜덤변수의 경우는 한 점에서 확률이 정의 되지 않기 때문에 결합 확률밀도함수를 도입하여 미소확률 $\Delta P_{XY}(x, y)=f_{XY}(x, y)\Delta x\Delta y$을 고려할 수 있으며, 결

합 확률밀도함수

$$f_{XY}(x, y) = \lim_{\Delta x \Delta y \to 0} \frac{\Delta P_{XY}(x, y)}{\Delta x \Delta y} \tag{4.1.2}$$

로 정의할 수 있다. 또한 식 (4.1.1)의 결합 확률질량함수에서

$$P_X(x) = \sum_y P_{XY}(x, y) \text{ 또는 } P_Y(y) = \sum_x P_{XY}(x, y) \tag{4.1.3}$$

을 구할 수 있으며, 특별히 이러한 개별 랜덤변수의 확률질량함수를 주변(marginal) 확률질량함수라 한다. 동일한 방법으로 주변 확률밀도함수는

$$f_X(x) = \int_{-\infty}^{\infty} f_{XY}(x, y)dy \text{ 또는 } f_Y(y) = \int_{-\infty}^{\infty} f_{XY}(x, y)dx \tag{4.1.4}$$

와 같이 구할 수 있다.

그림 4.2는 표본들의 분포와 결합 확률질량분포 및 주변 확률질량분포의 관계를 도식적으로 보여주고 있다. 그림은 이차원 평면에 랜덤벡터 $(X, Y)$표본들이 분포하는 산포도를 보여주고 있으며, 만약 임의의 $(X, Y) = (x, y)$ 위치에서 단위면적당 표본수를 모형화하면 그 부분의 결합 확률질량이며, 만약 면적을 무한히 작게 취하면 그 부분의 결합 확률밀도에 해당한다. 이러한 결합 확률질량에서 $X = x$로 고정하고 $Y$의 모든 경우에 대해 결합 확률질량을 더하면 주변 확률질량함수 $P_X(x)$를 구할 수 있다. 또한 같은 방법으로 $Y = y$로 고정하고 $X$의 모든 경우에 대해서 결합 확률질량을 더하면 주변 확률질량함수 $P_Y(y)$를 구할 수 있다. 이는 1장의 표 1.4와 같은 2차원 데이터에서 한 축의 값을 고정하고 나머지 축 상에서의 데이터를 모두 더하여 얻은 데이터로 표 1.4의 마지막 행 또는 열의 상대빈도와 같은 의미이다.

또한 그림 4.3(a) 모드가 하나인 결합 확률밀도함수를 표현하고 있으며, 그림 4.3(b)는 $f_{XY}(x, y) = c$인 점들을 연결하여 그 궤적을 이차원 평면에 보여주는 그림이다. 이러한 점들의 집합, 즉 궤적을 동일 확률밀도 외곽선(equi-probability density contour)라 한

다. 그림 4.3(b)에서 역시 $X=x$를 고정시키고 식 (4.1.4)에 따라 $y$축에 따라 선 적분(line integral)을 수행하면 $f_X(x)$을 얻을 수 있으며, 동일한 방법으로 $Y=y$를 고정시키고 식 (4.1.4)에 따라 $x$축에 따라 선 적분을 수행하면 $f_Y(y)$를 얻을 수 있다.

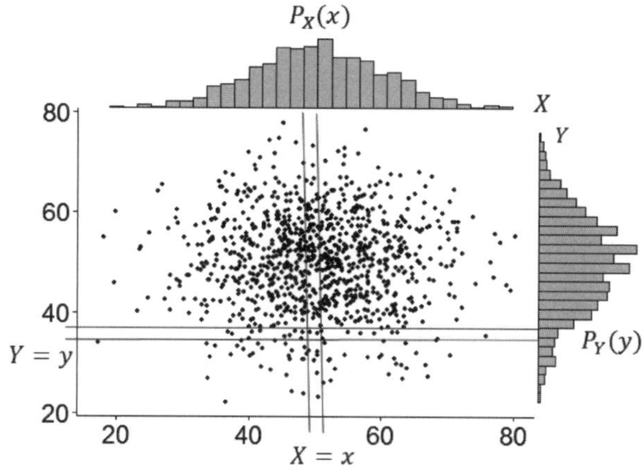


[그림 4.2] 표본과 결합 확률질량분포 및 주변 확률질량분포

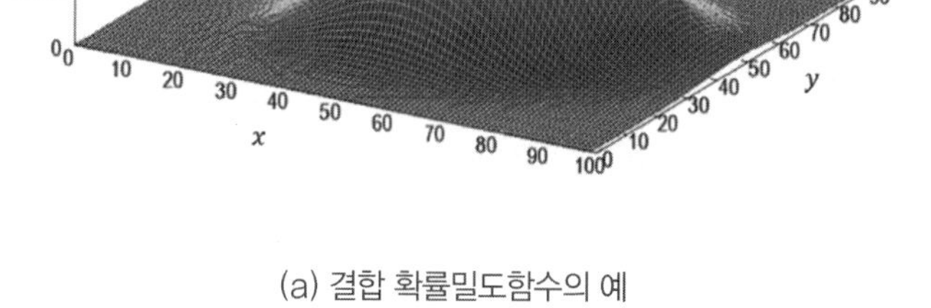


(a) 결합 확률밀도함수의 예

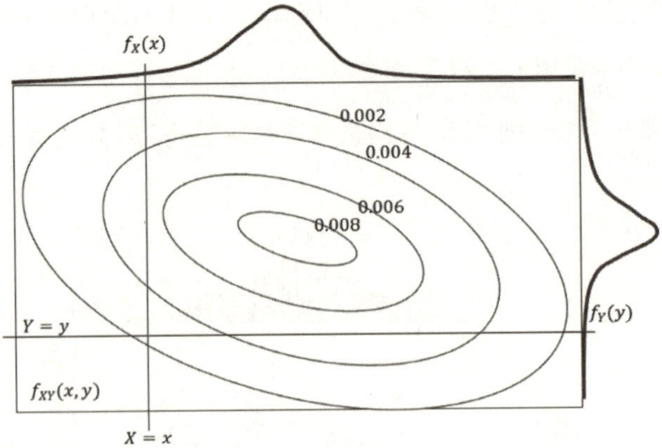


(b) 동일 확률밀도 외곽선 및 선 적분에 의한 주변 확률밀도

[그림 4.3] 결합 확률밀도함수와 주변 확률밀도 함수 구하기

그렇다면 두 개 이상의 랜덤변수, 즉 2차원 이상의 랜덤벡터의 결합 확률분포는 어떻게 표현할 것인가? 먼저 예제를 통해 살펴보자.

**예제 3 ▸▸▸**

칼라 영상의 한 화소의 $R$, $G$, $B$ 값이 각각 1 바이트(8 비트)로 표현된다면 칼라 값은 $0 \le R \le 255$, $0 \le G \le 255$, $0 \le B \le 255$의 범위의 정수 값을 가지며, 한 화소의 칼라 값 $(R, G, B) = (r, g, b)$의 3차원 랜덤벡터의 값으로 볼 수 있다. 이들 랜덤벡터 값들의 상대빈도를 3차원 공간에 표현한 모습의 예를 들어 보이고, 이를 이용하여 3차원 랜덤벡터 $(R, G, B)$의 결합 확률질량함수 및 주변 확률질량함수들을 모델링하시오.

**풀이 ▸▸▸** 어떤 칼라 영상의 화소 값들의 상대빈도(확률질량)는 화소의 $(r, g, b)$값을 인덱스로 하는 3차원 배열의 값으로 표현할 수 있으며, 이는 표 4.1과 같이 2차원 구조가 아니라 차원을 하나 더 추가하여 3차원 형태의 배열에 나열된 $P_{RGB}(r, g, b)$값으로 볼 수 있다. 그림 4.4는 왼쪽의 칼라 영상의 3차원 공간상에서의 상대빈도(결합 확률질량)를 표현한 것이다. 그림에서 3차원 공간상 구의 크기는 상대빈도의 크기를 구의 색은 해당부분의 색으로 표현되어 있다. 또한 문자들이 포함된 창에는 $(r, g, b)$ 인덱스와 해당부분의 화소수와 상대빈도를 보여주고 있다.

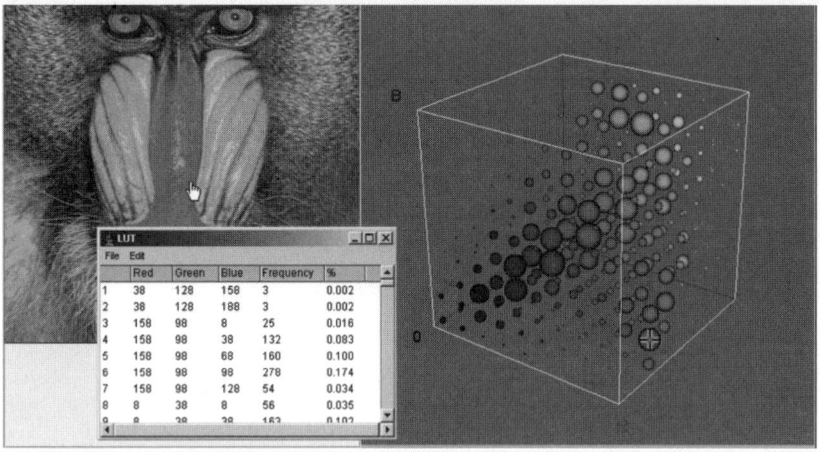


[그림 4.4] 칼라 영상의 칼라 화소 분포와 결합 확률질량분포

만약 $P_{RGB}(r, g, b)$로부터 주변 확률질량함수 $P_R(r)$을 구한다면 $(g, b)$에는 무관하게 특정 $r$값만을 고려하면 되기 때문에

$$P_R(r) = \sum_g \sum_b P_{RGB}(r, g, b)$$

와 같으며 다른 주변 확률질량함수들도 같은 방법으로

$$P_G(g) = \sum_r \sum_b P_{RGB}(r, g, b), \quad P_B(b) = \sum_r \sum_g P_{RGB}(r, g, b)$$

로 구할 수 있다. 뿐만 아니라 두 개의 랜덤벡터들의 주변 확률질량함수도

$$P_{RG}(r, g) = \sum_b P_{RGB}(r, g, b),\ P_{RB}(r, b) = \sum_g P_{RGB}(r, g, b),\ P_{GB}(g, b) = \sum_r P_{RGB}(r, g, b)$$

와 같이 구할 수 있다.

예제 3의 랜덤벡터의 결합 확률분포의 사항을 일반화하면, $N$차원 이산 랜덤벡터 $(X_1, X_2, \dots, X_N)$의 결합 확률질량함수는

$$P_{X_1X_2\dots X_N}(x_1, x_2, \dots, x_N) = P(X_1=x_1, X_2=x_2, \dots, X_N=x_N) \tag{4.1.5}$$

와 같으며 주변 확률질량함수

$$P_{X_iX_j}(x_i, x_j) = \sum_{X_{k_1}} \cdots \sum_{X_{k_n}\ (k_1,\dots,k_n \neq i,j)} P(X_1=x_1, X_2=x_2, \dots, X_N=x_N) \tag{4.1.6}$$

로 구할 수 있다. 또한 연속 랜덤벡터의 경우 결합 확률밀도함수

$$f_{X_1X_2\cdots X_N}(x_1, x_2, \dots, x_N) = \lim_{\Delta x_1\Delta x_2\cdots\Delta x_N \to 0} \frac{\Delta P_{X_1X_2\cdots X_N}(x_1, x_1, \dots, x_N)}{\Delta x_1 \Delta x_1 \cdots \Delta x_N}$$

로 정의할 수 있으며, 주변 확률밀도함수는 다음과 같다.

$$f_{X_iX_j}(x_i, x_j) = \int_{X_{k_1}=-\infty}^{\infty} \cdots \int_{X_{k_n}=-\infty\ (k_1,\dots,k_n \neq i,j)}^{\infty} f_{X_1X_2\cdots X_N}(x_1, x_2, \dots, x_N) = dx_{k_1} \cdots dx_{k_N} \tag{4.1.7}$$

### ☑ 결합 확률분포에서의 확률계산 및 누적분포함수

다수의 랜덤변수, 즉 랜덤벡터의 결합 확률분포가 주어지면 결합사건에 대한 확률은 원리적으로는 쉽게 구할 수 있다. 이산적인 랜덤변수들일 경우는 변수들의 범위 $B$에서 모든 결합 확률질량들을 합하여

$$P((X_1, X_2, \dots, X_N) \in B) = \sum_{(X_1, X_2, \dots, X_N) \in B} P_{X_1X_2\cdots X_N}(x_1, x_2, \dots, x_N) \tag{4.1.8}$$

로 구할 수 있으며, 연속 랜덤변수의 경우는

$$P((X_1, X_2, \dots, X_N) \in B) = \int_{X_1X_2\cdots X_N \in B} f_{X_1X_2\cdots X_N}(x_1, x_2, \dots, x_N)\, dx_1 dx_2 \cdots dx_N \tag{4.1.9}$$

와 같이 구하고자 하는 범위에서 적분을 수행함으로써 구해진다. 이러한 확률의 특별한 경우가 결합 누적분포함수(joint cumulative distribution function)이며 이산적인 랜덤벡터의 경우는

$$\begin{aligned} F_{X_1X_2\cdots X_N}(x_1, x_2, \ldots, x_N) &= P(X_1 \le x_1, X_2 \le x_2, \ldots, X_N \le x_N) \\ &= \sum_{X_1 \le x_1} \sum_{X_2 \le x_2} \cdots \sum_{X_n \le x_N} P_{X_1X_2\cdots X_N}(x_1, x_2, \ldots, x_N) \end{aligned} \quad (4.1.10)$$

와 같으며, 연속 랜덤벡터의 경우는

$$\begin{aligned} F_{X_1X_2\cdots X_N}(x_1, x_2, \ldots, x_N) &= P(X_1 \le x_1, X_2 \le x_2, \ldots, X_N \le x_N) \\ &= \int_{-\infty}^{x_1} \int_{-\infty}^{x_2} \cdots \int_{-\infty}^{x_N} f_{X_1X_2\cdots X_N}(u_1, u_2, \ldots, u_N)\, du_1 du_2 \cdots du_N \end{aligned} \quad (4.1.11)$$

와 같다. 따라서 이산 랜덤벡터에서는

$$\begin{aligned} F_{X_iX_j}(x_i, x_j) &= \sum_{X_i \le x_i} \sum_{X_j \le x_j} P_{X_iX_j}(x_i, x_j) \\ &= \sum_{X_i \le x_i} \sum_{X_j \le x_j} \Big( \sum_{X_{k_1}} \cdots \sum_{X_{k_n} (k_1, \ldots, k_n \ne i, j)} P(X_1 = x_1, X_2 = x_2, \ldots, X_N = x_N) \Big) \\ &= F_{X_1X_2\cdots X_N}(\infty, \infty, x_i, x_j, \infty, \ldots, \infty, \infty) \end{aligned} \quad (4.1.12)$$

이며, 연속 랜덤벡터에서도

$$\begin{aligned} F_{X_iX_j}(x_i, x_j) &= \int_{-\infty}^{x_i} \int_{-\infty}^{x_j} f_{X_iX_j}(u_i, u_j)\, du_i du_j \\ &= \int_{-\infty}^{x_i} \int_{-\infty}^{x_j} \Big( \int_{X_{k_1} = -\infty}^{\infty} \cdots \int_{X_{k_n} = -\infty\, (k_1, \ldots, k_n \ne i, j)}^{\infty} f_{X_1X_2\cdots X_N}(x_1, x_2, \ldots, x_n) = dx_1 dx_2 \cdots \Big) du_i du_j \\ &= F_{X_1X_2\cdots X_N}(\infty, \infty, x_i, x_j, \infty, \ldots, \infty, \infty) \end{aligned} \quad (4.1.13)$$

와 같다. 즉 결합 누적분포함수에서 어떤 랜덤변수들을 무한대로 하고 나머지 랜덤변수의 값에서의 결합 누적분포 값을 읽으면 해당 랜덤변수의 주변 누적분포함수 값을

얻을 수 있게 된다. 그러나 일반적으로 랜덤변수의 값이 무한대인 경우는 없기 때문에 무한대 대신에 랜덤변수들의 상한 값에서 나머지 랜덤변수에서의 값의 결합 누적분포 값을 읽어 주변 누적분포함수 값을 얻을 수 있다. 식 (4.1.12)와 식 (4.1.13)의 결합 누적분포함수의 결과들을 한 쌍의 2차원 랜덤벡터 $(X, Y)$의 경우에 한정하여 정리하면

$$F_{XY}(x, \infty) = F_X(x), \qquad F_{XY}(\infty, y) = F_Y(y) \tag{4.1.14}$$

뿐만 아니라 결합 누적분포함수는 확률이기 때문에

$$0 \le F_{X_1X_2\cdots X_N}(x_1, x_2, \dots, x_N) \le 1 \tag{4.1.15}$$

이며, 어떤 랜덤변수가 $-\infty$이면 그 이하가 존재하지 않는 공집합의 사건이기 때문에

$$\begin{aligned} &F_{X_1X_2\cdots X_N}(-\infty, x_2, \dots, x_N) \\ &= F_{X_1X_2\cdots X_N}(x_1, -\infty, \dots, x_N) = \dots = F_{X_1X_2\cdots X_N}(x_1, x_2, \dots, -\infty) = 0 \end{aligned} \tag{4.1.16}$$

이다. 또한 모든 랜덤변수가 $\infty$이면 모든 범위를 포함하는 확률이기 때문에

$$F_{X_1X_2\cdots X_N}(\infty, \infty, \dots, \infty) = 1. \tag{4.1.17}$$

**예제 4 ▸▸▸**

예제 1의 $P_{XY}(x, y)$의 결합 확률질량함수에서 $P(2 \le X \le 4,\ 2 \le Y \le 3)$를 구하시오. 또한 결합 누적분포함수 $F_{XY}(x, y)$와 누적분포함수 $F_X(x)$와 $F_Y(y)$를 구하시오.

**풀이 ▸▸▸** 범위 $\{2 \le X \le 4,\ 2 \le Y \le 3\}$의 확률질량 값을 모두 더하면

$$
\begin{aligned}
&P(2 \le X \le 4,\, 2 \le Y \le 3) = \\
&\quad P(X=2, Y=2) + P(X=2, Y=3) \\
&+ P(X=3, Y=2) + P(X=3, Y=3) \\
&+ P(X=4, Y=2) + P(X=4, Y=3) = 6/16 + 0 + 0 + 0 + 0 + 0 = 6/16
\end{aligned}
$$

과 같다. 아래 표 4.3은 해당범위를 붉은색 글씨로 보여주고 있다.

| Y \ X | 0 | 1 | 2 | 3 | 4 | $P_Y(y)$ |
|---|---|---|---|---|---|---|
| 0 | 0 | 0 | 0 | 0 | 1/16 | 1/16 |
| 1 | 0 | 0 | 0 | 4/16 | 0 | 4/16 |
| 2 | 0 | 0 | 6/16 | 0 | 0 | 6/16 |
| 3 | 0 | 4/16 | 0 | 0 | 0 | 4/16 |
| 4 | 1/16 | 0 | 0 | 0 | 0 | 1/16 |
| $P_X(x)$ | 1/16 | 4/16 | 6/16 | 4/16 | 1/16 | |

[표 4.3] 음영으로 처리된 예제 3의 확률을 구할 범위

또한 예제 1의 확률 질량분포의 결합 누적분포함수는

$$F_{XY}(x, y) = \sum_{u=0}^{x} \sum_{v=0}^{y} P_{XY}(u, v)$$

이며, 그 결과를 표로 표현하면 표 4.4와 같다. 그림 4.5의 점선부분은 $F_{XY}(2, 3)$을 계산하기 위한 영역을 표현한다.

| Y \ X | 0 | 1 | 2 | 3 | 4 | $P_Y(y)$ |
|---|---|---|---|---|---|---|
| 0 | 0 | 0 | 0 | 0 | 1/16 | 1/16 |
| 1 | 0 | 0 | 0 | 4/16 | 0 | 4/16 |
| 2 | 0 | 0 | 6/16 | 0 | 0 | 6/16 |
| 3 | 0 | 4/16 | 0 | 0 | 0 | 4/16 |
| 4 | 1/16 | 0 | 0 | 0 | 0 | 1/16 |
| $P_X(x)$ | 1/16 | 4/16 | 6/16 | 4/16 | 1/16 | |

[그림 4.5] $F_{XY}(2, 3)$의 계산을 위한 영역

또한 $F_X(x)$는 표 4.3의 주변 확률질량함수 $P_X(x)$로부터도 구할 수 있으며, 식 (4.1.12)에서

$$F_X(x)=F_{XY}(X=x, Y=4)=F_{XY}(X=x, Y=\infty)$$

이기 때문에 표 4.4의 결합 누적분포함수로부터도 구할 수 있다. 마찬가지로 $F_Y(y)$도 표 4.3의 주변 확률질량함수 $P_Y(y)$로부터도 구할 수 있으며, 식 (4.1.12)에서

$$F_Y(y)=F_{XY}(X=4, Y=y)=F_{XY}(X=\infty, Y=y)$$

이기 때문에 표 4.4로부터도 얻을 수 있다. 즉 주변 누적분포함수 $F_X(x)$와 $F_Y(y)$는 $F_{XY}(x, y)$에서 각각 $Y=\infty$, $X=\infty$의 값과 동일하다.

| $Y$ \ $X$ | 0 | 1 | 2 | 3 | 4 | $F_Y(y)$ |
|---|---|---|---|---|---|---|
| 0 | 0 | 0 | 0 | 0 | 1/16 | 1/16 |
| 1 | 0 | 0 | 0 | 4/16 | 5/16 | 5/16 |
| 2 | 0 | 0 | 6/16 | 10/16 | 11/16 | 11/16 |
| 3 | 0 | 4/16 | 10/16 | 14/16 | 15/16 | 15/16 |
| 4 | 1/16 | 5/16 | 11/16 | 15/16 | 16/16 | 16/16 |
| $F_X(x)$ | 1/16 | 5/16 | 11/16 | 15/16 | 16/16 | |

[표 4.4] 결합 누적분포함수

### 예제 5 ▸▸▸

다음과 같은 결합 확률밀도를 가지는 랜덤벡터 $(X, Y)$가 있다. 여기서 정해지지 않은 $c$값을 구하고 $f_X(x)$, $f_Y(y)$, $F_{XY}(x, y)$, $F_X(x)$, $F_Y(y)$를 구하시오.

$$F_{XY}(x,y)=\begin{cases} c,\ 10 \le X \le 30,\ 0 \le Y \le 20 \\ 0, \text{그 외의 경우} \end{cases}$$

**풀이 ▸▸▸** 확률밀도함수의 체적은 전체 확률로 1이기 때문에 $c \times 20 \times 20 = 1$. 따라서 $c = 1/400$이다. 이 확률밀도함수를 2차원 평면에 그림으로 표현하면 그림 4.6과 같다.

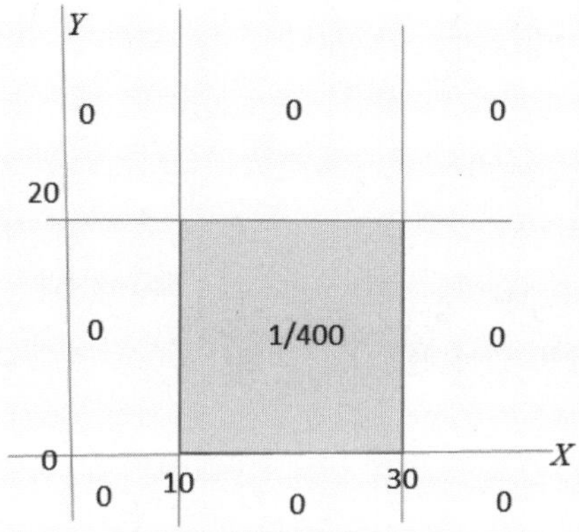


[그림 4.6] 결합 확률밀도함수

여기서 주변 확률밀도함수 $f_Y(y)$를 구하면 $0 \le Y \le 20$일 경우

$$f_Y(y) = \int_{-\infty}^{\infty} f_{XY}(x,y)dx = \int_{10}^{30} (1/400)dx = 1/20$$

이며, 그 이외의 경우 0이다. 따라서 이를 요약하면

$$f_Y(y) = \begin{cases} 1/20, & 0 < Y \le 20 \\ 0 & , \text{그 외의 경우} \end{cases} \tag{4.1.18}$$

이며, 마찬가지 방법으로 $X$의 확률밀도함수를 구하면

$$f_X(x) = \begin{cases} 1/20, & 10 < X \le 30 \\ 0 & , \text{그 외의 경우} \end{cases} \tag{4.1.19}$$

이다. 또한 결합 누적분포함수의 경우 $10 < X \le 30$, $0 < Y \le 20$일 경우

$$F_{XY}(x,y)=\int_{10}^{x}\int_{0}^{y}\frac{1}{400}dudv=\frac{1}{400}(x-10)y$$

이며, $30<X,\ 0<Y\le 20$인 경우

$$F_{XY}(x,y)=\int_{10}^{30}\int_{0}^{y}\frac{1}{400}dudv=\frac{1}{20}y$$

이며, $10<X\le 30,\ 20<Y$인 경우

$$F_{XY}(x,y)=\int_{10}^{x}\int_{0}^{20}\frac{1}{400}dudv=\frac{1}{20}(x-10)$$

이며, $30<X,\ 20<Y$인 경우

$$F_{XY}(x,y)=\int_{10}^{30}\int_{0}^{20}\frac{1}{400}dudv=1$$

이며, 그 외의 경우는 $F_{XY}(x,y)=0$에 해당한다.

또한 랜덤변수 $X$의 주변 누적분포함수는

$$F_X(x)=F_{XY}(x,\infty)=\begin{cases}0 & ,X\le 10\\ \frac{1}{20}(x-10), & 10<X\le 30\\ 1 & ,30<X\end{cases}$$

마찬가지로 $Y$의 주변 누적분포함수는

$$F_Y(x)=F_{XY}(\infty,y)=\begin{cases}0 & ,Y\le 0\\ \frac{1}{20}y, & 0<Y\le 20\\ 1 & ,20<Y.\end{cases}$$

이들은 각각 식 (4.1.18)의 랜덤변수 $X$의 주변 확률밀도함수와 식 (4.1.19)의 랜덤변수 $Y$의 주변 확률밀도함수로부터 얻은 결과와 일치한다.

이상에서 살펴본 바와 같이 여러 개의 랜덤변수들의 조합인 랜덤벡터의 확률분포 표현으로는 이산 랜덤벡터의 경우 결합 확률질량함수, 연속 랜덤벡터의 경우는 결합 확률밀도함수로 표현하는 것이 가장 완벽한 표현일 수 있다. 또한 이런 표현이 주어지면 결합 누적분포함수가 일의적으로 규정되기 때문에 또 다른 완벽한 표현 방법은 결합 누적분포함수를 이용하는 것이 될 수도 있다. 일단 이들 표현이 주어지면 각각의 랜덤변수에 대한 주변 확률질량 또는 주변 밀도함수는 계산을 통해 얻을 수 있으며, 아울러 각각의 랜덤변수의 주변 누적분포함수 역시 얻을 수 있다. 그렇다면 결합 확률질량(밀도)함수, 또는 결합 누적분포함수가 담고 있는 정보로부터 알 수 있는 것은 주변 확률질량(밀도) 함수 또는 주변 누적분포함수 뿐인가? 그렇지 않다. 이들은 더 많은 정보를 담고 있는 것이며, 다음 절에서 그중에 하나인 조건부 확률분포를 살펴본다.

## 연습문제

1. 다음과 같은 결합 확률밀도 함수를 갖는 랜덤벡터 $(X, Y)$가 있다. 질문에 답하시오.

$$f_{XY}(x,y)=\begin{cases}(2/5)(2x+3y), & 0\le X\le 1,\ 0\le Y\le 1\\ 0 & ,\text{ 그 외의 경우}\end{cases}$$

(1) $P(0\le X\le 0.5,\ 0\le Y\le 0.5)$를 구하시오.

(2) 결합 누적분포함수 $F_{XY}(x,y)$를 구하시오.

(3) 주변 확률질량함수 $f_X(x)$와 $f_Y(y)$를 구하시오.

(4) (2)와 (3)의 결과로부터 주변 누적분포함수 $F_X(x)$, $F_Y(y)$를 구하시오.

(5) (2)의 결과로부터 주변 누적분포함수 $F_X(x)$, $F_Y(y)$를 구하여 (4)의 결과와 비교하시오.

2. 결합 확률 질량함수 $P_{QG}(q,g)$가 다음 표와 같다고 하자. 질문의 확률들을 구하시오.

| $P_{QG}(q,g)$ | $g=0$ | $g=1$ | $g=2$ | $g=3$ |
|---|---|---|---|---|
| $q=0$ | 0.06 | 0.18 | 0.24 | 0.12 |
| $q=1$ | 0.04 | 0.12 | 0.16 | 0.08 |

(1) $P(Q=0)$　(2) $P(Q=G)$　(3) $P(G>1)$　(4) $P(G>Q)$

3. 다음과 같은 결합 확률밀도 함수를 갖는 랜덤벡터 $(X, Y)$가 있다. 질문의 확률들을 구하시오.

$$f_{XY}(x,y)=\begin{cases} 1/15,\ 0\le x\le 5,\ 0\le y\le 3 \text{ 일 경우} \\ 0 \quad\ \ ,\text{ 그 외의 경우} \end{cases}$$

(1) $P(Y>X)$　(2) $P(Y\le X)$　(3) $F_X(x)$　(4) $F_{XY}(3, 3)$

## 4.2 조건부 확률분포

### ☑ 조건부 확률분포

조건부 확률분포는 결합 확률질량 또는 결합 확률밀도함수로부터 구할 수 있다. 예를 들어 두 개의 이산 랜덤변수들의 결합 확률질량함수가 주어진 경우 $Y\in B$라는 조건에서 $X$의 조건부 확률질량함수

$$P_{X|Y}(x|Y\in B)=\frac{P_{XY}(X=x,\ Y\in B)}{P_Y(Y\in B)}=\frac{\sum_{Y\in B}P_{XY}(x,y)}{\sum_{X}\sum_{Y\in B}P_{XY}(x,y)},\ P(Y\in B)>0 \tag{4.2.1}$$

로 구할 수 있다. 식 (4.2.1)에서 분모는 $Y$에 관한 주변 확률질량함수에서 얻을 수 있는 $P(Y \in B)$에 해당하며, 분자의 확률을 정규화(normalize)한다. 여기서 분모의 확률이 0이 될 경우 정의되지 않기 때문에 반드시 $P(Y \in B) > 0$이어야 한다. 일반적으로 이산 랜덤변수는 확률이 0이 아닌 실수 값을 가질 수 있기 때문에, $B$가 한 점이 될 수도 있으며 구간이 되어도 무방하다.

그러나 연속랜덤 변수에서는 어떠한 실수 값에서도 확률이 0이기 때문에 한 점에 대한 조건부 확률밀도함수는 이산 랜덤변수와 같은 방식으로 정의 할 수 없다. 만약 $P(Y \in B) \neq 0$라면 연속 랜덤변수 $X$의 조건부 확률밀도는

$$f_{X|Y}(x|Y \in B) = \frac{f_{XY}(X=x, Y \in B)}{P(Y \in B)} = \frac{\int_{Y \in B} f_{XY}(x,y)dy}{\int_{Y \in B}\int_{-\infty}^{\infty} f_{XY}(x,y)dxdy} \tag{4.2.2}$$

로 정의된다. 그러나 만약 $B$가 한 점이라면 식 (4.2.2)의 정의는 사용할 수 없으며

$$f_{X|Y}(x|y) = \frac{f_{XY}(x, y)}{f_Y(y)} = \frac{f_{XY}(x,y)dxdy}{\int_{-\infty}^{\infty} f_{XY}(x,y)dx} \tag{4.2.3}$$

와 같이 정의된다. 연속 랜덤변수에 대한 식 (4.2.3)의 정의를 점 조건(point condition)이라 한다.

두 개 이상의 랜덤변수, 즉 랜덤벡터에서의 조건부 확률질량 또는 확률밀도함수의 경우도 마찬가지 방법으로 정의할 수 있다. 즉 이산 랜덤변수이든 연속 랜덤변수이든 조건에 해당하는 확률이 0이 아니면 이 확률로 정규화된 조건을 만족하는 결합 확률질량 또는 밀도함수를 정의할 수 있다. 또한 연속 랜덤변수의 경우 조건이 점 조건인 경우에는 조건에 해당하는 주변 확률밀도로 정규화된 결합 확률밀도함수를 정의한다.

### ☑ 조건부 평균과 오차

한편 $Y \in B$라는 가정아래 랜덤변수 $X$의 조건부 평균은

$$E[X|Y \in B] = \sum_{X} x P_{X|Y}(X|Y \in B) \text{ 또는 } E[X|Y \in B] = \int_{-\infty}^{\infty} x f_{X|Y}(x|Y \in B)\,dx \tag{4.2.4}$$

로 정의된다. 조건부 평균은 조건이 주어졌을 때 다른 랜덤변수의 기대값과 같으며 조건부 확률분포의 무게 중심에 해당한다. 따라서 이는 일반적인 랜덤변수의 마찬가지로 어떤 랜덤변수에 조건이 주어졌을 때, 다른 랜덤변수의 최소의 평균제곱오차 관점의 대표치를 제공한다.

한편 조건부 평균의 대표치로서 오차는 조건부 분산으로 주어진다. 즉 분산이 크면 같은 평균이라도 오차가 크며, 정확도는 떨어진다고 볼 수 있다. 왜냐하면 평균적인 관점에서는 최적의 추정치일지라도 이전 장에서 언급한 체비세프 부등식에 의해 분산이 커지면 평균치와 같지 않을 오차의 확률이 커지기 때문이다. $Y \in B$라는 가정 아래 랜덤변수 $X$의 조건부 분산은

$$\begin{aligned} Var(X|Y \in B) &= E[X^2|Y \in B] - E^2[X|Y \in B] \\ &= \sum_{X} x^2 P_{X|Y}(X|Y \in B) - E^2[X|Y \in B] \end{aligned} \tag{4.2.5}$$

또는

$$Var(X|Y \in B) = \int_{-\infty}^{\infty} x f_{X|Y}(x|Y \in B)\,dx - E^2[X|Y \in B] \tag{4.2.6}$$

이다.

만약 $B$가 점 조건으로 주어진다면 $E[X|Y=y]$는 $Y$값에 따라 달라지며 랜덤변수 $Y$에 의해 결정되는 함수 값으로 간주할 수 있다. 일반적으로 이 함수는 비선형 함수로 직선식이 아니지만 6장에서 설명할 다변량 정규(multivariate normal) 분포의 경우에는 선형이 된다. 그림 4.7은 임의의 분포 $P_{XY}(x, y)$를 가지는 두 개의 랜덤변수들의 표본들을 늘어놓은 것이다. 만약 주변 확률분포 $P_X(x)$와 $P_Y(y)$를 구한다면 그

림과 같은 모습일 것이며 $Y=0.5$, $Y=1.0$, $Y=1.5$일 경우 $X$의 조건부 확률분포들은 우측의 그림과 같은 모습일 것이다. 이때 각각의 분포의 평균값이 바로 $E[X|Y=0.5]$, $E[X|Y=0.5]$, $E[X|Y=1.5]$에 해당하며, 그림에서 추측할 수 있는 사항은 $E[X|Y=1.5]$가 분산이 작아서 평균제곱오차 관점에서 가장 정확한 추정일 것이라는 점이다. 또한 표본 분포에 $E[X|Y]$를 표현하면 굵은 곡선에 근접할 것으로 짐작되며, 일반적으로 선형적이지 않다.

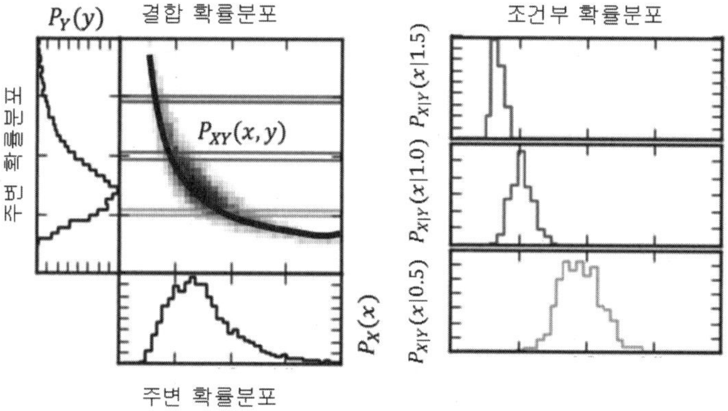


[그림 4.7] 결합 확률분포와 조건부 확률분포 및 조건부 기댓값

한편 $E[X|Y=y]$는 랜덤변수 $Y$의 함수로 새로운 랜덤변수라 간주될 수 있으며 이를 랜덤변수 $Y$의 확률분포를 고려한 기댓값을 구하면

$$E[X]=E[E[X|Y=y]]=\sum_{Y}E[X|Y=y]P_Y(Y=y) \qquad (4.2.7)$$

또는

$$E[X]=E[E[X|Y=y]]=\int_{-\infty}^{\infty}E[X|Y=y]f_Y(y)dy. \qquad (4.2.8)$$

**예제 1 ▸▸▸**

(1) 4.1절의 예제 1에서 $B=\{Y=2$ 또는 $3\}$일 경우와 $B=\{Y=2\}$일 경우 조건부 확률질량함수 $P_{X|Y}(x|B)$를 구하시오.

(2) (1)에서 구한 조건부 확률질량함수로부터 조건부 평균들을 구해보시오.

(3) (1)에서 구한 조건부 확률질량함수로부터 조건부 분산들을 구해보시오. 또한 이 결과를 바탕으로 (2)의 대표치 추정에서의 정확성을 언급하시오.

**풀이 ▸▸▸** (1) 표 4.1에서 $B=\{Y=2$ 또는 $3\}$일 경우 $P(Y=B)=10/16$ 이며, 조건부 확률질량함수는 식 (4.2.1)에 의해

$$P_{X|Y}(x|Y\in B)=\frac{P_{XY}(x,B)}{P_Y(B)}$$

이기 때문에

$$P_{X|Y}(x|Y\in\{2,3\})=\begin{cases}4/10, & x=1\text{일 경우}\\ 6/10, & x=2\text{일 경우}\\ 0 & ,\text{ 그 외의 경우}\end{cases}$$

이다. 또한 $B=\{X=2\}$라면 $P(Y=B)=6/16$ 이며,

$$P_{X|Y}(x|Y\in\{2\})=\begin{cases}1, & x=2\text{일 경우}\\ 0, & \text{그 외의 경우}\end{cases}$$

이다.

(2) 만약 $B=\{Y=2$ 또는 $3\}$이라면

$$E[X|Y\in\{2,3\}]=1\times(4/10)+2\times(6/10)=16/10$$

으로 $X$의 대표치를 추정할 수 있다. 또한 $B=\{Y=2\}$라면

$$E[X|Y=2]=2\times 1=2$$

로 대표치를 추정할 수 있다.

(3) 만약 $B=\{Y=2$ 또는 $3\}$이라면

$$Var[X|Y\in\{2, 3\}]=(1\times 4/10+4\times 6/10)-(16/10)^2=6/25$$

이며, $B=\{X=2\}$일 경우 $Var[X|Y=2]=0$ 이기 때문에 $E[X|Y=2]=2$의 경우가 더 정확하다고 할 수 있다.

**예제 2 ▸▸▸**

(1) 4.1절의 예제 5에서 조건 $B=\{10<X\leq 15\}$라 할 경우와 $B=\{X=15\}$일 경우의 조건부 확률밀도함수를 구하시오.

(2) (1)에서 구한 조건부 확률밀도함수로부터 조건부 평균들을 구해보시오.

(3) (1)에서 구한 조건부 확률밀도함수로부터 조건부 분산들을 구해보시오.

**풀이 ▸▸▸** (1) 조건 $B=\{10<X\leq 15\}$라 할 경우

$$P(B)=\int_{10}^{15}\int_{0}^{20}\frac{1}{400}dxdy=\frac{5}{20}$$

이며, 식 (4.2.2)에 의해 $0<Y\leq 10$일 경우는

$$f_{Y|X}(y|X\in B)=\frac{\int_{10}^{15}\frac{1}{400}dx}{P(B)}=\frac{5/400}{5/20}=\frac{1}{20}$$

이며, 그 이외의 경우 $f_{X|Y}(y|X\in B)=0$이다. 이 결과는 조건이 있든 없든 $f_Y(y)$와 동일하다. 또한 $B=\{X=15\}$일 경우, 즉 점 조건의 경우 식 (4.2.3)에 의해

$0 < Y \le 10$일 때

$$f_{Y|X}(y|X=15) = \frac{f_{XY}(15, y)}{f_X(15)} = \frac{1/400}{1/20} = \frac{1}{20}$$

이며, 그 이외의 $Y$값에서는 $f_{X|Y}(y|X=15)=0$이 된다. 이 역시 조건과 무관하게 $f_Y(y)$와 동일하다.

(2) $B=\{10<X\le 15\}$ 또는 $B=\{X=15\}$일 경우 어떤 경우든 동일한 조건부 확률 밀도함수를 가지기 때문에 조건부 평균값은 동일하며 다음과 같다.

$$E[Y|X \in B] = \int_0^{20} \frac{1}{20} y dy = 10$$

(3) $B=\{10<X\le 15\}$ 또는 $B=\{X=15\}$일 경우 어떤 경우든 동일한 조건부 확률 밀도 함수를 가지기 때문에 조건부 분산 역시 다음과 같이 동일하다.

$$Var(Y|X \in B) = \left(\int_0^{20} \frac{1}{20} y^2 dy\right) - 10^2 = \frac{100}{3}.$$

## 연습문제

1. 결합 확률질량함수가 다음 표와 같은 랜덤벡터 $(H, B)$가 있다고 하자. 질문에 답하시오.

| $P_{HB}(h, b)$ | $b=0$ | $b=2$ | $b=4$ |
|---|---|---|---|
| $h=-1$ | 0 | 0.4 | 0.2 |
| $h=0$ | 0.1 | 0 | 0.1 |
| $h=+1$ | 0.1 | 0.1 | 0 |

(1) 조건부 확률질량함수 $P_{B|H}(b|h=-1), P_{B|H}(b|h=0), P_{B|H}(b|h=+1)$를 구해보시오.

(2) (1)의 세 조건부 확률분포들의 조건부 평균을 구해보시오.

(3) (1)의 세 조건부 확률분포들의 조건부 분산을 구해보시오. 이 결과로부터 (2)의 어떤 조건부 평균이 평균제곱오차 관점에서 가장 부정확한 대표치라 말할 수 있는가?

**2.** 4.1절의 연습문제 2에서 $G=\{2, 3\}$이라 가정할 경우 조건부 확률질량함수 $P_{Q|G}(q|G)$를 구해보시오. 또한 이 조건부 확률분포로부터 조건부 평균과 조건부 분산을 구해보시오.

**3.** 다음 그림과 같은 결합 확률밀도를 갖는 랜덤벡터 $(X, Y)$에 관한 질문에 답하시오.

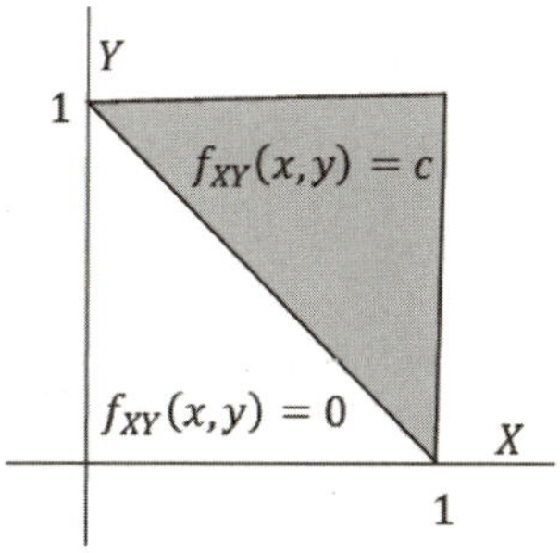


[그림 P3] 결합 확률밀도함수

(1) 상수 $c$값을 결정해 보시오.

(2) 조건부 확률질량함수 $f_{Y|X}(y|0.5)$, $f_{Y|X}(y|0.75)$, $f_{Y|X}(y|0.9)$를 구해보시오.

(3) (2)의 결과들을 이용해서 각각의 경우 조건부 평균값과 조건부 분산을 구해보시오.

(4) (3)의 결과로부터 조건부 평균을 $X=x$에 따라 결합 확률밀도함수 그림에 스케치해 보시오.

4. 4.1절의 연습문제 3에서 $f_{X|Y}(x|1)$, $f_{X|Y}(x|2)$를 구하고 각각의 조건부 평균과 조건부 분산을 구해보시오. 또한 결합 확률밀도함수를 그림으로 표시하고 $Y$값의 변화에 따라 $X$의 조건부 평균값을 스케치해 보시오.

## 4.3 랜덤벡터의 함수

3.4절에서는 단일 랜덤변수의 함수를 살펴보았다. 여기서 함수의 입력과 출력의 확률분포 관계를 결정하는 중요한 원리는 함수의 치역(range)의 부분집합에 부여된 확률은 그 집합으로 매핑되는 정의역(domain)의 부분집합에 부여된 확률과 같다는 것이었다. 이제 다수의 랜덤변수, 즉 랜덤벡터의 함수를 고려해 보자. 이 경우에도 역시 함수의 치역(range)의 부분집합에 부여된 확률은 그 집합으로 변환되는 정의역의 부분집합에 부여된 확률과 같다. 그러나 여기서 정의역은 단일 랜덤변수의 상태공간이 아니라 함수의 입력에 관련된 여러 랜덤변수의 상태공간들의 카테지언 곱(Cartesian product)이기 때문에, 함수 치역의 부분집합으로 매핑되는 입력의 사건은 이 카테지언 곱으로 정의된 입력 상태공간의 부분집합이다. 따라서 함수의 치역의 부분집합의 확률을 계산하기 위해서는 여러 랜덤변수의 상태공간인 카테지언 곱의 부분집합의 확률을 계산해야 하며, 이는 결합 확률분포를 이용해야 한다.

### ☑ 스칼라 함수의 경우

스칼라 함수란 입력의 다수의 랜덤변수, 즉 랜덤벡터가 출력에 하나의 랜덤변수로 매핑되는 경우를 의미한다. 즉 랜덤벡터 $(X_1, X_2, \dots, X_N)$가 입력되어

$$Y = g(X_1, X_2, \dots, X_N) \tag{4.3.1}$$

로 출력된 경우로, 먼저 입력 결합 확률분포와 출력의 확률분포의 관계를 살펴보자.

이산 랜덤벡터의 경우는 입력의 결합 확률질량함수 $P_{X_1X_2\cdots X_N}(x_1, x_2, \dots, x_N)$가 주어졌을 경우

$$P_Y(y) = P_{X_1X_2\cdots X_N}(\{(x_1, x_2, \dots, x_N) \mid g(x_1, x_2, \dots, x_N) = y\} \tag{4.3.2}$$

의 관계를 이용하여 출력의 확률질량함수를 구할 수 있다.

**예제 1 ▸▸▸**

두 개의 공정한 주사위를 던져서 눈금 수를 고려한다. 첫 번째 주사위의 눈금수를 $X$, 두 번째 주사위의 눈금수를 $Y$라 하고, 두 랜덤변수 $(X, Y)$의 상태공간 $S_X \times S_Y = \{(1, 1), (1, 2), \dots, (6, 6)\}$에 $Z = \max(X, Y)$라는 함수를 정의하자. 랜덤변수 $Z$의 확률질량함수를 구하시오.

**풀이 ▸▸▸** 공평한 주사위들이기에 상태공간의 각각의 원소를 포함하는 집합의 확률질량은 모두 1/36로 동일하다. $Z = \max(X, Y)$값을 $S_X \times S_Y$에 표현하면 표 4.5와 같게 된다. 따라서 확률질량함수는 표에서 해당 $Z$값의 개수를 헤아려 1/36을 곱하면 다음과 같다. 즉 $Z$가 특별한 값을 가지는 경우의 확률질량은 그 값으로 매핑하는 함수 입력공간에 할당된 확률질량과 같으며, 그 확률질량은 결합 확률질량분포로부터 구해진다.

$$P_Z(1) = 1/36, P_Z(2) = 3/36, P_Z(3) = 5/36, P_Z(4) = 7/36, P_Z(5) = 9/36, P_Z(6) = 11/36$$

| $S_Y \backslash S_X$ | 1 | 2 | 3 | 4 | 5 | 6 |
|---|---|---|---|---|---|---|
| 1 | 1 | 2 | 3 | 4 | 5 | 6 |
| 2 | 2 | 2 | 3 | 4 | 5 | 6 |
| 3 | 3 | 3 | 3 | 4 | 5 | 6 |
| 4 | 4 | 4 | 4 | 4 | 5 | 6 |
| 5 | 5 | 5 | 5 | 5 | 5 | 6 |
| 6 | 6 | 6 | 6 | 6 | 6 | 6 |

[표 4.5] $S_X \times S_Y$에 표현된 $Z = \max(X, Y)$값

한편 연속 랜덤벡터들의 함수에 대한 확률밀도함수를 구하기 위해서는 3.4절의 단일 랜덤변수의 함수에서와 동일한 방식으로, 먼저 함수 출력의 누적분포함수를 입력의 결합 확률밀도함수로부터 구하고, 이를 미분하여 확률밀도함수를 구할 수 있다. 즉 $Y=g(X_1, X_2,..., X_N)$이고 입력 랜덤벡터 $(X_1, X_2,..., X_N)$의 결합 확률밀도함수 $f_{X_1X_2\cdots X_N}(x_1, x_2,..., x_N)$가 주어졌다고 하면, 먼저

$$\begin{aligned} F_Y(y) &= P[Y=g(X_1, X_2,...,X_N) \le y] \\ &= \iint \cdots \int_{g(X_1, X_2,...,X_N) \le y} f_{X_1X_2\cdots X_N}(x_1, x_2,..., x_N)\, dx_1 dx_2 \cdots dx_N \end{aligned} \qquad (4.3.3)$$

을 계산하고, 이를 미분하여 확률밀도 함수 $f_Y(y)$를 얻을 수 있다.

**예제 2 ▸▸▸**

4.1절의 예제 5의 결합 확률밀도함수를 가지는 랜덤변수 $X$와 $Y$를 입력으로 하는 $Z=X+Y$라는 함수가 정의되었다고 하자. $Z$의 확률밀도함수를 구하시오.

**풀이 ▸▸▸** 일단 $F_Z(z)$를 구하고 이를 미분하여 $f_Z(z)$를 구해야 한다. 그런데 $F_Z(z)$는 $Z$값에 따라 여러 구간을 고려해야 한다. 만약 $Z=X+Y<10$이라면 이 구간에서의 확률은 0이기에

$$F_Z(z)=P[Z=X+Y<z]=0$$

이며, $Z=X+Y<30$일 경우(그림 4.8(a)에서 정사각형의 대각선 이하)

$$F_Z(z)=P[Z=X+Y\le z]=\frac{1}{800}(z-10)^2$$

이며, $Z=X+Y<50$일 경우 (그림 4.8(a)에서 정사각형의 대각선 이상에서 정사각형을 걸쳐 있는 경우)

$$F_Z(z) = P[Z = X + Y \le z] = 1 - \frac{1}{800}(50 - z)^2$$

이며, $Z = X + Y \ge 50$일 경우 $F_Z(z) = 1$이다. 따라서 랜덤변수 $Z$의 확률 밀도 함수는 $10 \le Z < 30$일 경우

$$f_Z(z) = \frac{dF_Z(z)}{dz} = \frac{1}{400}(z - 10)$$

$30 \le Z < 50$일 경우

$$f_Z(z) = \frac{dF_Z(z)}{dz} = -\frac{1}{400}(50 - z)$$

그 외의 경우 $f_Z(z) = 0$에 해당 한다. 이를 그림으로 표현하면 그림 4.8(b)와 같다.

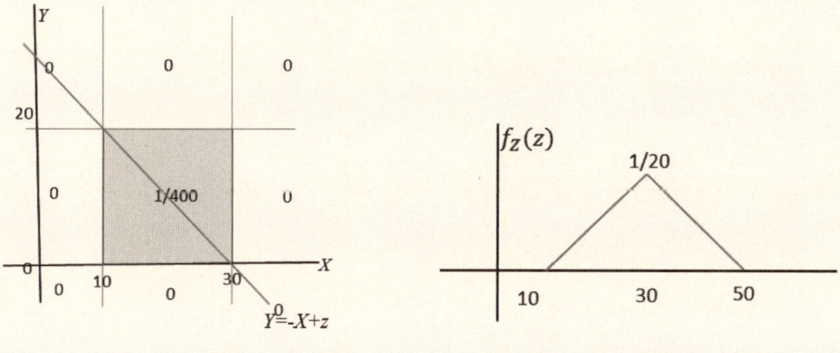


(a) $F_Z(z)$를 구하기 위한 구간 (b) 확률 밀도함수 $f_Z(z)$

[그림 4.8] $F_Z(z)$를 구하는 방법과 $f_Z(z)$

## ☑ 다차원 벡터함수의 경우

다차원 벡터함수란 입력의 랜덤벡터 $X = (X_1, X_2, \ldots, X_N)$에 대해 출력역시 랜덤벡터 $Y = (Y_1, Y_2, \ldots, Y_M)$인 경우로 입력의 결합 확률분포로 부터 출력의 결합 확률분포

를 얻어내야 한다. 본 절에서는 $M=N$이며 일대일 대응이 가능하여, 역함수가 존재하는 연속적인 랜덤벡터의 경우에 대한 결과만을 고려하고자 한다.

$$Y=g(X)=(g_1(X_1,\dots,X_N),\ g_2(X_1,\dots,X_N),\dots,\ g_N(X_1,\dots,X_N)) \tag{4.3.4}$$

이며, 역함수가 존재하여

$$\begin{aligned} X&=g^{-1}(Y)\equiv h(Y) \\ &=(h_1(Y_1,\dots,Y_N),\ h_2(Y_1,\dots,Y_N),\dots,\ h_N(Y_1,\dots,Y_N)) \end{aligned} \tag{4.3.5}$$

이라고 하자. 입력의 결합 확률밀도 $f_X(X)=f_{X_1X_2\cdots X_N}(x_1,\ x_2,\dots,\ x_N)$가 주어졌다면,

$$\begin{aligned} f_Y(y)&=f_{Y_1Y_2\cdots Y_N}(y_1,\ y_2,\dots,\ y_N) \\ &=f_X(h(y))\left|\frac{\delta(h)}{\delta(y)}\right| \end{aligned} \tag{4.3.6}$$

이며, 여기서 | | 는 크기를 의미하며,

$$\frac{\delta(h)}{\delta(y)}\equiv\begin{vmatrix} \frac{\delta h_1}{\delta y_1} & \frac{\delta h_1}{\delta y_2} & \cdots & \frac{\delta h_1}{\delta y_N} \\ \frac{\delta h_2}{\delta y_1} & \frac{\delta h_2}{\delta y_1} & \cdots & \frac{\delta h_2}{\delta y_1} \\ & \cdots\cdots\cdots & & \\ \frac{\delta h_N}{\delta y_1} & \frac{\delta h_N}{\delta y_1} & & \frac{\delta h_N}{\delta y_1} \end{vmatrix} \tag{4.3.7}$$

로 자코비안(Jacobian)이라는 행렬식(determinant)을 의미한다. 식 (4.3.6)은 출력 $Y=y$의 확률밀도는 이에 대응하는 입력 공간 $X=h(y)$에서의 확률밀도와 자코비안의 크기를 곱한 값과 같다는 의미로, 여기서 자코비안의 크기는 입력과 출력공간의 미소체적(differential volume)의 비율을 의미한다. 즉 식 (4.3.6)은 출력 공간의 미소확률은 대응하는 입력 공간의 미소확률과 같다는 원리를 그대로 반영하고 있는 것이다.

**예제 3 ▸▸▸**

2차원 랜덤벡터 $(X_1, X_2)$를 각도 $\theta$만큼 회전 변환하여 다음과 같이 랜덤벡터$(Y_1, Y_2)$를 얻었다 하자.

$$Y_1 = X_1\cos\theta - X_2\sin\theta$$
$$Y_2 = X_1\sin\theta - X_2\cos\theta$$

(1) 이 변환의 역변환을 구해보시오.

(2) 변환 후 출력의 랜덤변수 $(Y_1, Y_2)$의 결합 확률밀도함수를 입력의 결합 확률밀도함수로 표현하시오.

(3) 입력 랜덤벡터 $(X_1, X_2)$의 결합 확률밀도함수를

$$f_{X_1X_2}(x_1, x_2) = \frac{1}{2\pi} e^{-(x_1^2 + x_2^2)}$$

라 할 때 변환 후 출력의 결합 확률밀도함수를 구하시오.

**풀이 ▸▸▸**

(1) 이 변환의 역변환은 $-\theta$만큼 되돌려 주면 원래위치로 돌아오기 때문에

$$X_1 = Y_1\cos(-\theta) + Y_2\sin(-\theta) = Y_1\cos\theta + Y_2\sin\theta$$
$$X_2 = Y_1\sin(-\theta) + Y_2\cos(-\theta) = -Y_1\sin\theta + Y_2\cos\theta\ .$$

(2) 이 변환의 자코비안은

$$\frac{\delta(h)}{\delta(y)} = \begin{vmatrix} \frac{\delta h_1}{\delta y_1} & \frac{\delta h_1}{\delta y_2} \\ \frac{\delta h_2}{\delta y_1} & \frac{\delta h_2}{\delta y_1} \end{vmatrix} = \begin{vmatrix} \cos\theta & \sin\theta \\ -\sin\theta & \cos\theta \end{vmatrix}$$

이며, 이 행렬식은 1이기 때문에 변환 후 출력의 결합 확률밀도함수는

$$f_{Y_1Y_2}(y_1, y_2) = f_{X_1X_2}(y_1\cos\theta + y_2\sin\theta, -y_1\sin\theta + y_2\cos\theta)$$

(3) (2)의 결과를 이용하면

$$f_{Y_1Y_2}(y_1, y_2) = \frac{1}{2\pi} e^{-\{(y_1\cos\theta + y_2\sin\theta)^2 + (-y_1\sin\theta + y_2\cos\theta)^2)\}}$$

$$= \frac{1}{2\pi} e^{-(y_1^2 + y_2^2)}$$

이며, 이 결과는 회전 변환 이전과 그 형태가 동일하다.

## 연습 문제

1. 공평한 동전을 2회 연속 던져서 각각 앞면일 경우 1, 뒷면일 경우 0인 두 개의 랜덤변수 $B_1$과 $B_2$를 생성하고, 랜덤벡터 $(X, Y)$를 다음과 같이 정의했다고 하자. 질문에 답하시오.

$$X = B_1 + B_2 \qquad\qquad Y = B_1 - B_2$$

(1) 랜덤벡터 $(X, Y)$의 상태공간 $S_X \times S_Y$를 구하시오.

(2) 랜덤벡터 $(X, Y)$의 결합 확률질량분포 $P_{XY}(x, y)$를 구하시오.

(3) 결합 누적분포함수 $F_{XY}(x, y)$를 구하시오.

(4) 주변 확률질량함수 $P_X(x)$와 $P_Y(y)$를 구하시오.

(5) (3)과 (4)의 결과로부터 주변 누적분포함수 $F_X(x)$, $F_Y(y)$를 구하시오.

2. 예제 2의 결합 확률분포가 주어졌을 때 $Z = Y - X$을 구하려 한다. 질문에 답하시오.

(1) $z$를 변화하면서 $F_Z(z) = P_{XY}(Y - X \leq z) = P_{XY}(Y \leq X + z)$를 구해보시오.

(2) (1)의 결과를 $z$값에 따라 미분하여 $f_Z(z)$를 구해보시오.

3. 예제 1에서와 같이 두 개의 주사위 눈금 수에 해당하는 랜덤변수 $(X, Y)$에 두 개의 함수 $Z_1 = \max(X, Y)$, $Z_2 = \min(X, Y)$를 정의하였다. 질문에 답하시오.

(1) 표 4.5와 같이 36개의 칸에 $(Z_1, Z_2)$값을 적어 넣으시오.

(2) (1)의 결과로부터 $(Z_1, Z_2)$의 결합 확률질량함수를 구해보시오.

4. 2차원 랜덤벡터 $(X_1, X_2)$를 변환하여 다음과 같이 랜덤벡터 $(Y_1, Y_2)$를 얻었다 하자.

$$Y_1 = \sqrt{X_1^2 + X_2^2} \qquad Y_2 = \tan^{-1}\frac{X_2}{X_1}$$

(1) 이 변환의 역변환을 구해보시오. (힌트: $(X_1, X_2)$과 $(Y_1, Y_2)$를 관련짓는 그림을 그려서 확인해 보시오.)

(2) (1)에서 구한 역변환의 자코비안을 구해서 입력의 결합 확률밀도함수로 변환 후 출력의 랜덤변수 $(Y_1, Y_2)$의 결합 확률밀도함수를 표현하시오.

(3) 입력 랜덤벡터 $(X_1, X_2)$의 결합 확률밀도함수를

$$f_{X_1X_2}(x_1, x_2) = f_{X_1}(x_1) f_{X_2}(x_2) = \frac{1}{2\pi} e^{-(x_1^2 + x_2^2)}$$

라 할 때, 변환 후 출력의 결합 확률밀도함수를 구하시오.

## 4.4 결합 확률분포와 기댓값

두 개 또는 그 이상의 랜덤변수, 즉 랜덤벡터의 함수 $Y=g(X_1, X_2,\dots, X_N)$에 대한 기댓값은 이산 랜덤변수의 경우는 결합 확률질량함수를 이용하여

$$\begin{aligned} E[Y] &= \sum_{Y} yP_Y(Y=y) \\ &= \sum_{X_1}\sum_{X_2}\cdots\sum_{X_N} g(x_1, x_2,\dots, x_N)P[X_1=x_1, X_2=x_2, \dots, X_N=x_N] \end{aligned} \quad (4.4.1)$$

와 같이 계산되며, 연속 랜덤변수의 경우는 결합 확률밀도함수를 이용하여

$$\begin{aligned} E[Y] &= \int_{Y} yf_Y(y)dy \\ &= \int_{X_1}\int_{X_2}\cdots\int_{X_N} g(x_1, x_2,\dots, x_N)\, f_{X_1X_2\cdots X_N}(x_1, x_2, \dots, x_N)dx_1dx_2\cdots dx_N \end{aligned} \quad (4.4.2)$$

와 같이 계산된다.

### ☑ 평균벡터

함수 $Y=g(X_1, X_2,\dots, X_N)$의 특별한 경우가 $X_i=g(X_1, X_2,\dots, X_N)$인 경우로 식 (4.4.1)과 (4.4.2)에서

$$E[X_i]=\sum_{X_1}\sum_{X_2}\cdots\sum_{X_N} x_iP[X_1=x_1, X_2=x_2, \dots, X_N=x_N]=\sum_{X_i} x_NP[X_i=x_i] \quad (4.4.3)$$

과

$$E[X_i]=\int_{X_1}\int_{X_2}\cdots\int_{X_N} x_if_{X_1X_2\cdots X_N}(x_1, x_2, \dots, x_N)dx_1dx_2\cdots dx_N=\int_{X_i} x_if_{X_i}(x_i)dx_i \quad (4.4.4)$$

로 이전 단원의 단일 랜덤변수의 평균과 같게 된다. (이 유도과정에서 결합 확률분포로부터 주변 확률분포를 얻어내었음에 유의하라.) 일반적으로 랜덤벡터 $(X_1, X_2, ..., X_N)^t$에서 여러 개의 랜덤변수 각각의 평균들을 벡터형식으로 표현하여 평균벡터라 부르며 이를 $(E[X_1], E[X_2], ..., E[X_N])^t$로 표현한다. (통상 랜덤벡터는 열벡터로 표현하기 때문에 행벡터에 전치(transpose) 연산 $t$를 취했다.)

### ☑ 상관, 공분산 및 공분산 행렬

각각의 랜덤변수의 기댓값 즉 평균을 살펴보았다면 각 랜덤변수의 곱의 기대치 $g(X_1, X_2, ..., X_N) = X_i X_j$는 무엇을 의미할까? 이를 통상 랜덤변수 $X_i$ 와 $X_j$의 상관(correlation)이라 하며,

$$E[X_i X_j] = \sum_{X_i} \sum_{X_j} x_i x_j P[X_i = x_i, X_j = x_j] \tag{4.4.5}$$

또는

$$E[X_i X_j] = \int_{X_i} \int_{X_j} x_i x_j f_{X_i X_j}(x_i, x_j)\, dx_i dx_j \tag{4.4.6}$$

와 같이 계산된다. 이들은 $X_i$ 와 $X_j$의 경향성이 비슷하여 서로 같은 부호를 가지는 값을 가진다면, 일반적으로 큰 값을 가지게 되기 때문에 랜덤변수 $X_i$ 와 $X_j$의 유사성을 측정하는 측도(measure)로도 사용될 수 있다. 또한 각 랜덤변수에서 평균치를 빼고 이들의 상관을 구할 경우, 즉 $E[(X_i - E[X_i])(X_j - E[X_j])]$는 무엇을 의미할까? 이를 통상 공분산(covariance)라 하며, 기댓값 연산의 선형성을 이용하면

$$Cov(X_i, X_j) = E[(X_i - E[X_i])(X_j - E[X_j])] = E[X_i X_j] - E[X_i]E[X_j] \tag{4.4.7}$$

와 같이 계산할 수 있다. 이 역시 상관과 같이 두 랜덤벡터가 서로 얼마나 유사한가를 판단하는 측도로 사용될 수도 있다. 여기서 주목할 것은 식 (4.4.7)의 공분산이 1장의 표본들의 공분산(표본 공분산)에 확률을 동원한 수학적인 모델에 불과한다는 것이다.

식 (1.6.1)의 분모를 $n(n-1)$이 아닌 $n^2$으로 바꾸면 ($n$이 충분히 크면 거의 동일함.) 우리가 이미 알고 있는 두 표본의 곱 $x_i x_j$의 평균에서 각각의 평균의 곱을 뺀 것임을 확인할 수 있다.

$$c_{xy} = \frac{1}{n-1}\sum_{i=1}^{n}(x_i - \overline{x})(y_i - \overline{y}) = \frac{n\sum_{i=1}^{n} x_i y_i - \sum_{i=1}^{n} x_i \sum_{i=1}^{n} y_i}{n(n-1)} \qquad (1.6.1)$$

여러 개의 랜덤변수들로 이루어진 랜덤벡터에서는 공분산과 분산을 행렬(matrix)의 형태로 표현할 수 있으며, 이를 공분산 행렬(covariance matrix)라고 한다. 즉 $(X_1, X_2, \ldots, X_N)^t$과 같이 $N$개의 랜덤변수를 갖는 랜덤벡터의 공분산은 $N \times N$행렬로

$$\Sigma = \begin{bmatrix} Cov(X_1, X_1) Cov(X_1, X_2) \cdots Cov(X_1, X_n) \\ Cov(X_2, X_1) Cov(X_2, X_2) \cdots Cov(X_2, X_N) \\ \cdots \quad \cdots \quad \cdots \\ Cov(X_N, X_1) Cov(X_N, X_2) \cdots Cov(X_N, X_N) \end{bmatrix} \qquad (4.4.8)$$

과 같다. 여기서 $Cov(X_i, X_j) = Cov(X_j, X_i)$이기 때문에 공분산 행렬은 대칭이며, 주대각요소 $Cov(X_i, X_j) = Var(X_i)$에 해당하는 것을 주목하라. 한편 공분산 행렬 식 (4.4.8)은 랜덤벡터를 $X = (X_1, X_2, \ldots, X_N)^t$와 같이 열(column)벡터 형태로 나타낼경우

$$\Sigma = E[(X - E[X_i])(X - E[X_j])^t] \qquad (4.4.9)$$

와 같이 표현할 수도 있다. 식 (4.4.9)에서 우변의 기댓값 $E[\cdot]$는 $N \times N$대칭행렬 모든 요소에 작용하며, 대칭행렬인 $i$행 $j$열의 요소는 식 (4.4.7)에 해당한다.

또한 이 공분산 행렬의 요소들을 각 랜덤변수의 표준편차(분산의 제곱근)들의 곱으로 나누면,

$$R = \begin{bmatrix} r_{11} & r_{12} \cdots & r_{1N} \\ r_{21} & r_{22} \cdots & r_{2N} \\ \cdots & \cdots & \cdots \\ r_{N1} & r_{N2} \cdots & r_{NN} \end{bmatrix} \quad (\text{여기서 } r_{ij} = \frac{Cov(X_i, X_j)}{\sqrt{Var(X_i)Var(X_j)}} \text{ 이며 } |r_{ij}| \le 1.) \qquad (4.4.10)$$

이 되어 각 랜덤변수의 상관계수(correlation coefficient) 행렬을 얻을 수 있으며, 1장에서 언급한 바와 같이 상호간의 경향성을 표현하는 정보를 담고 있다.

물론 다양한 함수의 기댓값 $E[g(X_1, X_2,\ldots, X_N)]$들을 생각할 수 있다. 즉 $E[X_i^p X_j^q X_k^r]$등을 생각할 수도 있으나, 물리적인 의미를 부여하기 어렵다. 따라서 다른 종류의 함수에 대한 기댓값은 특별한 경우 이외에는 다루어지지 않는다.

**예제 1 ▸▸▸**

다음 그림 4.9로 표현되는 결합 확률질량함수를 가지는 랜덤변수 $X, Y$가 있다.

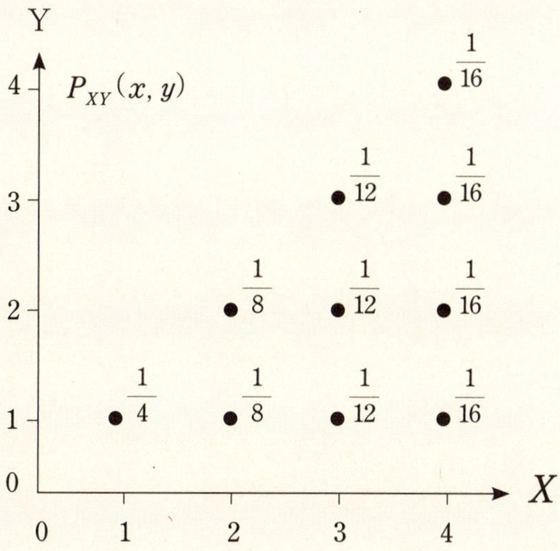


[그림 4.9] 예제 1의 확률질량함수

그림의 결합 확률질량함수로 부터 평균벡터 $E[\mathbf{X}] = (E[X], E[Y])^t$와 $Var(X)$, $Var(Y)$, $Cov(X, Y)$등을 구하고, 공분산 행렬 $\Sigma$와 상관계수행렬 $R$로 표현하시오.

**풀이 ▸▸▸** 랜덤변수 $X, Y$의 주변 확률질량함수로부터

$$E[X] = 1\cdot\frac{1}{4} + 2\cdot\frac{1}{4} + 3\cdot\frac{1}{4} + 4\cdot\frac{1}{4} = 2.5$$

$$E[Y]=1\cdot\frac{25}{48}+2\cdot\frac{13}{48}+3\cdot\frac{7}{48}+4\cdot\frac{3}{48}=1.75$$

$$E[X^2]=1\cdot\frac{1}{4}+4\cdot\frac{1}{4}+9\cdot\frac{1}{4}+16\cdot\frac{1}{4}=\frac{15}{2}$$

$$E[Y^2]=1\cdot\frac{25}{48}+4\cdot\frac{13}{48}+9\cdot\frac{7}{48}+16\cdot\frac{3}{48}=\frac{175}{48}$$

$$Var(X)=\frac{15}{2}-\left(\frac{5}{2}\right)^2=\frac{5}{4} \qquad Var(Y)=\frac{175}{48}-\left(\frac{7}{4}\right)^2=\frac{7}{12}.$$

또한 결합 확률질량함수로부터

$$E[XY]=1\cdot\frac{1}{4}+2\cdot\frac{1}{8}+3\cdot\frac{1}{12}+4\cdot\frac{1}{16}+\cdots+16\cdot\frac{1}{16}=5,$$

$$Cov(X,Y)=E[XY]-E[X]E[Y]=5-\frac{70}{16}=\frac{10}{16}.$$

따라서 평균벡터 $\mathbf{E[X]}=(E[X],\,E[Y])$, 공분산 행렬 $\Sigma$와 상관계수행렬 $R$은 각각 다음과 같다.

$$\mathbf{E[X]}=(E[X],\,E[Y])^t=(2.5,\,1.75)^t,$$

$$\Sigma=\begin{pmatrix}\frac{5}{4} & \frac{10}{16}\\ \frac{10}{16} & \frac{7}{12}\end{pmatrix}, \qquad R=\begin{pmatrix}1 & 0.732\\ 0.732 & 1\end{pmatrix}.$$

**예제 2 ▸▸▸**

랜덤벡터 $(X,Y)$의 결합 확률밀도함수가

$$f_{XY}(x,y)=\begin{cases} x+y, \ 0\le x\le 1, 0\le y\le 1 \text{ 일 때} \\ 0 \quad , \text{ 그 외의 경우} \end{cases}$$

와 같다.

(1) 평균벡터 $E[X]=(E[X], E[Y])$를 구하시오.

(2) 공분산 행렬 $\Sigma$를 표현하시오.

(3) $E[X+Y]$와 $Var(X+Y)$를 구해보시오.

풀이 ▸▸▸ (1)

$$E[X]=\int_0^1\int_0^1 x(x+y)\,dxdy=\int_0^1\left(\left[\frac{x^3}{3}\right]_0^1+\left[\frac{x^2y}{2}\right]_0^1\right)dy$$

$$=\int_0^1\left(\frac{1}{3}+\frac{y}{2}\right)dy=\frac{7}{12}$$

이며, 동일한 방법으로

$$E[Y]=\int_0^1\int_0^1 y(x+y)\,dxdy=\int_0^1\left(\left[\frac{y^3}{3}\right]_0^1+\left[\frac{y^2x}{2}\right]_0^1\right)dx$$

$$=\int_0^1\left(\frac{1}{3}+\frac{x}{2}\right)dx=\frac{7}{12}$$

이다. 따라서 $E[X]=(E[X], E[Y])^t=(7/12, 7/12)^t$이다.

(2) 먼저 $Var(X)$와 $Var(Y)$를 구해보자.

$$E[X^2]=\int_0^1\int_0^1 x^2(x+y)\,dxdy=\int_0^1\left(\left[\frac{x^4}{4}\right]_0^1+\left[\frac{x^3y}{3}\right]_0^1\right)dy$$

$$=\int_0^1\left(\frac{1}{4}+\frac{y}{3}\right)dy=\frac{5}{12}$$

동일한 방법으로

$$E[Y^2]=\int_0^1\int_0^1 y^2(x+y)\,dxdy=\int_0^1\left(\left[\frac{y^4}{4}\right]_0^1+\left[\frac{y^3x}{3}\right]_0^1\right)dx$$

$$=\int_0^1\left(\frac{1}{4}+\frac{x}{3}\right)dx=\frac{5}{12}$$

이다. 따라서

$$Var(X)=E[X^2]-E^2[X]=\frac{5}{12}-\left(\frac{7}{12}\right)^2=\frac{11}{144}$$

$$Var(Y)=E[Y^2]-E^2[Y]=\frac{5}{12}-\left(\frac{7}{12}\right)^2=\frac{11}{144}$$

한편

$$E[XY]=\int_0^1\int_0^1 xy(x+y)\,dxdy=\int_0^1\left(\left[\frac{x^3y}{3}\right]_0^1+\left[\frac{x^2y^2}{2}\right]_0^1\right)dy$$

$$=\int_0^1\left(\frac{y}{3}+\frac{y^2}{2}\right)dy=\frac{1}{3}$$

이다. 따라서 $Cov(X,Y)=E[XY]-E[X]\cdot E[Y]=\frac{1}{3}-\frac{7}{12}\cdot\frac{7}{12}=-\frac{1}{144}$.

그러므로

$$\Sigma=\begin{pmatrix}\frac{11}{144} & -\frac{1}{144}\\ -\frac{1}{144} & \frac{11}{144}\end{pmatrix}.$$

(3) 기댓값 연산자의 선형성에 의해

$$E[X+Y]=E[X]+E[Y]=\frac{7}{12}+\frac{7}{12}=\frac{14}{12}$$

이며

$$Var(X+Y)=E[(X+Y)^2]-E^2[(X+Y)]$$

$$= E[X^2+Y^2+2XY] - E^2[X] - 2E[X]E[Y] - E^2[Y]$$
$$= (E[X^2] - E^2[X]) + (E[Y^2] - E^2[Y]) + 2(E[XY] - E[X]E[Y])$$
$$= Var(X) + Var(Y) + 2Cov(X, Y)$$

이다. 따라서 $Var(X+Y) = \frac{11}{144} + \frac{11}{144} + (\frac{-2}{144}) = \frac{20}{144}$ 이다. 여기서 $Var(X+Y)$가 공분산 행렬의 모든 요소를 더한 값임을 주목하기 바란다.

### ☑ 선형변환과 기댓값

랜덤벡터 $X = (X_1, X_2, ..., X_N)^t$를 $M \times N$행렬 $A$로 선형변환하고 $b = (b_1, b_2, ..., b_M)^t$를 더하여 얻은 랜덤벡터 $Y = (Y_1, Y_2, ..., Y_M)^t$, 즉

$$Y = AX + b \tag{4.4.11}$$

일 경우, 입력과 출력의 평균 벡터는

$$\mu_Y = A\mu_X + b \tag{4.4.12}$$

에 해당한다. 여기서 $\mu_X = (E[X_1], E[X_2], \cdots, E[X_N])^t$이며 $\mu_Y = (E[Y_1], E[Y_2], \cdots, E[Y_N])^t$이고, 기댓값 연산자의 선형성에 의해 쉽게 증명될 수 있다.

또한 공분산 행렬은

$$\Sigma_Y = A\Sigma_X A^t \tag{4.4.13}$$

에 해당한다. 여기서 $\Sigma_X$는 입력 $X$의 공분산 행렬이며, $\Sigma_Y$는 출력 $Y$의 공분산 행렬이다. 식 (4.4.13)은 기대치 연산자의 선형성에 의해

$$\Sigma_Y = E[A(X - E[X])(X - E[X])^t A^t]$$
$$= AE[(X - E[X])(X - E[X])^t]A^t = A\Sigma_X A^t$$

와 같음을 증명할 수 있다.

### 예제 3 ▸▸▸

예제 2의 랜덤벡터를

$$A=\begin{bmatrix} 2 & 1 \\ -1 & 1 \end{bmatrix} \qquad b=\begin{bmatrix} -1 \\ 2 \end{bmatrix}$$

로 선형 변환할 경우, 변환 후의 평균벡터와 공분산 행렬을 구하시오.

**풀이** ▸▸▸ 평균벡터는 식 (4.4.12)에 의해

$$\begin{bmatrix} 2 & 1 \\ -1 & 1 \end{bmatrix}\begin{bmatrix} 7/12 \\ 7/12 \end{bmatrix}+\begin{bmatrix} -1 \\ 2 \end{bmatrix}=\begin{bmatrix} 3/4 \\ 2 \end{bmatrix}$$

이며, 공분산 행렬은 식 (4.4.13)에 의해

$$\begin{bmatrix} 2 & 1 \\ -1 & 1 \end{bmatrix}\begin{bmatrix} 11/144 & -1/144 \\ -1/144 & 11/144 \end{bmatrix}\begin{bmatrix} 2 & -1 \\ 1 & 1 \end{bmatrix}=\begin{bmatrix} 51/144 & -12/144 \\ -12/144 & 24/144 \end{bmatrix}.$$

## 연습문제

1. 다음 표와 같이 결합 확률질량함수가 주어진 랜덤벡터 $(X, Y)$의 평균벡터 $E[X]=(E[X], E[Y])$와 공분산 행렬 $\Sigma$ 및 상관계수 행렬 $R$을 구하시오.

| $P_{XY}(x, y)$ | $Y=0$ | $Y=1$ | $Y=2$ |
|---|---|---|---|
| $X=0$ | 0.01 | 0 | 0 |
| $X=1$ | 0.09 | 0.09 | 0 |
| $X=2$ | 0 | 0 | 0.81 |

2. 다음과 같이 랜덤벡터 $(X, Y)$의 결합 확률밀도함수가

$$f_{XY}(x, y) = \begin{cases} xy, \ 0 \le x \le 1, \ 0 \le y \le 2 \text{ 일 때} \\ 0 \quad, \text{ 그 외의 경우} \end{cases}$$

와 같다.

(1) 평균벡터 $E[X] = (E[X], E[Y])$를 구하시오.

(2) 공분산 행렬 $\Sigma$를 표현하시오.

(3) $E[X+Y]$와 $Var(X+Y)$를 구해보시오.

3. 다음과 같은 선형시스템이 있다고 하자.

$$\begin{bmatrix} W \\ Z \end{bmatrix} = \begin{bmatrix} 1 & 1 \\ -1 & 1 \end{bmatrix} \begin{bmatrix} X \\ Y \end{bmatrix} + \begin{bmatrix} 0.5 \\ -0.5 \end{bmatrix}$$

(1) 연습문제 1의 랜덤벡터 $(X, Y)^t$가 선형시스템에 의해 변환된다면, 변한 후 $(W, Z)^t$의 평균벡터와 공분산행렬을 구하시오.

(2) 연습문제 2의 랜덤벡터 $(X, Y)^t$가 선형시스템에 의해 변환된다면, 변한 후 $(W, Z)^t$의 평균베터와 공분산행렬을 구하시오.

## 4.5 독립적인 랜덤변수

두 개의 랜덤변수가 독립적이라 함은 두 랜덤변수에 정의된 어떠한 사건들도 서로 독립사건이라는 의미로 이산적인 랜덤변수의 경우는

$$P_{X_i X_j}[X_i = x_i, X_j = x_j] = P_{X_i}[X_i = x_i] P_{X_j}[X_j = x_j] \tag{4.5.1}$$

로, 연속적인 랜덤변수의 경우는

$$f_{X_iX_j}(x_i, x_j)=f_{X_i}(x_i)f_{X_j}(x_j) \tag{4.5.2}$$

로 정의된다. 이들 식(4.5.1)과 (4.5.2)를 적분하여 누적분포함수로 종합하면

$$F_{X_iX_j}(x_i, x_j)=F_{X_i}(x_i)F_{X_j}(x_j) \tag{4.5.3}$$

로 표현할 수도 있다. 만약 $(X_1, X_2,..., X_N)$과 같이 $N$개의 랜덤변수가 독립이라면 각각의 쌍으로도 식 (4.5.3)이 성립하며, 임의의 세 개의 쌍으로도

$$F_{X_iX_jX_k}(x_i, x_j, x_k)=F_{X_i}(x_i)F_{X_j}(x_j)F_{X_k}(x_k) \tag{4.5.4}$$

이 성립하며, 어떠한 개수의 랜덤변수의 조합을 취하더라도 각각의 누적분포함수의 곱으로 표현되며, 모든 랜덤변수들에 대해

$$F_{X_1X_2\cdots X_N}(x_1, x_2, \dots, x_N)=F_{X_1}(x_1)F_{X_2}(x_2)\cdots F_{X_N}(x_N) \tag{4.5.5}$$

이 성립함을 의미한다.

두개의 랜덤변수 $X$와 $Y$가 서로 독립이면 조건부 확률분포

$$P_{X|Y}(x|Y\in B)=\frac{P_{XY}(X=x, Y\in B)}{P_Y(Y\in B)}=\frac{P_X(X=x)P_Y(Y\in B)}{P_Y(Y\in B)}=P_X(X=x) \tag{4.5.6}$$

또는

$$f_{X|Y}(x|y)=\frac{f_{XY}(x, y)}{f_Y(y)}=\frac{f_X(x)f_Y(y)}{f_Y(y)}=f_X(x) \tag{4.5.7}$$

이다. 즉 조건과는 무관하게 주변 확률분포로 표현되기 때문에, 이들 확률분포로부터 얻을 수 있는 $E[X|Y]$또는 $Var[X|Y]$의 경우도 조건과 무관하게 랜덤변수 $X$의 평균과 분산이 동일하다.

**예제 1** ▶▶▶

4.1절의 예제 5의 경우 랜덤벡터 $(X, Y)$를 구성하는 랜덤변수 $X$와 $Y$가 독립적임을 보이시오.

**풀이** ▶▶▶ 이미

$$f_X(x) = \begin{cases} 1/20, & 10 \le X \le 30\text{일 경우} \\ 0 & \text{, 그 외의 경우} \end{cases} \tag{4.1.18}$$

이며,

$$f_Y(y) = \begin{cases} 1/20, & 0 \le Y \le 20\text{일 경우} \\ 0 & \text{, 그 외의 경우} \end{cases} \tag{4.1.19}$$

로 $f_{XY}(x, y) = f_X(x) \cdot f_Y(y)$ 임을 보였으며, 결합 누적분포함수 역시 각각의 누적분포함수의 곱으로 표현된다. 따라서 독립적이다. 뿐만 아니라 4.2절의 예제 2에서 두 랜덤변수는 독립적이기 때문에 조건 $B = \{10 < X \le 15\}$ 또는 $B = \{X = 15\}$에 관계없이

$$f_{Y|X}(y|X \in B) = f_Y(y)$$

이며, 조건부 평균과 조건부 분산도 조건에 관계없이 다음 관계가 만족된다.

$$E[Y|X \in B] = E[Y] \qquad Var(Y|X \in B) = Var(Y)$$

일반적으로 두개의 랜덤변수 $X$와 $Y$가 서로 독립이면 다음 관계들이 만족된다.

$$E[g(X)h(Y)] = E[g(X)]E[h(Y)] \tag{4.5.8}$$

$$E[XY] = E[X]E[Y] \tag{4.5.9}$$

$$Cov(X, Y) = 0 \tag{4.5.10}$$

$$Var(X+Y) = Var(X) + Var(Y) \tag{4.5.11}$$

그러나 두 개의 랜덤변수가 독립이 아니라면, 식 (4.5.11)은 성립하지 않으며

$$Var(X+Y) = Var(X) + Var(Y) + 2Cov(X, Y) \tag{4.5.12}$$

이다. 식 (4.5.12)에서 독립이라면 식 (4.5.10)에 의해 $Cov(X, Y) = 0$이기 때문에 식 (4.5.11)의 관계가 성립한다. 또한 일반적으로 $N$개의 랜덤변수 $(X_1, X_2, \dots, X_N)$합의 분산은

$$Var(X_1 + X_2 + \cdots + X_N) = \sum_{i=1}^{N} \sum_{j=1}^{N} Cov(X_i, X_j) \tag{4.5.13}$$

이며, 독립인 경우 $i \neq j$일 때 $Cov(X_i, X_j) = 0$이기 때문에

$$Var(X_1 + X_2 + \cdots + X_N) = \sum_{j=1}^{N} Var(X_i) \tag{4.5.14}$$

이다. 식 (4.5.13)은 공분산 행렬 $\Sigma$의 모든 요소를 합한 것과 같으며 식 (4.5.14)는 주대각 요소를 제외하고는 모두 0이기 때문에 공분산 행렬 $\Sigma$의 주대각 요소만을 더한 것과 같다.

### ☑ 무관함(Uncorrelated)

두 개의 랜덤변수 $X_i$와 $X_j$가 무관하다 함은 $E[X_i Y_j] = E[X_i]E[Y_j]$을 의미한다. 이는 식 (4.5.9)를 참조하면 $Cov(X_i, X_j) = 0$임을 의미한다. (이쯤에서 1장의 공분산이 0인 산포도를 연상해 보기 바람.) 즉 $X_i$와 $X_j$가 무관하다는 것은 두 랜덤변수 $X_i$와 $X_j$의 표본들 사이에 특별한 경향성이 없음을 의미한다. 만약 두 이산 랜덤변수 $X_i$와 $X_j$가 독립이면

$$E[X_i X_j] = \sum_{X_i} \sum_{X_j} x_i x_j P[X_i = x_i, X_j = x_j]$$
$$= \sum_{X_i} \sum_{X_j} x_i x_j P[X_i = x_i] P[X_j = x_j]$$
$$= \sum_{X_i} x_i P[X_i = x_i] \sum_{X_j} x_j P[X_j = x_j] = E[X_i] E[X_j] \qquad (4.5.15)$$

이다. (연속 랜덤변수의 경우도 유사한 방법으로 증명할 수 있음.)

그러나 역은 성립하지 않는다. 즉 두 랜덤변수가 무관하다는 것이 독립인 것을 의미하지는 않는다는 것이다. 따라서 무관하다는 개념이 보다 넓은 의미이고, 독립이라는 개념은 더 까다로운 조건을 만족해야 하는 것이다. 그림 4.10은 이러한 관계를 보여주고 있다. 엄밀하게 이야기하면 독립이라면 모든 $p$와 $q$에 대해 $E[X_i^p X_j^q] = E[X_i^p] E[X_j^q]$이다. 그러나 $p = q = 1$인 경우에만 만족되는 무관하다는 정의는 독립이라는 정의보다 훨씬 제약이 덜한 것으로 간주할 수 있다. 또한 식 (4.5.11)과 (4.5.15)는 독립이 아니고 무관하기만 하더라도 성립함을 주의하기 바란다.

때때로 $E[XY] = 0$인 경우, 두 랜덤변수 $X$, $Y$가 서로 직교(orthogonal)한다고 정의한다. 만약 두 랜덤변수가 무관하고, 그 중에 적어도 하나의 랜덤변수의 평균이 0이면 직교하게 된다.

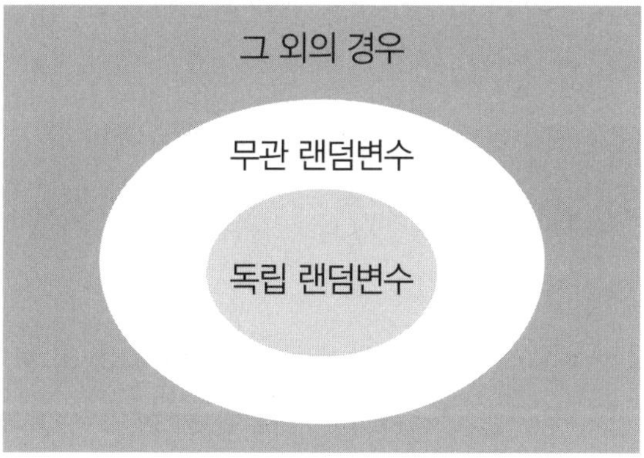


[그림 4.10] 두 랜덤변수 사이의 관계

**예제 2 ▸▸▸**

두 랜덤변수 $X, Y$가 다음과 같은 결합 확률질량함수를 가진다고 하자. 이들 랜덤변수들은 독립적인가? 또한 이들 랜덤변수들이 무관한가?

| $P_{XY}(x, y)$ | $Y=-1$ | $Y=0$ | $Y=1$ |
|---|---|---|---|
| $X=-1$ | 0 | 0.25 | 0 |
| $X=1$ | 0.25 | 0.25 | 0.25 |

[표 4.6] 예제 2의 결합 확률질량함수

**풀이 ▸▸▸** $P_{XY}(1, -1)=0.25$이며, $P_X(X=1)\cdot P_Y(Y=-1)=(0.75)\cdot(0.25)=0.1875$. 따라서 $P_{XY}(1, -1)\neq P_X(X=1)\cdot P_Y(Y=-1)$이기 때문에 독립적이지 않다. 그러나

$$E[XY]=1\cdot(0)+0\cdot(0.25)-1\cdot(0)$$
$$-1\cdot(0.25)+0\cdot(0.25)+1\cdot(0.25)=0$$

이며, $E[X]=-1\cdot(0.25)+1\cdot(0.75)=0.5$, $E[Y]=-1\cdot(0.25)+0\cdot(0.5)+1\cdot(0.25)=0$이기 때문에 $E[XY]=E[X]\cdot E[Y]$이다. 따라서 두 랜덤변수 $X$, $Y$는 무관하다. 또한 이 경우 두 랜덤변수는 직교한다고 말할 수 있다.

### ☑ 독립적이며 항등분포를 갖는 다수의 랜덤변수

주사위를 $N$번 연속해서 던지며 1부터 6까지의 눈금을 세는 반복시행을 생각해 보자. 각각의 실험에서 생성되는 랜덤변수는 $(X_1, X_2, \cdots, X_N)$으로 표현할 수 있으며, 상태공간은 $S_{X_1}\times S_{X_2}\times\cdots\times S_{X_N}$이며 여기서 $S_{X_i}=\{1, 2, 3, 4, 5, 6\}$로 모두 동일하다. 실제 어떤 사람이 $N$번 주사위를 던져서 얻은 눈금은 이 랜덤변수들의 모음, 즉 랜덤벡터의 하나의 표본벡터에 해당하는 것이다. 여기서 주목해야 할 것은 이전의 어떤 실험결과도 다음 결과에 영향을 미치지 않는다는 것이다. 따라서 이전의 $X_i$의 값, 즉 $S_{X_i}$의 어떤 사건도 이전 랜덤변수의 값 또는 사건에 영향을 받지 않고, 또 이후의 어떤 랜

덤변수의 값 또는 사건에 영향을 미치지 않는다는 것이다. 따라서 $(X_1, X_2, \cdots, X_N)$는 독립이며 각각의 $X_i$들은 동일한 상태공간을 가지기 때문에 동일한 확률분포를 가진다. 이러한 랜덤변수들은 독립 항등분포(independent identically distributed, 약어로 i.i.d.)를 가진다고 한다.

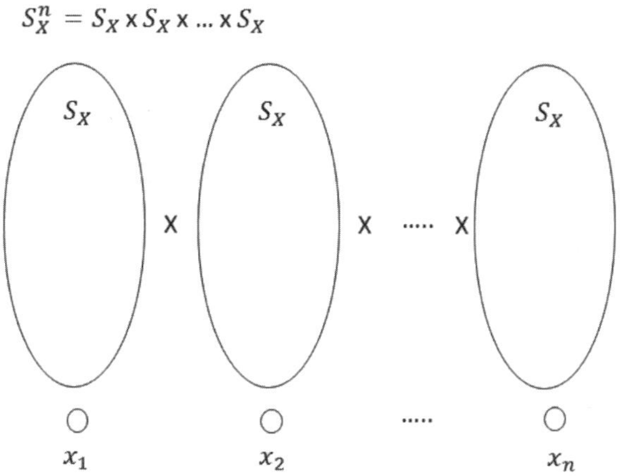


[그림 4.11] 독립항등 분포와 표본

우리가 컴퓨터를 이용하여 랜덤변수의 표본을 만들어 낸다고 하자. 컴퓨터 프로그램은 루프구조를 가지고 그 루프 내에서 일정한 확률분포 $f_X(x)$를 가지는 난수를 제공하며 루프를 여러 번 반복하여 난수표본들을 만들어 낸다면, 각각의 루프를 수행하여 만들어지는 난수는 확률분포 $f_X(x)$를 가지는 랜덤변수 $X$의 표본이며, 반복해서 만들어 지는 난수 역시 동일한 확률분포로부터 얻어내는 표본인 것이다. 또한 현재 루프에서 만들어진 난수가 이전 루프의 영향을 받지 않고 또한 다음 루프에 영향을 주지 않는다면 독립인 것이다. 따라서 이렇게 만들어지는 난수열은 i.i.d.의 랜덤벡터의 표본이라 간주할 수 있다. 하지만 컴퓨터가 만들어내는 난수는 실제로 컴퓨터의 워드길이가 유한하고 정해진 알고리즘으로 만들어지기 때문에 난수 표본열의 주기가 무한히 길지 않으며, 일정 기간이 지나면 반복되는 난수가 만들어 질 수 있다. 따라서 언젠가는 동일한 표본열이 만들어지며 독립적이라고 말할 수 없다. 이런 이유 때문에 통상 의사(pseudo) 난수의 표본열이라고 부르는 것이다.

**예제 3 ▸▸▸**

주머니에 빨강색 공이 3개 노란색 공이 5개 흰색공이 4개 검은색 공이 1개 들어있으며, 복원추출을 이용하여 무채색 공의 비율을 알아보고자 한다. 연속적으로 공을 복원추출하고 흰색 또는 검은 색의 무채색 공이 나오면 1, 그렇지 않으면 0으로 매핑 한다고 하자. 이 과정에 해당하는 랜덤변수의 확률질량함수를 구하고, 이 랜덤변수가 독립적이고 항등분포 (i.i.d.) 임을 확인하시오. 또한 1,300만 번 정도 시행으로부터 얻어지는 표본 값 0 또는 1을 연속적으로 더하고 이를 1,300만으로 나누면 얼마에 근접할 것으로 예상되는가?

**풀이 ▸▸▸** 매번 추출되어 매핑 되는 랜덤변수 $X_i$는 동일한 분포

$$P_{X_i}(x) = \begin{cases} 8/13, & x=0\text{일 경우} \\ 5/13, & x=1\text{일 경우} \end{cases}$$

의 확률질량함수를 가진다. 계속되는 복원 추출을 통해 얻어지는 표본은 현재의 추출 값이 이전 또는 이후에 영향을 주지 않기 때문에 독립적이며, 복원 추출로 주머니 안에는 늘 같은 수의 무채색과 유채색 공이 유지되므로 항등분포이다. 따라서 매번 추출되는 표본은 i.i.d.분포로부터 추출된다고 할 수 있다. 예제에서 1,300만 번은 많은 수에 해당하는 표본으로 이들 표본 값들을 모두 더하면 무채색이 나온 경우는 500만 번 정도, 그렇지 않은 경우는 800만 번 정도로 원래 랜덤변수의 분포에 근접할 것으로 예상되며, 결국 $X_i$의 확률값에 근접한다. 통계조사를 통해 대통령의 지지율을 계산하는 문제도 마찬가지로 생각할 수 있다. 대통령의 지지율을 조사하는 문제는 복원추출이 아니지만, 조사대상에 해당하는 모집단이 워낙 커서 복원추출과 근사적으로 같다고 볼 수 있으며, 얻어진 표본을 1(지지) 또는 0(반대)로 계산하여 표본의 비율로 지지율을 추정할 수 있다.

## 연습 문제

1. 다음 문제들의 독립성을 조사하시오.

(1) 4.1절 연습문제 1에서 랜덤변수 $X$와 $Y$

(2) 4.1절 연습문제 2에서 랜덤변수 $Q$와 $G$

(3) 4.1절 연습문제 3에서 랜덤변수 $X$와 $Y$

(4) 4.2절 연습문제 1에서 랜덤변수 $H$와 $B$

(5) 4.2절 연습문제 3에서 랜덤변수 $X$와 $Y$

(6) 4.3절 연습문제 1에서 랜덤변수 $X$와 $Y$

(7) 4.3절 연습문제 3에서 랜덤변수 $Z_1$와 $Z_2$

2. 식 (4.5.13)과 식 (4.5.14)를 증명하시오.

3. 예제 1에서 $Var(X+Y)$를 구하시오.

4. 다음 랜덤변수들이 i.i.d.인가를 지적하시오.

(1) $N$명의 무작위로 추출된 사람들에게 대통령 지지도 설문조사를 수행하고 지지할 경우는 1 그렇지 않을 경우는 0으로 매핑하는 랜덤변수들

(2) 공평한 동전을 연속적으로 $N$번 던져서 앞면일 경우 1, 뒷면일 경우 0으로 매핑하는 랜덤변수들

(3) 날씨의 상태를 맑음=1, 흐림=0, 비 또는 눈=−1로 매핑하고 $N$일 동안 관찰하여 얻는 랜덤변수들

(4) 주식시장의 등락을 오름=1, 보합=0, 내림=−1로 매핑하고 $N$일 동안 관찰하여 얻는 랜덤변수들

## 4.6 랜덤벡터와 엔트로피

3장에서 랜덤변수의 불확실성의 척도로 엔트로피를 살펴본 바 있다. 마찬가지로 여러 개의 랜덤변수에 대해서도 결합 엔트로피(joint entropy)를 정의하고 여러 개의 랜덤변수가 가지는 불확실성의 정도를 표현할 수 있다. 본 절에서는 결합 엔트로피와 조건부 엔트로피(conditional entropy) 및 상호정보(mutual information)에 대해 살펴본다.

두 개의 랜덤변수 $X$와 $Y$에 대한 결합 엔트로피는 단일 랜덤변수와 같은 방식으로

$$\begin{aligned} H(X,Y) &= -E[\log_2 P_{XY}(x,y)] \\ &= -\sum_{x\in S_X}\sum_{y\in S_Y} P_{XY}(x,y)\log_2 P_{XY}(x,y) \end{aligned} \tag{4.6.1}$$

로 결합 확률분포를 이용하여 정의되며, 두 랜덤변수가 포함하고 있는 평균적인 불확실성의 정도를 표현한다. 또한 랜덤변수 $X$가 주어진 상태에서 랜덤변수 $Y$의 조건부 엔트로피

$$\begin{aligned} H(Y|X) &= E[H(Y|X=x)] = \sum_{x\in S_X} H(Y|X=x)P_X(x) \\ &= -\sum_{x\in S_X}\Big(\sum_{y\in S_Y} P_{Y|X}(y|x)\log_2 P_{Y|X}(y|x)\Big)P_X(x) \\ &= -\sum_{x\in S_X}\sum_{y\in S_Y} P_{XY}(x,y)\log_2 P_{Y|X}(y|x) \end{aligned} \tag{4.6.2}$$

와 같이 정의된다. 식 (4.6.2)에서 첫줄 두번째 항의 $E[\cdot]$는 $H(Y|X=x)$가 랜덤변수 $X$값에 따라 달라지는 함수이기 때문에 $X$에 대한 기대치를 의미하고, 세번째 항에서 $H(Y|X=x)$는 $x$가 고정된 상태에서 조건부 확률 $P_{Y|X}(y|x)$로부터 구해지는 엔트로피로 둘째줄 (  )의 내용에 해당한다. 마찬가지 방법으로

$$H(X|Y) = -\sum_{x\in S_X}\sum_{y\in S_Y} P_{XY}(x,y)\log_2 P_{X|Y}(x|y) \tag{4.6.3}$$

로 정의된다. 한편

$$H(X) = -\sum_{x\in S_X} P_X(x)\log_2 P_X(x) \tag{3.5.13}$$

을 식 (4.6.2)와 조합하면

$$H(X, Y) = H(X) + H(Y|X) \tag{4.6.4}$$

또는

$$H(X, Y) = H(Y) + H(X|Y) \tag{4.6.5}$$

이 성립함을 보일 수 있다. 결국 두 개의 랜덤변수가 포함하고 있는 불확실성은 랜덤변수 $X$( 또는 $Y$)가 포함하고 있는 불확실성에 랜덤변수 $X$( 또는 $Y$)가 주어졌을 때 $Y$(또는 $X$)의 불확실성을 더한 것과 같다는 것이다.

또한 상호정보 $I(X;Y)$란 랜덤변수 $X$의 불확실성이 랜덤변수 $Y$가 주어짐으로 인해 감소되는 정도를 의미하며

$$\begin{aligned} I(X;Y) &= H(X) - H(X|Y) \\ &= \sum_{x\in S_X}\sum_{y\in S_Y} P_{XY}(x,y)\log_2 \frac{P_{XY}(x,y)}{P_X(x)P_Y(y)} \end{aligned} \tag{4.6.7}$$

로 정의된다. 식 (4.6.7)에서 랜덤변수 $X$와 $Y$를 바꾸더라도 변함이 없기 때문에

$$I(X;Y) = I(Y;X) = H(Y) - H(Y|X) \tag{4.6.8}$$

임을 알 수 있다. 식 (4.6.7)에서 만약 랜덤변수 $X$와 $Y$가 독립이라면 상호정보 $I(X;Y) = 0$임을 알수 있다. 이러한 관계를 벤 다이어그램으로 표현하면 그림 4.12와 같다. 그림에서 결합 엔트로피는 두 불확실성 $H(X)$, $H(Y)$의 합집합에 해당되며, 조건부 엔트로피들은 $H(X)-I(X;Y)$, 또는 $H(Y)-I(Y;X)$의 차집합에 해당되며, 상호정보 $I(X;Y)$는 공통부분에 해당한다는 의미이다.

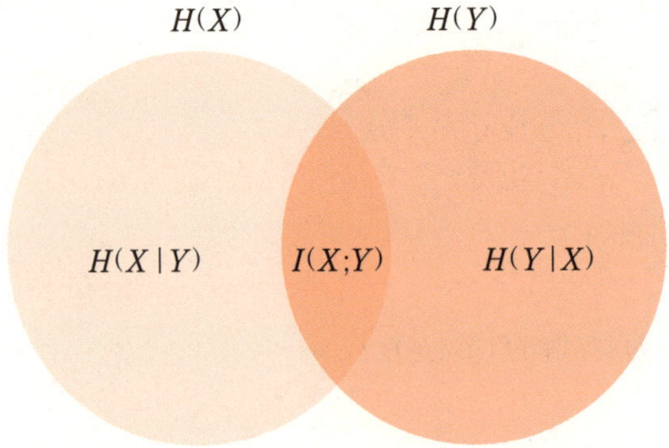


[그림 4.12] 결합 엔트로피, 조건부 엔트로피와 상호정보

### 예제 1 ▸▸▸

표 4.7의 결합 확률분포의 다음 엔트로피와 상호정보를 구하시오.

| $P_{XY}(x, y)$ | $y=0$ | $y=1$ |
|---|---|---|
| $x=0$ | 1/2 | 1/4 |
| $x=1$ | 0 | 1/4 |

[표 4.7] 예제 1의 결합 확률분포

(1) $H(X)$ (2) $H(Y)$ (3) $H(X, Y)$ (4) $H(X|Y)$ (5) $H(Y|X)$ (6) $I(X;Y)$

### 풀이 ▸▸▸

(1) $H(X) = -\left(\frac{3}{4}\cdot\log_2\frac{3}{4}+\frac{1}{4}\cdot\log_2\frac{1}{4}\right) = 0.811$ [비트]

(2) $H(Y) = -\left(\frac{1}{2}\cdot\log_2\frac{1}{2}+\frac{1}{2}\cdot\log_2\frac{1}{2}\right) = 1$ [비트]

(3) $H(X,Y) = -\left(\frac{1}{2}\cdot\log_2\frac{1}{2}+\frac{1}{4}\cdot\log_2\frac{1}{4}+\frac{1}{4}\cdot\log_2\frac{1}{4}\right) = 1.5$ [비트]

(4) $H(X|Y) = -\left(\frac{1}{2}\cdot\log_2 1+\frac{1}{4}\cdot\log_2\frac{1}{2}+\frac{1}{4}\cdot\log_2\frac{1}{2}\right) = 0.5$ [비트]

(5) $H(Y|X) = -\left(\frac{1}{2}\cdot\log_2\frac{2}{3} + \frac{1}{4}\cdot\log_2\frac{1}{3} + \frac{1}{4}\cdot\log_2 1\right) = 0.689$ [비트]

(6) $I(X;Y) = I(Y;X) = H(X) - H(X|Y) = 0.811 - 0.5 = 0.311$ [비트]

## 연습 문제

1. 식 (4.6.4)와 식 (4.6.5)를 증명하시오.

2. 식 (4.6.7)인 $I(X;Y) = H(X) - H(X\,|\,Y)$ 로부터

$$I(X;Y) = \sum_{x\in S_X}\sum_{y\in S_Y} P_{XY}(x,y)\log_2\frac{P_{XY}(x,y)}{P_X(x)P_Y(y)}$$

임을 유도하시오.

3. 4.5절의 예제 2에 대해 다음 엔트로피를 구하시오.

(1) $H(X)$ (2) $H(Y)$ (3) $H(X, Y)$ (4) $H(X\,|\,Y)$ (5) $H(Y\,|\,X)$ (6) $I(X;Y)$

## 4.7 컴퓨터 실습

일반적으로 결합 확률분포에 해당하는 표본을 만드는 일은 단순하지 않기 때문에 이산 랜덤벡터의 경우는 단일 랜덤변수의 표본을 만드는 방법을 차용해서 구성해 보

고, 연속 랜덤변수의 표본은 이변량 정규분포를 만드는 방법을 소개하고자 한다.

### ☑ 이산 랜덤벡터 만들기

표 4.6의 결합 확률분포를 갖는 랜덤벡터를 만들어 보자. 그림 4.13의 프로그램에서는 표 4.6의 확률 질량들을 1차원 배열이라 가정하고 이를 누적시켜 c_prob의 2행 3열의 2차원 배열에 담았다. 전체 10,000번을 반복 시행하면서, 표본을 만들고 2행 3열의 freq 배열의 해당하는 부분에 빈도수를 증가시켰으며, 이를 상대빈도로 바꾸고 3차원 막대그래프로 그림 그렸다. 그림 4.14는 그 결과를 나타내는 막대그래프로 그래프의 성질(property)를 편집(edit)하여 x축과 y축의 값들을 바꾸어 도시한 것이다.

### ☑ 결합 확률분포의 산포도와 주변 확률분포 만들기

MATLAB에서 scatter( ) 함수는 표본 데이터로 산포도를 그려주는 함수이다. 그림 4.15의 프로그램에서는 이변량 정규분포로부터 1,000개의 표본을 만들어 산포도를 그리고, $X$축 $Y$축 방향의 표본수로 주변 확률분포에 해당하는 값들을 막대그래프로 표현하였다. mu는 평균벡터로 $E[X]=E[Y]=1$이며 Sigma는 공분산 행렬로

$$\Sigma=\begin{pmatrix} Var(X) & Cov(X,Y) \\ Cov(X,Y) & Var(Y) \end{pmatrix}=\begin{pmatrix} 1 & -0.9 \\ -0.9 & 2 \end{pmatrix}$$

에 해당한다. 함수 randn()은 정규분포의 표본을 만드는 함수로 벡터 z에는 표본 벡터 n=1000개가 한꺼번에 만들어져서 저장된다. 저장된 이변량 정규분포의 표본들은 scatter( ) 함수에 의해 2차원 평면의 정해진 위치에 점으로 표현되며, 이후의 과정은 z(i,1) 과 z(i,2)에 저장된 $X$와 $Y$의 표본 값들의 상대 빈도를 얻고, 이를 막대그래프로 표현하여 주변 확률밀도를 근사적으로 보여주는 부분이다. 프로그램 실행 결과는 그림 4.16과 같다.

```
%%%%%%%%%%%%%%%%%%%%%%%%%%%%%%%%%%%%%%%%%%%%%%%%%%%%%%%%%%%%%%%
% 표 4.6 이산 랜덤벡터의 표본 만들기 프로그램
%
c_prob = [0 0.25 0.25; 0.5 0.75 1.0]; % 누적된 결합확률 질량
rand('state'); % 스트림 변화를 위한 문장
n=100000; % 시행횟수
freq=zeros(2,3); % 빈도 초기화

for i=1:n
    x = rand;
        if x < c_prob(1,1)
            freq(1,1) = freq(1,1)+1;
        elseif x <  c_prob(1,2)
            freq(1,2) = freq(1,2)+1;
        elseif x < c_prob(1,3)
            freq(1,3) = freq(1,3)+1;
        elseif x < c_prob(2,1)
            freq(2,1) = freq(2,1)+1;
        elseif x < c_prob(2,2)
            freq(2,2) = freq(2,2)+1;
        else
            freq(2,3) = freq(2,3)+1;
        end
end

Pr = freq(:,:)/n;
width = 0.5;
figure;
bar3(Pr,width); % 바차트로 발생 빈도를 그림으로 표시하기
```

[그림 4.13] 표 4.6의 이산 랜덤벡터 만들기

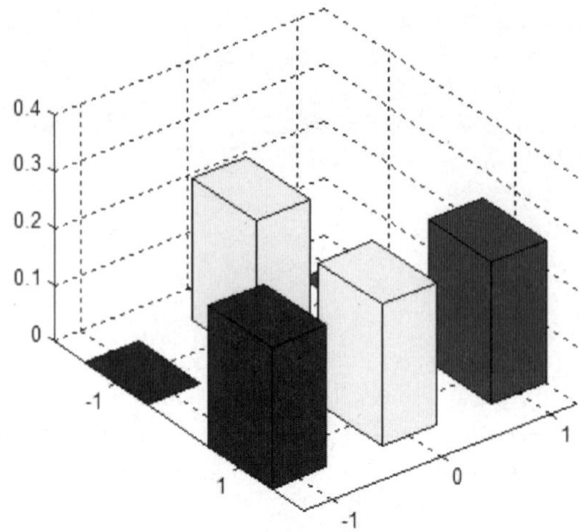


[그림 4.14] 결합 확률분포의 막대그래프

```
% 결합 확률분포의 산포도 및 주변 확률분포 만들기

n=1000; % 표본수
mu=[1 1]; % 평균벡터
Sigma = [1 -.9; -.9 2]; R=chol(Sigma); % 공분산 행렬

z = repmat(mu,n,1) + randn(n,2)*R; % 2변량 정규분포의 랜덤벡터 표본 생성
subplot(2,2,1);
scatter(z(:,1),z(:,2)); % 산포도로 표시해 보기

n_cells = 100; % 구간수
f = zeros(1,n_cells); % bin 초기화
dx = 10/n_cells;
for i=1:n
    k = floor((((z(i,1)-mu(1))/Sigma(1,1))/dx)+n_cells/2);
    f(k)=f(k)+1;
end

P = f./n;
k = 1:n_cells;
subplot(2,2,2);
bar((k-n_cells/2)*dx*Sigma(1,1)+mu(1),P);

f = zeros(1,n_cells); % bin 초기화
dx = 10/n_cells;
for i=1:n
    k = floor((z(i,2)-mu(2)/Sigma(2,2))/dx+n_cells/2);
    f(k)=f(k)+1;
end
```

```
P = f./n;
k = 1:n_cells;
subplot(2,2,3);
bar((k-n_cells/2)*dx*Sigma(2,2)+mu(2),P);
```

[그림 4.15] 2차원 랜덤벡터의 표본들을 산포도로 표현하고 주변 확률분포를 구하는 프로그램

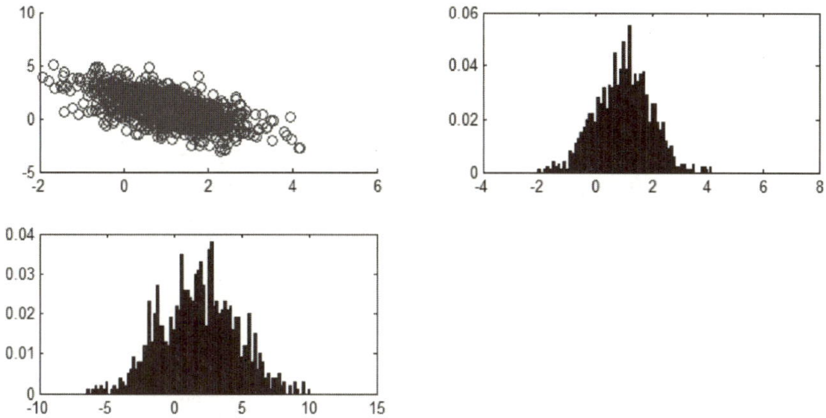


[그림 4.16] 산포도 및 주변 확률분포의 막대그래프

## 연습 문제

1. 4.4절의 연습문제 1의 결합 확률질량분포를 가지는 랜덤벡터표본들을 만들고 그 결합 확률질량들을 막대그래프로 표현해 보시오.

2. 그림 4.15의 프로그램에서 공분산 행렬과 평균벡터를 변형시켜 다양한 산포도의 모습을 얻어 보시오. (단 주변 확률분포의 막대그래프를 얻는 과정에서 표본 값이 프로그램에서 주어진 배열의 크기보다 커지는 경우에는 오류가 발생할 수 있기 때문에, 이 주변 확률분포의 막대그래프를 그리기 원한다면 조정이 필요한 경우가 생길 수 있음에 주의할 것.)

chapter. 5

# 이산 랜덤변수 모델

본 장에서는 여러 분야에서 자주 사용되는 이산 랜덤변수 모델들을 소개한다. 이들 랜덤변수 모델들은 우리가 배우는 공학 분야뿐만 아니라, 여러 학문분야에서 다른 교과목과 연결되는 구실을 담당하기 때문에 익숙해 질 필요가 있으며, 3장과 4장에서 배운 랜덤변수 또는 랜덤벡터에 대한 이해를 깊게 하는데도 도움이 된다.

본 장에서 소개되는 랜덤변수 모델로는 균일분포 랜덤변수와 베르누이 랜덤변수, 이항분포의 랜덤변수, 다항분포의 랜덤변수, 기하분포, 음이항 분포, 초기하 분포 및 다변량 초기하 분포, 포아송 분포 등을 포함한다. 이들 랜덤변수 모델은 각각 다른 형태의 가정들을 바탕으로 하고 있어 특별한 형태의 확률질량함수를 가지며, 이들을 규정하는 파라메타들에 의해 조금씩 다른 모습을 보인다. 따라서 이 단원을 공부하는 데는 각각의 랜덤변수 모델에 수반되는 가정들과 랜덤변수의 확률분포의 표현과 이를 규정하는 파라메타, 나아가 평균과 분산 등을 살펴보아야 한다. 왜냐하면 자신에게 주어진 문제에 적합한 모델을 적용하고 해결해 나가기 위해서는 사전에 이들 모델에 관한 지식이 반드시 필요하기 때문이다.

본 장의 마지막 부분인 컴퓨터 실습에서는 MATLAB 함수를 이용하여 이산 랜덤변수 확률분포로부터 표본을 만들어 내는 실습 등을 포함한다.

## 5.1 균일(uniform) 분포 랜덤변수, $U$(min, max)

이전 장에서 소개한 컴퓨터 프로그램에서 rand() 함수를 이용하여 생성하는 랜덤변수 표본이 균일분포를 가지는 랜덤변수모델로부터 얻은 것이다. 이 균일분포 랜덤변수는 이산적인 경우도 있으며, 연속적인 경우도 있다. 그림 5.1은 이산적인 균일분포 랜덤변수의 확률질량함수분포의 예를 보여준다. 이산적인 균일분포 $U$(min, max)는 랜덤변수로 정수 값을 가지며, 이 정수가 취할 수 있는 최대값(max)과 최소값(min)으로 규정된다. 따라서 파라메타는 (min, max)이다. 균일분포 랜덤변수는 모든 값에서 확률질량이 동일하고 이들을 합하면 1이 되기 때문에 $X \sim U(\text{min}, \text{max})$의 확률질량함수는

$$P_X(x) = \begin{cases} 1/(\text{max} - \text{min} + 1), & \text{min} < x \leq \text{max} \\ 0 & , \text{그 외의 경우} \end{cases} \tag{5.1.1}$$

이다. 그림 5.1은 이산적인 균일분포 랜덤변수 $X \sim U(1, 15)$의 예를 보여주고 있다.

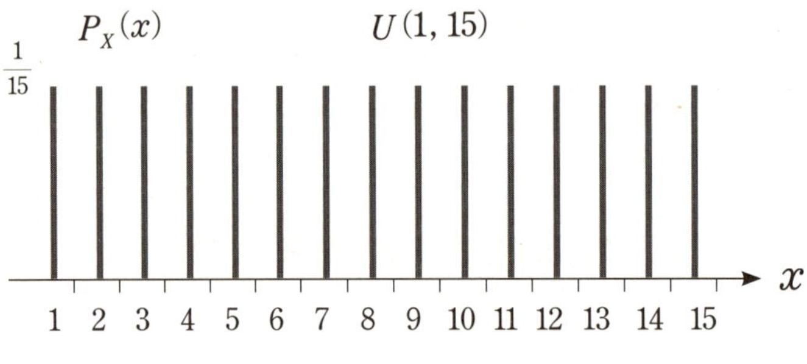


[그림 5.1] 이산적인 균일분포 랜덤변수의 확률분포

이산적인 균일분포 랜덤변수는 여러 경우에서 관찰된다. 공평한 주사위 눈금의 출현빈도가 실제적인 예 중에 하나이다. 또한 랜덤변수의 범위(range)는 알고 있지만 확률분포를 잘 모르는 경우에도 균일분포 랜덤변수로 가정한다. 예를 들어 주머니에 1부터 10까지의 카드가 들어 있다는 정보는 알지만 몇장씩 들어있다는 정보가 없는 상

태에서 주머니 속에서 카드 한 장을 꺼낸다고 하자. 이 경우 어느 정도 빈도로 출현하는 가에 대한 정보가 전혀 없기 때문에 모두 동일한 빈도로 발생된다고 가정할 수밖에는 없다. 따라서 종종 "동일한 가능성으로(equally likely)", 또는 3.5절의 "최대 엔트로피(maximum entropy)"라 하는 경우에는 이산적인 균일분포 랜덤변수를 의미한다.

이산적인 랜덤변수의 평균과 분산은 각각

$$E[X]=\frac{\min+\max}{2} \qquad Var(X)=\frac{(\max-\min+1)^2-1}{12}. \tag{5.1.2}$$

**예제 1 ▶▶▶**

랜덤변수 $X$는 $-3$부터 7까지의 정수로 균일분포를 가진다고 하자.

(1) 랜덤변수 $X$의 확률질량함수와 평균 및 분산을 구하시오.

(2) $Y=X+6$의 경우 확률질량함수와 평균 및 분산은 어떠한가?

**풀이 ▶▶▶** (1) 랜덤변수 $X$의 확률질량함수는

$$P_X(x)=\begin{cases}1/11, & -3\le x\le 7\\ 0 & ,\text{ 그 외의 경우}\end{cases}$$

이며, 평균과 분산은 다음과 같다.

$$E[X]=\frac{7-3}{2}=2 \qquad Var(X)=\frac{(11)^2-1}{12}=10$$

(2) $Y=X+6$의 경우 확률질량함수는 랜덤변수 $X$에 6씩을 더한 것으로

$$P_X(x)=\begin{cases}1/11, & 3\le x\le 13\\ 0 & ,\text{그 외의 경우}\end{cases}$$

이며, 평균은 $E[Y]=E[X]+6=8$이며, $Var(Y)=Var(X)=10$.

## 연습문제

**1.** C 언어에서 rnd() 함수로 만든 랜덤 표본 발생기는 0부터 (RND_MAX-1)까지의 균일분포 랜덤변수 표본을 양의 정수의 형태로 만들어 낸다.

(1) 이 랜덤변수의 확률질량함수를 표현해 보시오.

(2) 랜덤변수 $Y$를 rand( )%5라 하면 어떤 확률질량함수를 가지겠는가? 여기서 x%y는 x를 y로 나누어 떨어지고 남은 나머지(mod)를 의미한다.

(3) 이 랜덤변수 $Y$의 평균과 분산을 구해보시오.

**2.** 다음 이산 랜덤변수 모델에 대한 질문에 답하시오.

$$P_X(x) = \begin{cases} 1/10, & x=-2,-1,\dots,7 \\ 0 & ,\text{ 그 외의 경우} \end{cases}$$

(1) $P(X \geq 0)$ (2) $P(X > 5 | X \geq 0)$ (3) $E[X]$

(4) $E[X | X \geq 0]$ (5) $Var(X)$ (6) $Var(X | X \geq 0)$

**3.** 식 (5.1.1)의 균일 분포를 갖는 이산 랜덤변수의 엔트로피를 구해보시오.

## 5.2 베르누이(Bernoulli) 분포, 이항(binomial) 및 다항(multinomial) 분포 랜덤변수

### ☑ 베르누이 분포, $B(1, p)$

베르누이 분포의 랜덤변수는 어떤 사건이 일어나고 그렇지 않고를 표현하는데 활용되며, 베르누이 시행(trail)에 의해 생성된다고 할 수 있다. 즉 스위치가 ON 되거나 OFF 되거나, 비트가 1이거나 0이거나, 동전의 앞면이거나 또는 뒷면이거나, 어떤 후보를 지지하거나 그렇지 않거나, 서로 배반되는 사건의 발생여부를 표현하는 랜덤변수로 관심의 대상이 되는 사건이 일어날 확률 $p$를 파라메타로 가진다. 따라서 관심의 대상이 되는 사건을 1, 그렇지 않은 경우를 0이라 매핑하면 확률질량함수는

$$P_X(x) = \begin{cases} p & , x=1\text{일 경우} \\ q=1-p, & x=0\text{일 경우} \end{cases} \tag{5.2.1}$$

와 같다. 그림 5.2는 이항분포 랜덤변수의 확률질량함수와 누적분포함수를 보여주고 있다. 베르누이 분포를 가지는 랜덤변수의 평균과 분산은 각각

$$E[X]=p \qquad Var(X)=E[X^2]-E^2[X]=p-p^2=p(1-p)=pq \tag{5.2.2}$$

과 같다. 3.5절에서 언급한 바와 같이 베르누이 분포는 $p = 1/2$일 경우 엔트로피가 최대 1비트가 된다.

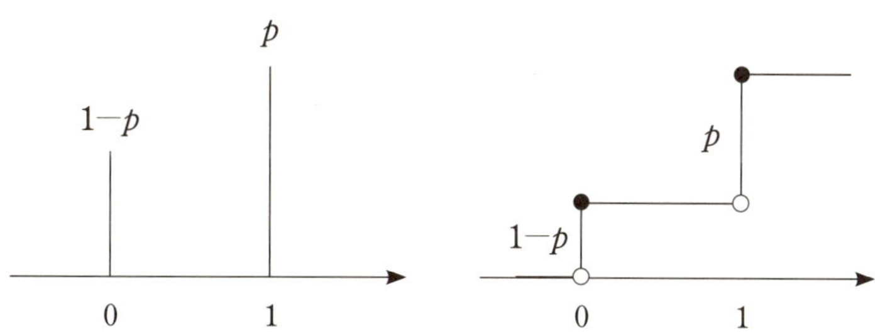


[그림 5.2] 베르누이 랜덤변수의 확률질량함수와 누적분포함수

**예제 1 ▸▸▸**

주사위를 던져 주사위 눈금 수를 랜덤변수 $X$라 하자. 만약

$$Y=\begin{cases}1, & 1\le X\le 4 \text{ 일 때}\\ 0, & 5\le X\le 6 \text{ 일 때}\end{cases}$$

라면, 랜덤변수 $Y$는 어떤 랜덤변수이며, $Y$의 평균과 분산은 얼마인가? 또한 특성함수는 어떠한가?

**풀이 ▸▸▸** 랜덤변수 $Y$는 베르누이 랜덤변수로

$$P_Y(y)=\begin{cases}4/6, & y=1 \text{ 일 때}\\ 2/6, & y=0 \text{ 일 때}\end{cases}$$

평균 $E[Y]=4/6$, 분산 $Var(Y)=2/9$이다. 한편 3.6절의 예제 1에서 유도한 바와 같이 베르누이 분포의 특성함수는

$$\Phi(j\omega)=E[e^{j\omega Y}]=(1-p)+pe^{j\omega}=(1/3)+(2/3)\cdot e^{j\omega}. \tag{5.2.3}$$

### ☑ 이항분포 $B(n, p)$

이항분포는 앞서 살펴본 독립적인 베르누이 시행이 $n$회 반복된다고 할 경우, 관심의 대상이 되는 사건이 몇 번 발생되었는가, 즉 관심의 대상이 되는 사건의 횟수를 표현하는 확률모델이다. $n$번 시행에서 한 번도 관심의 대상이 되는 사건이 발생하지 않을 수도 있으며 $n$번 발생할 수도 있기 때문에 랜덤변수 $X$의 상태 공간 $S_X=\{0, 1, 2, 3, \ldots, n\}$이다.

### 예제 2 ▸▸▸

3비트의 비트열이 독립적으로 생성된다고 하자. 각각의 비트 $X_i(i=1, 2, 3)$는 베르누이 분포를 따르며 $x_i=1$일 확률이 $p$, $x_i=0$일 확률이 $q=1-p$라 하자.

(1) 3비트의 비트열의 표본공간을 지적하시오.

(2) 3비트의 비트열 각각의 확률을 구해보시오.

(3) 만약 3비트의 비트열에서 1의 개수를 세어서 랜덤변수 $N$이라 한다면 $N$의 상태공간과 확률질량함수를 구하시오.

### 풀이 ▸▸▸

(1) 3비트의 비트열의 표본공간은

$$S=\{(000),(001),(010),(011),(100),(101),(110),(111)\}.$$

(2) 각각의 베르누이 랜덤변수 $X_i(i=1, 2, 3)$는 서로 독립이기 때문에 단일 원소의 사건 $\{s\}\subset S$의 확률

$$P(\{s=(x_1x_2x_3)\})=P(x_1)P(x_2)P(x_3)$$

이며, 각각의 확률은

$$P(\{(0,0,0)\})=q^3 \quad P(\{(0,0,1)\})=pq^2 \quad P(\{(0,1,0)\})=pq^2 \quad P(\{(0,1,1)\})=p^2q$$
$$P(\{(1,0,0)\})=pq^2 \quad P(\{(1,0,1)\})=p^2q \quad P(\{(1,1,0)\})=p^2q \quad P(\{(1,1,1)\})=p^3.$$

(3) $N=X_1+X_2+X_3$이기 때문에

$$P(N=0)=P(\{(0,0,0)\})=q^3$$
$$P(N=1)=P(\{(0,0,1),(0,1,0),(1,0,0)\})=3pq^2$$
$$P(N=2)=P(\{(0,1,1),(1,1,0),(1,0,1)\})=3p^2q$$
$$P(N=3)=P(\{(1,1,1)\})=p^3.$$

예제 2의 랜덤변수를 일반화하면, $n$회 독립적인 베르누이 시행이 일어날 경우 $k$번 관심의 대상이 되는 사건이 일어날 확률은 $n$회중 순서에 상관없이 $k$회 발생하는 경우의 수 ${}_nC_k$에 공통적으로 일어날 확률 $p^k q^{n-k}$을 곱하여

$$P(N=k)={}_nC_k p^k q^{n-k}=\binom{n}{k}p^k q^{n-k} \tag{5.2.4}$$

와 같으며, 여기서

$${}_nC_k=\binom{n}{k}=\frac{n!}{k!(n-k)!} \tag{5.2.5}$$

에 해당한다. 따라서 이항분포를 규정하는 파라메타는 시행횟수 $n$과 각각의 베르누이 시행의 관심사건의 확률 $p$이다.

베르누이 분포의 평균은 $p$이며 이항분포에서는 이런 독립 시행이 $n$번 일어나기 때문에

$$E[X]=E[X_1+X_2+\cdots+X_n]=\sum_{i=1}^{n}E[X_i]=np \tag{5.2.6}$$

이며, 분산역시 i.i.d.인 베르누이 랜덤변수들을 더하기 때문에

$$Var[X]=Var[X_1+X_2+\cdots+X_n]=\sum_{i=1}^{n}Var[X_i]=npq \tag{5.2.7}$$

에 해당한다. 식 (5.2.7)의 관계는 랜덤변수들이 서로 독립적일 경우에 성립함에 주의하라. 그림 5.3은 다양한 모습의 이항분포들을 보여주고 있다. 일반적으로 $p=0.5$이면 좌우 대칭의 분포이며 $p$가 작으면 오른쪽으로 꼬리가 $p$가 크면 왼쪽으로 꼬리가 길게(long-tailed) 늘어서서 분포한다.

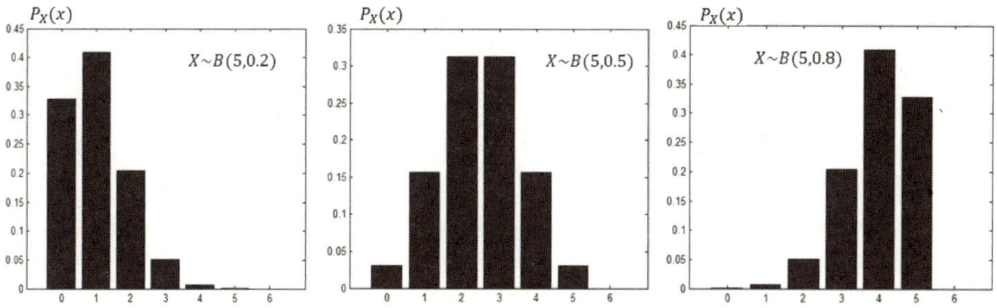


[그림 5.3] 다양한 이항분포의 모습 $B(5,p)$

한편 식 (5.2.4)의 확률을 계산할 때, 식 (5.2.5)의 조합(combination)계산에 팩토리얼 계산이 포함되는데 만약 $n$ 또는 $k$가 큰 수라면 일반적으로 엄청난 계산이 필요할 수 있다. 따라서 $n$ 또는 $k$가 큰 경우 이를 근사화하여 구하기도 한다.

**예제 3** ▸▸▸

하루에 50개의 제품을 만드는 공장에서 각각의 제품에 결함이 있을 확률은 동일하며 $p=0.1$이라 하자.

(1) 이 공장에서 하루에 생산된 제품의 결함이 2개 이하일 확률 $P(X\le 2)$를 구하시오.

(2) 또한 이 공장에서 하루에 생산하는 50개 제품 중에서 평균 몇 개의 제품에 결함이 있겠는가?

(3) 이 공장에서 하루 생산되는 결함 있는 제품 개수의 분산을 구하시오.

**풀이** ▸▸▸ (1) 이 공장에서 생산되는 $k$개의 제품에 결함이 있을 확률은 각 제품의 결함이 있을 확률이 베르누이 랜덤변수 $B(1,\ 0.1)$이며, 하루 생산되는 50개의 제품 중에 결함 있는 제품의 수는 이항분포를 따르며, 확률 질량함수는

$$P(X=k)=\binom{50}{k}p^k(1-p)^{50-k}$$

이다. 따라서

$$P(X \leq 2) = \binom{50}{0}(0.1)^0(0.9)^{50} + \binom{50}{1}(0.1)^1(0.9)^{49} + \binom{50}{2}(0.1)^2(0.9)^{48}$$

에 해당한다. 여기서 자세한 계산은 세 번째 항을 계산하기 위한 48! 계산 때문에 생략하기로 한다.

(2) 50개의 제품 중에 평균 $E[X] = np = 50 \times 0.1 = 5$개의 결함 있는 제품이 존재할 것이다.

(3) 하루 생산되는 결함 있는 제품 개수의 분산은 $Var(X) = np(1-p) = 50 \times 0.1 \times 0.9 = 4.5$에 해당된다.

### ☑ 베르누이 시행과 이진트리(binary tree)

베르누이 시행은 그림 5.4와 같이 이진트리의 행태로 표현할 수 있다. 그림 5.4(a)는 베르누이 1회 시행의 모습을 표현하는 트리로, 뿌리(root) 노드는 시행을 의미하며, 각각의 가지는 시행의 결과와 그 결과의 확률을 의미한다. 만약 이 베르누이 시행을 2회 반복시행하면 그림 5.4(b)와 같은 모습으로 표현할 수 있다. 그림 5.4(b)에서 마지막 나뭇잎(leaf) 노드에 이르는 가능한 경로의 수는 위에서부터 (1, 2, 1) 이다. 만약 3번 반복시행하면 가능한 경로의 수는 (1, 3, 3, 1), 4번 반복시행하면 (1, 4, 6, 4, 1) 등과 같다. 즉 $n$번 시행에서 $k$개가 1인 나뭇잎 노드에 이르는 경로의 수는 이항계수(coefficient) 값인 식 (5.2.5)와 같다.

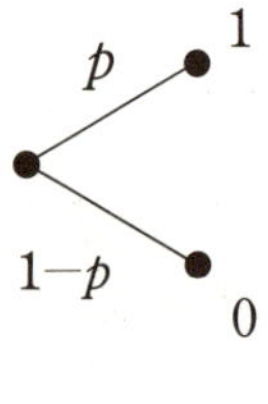


(a) 1회 시행

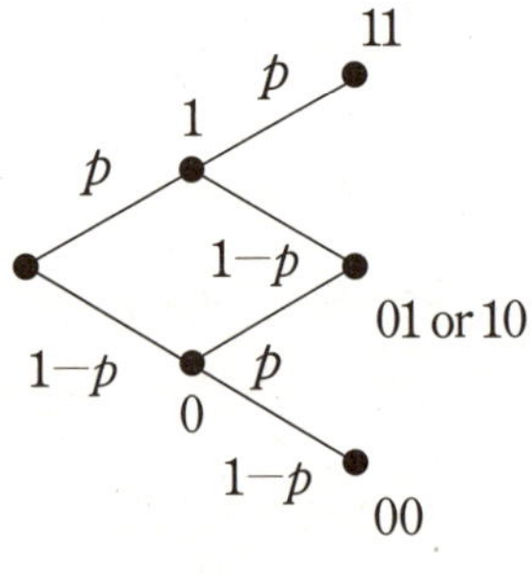


(b) 2회 시행

[그림 5.4] 베르누이 시행과 이진트리

### ☑ 다항분포 $Mult(n; p_1, p_2, \dots, p_k)$

다항분포는 베르누이 시행과 같이 1 또는 0의 두 가지 사건만 일어나는 독립적인 시행이 아니라, 여러 종류의 배반적인 사건이 일어나는 동일한 랜덤변수의 독립시행을 반복하여 각각의 사건들이 몇 번씩 일어나는가에 대한 확률모델이다. 따라서 베르누이 랜덤변수와 같이 이진트리 형식이 아니라 사건의 종류 수만큼의 가지(branch)를 가진 트리의 형태로 전개할 수 있다. 만약 상호 배타적인 $A_1, A_2, \dots, A_k$의 사건이 매 시행 발생할 확률 $p_i = P(A_i)$라 하고, $n$번 시행에서 $A_i$가 발생하는 수를 랜덤변수 $X_i$라 하면 결합 확률 질량함수

$$P_{X_1X_2\cdots X_k}(x_1, x_2, \dots, x_k) = \frac{n!}{x_1!x_2!\cdots x_k!} p_1^{x_1}p_2^{x_2}\cdots p_k^{x_k}$$

$$1 \le x_i \le n, \quad p_1 + p_2 + \cdots + p_k = 1 \qquad (5.2.8)$$

에 해당한다. 만약 $k=2$이면 이항분포이며, 랜덤변수들의 합은 반드시 시행횟수 $n$과 같아야 되기 때문에 독립적일 수 없다.

**예제 4 ▸▸▸**

일반적으로 우리나라 남자 대학생의 키는 170cm미만이 0.2, 170cm이상 185cm미만이 0.7, 185cm 이상이 0.1의 비율로 존재한다고 하자.

(1) 어떤 대학교 강의에 참여하는 남학생이 15명일 경우 키는 170cm미만이 $x_1$명, 170cm이상 185cm미만이 $x_2$명, 185cm 이상이 $x_3$명일 경우의 확률 질량함수를 표현하시오.

(2) 만약 이 강의에 참여하는 170cm미만 $x_1=0$명일 확률을 구하시오.

**풀이 ▸▸▸** (1) $X_1=x_1, X_2=x_2, X_3=x_3$ 명일 경우의 확률분포는 다항분포로

$$P_{X_1X_2X_3}(x_1, x_2, x_3) = \frac{n!}{x_1!x_2!x_3!}(0.2)^{x_1}(0.7)^{x_2}(0.1)^{x_3}.$$

(2) 170cm 미만의 남학생이 한 명도 없어 $x_1=0$이면 확률 질량은 오로지 170cm 이상 185cm미만이 $x_2$명, 185cm 이상이 $15-x_2$명에 의해 결정되며

$$P(X_1=0)=\sum_{x_2=0}^{15} P_{X_1X_2X_3}(0, x_2, 15-x_2)=\sum_{x_2=0}^{15} \frac{n!}{x_2!(15-x_2)!}(0.7)^{x_2}(0.1)^{15-x_2}$$

이다. 여기서 이들 랜덤변수에 해당하는 값의 합은 15가 되기 때문에, 즉 $x_1=0$, 반드시 $x_2+x_3=15$가 되어야하기 때문에, $x_3$는 독립적이 아니며 랜덤변수들은 독립적이지 않다.

## 연습 문제

1. 베르누이 분포의 특성함수로부터 이항분포의 정의 $X=X_1+X_2+\cdots+X_n$를 이용하여, 이항분포의 특성함수를 구하시오.

2. 다음과 같은 이항분포의 이산 랜덤변수 $X \sim B(5, 0.3)$에서 다음을 구하시오.
(1) $P(X \leq 3)$ (2) $P(X \neq 2)$ (3) $\mu_X=E[X]$ (4) $\sigma^2_X=Var(X)$
(5) $P(\mu_X-\sigma_X \leq X \leq \mu_X+\sigma_X)$ (6) $P(\mu_X-2\sigma_X \leq X \leq \mu_X+2\sigma_X)$

3. 40세 이상의 남성이 고혈압일 확률이 0.1이라 하자. 이제 10명의 40세 이상 남성에 고혈압환자의 수를 랜덤변수로 나타낼 경우 다음 질문에 답하시오.
(1) 10명의 남성중에 고혈압 환자의 수의 확률질량함수를 구해 보시오.
(2) 남성 고혈압 환자가 적어도 2명이상 있을 확률을 구하시오.
(3) 남성 고혈압 환자가 많아야 8명 이하일 확률을 구하시오.
(4) 남성 고혈압 환자수의 평균과 분산을 구해보시오.

4. 윷놀이에서 각각의 윷의 등과 배의 확률은 $P(\text{등})=0.5$ , $P(\text{배})=0.5$로 동일하며 독립이라 가정하자.

(1) 도, 개, 걸, 윷, 모의 확률을 구해보시오.

(2) 윷을 한번만 던져서 말이 움직이는 거리의 평균과 분산을 구해보시오.

(3) 상대의 말에게 잡히지 않게 하기 위해서는 상대방이 "개"를 둘 경우가 좋을 것인가, 아니면 "걸"을 둘 경우가 좋을 것인가?

5. 동일한 확률을 가지는 주사위의 눈금 수 $X$를 다음과 같은 함수로 매핑하여 랜덤변수 $Y$를 만들었다.

$$Y=g(X)=\begin{cases}1, & X=1 \text{ 일 경우}\\ 2, & X=2 \text{ 또는 } 3 \text{ 일 때}\\ 3, & X=4 \text{ 또는 } 5 \text{ 일 때}\\ 4, & X=6 \text{ 일 경우}\end{cases}$$

(1) $Y$의 확률 질량함수를 구하시오.

(2) 이와 같은 주사위를 독립적인 반복시행으로 12회 던져서, $Y$의 특정 값 $Y_i$ 가 발생한 횟수를 $N_i$라 할 경우, $P_{N_1N_2N_3N_4}(n_1, n_2, n_3, n_4)$의 결합 확률질량함수의 일반식을 표현해 보시오.

(3) (2)의 결과를 이용하여 $P_{N_1N_2N_3N_4}(2, 4, 4, 2)$의 확률을 구해보시오.

6. 주머니에 빨강 공 4개, 흰 공 2개, 검은 공 3개가 들어있다고 하자. 다음과 같이 복원 추출을 할 경우 다음 확률들을 구하시오.

(1) 세 번의 복원 추출에서 빨강 공, 흰 공, 검은 공 갯수의 확률분포를 구하시오.

(2) 6회 반복 추출에서 빨강 공 2번, 흰 공 1번, 검은 공 3번 추출될 확률을 구하시오.

(3) 3회 반복 추출까지만 가짓수가 3인 트리의 형태로 표현해 보시오.

## 5.3 기하(geometric) 분포와 음 이항(negative binomial) 분포의 랜덤변수

### ☑ 기하분포, $G(p)$

일반적으로 기하분포를 가지는 이산적인 랜덤변수는 베르누이 시행을 통해 계속되는 실험에서 어떤 사건이 일어날 때까지의 횟수를 대상으로 하는 랜덤변수이다. 예를 들어 동전을 던져서 앞면이 나올 때까지의 횟수라든지, 어떤 사람이 맞선을 본다고 하면 성공할 때까지 맞선을 본 횟수 등에 해당한다. 즉 관심의 대상이 되는 사건이 일어나서 성공할 때까지 독립적인 베르누이 시행을 반복하고 성공하면 베르누이 시행을 끝낸다고 할 경우, 몇 번 걸릴 것인가 하는 횟수에 대한 확률적인 모델이다. 따라서 이를 이진트리의 형태로 표현하면 그림 5.5와 같다. 여기서 이진트리는 무한히 확장될 수 있으며, 나뭇잎 노드에는 시행횟수 즉 기하랜덤변수의 값을 표현하고 있다. 맞선을 보는 경우라면 한 번에 끝나는 경우도 있지만 무한히 확장되는 불행한 경우도 있으리라!

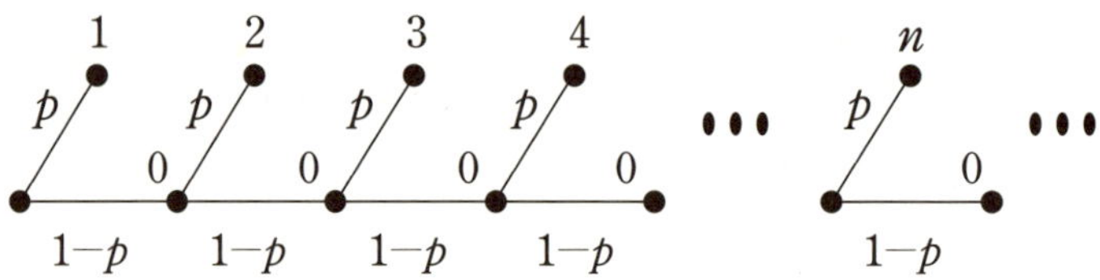


[그림 5.5] 기하분포를 표현하는 이진트리

이러한 기하분포를 가지는 이산적인 랜덤변수의 확률 질량함수는 그림 5.5에서 독립적인 시행이기에 경로의 모든 확률을 곱하여

$$P(X=n)=(1-p)^{n-1}p=q^{n-1}p \tag{5.3.1}$$

로 표현되며 이러한 분포를 규정하는 파라메타는 $p$에 해당한다. 그림 5.6은 기하분포

를 가지는 랜덤변수 $X \sim G(p)$의 확률분포의 예를 보여주고 있다. 기하분포를 가지는 랜덤변수의 평균은

$$E[X] = \sum_{n=1}^{\infty} nq^{n-1}p = \frac{1}{p} \tag{5.3.2}$$

에 해당하며, 분산은

$$Var(X) = \frac{q}{p^2} \tag{5.3.3}$$

에 해당한다.

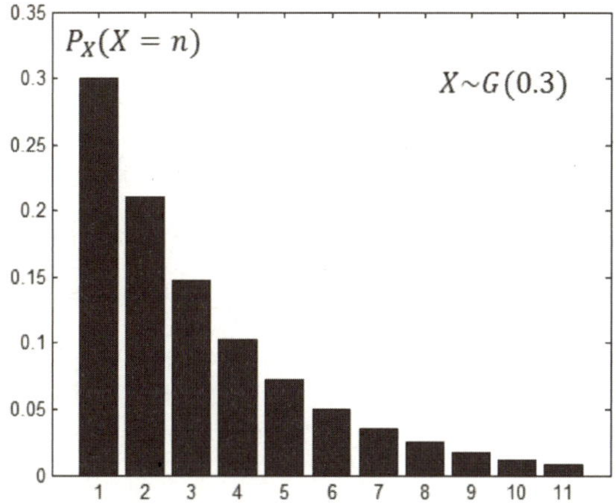


[그림 5.6] 기하분포 랜덤변수($p = 0.3$)의 확률 질량분포

## 예제 1 ▸▸▸

어떤 시골 총각이 한번 맞선을 보아서 성공확률이 $p = 0.2$라 하고, 성공할 때 까지 계속 해서 맞선을 본다고 하자. 이 시골총각의 맞선이 성공할 때까지의 맞선 횟수에 관한 랜덤변수 $X$의 확률 질량함수와 10번 맞선을 보아도 성공하지 못할 확률을 구하시오. 또한 이 청년의 평균 맞선횟수와 맞선횟수의 분산을 구해보시오.

**풀이 ▸▸▸** 랜덤변수 $X$는 기하분포의 랜덤변수로

$$P[X=n]=0.2\times(0.8)^{n-1},\ x=1, 2, 3, \ldots,$$

이다. 이 총각이 10번째 까지도 성공하지 못할 확률은

$$P[X>10]=1-\sum_{x=1}^{10} 0.2\times(0.8)^{n-1}=(0.8)^{10}$$

에 해당한다. 또한 평균적으로는 $1/p=1/0.2=5$번 만에 맞선에 성공해서 결혼할 것으로 예상되며, 분산은 $q/p^2=0.8/(0.2)^2=20$에 해당된다.

### ☑ 음 이항분포, $NB(r, p)$

음 이항분포는 기하분포와 유사하나 이제 한번 관심의 대상이 되는 사건이 일어나면 성공해서 끝나는 것이 아니라, $r$번 일어나야 끝나는 베르누이 독립시행의 횟수에 대한 이산적인 확률모델이다. 즉 $X=n$번 시행에서 $r$번 관심의 대상이 되는 사건이 일어난다면 $n-1$번에 $r-1$번 해당사건이 일어나고 $n$번째에는 반드시 해상사건이 일어나야 한다. 따라서 $n-1$번에 $r-1$번 해당사건이 일어날 확률은 이항분포에 따라

$$\binom{n-1}{r-1}p^{(r-1)}\,q^{n-1-(r-1)}=\binom{n-1}{r-1}p^{r-1}\,q^{n-r} \tag{5.3.4}$$

이며, $n$번째에는 반드시 해당사건이 일어나야 $X=n$이기 때문에, 이 독립적인 결합사건의 확률

$$P(X=n)=\left[\binom{n-1}{r-1}p^{n-1}\,q^{n-r}\right]\cdot p=\binom{n-1}{r-1}p^{r}q^{n-r} \qquad n\geq r \tag{5.3.5}$$

이다. 한편 시행횟수 $n$은 관심의 대상인 사건이 일어나는 횟수 $r$보다 작을 수 없으므로 $n\geq r$이다. 이러한 음 이항분포를 다르게는 파스칼(Pascal) 분포라 부르기도 한다.

음 이항분포는 독립적인 기하분포의 합으로 볼 수도 있다. 즉 최초의 성공이 일어나

는 반복횟수 $X_1$, 최초의 성공에서 다음 성공까지의 반복횟수를 $X_2$라 하고, 이런 방식으로 $r-1$번째 성공 후 $r$번째 성공이 일어날 때까지의 반복횟수를 $X_r$이라 하면, $r$번 성공이 일어날 때까지의 전체 횟수 $X=X_1+X_2+X_3+\cdots+X_r$이며, 이들 $X_i$들은 기하분포를 가지는 랜덤변수로 각각 동일한 기하분포이며 서로 독립이다. 따라서 음 이항분포의 평균은

$$E[X]=E[X_1+X_2+\cdots+X_r]=\frac{r}{p} \tag{5.3.6}$$

이며, $X_i$들이 모두 독립이기 때문에 분산은

$$Var(X)=Var(X_1)+Var(X_2)+\cdots+Var(X_n)=\frac{rq}{p^2} \tag{5.3.7}$$

이다. 그림 5.7은 파라메타의 변화에 따른 음 이항분포의 확률질량함수들을 보여주고 있다.

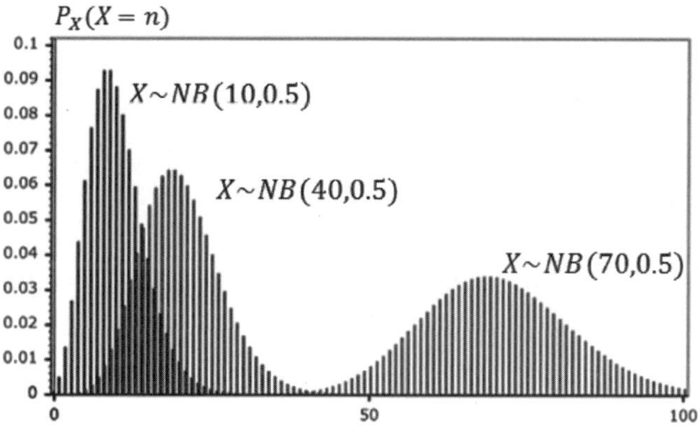


[그림 5.7] 음 이항분포의 확률 질량함수 예

**예제 2 ▸▸▸**

보험 외판원이 하루에 4건의 보험을 팔면 하루를 마감한다고 하자. 일반적인 고객 상담에서 보험을 팔 확률 $p=0.2$라 하자.

(1) 이 보험 외판원이 하루에 상담할 고객 수의 확률질량함수를 구하시오.

(2) 이 보험 외판원이 하루에 상담할 평균 고객수와 분산은 얼마인가?

(3) 이 보험 외판원이 10번째 고객에게 처음 보험을 판매할 확률은 얼마인가?

(4) 이 보험 외판원이 10번째 고객에게 처음 보험을 팔고, 13번째, 15번째, 20번째 고객에게 나머지 보험들을 팔 확률을 구하시오.

**풀이 ▸▸▸** (1) 하루에 만나야 하는 고객 수는 $NB(4,\ 0.2)$의 음 이항 분포이다. 따라서 확률질량함수는

$$P(X=n)=\binom{n-1}{3}(0.8)^{n-4}(0.2)^{4}.$$

(2) 평균과 분산은 식 (5.3.6)와 식 (5.3.7)을 적용하여 각각 다음과 같다.

$$E[X]=\frac{4}{0.2}=20 \qquad Var(X)=\frac{4\times 0.8}{(0.2)^2}=80$$

(3) 10번째 고객에게 처음 보험을 판매할 확률은 기본적으로 $p=0.2$인 기하분포이기 때문에 $P(X_1=10)=(0.8)^9(0.2)$에 해당한다.

(4) 비기억성질에 의해 각각의 사건은 독립이며 결합 사건의 확률은 각각의 확률의 곱으로 다음과 같다.

$$\begin{aligned}&P(X_1=10)P(X_2=3)P(X_3=2)P(X_4=5)\\&=(0.8)^9(0.2)(0.8)^2(0.2)(0.8)^1(0.2)(0.8)^4(0.2)\\&=(0.8)^{16}(0.2)^4.\end{aligned}$$

## 연습문제

1. 기하분포 랜덤변수 $X \sim G(0.4)$에 대해 다음 확률들을 구해보시오.

(1) $P(X=2)$ (2) $P(X \geq 2)$ (3) $P(3 < X \leq 7)$ (4) $P(10 < X)$

2. 매회 성공률이 $p$인 베르누이 반복시행을 수행하여 처음 성공할 때까지 횟수를 랜덤변수 $X$라 하자.

(1) 처음 성공하기 전 실패한 횟수를 랜덤변수 $Y$라 한다면 랜덤변수 $Y$는 랜덤변수 $X$와 어떤 함수관계를 가지겠는가?

(2) 이 함수관계를 이용하여 확률 질량함수 $P_Y(y)$, $E[Y]$, $Var(Y)$를 구해보시오.

3. 네 번 활을 미끼를 갈아 끼워 세 번 정도 고기를 잡는 낚시광이 있다. 이 낚시광이 6번째 미끼로 처음 고기를 잡을 확률을 구하시오. 한편 이 낚시광이 월척을 낚기 위해서는 적어도 3번은 고기를 건저 올려야 한다고 하자. 10번 미끼를 갈아 끼워 3번 고기를 낚아 한번 월척을 낚을 확률을 구하시오. 또한 월척을 건져올리기 위해서는 평균 몇 번 미끼를 갈아 끼워야 하겠는가와 이 월척을 위한 미끼를 갈아 끼우는 횟수의 분산을 구하시오.

4. 농촌 동네 총각 "갑돌이"가 맞선을 보아 성공할 확률이 0.3이라 하고, 도시 청년 "을식이"가 맞선을 보아 성공할 확률이 0.2라 하자. 이들 "갑돌이"와 "을식이" 두 총각이 몇 번째 맞선에서 성공하는가의 횟수를 각각 $N_1$과 $N_2$라 하고 서로 독립적이라 하자. 다음 질문에 답하시오.

(1) 이들 두 총각의 맞선 횟수의 결합 랜덤변수 $N_1$과 $N_2$의 횟수를 두 축으로 하는 2차원 평면 위에 맞선 횟수를 점으로 표현해 보시오. 즉 이 점들의 $x$좌표는

성공하기까지의 "갑돌이"의 맞선 횟수, $y$좌표는 성공하기까지의 "을식이"의 맞선 횟수를 표현한다.

(2) "을식이"가 5번 만에 맞선에 성공했다는 가정아래 "갑돌이"가 10번 만에 맞선에 성공할 확률을 구하시오.

(3) "갑돌이"가 "을식이"보다 먼저 맞선에 성공해서 결혼할 확률을 구해보시오.

(4) "갑돌이"와 "을식이"가 성공할 때 까지 맞선 횟수가 같을 확률을 구하시오.

5. 식 (5.3.2)와 식 (5.3.3)을 증명하시오.

## 5.4 초기하 (hypergeometric) 분포와 다변량 (multi-variate) 초기하 분포

### ☑ 초기하 분포, $H(N, r, n)$

그림 5.8과 같이 주머니 $A$에 $N$개의 바둑돌이 들어 있는데, 그 중에 $r$개가 흰 돌, $(N-r)$개가 검은 돌이라 하자. 이 주머니에서 $n$개의 바둑돌을 추출하는 실험을 했을 때 $x$개의 흰 돌 $(x-r)$개의 검은 돌이 추출될 확률을 구한다고 하자. 이때 $X=x$개의 흰 돌이 추출될 확률 모델을 초기하 분포라 하며 확률 질량함수는

$$P(X=x)=\frac{\binom{r}{x}\binom{N-r}{n-x}}{\binom{N}{n}},\ \max(0,\ n+r-N)\le x\le\min(n,\ r) \tag{5.4.1}$$

과 같다. (분모, 분자는 각각 경우의 수에 해당하는 것을 주의해 보기 바람. 특별히 분자는 경우들의 곱임.) 이 분포의 평균과 분산은 각각

$$E[X]=n\frac{r}{N}\ ,\quad Var(X)=n\frac{r}{N}(1-\frac{r}{N})\frac{N-n}{N-1} \tag{5.4.2}$$

과 같다. 식 (5.4.2)의 유도보다도 중요한 것은 그 의미이다. 만약 $N$이 매우 크다면 $p=r/N$은 안정된 값으로 확률이 될 수 있다. 이 경우 초기하 분포는 이항분포와 같은 의미를 가진다. 식 (5.4.2)에서 $N$이 매우 크다면 평균은 이항분포의 평균 $np$, 분산은 $npq$와 근사적으로 같음을 확인해 보기 바란다. 그림 5.9는 초기하 분포의 예를 보여주고 있다.

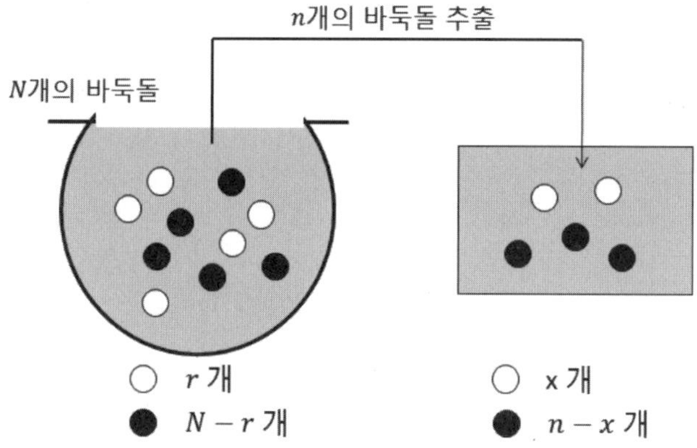


[그림 5.8] 초기하 분포의 의미

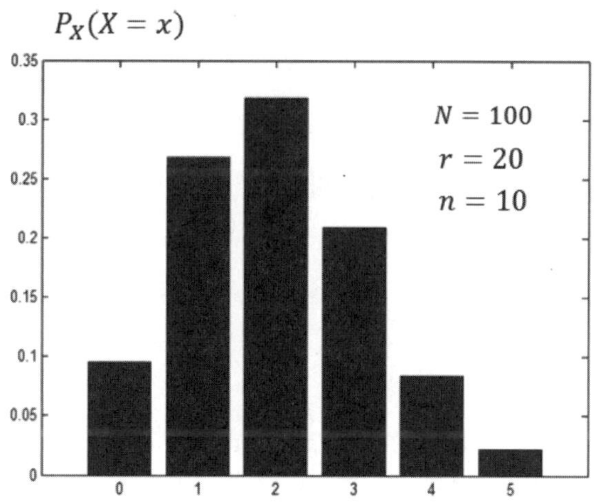


[그림 5.9] 초기하 분포의 예

**예제 1** ▸▸▸

어떤 교과목의 강좌에 50명의 학생 중, 상대평가로 $A$학점을 받는 학생이 10명이라고 하자. 이 강좌의 학생을 임의로 5명 뽑았을 때 $A$학점을 받는 학생 수의 확률 질량함수는 어떻게 될 것인가? 또한 이 강좌에서 5명 중에 $A$학점을 받는 학생 수의 평균과 분산은 얼마인가?

**풀이** ▸▸▸

5명 중에 $A$학점을 받는 학생 수는 0명에서 5명까지 랜덤변수 $X$에 해당하고

$$P_X(x) = \frac{\binom{10}{x}\binom{40}{5-x}}{\binom{50}{5}}$$

이다. 또한 식 (5.4.2)에 의해 평균은 $5\times(10/50)=1$, 즉 평균적으로 5명중 한명 정도가 $A$학점을 받았을 것이며, 분산은 $5\times(10/50)\times(4/5)\times((50-5)/(50-1))=0.73$에 해당된다.

### ☑ 다변량 초기하 분포, $Mult\text{-}H(N, r_1, r_2, \ldots, r_k, n)$

앞서 초기하 분포에서 주머니 속의 공이 마치 베르누이 시행에서와 같이 두 가지 종류밖에는 없었다. 그러나 다변량 초기하 분포에서는 다항분포를 정의할 때와 같이 여러 종류의 사건을 가지는 경우로 확장된다. 예를 들어 서로 다른 특성 $A_1, A_2, \ldots, A_k$를 갖는 품목 수가 각각 $r_1, r_2, \ldots, r_k$ 개씩 들어있는 용기에서 $n$개를 추출할 때 각 특성을 가진 품목이 $X_1, X_2, \ldots, X_k$ 개씩 일 확률분포를 의미한다. 이 이산적인 랜덤변수들의 결합 확률 질량함수는

$$P_{X_1, X_2, \ldots, X_k}(x_1, x_2, \ldots, x_k) = \frac{\binom{r_1}{x_1}\binom{r_2}{x_2}\cdots\binom{r_k}{x_k}}{\binom{N}{n}},$$

$$x_1 + x_2 + \cdots + x_k = n,\ 0 \le x_i \le r_i,$$

$$r_1 + r_2 + \cdots + r_k = N \qquad (5.4.3)$$

와 같다. (이 역시 분모, 분자는 각각 경우의 수에 해당하는 것을 주의해 보기 바람.) 결국 이 다변량 초기하 분포에서 $k=2$인 경우는 앞서 살펴보았던 초기하 분포이다. 또한 $N$이 매우 크다면 식 (5.4.3)의 경우의 수는 확률로 간주할 수 있으며, 이 경우 다변량 초기하 분포는 다항분포와 동일하다.

**예제 2 ▸▸▸**

어떤 교과목의 강좌에 50명의 학생 중, 상대평가로 $A$학점을 받는 학생이 10명, $B$학점을 받는 학생이 25명, $C$학점 이하를 받는 학생이 15명이라고 하자. 이 강좌의 학생을 임의로 10명 뽑았을 때 $X=A$학점을 받는 학생 수, $Y=B$학점을 받는 학생의 수, $Z=C$학점 이하를 받는 학생 수의 결합 확률질량함수를 구하시오. 또한 임으로 추출한 10명의 학생들 중에 $B$학점을 받는 학생은 평균 몇 명이나 있을까?

**풀이 ▸▸▸** 서로 다른 사건이 3종류 있는 경우의 다변량 초기하 분포로 결합 확률질량함수

$$P_{XYZ}(x,y,z)=\frac{\binom{10}{x}\binom{25}{y}\binom{15}{z}}{\binom{50}{10}}$$

에 해당한다. 한편 10명중 $B$학점을 받는 평균 학생 수를 구하는 경우, $B$학점을 받는 학생 수를 관심의 대상이 되는 사건 나머지는 그렇지 않은 사건으로 보면, $H(50, 25, 10)$의 초기하 분포로 볼 수 있으며, 평균 학생수는 $10 \times 25/50 = 5$명에 해당한다.

## 연습 문제

1. 예제 2와 같이 어떤 교과목의 강좌에 50명의 학생 중, 상대평가로 $A$학점을 받는 학생이 10명, $B$학점을 받는 학생이 25명, $C$학점 이하를 받는 학생이 15명이라고 하자. 이 강좌의 학생을 임의로 10명 뽑았을 때 다음 질문에 답하시오.

(1) $A$학점을 받는 학생이 5명, $B$학점을 받는 학생이 2명, $C$학점 이하를 받는 학생이 3명일 확률을 구하는 식을 써 보시오.

(2) 임의로 뽑힌 10명 중에 $A$학점을 받는 학생 수를 랜덤변수 $X_A$라 할 경우 이 랜덤변수의 확률질량함수를 구하고 평균과 분산을 구해보시오.

(3) 임의로 뽑힌 10명 중에 $A$학점을 받는 학생이 5명, $B$학점 이하를 받은 학생이 5명일 확률을 구해보시오.

## 5.5 포아송(Poisson), 분포 $P(\lambda)$

포아송 분포는 가게에 들어오는 손님 수, 어떤 웹사이트의 방문자 수, 어떤 사건이 발생하는 수 등을 표현하는 이산 랜덤변수로 다양한 분야에서 활용된다. 예를 들어 어떤 전시장에 하루 동안에 입장하는 손님수를 생각해 보자. 아마도 입장객의 수는 엄청나게 많을 수도 있고 작을 수도 있으며 한 명도 입장하지 않을 수도 있을 것이다. 다만 평균적으로 하루에 $\lambda$명이 입장한다면 손님 수 $X=k$일 확률은

$$P_X(k) = \frac{\lambda^k e^{-\lambda}}{k!}, \quad k \geq 0 \qquad (5.5.1)$$

에 해당한다. 통상 식 (5.5.1)의 확률분포를 포아송 분포라 한다. 매클로린(Maclaurin)

급수전개에 따르면

$$e^{\lambda}=(\lambda)^0+\frac{(\lambda)^1}{1!}+\frac{(\lambda)^2}{2!}+\cdots+\frac{(\lambda)^k}{k!}+\cdots$$

이기 때문에

$$\sum_{k=0}^{\infty}P_X(k)=e^{-\lambda}\sum_{k=0}^{\infty}\frac{(\lambda)^k}{k!}=1$$

로 식(5.5.1)은 확률질량함수의 조건을 만족한다. 포아송 분포에서는 단위시간당 평균 손님 수 또는 사건 수에 해당하는 λ가 파라메타이다. 포아송 분포의 평균은

$$E[X]=\sum_{k=0}^{\infty}k\frac{(\lambda)^k}{k!}e^{-\lambda}=\lambda\sum_{k=1}^{\infty}\frac{(\lambda)^{k-1}}{(k-1)!}e^{-\lambda}=\lambda \tag{5.5.2}$$

이며,

$$Var(X)=\lambda \tag{5.5.3}$$

이다. 포아송 분포의 확률 질량함수는 그림 5.10과 같다. 그림에서 평균 λ값이 증가함에 따라 확률이 최대가 되는 모드가 점점 큰 $k$값으로 이동함을 알 수 있다.

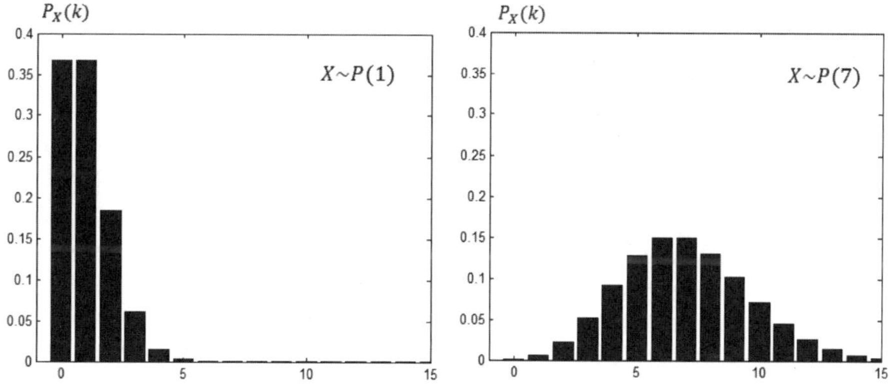


[그림 5.10] 포아송 분포의 예

**예제 1 ▸▸▸**

일본의 어떤 도시에 한 해 진도 5.0이상의 지진이 발생하는 평균횟수가 3.5번이라고 하자. 이 도시에 한해 진도 5.0이상이 일어날 횟수의 확률분포는 포아송 분포를 따른다고 하면 $k$번 진도 5.0이상이 발생할 확률은 얼마인가? 또한 한 해 동안 진도 5.0이상의 지진이 한 번도 없을 확률은 얼마인가? 또한 적어도 한번 진도 5.0이상의 지진이 일어날 확률은 얼마인가?

**풀이 ▸▸▸** 이 도시에 한해에 진도 5.0이상이 일어날 횟수 $X$의 확률 질량함수

$$P_X(k) = \frac{(3.5)^k}{k!}e^{-3.5}$$

이며, 다행히 한해에 진도 5.0이상의 지진이 발생하지 않을 확률은 $k=0$을 대입하여, $e^{-3.5}$에 해당한다. 또한 적어도 한번 진도 5.0이상의 지진이 발생할 확률은

$$P(k \ge 1) = 1 - P(X=0) = 1 - e^{-3.5}.$$

### ☑ 포아송 분포와 이항분포

어떤 특별한 조건을 만족하면 이항분포를 포아송 분포로 근사화할 수 있다. 즉 $n$이 상당히 커지더라도 관심사건이 일어나는 확률 $p$가 너무 작아서 $np$가 거의 일정하면, 이항분포는 $\lambda=np$로 하는 포아송 분포로 근사화 할 수 있다. 그림 5.11은 이러한 모습을 보여주고 있다. $p=0.5$ 또는 $p=0.2$일 경우에는 두 분포의 차이가 확연하나, $p$값이 감소하면서 $n$값이 증가하며 $np$는 큰 변화가 없는 경우, 두 분포는 거의 차이가 없음을 확인할 수 있다.

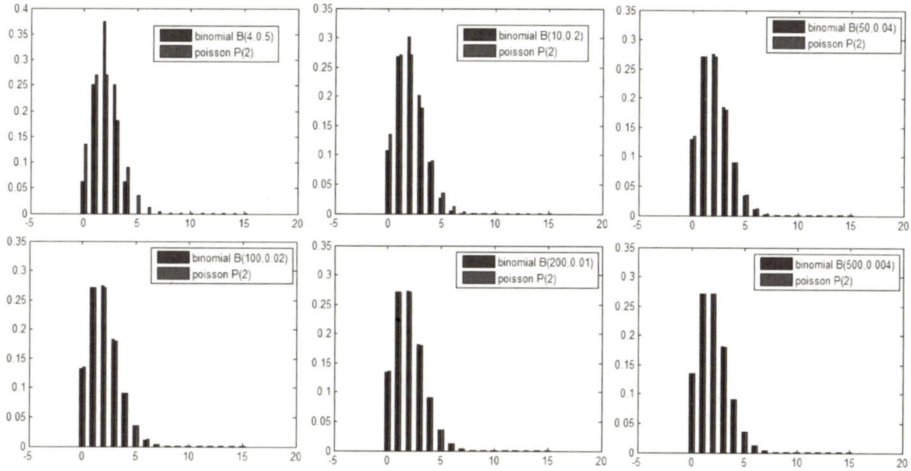


[그림 5.11] 이항분포와 포아송 분포

## 예제 2 ▸▸▸

통상 복권에 당첨될 확률 $p=0.01$이라 하자. 만약 400명의 지역주민들이 이 복권을 구입했다고 하자. 복권에 1명 이하 당첨될 확률은 얼마인가? 이항분포로 구하는 방식과 포아송 근사화로 구하는 방법을 기술하시오.

**풀이 ▸▸▸** 이항 분포를 이용한다면 $X \sim B(400,\ 0.01)$에서

$$P(X \le 1) = P(X=0) + P(X=1) = \binom{400}{0}(0.01)^0(0.99)^{400} + \binom{400}{1}(0.01)^1(0.99)^{399}$$

에 해당한다. 또한 이를 포아송 분포로 근사화 하면 $\lambda = 400 \times 0.01 = 4$, 즉 $X \sim P(4)$에 해당하며

$$P(X \le 1) = P(X=0) + P(X=1) \cong \frac{(4)^0}{0!}e^{-4} + \frac{(4)^1}{1!}e^{-4}.$$

### ☑ 포아송 과정(process) $P(\lambda t)$

일반적으로 포아송 분포는 단위시간 당 발생하는 사건의 수 등을 표현한다. 그러나 단위시간이 아니라 시간이 변화하는 경우는 어떨까? 예를 들어 하루 평균 $\lambda$명의 손님이 드는 식당에 3일이 지난 후의 손님 수에 관한 확률분포 등을 표현할 경우는 어떻게 할까? 이렇게 변화하는 시간을 가정한 포아송 분포의 랜덤변수를 포아송 과정이라 하며, 단위시간 당 $\lambda$라면 시간 0에서 $t$까지 평균 사건 수는 $\lambda t$에 해당하며, 이를 포아송 분포의 $\lambda$대신 사용하여 확률분포를 표현 수 있다. 즉 단위 시간 당 $\lambda$번 발생하는 사건의 포아송 과정 $X(t)$의 시간 $t$에서의 확률분포는

$$P_{X(t)}(k) = \frac{(\lambda t)^k}{k!} e^{-\lambda t}, \quad k \geq 0 \tag{5.5.4}$$

에 해당한다. 즉 이러한 포아송 과정은 임의의 시간구간 $t$에서 파라메터가 $\lambda t$인 포아송 분포로 볼 수 있다. 따라서 평균과 분산은 각각

$$E[X(t)] = \lambda t\ , \ \ Var(X(t)) = \lambda t \tag{5.5.5}$$

에 해당한다. 일반적으로 포아송 과정은 다음과 같은 성질을 만족한다.

첫째 임의의 시간 $t$에서 $(t+s)$까지의 $s$시간 구간의 증분 $X(t+s)-X(t)$은 0에서부터 $t$까지 증분과 독립이라는 것이다. 즉 어떤 가계의 손님으로 가정하면 오전 11시부터 12시까지의 손님 수의 분포는 오전 9시 가계문은 열고 10시까지의 손님수의 분포와 독립이라는 것이다.

두 번째는 임의의 양수 $t$와 $s$에 대하여 $X(t+s)-X(t)$는 $t$와는 관계없이 오직 시간 구간 $s$에만 의존한다는 것이다. 즉 가계 문을 연 오전 9시부터 10시 사이의 가계 손님과 10시부터 11시까지의 가계손님 사이에는 동일한 분포를 가진다는 것이다. 이 성질을 정상성(stationary)이라 한다. 따라서 단위시간당 손님 수 $\lambda$가 상수인데 과연 그럴까? 아마도 식당이라면 식사시간 대에 손님의 수의 분포와 그렇지 않은 시간대와는 구별이 될 것 아닌가? 만약 이런 상황을 고려한다면 $\lambda$를 상수가 아니라 시간의 함수 $\lambda(t)$로 정정할 수 있다.

### 예제 3 ▸▸▸

단위시간당 $\lambda=8$의 사건이 발생하는 포아송 과정에서 $X(2.5)=17$, $X(3.7)=22$, $X(4.3)=36$일 확률을 구하시오.

**풀이 ▸▸▸** 이 확률은 포아송 과정의 두 번째 성질에 의해서 시간 원점을 기준으로 보면 $X(2.5)=17$, $X(3.7-2.5)=5$, $X(4.3-3.7)=14$일 확률과 같다. 그런데 이 결합사건의 확률들은 첫 번째 독립적인 성질에 의해 $P[X(2.5)=17]$, $P[X(1.2)=5]$와 $P[X(0.6)=14]$의 확률을 곱한 것과 같다. 따라서 다음과 같이 구해질 수 있다.

$$P[X(2.5)=17, X(3.7)=22, X(4.3)=36]$$
$$=P[X(2.5)=17]P[X(1.2)=5]P[X(0.6)=14]$$
$$=\frac{(8\times 2.5)^{17}}{17!}e^{-(8\times 2.5)}\frac{(8\times 1.2)^{5}}{5!}e^{-(8\times 1.2)}\frac{(8\times 0.6)^{14}}{14!}e^{-(8\times 0.6)}.$$

## 연습 문제

1. 포아송 분포를 가지는 랜덤변수 $X\sim P(7)$에 대한 다음 값들을 구하시오.

(1) $P(X=5)$ (2) $P(X>1)$ (3) $P(3\le X\le 5)$

(4) $E[X]$ (5) $Var(X)$

2. 어떤 공장에서 생산하는 플라스틱 관이 1,000m 당 $\lambda=0.1$의 비율로 결함이 생기며 결함의 수는 포아송 분포를 따른다고 하자.

(1) 어떤 날 처음 4,000m에서 결함이 발견되지 않을 확률을 구하시오.

(2) 결함수가 5개가 되는 평균길이는 얼마인가?

(3) 어떤 날 처음에서부터 4,000m에서 1개의 결함, 6,000m에서 또 다른 1개의 결함, 10,000m에서 또 다시 1개의 결함이 발견될 확률을 구하시오.

3. 어느 식당에 하루 평균 손님 수는 60명이며, 단위 시간에 드는 손님 수는 포아송 분포를 가진다고 하자. 계산이 복잡하면 수식으로만 표현하시오.

(1) 하루 동안에 적어도 3명 이상만 손님이 들면 적자는 아니라고 하자. 적자가 나지 않을 확률을 구하시오.

(2) 만약 개업한 후에 3000번째 되는 손님에게는 모든 메뉴의 음식을 공짜로 준다고 하자. 개업한 후에 며칠 뒤에 가는 것이 평균적인 관점에서 바람직하겠는가?

(3) 개업한 후에 2일 만에 손님수가 100명, 5일 만에 손님수가 1,000명, 7일 만에 손님수가 1,200명이 될 확률을 구하시오.

4. 어떤 특이 질병이 걸릴 확률은 인구 10만 명에 1명꼴이라 하자. 이제 인구 100만 명의 도시에서 이 질병에 걸린 사람 수의 확률을 계산한다고 하자.

(1) 이항분포를 이용하여 도시전체에 이 질병이 걸린 사람이 한명도 없을 확률과 5명일 확률들을 구하는 식을 표현해 보시오.

(2) 포아송 근사화를 통해 (1)의 확률들을 구해보시오.

5. 다음관계를 이용하여 포아송 분포의 분산 식(5.5.3)이 성립함을 증명하시오.

$$Var(X) = E[X(X-1)] + E[X] - E^2[X]$$

## 5.6 컴퓨터 실습

본 절의 컴퓨터 실습에서는 앞서 소개된 확률분포들로부터 표본을 만들고 이들 표본의 수가 많아지면 그 상대빈도의 모습이 표본이 추출된 확률분포와 동일한 모습인가를 알아보는 방식으로 실습을 진행한다. 또한 MATLAB 함수를 이용하여 이산랜덤변수의 표본을 생성하는 방법 및 이산 랜덤변수의 확률질량함수와 누적분포함수를 그림으로 그려보는 방법을 포함한다.

### ☑ 균일분포 랜덤변수 만들기

1.7장에서 이미 이산적인 사건의 난수 만들기 알고리즘을 살펴본바 있다. 이 방법에서 확률(상대빈도)들이 $P(A_1)=p_1, P(A_2)=p_2, \ldots, P(A_n)=p_n$인 사건 $A_1, A_2, \ldots, A_n$을 만들고자 한다면, rand() 함수에 의해 [0,1]의 균일 분포 랜덤변수를 만들고 이 값이 "$p_1$보다 작으면 $A_1$, 그렇지 않고 $p_1+p_2$보다 작으면 $A_2$, 그렇지 않고 $p_1+p_2+p_3$보다 작으면 $A_3$, ........, 그렇지 않고 $p_1+p_2+p_3+\cdots+p_{n-1}$이면 $A_{n-1}$, 그렇지 않은 경우는 $A_n$"을 발생시켜 원하는 확률분포를 얻고 있다. 이 방법으로 어떠한 이산적인 랜덤변수의 표본도 만들수 있는데, 이 방법을 이용하여 균일분포 랜덤변수의 표본을 만들어 보자.

예를 들어 3부터 30까지의 균일분포 랜덤변수를 만들어 보고 평균과 분산을 얻어보자. 전체 발생될 사건의 개수는 28개이며 이들의 확률이 모두 같기 때문에 $P_i=1/28$에 해당한다. 따라서 1.7장의 알고리즘을 활용하되 사건의 확률이 모두 같다는 점을 이용하여 조금 변형하면 그림 5.12의 프로그램을 구성할 수 있다. 그림 5.12에서는 발생시킨 [0,1]의 균일 분포 랜덤변수에 $1/p_i$에 해당하는 Bins를 곱하고, 이 실수보다 큰 가장 작은 정수를 취하는 ceil( )함수에 의해 저장될 1차원 배열 freq의 인덱스를 찾고 있다. 이렇게 모아진 표본의 빈도들로부터 상대빈도 Prob를 만들고, 이를 이용해서 막대그래프와 평균, 분산을 구하고 있다. 그림 5.12 프로그램의 실행 결과는 그림 5.13과 같고 명령(command) 윈도우에 표시된 평균과 분산을 그래프에 함께 표시하고 있다. 이 값들은 식 (5.1.2)를 이용하여 구한 평균 16.5와 분산 65.25와는 근소하나마 약간의 차이를 포함한다.

```
%%%%%%%%%%%%%%%%%%%%%%%%%%%%%%%%%%%%%%%%%%%%%%%%%%%%%%%%%%%%%%
% 균일분포 랜덤변수를 만들고 평균과 분산을 구하는 프로그램
%
max =30; min = 3;
rand('state'); % 스트림 변화를 위한 문장
n=1000000; % 시행횟수
Bins = max-min+1;
freq=zeros(1,Bins); % 빈도 초기화

for i=1:n
  x = rand;
  k=ceil(x*Bins);
  freq(k)=freq(k)+1;
end

Bincenter = [min:1:max];
Prob = freq./n;
bar(Bincenter,Prob); % 바차트로 freq()의 빈도를 그림으로 표시하기

sum=0; square_sum=0;
for i=min:max
    sum = sum + i*Prob(i-min+1);
    square_sum = square_sum + (i*i)*Prob(i-min+1);
end

fprintf('mean= %f, ₩t  variance=%f₩n', sum, square_sum-sum*sum);
```

[그림 5.12] 균일분포 랜덤변수 발생 및 평균, 분산 구하기

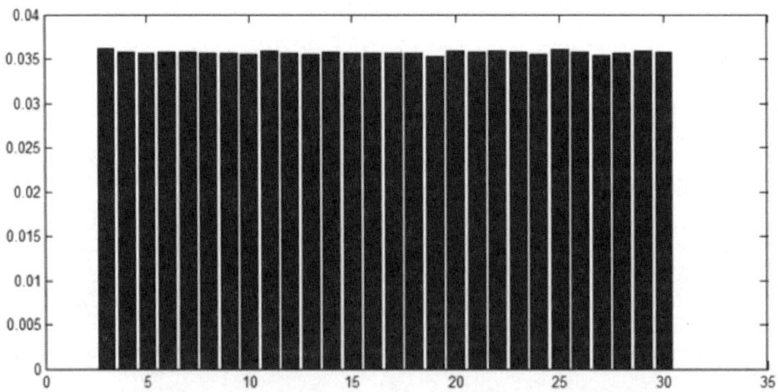


mean= 16.498650,    variance=65.341244

[그림 5.13] 균일분포 랜덤변수 프로그램 수행결과

## ☑ 다항분포 랜덤변수 만들기

베르누이 랜덤변수나 이항분포의 랜덤변수의 표본은 이미 2.4장에서 윷 만들기를 통해 알아보았다. 윷 만들기 프로그램은 베르누이 랜덤변수 $B(1, p)$를 이용해서 이항분포 랜덤변수 $B(4, p)$를 만드는 과정을 보여주고 있는 것이다. 따라서 본 절에서는 다항분포의 랜덤변수의 표본을 만들어 보자. 다항분포 랜덤변수는 일단 상호 배타적인 사건 $A_1, A_2, \ldots, A_k$와 이들의 확률 $p_1, p_2, \ldots, p_k$에 따라 사건을 발생시키고 이를 $n$번 반복하여 발생하는 사건의 수를 헤아려 벡터형식으로 표현하면 된다.

그림 5.14는 확률분포

$$P(A_i) = \begin{cases} 1/2, \ i=1 \text{ 일 경우} \\ 1/4, \ i=2 \text{ 일 경우} \\ 1/4, \ i=3 \text{ 일 경우} \end{cases}$$

에 따라 사건을 5회 발생시키고, 이 사건들의 발생횟수를 헤아려 상대빈도로 확률질량들을 근사적으로 구해보는 프로그램이다. 이 프로그램에서 5번의 시행을 통해 얻어진 $A_1$, $A_2$, $A_3$ 사건의 발생횟수는 각각 event(1), event(2), event(3)에 저장된다. 한편 이들 각각의 발생횟수의 발생빈도는 3차원 배열인 freq에 카운트되어 저장되며, 상대빈도는 3차원 배열 Prob에 저장된다. 이들 배열에는 대부분 0이 저장되고 "event(1)+event(2)+event(3)=5"를 만족하는 곳에만 0이 아닌 상대빈도를 저장하기 때문에 이 관계를 만족하는 경우의 상대빈도와 식 (5.2.8)에 의해 계산된 값을 함께 프린트 했다. 그림 5.15는 프로그램의 실행 결과로 상대빈도 값과 이론 값 사이에는 약간의 오차가 있으며, 만약 no_samples의 표본수를 늘린다면 더 근사한 값을 가질 것으로 예상할 수 있다.

## ☑ 포아송 랜덤변수 만들기

MATLAB에서 특별한 확률분포를 가지는 랜덤변수를 만드는 함수는 random('name', ....)이다. 이 함수의 인수들 중에 'name' 부분은 발생하고자 하는 특별한 확률분포의 명칭을 표현한다. 본 실험에서는 이 함수 random()를 이용하여 포아송 분포의 랜덤변수 표본들을 생성하고 이를 그래프로 그려본다.

그림 5.16의 프로그램에서는 λ는 6을 가정하고 전체 0부터 19까지 표본이 발생되는 것을 전제로 하였다. random('poisson', Lambda, [1, no_samples]) 문장은 no_samples 개의 1차원 배열에 포아송 랜덤변수를 발생시키는 함수이며, 이를 Y에 저장하고 빈도를 헤아려 1차원 배열 f에 담고, 상대빈도를 Pr에 담았다. 또한 cd에는 누적된 상대빈도를 계산하여 저장하고, 이들을 각각 막대와 계단그래프로 그려냈다. 그림 5.16의 프로그램 실행 결과는 그림 5.17에 표시하였다.

포아송 분포 외에도 이러한 random('name',...) 함수를 이용하여 표본을 발생시킬 수 있는 이산 랜덤변수에는 'bino'(이항), 'nbin'(음이항), 'geo'(기하), 'hyge'(초기하) 분포 등이 있다.

### ☑ 이산 랜덤변수의 확률 질량분포 및 누적분포 그리기

MATLAB 함수로서 각종 확률분포와 누적분포함수를 그림으로 그려보는 방법을 살펴보자. 일단 이 확률질량함수 또는 확률밀도함수를 계산하는 함수는 pdf('name', x, ...)이며 누적분포함수를 계산하는 함수는 cdf('name', x, ...)이다. 여기서 'name'은 랜덤변수 모델의 이름이며, x부분은 확률분포 또는 누적분포를 계산하게 될 독립변수 값들을 담은 1차원 배열을 지정한다. 일반적으로 이산 랜덤변수에서는 stem(), 또는 bar()를 이용하여 확률질량들을 표현하며, stairs()를 이용하여 누적분포함수를 그림 그린다.

그림 5.18은 음 이항 분포의 확률질량함수 및 누적분포함수를 계산하고 그림 그리는 프로그램이다. 프로그램에서 k는 1에서부터 40까지 확률질량과 누적분포가 계산될 정수 값들을 저장한 1차원 배열이며, pdf('negative binomial', k, r, p)의 형식을 사용하여 확률질량을 계산한다. 프로그램에서 음 이항 분포의 파라메타 r = 3 이며, p = 0.3이다. 이렇게 얻은 확률 질량 값들은 1차원 배열 Y에 저장하고 stem()함수를 이용하여 막대그래프로 표현하며, 동일한 방법으로 cdf('negative binomial', k, r, p)로부터 얻은 누적분포 값들은 1차원 배열 Z에 저장하고 stairs() 함수로 그림 그린다. 그림 5.19는 그 결과를 표현하고 있다.

```
%%%%%%%%%%%%%%%%%%%%%%%%%%%%%%%%%%%%%%%%%%%%%%%%%%%%%%%%%%%%
% 다항 랜덤변수를 만들고 그래프로 표본의 빈도를 표현
%
rand('state'); % 스트림 변화를 위한 문장
n = 3; trials = 5;
no_samples=1000000; % 시행횟수
freq=zeros(trials+1,trials+1,trials+1); % 빈도 초기화

for i=1:no_samples
  no_event = zeros(1:3);
  for j=1: trials
  x = rand;
  if x <1/2
      no_event(1)= no_event(1)+1;
  elseif  x<3/4
      no_event(2)= no_event(2)+1;
  else
      no_event(3)= no_event(3)+1;
  end
  end
  k1 = no_event(1)+1; k2 = no_event(2)+1; k3 = no_event(3)+1;

  freq(k1,k2,k3)=freq(k1,k2,k3)+1;
end

Prob = freq(:,:,:)/no_samples;
numerator = factorial(trials);
for i=1:trials+1
  for j=1:(trials+1)-(i-1)
      for k = 1: (trials+1)-(i+j)+2
          if (i-1)+(j-1)+(k-1) == 5
            p = numerator/(factorial(i-1)*factorial(j-1)*factorial(k-1));
            p=p*power(0.5,i-1)*power(0.25,j-1)*power(0.25,k-1);
            fprintf('i = %d j = %d k = %d : %f\t claculated = %f\t',...
            (i-1), (j-1), (k-1), Prob(I,j,k), p);
           end
      end
        fprintf('\n');
  end
end
```

[그림 5.14] 다항분포의 랜덤변수 표본 생성과 확률 계산

```
i = 0 j = 0 k = 5 : 0.001000    claculated = 0.000977
i = 0 j = 1 k = 4 : 0.004914    claculated = 0.004883
i = 0 j = 2 k = 3 : 0.009698    claculated = 0.009766
i = 0 j = 3 k = 2 : 0.009799    claculated = 0.009766
i = 0 j = 4 k = 1 : 0.004899    claculated = 0.004883
i = 0 j = 5 k = 0 : 0.001020    claculated = 0.000977
i = 1 j = 0 k = 4 : 0.009803    claculated = 0.009766
i = 1 j = 1 k = 3 : 0.039282    claculated = 0.039063
i = 1 j = 2 k = 2 : 0.058850    claculated = 0.058594
i = 1 j = 3 k = 1 : 0.039131    claculated = 0.039063
i = 1 j = 4 k = 0 : 0.009919    claculated = 0.009766
```

```
i = 2 j = 0 k = 3 : 0.039096      claculated = 0.039063
i = 2 j = 1 k = 2 : 0.117555      claculated = 0.117188
i = 2 j = 2 k = 1 : 0.117248      claculated = 0.117188
i = 2 j = 3 k = 0 : 0.038948      claculated = 0.039063
i = 3 j = 0 k = 2 : 0.077526      claculated = 0.078125
i = 3 j = 1 k = 1 : 0.155878      claculated = 0.156250
i = 3 j = 2 k = 0 : 0.078587      claculated = 0.078125
i = 4 j = 0 k = 1 : 0.077611      claculated = 0.078125
i = 4 j = 1 k = 0 : 0.078093      claculated = 0.078125
i = 5 j = 0 k = 0 : 0.031143      claculated = 0.031250
```

[그림 5.15] 다항분포 표본의 상대빈도와 계산 값

```
% 포아송 랜덤변수의 표본 및 확률분포 그리기

Lambda=6; % 파라메타 설정
limit = 20;
no_samples=2000;
f=zeros(1,limit+1);
Pr=zeros(1,limit+1);
% 포아송 랜덤넘버 2000개 만들기
Y = random('poisson',Lambda,[1,no_samples]);

% 표본의 빈도 카운트
for i=1:no_samples
   k=Y(i);
   f(k+1)=f(k+1)+1;
end
Pr=f./no_samples;  % 상대빈도로 확률 구하기

% 누적분포 만들기
cd = zeros(1,limit+1);
cd(1) = Pr(1);
for k = 2:limit+1
    cd(k)=cd(k-1)+Pr(k);
end

% 상대빈도와 누적분포 그리기
k=1:limit+1;
stem(k-1,Pr);
hold on
stairs(k-1, cd);
hold off
axis([0 25 0 1]);
```

[그림 5.16] 포아송 분포 표본발생과 확률 질량 및 누적분포 그림 그리기

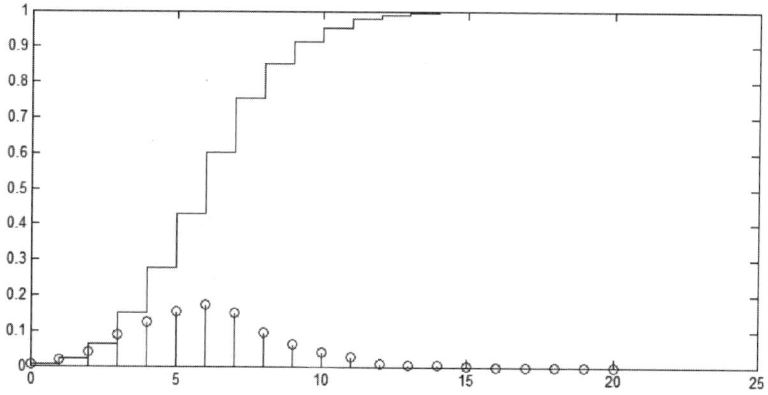

[그림 5.17] 포아송 랜덤변수의 확률분포와 누적분포 실험결과

```
% 이산 랜덤변수(음이항)의 확률분포 및 누적분포 그리기

k = 1:40; % 평가될 독립변수 값들
Y=pdf('Negative Binomial',k, 3, 0.3); % 확률질량 값들을 결정 Y에 저장
subplot(1,2,1);
stem(k,Y); % 줄기형 막대 그래프 그리기

Z=cdf('Negative Binomial',k, 3, 0.3); % 누적 확률분포 값들을 결정 Z에 저장
subplot(1,2,2);
stairs(k,Z); % 계단그래프 그리기
```

[그림 5.18] 음 이항 분포의 확률 질량 및 누적분포 계산과 그림 그리기

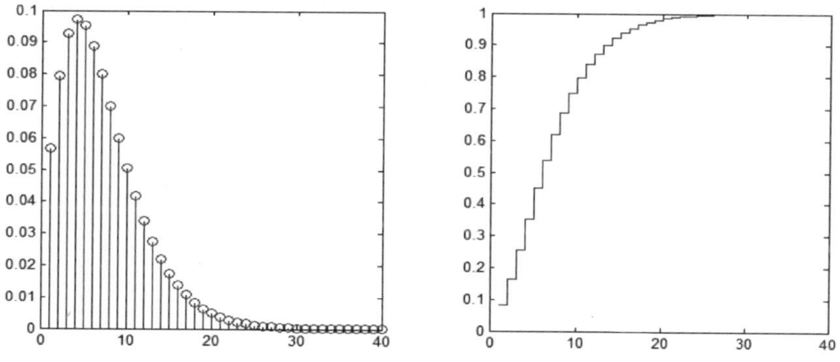

[그림 5.19] 음 이항 분포의 확률 질량 및 누적분포 프로그램 실행결과

## 연습문제

1. 그림 5.16의 포아송 랜덤변수를 만드는 프로그램에서 파라메타 λ값을 3, 8, 10 등으로 바꾸어 표본을 발생시키고 확률질량과 누적분포의 그림을 그려보시오. 단, λ값이 커지면 큰 표본 값이 발생할 수 있기 때문에 프로그램의 limit에 해당하는 변수값을 늘려야 한다.

2. random() 함수를 이용하여 'geo'(기하)분포의 표본들을 생성해 보고 이 표본의 상대빈도에 따라 확률질량과 누적분포를 구하여 그림 그려 보시오. 단 파라메타 값에 따라 표본의 범위가 달라지기 때문에 표본의 빈도를 저장할 1차원 배열의 값은 조정해야 한다.

3. 그림 5.11의 이항분포 B(4, 0.5)와 포아송 분포 P(2)를 pdf() 함수를 이용하여 구하고 이를 같은 그림에 그래프로 표현해 보시오. 또한 이항분포 B(500, 0.004)과 포아송 분포 P(2)를 동일한 함수로 구하고, 이를 그래프로 표현하여 비교해 보시오. 프로그램에서는 이항분포의 확률질량 값을 저장할 1차원 배열이 Y_B, 포아송 분포의 확률질량 값들을 저장할 1차원 배열이 Y_P라 하면, 이를 배열 Y = [Y_B Y_P]로 만들어 bar(k-1, Y)에 의해 막대그래프로 표현할 수 있다.

# chapter. 6

## 연속 랜덤변수 모델

5장에 이어 본 장에서는 여러 분야에서 자주 사용되는 연속랜덤변수 모델들을 소개한다. 5장의 이산 랜덤변수모델들과 마찬가지로 이들 연속 랜덤변수 모델들은 우리가 배우는 공학 분야뿐만 아니라 여러 학문 분야에서 다른 교과목과 연결되는 역할을 담당하기 때문에 익숙해 질 필요가 있으며, 3장과 4장에서 배운 랜덤변수 또는 랜덤벡터에 대한 이해를 깊게 하는데도 도움이 된다. 뿐만 아니라 통계적 추론과 연계되는 정규분포 및 관련된 연속 랜덤변수 모델의 경우는 이 책의 후반부를 이해하는데 필요하다.

본 장에서 다루어지는 연속 랜덤변수 모델에는 균일분포, 지수분포, 감마분포 및 딜리클릿 분포, 정규분포 및 정규분포와 관련된 $\chi^2$- 분포, 스튜던트 $t$-분포 등이다. 이들 분포들은 특별한 형태의 확률밀도함수와 이 확률밀도함수에 부수되는 파라메타들을 가지고 있기 때문에 확률분포를 표시하는 약자와 파라메타 값으로 표현되기도 한다. 따라서 이 단원을 공부하는 네는 각각의 랜덤변수 모델에 따르는 가정들과 랜덤변수의 확률분포의 표현과 이를 규정하는 파라메타, 나아가 평균과 분산 등을 살펴보아야 한다. 왜냐하면 자신에게 주어진 문제에 적합한 모델을 적용하고 해결해 나가기 위해서는 사전에 이들 모델에 관한 지식이 반드시 필요하기 때문이다.

본 장에서 다루어지는 분포들 중에 가장 다양한 응용 예를 가지는 분포는 정규분포라 볼 수 있다. 따라서 본 장의 정규분포는 다변량 정규분포, 정규분포 랜덤변수의 선형변환 등과 아울러 다음 장에서 보다 자세하게 다루어질 표본평균과 중심극한정리에 대하여 살펴본다. 본 장의 컴퓨터 실습에서는 임의의 분포를 가지는 랜덤변수의 표본을 만드는 방법을 소개하며, 중심극한 정리를 이용하여 정규분포 랜덤변수의 표본 만들기, 다변량 정규분포의 모의실험, MATLAB 함수를 이용하여 여러 확률분포의 랜덤변수 표본을 만드는 방법과 확률 밀도함수 또는 누적분포함수를 그리는 방법을 소개한다.

## 6.1 균일(uniform) 분포 랜덤변수, $U$(min, max)

확률질량 대신에 확률밀도함수를 이용하여 이산적인 균일분포와 비슷한 방법으로 연속적인 균일분포 랜덤변수를 정의할 수 있다. 연속적인 균일분포 랜덤변수 $X \sim U$(min, max)에서 확률밀도는 동일한 크기이며 0이 아닌 확률밀도의 합, 즉 확률밀도함수의 적분(면적)은 1이기 때문에 확률밀도함수

$$f_X(x) = \begin{cases} 1/(\max - \min), & \min \le x \le \max \\ 0 & \text{, 그 외의 경우} \end{cases} \tag{6.1.1}$$

이다. 그림 6.1은 연속적인 균일분포 랜덤변수 $X \sim U(2, 5)$의 예를 보여주고 있다.

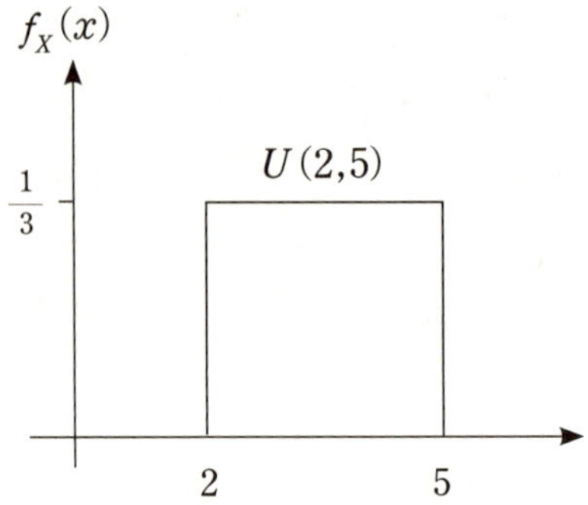


[그림 6.1] 연속적인 균일분포 랜덤변수의 확률 밀도함수

연속적인 균일분포 랜덤변수 역시 이산적인 경우와 마찬가지로 랜덤모델의 범위(range)는 알고 있지만 확률분포를 잘 모르는 시간이나 길이 등 여러 경우에서 활용된다. 연속적인 균일분포 랜덤변수의 경우 평균과 분산은 각각

$$E[X] = \frac{\min + \max}{2}, \qquad Var[X] = \frac{(\min - \max)^2}{12} \tag{6.1.2}$$

에 해당한다.

**예제 1 ▶▶▶**

어떤 교수가 9시 수업에 강의실에 나타나는 시간 $T$가 8시 55분부터 9시 5분까지 균일한 분포를 가진다고 하자. 교수가 나타나는 시간을 확률밀도함수로 표현하고 평균과 분산을 구하시오. 또한 이 교수가 지각했다는 가정 아래 2분 이상 늦을 확률을 구하시오.

**풀이 ▶▶▶** 확률밀도함수는 9시를 시간 원점으로 하고 시간축이 분 단위라면,

$$f_T(t)=\begin{cases} 1/10, & -5 \le T \le 5 \text{ 일 경우} \\ 0 & \text{, 그 외의 경우} \end{cases}$$

이며,

$$E[T]=\frac{-5+5}{10}=0 \qquad Var[T]=\frac{(5-(-5))^2}{12}=\frac{100}{12}$$

이다. 또한 지각했다는 가정 아래 2분 이상 늦을 확률은

$$P(T>2|T>0)=\frac{P(T>2,T>0)}{P(T>0)}=\frac{P(T>2)}{P(T>0)}=\frac{3/10}{1/2}=3/5\,.$$

## 연습 문제

1. 어떤 전구의 수명이 5000±1000시간의 균일분포라 하자.

(1) 이 전구의 확률밀도함수와 평균, 분산을 구해보시오.

(2) 이 전구의 수명이 5,500시간보다 길 확률을 구해보시오.

2. 균일분포를 갖는 두 랜덤변수 $X$와 $Y$의 결합 확률밀도 함수가 다음과 같다. 질문에 답하시오.

$$f_{XY}(x, y)=\begin{cases} 1/8, 2 \le x \le 4, 4 \le y \le 8 \text{일 때} \\ 0 \quad, \text{그 외의 경우} \end{cases}$$

(1) $X$와 $Y$의 주변 확률밀도함수를 구하시오.

(2) $E[X], E[Y], Var(X), Var(Y)$를 구하시오.

(3) 두 랜덤변수가 독립임을 보이시오.

(4) 결합 누적분포함수 $F_{XY}(x, y)$를 구하시오.

## 6.2 지수(exponential) 분포 랜덤변수, Exp(λ)

지수분포는 어떤 사건이 발생하는데 까지 걸리는 시간, 예를 들면 수명, 인터넷 포털사이트의 접속시간 등의 연속적인 랜덤변수의 확률모델로 사용된다. 지수분포의 확률밀도함수는 파라메타 $\lambda \ge 0$을 가지며

$$f_T(t)=\begin{cases} \lambda e^{-\lambda t}, t \le 0 \\ 0 \quad, t < 0 \end{cases} \tag{6.2.1}$$

에 해당하며 그림 6.2 같다. 그림에서 λ값이 커지면 경사가 급하게 감소하며 작으면 그 반대로 완만하게 감소하는 것을 눈여겨보기 바란다.

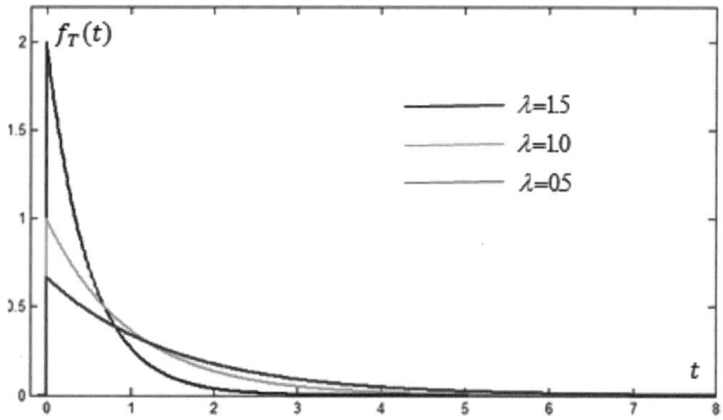


[그림 6.2] 지수분포의 확률 밀도함수

지수분포의 평균은

$$E[X]=\int_{-\infty}^{\infty} tf_T(t)dt=\int_{0}^{\infty} \lambda te^{-\lambda t}dt=\frac{1}{\lambda} \tag{6.2.2}$$

에 해당하며,

$$E[T^2]=\int_{-\infty}^{\infty} t^2f_T(t)dt=\int_{0}^{\infty} \lambda t^2e^{-\lambda t}dt=\frac{2}{\lambda^2} \tag{6.2.3}$$

이기 때문에

$$Var(T)=E[T^2]-E^2[T]=\frac{2}{\lambda^2}-\frac{1}{\lambda^2}=\frac{1}{\lambda^2} \tag{6.2.4}$$

이다. 위 식 (6.2.2)와 (6.2.3)은 부분적분과

$$\lim_{t\to\infty}(te^{-\lambda t})=0\,,\quad \lim_{t\to\infty}(t^2e^{-\lambda t})=0$$

를 이용하여 얻을 수 있다.

**예제 1 ▸▸▸**

한반도에 진도 3.0이상의 지진이 일어나는 간격(단위: 년)이

$$f_T(t)=\begin{cases} 3e^{-3t}, & t\geq 0 \\ 0, & t<0 \end{cases}$$

의 지수분포를 따른다고 하자.

(1) 진도 3.0이상의 지진이 관측된 후 1년이 지나고 나서야 그런 지진이 관측될 확률을 구하라.

(2) 진도 3.0이상의 지진이 관측된 후 2년 안에 진도 3.0이상의 지진이 관측될 확률을 구하라.

(3) 평균 몇 달 만에 진도 3.0이상의 지진이 관측되겠는가? 또한 이 지진이 발생하는 시간의 분산은 얼마인가?

**풀이 ▸▸▸** 지수분포의 확률밀도 함수를 이용하여,

(1) $P(T>1)=\int_1^{\infty} 3e^{-3t}dt=[-e^{-3t}]_1^{\infty}=e^{-3}=0.0498$

(2) $P(T\leq 2)=\int_0^{2} 3e^{-3t}dt=[-e^{-3t}]_0^{2}=1-e^{-6}=0.9975$

(3) $E[T]=1/3$년, 즉 평균 4개월에 한번쯤은 지진이 일어난다. 또한 분산은 $Var(T)=1/\lambda^2=1/9$.

지수분포의 누적분포함수는 $t<0$일 경우 $F_T(t)=0$이며, $t\geq 0$인 경우는

$$F_T(t)=\int_0^t \lambda e^{-\lambda u}du=[-e^{-\lambda u}]_0^t=1-e^{-\lambda t} \tag{6.2.5}$$

이다. 이는 시간 $t$까지 어떤 사건이 발생할 확률을 표현하며, 그림으로 표현하면 그림 6.3과 같다. 만약 전구가 수명을 다한다는 사건이라면 어떤 시점에서 지수분포의 누

적분포함수 값은 그 시점이전에 고장 날 확률을 의미한다. 따라서

$$S_T(t) = 1 - F_T(t) = e^{-\lambda t} \tag{6.2.6}$$

는 그 시점까지 사건이 일어나지 않을 확률, 즉 수명을 다하지 않을 확률 또는 생존해 있을 확률을 표현하며, 이를 생존함수(survival function)라고도 한다. 그림 6.3은 이러한 누적분포함수와 생존함수를 보여주고 있다.

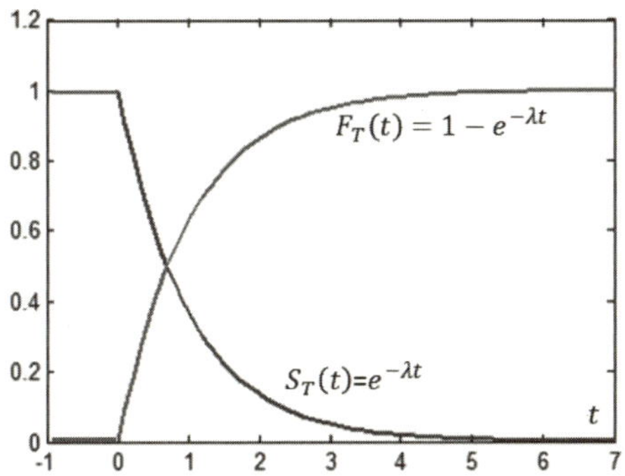


[그림 6.3] 지수분포의 누적분포함수 및 생존함수

**예제 2 ▸▸▸**

어떤 전구의 수명이 Exp(1/10000)시간으로 지수분포를 따른다고 하자.

(1) 이 전구가 15,000시간 내에 고장 날 확률을 구하시오.

(2) 이 전구가 20,000시간 이상을 사용할 확률을 구하시오.

**풀이 ▸▸▸**

(1) 고장 나는 사건이 15,000시간 이내일 확률 즉 누적분포함수 $t = 15,000$에 해당하기 때문에

$$P(T \le 15000) = F_T(15000) = 1 - e^{-15000/10000} = 1 - e^{-1.5} = 0.7769.$$

(2) 생존함수 $t=20,000$에 해당하므로 $e^{-20000/10000}=0.1353$.

### ☑ 지수분포의 비기억(memoryless) 성질

지수분포는 비기억 성질을 가지고 있다. 여기서 비기억 성질이란 $a$라는 시점이후에 사건이 발생한다는 가정아래, 추가시간 $b$이후에 사건이 발생할 확률은 조건과는 독립적으로 현재로부터 시간 $b$이후에 사건이 발생할 확률과 같다는 것이다. 이 비기억 성질을 식으로 표현하면 $a>0,\ b>0$에 대해

$$P(T>a+b|T>a)=\frac{P(T>a+b,T>a)}{P(T>a)}$$

이며, 분자 $P(T>a+b,\ T>a)=P(T>a+b)$와 식 (6.2.6)을 이용하면

$$\frac{P(T>a+b,T>a)}{P(T>a)}=\frac{P(T>a+b)}{P(T>a)}=\frac{e^{-(a+b)\lambda}}{e^{-a\lambda}}=e^{-b\lambda}=P(T>b) \tag{6.2.7}$$

와 같이 증명할 수 있다. 이산 랜덤변수 모델 중에 기하분포도 이러한 비기억 성질을 가진다.

**예제 3 ▸▸▸**

어떤 전구의 평균수명이 10,000시간이며, 이전 예제 2에서와 같이 Exp(1/10000) 지수분포를 따른다고 하자.

(1) 이 전구를 5,000시간 문제없이 사용한다는 가정하에 그 후로 다시 1,000시간 이상 사용할 확률을 구하시오.

(2) 이 전구를 5,000시간 문제없이 사용한다는 가정하에 $t_0$시간 이상 더 사용할 확률이 0.3이라면 $t_0$는 얼마인가?

**풀이 ▸▸▸**

(1) 예제 2와 같이 확률밀도함수는 $\frac{1}{10000}e^{-t/10000}$ 에 해당하며, 조건을 만족하며 1,000시간 이상 사용할 확률은 식 (6.2.6)에 따라 $e^{-1000/10000} = e^{-0.1} = 0.9048$.

(2) (1)에서와 같이 $e^{-t_0/10000} = 0.3$. 따라서 $t_0 = -10000 \cdot \ln(0.3) = 12039.7$시간.

## ☑ 지수분포와 포아송 과정

포아송 과정에서 어떤 사건이 일어난 후에 또 다른 사건이 일어날 때까지 시간의 확률분포는 지수 분포를 따른다. 단위시간당 $\lambda$건의 사건이 일어나는 포아송 과정을 $X(t) \sim P(\lambda t)$라 하자. 어떤 사건이 일어날 때까지의 시간 $T$가 지수분포를 가지는 랜덤변수 라 할 경우 $\{T > t\}$는 시간 $t$까지 사건이 일어나지 않았다는 의미로 $X(t) = 0$과 같다. 따라서 지수분포 랜덤변수 확률 $P(T > t)$는 $P(X(t) = 0)$과 같으며, 포아송 과정에서 $t \geq 0$에 대해

$$P(T > t) = P(X(t) = 0) = e^{-\lambda t}$$

이다. 한편

$$F_T(t) = P(T \leq t) = 1 - P(T > t) = 1 - e^{-\lambda t}$$

이기 때문에, 이를 미분하면 $t \geq 0$에 대해

$$f_T(t) = \lambda e^{-\lambda t}$$

에 해당한다. 포아송 과정에서 어떤 사건이 일어날 때까지의 시간, 즉 대기시간은 지수분포로 표현할 수 있으며, 지수분포의 비기억 성질에 의해서 어떤 사건이 일어난 직후를 기준으로 또 다른 사건이 일어날 때까지의 대기시간 역시 동일한 지수분포의 랜덤변수이다.

이를 정리하면 첫째 단위시간당 $\lambda$의 발생사건을 가지는 포아송 과정에서 이웃하는 두 사건 사이의 대기시간 $T$는 파라메타 $\lambda$인 지수분포를 따른다는 것이며, 둘째 비

기억 성질로 한 사건이 발생한 후, 다음 사건이 발생할 때까지 걸리는 대기시간 $T$는 파라메타 $\lambda$인 지수분포가 다시 시작하므로 이웃하는 사건들 사이의 대기시간 $T_i$는 i.i.d.이며 Exp($\lambda$)이다. 이를 그림으로 표현하면 그림 6.4와 같다.

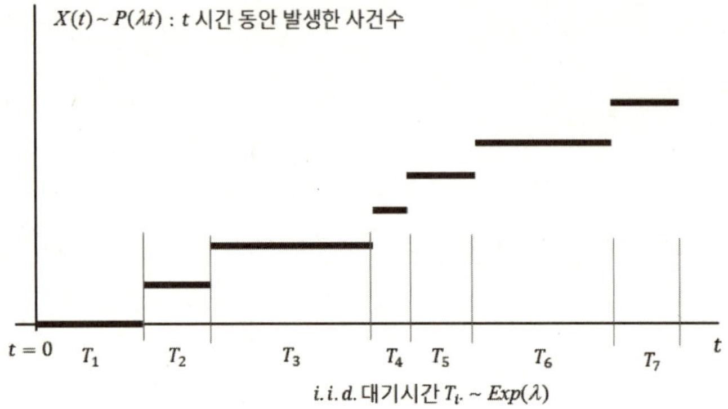


[그림 6.4] 포아송 과정과 독립적인 지수분포 대기시간

**예제 4 ▸▸▸**

어떤 가게에 손님이 한 명 더 늘어나는데 걸리는 시간 $T$는 평균 10분인 지수분포라 하고 $T(t)$는 시간 $t$까지 손님 수라 하자.

(1) 다음 손님이 들 때 까지 6분 이상 걸릴 확률을 구하시오.

(2) 다음 손님이 5분까지 없었다고 가정하자. 이런 가정아래서 추가로 8분 이상을 더 기다려야할 확률은 얼마인가?

(3) $X(t)$의 확률질량함수를 구하시오.

(4) 처음 손님이 들어 온 후에 5분 사이에 두 사람이 들어올 확률은 얼마인가?

(5) 100번째 손님에게 경품을 준다고 하자. 경품 받을 확률이 최고가 되기 위해서는 가게 문을 열고 얼마 뒤에 들어가는 것이 바람직할 것인가?

**풀이 ▸▸▸**

(1) 대기시간 $T \sim \text{Exp}(1/10)$이기 때문에 확률 밀도함수는

$$f_T(t) = \frac{1}{10} e^{-t/10}$$

이며, 손님이 들 때까지 6분 이상 걸릴 확률은 식 (6.2.6)에 의해

$$P(T > 6) = e^{-6/10} = e^{-0.6} = 0.549.$$

(2) 지수분포의 비기억 성질에 의해

$$P(T > 8 + 5 | T > 5) = P(T > 8) = e^{-8/10} = 0.449.$$

(3) 포아송 과정이며 단위시간(분) 당 $\lambda = 1/10$명의 손님이 들어오기 때문에

$$P(X(t) = k) = \frac{(t/10)^k}{k!} e^{-t/10}. \tag{6.2.8}$$

(4) 비기억 성질에 의해 5분 사이에 두 사람이 들어올 확률과 같으며

$$P(X(5) = 2) = \frac{(0.5)^2}{2!} e^{-0.5} = 0.076.$$

(5) 식 (6.2.8)에서 $k=100$일 경우 확률을 최대로 하는 시간 $t$를 찾는 문제이다. 이는 포아송 분포를 시간의 함수로 보고, 이를 시간에 대해 미분하고 미분치를 0으로 놓으면, $t=10k=1000$분에 해당한다. 이는 10분당 1명꼴이기 때문에 100번째 손님이 드는 평균치와도 일치한다.

## 연습문제

1. 지수분포 랜덤변수 $T \sim \text{Exp}(1/2)$ 에 관한 다음 질문에 답하시오.

(1) $P(1 \leq X \leq 2)$ (2) 누적분포함수 $F_X(x)$ (3) 생존함수 $S_X(x)$

(4) $E[X]$ (5) $Var(X)$

2. 어떤 공장에서 만든 광케이블이 평균적으로 1km당 결함이 하나씩 존재한다고 하자. 이 광케이블의 고장이 발생할 때까지의 길이 $L$은 지수분포의 랜덤변수라 하자. 다음 질문에 답하시오.

(1) 랜덤변수 $L$의 확률밀도함수를 구하시오.

(2) 길이가 3km가 될 때까지 결함이 없을 확률을 구하시오.

(3) 길이 2km 내에서 결함이 하나 발견될 확률을 구하시오.

(4) 길이 0.5km에서 1.5km사이에 결함이 하나 발생할 확률을 구하시오.

(5) 길이 1km까지 결함이 하나도 없다고 가정할 때, 처음부터 시작하여 3km 위치까지에서 결함이 하나 발견될 확률을 구하시오.

(6) 처음부터 시작하여 길이에 따른 결함의 개수 분포의 확률 질량함수를 표현해 보시오.

(7) 10개의 결함이 발견될 위치를 추정한다면 어느 길이서 확률이 최대로 될 것인가?

3. 어느 인터넷 사이트의 방문자수는 포아송 과정 $X(t)$로 모델링 되며, 평균적으로 분당 30명이라고 하자. 다음 질문에 답하시오.

(1) 이 인터넷 사이트에 다음 방문자가 찾는 시간을 랜덤변수 $T$라 할 경우, 이 랜덤변수의 확률밀도함수를 표현해 보시오.

(2) 이 사이트에 어떤 방문자 이후에 1분 동안 한 사람의 방문자도 없을 확률을 구하시오.

(3) 이 사이트에 어떤 방문자 이후에 다음 방문자가 1분 이내에 들어올 확률을 구하시오.

4. 지수분포를 갖는 랜덤변수 $X$의 $n$차 모멘트가 다음성질을 만족함을 부분적분을 이용하여 보이시오.

$$E[X^n] = \frac{n!}{\lambda^n}.$$

## 6.3 감마(Gamma) 분포와 딜리클릿(Dirichlet) 분포 랜덤변수

### ☑ 감마분포 랜덤변수, $\Gamma(\alpha/\beta)$

감마분포 랜덤변수는 포아송 과정에서 발생하는 사건이 정해진 수만큼 일어나는 시간을 표현하는 랜덤변수이다. 지수분포가 다음 사건까지의 즉 다음 한 사건이 일어날 때까지의 시간분포라면, 감마분포는 사건이 $\alpha$번 일어날 때까지의 시간에 관한 분포이다. 감마분포를 가지는 랜덤변수 $X$의 확률 밀도함수는

$$f_X(x) = \frac{1}{\Gamma(\alpha)\beta^{\alpha}} x^{\alpha-1} e^{-x/\beta}, \quad x \geq 0, \quad \alpha, \beta > 0 \tag{6.3.1}$$

이다. 여기서 감마함수($\Gamma$-function)

$$\Gamma(\alpha) = \int_0^{\infty} t^{\alpha-1} e^{-t} dt$$

이며,

$$\Gamma(1) = 1,$$
$$\Gamma(\alpha+1) = \alpha\Gamma(\alpha), \ \alpha > 0$$
$$\Gamma(1/2) = \sqrt{\pi}$$

의 성질을 만족한다. 그림 6.5는 감마분포의 확률 밀도함수들을 보여주고 있다. 여기서 $\alpha$는 형상(shape) 파라메타, $\beta$는 척도(scale) 파라메타라 부른다. 식 (6.3.1)에서 만약 $\alpha = 1$이면 $\lambda = 1/\beta$인 지수분포와 같음을 확인해 보라.

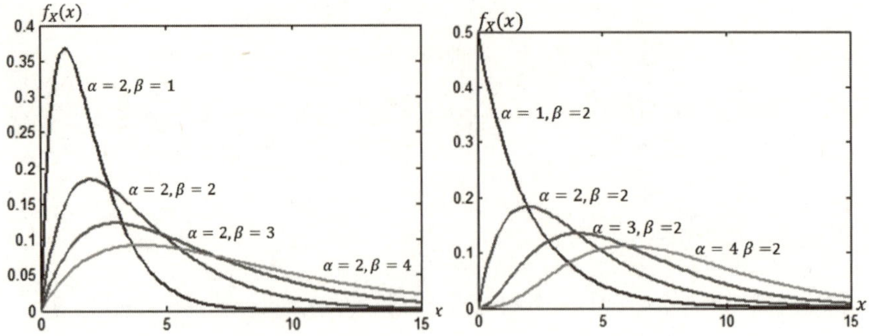


(a) 척도 파라메타 변화에 따른 모습　　(b) 형상 파라메타 변화에 따른 모습

[그림 6.5] 감마분포의 확률밀도함수

감마분포의 평균과 분산은 조금 복잡한 적분 계산과정을 거치기에 생략하고, 결과만 나열하면 각각

$$E[X] = \alpha\beta, \qquad Var(X) = \alpha\beta^2 \tag{6.3.2}$$

에 해당한다. 파라메타 $\lambda = 1/\beta$인 지수분포의 평균은 $\beta$이고, 이런 사건이 $\alpha$번(비록 감마분포에서 $\alpha$는 자연수에 한정되지는 않지만) 일어난다면, $\alpha$번 사건이 일어나는 시간의 평균은 $\alpha\beta$이기에 식 (6.3.2)는 자연스런 결과이다.

### ☑ 감마분포와 지수분포, 포아송 과정

앞서 언급한 바와 같이 단위시간당 $\lambda$번 일어나는 포아송 과정에서 연속되는 사건이 일어나는 시간은 i.i.d.이며 지수분포 $\text{Exp}(\lambda)$를 이룬다. 이런 사건이 $n$번 일어날 때까지의 시간분포는 감마분포로 표현되며 $\Gamma(n, 1/\lambda)$과 같다. 이를 수식으로 표현하면

$$X = T_1 + T_2 + \dots + T_n \tag{6.3.3}$$

이다. 여기서 $T_i$는 지수분포 $\text{Exp}(\lambda)$이며 i.i.d.라 할 때 $X \sim \Gamma(n, 1/\lambda)$이다. 그림 6.6은 단위시간당 $\lambda$번 사건이 일어나는 포아송 과정에서, 사건이 $n$번 일어날 때까지의 시간분포가 감마분포임을 표현하고 있다.

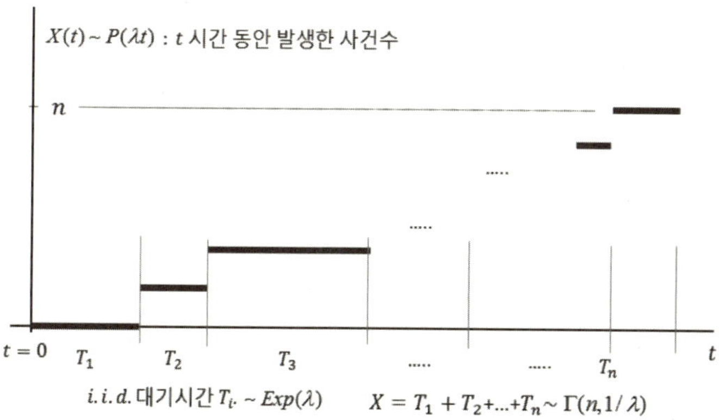


[그림 6.6] 감마분포와 포아송 과정

**예제 1 ▸▸▸**

어떤 가게에 손님이 한 명 더 늘어나는데 걸리는 시간 $T_1$은 평균 2분의 지수분포라 하자. 이제 손님이 2명 들어올 때 까지 걸리는 시간을 랜덤변수 $T_2$ 라 할 때 다음 질문에 답하시오.

(1) $T_2$의 확률밀도함수를 구하시오.

(2) $T_2$의 평균, 즉 2명의 손님이 들 때까지의 평균시간을 구하시오.

(3) $T_2 \leq 3$분 일 확률을 구하시오.

**풀이 ▸▸▸** (1) 손님 한 명이 들어올 때까지의 시간 $T_1 \sim \text{Exp}(1/2)$의 지수분포이며 $T_2$는 서로 독립적이며 동일한 분포 $T_1$을 더하여 얻을 수 있는 파라메타 $\alpha=2$, $\beta=2$의 감마분포 $\Gamma(2,2)$에 해당한다. 따라서 확률밀도함수는 $t \geq 0$

$$f_{T_2}(t) = \frac{1}{\Gamma(2)(2)^2} t^1 e^{-t/2} = \frac{1}{4} t e^{-t/2} \quad .$$

(2) 식 (6.3.2)에 따라 $E[T_2] = \alpha\beta = 2(2) = 4$분에 해당하며 이는 한 명이 들어올 때 평균 2분이므로 자연스러운 결과이다.

(3) $T_2 \leq 3$분일 확률은

$$P(T_2 \le 3) = \int_0^3 \frac{1}{4} te^{-t/2}\, dx = \left[-\frac{1}{2} te^{-t/2}\right]_0^3 + \frac{1}{2}\int_0^3 e^{-t/2}\, dt$$
$$= -\frac{3}{2}e^{-3/2} + [-e^{-t/2}]_0^3 = 1 - \frac{5}{2}e^{-3/2}.$$

### ☑ 딜리클릿(Dirichlet) 분포 랜덤변수, $Dir(\alpha) = Dir(\alpha_1, \alpha_2, \ldots, \alpha_K)$

딜리클릿 분포는 여러 개($K \ge 2$)의 연속적인 랜덤변수의 결합 확률분포이다. 여기서 $\alpha = (\alpha_1, \alpha_2, \ldots, \alpha_K)$는 $K$차원 벡터로 $\alpha_i > 0$인 $K$개의 파라메타로 규정된다. 한 가지 특별한 점은 확률 밀도함수가 0이 아닌 범위(support)가 $K$차원 공간 임의의 곳이 되는 것이 아니라, $0 < x_i < 1$에서

$$\sum_{i=1}^{K} x_i = x_1 + x_2 + \cdots + x_K = 1 \tag{6.3.4}$$

을 만족하는 곳으로 한정된다는 것이다. 따라서 각각의 랜덤변수 $x_i$들은 전체에서 차지하는 비율로 해석할 수 있으며, 그 비율을 모두 합하면 1이지만 비율 자체는 랜덤변수라는 것이다. 딜리클릿 랜덤변수의 결합 확률밀도함수는

$$F_{X_1X_2\cdots X_K}(x_1, x_2, \ldots, x_K) = \frac{1}{B(\alpha_1, \alpha_2, \ldots, \alpha_K)} \prod_{i=1}^{K} x_i^{\alpha_i - 1} \tag{6.3.5}$$

이며, 여기서

$$B(\alpha_1, \alpha_2, \ldots, \alpha_K) = \frac{\prod_{i=1}^{K} \Gamma(\alpha_i)}{\Gamma(\sum_{i=1}^{K} \alpha_i)} \tag{6.3.6}$$

에 해당한다. $K=3$인 경우 딜리클릿 랜덤변수의 결합 확률밀도함수는 $x_1 + x_2 + x_3 = 1$인 평면 위에서만 0보다 크고 모든 $x_1$들은 0부터 1사이이기 때문에, 이 평면은 3차원 공간에서 $(x_1, x_2, x_3) = \{(1, 0, 0), (0, 1, 0), (0, 0, 1)\}$을 지나는 삼각형의 내부이며, 결합 확률밀도는 이 평면위에 그림 6.7과 같이 표현될 수 있다.

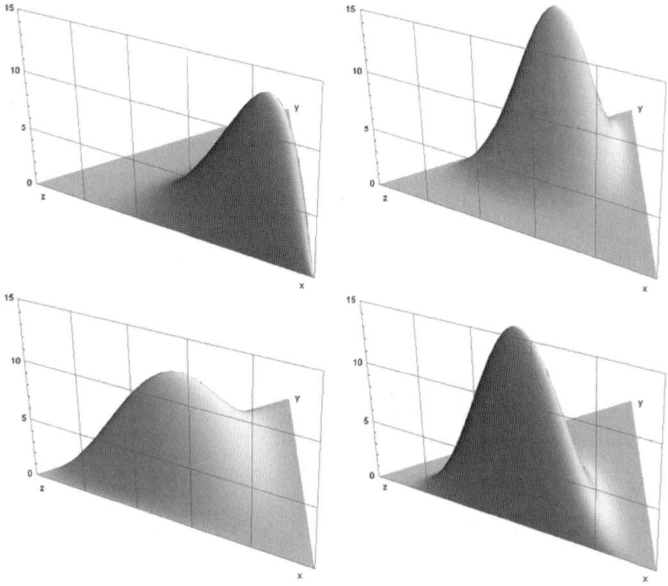

[그림 6.7] 딜리클릿 분포의 결합 확률 밀도함수

딜리클릿 분포의 평균벡터는

$$E[X_i] = \frac{\alpha_l}{\sum_{i=1}^{K} \alpha_i} \tag{6.3.7}$$

이며, 이는 딜리클릿 분포의 무게중심을 의미한다. 또한 분산벡터는

$$Var(X_i) = \frac{\alpha_i(\alpha_0 - \alpha_i)}{\alpha_0^2(\alpha_0 + 1)} \tag{6.3.8}$$

이며, 여기서

$$\alpha_0 = \sum_{i=1}^{K} \alpha_i$$

를 의미한다. 또한 $X_i$와 $X_j$ 사이의 공분산은

$$Cov(X_i, X_j) = \frac{-\alpha_i \alpha_j}{\alpha_0^2(\alpha_0 + 1)} \tag{6.3.9}$$

로 음의 값을 가진다. 이는 기본적으로 딜리클릿 랜덤변수들이 비율을 의미하고 모두 더하면 1이 되기 때문에, 어떤 랜덤변수 값이 증가하면 다른 랜덤변수는 감소해야 되기 때문이다. 딜리클릿 분포는 다항분포를 정의하는 확률 $p_i$들을 선험적(prior)으로 규정하는데 사용된다.

### 예제 2 ▶▶▶

$X = (X_1, X_2, X_3) \sim Dir(1, 1, 1)$의 확률분포에 관한 다음 질문에 답하시오.

(1) 결합 확률밀도함수가 정의되는 평면을 삼각형으로 표현하시오.

(2) 결합 확률밀도함수를 표현해 보시오.

(3) 평균벡터를 구하시오,

### 풀이 ▶▶▶

(1) $X = (X_1, X_2, X_3)$는 $X_1 + X_2 + X_3 = 1$의 제약조건을 만족해야 한다. 따라서 3차원 공간에서 (1,0,0), (0,1,0), (0,0,1)인 점을 통과하며 $x_i \geq 0, (i = 1, 2, 3)$인 평면의 일부이다. 따라서 이를 그림으로 표현하면, 그림 6.8에서 우측 삼각형의 내부이다.

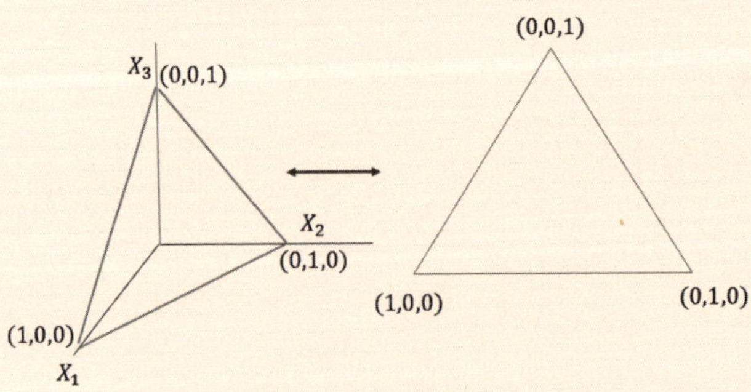


[그림 6.8] 예제 2의 딜리클릿 분포의 범위

(2) 식 (6.3.5)에서 $x_1+x_2+x_3 \geq 0$의 경우

$$f_{X_1X_2X_3}(x_1, x_2, x_3) = 2x^0{}_1x^0{}_2x^0{}_3 = 2$$

로 범위 내에서 균일분포를 가진다.

(3) 평균벡터는 식 (6.3.7)에서 (1/3, 1/3, 1/3)인 범위인 삼각형의 중심에 해당한다.

## 연습문제

1. $X \sim \Gamma(2,3)$에서 다음을 구하시오.

(1) $X$의 확률밀도함수를 구하시오.

(2) $E[X]$와 $Var(X)$를 구해보시오.

(3) $P(X<3)$을 구하시오.

2. 어떤 공장에서 만든 광케이블이 평균적으로 1Km당 결함이 하나씩 존재한다고 하자. 이 광케이블의 고장이 발생할 때까지의 길이 $L$은 지수분포의 랜덤변수라 하고, 어떤 길이 $l$까지의 결함의 개수 $X(l)$는 포아송 분포를 가진다고 하자.

(1) 처음부터 3개의 결함이 발생할 때까지 길이의 확률밀도함수를 표현하시오.

(2) 3번째 결함이 처음부터 0.5km에서 1.5km사이에 발생할 확률을 구하시오.

3. $K=2$인 딜리클릿 분포의 확률밀도함수

$$f_{X_1X_2}(x_1, 1-x_1) = \frac{1}{B(\alpha_1, \alpha_2)} x_1^{\alpha_1-1}(1-x_1)^{\alpha_2-1}.$$

(1) $\alpha_1=\alpha_2=1$이면 $X_1$에 대한 어떤 분포로 볼 수 있는가?

(2) $\alpha_1 = \alpha_2 = 2$일 경우 확률밀도함수를 $X_1$에 대한 분포로 표현해 보시오.

(3) $\alpha_1 = \alpha_2 = 1$일 경우 $P(X_1 > X_2)$을 구하시오.

## 6.4 정규(가우시언)분포 랜덤변수 $N(\mu/\sigma^2)$

정규분포(normal distribution)는 대단히 많은 분야에서 실용적으로 사용되는 연속 랜덤변수의 확률모델로 가우시언 분포(Gaussian distribution)라고도 한다. 평균 $\mu$와 분산 $\sigma^2$를 갖는 정규분포 랜덤변수 $X$의 확률 밀도함수는

$$f_X(x) = \frac{1}{\sqrt{2\pi}\,\sigma} e^{-\frac{(x-\mu)^2}{2\sigma^2}} \tag{6.4.1}$$

로 정의되며, 그 모습은 그림 6.9와 같다. 그림에서 알 수 있듯이 정규분포는 $\mu$값을 중심으로 좌우 대칭이다. 이는 식 (6.4.1)에서 $\mu=0$인 경우 우함수(even function)이며 지수의 $(x-\mu)^2$항은 $x=0$을 $x=\mu$로 이동시키기 때문에 쉽게 확인할 수 있다. 정규분포는 분산이 작을수록 뾰족한 모습이다. 불확실성이 없는 분산이 0인 경우의 모습과 이 경우 어떤 형태의 표본들이 만들어 질수 있는지를 상상해 보기 바란다. (거의 매번 평균인 $\mu$값을 갖는 표본들이 될 것이다.)

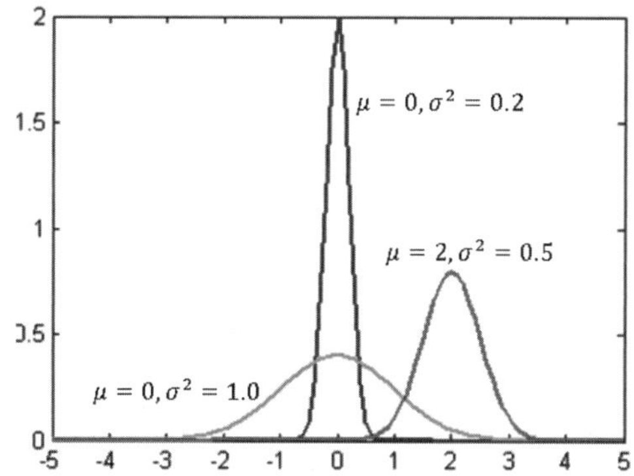


[그림 6.9] 정규분포의 확률 밀도함수

정규분포를 사용하여 확률을 구하는데 어려운 점은 적분에 있다. 즉 확률은

$$P(X \in B) = \int_B \frac{1}{\sqrt{2\pi}\,\sigma} e^{-\frac{(x-\mu)^2}{2\sigma^2}} dx \tag{6.4.2}$$

와 같이 계산되는데 이 적분이 단순하지 않다는 것이다. 그래서 확률을 구할 때 적분 계산 대신에 적분을 미리 계산해 놓은 표를 이용하는데, 서로 다른 평균과 분산 값을 가지는 표를 모두 제공하기는 불가능하다. 따라서 평균이 0이고 분산이 1인 $N(0, 1)$, 즉 표준정규분포(standard normal distribution)에 대해서만 적분을 제공하며, 임의의 평균과 분산을 가지는 정규분포 랜덤변수에서의 확률계산은 이 적분표를 활용하여 계산한다. 정규분포 랜덤변수 $X \sim N(\mu/\sigma^2)$를 표준정규분포의 랜덤변수 $Z \sim N(0, 1)$로 변환하는 과정은

$$Z = \frac{X-\mu}{\sigma} \tag{6.4.3}$$

과 같다. 식 (6.4.3)에서 표준정규분포의 평균과 분산은 각각 0과 1임을 주목하기 바란다. 표준정규분포는 그림 6.10과 같이 원점을 중심으로 좌우 대칭이기 때문에 다음과 같은 성질들을 만족한다.

$$P(Z \le 0) = P(Z \ge 0) = 0.5. \tag{6.4.4}$$

$$P(Z \le -z_0) = P(Z \ge z_0) = 1 - P(Z \le z_0),\ z_0 > 0. \tag{6.4.5}$$

$$P(Z \le z_0) = 0.5 + P(0 < Z \le z_0),$$

$$P(Z \ge z_0) = 0.5 - P(0 < Z \le z_0),\ z_0 > 0. \tag{6.4.6}$$

$$P(|Z| \le z_0) = P(-z_0 \le Z \le z_0) = 2 \cdot P(0 \le Z \le z_0). \tag{6.4.7}$$

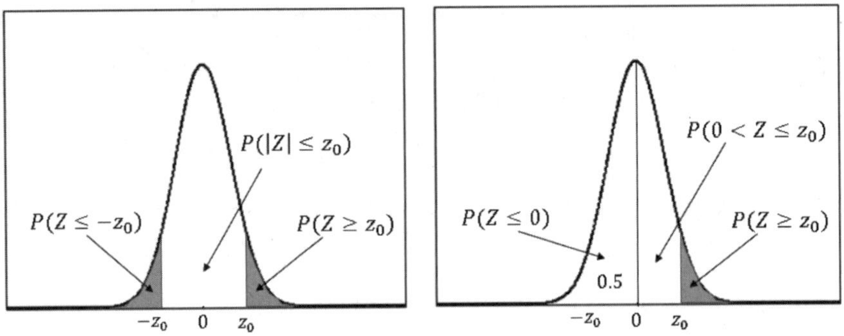


[그림 6.10] 표준정규분포 $N(0, 1)$의 성질

한편 식 (6.4.3)에서 $Z$는 증가함수이기 때문에 부등호의 방향이 유지되며

$$P(a < X < b) = P\left(\frac{a-\mu}{\sigma} < Z < \frac{b-\mu}{\sigma}\right) \tag{6.4.8}$$

이다. 실제 표로 주어지는 값들은 표준정규분포의 누적분포함수

$$\Phi(z_0) = \int_{-\infty}^{z_0} \frac{1}{\sqrt{2\pi}} e^{-\frac{u^2}{2}} du \tag{6.4.9}$$

이며, 이를 그림으로 표현하면 그림 6.11과 같다. 부록 A에는 표준정규분포의 누적분포함수 값 $\Phi(z)$가 나열되었는데 단지 $z \ge 0$만 표시되어 있다. 그렇다면 $z < 0$인 경우는 어떻게 구할까? 이는 식 (6.4.4)부터 식(6.4.7)의 성질을 활용하여 쉽게 구할 수 있다.

또한 임의의 평균과 분산을 가지는 정규분포에서 확률계산 역시 식 (6.4.8)의 관계를 이용하여, 표준정규분포의 누적분포함수로부터 구할 수 있다. 확률을 구하기 위해서 일단 임의의 평균과 분산(표준편차)를 가지는 정규분포에서의 범위를 표준정규분포의 범위로 변환하고, 표준정규분포의 표를 이용하여 확률을 구하면 된다. 그림 6.12는 이러한 두 정규분포간의 관계를 보여주고 있다.

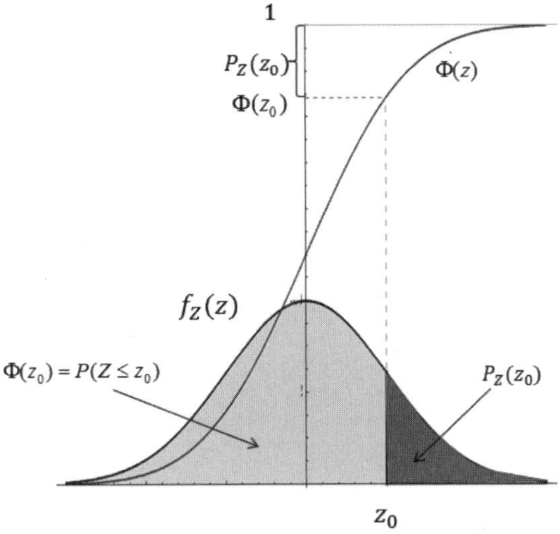


[그림 6.11] 표준정규분포와 누적분포함수

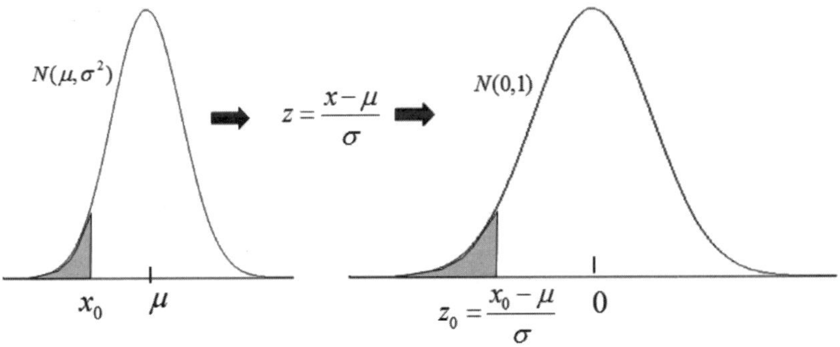


[그림 6.12] 정규분포와 표준정규분포의 관계

**예제 1 ▸▸▸**

$X$는 성인 남성의 키를 표현하는 랜덤변수로 $X \sim N(170.2, 10.3^2)$라 하자.

(1) 임의로 선정된 남성의 키가 165cm이하일 확률을 구하시오.

(2) 임의로 선정된 남성의 키가 181cm이상일 확률을 구하시오.

(3) 임의로 선정된 남성의 키가 167cm에서 180cm사이일 확률을 구하시오.

**풀이 ▸▸▸** (1) 식 (6.4.8)를 이용하여 먼저 $P(X \leq 165) = P(Z \leq \dfrac{165-170.2}{10.5}) = P(Z \leq -0.50)$이다. 그러나 표에는 $z>0$인 경우만 확률 값이 주어지기 때문에 식 (6.4.5)의 성질에 의해

$$P(Z \leq -0.50) = 1 - P(Z \leq 0.50) = 1 - 0.6915 = 0.3085.$$

(2) 식 (6.4.8)를 이용하여

$$\begin{aligned} P(X \geq 181) &= P\left(Z \geq \frac{181-170.2}{10.5}\right) = P(Z \geq 1.03) \\ &= 1 - P(Z \leq 1.03) = 1 - 0.8485 = 0.1515. \end{aligned}$$

(3) 식 (6.4.8)에 의해

$$P(167 \leq X \leq 180) = P\left(\frac{167-170.2}{10.5} \leq Z \leq \frac{180-170.2}{10.5}\right) = P(-0.30 \leq Z \leq 0.93)$$

이며,

$$P(-0.30 \leq Z \leq 0.93) = P(Z \leq 0.93) - P(Z \leq -0.30).$$

역시 식 (6.4.5)의 성질을 이용하여 우변을 다시 써서 정리하면

$$\begin{aligned} P(Z \leq 0.93) - P(Z \leq -0.30) &= P(Z \leq 0.93) - (1 - P(Z \leq 0.30)) \\ &= 0.8238 - (1 - 0.6179) = 0.4417. \end{aligned}$$

### ☑ 이항분포의 정규분포 근사화

앞서 이항분포의 확률계산은 펙토리얼 계산을 포함하기 때문에 경우에 따라서는 계산이 어려울 때가 있음을 언급한 바 있다. 또한 이항분포에서 $p$값이 작아서 $n$이 커질 경우, $np$가 거의 일정하면 평균 $\lambda = np$인 포아송 분포로 근사화할 수 있음을 보였다. 그러나 $n$이 충분히 크고 $p$값이 작지 않은 경우는 이항 랜덤변수의 확률분포는 점차적으로 종 모양(bell shape)에 가까워지며 정규분포로 근사화 할 수 있다. 일반적으로 $np \geq 5$일 경우 이항분포 $X \sim B(n, p)$는 정규분포 $N(np, np(1-p))$로 근사화 할 수 있다. 한편 이항분포는 정수 값을 가지는데 반하여 정규분포는 실수 값을 가지게 되므로 반올림을 고려하여

$$P(a \leq X \leq b) \approx \Phi\left(\frac{b+0.5-np}{\sqrt{np(1-p)}}\right) - \Phi\left(\frac{a-0.5-np}{\sqrt{np(1-p)}}\right) \tag{6.4.10}$$

와 같이 보정하여 확률을 계산할 수 있다.

**예제 2 ▸▸▸**

9점 이상을 쏠 확률이 0.2인 어떤 양궁선수에게 100발의 화살이 주어졌다. 이 양궁선수가 100발의 화살 중 25번 이상의 화살이 9점 이상을 맞출 확률을 구하고자 한다.

(1) 이항분포를 이용하여 확률을 구하는 식을 써보시오.

(2) 정규분포로 근사화 하여 근사확률을 구해보시오.

**풀이 ▸▸▸**

(1) 이항분포를 이용하여

$$\begin{aligned} & P(X \geq 25) \\ &= \binom{100}{25}(0.2)^{25}(0.8)^{75} + \binom{100}{26}(0.2)^{26}(0.8)^{74} + \cdots + \binom{100}{100}(0.2)^{100}(0.8)^{0} \\ &= \sum_{n=25}^{100}\binom{100}{n}(0.2)^{n}(0.8)^{100-n} = 1 - \sum_{n=0}^{24}\binom{100}{n}(0.2)^{n}(0.8)^{100-n} \end{aligned}$$

을 구할 수 있으나 계산량 때문에 실제 계산은 어렵다.

(2) 동일한 확률을 정규분포 $X \sim N(20, 16)$으로 근사화하여 구할 수 있다.

$$P(X \geq 25) = 1 - P(X \leq 24)$$

이며, 반올림에 의해 24.5 미만은 정수 24 이하이기 때문에

$$P(X \leq 24) \approx \Phi\left(\frac{24.5-20}{4}\right)$$

이며

$$P(X \geq 25) \approx 1 - \Phi\left(\frac{24.5-20}{4}\right) = 1 - 0.8697 = 0.1303.$$

### ☑ 다변량(multivariate) 정규분포

앞서 살펴본 정규분포는 단일 랜덤변수의 경우였다. 그렇다면 여러 개의 랜덤변수 즉 랜덤벡터에 대해서는 어떠할까? 예를 들어 어떤 학급의 수학성적과 물리성적 각각이 정규분포를 가진다면 이는 하나의 랜덤변수에 대한 경우이다. 그러나 수학과 물리 성적을 동시에 고려한다면 이들은 2변량(bivariate) 정규분포의 랜덤변수, 즉 2차원의 랜덤벡터인 경우로 결합 확률밀도함수로 표현해야 한다. 일반적으로 $n$개의 랜덤변수를 가지는 랜덤벡터 $X = (X_1, X_2, \ldots, X_n)$가 다변량 정규분포를 가진다면 결합 확률밀도함수는

$$\begin{aligned} f_X(x) &= f_{X_1 X_2 \cdots X_n}(x_1, x_2, \ldots, x_n) \\ &= \frac{1}{(2\pi)^{n/2} |\Sigma|^{1/2}} exp\left(-\frac{1}{2}(x-\mu)^t \Sigma^{-1} (x-\mu)\right) \end{aligned} \quad (6.4.11)$$

와 같다. 여기서 $\mu = (\mu_1, \mu_2, \ldots, \mu_n)^t$는 평균벡터이며, $\Sigma = [Cov(X_i, X_j)]_{i=1,\ldots,n,\, j=1,\ldots,n}$는 공분산 행렬에 해당한다. 랜덤벡터의 값 $x$와 평균벡터 $\mu$는 $n$차원 열벡터로 가정

하며, $i$번째 성분은 각각 랜덤변수 $X_i$의 값 $x_i$와 $\mu_i = E[X_i]$를 의미한다. 이러한 다변량 정규분포의 경우 $n > 2$이면 그림으로 표현하기 어렵기 때문에, $n = 2$인 경우, 즉 이변량(bivariate) 정규분포로 한정하면 확률 밀도함수는

$$f_{XY}(x,y) \\ = \frac{1}{2\pi\sigma_X\sigma_Y\sqrt{1-\rho^2}} exp\left(-\frac{1}{2(1-\rho^2)}\left[\frac{(x-\mu_X)^2}{\sigma_X^2} - \frac{2\rho(x-\mu_X)(y-\mu_Y)}{\sigma_X\sigma_Y} + \frac{(y-\mu_Y)^2}{\sigma_Y^2}\right]\right) \tag{6.4.12}$$

와 같이 표현할 수 있다. 여기서 평균벡터와 공분산 행렬은 각각

$$\mu = \begin{pmatrix} \mu_X \\ \mu_Y \end{pmatrix} \qquad \Sigma = \begin{pmatrix} \sigma_X^2 & \rho\sigma_X\sigma_Y \\ \rho\sigma_X\sigma_Y & \sigma_Y^2 \end{pmatrix} \tag{6.4.13}$$

에 해당한다. 식 (6.4.13)에서 $Cov(X, Y) = \rho\sigma_X\sigma_Y$이며, 여기서 $\rho$는 상관계수(correlation coefficient)에 해당한다.

그림 6.13은 이변량 정규분포의 랜덤벡터 $X = (X, Y)^t$의 다양한 모습을 보여주고 있다. 그림에서 오른쪽은 동일 확률밀도 궤적(equi-probability density contour)으로 이는 식 (6.4.12)의 지수부분인 대괄호 [ ]가 상수가 되는 $(X, Y)$의 궤적을 2차원 평면에 등고선의 형태로 나타낸 것이다. 이 그림들에서 동심타원에서 안쪽의 것이 확률밀도가 높은 궤적이며, 평균은 동심 타원들의 중심에 위치하고 표준편차 $\sigma_X$, $\sigma_Y$와 상관계수 $\rho$에 따라 장축과 단축의 길이 또한 이들이 좌표축과 이루는 각도가 변화한다. 또한 이 그림들에서 $\rho = 0$인 경우가 원이며 $\rho > 0$일 경우는 오른쪽으로 기울어진 타원, $\rho < 0$의 경우는 왼쪽으로 기울어진 타원의 모습이며 $|\rho|$값이 커지면 점점 타원이

$$y = \rho\frac{\sigma_Y}{\sigma_X}(x-\mu_X) + \mu_Y \tag{6.4.14}$$

로 표현되는 장축 방향의 직선에 근접해 찌그러져 간다. 그림 6.13의 왼쪽에는 해당 이변량 정규분포의 확률 밀도함수를 3차원 그래프로 표현하고 있다.

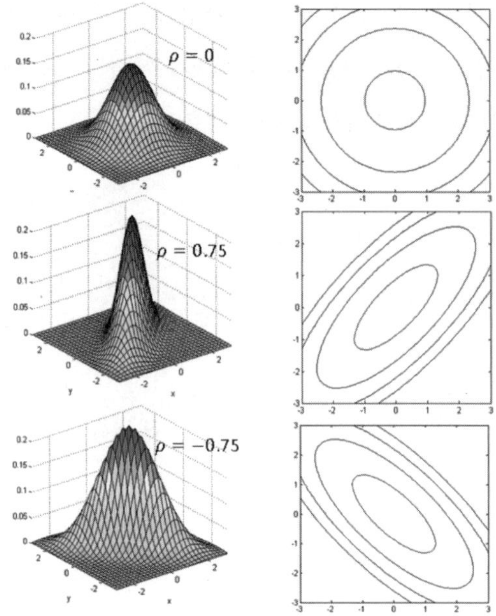


(a) 이변량 정규분포의 모습 ($\sigma_X = \sigma_Y = 1$)

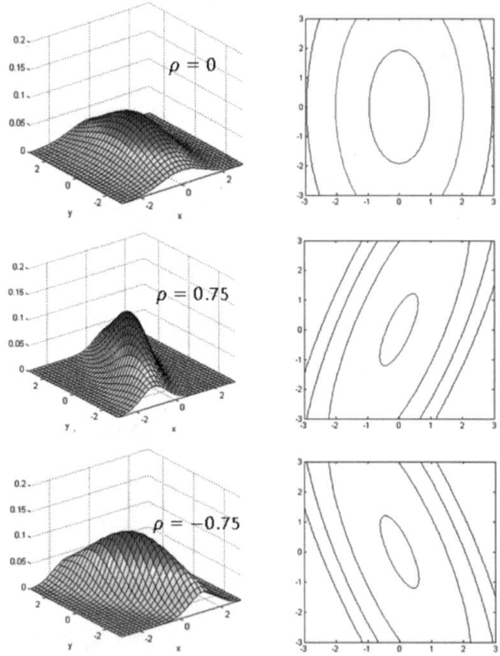


(b) 이변량 정규분포의 모습 ($\sigma_X = 1, \sigma_Y = 2$)

[그림 6.13] 다양한 이변량 정규분포의 모습

이변량 정규분포에서 주변 확률밀도함수는

$$f_X(x)=\int_{-\infty}^{\infty} f_{XY}(x,y)dy \qquad f_Y(y)=\int_{-\infty}^{\infty} f_{XY}(x,y)dx$$

와 같이 구할 수 있는데, 이들은 모두 정규분포로

$$X\sim N(\mu_X, \sigma^2_X) \text{와 } Y\sim N(\mu_Y, \sigma^2_Y) \tag{6.4.15}$$

에 해당한다. 또한 조건부 확률밀도함수 역시

$$f_{Y|X}(y|x)=\frac{f_{XY}(x,y)}{f_X(x)}$$

로 구할 수 있는데, 이 역시 정규분포로

$$f_{Y|X}(y|x)=\frac{1}{\sqrt{2\pi(1-\rho^2)\sigma^2_Y}}exp\left(-\frac{(y-(\mu_Y+\frac{\sigma_Y}{\sigma_X}\rho(x-\mu_X))}{2(1-\rho^2)\sigma^2_Y}\right) \tag{6.4.16}$$

와 같다. 식 (6.4.13)에서 조건부 평균과 조건부 분산은 각각

$$E[Y|X=x]=\mu_Y+\frac{\sigma_Y}{\sigma_X}\rho(x-\mu_X),\ Var(Y|X=x)=(1-\rho^2)\sigma^2_Y \tag{6.4.17}$$

이다. 식 (6.4.17)에서 조건부 평균은 $x$의 함수로 직선의 방정식이며, 이는 식 (6.4.14)과 같음을 주목하라. 즉 기울기는 $(\sigma_Y/\sigma_X)\rho$이며 평균벡터 $(\mu_X, \mu_Y)$를 지나가는 직선으로, $|\rho|$가 커지면 동일 확률밀도 궤적은 이 직선에 점점 접근해가며 분산은 0에 가까워진다. 여기서 또 하나 상기할 것은 어떤 랜덤변수 값이 알려졌을 때, 또 다른 랜덤변수 값을 추정하는데 사용하는 조건부 평균은 일반적으로 비선형임에 반해서 다변량 정규분포의 조건부 평균은 선형적이라는 것이다. 따라서 평균제곱오차 관점에서 $X=x$로 주어졌을 때 최적의 $Y$값은 식 (6.4.17)의 조건부 평균이며, 이때 평

균제곱오차는 분산 값에 해당된다. 따라서 다변량 정규분포에서는 조건부 평균이 식 (6.4.17)의 선형 회귀식(linear regression)이며, 이는 평균제곱오차 관점에서 최적의 추정이라 말할 수 있다.

### 예제 3 ▸▸▸

다음 설명의 결합 확률밀도 함수를 그림 6.13에서 지적하시오.

(1) 2015년도 수능시험의 수학과 물리 성적은 이변량 정규분포를 따른다고 하며, 수학 성적의 분산은 물리 성적의 분산보다 4배 크다고 하자. 또한 수학과 물리 성적의 상관계수는 $\rho=0.75$라 하자. 결합 확률 밀도함수는 어떤 모습일까?

(2) 농산물의 생산량과 농산물 가격은 근사적으로 이변량 정규분포를 따른다고 하며 각각의 분산은 동일하다고 하자. 또한 이들은 서로 음의 상관계수를 가지며 $\rho=-0.75$라 할 경우 농산물 생산량과 농산물 가격의 결합 확률 밀도함수는 어떤 모습일까?

(3) 어떤 학교의 학생들 시력과 성적과의 관계가 이변량 정규분포를 따른다고 하자. 시력의 분산이 성적의 분산에 4배 만큼 크며 $\rho=0$라면 결합 확률 밀도함수는 어떤 모습일까?

### 풀이 ▸▸▸

(1) 수학 성적을 $X$, 물리 성적을 $Y$라 할 경우 (b)의 두 번째와 같을 것이다.

(2) 농산물 생산량을 $X$, 농산물 가격을 $Y$라 할 경우 (a)의 세 번째와 같을 것이다.

(3) 성적을 $X$, 시력을 $Y$라 할 경우 (b)의 첫 번째와 같을 것이다.

### 예제 4 ▸▸▸

수학과 물리 성적이 이변량 정규분포로 근사화되며, 수학 성적 $X \sim N(65, 9^2)$, 물리 성적 $Y \sim N(58, 9^2)$이며 상관계수 $\rho=0.78$이라 하자. 이 두 성적의 회귀직선을 구하고, 수학 성적 80점의 경우 물리 성적은 어느 정도로 예상하는 것이 평균제곱오차 관점에서 가장 바람직할 것인가를 추정하시오? 또한 이 경우 평균제곱오차는 얼마인가?

**풀이 ▸▸▸** 식 (6.4.14)에 따라

$$y=58+0.78(x-65)$$

의 회귀 직선식을 얻을 수 있다. 따라서 수학 성적 80점의 경우 물리성적은

$$y=58+0.78(80-65)=58+0.78(15)=69.7\text{점}$$

으로 추정할 수 있으며, 이 경우 평균제곱오차에 해당하는 식 (6.4.14)에 따라 분산은

$$Var(Y|X=x)=(1-(0.78^2))9^2=31.7.$$

### ☑ 다변량(multivariate) 정규분포의 독립성

이변량 정규분포의 경우 랜덤변수들이 서로 무관(uncorrelated)하면 $\rho=0$이며 공분산이 0이 되는 것을 확인할 수 있으며, 식 (6.4.12)는

$$f_{XY}(x,y)=\frac{1}{\sqrt{2\pi}\sqrt{X}}e^{-\frac{(x-\mu_X)^2}{2\sigma_X^2}}\frac{1}{\sqrt{2\pi}\sqrt{Y}}e^{-\frac{(y-\mu_Y)^2}{2\sigma_Y^2}}=f_X(x)f_Y(y) \qquad (6.4.18)$$

와 같이 표현할 수 있다. 따라서 이변량 정규분포의 경우 랜덤변수 상호간에 무관하면 독립적이라 할 수 있다. 또한 이를 일반화 시키면 다변량 정규분포에서 랜덤벡터의 성분인 랜덤변수들이 쌍마다 무관(pair-wise uncorrelated)하면 공분산 행렬 $\Sigma$는 대각행렬이 되며

$$f_X(x)=f_{X_1X_2\cdots X_n}(x_1,x_2,\ldots,x_n)=f_{X_1}(x_1)f_{X_2}(x_2)\cdots f_{X_n}(x_n) \qquad (6.4.19)$$

와 같이 주변 확률밀도함수들의 곱으로 표현할 수 있다. 따라서 다변량 정규분포의

경우 랜덤변수 상호간에 무관하면 독립적이라 말할 수 있다. 일반적으로 랜덤변수들이 독립적이면 무관하며, 그 역은 성립하지 않으나 다변량 정규분포의 경우는 독립적이라는 말과 무관하다는 말은 동치이다.

### ☑ 정규분포 랜덤변수의 함수

일반적으로 독립적인 정규분포 랜덤변수의 합 역시 정규분포를 가지며, 정규분포에 상수를 곱해도 역시 정규분포이다. $n$개의 독립적인 정규분포 랜덤변수 $X_i \sim N(\mu_i, \sigma_i^2)$ 들의 선형조합인 랜덤변수

$$Y = a_1X_1 + a_2X_2 + a_nX_n \tag{6.4.20}$$

는 평균 $\mu_Y = a_1\mu_1 + a_2\mu_2 + \cdots + a_n\mu_n$ 이며, 분산 $\sigma_Y^2 = a_1^2\sigma_1^2 + a_2^2\sigma_2^2 + \cdots + a_n^2\sigma_n^2$인 정규분포, 즉

$$Y \sim N(a_1\mu_1 + a_2\mu_2 + \ldots + a_n\mu_n,\ a_1^2a_1^2 + a_2^2a_2^2 + \cdots + a_n^2a_n^2) \tag{6.4.21}$$

한편 다변량 정규분포를 가지는 랜덤벡터 $X = (X_1, X_2, \ldots, X_n)^t$를 $m \times n$ 행렬 $A$로 선형변환하고 $b = (b_1, b_2, \ldots, b_m)^t$를 더하여 얻은 랜덤벡터 $Y = (Y_1, Y_2, \ldots, Y_m)^t$, 즉

$$Y = AX + b \tag{6.4.22}$$

역시 다변량 정규분포이다. 변환 전 $X = (X_1, X_2, \ldots, X_n)^t$의 평균이 $\mu_X = (\mu_1, \mu_2, \ldots, \mu_n)^t$일 경우 변환 후 $Y = (Y_1, Y_2, \ldots, Y_m)^t$의 평균 벡터는

$$\mu_Y = A\mu_X + b \tag{6.4.23}$$

에 해당하고, 공분산 행렬은

$$\Sigma_Y = A\Sigma_X A^t \tag{6.4.24}$$

에 해당한다. 즉 선형변환 결과 $Y=(Y_1, Y_2, \ldots, Y_m)^t$의 각각의 성분에 해당하는 랜덤변수는 정규분포이며, 전체를 표현하는 랜덤벡터는 다변량 정규분포라는 것이다. 식 (6.4.23)은 식 (4.4.12)와 같으며, 식 (6.4.24)은 식(4.4.13)에서 이미 언급한 바와 같다. 다만 일반적인 결합 확률분포에서와는 다르게 다변량 정규분포의 경우는 식 (6.4.23)과 식 (6.4.24)의 평균벡터와 공분산 행렬에 의해 일의적(unique)으로 규정된다는 점이 다를 뿐이다.

한편 식 (6.4.21)은 식 (6.4.23)과 식 (6.4.24)의 결과의 특별한 경우에 해당한다. 즉 행렬 $A$가 $1\times n$인 $A=(a_1, a_2, \ldots, a_n)$이며 $b=0$이라면, 평균 $\mu_Y=A\mu_Y=a_1\mu_1+a_2\mu_2+\cdots+a_n\mu_n$에 해당하고

$$\Sigma_Y=(a_1, a_2, \ldots, a_n)\begin{bmatrix} a_1^2 & 0 & \cdots & 0 \\ 0 & a_2^2 & \cdots & 0 \\ 0 & 0 & \cdots & 0 \\ 0 & 0 & 0 & a_n^2 \end{bmatrix}\begin{pmatrix} a_1 \\ a_2 \\ \cdot \\ \cdot \\ a_n \end{pmatrix}=a_1^2\sigma_1^2+a_2^2\sigma_2^2+\cdots+a_n^2\sigma_n^2$$

이기 때문이다. 여기서 각각의 정규분포 랜덤변수들은 서로 독립(무관)일 경우 공분산 행렬은 대각행렬이 됨을 주목하기 바란다.

## 연습문제

1. 표준정규분포를 가지는 랜덤변수 $Z\sim N(0,1)$에서 다음 확률들을 구하시오.

(1) $P(0\le Z\le 2.1)$ (2) $P(-1.3\le Z\le 1.3)$ (3) $P(Z\le -1.5)$ (4) $P(Z\le -1.8)$

2. 정규분포를 가지는 랜덤변수 $X\sim N(6,16)$에 대하여 다음을 구하시오.

(1) $P(2.7\le X\le 10.4)$ (2) $P(X>4.5)$ (3) $P(-0.2\le X\le 3.8)$

(4) $P(X\le x_0)=0.983$인 $x_0$를 구하시오.

(5) $P(1.0 \le X \le x_0) = 0.75$인 $x_0$를 구하시오.

3. 어떤 회사원의 직장까지의 통근시간 $T$는 평균 40분이고 표준편차가 4분인 정규분포의 랜덤변수라 하자. 다음을 구하시오.

(1) $P(T > 50)$ (2) $P(T < 50 | T > 40)$ (3) $P(36 < T < 48)$

4. 주간 매상이 서로 독립적이며 각각 $X \sim N(400, 10^2)$만원, $Y \sim N(380, 20^2)$만원인 두 체인점이 있다고 하자. 이 두 체인점의 주간 매상의 합과 차에 관한 질문에 답하시오.

(1) 이 두 체인점의 주간 매상의 합의 확률 분포를 구하시오.

(2) 두 체인점의 매상의 합이 800만원 이상일 확률을 구하시오.

(3) 두 체인점의 매상차이 $X - Y$의 확률 분포를 구하시오.

(4) $P(X \le Y)$를 구하시오.

5. 운전면허 시험지가 4지 선다형 문제로 50문제라 하자. 어떤 사람이 무작위로 답을 선택하여 시험을 치뤘다고 하고 30문제 이상 맞추면 합격이라 하자. 다음 확률을 구하시오.

(1) 이항분포를 이용하여 30문제 이상 문제를 맞추어 합격할 확률을 구하는 식을 써보시오.

(2) 정규 근사화를 이용하여 30문제 이상 맞출 확률을 구해 보시오.

6. 학생들의 주당 평균게임시간 $T \sim N(20, 16)$과 학업성취도 $P \sim N(60, 25)$는 이변량 정규분포를 이루며 상관계수 $\rho = -0.6$이라 하자.

(1) 이 두 개의 변량을 가지는 정규분포의 결합 확률밀도함수 $f_{TP}(t, p)$를 표현해 보시오.

(2) 이 이변량 정규분포의 평균벡터와 공분산행렬을 표현해 보시오.

(3) 학업 성적을 종속변수로 주당 평균 게임시간을 독립변수로 최소제곱오차를

최소화 하는 회귀식을 구해보시오.

(4) (3)에서 구한 회귀식을 이용하여 주당 평균 10시간의 게임을 하는 사람의 학업성취도를 구하시오.

(5) (3)의 분산, 즉 최소제곱오차는 얼마인가?

7. 3.6절에서 특성함수에 관한 기본사항을 공부하였다. 이제 독립적인 $X_1$, $X_2$인 두 정규분포로부터 정의된 또 다른 정규분포

$$Y = a_1X_1 + a_2X_2 + a_3$$

의 평균과 분산을 구하고자 한다. 다음질문에 답하시오.

(1) 표준정규분포의 특성함수가

$$\Phi_Z(j\omega) = \exp(-\omega^2/2)$$

임을 보이시오. (힌트: 표준정규분포의 확률밀도 함수로부터 특성함수를 구하는 과정에서 지수부를 완전제곱 꼴로 만들고 적분변수를 치환하시오.)

(2) 식 (3.6.3)을 이용하여 일반적인 정규분포 $N(\mu_{X_1}, \sigma^2_{X_1})$의 특성함수가

$$\Phi_{X_1}(j\omega) = \exp(j\omega\mu_{X_1} - \omega^2\sigma^2_{X_1}/2)$$

임을 보이시오.

(3) 이제 정의에 따라 $Y$의 특성함수를 표현하고 독립성을 이용하여 각각의 $X_1$과 $X_2$의 특성함수의 곱으로 표현해 보시오. 또한 이를 적절히 변형하여 (2)의 형태로 변형하여 랜덤변수 $Y$의 특성함수로부터 $Y$의 평균과 분산을 구해보시오.

## 6.5 표본평균(sample mean)과 중심극한정리(central limit theorem)

본 절에서는 표본으로부터 얻어지는 표본평균이라는 또 다른 랜덤변수와 그 분포를 알아보고 표본평균의 확률 분포가 표본 수가 많아지면 정규분포에 근접해 간다는 중심극한 정리에 대해 살펴본다.

### ☑ 표본평균

다시 i.i.d. 랜덤변수 $X$의 반복시행과 그 반복시행으로부터 얻어지는 랜덤변수의 합을 고려하자. $n$회 시행에서 얻어지는 $X_1, X_2, \ldots, X_n$은 서로 동일한 분포이며 독립적이며, 그 합을

$$S = X_1 + X_2 + \cdots + X_n \tag{6.6.1}$$

라 하자. 이러한 랜덤변수의 예로서는 이미 베르누이 분포를 가지는 랜덤변수와 이를 반복 시행하는 경우의 이항분포를 살펴본바 있다. 물론 기댓값의 성질에 따라

$$E[S] = E[X_1 + X_2 + \cdots + X_n] = n \cdot E[X] \tag{6.6.2}$$

에 해당하며, 분산은 독립성에 의해

$$E[S^2] = E[(X_1 + X_2 + \cdots + X_n)^2] = \sum_{i=1}^{n} E[X_i^2] + 2\sum_{i=1}^{n} \sum_{\substack{i=1 \\ j \neq i}}^{n} E[X_i]E[X_j]$$

이며

$$E^2[S] = E^2[X_1 + X_2 + \cdots + X_n] = \sum_{i=1}^{n} E^2[X_i] + 2\sum_{i=1}^{n} \sum_{\substack{i=1 \\ j \neq i}}^{n} E[X_i]E[X_j]$$

이기 때문에

$$Var(S)=E[S^2]-E^2[S]=\sum_{i=1}^{n}(E[X_i^2]-E^2[X_i])=n\cdot Var(X) \quad (6.6.3)$$

에 해당한다. 베르누이 랜덤변수의 평균이 $p$, 분산이 $pq$일 경우, 이를 $n$번 시행하여 얻어지는 관심의 대상이 되는 횟수인 이항분포 랜덤변수의 평균이 $nq$ , 분산이 $npq$에 해당함을 상기하기 바란다.

표본평균이란 식 (6.6.1)을 $n$으로 나눈 랜덤변수로

$$\overline{X} = \frac{1}{n}(X_1+X_2+\cdots+X_n) \quad (6.6.4)$$

로 정의된다. 여기서 $X_i$들은 물론 i.i.d.인 랜덤변수이다. 표본평균은 독립적이고 동일한 랜덤변수를 반복시행하고 그 합을 구한 후 평균을 내는 랜덤변수들의 함수로 간주할 수 있다.

가령 균일분포를 갖는 주사위를 $n$번 던져서 얻는 눈금들을 모두 더하고 그 평균을 구한다면 이는 표본평균이며, 랜덤변수이다. 왜냐하면 어떤 시행에서 $n$번 주사위를 던져서 얻은 표본평균의 값이 다른 시행에서 $n$번 주사위를 던져서 얻은 표본평균의 값과 일반적으로 다르기 때문이다.

이제 이 표본평균이라는 랜덤변수의 평균과 분산을 고려해 보자. 식 (6.6.1)을 $n$으로 나눈 것이기에 표현과 분산은 각각

$$E[\overline{X}]=E[X], \qquad Var(\overline{X})=\frac{1}{n}Var(X) \quad (6.6.5)$$

에 해당한다. 즉 표본평균 구하는 $n$회의 반복시행을 수 없이 반복해서 평균을 구해보면, 이는 원래 랜덤변수 $X$의 평균과 같으며 반복시행 횟수 $n$을 늘려 가면 분산은 0에 접근해 간다는 의미이다.

**예제 1 ▸▸▸**

주사위를 2회, 3회 반복하며 던져서 얻은 눈금의 표본평균 $\overline{X}$ 확률분포를 구하여라.

**풀이 ▸▸▸** 주사위를 2회 던질 경우 표본공간은 (1,1)....(6,6)의 36가지이며 이 표본들의 확률은 동일하게 1/36에 해당한다. 표 6.1은 회 반복시행의 표본공간과 표본평균을 보여준다.

| $X_1$ \ $X_2$ | 1 | 2 | 3 | 4 | 5 | 6 |
|---|---|---|---|---|---|---|
| 1 | 1 | 1.5 | 2 | 2.5 | 3 | 3.5 |
| 2 | 1.5 | 2 | 2.5 | 3 | 3.5 | 4 |
| 3 | 2 | 2.5 | 3 | 3.5 | 4 | 4.5 |
| 4 | 2.5 | 3 | 3.5 | 4 | 4.5 | 5 |
| 5 | 3 | 3.5 | 4 | 4.5 | 5 | 5.5 |
| 6 | 3.5 | 4 | 4.5 | 5 | 5.5 | 6 |

[표 6.1] 표본공간과 확률분포

따라서 표본평균 랜덤변수의 확률질량분포는 표 6.2와 같다.

| $\overline{X}$ | 1 | 1.5 | 2 | 2.5 | 3 | 3.5 | 4 | 4.5 | 5 | 5.5 | 6 |
|---|---|---|---|---|---|---|---|---|---|---|---|
| $P(\overline{X})$ | 1/36 | 2/36 | 3/36 | 4/36 | 5/36 | 6/36 | 5/36 | 4/36 | 3/36 | 2/36 | 1/36 |

[표 6.2] $n=2$일 경우의 표본평균의 확률 질량함수

동일한 방법으로 $n=3$회 반복시행의 표본공간을 구성하면 216개의 원소를 가진 표본공간을 생성할 수 있으며 각 표본의 확률은 동일하게 1/216이다. 따라서 같은 방법으로 표본평균의 분포를 구해보면 표 6.3과 같다.

| $\overline{X}$ | 1.00 | 1.33 | 1.67 | 2.00 | 2.33 | 2.67 | 3.00 | 3.33 |
|---|---|---|---|---|---|---|---|---|
| $P(\overline{X})$ | 1/216 | 3/216 | 6/216 | 10/216 | 15/216 | 21/216 | 25/216 | 27/216 |
| $\overline{X}$ | 3.67 | 4.00 | 4.33 | 4.67 | 5.00 | 5.33 | 5.67 | 6.00 |
| $P(\overline{X})$ | 27/216 | 25/216 | 21/216 | 15/216 | 10/216 | 6/216 | 3/216 | 1/216 |

[표 6.3] $n=3$일 경우의 표본평균의 확률질량함수

이들 표본평균을 $n=4$까지 그림으로 표현하면 그림 6.14와 같다. 그림에서 $n=1$인 경우는 원래 주사위 눈금의 확률분포와 같으며, $n$이 증가하면서 점점 정규분포를 닮아가는 것을 주목해 보기 바란다. 이렇게 독립적인 랜덤변수의 합의 분포는 각각의 확률분포의 콘벌루션(conviolution)으로 구해질 수 있다. $n$이 계속 증가해가면 어떤모습일까를 상상해보기 바란다.

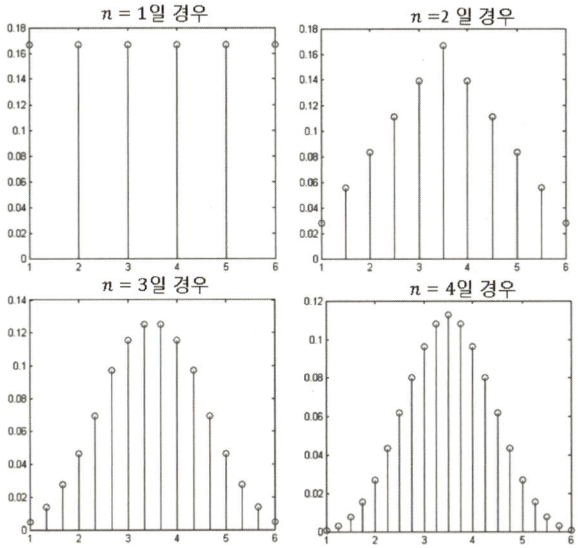


[그림 6.14] 주사위 눈금의 경우 표본평균의 확률질량함수

## ☑ 중심극한정리(central limit theorem)

앞서 예제 1에서 주사위 눈금의 균일분포의 표본평균에서 $N$이 증가하면서 점점 정규분포를 닮아가는 것을 알았다. 이는 어떠한 분포의 랜덤변수에 대해서도 공통적인 사항으로 이를 수학적으로 요약한 것을 통상 중심극한정리라 한다.

**중심극한정리** 평균이 $\mu$, 분산이 $\sigma^2$인 임의의 i.i.d. 랜덤변수 $X_i$, $i=1, 2, 3, \ldots, n$에 대하여 $n$이 충분히 크다면, 식 (6.6.4)의 표본평균 $\overline{X}$는 평균 $\mu$, 분산 $\sigma^2/n$인 정규분포에 가까워진다. 즉

$$\overline{X} = \frac{1}{n}(X_1 + X_2 + \ldots + X_n) \simeq N(\mu, \frac{\sigma^2}{n}) \qquad (6.6.6)$$

가 성립한다. 또한 $S = n\overline{X}$ 라면 $S \sim N(n\mu, n\sigma^2)$ 에 해당한다.

이 중심극한정리는 왜 우리 주위에 많은 측정량, 예를 들면 키, 몸무게, 시력, 시험점수 등 근사적으로 정규분포의 형태로 나타나는가에 대한 간접적인 해답을 제공하기도 한다. 이들 측정량들은 어떤 의미에서 거시적이라고 볼 수도 있으며, 여러 가지 미시적이고 내부적인 요인들에 해당하는 변량들이 모여서 눈에 보이는 거시적인 측정량을 결정한다고 생각할 수 있다. 이 미시적인 변량들이 나름대로 독립적인 랜덤변수들 이라면 이를 총체화한 거시적인 측정치들은 중심극한정리에 따라 정규분포의 형태로 나타나는 것으로 간주될 수도 있다는 것이다.

**예제 2 ▸▸▸**

중심극한정리를 이용하여 예제 1에서 $n = 100$인 경우에 랜덤변수 $\overline{X}$에 대한 질문에 답하시오.

(1) $n$이 100일 경우 근사적인 확률분포를 구하시오.

(2) $n$이 100일 경우 표본평균이 3.671이상인 경우의 확률을 구하시오.

**풀이 ▸▸▸**

(1) 각각의 $X_i$는 균일분포로 식 (5.1.2)에 따라 평균 $\mu = 3.5$ 분산 $\sigma^2 = 2.92$이다. 중심극한정리에 따라서 $n = 100$일 경우 확률분포는 근사적으로 $\overline{X} \sim N(3.5, 2.92/100) = N(3.5, 0.171^2)$ 에 해당한다.

(2) $P\left(\frac{\overline{X} - 3.5}{0.171} \geq \frac{3.671 - 3.5}{0.171}\right) = P(Z \geq 1) = 1 - P(Z \leq 1) = 0.1587$.

## 연습 문제

1. 컴퓨터를 이용하여 [0,1]의 범위를 갖는 독립적인 균일분포 랜덤변수 50개를 만들어

$$X = X_1 + X_2 + \cdots + X_{50}$$

을 구했다.

(1) 이 랜덤변수 $X$의 분포를 근사적인 정규분포로 표현해 보시오.

(2) (1)로부터 $P(17 \le X \le 35)$을 근사적으로 구해 보시오.

(3) 표본평균 $\overline{X} = X/50$의 근사적인 분포를 표현해 보시오.

(4) (3)으로부터 $P(0.5 \le \overline{X} \le 0.7)$의 확률을 근사적으로 구해보시오.

2. 어떤 정류장에 버스가 도착하고 다음 버스가 도착하는데 까지 걸리는 시간간격은 평균 5분인 동일한 지수분포를 가지며 이전 또는 이후에 도착하는 버스시간 간격과는 독립적이라 하자. 이제 30대의 버스가 도착하는 시간간격으로 부터 버스 사이의 도착시간에 대한 표본평균를 구한다고 하자.

(1) 30대의 버스를 고려할때 버스사이 도착시간에 대한 표본평균 $\overline{T}$의 확률분포를 구하시오.

(2) $P(\overline{T} > 4.8)$을 구하시오.

## 6.6 정규분포와 관련된 확률분포

통계학에서는 정규분포와 관련된 다양한 확률분포를 활용한다. 본 절에서는 정규분포와 관련된 $\chi^2$-분포, (스튜던트) $t$-분포, $F$-분포 등을 간략하게 소개한다. $\chi^2$-분포, (스튜던트) $t$-분포, $F$-분포로부터 확률을 구하기 위한 적분은 정규분포와 마찬가지로 쉬운 계산이 아니기에 부록에 표로 제공한다.

### ☑ $\chi^2$-분포, $\chi^2(n)$

독립적인 $n$개의 표준정규분포 랜덤변수를 제곱하여 합하면, 자유도(degree of freedom) $n$인 $\chi^2$-분포(카이제곱 분포)가 된다. 즉 $Z_1, Z_2, \ldots, Z_n$이 독립적이며 표준정규분포를 가진다고 할 때

$$Q = \sum_{i=1}^{n} Z_i^2 \tag{6.7.1}$$

은 자유도 $n$인 $\chi^2$-분포 $Q \sim \chi^2(n)$이다. 따라서 $\chi^2$-분포의 파라메타는 자유도 $n$이며, 표본분산과 관련된 통계적 추정이나 검정에서 사용된다. 자유도 $n$인 $\chi^2$-분포의 확률밀도함수는

$$f_Q(x) = \frac{1}{2^{n/2}\Gamma(\frac{n}{2})} x^{\frac{n}{2}-1} e^{-\frac{x}{2}}, \quad x \geq 0 \tag{6.7.2}$$

이며, 평균과 분산은 각각

$$E[Q] = n \qquad Var(Q) = 2n \tag{6.7.3}$$

에 해당한다. 자유도 $n$인 $\chi^2$-분포는 그림 6.15와 같다. 일반적으로 독립적인 $\chi^2$-분포의 두 랜덤변수를 더하면 그 결과 역시 $\chi^2$-분포이며, 자유도는 각각의 자유도의 합과

같다. 한편 $\chi^2$-분포는 감마분포의 특별한 경우로 $\alpha = n/2, \beta = 2$인 경우에 해당한다. $\chi^2$-분포의 오른쪽 꼬리 확률이 $100\alpha\%$가 되는 백분위수는 부록 $B$에 표로 주어져 있으며 표본분산과 관련된 추정과 검정에 사용된다.

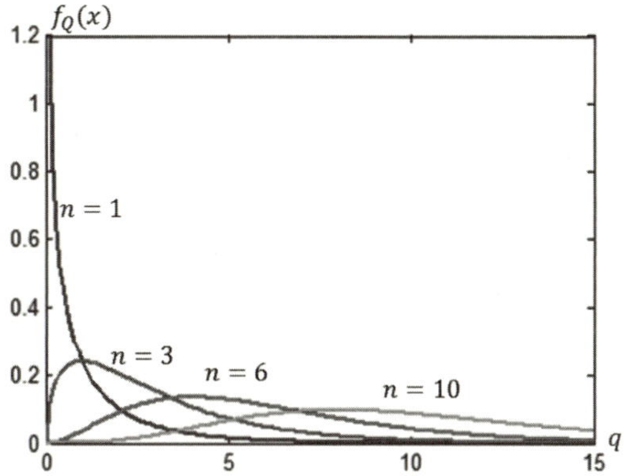


[그림 6.15] 자유도 $n$인 $\chi^2$-분포의 확률밀도함수

**예제 1 ▸▸▸**

(1) 부록 $B$의 $\chi^2$-분포의 오른쪽 꼬리확률 표를 이용하여 자유도가 10인 $\chi^2$-분포에서 $P(Q \geq q_0) = 0.10$인 $q_0$ 값을 구하시오.

(2) 자유도가 5인 $\chi^2$-분포에서 $P(Q \leq q_0) = 0.375$인 $q_0$값을 구하시오.

**풀이 ▸▸▸** (1) 오른쪽 꼬리확률 표에서 자유도 10인 경우 꼬리 확률이 0.10인 경우의 $q_0$값은 15.99에 해당 한다

(2) $P(Q \leq q_0) = 0.375$은 꼬리확률로는 $P(Q > q_0) = 0.625$에 해당한다. 자유도 5인 경우 이 꼬리확률에 해당하는 $q_0$값은 확률 $0.75$에서 2.67, 확률 0.5에서 4.35이므로, 이를 보간하면 $q_0 \fallingdotseq 3.51$에 해당한다.

### ☑ (스튜던트) $t$-분포, $t(r)$

영국의 William Sealey Gosset (1876-1937)이 Student라는 필명으로 발표한 논문에서

사용되었기에 붙여진 이름으로, (스튜던트) $t$-분포는 분산을 모르는 정규분포로부터 작은 수의 표본을 얻어 평균을 통계적으로 추정하거나 검정할 때 사용된다.

서로 독립인 $Z \sim N(0, 1)$과 $V \sim \chi^2(n)$인 두 랜덤변수의 함수로 정의되는 랜덤변수

$$T = \frac{Z}{\sqrt{V/n}} \tag{6.7.4}$$

라면 이는 자유도(degree of freedom) $n$인 $t$-분포를 가지며, $T \sim t(n)$로 표현한다. 자유도 $n$인 $t$-분포의 확률밀도함수는

$$f_T(t) = \frac{\Gamma((n+1)/2)}{\sqrt{n}\,\Gamma(1/2)\,\Gamma(n/2)} \left(1 + \frac{t^2}{n}\right)^{-(n+1)/2}, \quad t > 0 \tag{6.7.5}$$

이며, 평균과 분산은 각각

$$E[T] = 0, \qquad Var(T) = n/(n-2) \tag{6.7.6}$$

이다. 한편 $t$-분포는 그림 6.16과 같이 정규분포와 같이 좌우 대칭이며 종 모양을 이룬다. 일반적으로 $t$가 0에 가까운 부분에서는 확률밀도 값이 표준정규분포보다 작으며, 0에서 먼 꼬리부분은 표준정규분포의 확률밀도보다 크다. 또한 자유도 $n$이 커지면 표준정규분포에 점차 근접해 간다.

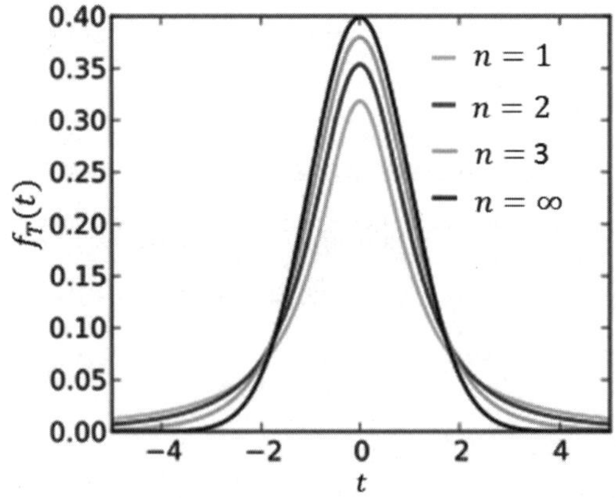


[그림 6.16] $t$-분포의 확률밀도함수

### 예제 2 ▸▸▸

부록 $C$의 $t$-분포표로부터 $T \sim t(5)$에 대한 다음 값을 구하시오.

(1) $P(T > t_{0.05}) = 0.05$를 만족하는 $t_{0.05}$를 구하시오.

(2) $P(|T| < t_0) = 0.95$를 만족하는 $t_0$를 구하시오.

### 풀이 ▸▸▸

(1) 자유도가 5인 경우 오른쪽 꼬리 확률이 0.05일 경우의 $t_{0.05} = 2.015$이다.

(2) $t$-분포는 우함수이므로 자유도가 5인 경우 $P(|T| < t_0) = 0.95$는 오른쪽 꼬리 확률이 0.025인 경우에 해당하며 $t_0 = 2.571$.

## 연습문제

1. $\chi^2$-분포에 대한 다음 질문에 답하시오.

(1) 자유도가 12인 $\chi^2$-분포의 오른쪽 꼬리 확률표에서 $P(Q \geq q_0) = 0.10$인 $q_0$ 값을 구하시오. 또한 이 자유도가 12인 $\chi^2$-분포의 평균과 분산은 얼마인가?

(2) 자유도가 10인 $\chi^2$-분포에서 $P(Q \leq q_0) = 0.025$인 $q_0$값을 구하시오.

2. 부록의 $t$-분포표로부터 $T \sim t(10)$에 대한 다음 값을 구하시오.

(1) $P(T > t_{0.025}) = 0.025$를 만족하는 $t_{0.025}$를 구하시오.

(2) $P(|T| < t_0) = 0.90$을 만족하는 $t_0$를 구하시오.

## 6.7 컴퓨터 실습

본 절에서는 먼저 균일분포 랜덤변수로부터 임의의 확률분포 랜덤변수를 만드는 방법을 소개하고 이 방법에 따라 이산적인 랜덤변수의 표본과 지수분포 랜덤변수의 표본을 얻어 본다. 그리고 중심극한정리를 확인해 보기 위해 균일분포 랜덤변수를 이용한 정규분포 표본만들기를 실습해 본다. 뿐만 아니라 다변량 정규분포의 의미를 분명하게 하기 위해 실제 다변량 정규분포의 표본을 얻어 산포도를 그려보고 주변 확률 밀도함수를 얻어 보는 실습도 수행한다.

### ☑ 임의 분포의 랜덤표본 만들기

임의의 확률분포를 가정한 표본들은 컴퓨터 게임, 또는 시뮬레이숀 목적이나 베이지언 네트워크(Bayesian network)에서는 근사 추론을 목적으로 만들어 사용한다. 본 절에서는 임의의 확률분포를 가지는 랜덤변수의 표본들을 만드는 일반적인 방법을 소개한다. 이렇게 만들어진 표본들은 근사적으로 랜덤변수의 확률분포를 따라야 하며, 큰 수의 법칙(law of large number)에 따라 무한히 많은 표본들의 상대빈도는 확률분포와 일치해야 한다.

어떤 확률분포를 가지는 표본들을 만드는 방법은 독립적인 균일분포 랜덤변수로부터 만들어질 수 있다. 원하는 랜덤변수의 확률 밀도함수가 $f_Y(y)$이며, $X$는 $[0, 1]$의 균일분포 랜덤변수라 하자. $Y = g(X)$이고 여기서 함수 $g(\cdot)$가 단조증가(monotonically non-decreasing) 함수라면,

$$F_Y(y) = P(Y \le y) = P(g(X) \le y) = P(X \le g^{-1}(y)) \qquad (6.8.1)$$

가 성립한다. 즉 함수의 출력에 정의된 사건의 확률은 해당하는 입력에 정의된 확률과 같다는 것이다. 그런데 $X \sim U[0, 1]$인 균일분포인 경우 $F_X(x) = P(X \le x) = x$

이기 때문에 식 (6.8.1)은

$$P(X \le g^{-1}(y)) = g^{-1}(y) \tag{6.8.2}$$

이며 $0 \le g^{-1}(y) \le 1$을 만족한다. 결국 식 (6.8.1)과 식 (6.8.2)에서

$$F_Y(y) = g^{-1}(y),\quad X = F_Y(Y),\quad \text{또는}\quad Y = g(X) = F_Y^{-1}(X) \tag{6.8.3}$$

과 같다. 식 (6.8.3)에서 $g(\cdot)$는 누적분포함수의 역함수이기 때문에 단조증가 함수이며, 누적분포함수 $g^{-1}(\cdot)$는 0부터 1사이의 값을 가진다. 결국 원하는 표본들은 누적분포함수의 역함수에 균일분포 랜덤변수로부터 제공되는 표본 값들을 대입하여 얻을 수 있다. 따라서 이를 알고리즘의 형태로 정리하면 다음과 같이 단순하다.

〈임의분포 표본발생 알고리즘〉

**단계** 1: 원하는 분포의 누적분포함수를 얻고, 이 누적분포함수의 역함수를 얻는다.

**단계** 2: [0, 1] 의 균일분포 표본을 얻어 누적분포함수의 역함수에 대입하여 원하는 표본들을 얻어낸다.

**예제 1 ▸▸▸**

지수분포의 랜덤변수 $Y \sim \text{Exp}(\lambda)$로부터 표본들을 얻어내려 한다. 필요한 과정을 기술하시오.

**풀이 ▸▸▸** 지수분포의 누적분포함수는

$$F_Y(y) = 1 - e^{-\lambda y}$$

이며, 이 누적분포함수의 역함수는

$$X = 1 - e^{-\lambda y} \quad \text{또는} \quad Y = -\frac{1}{\lambda} ln(1 - X) \tag{6.8.4}$$

와 같다. 따라서 [0, 1]의 균일분포 표본을 발생시켜서 식 (6.8.4)에 대입하여 얻어지는 난수는 원하는 지수분포를 갖는 표본들이 된다.

**예제 2 ▸▸▸**

그림 6.18(a)와 같은 확률 질량함수를 갖는 이산적인 랜덤변수 $Y$의 표본을 만들고자 한다. 그 방법을 설명하시오.

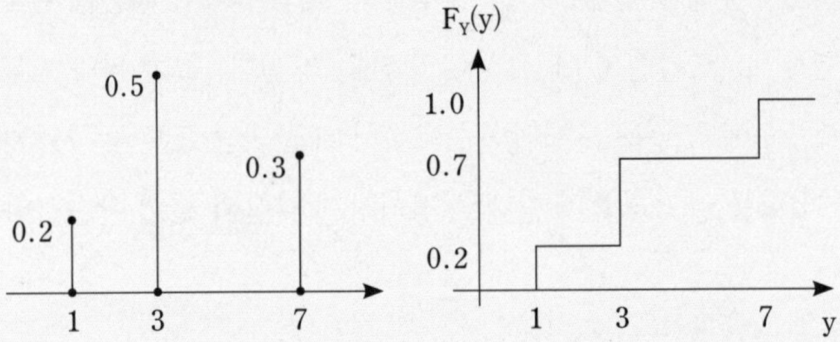


(a) 확률 밀도함수　　(b) 누적분포함수

[그림 6.18] 확률 질량함수 및 누적분포함수

**풀이 ▸▸▸** 그림 6.18(a)의 확률 질량함수에 대한 누적분포함수는

$$F_Y(y)=\begin{cases}0.0, & y<1\\0.2, & 1\le y<3\\0.7, & 3\le y<7\\1.0, & 7\le y\end{cases} \tag{6.8.5}$$

와 같다. 따라서 이 누적분포함수의 역함수는

$$F_Y^{-1}(y)=\begin{cases}1, & 0\le x<0.2\\3, & 0.2\le y<0.7\\7, & 0.7\le y\le 1.0\end{cases} \tag{6.8.6}$$

이다. 따라서 [0, 1]의 균일분포 난수를 발생시켜 식 (6.8.6)에 대입하여 표본

을 얻을 수 있다. (그림 6.19(b)의 가로 세로축을 거꾸로 보아 세로축에 [0, 1]의 균일분포 난수를 대입하여 가로의 값을 읽으면 됨. 예를 들어 세로축에 [0, 1]에 균등한 분포의 모래를 뿌렸다고 하자. 그렇다면 0.2의 비율이 1에, 0.5만큼의 비율로 3에, 0.3의 비율로 7에 매핑 되게 될 것임.) 바로 이 과정이 1장에서 알고리즘의 형태로 소개되었고, 이전 장들의 컴퓨터 실습에서 이산적인 랜덤변수의 표본을 만든 방법이었음을 상기하기 바란다.

예제 1의 결과에 따라 프로그램으로 지수함수 분포를 만들어 보고 원래 지수분포를 만드는 함수 exprnd()를 통해 얻은 결과를 비교해 보자. 그림 6.19의 프로그램의 전반부는 3장의 그림 3.16과 동일하다. 즉 exprnd()를 통해 얻은 표본 10,000개를 만들고 이를 0부터 15사이에 1,000개의 구간에서 헤아려 빈도를 구하고 그 상대빈도를 막대그래프로, 누적분포를 계단그래프로 그리는 프로그램이다. 그러나 후반부는 rand()함수로 0과 1사이의 균일분포 표본을 발생시켜 식 (6.8.4)로 변환하여 지수분포 표본으로 변환하고 이를 동일한 방법으로 표현하고 있다. 그림 6.20의 위쪽의 좌우 그림은 exprnd()를 사용하여 얻은 결과를 아래쪽의 좌우 그림은 예제 1과 같은 방법으로 얻은 결과로 동일한 분포를 확인할 수 있다.

```
s=rand('state');
n=10000; ncells=1000;
f=zeros(1,ncells);
dx=15/ncells; % 15까지를 ncells 등분으로 나눔

for i=1:n
    x=exprnd(1);  % 지수분포 랜덤넘버 발생
    k=floor((x)/dx)+1; % 발생된 랜덤넘버의 구간 결정
    f(k)=f(k)+1; % 해당 구간에 표본수 증가
end
P=f./n;  % 상대빈도 계산
k=1:ncells;
subplot(2,2,1);
bar(k*dx,P);
cd = zeros(1,ncells);
cd(1)=P(1);
for i=2:ncells
    cd(i)=cd(i-1)+P(i);
end
subplot(2,2,2);
stairs(k*dx,cd);

f=zeros(1,ncells);
for i=1:n
    x = rand();  % 균일분포 랜덤넘버 발생
    x = -log(1-x); % 지수분포의 누적분포의 역함수
    k=floor((x)/dx)+1;
    f(k)=f(k)+1; % 해당 구간에 표본수 증가
end
P=f./n;  % 상대빈도 계산
k=1:ncells;
subplot(2,2,3);
bar(k*dx,P);
cd = zeros(1,ncells);
cd(1)=P(1);
for i=2:ncells
    cd(i)=cd(i-1)+P(i);
end
subplot(2,2,4);
stairs(k*dx,cd);
```

[그림 6.19] 지수분포 표본 발생 비교 프로그램

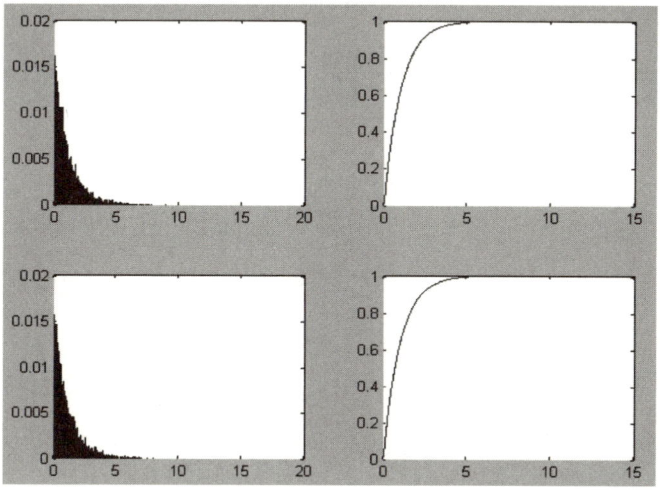

[그림 6.20] 지수분포 표본 발생방법의 비교 결과

### ☑ 중심극한 정리를 이용한 정규분포의 랜덤변수 만들기

정규분포의 표본은 Box-Muller 알고리즘 등 여러 가지 방법으로 만들 수 있으나 여기서는 6.6절에서 소개한 중심극한 정리를 이용하는 방법을 살펴본다.

**예제 3 ▶▶▶**

(중심극한정리에 의한 정규분포 난수 표본 만들기) 다음과 같은 의사코드로 기술된 코드가 있다. 아래 프로그램에서 rand( )는 0부터 1까지의 균일분포의 표본을 만드는 함수라 하자.

```
S = 0.0
For I = 1, 12
   S = S + rand();
End For
S = S - 6; /*(1)
X = σS + μ; /*(2)
```

(1) 위 프로그램에서 /*(1)의 좌변의 S는 어떤 랜덤변수 표본을 만들어 낼까?

(2) 위 프로그램에서 /*(2)의 좌변의 X는 어떤 랜덤변수 표본을 만들어 낼까?

**풀이 ▶▶▶**

(1) 위 프로그램의 For 루프에서는 0부터 근사적으로 1사이의 균일분포 랜덤변수를 12개 만들어 더하고 있다. 이 균일랜덤변수의 평균은 1/2이며 분산은 1/12인 것이다. 만약 컴퓨터가 만들어 내는 표본들이 각 루프마다 독립적이라면 *(1)의 우변의 S는 평균이 $12 \times 0.5 = 6$이며 분산이 $12 \times (1/12) = 1$인 근사적인 정규분포일 것이다. 따라서 여기서 6을 뺏으니 좌변의 S는 평균이 0이며 분산이 1인 정규분포에 가까워진다.

(2) (1)의 결과에 $\sigma$를 곱하면 분산이 $\sigma^2$이며 평균이 0인 정규분포이고, 그 결과에 $\mu$를 더함으로 *(2)의 좌변 X는 평균이 $\mu$이며 분산이 $\sigma^2$인 정규분포에 근접해 간다.

이제 예제 3의 방법을 이용하여 정규분포의 표본을 만들어 보자. 그림 6.21은 MATLAB 함수인 normrnd() 함수와 중심극한 정리를 이용하는 예제 3의 방법으로 동일한 평균과 분산의 정규분포 표본들을 만들어, 그들의 분포를 막대그래프로 표현하는 프로그램이다. 프로그램의 전반부에서는 normrnd(mu, Sigma, n, 1) 함수를 이용하여 평균 mu와 표준편차 Sigma인 표본 n개를 생성하여 mu ± 5*Sigma 범위를 1000 등분한 구간들에서 표본수를 헤아리고, 이를 상대빈도로 고쳐서 막대그래프로 표현하였다. 또한 프로그램의 후반부에서는 예제 3에서와 같이 12개의 균일분포 랜덤변수의 표본을 더하고 평균과 분산을 조절하여 정규분포의 표본 n개를 생성하고 이를 동일한 방법으로 표현하였다. 프로그램의 수행결과는 그림 6.22와 같으며 예상했던 대로 유사한 확률분포를 확인할 수 있다.

### ☑ 다변량 정규분포 표본 만들기

다변량 정규분포는 평균벡터와 공분산 행렬을 파라메타로 하며, 이미 4.7절에서 그림 4.15의 프로그램으로 이변량 정규분포의 표본을 생성한바 있다. 따라서 본 장에서는 이를 확장하여 일반적인 다변량 정규분포의 표본을 생성하는 방법을 살펴보자. 그림 6.23은 3개의 변량을 가지는 정규분포의 랜덤변수를 만드는 프로그램이다. 프로그램에서는 평균벡터를 mu로 공분산 행렬을 Sigma로 규정하고 있다. 또한 공분산 행렬을 chol() 함수로 표현된 Cholesky 분해(factorization)를 통해 R 행렬을 만들며, 이를 randn() 함수로 만든 평균이 0, 분산이 1인 3개의 정규분포 랜덤표본벡터에 곱하고 평균벡터 mu를 더해 표본을 생성한다. 여기서 Cholesky 분해는 이 책의 범위를 벗어나기 때문에 생략한다.

그림 6.23의 프로그램에서 생성된 n개의 표본벡터$(X, Y, Z)^t$들은 scatter3() 함수로 3차원 산포도로 표현했으며, $(X, Y)^t$, $(Y, Z)^t$, $(X, Z)^t$의 값들만을 별도의 2차원 산포도로 표현하고 있다. 그림 6.24는 그 결과를 보여주고 있으며, 위쪽의 왼편 그림은 $(X, Y, Z)^t$의 3차원 표본 데이터의 산포도, 위쪽의 오른편 그림은 $(X, Y)^t$의 2차원 표본 데이터의 산포도, 아래쪽 왼편 그림은 $(Y, Z)^t$의 2차원 표본 데이터의 산포도, 아래쪽 오른편 그림은 $(X, Z)^t$의 2차원 표본 데이터의 산포도를 표현하고 있다.

### ☑ 연속 랜덤변수 모델의 표본 만들기

본 장에서 언급된 연속 랜덤변수 모델들의 표본은 5장의 포아송 분포의 표본을 만들 때 사용한 MATLAB의 random() 함수에 의해 생성할 수 있다. random('name',...) 함수를 이용하여 표본을 발생시킬 수 있는 연속적인 랜덤변수에는 'chi2'($\chi^2$), 'exp'(지수), 'gam'(감마), 't'(스튜던트 t) 분포 등이 있다. 이미 5.6절에서 프로그램을 살펴보았기에 자세한 사항은 생략하며, 필요한 사항은 온라인 메뉴얼을 통해 얻어 볼 수 있다.

```
% 정규분포 표본만들기 비교
% normrnd() 함수와 중심극한정리

n=10000; % 표본수
mu=4; % 평균
Sigma = 1; % 표준편차
z = normrnd(mu, Sigma,n,1); % matlab 함수 normrnd()를 이용한 표본생성

n_cells = 1000; % 구간수
f = zeros(1,n_cells); % bin 초기화
dx = 2*5*Sigma/n_cells;
for i=1:n
    k = floor((((z(i)-mu)/Sigma)/dx)+n_cells/2);
    f(k)=f(k)+1;
end

P = f./n;
k = 1:n_cells;
subplot(1,2,1)
bar((k-n_cells/2)*dx*Sigma+mu,P);

for j= 1:n          % 중심극한 정리 이용 정규분포 만들기
    sum = 0;
    for i = 1:12
        sum = sum+rand();
    end
    x = (sum -6)*Sigma;
    z(j) = x+mu;
end

f = zeros(1,n_cells); % bin 초기화
dx = 2*5*Sigma/n_cells;
for i=1:n
    k = floor((((z(i)-mu)/Sigma)/dx)+n_cells/2);
    f(k)=f(k)+1;
end
```

[그림 6.21] normrnd() 함수와 중심극한 정리를 이용한 정규분포 표본생성 프로그램

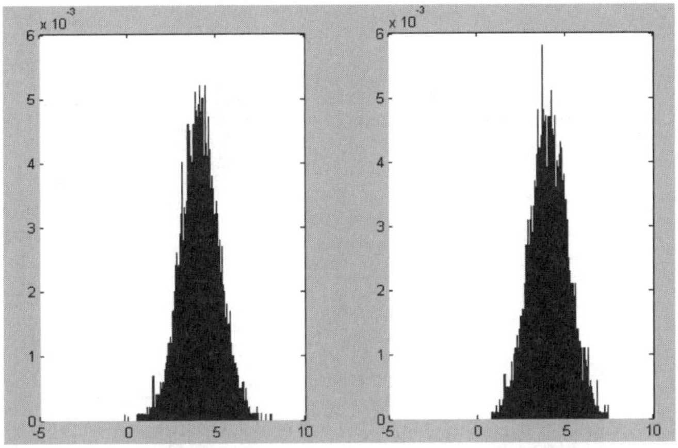

[그림 6.22] normrnd() 함수와 중심극한 정리에 의한 정규분포 비교

```
% 다변량 정규 분포의 표본 발생 및 산포도

n=1000; % 표본수
mu=[1 1 1]; % 평균벡터
Sigma = [1 -.9 0; -.9 2 0; 0 0 4]; R=chol(Sigma); % 공분산 행렬

z = repmat(mu,n,1) + randn(n,3)*R; % 다변량 정규분포의 랜덤벡터 표본 생성

subplot(2,2,1);
scatter3(z(:,1),z(:,2),z(:,3)); % 3차원 공간에 산포도로 표시해 보기

subplot(2,2,2);
scatter(z(:,1),z(:,2));

subplot(2,2,3);
scatter(z(:,2), z(:,3));

subplot(2,2,4);
scatter(z(:,1), z(:,3));
```

[그림 6.23] 다변량 정규분포 표본 만들기 프로그램

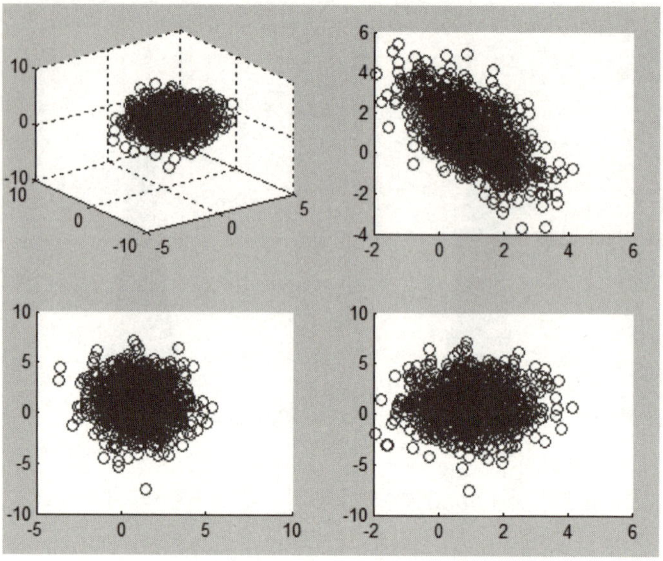

[그림 6.24] 다변량 정규분포 표본 데이터의 산포도

연습 문제

1. 예제 1에서는 함수 $g(\cdot)$가 단조 증가하는 것을 가정하였다. 만약 이 함수가 단조 감소한다면 지수분포를 만드는 또 다른 방법이

$$Y = -\frac{1}{\lambda} ln(X)$$

임을 보이시오. (힌트: 식 (6.8.1)이

$$F_Y(y) = P(Y \le y) = P(g(X) \le y) = P(X > g^{-1}(y))$$

로 바뀌어짐.)

2. 임의의 분포를 $U[0, 1]$로 바꾸는 방법을 만들려 한다. 다음 질문에 답하시오.

(1) 임의분포의 랜덤변수 $X$와 $U[0, 1]$인 랜덤변수 $Y$의 미소확률이 서로 같다고 놓으시오.

(2) $U[0, 1]$의 확률밀도 함수가 $f_Y(y) = 1$임을 이용하여 (1)에서 구성한 식을 미분방정식의 형태로 구성하시오.

(3) (2)의 미분방정식의 해는 결국

$$Y = \int_{-\infty}^{x} f(x)dx = F_X(x)$$

임을 보이시오.

(4) (3)의 결과를 통해 임의의 분포를 가지는 랜덤변수를 균일 랜덤변수로 만드는 방법을 설명하시오.

3. 그림 6.25 프로그램에서 평균벡터와 공분산 행렬을 변화시켜가며 산포도의 변화를 관찰하시오.

4. 그림 6.25 프로그램을 참조로 4차원 정규분포의 랜덤벡터 $(X_1, X_2, X_3, X_4)^t$의 표본을 생성하여 이들 중에 3개의 성분에 해당하는 표본을 얻어 3차원 산포도로 표현하는 프로그램을 만들어 보시오. 여기서 $(X_1, X_2, X_3, X_4)^t$는 그림으로 표현 불가능하며 $(X_1, X_2, X_3)^t$, $(X_2, X_3, X_4)^t$, $(X_3, X_4, X_1)^t$의 표본들로 산포도를 그려볼 수는 있기 때문에 이들을 그려보라는 문제임.

5. random() 함수를 이용하여 $t$-분포의 랜덤변수 표본들을 만들어 보고 여기서 상대빈도를 구해 그림으로 표현해 보시오.

chapter. 7

# 표본분포

1장에서는 모집단에서 표본들을 추출하고 이들을 이용하여 자료를 표나 그림의 형태로 정리하고 요약하는 서술적 통계학을 다루었다. 특별히 표본으로부터 얻는 자료를 대표하는 값인 표본평균과 자료들이 흩어진 정도를 표현하는 표본분산, 자료들의 변량 사이의 관계를 표현하는 표본 상관계수 등을 다루었다. 그리고 만약 표본의 수가 무한히 늘어나면 표본의 상대빈도는 대수의 법칙에 의해 안정화되어 확률로 모델링할 수 있으며, 표본평균은 평균, 표본분산은 분산, 표본상관계수는 상관계수에 해당함을 설명한 바 있다. 그리고 2장부터 6장까지는 이렇게 정형화된 모델인 확률, 랜덤변수 및 그 표현방법과 응용들을 다루었다.

본 장에서부터 8장과 9장에서는 다시 표본에 관심을 가지고 유한한 크기로 추출된 표본으로부터 모집단의 특성을 과학적으로 알아내는 방법에 관심을 가지려 한다. 어떤 확률분포를 갖는 모집단, 즉 랜덤변수로부터 무작위로 추출된 표본을 근거로 하는 표본평균, 표본분산 등은 표본이 추출될 때 마다 달리 질 수 있기 때문에 각각 모집단과는 다른 랜덤변수이다. 따라서 1장에서 다룬 표본평균, 표본분산 등은 각각 이 또 다른 랜덤변수의 특별한 값들에 해당하는 것으로 볼 수 있으며, 표본의 수가 무한히 많아지면 이 값이 모집단의 평균이나 분산에 가까워진다. 아무튼 유한한 표본의 수를 가정하면 표본평균이나 표본분산은 모두 랜덤변수로 표본의 크기에 따라 다른 확률분포를 가지며, 본 장에서는 이들에 관해 알아본다.

이를 위하여 먼저 모집단에서 추출된 표본의 의미를 규정하며 이들로부터 얻어진 표본평균과 표본분산을 정의한다. 이어서 표본평균과 표본평균 차이의 분포를 살펴보고 정규모집단과 관련된 표본분포들을 알아본다. 또한 표본비율과 표본비율의 차이의 분포를 살펴보며, 끝으로 본문에서 언급된 표본분포들이 실제와 부합하는지를 컴퓨터 모의실험을 확인한다. 본 장의 표본분포들에 관한 지식은 8장과 9장의 통계적 추정과 검정에서 중요한 역할을 하게 된다.

## 7.1 모집단(population)과 표본분포

대한민국 남성의 키를 예로 들어보자. 약 2,500만 명의 대한민국 남성의 키를 전수조사하여 그 분포를 알아냈다면 이는 모집단 분포에 해당할 것이다. 그리고 키가 실수범위로 측정되기에 결국 모집단은 연속적인 랜덤변수이며 이 랜덤변수는 확률분포로 표현할 수 있을 것이다. 그러나 이것이 현실적으로 가능한 일인가? 비용과 시간을 많이 들인다면 가능할 수도 있으나 현실적으로는 불가능하다. 따라서 무작위로 대한민국 남성의 키를 표본으로 추출하여 모집단에 해당하는 랜덤변수의 특성을 알아낼 수밖에는 없을 것이다. 그렇다면 이런 표본을 무엇으로 생각할 수 있을까? 이전 장에서 언급한 바와 같이 어떤 분포를 가지는 랜덤변수로부터 컴퓨터 프로그램에 의해 반복적으로 얻어낸 랜덤 넘버로 생각하거나, 주머니 속에 든 흰 공과 검은 공을 복원추출을 반복적으로 수행하는 것과 동일하다는 것이다. 즉 독립적이며 항등인(i.i.d.) 분포를 가지는 랜덤변수들의 반복시행으로부터 얻어진 값들과 같은 의미라는 것이다.

모집단을 랜덤변수 $X$라 하고 상태공간을 $S_X$라고 하면 $n$개의 표본 $(x_1, x_2, \dots, x_n)^t$이란 $X \times X \times \cdots \times X = X^n$의 $n$차원의 독립적인 랜덤벡터의 상태공간 $S_{X^n} = S_X \times S_X \times \cdots \times S_X$의 하나의 원소에 해당한다. 그림 7.1은 모집단 $X$와 그 분포로부터 추출된 표본들을 표현하고 있다. 여기서 모집단의 확률분포 $f_X(x)$는 이산적인 랜덤변수일 경우에는 확률질량함수로 표현되며 연속적인 랜덤변수일 경우에는 확률밀도함수로 표현된다. 그렇다면 일반적으로 모집단의 확률분포는 알려진 것인가? 그렇지 않다. 모집단의 분포와 그 확률분포와 이를 규정하는 모평균(population mean), 모분산(papulation variance) 등의 파라메타들은 알려지지 않고 커튼 뒤에 숨어 있는 것이다.

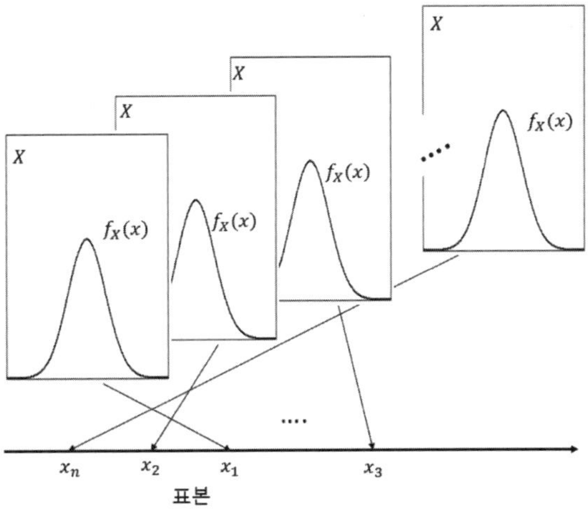


[그림 7.1] 모집단 분포로부터의 표본추출

서로 독립적으로 추출된 표본$(X_1, X_2, \ldots, X_n)^t$ 들로부터 표본평균의 정의를 다시 써보면

$$\overline{X} = \frac{1}{n}(X_1 + X_2 + \cdots + X_n) \tag{7.1.1}$$

이다. 또한 표본평균에 기여하는 $(X_1, X_2, \ldots, X_n)^t$의 랜덤벡터의 표본값으로 $(x_1, x_2, \ldots, x_n)^t$을 추출했다면 표본평균의 값은

$$\overline{x} = \frac{1}{n}(x_1 + x_2 + \cdots + x_n) \tag{7.1.2}$$

이며, 이 값은 $\overline{x} \in S_{\overline{X}}$ 즉 표본평균 $\overline{X}$의 상태공간의 원소에 해당한다. 식 (7.1.1)에서 $X_i(i=1, \ldots, n) = X$이지만 그렇다고 해서 랜덤변수들의 합을 $nX$라고는 쓸 수 없음을 명심하기 바란다. 왜냐하면 이들은 동일한 분포를 가지는 랜덤변수들로 각각의 $X_i$에서 서로 다른 값들이 표본으로 나타나며, 동일한 값이 $n$번 반복되지는 않기 때문이다. 또한 표본분산은

$$S^2 = \frac{1}{n-1}\{(X_1 - \overline{X})^2 + (X_2 - \overline{X})^2 + \cdots + (X_n - \overline{X})^2\} \tag{7.1.3}$$

로 정의되는 랜덤변수들의 함수이다. 따라서 표본분산 역시 랜덤변수이며 표본값으로 $(x_1, x_2, \dots, x_n)^t$을 추출했을 때

$$s^2 = \frac{1}{n-1}\{(x_1-\overline{x})^2 + (x_2-\overline{x})^2 + \cdots + (x_n-\overline{x})^2\} \tag{7.1.4}$$

는 랜덤변수 $S^2$의 상태공간의 원소 $s^2 \in S^2$즉 이다.

**예제 1 ▸▸▸**

대한민국 남성 10명을 임의로 선정해서 키를 측정한 표본 데이터가 다음과 같다.

$$\{182, 170, 163, 46, 120, 168, 192, 158, 172, 145\}$$

(1) 이 데이터를 10차원 랜덤벡터의 표본이라 할 경우 랜덤벡터의 상태공간은 무엇에 해당하는가?

(2) 이 10개 데이터의 표본평균, 표본분산과 표본표준편차의 값은 얼마인가?

(3) (2)에서 구한 표본평균, 표본분산 값들은 각각 어떤 랜덤변수의 한 값에 해당하겠는가?

(4) 이들 10개 표본 데이터로부터 모집단 $X$의 평균과 분산을 알 수 있는가?

**풀이 ▸▸▸**

(1) 대한민국 남성의 키를 랜덤변수 $X$ 또한 그 상태공간을 $S_X$라면, 이 표본이 추출된 랜덤벡터는 $(X_1, X_2, \dots, X_{10})$으로 볼 수 있고 여기서 모든 $X_i = X$이며 서로 독립적이다. 또한 해당 상태공간은 $S_{X_1} \times S_{X_2} \times \cdots \times S_{X_{10}} = S_X^{10}$이며 여기서 표본이 추출된 것이다.

(2) 표본평균 값은 식 (7.1.2)에 의해 $\overline{x} = (180 + 170 + \cdots + 145)/10 = 151.6$이며 표본 분산은 식 (7.1.4)에 의해

$$s^2 = ((181-151.6)^2 + (170-151.6)^2 + \cdots + (145-151.6)^2/9 = 1771.6$$

이며, 표본표준편차는 $s=42.09$에 해당한다.

(3) (2)의 표본평균 값은 대한민국 남성의 키 분포를 갖는 랜덤변수 $X$의 10회 반복시행에 해당하는 랜덤변수의 함수

$$\overline{X}=\frac{1}{10}(X_1+X_2+\cdots+X_{10})$$

의 표본 값이다. 또한 표본분산 값 역시 랜덤변수의 함수

$$S^2=\frac{1}{9}\{(X_1-\overline{X})^2+(X_2-\overline{X})^2+\cdots+(X_{10}-\overline{X})^2\}$$

의 표본 값에 해당한다.

(4) 정확하게 알 수 없으나, 통계학을 이용하여 과학적으로 추정할 수는 있다.

## 연습 문제

1. 주사위를 5회 던져서 나온 눈금들이 {1, 4, 2, 5, 5} 와 같았다. 이 표본에 관한 다음 질문에 답하시오.

(1) 이 눈금 데이터를 5차원 랜덤벡터의 표본이라 할 경우 랜덤벡터의 상태공간은 무엇인가?

(2) 이 5개 데이터의 표본평균, 표본분산과 표본표준편차의 값은 얼마인가?

(3) (2)에서의 표본평균과 표본분산은 각각 어떤 랜덤변수의 표본값에 해당하는가? 그 각각의 랜덤변수를 표현해 보시오.

2. 동전을 던져서 앞면이 나오는 경우는 1, 뒷면의 경우는 0으로 매핑하는 랜덤변수가 있다. 동전의 앞면의 확률 $P$(앞면)=2/3, 뒷면의 확률 $P$(뒷면)=1/3이라 하자. 이런 동전 던지는 실험을 8회 실시해서 {0, 0, 1, 1, 1, 0, 1, 1}의 표본 값을 얻었다. 질문에 답하시오.

(1) 이 데이터를 8차원 랜덤벡터의 표본이라 할 경우 랜덤벡터의 상태공간은 무엇인가?

(2) 이 8개의 데이터의 표본평균과 표본분산, 표본표준편차 값을 구하시오.

(3) (2)에서의 표본평균과 표본분산은 어떤 랜덤변수들의 표본값들인가? 각각의 랜덤변수를 표현해 보시오.

## 7.2 표본평균의 분포

7.1절 예제 1에서 살펴본 표본평균은 모집단에 해당하는 랜덤변수의 모평균을 통계적으로 추정하는데 유용한 정보를 제공한다. 또한 앞서 언급한 바와 같이 표본평균은 모집단에 해당하는 랜덤변수 $X$들의 함수로 표현되는 랜덤변수이기 때문에 확률분포를 가지며, 이미 6장에서 언급한 바와 같이 표본평균의 평균은

$$E[\overline{X}]=E[X] \tag{7.2.1}$$

로 모집단의 평균과 같다. 이는 표본평균을 크기 $n$의 무수히 많은 종류의 표본으로부터 구하면, 이는 평균적으로 모집단의 평균과 같다는 의미이다. 그러나 평균적으로 같다는 의미이지 한 종류의 $n$개의 표본으로부터 표본평균을 구하면 이는 오차를 포함하게 된다. 이 오차를 평균제곱 관점에서 측정한 것이 분산으로, 6장의 내용을 다시 언급하면

$$Var(\overline{X})=E[(\overline{X}-E[\overline{X}])^2]=\frac{1}{n}Var(X) \tag{7.2.2}$$

과 같다. 식 (7.2.2)는 표본평균을 구하기 위해 독립적인 표본수를 무한히 증가하여 $n \to \infty$가 되면 모집단의 분산 $Var(X)$가 유한한 경우 $Var(\overline{X})=0$이 된다는 의미이며,

식 (7.2.1)이 의미하는 바와 조합하면, $\overline{X}$는 거의 모든 경우 $E[X]$라는 것이다.

한편 중심극한정리를 적용하면 표본평균은 $n \to \infty$일 경우, 모집단이 어떤 분포이건 상관없이 $\overline{X}$는 정규분포에 근접하게 된다. 따라서 $n \to \infty$이라면 표본평균은 정규분포에 가까워지며, 이 정규분포의 평균은 모집단의 평균 $E[X]$, 분산은 $Var(X)/n$로 점점 작아져서 모평균과 같게 된다는 것을 의미한다.

그림 7.2은 이러한 표본평균의 분포를 보여주고 있다. 모집단이 어떤 분포이건 표본평균의 평균(중앙선)은 모집단의 평균(중앙선)과 일치하며, $n$이 커지면 표본평균은 정규분포의 모습을 나타낸다. 또한 분산(그늘진 부분)이 점점 작아짐을 확인하기 바라며, 만약 $n \to \infty$라면 표본평균의 분포가 어떻게 될 것인지를 상상하기 바란다.

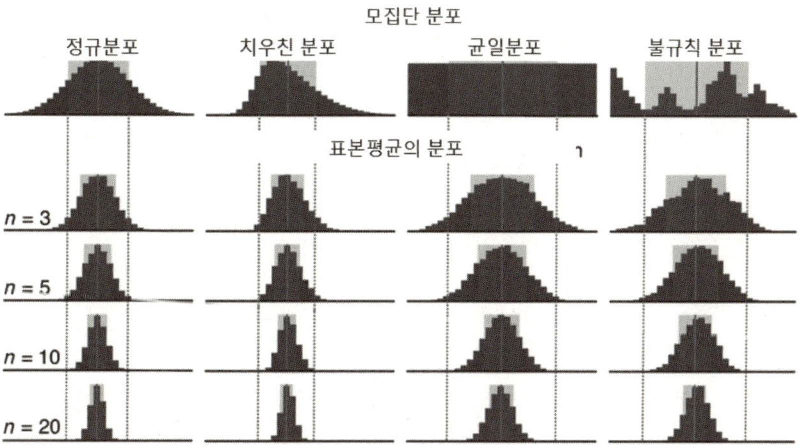


[그림 7.2] 표본평균의 분포

### 예제 1 ▸▸▸

양궁선수가 10점, 9점, 8점, 7점, 6점에 맞출 확률이 표 7.1과 같다고 하자. 이 양궁선수가 2번 활을 쏘아서 얻은 평균점수의 분포를 구하시오. 또한 이 평균점수 즉 표본평균의 평균과 분산을 구하시오.

| $X$ | 10 | 9 | 8 | 7 | 6 |
|---|---|---|---|---|---|
| $P_X$ | 0.1 | 0.4 | 0.3 | 0.1 | 0.1 |

[표 7.1] 확률분포

**풀이 ▸▸▸** 표본평균의 상태공간과 확률은 표 7.2와 같다. 표 7.2의 각 셀의 내용은 (표본평균, 확률)을 의미한다. 이를 이용하여 표본평균의 확률분포를 구하면 표 7.3과 같으며, 여기서 평균을 구하면 $E[\overline{X}]=8.3$에 해당한다. 이는 표 7.1에서 구한 $E[X]=8.3$과 같다. 또한 표 7.3에서 표본평균의 분산 $Var(\overline{X})=0.605$이며 이는 $Var(X)/2=1.21/2$에 해당한다.

| | 10 | 9 | 8 | 7 | 6 |
|---|---|---|---|---|---|
| 10 | (10, 0.01) | (9.5, 0.04) | (9, 0.03) | (8.5, 0.01) | (8, 0.01) |
| 9 | (9.5, 0.04) | (9, 0.16) | (8.5, 0.12) | (8, 0.04) | (7.5, 0.04) |
| 8 | (9, 0.03) | (8.5, 0.12) | (8, 0.09) | (7.5, 0.03) | (7, 0.03) |
| 7 | (8.5, 0.01) | (8, 0.04) | (7.5, 0.03) | (7, 0.01) | (6.5, 0.01) |
| 6 | (8,0.01) | (7.5, 0.04) | (7, 0.03) | (6.5, 0.01) | (6, 0.01) |

[표 7.2] 표본공간, 표본평균과 확률

| $\overline{X}$ | 10 | 9.5 | 9 | 8.5 | 8 | 7.5 | 7 | 6.5 | 6 |
|---|---|---|---|---|---|---|---|---|---|
| $P_X$ | 0.01 | 0.08 | 0.22 | 0.26 | 0.19 | 0.14 | 0.07 | 0.02 | 0.01 |

[표 7.3] 표본평균과 확률분포

**예제 2 ▸▸▸**

(1) 예제 1의 양궁선수가 이제 100번을 쏘아서 평균점수를 낸다고 하자. 평균점수 $\overline{X}$의 평균과 분산을 구하시오.

(2) 중심극한 정리를 이용해서 이 선수가 100번 활을 쏘아서 평균 8.41이상일 확률을 구하시오.

**풀이 ▸▸▸**

(1) 100번 쐈을 때 평균점수 $\overline{X}$의 평균 $E[\overline{X}]=E[X]$이기 때문에 예제 1에서와 같이 8.3에 해당하고, 평균점수의 분산 $Var(\overline{X})=1.21/100=0.0121$에 해당한다. $Var(\overline{X})$가 매우 작기 때문에 100번을 쏘아서 평균을 낸다면 거의 8.3점 근처에 있을 것으로 예상할 수 있다.

(2) 이 선수가 100번 활을 쏘아서의 평균점수 $\overline{X}$는 정규분포 $N(8.3, 0.11^2)$로 가정할 수 있다. 따라서

$$P(\overline{X}\geq 8.41)\simeq P(\frac{\overline{X}-8.3}{\sqrt{0.0121}}\geq\frac{8.41-8.3}{\sqrt{0.0121}})=P(\frac{\overline{X}-8.3}{\sqrt{0.0121}}\geq 1.0)=0.158.$$

### ☑ 표본평균의 차

6.5절에서 정규분포를 갖는 독립적인 랜덤변수들의 선형조합은 정규분포를 가진다는 것을 알았다. 그 특별한 경우가 독립적인 두 정규분포 랜덤변수의 차에 해당한다. 만약 모집단 $X$와 $Y$가 독립적인 정규분포의 랜덤변수, 즉 $X\sim N(\mu_X,\sigma_X^2)$와 $Y\sim N(\mu_Y,\sigma_Y^2)$라 하자. 또한 모집단 $X$에서 $n$개의 표본을 얻어 표본평균 $\overline{X}$와 모집단 $Y$에서 $m$개의 표본을 얻어 표본평균 $\overline{Y}$를 얻었다면, 이들 역시 독립적이며 각각 $\overline{X}\sim N(\mu_X,\sigma_X^2/n)$, $\overline{Y}\sim N(\mu_Y,\sigma_Y^2/m)$인 정규분포 랜덤변수이며 두 랜덤변수의 차이는

$$\overline{X}-\overline{Y}\sim N(\mu_X-\mu_Y,\sigma_X^2/n+\sigma_Y^2/m) \tag{7.2.3}$$

에 해당한다. (두 랜덤변수의 선형조합에서 선형계수가 1과 −1인 경우에 해당됨.) 사실 모집단 $X$와 $Y$가 정규분포가 아니더라도 $n$과 $m$이 큰 경우에는 중심극한 정리에 의해 근사적으로 식 (7.2.3)이 성립한다. 그림 7.3은 정규분포를 가지는 두 랜덤변수들의 표본평균의 차이를 도식적으로 보여주고 있다.

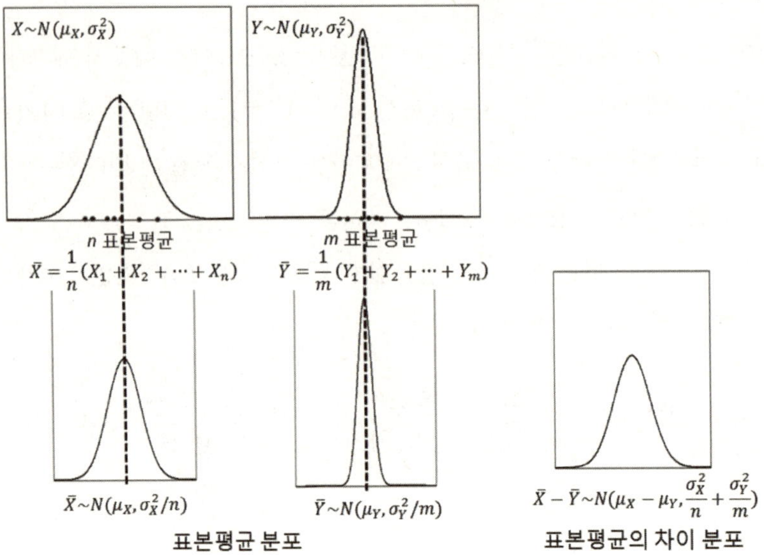


[그림 7.3] 표본평균 차이의 분포

### 예제 3 ▸▸▸

어느 대학의 남학생과 여학생의 키의 평균과 분산이 표 7.4와 같다고 하자. 남학생 200명과 여학생 150명을 추출하여 남학생의 키와 여학생의 키의 평균을 계산할 때 남학생의 평균 키가 여학생의 평균 키보다 13cm이상일 확률을 근사적으로 계산하시오.

| 몸무게 | 평균(Cm) | 분산(cmxcm) |
|---|---|---|
| 남학생 | 173.2 | 5.4 |
| 여학생 | 160.3 | 4.1 |

[표 7.4] 남학생과 여학생의 몸무게 평균과 분산

**풀이 ▸▸▸** 문제에서 비록 남학생과 여학생의 키가 정규분포가 아니더라도 표본수가 충분히 크기 때문에 중심극한정리에 의해 각각의 표본평균은 정규분포라 가정할 수 있다. 즉 남학생의 키의 표본평균 $\overline{X} \sim N(173.2,\ 2.32^2)$ 이며 여학생의 키의 표본평균 $\overline{Y} \sim N(160.3,\ 2.02^2)$ 이다. 또한 남녀 두 평균 키의 차이

는 $\bar{X}-\bar{Y} \sim N(12.9, 0.23^2)$로 근사화 될 수 있다. 따라서

$$P(\bar{X}-\bar{Y} \geq 13) = P\left(\frac{\bar{X}-\bar{Y}-12.9}{0.23} \geq \frac{13-12.9}{0.23}\right)$$
$$\simeq P(Z \geq 0.43) = 1-P(Z \leq 0.43) = 1-0.6664 = 0.3336.$$

## 연습 문제

1. 예제 1의 양궁선수가 100번 화살을 쏘아서 평균 9점 이상을 받을 확률을 구해보시오.

2. 동전을 던져서 앞면이 나오는 경우는 1, 뒷면의 경우는 0으로 매핑하는 랜덤 변수가 있다. 동전의 앞면의 확률 $P$(앞면)=2/3, 뒷면의 확률 $P$(뒷면)=1/3이라 하자. 이런 동전 던지는 실험을 300회 실시하여 표본평균을 구한다고 하자.

(1) 표본평균의 평균과 분산을 구하시오.

(2) 250번 이상 동전의 앞면이 나올 확률을 구하시오.

3. 어떤 인터넷 사이트의 이용자의 접속시간은 $T \sim \text{Exp}(1/10)$라고 한다. 이 사이트에 접속했던 200건을 표본으로 추출하여 접속시간을 측정하고 표본평균을 구하였다.

(1) 이 표본평균 $\bar{T}$의 평균과 분산을 구하시오.

(2) 이 표본평균 $\bar{T}$가 11.41분 이상일 확률을 구해보시오.

(3) $P(\bar{T} < t_0) = 0.95$인 $t_0$를 구하시오.

4. 어떤 학교에서 컴퓨터 게임을 하루 1시간 이하 즐기는 학생그룹($S$)과 2시간 이상 즐기는 학생그룹($G$)과의 시력을 비교하기 위해 각각 200명의 학생들을 추

출하여 시력검사를 실시하였다. 그 결과 $S$그룹의 양쪽 눈의 평균 시력은 1.0 분산은 0.04였으며, $G$그룹의 학생들은 평균 0.8 분산 0.09임을 알아냈다. $S$그룹과 $G$그룹의 시력차이가 0.25이상일 확률을 구하시오.

## 7.3 정규모집단에 관련된 표본분포들

본 절에서는 정규분포를 갖는 모집단으로부터 구한 표본분산, 표본표준편차에 관련된 랜덤변수와 이들의 확률분포를 알아본다. 이러한 확률분포들은 다음 장에서 다루어질 7.2절의 표본평균과 함께 통계적인 추정이나 검정에 유용하게 사용된다.

### ☑ 표본분산(sample variance)

앞서 식 (7.1.3)의 표본분산 역시 랜덤변수들의 함수로 랜덤변수이다. 만약 식 (7.1.3)의 모집단 $X$가 정규분포, 즉 $X \sim N(\mu, \sigma^2)$라면 그림 7.4와 같이 구해진 표본분산은 어떤 종류의 랜덤변수일까?

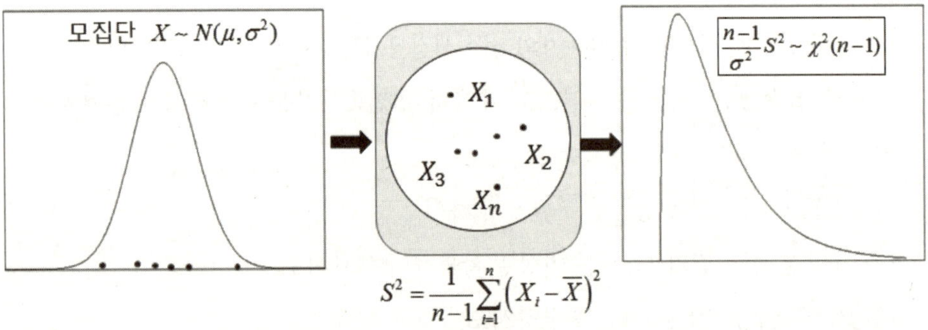


[그림 7.4] 표본분산

앞서 6장에서 $n$개의 독립적인 표준정규분포 $Z_i \sim N(0,1)$들을 더하면 자유도(degree of freedom)가 $n$인 카이제곱분포 $\chi^2(n)$를 이루다고 하였다. 즉

$$\sum_{i=1}^{n} Z_i^2 \sim \chi^2(n) \tag{7.3.1}$$

이며, 여기서 $Z_i^2$은 각각 자유도가 1인 $\chi^2(1)$분포이다. 이러한 성질을 이용하면

$$\begin{aligned}\sum_{i=1}^{n} Z_i^2 &= \frac{1}{\sigma^2}\sum_{i=1}^{n}(X_i-\mu)^2 = \frac{1}{\sigma^2}\sum_{i=1}^{n}(X_i-\overline{X}+\overline{X}-\mu)^2 \\ &= \frac{1}{\sigma^2}\sum_{i=1}^{n}(X_i-\overline{X})^2 + \frac{1}{\sigma^2}\sum_{i=1}^{n}(X_i-\mu)^2 \\ &= \frac{1}{\sigma^2}\sum_{i=1}^{n}(X_i-\overline{X})^2 + \frac{n}{\sigma^2}(\overline{X}-\mu)^2 \\ &= \frac{n-1}{\sigma^2}\frac{1}{n-1}\sum_{i=1}^{n}(X-\overline{X})^2 + (\frac{\overline{X}-\mu}{\sigma/\sqrt{n}})^2 \\ &= \frac{n-1}{\sigma^2}S^2 + Z^2 \end{aligned} \tag{7.3.2}$$

과 같다. 여기서 좌변은 식 (7.3.1)에 따라 자유도 $n$의 $\chi^2$-분포, 우변의 $Z^2$은 또 다른 자유도 1의 $\chi^2$-분포이며, 서로 독립적이기 때문에

$$\frac{n-1}{\sigma^2}S^2 \sim \chi^2(n-1) \tag{7.3.3}$$

이다. 또한 $\chi^2$-분포의 평균은 자유도와 같기 때문에

$$E[\frac{n-1}{\sigma^2}S^2] = (n-1) \quad \text{또는} \quad E[S^2] = \sigma^2 \tag{7.3.4}$$

이다. 식 (7.3.3)은 모집단의 분산(줄여서 모분산)을 추정하기 위한 랜덤변수로 사용되며, 식 (7.3.4)는 표본분산의 평균은 모분산과 일치한다는 의미이다.

**예제 1 ▶▶▶**

$X \sim N(6,4)$인 정규모집단에서 13개의 표본을 추출하여 표본분산을 구했다. 이 표본분산의 분포를 구하시오. 또한 표본분산이 $S^2 > 6$인 확률을 구하시오.

**풀이 ▶▶▶** 표본분산의 분포는

$$\frac{12}{4} S^2 = 3S^2 \sim \chi^2(12)$$

에 해당한다. $P(S^2 > 6) = P(3S^2 > 3 \cdot 6)$이며, 자유도 12의 $\chi^2$-분포 오른쪽 꼬리확률 표로부터 16.99에서 오른쪽 꼬리확률이 0.15, 18.55에서 오른쪽 꼬리확률이 0.1이므로, 근사적으로 $P(S^2 > 6) \simeq 0.118$에 해당한다.

### ☑ 합동(pooled) 표본분산

합동 표본분산이란 그림 7.5와 같이 정규분포를 가지며 분산이 동일한 독립적인 두 모집단 $X \sim N(\mu, \sigma^2)$와 $Y \sim N(\mu, \sigma^2)$에서 각각 $n$과 $m$개의 표본을 얻었을 때 두 모집단으로부터 얻은 표본들을 모아서 구한 표본분산을 의미한다. 모집단 $X$로부터 얻은 표본분산 ${S_X}^2$과 모집단 $Y$로부터 얻은 ${S_Y}^2$은 식 (7.3.3)에 의해

$$\frac{n-1}{\sigma^2} {S_X}^2 = \chi^2(n-1) \qquad \frac{m-1}{\sigma^2} {S_Y}^2 \sim \chi^2(m-1) \tag{7.3.5}$$

이다. 따라서 이들 표본들을 모아서 구한 합동 표본분산은

$$ {S_P}^2 = \frac{1}{n+m-2} \left[ \sum_{i=1}^{n} (x_i - \overline{X})^2 + \sum_{j=1}^{m} (y_j - \overline{Y})^2 \right] \tag{7.3.6}$$

와 같이 정의되는 랜덤변수이다. 이를 식 (7.1.3)을 이용하여 다른 식으로 표현하면

$$ {S_P}^2 = \frac{1}{n+m-2} [(n-1){S_X}^2 + (m-1){S_Y}^2] \tag{7.3.7}$$

과 같다. 따라서 이 합동 표본분산은 독립적인 $\chi^2$-분포의 랜덤변수들을 더하여

$$\begin{aligned}\frac{n+m-2}{\sigma^2}S_P^{\ 2} &= \frac{1}{\sigma^2}\sum_{i=1}^{n}(X_i-\overline{X})^2 + \frac{1}{\sigma^2}\sum_{j=1}^{m}(Y_j-\overline{Y})^2 \\ &= \frac{n-1}{\sigma^2}\ \frac{1}{n-1}\sum_{i=1}^{n}(X_i-\overline{X})^2 + \frac{m-1}{\sigma^2}\ \frac{1}{m-1}\sum_{j=1}^{m}(Y_j-\overline{Y})^2 \\ &= \frac{n-1}{\sigma^2}S_X^{\ 2} + \frac{m-1}{\sigma^2}S_Y^{\ 2} \\ &\sim \chi^2(n+m-2) \qquad (7.3.8)\end{aligned}$$

와 같이 표현할 수 있다. 즉 합동 표본분산에 $(n+m-2)/\sigma^2$을 곱한 랜덤변수는 $(n+m-2)$의 자유도를 갖는 $\chi^2$-분포이다.

**예제 2 ▸▸▸**

독립적인 두 정규 모집단 $N(4,36)$와 $N(8,36)$에서 각각 크기가 8과 10인 표본을 추출하여 합동 표본분산을 구하였다. 합동 표본분산 $S_P^{\ 2} > 20.47$일 확률을 구하시오.

**풀이 ▸▸▸** 각각의 표본분산에 대한 랜덤변수들은

$$\frac{7}{36}S_X^{\ 2} \sim \chi^2(7) \text{과 } \frac{9}{36}S_Y^{\ 2} \sim \chi^2(9)$$

이며, 합동 표본분산에 관한 랜덤변수

$$\frac{16}{36}S_p^{\ 2} \sim \chi^2(16)$$

이다. 따라서 구하고자 하는 확률은 근사적으로

$$P(S_p^{\ 2} > 20.47) = P\left(\frac{16S_p^{\ 2}}{36} > \frac{16\cdot(20.47)}{36}\right) = P\left(\frac{16S_p^{\ 2}}{36} > 9.097\right) \simeq 0.92.$$

### ☑ 모분산을 모르는 경우 표본평균의 확률분포

앞서 모분산을 아는 경우 표본평균은 정규분포를 가진다고 했다. 그렇다면 모분산을 모르는 경우는 어떠할까? 표본평균을 표준 정규분포로 변환하는데 표본평균의 분산을 이용하는데 모분산으로부터 얻어진 분산을 이용하지 못하기 때문에 표본분산을 활용할 수밖에 없다.

모집단 $X$가 정규분포이며 $X \sim N(\mu, \sigma^2)$라 하자. 이미 앞에서 $n$개의 독립적인 표본에 대한 표본평균 $\bar{X} \sim N(\mu, \sigma^2/n)$과 표본분산 $(n-1)S^2/\sigma^2 \sim \chi^2(n-1)$을 설명한 바 있다. 따라서

$$\frac{\bar{X}-\mu}{\sigma/\sqrt{n}} \sim N(0,1) \tag{7.3.9}$$

이며, (스튜던트) $t$-분포의 정의에 의해

$$\frac{\dfrac{\bar{X}-\mu}{\sigma/\sqrt{n}}}{\sqrt{\dfrac{(n-1)}{\sigma^2}S^2/(n-1)}} = \frac{\bar{X}-\mu}{S/\sqrt{n}} \sim t(n-1) \tag{7.3.10}$$

와 같이 표현할 수 있다. 식 (7.3.10)은 표본평균과 표본표준편차로 규정되는 랜덤변수가 자유도 $(n-1)$의 $t$-분포를 가짐을 보여준다. 즉 모분산을 모르는 경우는 표본평균을 정규화하는데 표본분산(표준편차)를 사용하고 그 결과는 자유도 $(n-1)$의 $t$-분포라는 것이다. 그림 7.5는 표본표준편차에 의한 표본평균의 확률분포를 도식적으로 보여 주고 있다.

$$\overline{X} = \frac{1}{n}(X_1 + X_2 + \dots + X_n)$$

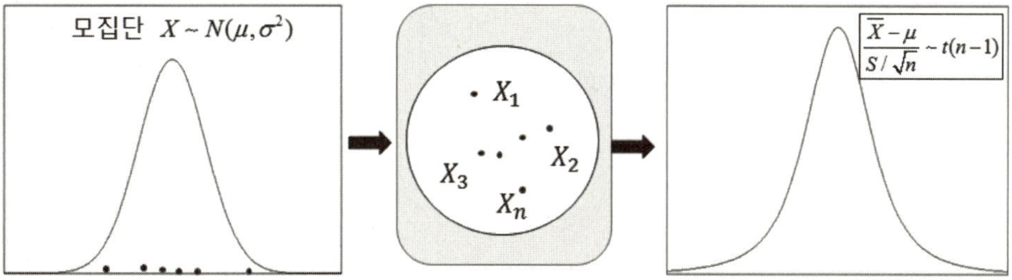


$$S^2 = \frac{1}{n-1}\sum_{i=1}^{n}(X_i - \overline{X})^2$$

[그림 7.5] 표본표준편차를 이용하는 표본평균 분포

## 예제 3 ▸▸▸

정규 모집단 $N(8,16)$에서 10개의 표본을 추출하여 표본평균과 표본 표준편차를 구하였다. 다음 질문에 답하시오.

(1) 표본평균의 분포를 지적하시오.

(2) 표본분산의 분포를 지적하시오.

(3) 표본평균과 표본표준편차의 비 식 (7.3.10)의 랜덤변수를 지적하시오.

(4) 식 (7.3.10)의 랜덤변수가 $t_0$보다 작은 부분에서 확률이 0.95가 되는 $t_0$값을 찾아보시오.

**풀이 ▸▸▸** (1) 표본평균은 식 (7.2.1)과 (7.2.2)에 의해 평균은 모집단의 평균 8이며 분산은 $16/10 = 1.6$ 따라서 $\overline{X} \sim N(8, 1.6)$과 같다.

(2) 표본분산에 관한 랜덤변수는 식 (7.3.4)에 의해 다음과 같다.

$$\frac{9}{16}S^2 \sim \chi^2(9)$$

(3) 표본평균과 표본 표준편차의 비는 다음과 같은 자유도 9의 $t$-분포이다.

$$\frac{\overline{X}-\mu}{S/\sqrt{10}} \sim t(9)$$

(4) 부록의 자유도 9의 $t$-분포의 확률 표로부터

$$P\left(\frac{\overline{X}-8}{S/\sqrt{10}} < t_0\right) = 0.95$$

인 $t_0$는 1.833에 해당한다.

### ☑ 합동 표본분산에 의한 표본평균 차의 확률분포

한편 모분산을 모르지만 동일한 두 정규모집단의 표본평균의 차는 어떤 분포를 가질까? 앞서 표본평균의 차이 역시 정규분포이며 그 분산은 모분산의 함수였다. 따라서 모분산을 모른다면 두 표본 평균에 기여한 표본들의 합동 표본분산을 이용할 수밖에 없다.

분산이 동일한 정규분포를 가지는 독립적인 두 모집단 $X \sim N(\mu_1, \sigma^2)$과 $Y \sim N(\mu_2, \sigma^2)$으로부터 각각 $n$과 $m$개의 표본을 취해 얻은 표본평균은

$$\overline{X} = \frac{1}{n}\sum_{i=1}^{n} X_i \sim N(\mu_X, \sigma^2/n) \text{과 } \overline{Y} = \frac{1}{n}\sum_{i=1}^{n} Y_i \sim N(\mu_Y, \sigma^2/n)$$

에 해당하며, 이들 표본평균들도 독립적이기 때문에 그 차이의 분포는

$$\overline{X}-\overline{Y} \sim N(\mu_X-\mu_Y, (1/n+1/m)\sigma^2) \tag{7.3.11}$$

이다. 이를 표준정규분포로 만들면

$$\frac{\overline{X}-\overline{Y}-(\mu_X-\mu_Y)}{\sigma\sqrt{(1/n+1/m)}} \sim N(0,1)$$

이다. 그러나 모분산(표준편차)를 모르기 때문에 식 (7.3.9)에서 모분산 대신에 합동

표본분산

$$\frac{n+m-2}{\sigma^2}S_p^2 \sim \chi^2(n+m-2)$$

을 이용한다. 앞서 식 (7.3.10)과 같은 방식으로 $t$-분포의 정의에 의해

$$\frac{\overline{X}-\overline{Y}-(\mu_1-\mu_2)}{\sigma\sqrt{(1/n+1/m)}} \Big/ \sqrt{\frac{n+m-2}{\sigma^2}S_p^2/(n+m-2)}$$
$$= \frac{\overline{X}-\overline{Y}-(\mu_1-\mu_2)}{S_p\sqrt{(1/n+1/m)}} \sim t(n+m-2) \tag{7.3.12}$$

로 표현할 수 있다. 식 (7.3.12)는 표본평균의 차와 합동 표본표준편차에 의해 정의되는 랜덤변수는 자유도 $(n+m-2)$의 $t$-분포임을 의미한다.

**예제 4 ▸▸▸**

분산이 동일한 독립적인 두 정규모집단 $N(8,36)$와 $N(4,36)$에서 각각 크기가 8과 10인 표본을 추출하였다. 다음 질문에 답하시오.

(1) 두 표본평균의 차이의 확률분포를 지적하시오.

(2) 합동 표본분산의 확률분포를 지적하시오.

(3) 합동 표본분산 값이 $\chi_0$보다 작은 부분의 확률이 0.95가 되는 부분을 찾아보시오.

(4) 만약 합동 표본표준편차가 4.3일 경우 두 표본평균의 차이가 5.5이하일 확률을 구하시오.

**풀이 ▸▸▸** (1) 식 (7.3.11)에 의해서

$$\overline{X}-\overline{Y} \sim N(4, (1/8+1/10)\cdot 36) = N(4,\ 8.1)$$

(2) 식 (7.3.8)에서 합동 표본분산의 확률분포는

$$\frac{16}{36}S_p^{\ 2}=\frac{4}{9}S_p^{\ 2}\sim\chi^2(16).$$

(3) 자유도 16의 $\chi^2$-분포에서

$$P\left(\frac{4}{9}S_p^{\ 2}<\frac{4}{9}\chi_0^2\right)=0.95.$$

인 $\frac{4}{9}\chi_0^2=7.96$. 따라서 $\chi_0^2=7.96\cdot\frac{4}{9}=17.91$.

(4) 식 (7.3.12)에서

$$\frac{\bar{X}-\bar{Y}-4}{4.3\cdot\sqrt{(1/8+1/10)}}=\frac{\bar{X}-\bar{Y}-4}{2.04}\sim t(16).$$

이며,

$$P\left(\frac{\bar{X}-\bar{Y}-4}{2.04}\le\frac{5.5-4}{2.04}\right)=P\left(\frac{\bar{X}-\bar{Y}-4}{2.04}\le 0.74\right).$$

자유도 16의 $t$-분포 표에서 0.69에서 0.75, 0.865에서 0.8의 확률이므로 근사적으로 구하면

$$P\left(\frac{\bar{X}-\bar{Y}-4}{2.04}\le 0.74\right)\simeq 0.793.$$

## 연습 문제

1. $X \sim N(15,10)$ 인 정규모집단에서 11개의 표본을 추출하여 표본분산을 구했다. 이 표본분산의 분포와 표본분산이 $1 \leq S^2 \leq 8$일 확률을 구하시오.

2. 독립적인 두 정규 모집단 $N(6,25)$와 $N(8,25)$에서 각각 크기가 5과 7인 표본을 추출하여 합동 표준편차를 구하였다. 이 합동 표준편차 랜덤변수를 지적하고, $P(S_P^2 < 25)$를 구하시오.

3. 정규 모집단 $N(5,25)$에서 16개의 표본을 추출하여 표본평균과 표본표준편차를 구하였다. 식 (7.3.10)의 랜덤변수의 $t_0$보다 작은 부분에서 확률이 0.90이 되는 값을 찾아보시오.

4. 분산이 동일한 독립적인 두 정규모집단 $N(14,25)$와 $N(10,25)$에서 각각 크기가 10과 12인 표본을 추출하였다. 다음 질문에 답하시오.

(1) 두 표본평균의 차이의 확률분포를 지적하시오.

(2) 합동 표본분산의 확률분포를 지적하시오.

(3) 합동 표본분산 값이 $\chi_0$보다 작은 부분의 확률이 0.90가 되는 부분을 찾아보시오.

(4) 만약 합동 표본표준편차가 3.8일 경우 두 표본평균의 차이가 6이하일 확률을 구하시오.

## 7.4 표본비율의 분포

모비율(population proportion)이란 모집단의 모든 구성 원소들 중에 특정한 성질을 가진 구성 원소의 비율을 의미한다. 예를 들면 우리 국민들 중에 어떤 정당을 지지하는 비율이든지 또는 생산된 제품에 불량품의 비율 등이 이 모비율 $p$에 해당한다. 따라서 모비율은 전체 모집단의 원소 $N$과 모집단에서 특정한 성질을 만족하는 원소의 수 $x_N$의 비율

$$p = \frac{x_N}{N} \tag{7.4.1}$$

으로 정의된다. 그러나 일반적으로 비용과 시간의 제약 때문에 전수조사에 의해 모비율을 측정하는 것이 어렵기 때문에, 표본을 추출하여 추출된 표본 중에서 특정 성질을 가진 원소의 수로 표본비율 $\hat{p}$를 이용하여 모비율을 추정한다. 표본의 수가 $n$이며 이들 중에 특정 성질을 가진 원소의 수가 $x_n$이라면 표본비율

$$\hat{p} = \frac{x_n}{n} \tag{7.4.2}$$

으로 정의된다. 그림 7.6은 표본비율을 구하는 과정을 보여주고 있다

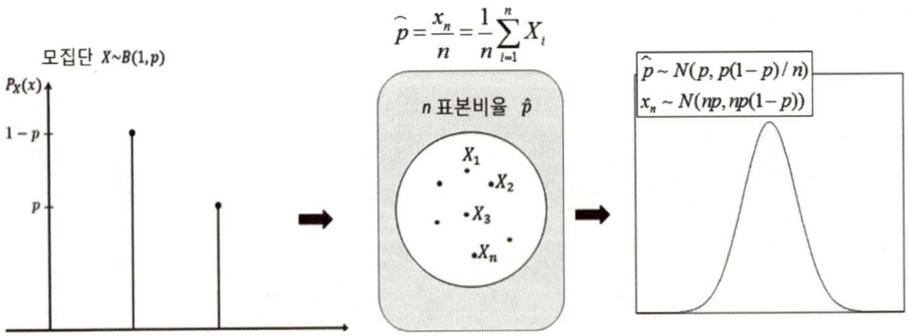


[그림 7.6] 표본비율의 분포

모비율을 추정한다는 것을 베르누이 랜덤변수 $X$의 모집단에서 특정성질을 만족하는 비율 $p$를 추정하는 것과 같으며, 이 경우 표본비율은 이런 모집단의 표본평균으로 간주될 수 있다. 즉 상태 공간 $S_X = \{0, 1\}$인 베르누이 랜덤변수에서 특정성질을 만족하는 경우는 1, 그렇지 않을 경우는 0일 때, 독립적인 표본을 $n$개 추출하여 (다른 식으로 말하면 독립적인 베르누이 시행을 $n$번 시행하여) 그 합을 전체 표본수로 나눈 값은 결국 표본평균에 해당한다는 것이다. 이를 다시 쓰면

$$\hat{p} = \frac{1}{n}(X_1 + X_2 + \cdots + X_n) = \frac{x_n}{n} \tag{7.4.3}$$

이며, 여기서 $X_i$들은 서로 독립적이며 모두 동일한 베르누이 분포이다. 따라서 7.2절에서 살펴본 표본평균의 성질을 모두 만족하게 된다. 즉 베르누이 분포의 평균은 $E[X] = p$이기 때문에

$$E[\hat{p}] = E[X] = p \tag{7.4.4}$$

이며, 베르누이 분포의 분산 $Var(X) = pq = p(1-p)$ 이기 때문에

$$Var(\hat{p}) = Var(X)/n - pq/n = p(1-p)/n \tag{7.4.5}$$

에 해당한다. 또한 $n$이 증가하면 중심극한정리에 의해 랜덤변수 $\hat{p}$은 정규분포에 근접해가며, 결국

$$\hat{p} \sim N(p, pq/n) = N(p, p(1-p)/n) \tag{7.4.6}$$

로 근사화 된다.

한편 식 (7.4.3)에서 $x_n$은 이항분포의 랜덤변수로 간주될 수도 있다. 즉 확률 $p$의 베르누이 시행을 $n$번 할 경우 관심의 대상이 되는 사건이 일어날 횟수는 이항분포를 갖는 랜덤변수라는 것이다. 이 경우 $x_n$의 평균 $E[x_n] = np$이며 분산 $Var(x_n) = npq = np(1-p)$ 에 해당한다. 또한 $n$이 증가하면 이항분포 역시 중심극한정리에 의해 정

규분포 $x_n \sim N(np, np(1-p))$로 근사화 할 수 있다. 이는 식 (7.4.3)에서 $x_n = n\hat{p}$이기 때문에 이항분포를 근사화한 정규분포에서 평균은 $\hat{p}$ 평균의 $n$배, 분산은 $\hat{p}$ 분산의 $n^2$배 한 것과 같다.

**예제 1 ▶▶▶**

(1) 우리 국민 성인들이 어느 정당을 지지하는 정도가 43.5%라 하자. 만약 성인 200명의 표본을 추출하여 100명이상이 이 정당을 지지할 확률은 얼마나 될까?

(2) 또한 200명의 표본을 추출하여 조사한 결과 지지율이 43%에서 44%일 확률을 구하시오.

**풀이 ▶▶▶** (1) 중심극한정리에 의해 $\hat{p}$는 평균이 0.435, 분산이 $0.435 \times 0.565/200 = (0.0351)^2$에 해당하는 정규분포로 근사화할 수 있다. 또한 이항분포 $x_n$에서 평균 $200 \times 0.435 = 87$, 분산 $200 \times 0.435 \times 0.565 = 49.155$인 정규분포 $x_n \sim N(91, 49.155)$로 근사화 할 수도 있다. 전자의 방법을 이용하면

$$P(\hat{p} \geq 0.5) = P\left(\frac{\hat{p} - 0.435}{0.0351} \geq \frac{0.5 - 0.435}{0.0351}\right)$$

$$= P(Z \geq 1.852) = 1 - 0.9680 = 0.032.$$

또한 후자의 방법을 이용하면

$$P(\hat{x}_n \geq 100) = P\left(\frac{\hat{x}_n - 87}{\sqrt{49.155}} \geq \frac{100 - 87}{\sqrt{49.155}}\right)$$

$$= P(Z \geq 1.852)$$

으로 근사적으로 같다.

(2) 마찬가지로 전자의 방법을 이용하면

$$P(0.43 \le \hat{p} \le 0.44) = P\left(\frac{0.43-0.435}{0.0351} \le \frac{\hat{p}-0.435}{0.0351} \le \frac{0.44-0.435}{0.0351}\right)$$

$$= P(-0.142 \le Z \le 0.142) = 2(0.5565-0.5) = 0.1130.$$

또한 후자의 이항분포의 정규분포 근사화를 이용하면

$$P(86 \le \hat{x}_n \le 88) = P\left(\frac{86-87}{\sqrt{49.595}} \le \frac{\hat{x}_n-87}{\sqrt{49.155}} \ge \frac{88-87}{\sqrt{49.155}}\right)$$

$$= P(-0.142 \le Z \le 0.142)$$

로 근사적으로 같다.

## ☑ 두 표본비율의 차이에 대한 분포

서로 독립이며 모비율이 각각 $p_1$과 $p_2$인 두 모집단에서 각각의 크기 $n$과 $m$인 표본을 추출했을 때 표본의 크기가 충분히 크다면 두 표본비율은 각각

$$\hat{p}_1 \sim N(p_1, \frac{p_1(1-p_1)}{n}), \ \hat{p}_2 \sim N(p_2, \frac{p_2(1-p_2)}{m})$$

로 근사화 된다. 또한 이 두 표본 집합들은 서로 독립이므로 표본비율의 차이에 해당하는 랜덤변수는

$$\hat{p}_1 - \hat{p}_2 \sim N(p_1 - p_2, \frac{p_1(1-p_1)}{n} + \frac{p_2(1-p_2)}{m}) \qquad (7.4.7)$$

로 근사화 된다. 따라서 두 표본비율의 차이를 정규화하여 표준정규분포로 만들면

$$\frac{(\hat{p}_1-\hat{p}_2)-(p_1-p_2)}{\sqrt{\frac{p_1(1-p_1)}{n}+\frac{p_2(1-p_2)}{m}}} \sim N(0,1) \qquad (7.4.8)$$

.

**예제 2 ▸▸▸**

모비율이 각각 $p_1 = 0.57$, $p_2 = 0.38$인 모집단에서 각각 1000개의 표본을 얻어 표본비율을 조사했다고 하자. 표본비율의 차이가 0.15이하일 확률을 구하시오.

**풀이 ▸▸▸** 각각의 표본비율은 정규분포로

$$\hat{p}_1 \sim N\left(0.57, \frac{0.57 \cdot 0.43}{1000}\right) \qquad \hat{p}_2 \sim N\left(0.38, \frac{0.38 \cdot 0.62}{1000}\right)$$

로 근사화 할 수 있다. 따라서 표본비율의 차이에 해당하는 랜덤변수는

$$\hat{p}_1 - \hat{p}_2 \sim N\left(0.57 - 0.38, \frac{0.57 \cdot 0.43}{1000} + \frac{0.38 \cdot 0.62}{1000}\right) = N(0.19, (0.021)^2)$$

이다. 따라서

$$P(\hat{p}_1 - \hat{p}_2 \le 0.17) = P\left(\frac{(\hat{p}_1 - \hat{p}_2) - 0.19}{0.021} \le \frac{0.17 - 0.19}{0.021}\right)$$

$$\simeq P(Z \le -0.95) = 1 - P(Z \le 0.95) = 1 - 0.8289 = 0.1711.$$

## 연습문제

1. 어느 학급의 학생의 15%에게 $A$학점을 준다고 하자. 이 학급에서 임의로 10명을 표본으로 추출해서 성적을 알아보았다.

(1) $A$학점을 받은 학생이 없을 확률을 구하시오.

(2) 두 명이상 $A$학점을 받을 확률을 구하시오.

(3) 10%이상 30%이하 $A$학점을 받을 확률을 구하시오.

2. 50대 이상 고혈압환자의 비율이 15%라고 하자. 이제 50대 이상을 100명 임의로 추출하여 고혈압여부를 조사하였다고 하자.

(1) 고혈압환자가 30명이상 50명 이하일 확률을 구하시오.

(2) 고혈압환자의 비율이 10%미만일 확률을 구하시오.

(3) 20%이상 25%이하의 고혈압환자가 조사될 확률을 구하시오.

3. 문제 1에서 30명을 임으로 선정할 경우로 바꾸어 답하시오.

4. 어느 공장의 생산라인 $A$와 $B$에서 생산된 제품의 불량률이 각각 10%와 5%라고 하자. 이들 라인에서 생산된 제품을 각각 50개 100개를 임으로 추출하여 불량비율을 계산할 경우 그 $A$와 $B$의 표본비율 차이가 3%에서 7%사이에 들 확률을 구하시오.

## 7.5 컴퓨터 실습

본 절에서는 모집단에서 추출한 표본으로부터 얻은 표본평균, 표본분산, 표본비율, 표본분산의 비율들이 각각 본문에서 언급한 분포를 가지는지 여부를 컴퓨터 모의실험을 통해 알아보고자 한다.

### ☑ 표본 평균의 분포

먼저 정규분포를 가지는 모집단 $N(\mu, \sigma^2)$에서 표본 수 $n$인 표본평균을 구하고 이 표본평균이 어떤 분포를 가지는지를 알아보자. 식 (7.1.1)과 식 (7.1.2)에 의하면 이 표본평균은 $N(\mu, \sigma^2/n)$이다. 그림 7.7은 이런 목적으로 만든 프로그램으로 모집단의 평균은 mu이며, 표준편차는 Sigma이다. 주어진 정규 모집단에서 표본 수 n=5의 표본평균을 m번 구하였으며, 이 표본평균 값들이 위치하는 구간에서 빈도를 세고 상대빈도로 바꾸어 막대그래프로 그렸다. 프로그램 실행결과는 그림 7.8과 같이 정규분포를 이루고 그 중심은 mu=4이며, 명령 윈도우에 표시된 분산과 이론적인 분산치는 거의 일치하는 것을 확인할 수 있다.

### ☑ 표본 분산의 분포

정규분포를 가지는 모집단 $N(\mu, \sigma^2)$에서 표본 수 $n$인 표본분산을 구하고 이 표본분산이 어떤 분포를 가지는지를 알아보자. 즉 표본분산이 식 (7.3.3)과 식 (7.3.4)를 만족하는가를 알아보기 위한 실험이다. 그림 7.9는 이 실험을 위한 프로그램으로 모집단의 평균은 mu이며, 표준편차는 Sigma이다. 주어진 정규 모집단에서 표본 수 n=5의 표본분산을 m번 구하였으며, 이 표본분산 값들이 위치하는 구간에서 빈도를 세고 상대빈도로 바꾸어 막대그래프로 그렸다. 프로그램 실행결과는 그림 7.10과 같이 자유도 $(n-1)$의 $\chi^2$-분포를 이루는 것을 확인할 수 있으며, 명령 윈도우에 표시된 평균과 이론적인 평균치는 $(n-1)$로 근사적으로 일치하는 것을 확인할 수 있다.

### ☑ 합동 표본분산에 의한 표본평균 차의 확률분포

모분산이 동일하지만 모르는 두 모집단의 표본평균의 차이는 합동 표본분산을 이용하여 식 (7.3.12)와 같이 정규화 할 수 있으며 이는 $t$-분포를 이룬다고 하였다. 그림 7.11은 이를 확인하기 위해 마련된 프로그램으로 mu1과 mu2는 각각 서로 다른 모집단의 평균이며 Sigma는 분산이 동일한 두 모집단의 모표준편차를 의미한다. 각각의 모집단에서 n1개와 n2개의 표본을 추출하여 평균 mean()을 구하였으며, 그 차이에서 (mu1-mu2) 빼고 이를 합동 표본표준편차로 나누어 정규화 하였다. m번 반복하며 해당 구간을 찾아 빈도를 헤아렸으며 상대빈도로 바꾸어 막대그래프로 표현했다. 그림 7.12는 그 결과로 평균이 mu1-mu2인 $t$-분포에 근접함을 보여주고 있다.

### ☑ 표본비율의 확률분포

표본비율의 확률분포는 중심극한 정리에 의해 식 (7.4.6)과 같이 정규분포를 가진다. 그러나 식 (7.4.6)에서 $n$이 커지면 분산이 작은 값이 되기 때문에 수치적 오차에 민감할 수 있다. 따라서 그림 7.13의 프로그램에서는 먼저 이항분포인 n번 중에 관심의 대상이 일어난 횟수로 구간에서의 빈도 f(k)를 헤아렸으며 이를 이용하여 상대빈도 P(k)를 구하였다. 이 경우 평균은 $np$, 분산은 $np(1-p)$로 빈도의 해당구간을 구하는데 분모가 작아짐으로 인한 오차 증폭문제를 완화할 수 있다. 이렇게 구한 이항분포에서 가로축을 전체 표본 수 n으로 나누어 표본비율로 바꾸었으며 상대빈도 P(k)는 그대로 표현하였다.

그림 7.14는 이렇게 얻어진 분포의 막대그래프로 명령 윈도우의 표본비율의 표본평균과 이론치를 비교하였다.

```
% 표본 평균의 분포 알아보기

m=100000; % 전체 표본평균의 표본수
n=5; % 표본평균을 구하는 과정에서 표본수
mu=4; % 모평균
Sigma = 4; % 모표준 편차
n_cells = 1000; % 구간수
f = zeros(1,n_cells); % bin 초기화
g = zeros(1,m); % 표본평균의 m 표본 저장
dx = 2*4*(Sigma/sqrt(n))/n_cells;

for i = 1:m
    z = normrnd(mu, Sigma,n,1); % matlab 함수 normrnd()를 이용한 표본생성
    g(i) = mean(z); % n 표본의 표본평균
    k = floor((g(i)-mu)/(Sigma/(sqrt(n)))/dx)+n_cells/2;
    f(k)=f(k)+1;
end

P = f./m;  % 상대빈도 구하기
k = 1:n_cells;

bar((k-n_cells/2)*dx*(Sigma/(sqrt(n)))+mu,P); % 그림 그리기
fprintf('variance of sample_mean: %f\t theoreticalvalue: %f\n',...
std(g)^2, (Sigma^2/(n))); % 실제 분산과 이론적인 분산치 비교
```

[그림 7.7] 표본평균의 분포를 알아보는 프로그램

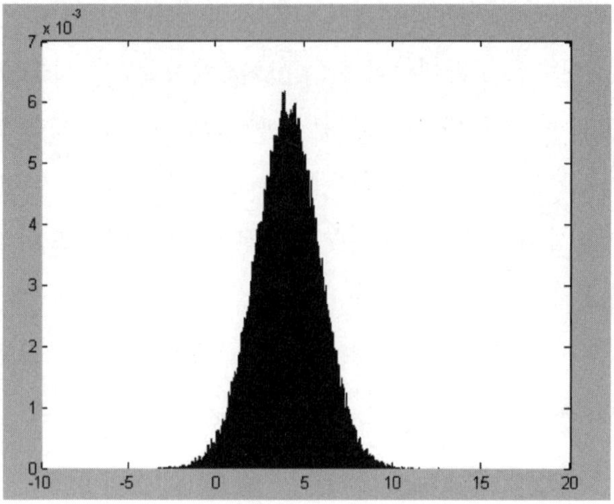

```
variance of sample_mean: 3.211481     theoretical value: 3.200000
```

[그림 7.8] 표본평균의 분포

```
% 표본 분산의 분포 알아보기

m=100000; % 전체 표본분산의 표본수
n=5; % 표본분산을 구하는 과정에서 표본수
mu=4; % 모평균
Sigma = 4; % 모표준 편차
n_cells = 1000; % 구간수
f = zeros(1,n_cells); % bin 초기화
g = zeros(1,m);
dx = 35/n_cells;

for i = 1:m
    z = normrnd(mu, Sigma,n,1); % matlab 함수 normrnd()를 이용한 표본생성
    g(i) = (std(z)^2)*(n-1)/(Sigma^2); % n 표본의 표본분산과 모분산의 비율
    k = ceil(g(i)/dx);
    f(k)=f(k)+1;
end

P = f./m;  % 상대빈도 구하기
k = 1:n_cells;

bar(k*dx,P); % 그림 그리기
fprintf('mean of sample_variance: %f₩t theoreticalvalue: %f₩n',...
mean(g), n-1); % 실제 표본분산의 평균치과 이론적인 분산치 평균치 비교
```

[그림 7.9] 표본분산의 분포를 알아보는 프로그램

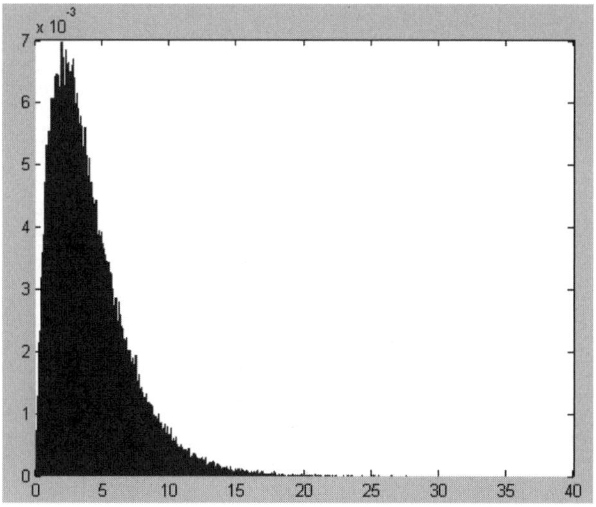

```
mean of sample_variance: 4.000341    theoretical value: 4.000000
```

[그림 7.10] 표본분산의 분포

```
% 모분산을 모르는 경우 표본 평균의 차의 분포 알아보기

m=100000; % 전체 표본평균의 표본수
n1=5; n2=7; % 표본평균을 구하는 과정에서 표본수
mu1=8; mu2=4; % 모평균
Sigma = 4; % 모표준 편차
n_cells = 1000; % 구간수
f = zeros(1,n_cells); % bin 초기화
g = zeros(1,m); % 표본평균의 m 표본 저장
sp = zeros(1,m); % 표본평균의 m 표본 저장
dx = 2*2*(Sigma/sqrt(n))/n_cells;

for i = 1:m
    z1 = normrnd(mu1, Sigma,n1,1); % matlab 함수 normrnd()를 이용한 표본생성
    z2 = normrnd(mu2, Sigma,n2,1); % matlab 함수 normrnd()를 이용한 표본생성
    g(i) = mean(z1)-mean(z2); % n 표본평균 차이
    sp(i) = sqrt(((n1-1)*std(z1)^2+(n2-1)*std(z2)^2)/...
        (n1+n2-2)); % 합동 표본 표분편차
    k = floor((g(i)-(mu1-mu2))/(sp(i)/...
        (sqrt(1/n1+1/n2)))/dx)+n_cells/2; %해당 bin 구하기
    f(k)=f(k)+1;
end

P = f./m;  % 상대빈도 구하기
k = 1:n_cells;

bar((k-n_cells/2)*dx*(Sigma/(sqrt(1/n1+1/n2)))+(mu1-mu2),P); % 그림 그리기
fprintf('mean of diff of sample_means: %f₩t theoretical value: %f₩n',...
mean(g), mu1-mu2); % 실제 표본평균 차의 평균과 이론적인 평균치 비교
```

[그림 7.11] 합동 표본분산을 이용하는 표본평균의 차이 분포 프로그램

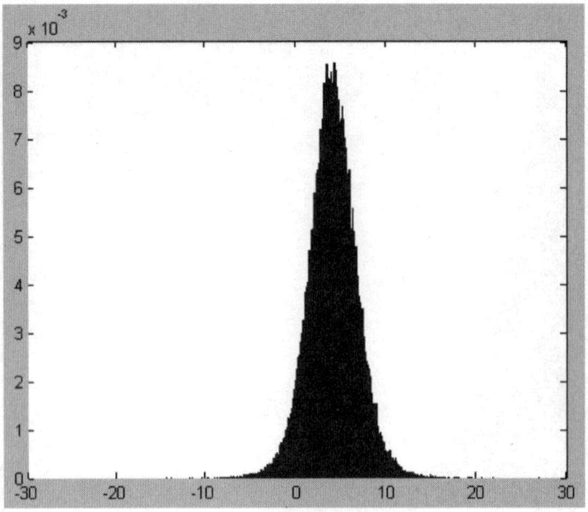

mean of diff of sample_means: 3.998816   theoretical value: 4.000000

[그림 7.12] 합동 표본분산을 이용하는 표본평균의 차이 분포

```
% 표본비율의 분포 알아보기: p = 0.35

s=rand('state');
m=100000; % 전체 표본비율의 표본수
n=100; % 표본비율을 구하는 과정에서 표본수
p=0.35; mu = n*p; Sigma = sqrt(n*p*(1-p)); % 이항분포의 평균/분산
n_cells = 1000; % 구간수
f = zeros(1,n_cells); % bin 초기화
g = zeros(1,m); % 이항분포의 표본저장

dx = 2*4*Sigma/n_cells;

for i = 1:m
    s = 0;
    for j=1:n
        if rand() < p
            s = s+1;
        end
    end
    g(i) = s; % 이항분포 표본
    k = floor((g(i)-mu)/Sigma/dx)+n_cells/2;
        f(k)=f(k)+1;
end

P = f./m;  % 상대빈도 구하기
k = 1:n_cells;
```

```
% 이항분포를 표본비율 정규분포로 변환 그림 그리기
bar(((k-n_cells/2)*dx*Sigma+mu)/n,P);

% 이항분포 표본으로 부터 얻은 평균치와 이론적 평균치
fprintf('mean of sample ratio: %f\t theoretical value: %f\n',...
mean(g)/n, p);
```

[그림 7.13] 표본비율의 분포 프로그램

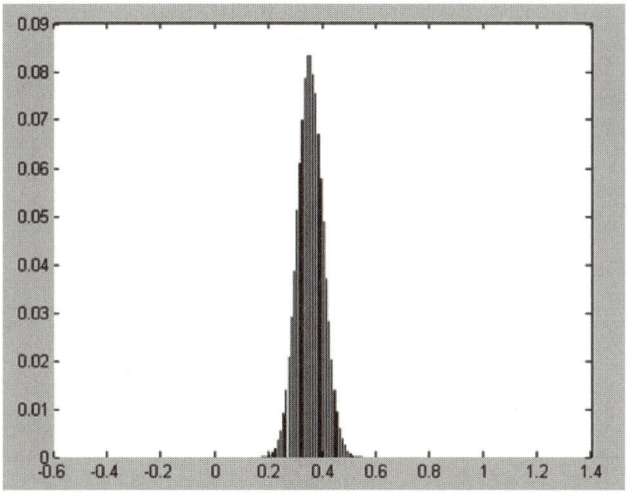


```
mean of sample ratio: 0.349743    theoretical value: 0.350000
```

[그림 7.14] 표본비율의 분포

## 연습문제

1. 분산이 동일한 독립적인 두 모집단 $X \sim N(\mu_X, \sigma^2)$와 $Y \sim N(\mu_Y, \sigma^2)$에서 각각 $n$과 $m$개의 표본들을 모아서 얻은 합동 표본분산의 분포와 이 분포의 표본평균을 얻어 이론적인 기댓값과 비교하는 프로그램을 구성하고 식 (7.3.8)과 비교해 보시오.

2. 분산을 모르는 정규모집단에서 $n$개의 표본을 추출하여 표본평균과 표본분산을 구하고 이를 식 (7.3.10)으로 정규화한 분포와 표본평균을 얻고 이론적인 기댓값과 비교하는 프로그램을 구성하고 식 (7.3.10)과 비교해 보시오.

3. 표본비율의 차의 분포를 알아보기 위한 프로그램을 구성하고 그 결과를 식 (7.4.8)과 비교해 보시오.

chapter. 8

# 통계적 추정

7장에서는 모집단인 랜덤변수로부터 무작위로 추출된 표본을 근거로 표본평균, 표본분산, 표본비율 등의 랜덤변수와 이들의 확률분포를 살펴보았다. 이런 표본으로부터 얻어진 랜덤변수들의 분포는 8장과 9장의 유추적 통계학의 통계적 추론과정에서 중요한 역할을 하게 된다. 따라서 본 장에서는 먼저 1장의 서술적인 통계학과 대비되는 유추적 통계학에 대한 개괄적인 설명으로부터 시작하고자 한다. 이러한 유추적 통계학 중에 이 책에서 다루어지는 부분은 본 장의 추정과 9장의 검정 등이며, 본 장에서는 추정방법에 대해 살펴보고자 한다.

추정방법에는 점추정을 통해 모집단의 파라메타를 한 값으로 추정하는 방법과 구간추정을 통해 파라메타가 가지는 값의 범위를 추정하는 방법이 있다. 또한 이러한 추정은 이들 표본으로부터 얻은 랜덤변수인 통계량의 확률분포를 기반으로 하기 때문에 정확한 값이 아니며 표준오차, 오차한계 등을 수반하게 된다.

본 장에서는 먼저 유추적 통계학이란 무엇인가를 살펴보며, 이어서 통계적 추정의 개요로 점 추정량의 바람직한 성질들을 살펴본다. 또한 구간추정의 개요를 살펴보고 모평균 및 모평균 차이의 구간추정, 모분산과 모비율의 구간추정 방법 등을 알아본다. 일반적으로 많은 표본을 추출하여 추정하면, 추정의 정확성을 향상시킬 수 있다. 그러나 표본의 수가 증가하면 경비가 많이 지출되기 때문에, 미리 신뢰구간을 지정하고 이 신뢰구간을 만족하는 최소의 표본수를 얻는 것이 바람직 할 수 있다. 본 장의 마지막 부분에서는 이러한 표본 크기결정 방법을 알아보며, 컴퓨터 실습에서는 각각의 구간추정 방법을 컴퓨터로 모의실험하며 신뢰수준의 의미를 알아보는데 초점을 맞춘다.

## 8.1 유추적(inferential) 통계학

1장의 서술적 통계에서는 통칭 데이터라는 용어를 사용하여 여러 가지 서술적 통계의 주제인 데이터의 도수분포, 평균, 분산, 공분산 등의 척도를 설명하였다. 하지만 어떤 경우에는 고려하는 데이터 모두를 취득할 수 있기도 하지만 그렇지 못할 경우들이 더 많다. 예를 들어 어떤 학급의 수학성적의 경우는 모든 데이터를 취득하는 것이 어려운 문제는 아니며 이로부터 도수분포나 평균, 분산 등을 구하는 것 역시 큰 어려움이 없다. 그러나 대통령 선거 때에 어떤 후보의 지지도나 우리 국민의 몸무게의 평균치와 같이 전수조사하기 어려운 경우들이 있다. 이런 경우 얻어진 데이터는 전체 데이터의 일부에 해당한다. 이때 전체 데이터를 얻는 랜덤변수를 7장에서는 모집단(population)이라 하였으며, 일부 얻어진 데이터를 표본(sample)이라 하였다.

그렇다면 모집단 랜덤변수의 확률분포, 모집단의 모평균, 모분산 등은 영영 알 수 없는 것인가? 일반적으로 알아내기 어렵다. 즉 경비가 많이 들거나 아예 불가능할 경우도 있다는 것이다. 유추적인 통계학의 관심사는 바로 여기에 있다. 즉 유추적 통계학의 일차적인 관심사는 표본으로부터 얻은 확률분포로부터 모집단 모델을 표현하는 모평균, 모분산 등의 파라메타(parameter)을 추정하거나, 이 파라메타들에 관한 명제의 타당성을 검정하는데 있다. 이 책의 범위는 모집단 모델의 파라메타의 추정과 이들에 관한 명제의 검정, 요인 및 주성분 분석 등을 포함하지만 유추적인 통계학은 이렇게 얻어진  모집단 모델을 활용한 다양한 의사결정까지를 포함할 수 있다. 그림 8.1은 서술적 통계학과 유추적 통계학의 차이를 보여주고 있다.

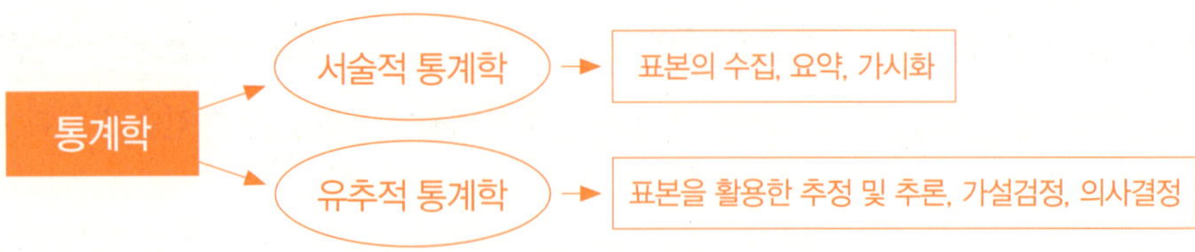


[그림 8.1] 서술적 통계학과 유추적 통계학

## 8.2 통계적 추정

7장에서 표본으로부터 정의된 랜덤변수들은 모집단의 확률분포와 파라메타인 모평균, 모분산 등과 관련이 있었다. 따라서 7장의 예제들에서는 일단 이들 모집단의 확률분포와 파라메타가 주어졌다는 가정 아래 표본으로부터 정의된 랜덤변수들의 확률분포와 파라메타들을 살펴보았다. 과연 이런 예제들이 현실적으로 가능한가? 그렇지 않다. 왜냐하면 전수조사를 하지 않는다면 일반적으로 모집단의 특성을 알기 어렵기 때문이다.

통계적 추정이란 전수조사가 아니라 모집단으로부터 추출한 유한한 표본으로부터 모집단의 특성을 알아내는 방법을 일컫는다. 여기서 모집단의 특성이란 모집단의 분포를 가정한 상태에서 모평균, 모분산, 또는 모집단 분포를 규정하는 파라메타 등이 될 수 있다. 따라서 통계적 추정의 과정은 표본을 추출하고 이 표본으로부터 모집단의 파라메타를 추정할 수 있는 통계량 $\hat{\boldsymbol{\theta}}$를 설정하는 것으로부터 시작된다. 여기서 통계량이란 표본의 함수로 표본이 어떻게 추출되는가에 따라 달라지기 때문에 랜덤변수이고 7장에서 살펴보았듯이 특정한 확률분포를 갖는다.

본 절에서는 통계적 추정의 두 부류인 점추정과 추정량의 일반적인 성질들을 살펴보고 구간추정의 개요를 알아본다.

### ☑ 점추정(point estimate)

모집단의 파라메타를 $\boldsymbol{\theta}$라 하고, 이런 모집단 $X$에서 $X_1, X_2, \ldots, X_n$과 같이 $n$개의 독립적인 표본을 얻었다고 하자. 이들 표본으로부터 선정한 통계량을 추정량(estimator)이라하며 이는

$$\hat{\boldsymbol{\theta}} = \boldsymbol{\Theta}(X_1, X_2, \ldots, X_n) \tag{8.2.1}$$

로 표현할 수 있고, 이는 i.i.d. 표본 $X_1, X_2, \ldots, X_n$의 함수인 또 다른 랜덤변수이다. 예

를 들어, 앞서 7.2절부터 7.4절까지 보았던 표본평균, 표본분산, 표본비율 등은 바로 이런 추정량(estimator)이라고 볼 수 있다.

실제 모집단의 파라메타 $\boldsymbol{\theta}$는 표본의 관찰 값 $x_1, x_2, \ldots, x_n$의 함수인 $\hat{\theta} = \boldsymbol{\Theta}(x_1, x_2, \ldots, x_n)$로 추정하는데, 이는 $\hat{\boldsymbol{\theta}} = \boldsymbol{\Theta}(X_1, X_2, \ldots, X_n)$ 인 랜덤변수의 한 값으로 간주될 수 있다. 이와 같이 모집단의 파라메타를 한 값으로 추정하는 방법을 점추정(point estimate)이라 한다. 점추정은 한 값으로 파라메타를 추정하므로 추정대상이 되는 모집단의 실제 파라메타와 오차를 포함한다.

예를 들어 식 (7.1.1)의 표본평균 $\overline{X}$는 식 (8.2.1)의 특별한 형태이며, 이는 모평균 $\boldsymbol{\mu}$를 추정하는 추정량이다. 모집단에서 표본으로 관찰 값 $x_1, x_2, \ldots, x_n$을 얻었다면

$$\overline{x} = \frac{1}{n}(x_1 + x_2 + \cdots + x_n) \tag{8.2.2}$$

으로 모평균을 점추정할 수 있다. 그렇다면 모평균 $\boldsymbol{\mu}$의 추정량이 표본평균만 있을까? 그렇지 않다. 만약 식 (8.2.1)이 최대치를 취하는 함수라면, 이는 표본 최빈치(모드)로 추정량을 구성하는 것이며, 또한 미디언을 취한다면 이는 표본 미디언으로 추정량을 구성하는 것이다. 즉 표본평균, 표본 최빈치, 표본 미디안 모두 모평균 $\boldsymbol{\mu}$의 추정량으로 사용할 수 있다는 것이다.

### ☑ 추정량의 일반적인 성질 및 점추정

그러면 이러한 추정량들 중에 어떠한 추정량을 선택하는 것이 좋을까? 이러한 바람직한 추정량을 고려하기 위해 추정량의 일반적인 성질들을 소개해 보자.

#### – 불편(unbiased) 추정량

파라메타 $\boldsymbol{\theta}$에 대한 점추정량 $\hat{\boldsymbol{\theta}} = \boldsymbol{\Theta}(X_1, X_2, \ldots, X_n)$이

$$E[\hat{\boldsymbol{\theta}}] = \boldsymbol{\theta} \text{ 또는 } E[\hat{\boldsymbol{\theta}} - \boldsymbol{\theta}] = 0 \tag{8.2.3}$$

을 만족하는 경우, 추정량 $\hat{\boldsymbol{\theta}}$을 불편추정량이라 한다. 식 (8.2.3)은 랜덤변수인 추정량

의 평균이 추정대상인 파라메타와 같다는 의미로 무수히 여러 번에 걸쳐 $n$개의 표본으로부터 점추정을 수행하면 이는 평균적으로 파라메타 값과 같아진다는 것을 의미한다. 식 (8.2.3)을 만족하지 않는 즉 $E[\hat{\theta}] \neq 0$인 추정량을 편이(biased) 추정량이라 하며, $bias = E[\hat{\theta}] - \theta$를 편이(bias)라 한다. 점추정량을 선택한다면 일반적으로 분산이 크더라도 편의가 작을수록 모집단의 파라메타에 점추정 값이 집중되기 때문에, 편의가 작은 추정량을 선택하는 것이 바람직하다. 따라서 불편추정은 바람직한 추정량의 성질이다.

그렇다면 모평균과 모분산, 모비율의 불편추정량에는 어떤 것들이 있을까? 앞서 7.2절에서도 언급한 바와 같이 표본평균은

$$E[\bar{X}] = E[\frac{1}{n}\sum_{i=1}^{n} X_i] = \frac{1}{n}\sum_{i=1}^{n} E[X_i] = \frac{1}{n}\cdot(n\mu) = \mu \tag{7.2.1}$$

이며, 추정대상인 모평균 $\mu$의 불편추정량이다.

또한 표본분산 $S^2$은

$$S^2 = \frac{1}{n-1}\sum_{i=1}^{n}(X_i - \bar{X})^2 = \frac{1}{n-1}\left[\sum_{i=1}^{n}(X_i-\mu)^2 - (\bar{X}-\mu)^2\right] \tag{8.2.4}$$

과 같이 변형될 수 있다. 따라서 표본분산의 평균은

$$\begin{aligned} E[S^2] &= \frac{1}{n-1} E\left[\sum_{i=1}^{n}(X_i-\mu)^2 - n(\bar{X}-\mu)^2\right] \\ &= \frac{1}{n-1}\left[\sum_{i=1}^{n} E[(X_i-\mu)^2 - n(\bar{X}-\mu)^2]\right] \\ &= \frac{1}{n-1}[n\sigma^2 - nVar(\bar{X})] = \frac{1}{n-1}[n\sigma^2 - \sigma^2] \\ &= \sigma^2 \end{aligned} \tag{8.2.5}$$

이다. 따라서 표본분산 $S^2$은 모분산에 대한 불편추정량이다. 만약 표본분산을

$$S^2 = \frac{1}{n}\sum_{i=1}^{n}(X_i - \overline{X})^2$$

로 정의하면

$$E[S^2] = \left(\frac{n-1}{n}\right)\sigma^2 \tag{8.2.6}$$

으로 불편추정량이 아니며, 편이량 $bias = -\sigma^2/n$이다. 바로 이러한 이유 때문에 표본분산을 정의할 때 분모를 $(n-1)$로 취하게 되는 것이다.

또한 표본비율 $\hat{p}$는 식 (7.4.3)에 따라

$$E[\hat{p}] = E[\frac{1}{n}(X_1 + X_2 + \cdots + X_n)] = \frac{1}{n}(E[X_1] + E[X_2] + \cdots + E[X_n])$$

이며, 여기서 $X_i$들은 i.i.d. 베르누이 랜덤변수들이기 때문에

$$E[\hat{p}] = \frac{1}{n}(E[X_1] + E[X_2] + \cdots + E[X_n]) = \frac{np}{n}$$

$$= p \tag{7.4.4}$$

이다. 따라서 표본비율은 모비율의 불편추정량이다.

**예제 1 ▸▸▸**

모집단인 대한민국 성인 남성의 키 $X$의 평균 $\mu$를 추정하기 위해 4개의 표본 $X_1, X_2, X_3, X_4$를 추출하여 다음과 같은 추정량을 구성하였다.

$$\overline{X} = \frac{1}{4}(X_1 + X_2 + X_3 + X_4)$$

$$\overline{X}_{weighted} = \frac{1}{6}(X_1 + 2X_2 + 2X_3 + X_4)$$

$$\overline{X}_{pre} = \frac{1}{5}(175 + X_1 + X_2 + X_3 + X_4)$$

(1) 이들 추정량을 불편추정량과 편이추정량으로 구분하시오.

(2) 각 추정량의 의미를 해석해 보시오.

**풀이 ▶▶▶** (1) 세 추정량의 평균은 각각 다음과 같다.

$$E[\overline{X}] = \frac{1}{4}E[(X_1 + X_2 + X_3 + X_4)] = \mu$$

$$E[\overline{X}_{weighted}] = \frac{1}{6}E[(X_1 + 2X_2 + 2X_3 + X_4)]$$

$$= \frac{1}{6}(\mu + 2\mu + 2\mu + \mu) = \mu$$

$$E[\overline{X}_{pre}] = \frac{1}{5}E[(175 + X_1 + X_2 + X_3 + X_4)]$$

$$= \frac{1}{5}(175 + 4\mu)$$

따라서 $\overline{X}$, $\overline{X}_{weighted}$는 불편추정량이며 $\overline{X}_{pre}$는 편이 추정량이다.

(2) $\overline{X}$는 표본평균이며, $\overline{X}_{weighted}$는 두 번째, 세 번째 표본에 가중치를 두어서 중요하게 취급한 가중표본평균이며, $\overline{X}_{pre}$는 미리 평균이 175일 것이라 가정하고 나머지 표본들과 합해 평균을 취한 경우이다. 즉 $\overline{X}_{pre}$는 미리 알고 있는 선험적인 지식을 추가하고 있는 것이다.

**예제 2 ▶▶▶**

---

김연아 선수의 피겨연기 점수 $X$를 10점 만점으로 추정하는데 심판들로부터 다음과 같은 점수를 받았다고 하자. 김연아 선수의 피겨연기 점수의 평균과 분산을 불편추정량인 표본평균과 표본분산을 이용하여 점추정 하시오.

[9.5, 9.5, 10, 10, 9.0, 8.5, 9.5, 9.0, 8.5, 8.5, 10]

**풀이 ▸▸▸** 체조연기의 표본평균

$$\bar{x} = \frac{1}{10}(9.5 + 9.5 + 10 + \cdots + 10) = 9.35$$

이 모평균의 점추정 값이며, 표본분산

$$\bar{s} = \frac{1}{9}((9.5 - 9.35)^2 + (9.5 - 9.35)^2 + (10 - 9.35)^2 + \cdots + (10 - 9.35)^2) = 0.196$$

이 모분산의의 점추정 값이다.

– 유효(efficient) 추정량

랜덤변수 추정량의 분산은 어떤 것이 바람직할 것인가? 당연히 분산이 작을수록 바람직하다. 즉 표본을 어떻게 취하든 점추정 값의 변화가 작을수록 바람직하다는 의미이다. 만약 추정량의 편이가 없고, 분산이 0에 가까워서 유효하다면 가장 적합한 추정량이 될 수 있을 것이다. 왜냐하면 점추정으로 얻은 값이 거의 모두 추정대상인 모집단의 파라메타와 같아지기 때문이다. 추정량 $\hat{\boldsymbol{\theta}}_1, \hat{\boldsymbol{\theta}}_2, \ldots, \hat{\boldsymbol{\theta}}_m$들 중에 유효 추정량은

$$Var(\hat{\boldsymbol{\theta}}) = \min(Var(\hat{\boldsymbol{\theta}}_1), Var(\hat{\boldsymbol{\theta}}_2), Var(\hat{\boldsymbol{\theta}}_m)) \tag{8.2.7}$$

인 $\hat{\boldsymbol{\theta}}$을 파라메타 $\boldsymbol{\theta}$에 대한 유효추정량이라 한다. 이때

$$S.E.(\hat{\boldsymbol{\theta}}) = \sqrt{Var(\hat{\boldsymbol{\theta}})} \tag{8.2.8}$$

를 추정량 $\hat{\boldsymbol{\theta}}$의 표준오차(standard error)라 한다. 즉 표준오차란 유효추정량의 표준편차를 의미한다. 그림 8.2와 같은 추정량의 확률분포를 보인다면, 분산이 가장 작은 추정량 $\hat{\boldsymbol{\theta}}_1$이 유효추정량이 된다.

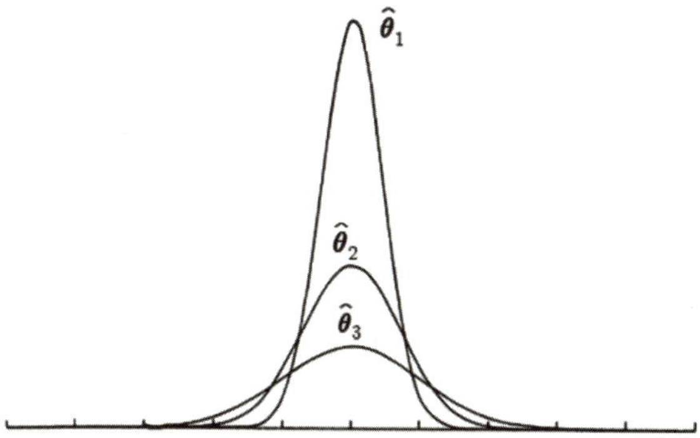


[그림 8.2] 유효 추정량과 확률분포

**예제 3 ▸▸▸**

예제 1에 주어진 세 종류의 추정량에서 유효추정량을 구하시오.

**풀이 ▸▸▸** 이들 각각의 추정량의 분산은

$$Var(\overline{X}) = Var\left(\frac{1}{4}(X_1+X_2+X_3+X_4)\right) = \frac{1}{16}(4Var(X)) = \frac{1}{4}Var(X)$$

$$Var(\overline{X}_{weighted}) = Var\left(\frac{1}{6}(X_1+2X_2+2X_3+X_4)\right)$$
$$= \frac{1}{36}(Var(X_1)+4Var(X_2)+4Var(X_3)+Var(X_4)) = \frac{10}{36}Var(X)$$

$$Var(\overline{X}_{pre}) = Var\left(\frac{1}{5}(175+X_1+X_2+X_3+X_4)\right)$$
$$= \frac{1}{25}Var(175+X_1+X_2+X_3+X_4) = \frac{4}{25}Var(X)$$

와 같다. 따라서 $\overline{X}_{pre}$가 유효한 추정량이다. 그러나 $\overline{X}_{pre}$는 불편추정량이 아님을 주의하라.

일반적으로 불편추정이면서 분산이 가장 작은 추정량을 최소 불편추정량(minimum

variance unbiased estimator)이라 한다. 따라서 앞선 예제에서 $\overline{X}_{pre}$는 최소 불편추정량은 아니며 $\overline{X}$가 최소불편 추정량에 해당하며, 표본의 수가 많아지면 분산이 작아져서 점점 더 유효성이 증가한다. 이미 1장에서 언급했듯이 표본평균은 불편이며 분산을 최소로 하는 즉 최소 평균 제곱오차(minimum mean squared error)를 가지는 최소 불편추정량이다.

### -추정량의 일관성(consistency)

모집단의 파라메타 $\boldsymbol{\theta}$를 추정하기 위해서 크기가 $\boldsymbol{n}$인 표본으로부터 얻은 추정량을 $\hat{\boldsymbol{\theta}}_n$이라하자. 만약 표본의 크기 $\boldsymbol{n}$이 증가해가면 $\hat{\boldsymbol{\theta}}_n$이 파라메타 $\boldsymbol{\theta}$에 근접해 간다고 하자. 임의의 양수 $\epsilon$에 대해서, $\boldsymbol{n}$이 커지면 $\hat{\boldsymbol{\theta}}_n$과 파라메타의 편차가 작아져서

$$\lim_{n\to\infty} P(|\hat{\boldsymbol{\theta}}_n - \boldsymbol{\theta}| \geq \epsilon) = 0 \tag{8.2.9}$$

을 만족한다면, 이러한 추정량 $\hat{\boldsymbol{\theta}}_n$을 모집단의 파라메타 $\boldsymbol{\theta}$의 일관된(consistent estimator) 추정량이라 한다. 그림 8.3은 표본크기 $\boldsymbol{n}$이 증가함에 따라 이러한 일관된 추정량의 분포가 어떠한 모습인지를 보여준다.

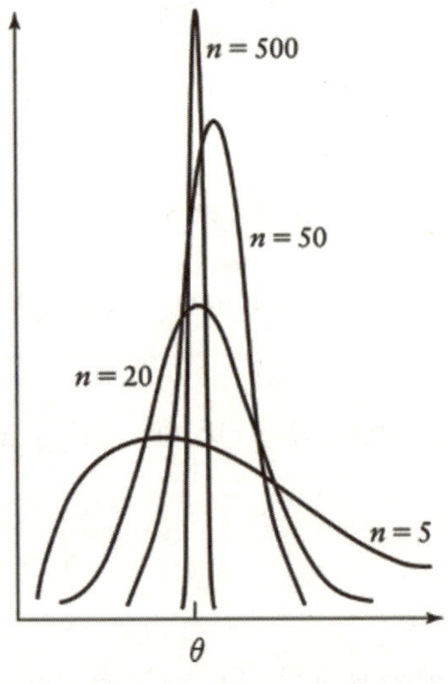


[그림 8.3] 일관된 추정량의 확률분포

표본평균 $\overline{X}$의 경우 $E[\overline{X}]=\mu$이고 $Var(\overline{X})=\sigma^2/n$이기 때문에 체비세프 부등식에 따라

$$P(|\overline{X}-\mu|\geq \epsilon)\leq \frac{Var(\overline{X})}{\epsilon^2}=\frac{\sigma^2}{n\epsilon^2}$$

이며 $\sigma^2/\epsilon^2$은 상수이므로

$$\lim_{n\to\infty}P(|\overline{X}-\mu|\geq \epsilon)\leq \lim_{n\to\infty}\frac{\sigma^2}{n\epsilon^2}=0$$

이다. 즉 표본평균 $\overline{X}$는 모집단의 평균 $\mu$에 대한 일관된 추정량이라는 것이다.

또한 정규모집단에서 표본분산 $S^2$은

$$\frac{n-1}{\sigma^2}S^2\sim\chi^2(n-1)$$

이기 때문에, $\chi^2$-분포의 분산에 의해

$$Var\left(\frac{n-1}{\sigma^2}S^2\right)=\frac{(n-1)^2}{\sigma^4}Var(S^2)=2(n-1)$$

이며

$$Var(S^2)=\frac{2\sigma^4}{n-1}$$

이다. 따라서 역시 체비세프 부등식에 의해

$$P(|S^2-\sigma^2|\geq \epsilon)\leq \frac{Var(S^2)}{\epsilon^2}=\frac{2\sigma^4}{(n-1)\epsilon^2}$$

이고,

$$\lim_{n\to\infty}P(|S^2-\sigma^2|\geq \epsilon)\leq \lim_{n\to\infty}\frac{2\sigma^4}{(n-1)\epsilon^2}=0$$

이기 때문에 $S^2$은 일관된 추정량이다.

### ☑ 추정량의 평균 제곱오차

한편 서로 다른 평균과 분산을 가지는 두 점 추정량을 비교하는 데는 평균제곱오차(mean squared error)를 사용한다. 오늘날 기계학습에서 많이 사용하는 이 평균제곱오차는

$$M.S.E.(\hat{\theta}) = E[(\hat{\theta}-\theta)^2] \tag{8.2.10}$$

로 정의한다. 이 평균제곱오차를 다른 식으로 변형하면

$$\begin{aligned} M.S.E.(\hat{\theta}) &= E[(\hat{\theta}-\theta)^2] = E[((\hat{\theta}-E[\hat{\theta}]) + (E[\hat{\theta}]-\theta))^2] \\ &= E[(\hat{\theta}-E[\hat{\theta}])^2] + E[2(\hat{\theta}-E[\hat{\theta}])(E[\hat{\theta}]-\theta)] + E[(E[\hat{\theta}]-\theta)^2] \\ &= E[(\hat{\theta}-E[\hat{\theta}])^2] + 2(E[\hat{\theta}]-\theta)E[(\hat{\theta}-E[\hat{\theta}])] + E[(E[\hat{\theta}]-\theta))^2] \end{aligned}$$

와 같다. 여기서 $E[(\hat{\theta}-E[\hat{\theta}])] = 0$이기 때문에 평균제곱오차는

$$M.S.E.(\hat{\theta}) = E[(\hat{\theta}-E[\hat{\theta}])^2] + (E[\hat{\theta}]-\theta)^2 = Var(\hat{\theta}) + bias(\hat{\theta})^2 \tag{8.2.11}$$

에 해당한다. 따라서 편이가 0인 불편추정량의 경우 평균제곱오차는 분산과 동일한 값을 가진다. 앞서 살펴본 표본평균 $\overline{X}$나 $S^2$등은 불편추정량이기 때문에 추정량의 분산과 평균제곱오차를 혼용해도 무방하나, 편이가 있는 경우에는 평균제곱오차가 작은 추정량이 바람직한 추정량이 된다.

만약 평균제곱오차가 동일하다면 분산과 편이는 서로 반대되는 양상을 보인다. 즉 분산이 커지면 편이가 작아지고 또 분산이 작아지면 편이가 커지게 된다. 이를 기계학습에서는 편이-분산타협(trade off)이라 한다.

### 예제 4 ▸▸▸

예제 1과 3에서 살펴본 추정량들의 평균제곱오차를 구하고, 평균제곱오차 관점에서 최적의 추정량을 찾으시오.

**풀이 ▸▸▸** 식 (8.2.11)에 따라 각각의 평균제곱오차는

$$M.S.E.(\overline{X}) = Var(\overline{X}) + bias(\overline{X})^2 = \frac{\sigma^2}{4} + 0 = \frac{\sigma^2}{4}$$

$$M.S.E.(\overline{X}_{weighted}) = Var(\overline{X}_{weighted}) + bias(\overline{X}_{weighted})^2 = \frac{10\sigma^2}{36} + 0 = \frac{10\sigma^2}{36}$$

$$M.S.E.(\overline{X}_{pre}) = Var(\overline{X}_{pre}) + bias(\overline{X}_{pre})^2 = \frac{4\sigma^2}{25} + \frac{(175-\mu)^2}{25}$$

이다. 따라서 $\overline{X}_{pre}$의 경우 $\mu$가 175에 가까워 극단적으로 같은 값이면 평균제곱오차가 분산과 같아져서 최적의 추정량이지만, 그렇지 않으면 $\overline{X}$ 또는 $\overline{X}_{weighted}$에 비해 나쁘게 될 수도 있다. 즉 평균 신장이 175정도라는 예상을 표본에 추가하여 얻는 표본평균이 실제 평균과 가까우면 추정의 정확도 측면에서 최소제곱오차를 작게 만들어 도움이 되나, 그렇지 않으면 평균제곱오차 관점에서 손해가 될 수도 있다는 의미이다.

### ☑ 구간추정(interval estimation) 개요

앞서 모집단의 파라메타를 점추정하는 바람직한 추정량들을 살펴보았다. 하지만 점추정의 경우 표본이 어떻게 추출되는가에 따라 항상 오류의 가능성을 포함하고 있다. 따라서 이런 단일 값으로 추정하는 데 있어서의 오류를 만회하기 위해서 어느 정도의 확신을 가지고 모집단의 파라메타의 참값이 포함되리라 믿어지는 구간을 추정하는 방법이 가능하다. 이러한 참값이 포함되리라 믿어지는 구간을 추정하는 방법을 구간추정이라 한다. 이 경우 파라메타의 값이 추정한 구간 안에 포함될 것으로 믿어지는 미리 정해놓은 확신의 정도를 신뢰수준(confidence level)이라하며, 일반적으로

$100(1-\alpha)\%$로 나타낸다. 그러면 신뢰수준 $100(1-\alpha)\%$에서 파라메타 $\boldsymbol{\theta}$에 대한 두 통계량 $L(X_1, X_2, \dots, X_n)$과 $U(X_1, X_2, \dots, X_n)$를 적절히 취하여

$$P(L < \boldsymbol{\theta} < U) = 1-\alpha, \qquad 0<\alpha<1 \tag{8.2.12}$$

가 되도록 했을 때, 구간

$$L(X_1, X_2, \dots, X_n),\ U(X_1, X_2, \dots, X_n)$$

을 파라메타 $\boldsymbol{\theta}$에 대한 구간추정량(interval estimator)라 한다. 여기서 두 통계량 $L(X_1, X_2, \dots, X_n)$과 $U(X_1, X_2, \dots, X_n)$는 표본의 함수로서 랜덤변수임을 다시한번 주목하기 바란다. 한편 표본의 측정값으로 $(x_1, x_2, \dots, x_n)$을 얻었을 때, 이 측정값으로부터 산출된 통계량 $L$과 $U$의 측정값을 각각 $l, u$라 하면 구간

$$(l(x_1, x_2, \dots, x_n),\ u(x_1, x_2, \dots, x_n))$$

를 파라메타$\boldsymbol{\theta}$에 대한 신뢰수준 $100(1-\alpha)\%$의 신뢰구간(confidence interval) 또는 신뢰도(degree of confidence) $100(1-\alpha)\%$의 신뢰구간이라 한다. 이때 신뢰수준은 보편적으로 $\alpha$가 0.1, 0.05, 0.01 등이 되는 90%, 95%, 99%를 사용하며, 이렇게 추정된 신뢰구간에 대하여 $l(x_1, x_2, \dots, x_n)$을 신뢰구간의 하한(lower bound), $u(x_1, x_2, \dots, x_n)$을 신뢰구간의 상한(upper bound)라 하고, 점추정 값 $\hat{\boldsymbol{\theta}}$을 신뢰구간의 중앙값으로 한다.

여기서 $100(1-\alpha)\%$의 신뢰구간의 신뢰도라 함은 동일한 모집단으로부터 동일한 크기의 표본을 100번 추출하여 얻은 신뢰구간들 중에서 근사적으로 $100(1-\alpha)$번은 참값 $\boldsymbol{\theta}$를 포함하며, $100\alpha$번은 참값을 포함하지 않음을 의미한다. 그림 8.4는 세로 막대들은 50번 표본을 추출하여 모집단의 평균 $\boldsymbol{\mu}$를 추정하기 위한 신뢰구간을 결정한 것이며, 가로 축은 참값 $\boldsymbol{\mu}$를 보여주고 있다. 붉은 타원으로 표시된 신뢰구간들은 모평균 값을 포함하지 않고 있으며 신뢰도 $100(1-\alpha)\%$는 94%로 볼 수 있다.

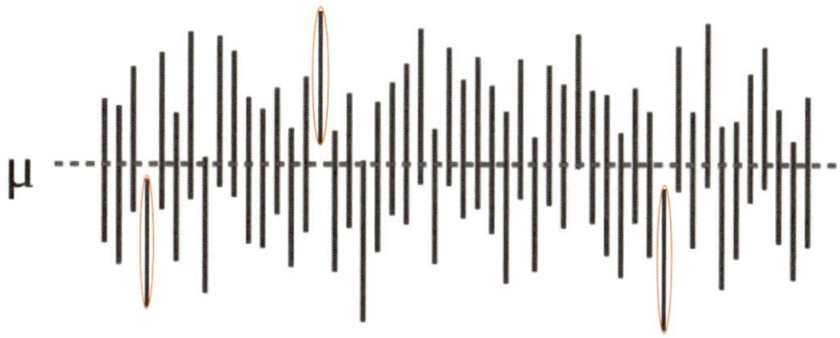

[그림 8.4] 50번의 표본과 신뢰구간 및 신뢰도

다음 절부터 이어지는 구간추정에 관한 내용들에서는 모집단에 대한 가정과 추정 대상에 따라 신뢰구간 상한과 하한을 결정하기 위한 통계량 $L(X_1, X_2, \ldots, X_n)$, $U(X_1, X_2, \ldots, X_n)$와 아울러 이를 활용하는 방법을 주의 깊게 살펴볼 필요가 있다.

## 연습문제

1. $E(X_1)=\mu$, $Var(X_1)=4$, $E(X_2)=\mu$, $Var(X_2)=7$, $E(X_3)=\mu$, $Var(X_3)=14$일 때 다음 추정량에 대한 질문에 답하시오.

$$\hat{\mu}_1 = \frac{1}{3}(X_1+X_2+X_3)$$

$$\hat{\mu}_2 = \frac{1}{4}(X_1+2X_2+X_3)$$

$$\hat{\mu}_3 = \frac{1}{4}(1.2\mu+X_1+2X_2+X_3)$$

(1) 각 추정량의 편이를 구하시오.

(2) 불편추정량과 편이추정량을 지적하시오.

(3) 각 추정량의 분산을 구하고, 최소분산 불편추정량을 지적하시오.

(4) $\mu=8$일 경우 각 추정량들의 평균제곱오차를 구하시오.

2. 모집단 파라메타 $\theta$에 대한 점추정량의 분포가 다음과 같을 때 평균제곱오차 관점에서 바람직한 점추정량은 어떤 것인가?

$\hat{\theta}_1 \sim N(1.00\theta, 0.16\theta^2)$ $\hat{\theta}_2 \sim N(1.05\theta, 0.09\theta^2)$

3. 선거전 A, B, C당의 지지율을 조사하기 위해 2,000명을 표본 조사한 결과 A당 723명, B당 630명, C당 647명이 지지하는 결과를 얻었다. 이 조사를 근거로 각 당의 지지율을 추정하시오.

4. 어느 공장에서 만든 운동화의 사용기간을 알아보기 위해 30켤레를 표본 조사한 결과 $\sum_{i=1}^{30} x_i = 960$ 개월, $\sum_{i=1}^{30} x^2_i = 4738$을 얻었다. 이 결과를 이용하여 운동화의 사용기간의 모평균과 모분산을 점추정하시오.

## 8.3 모평균의 구간추정

본 절에서는 모집단이 정규분포를 이룬다고 가정할 경우 단일 모집단 또는 두 모집단의 모평균 차에 대한 신뢰구간을 구하는 방법에 대하여 살펴본다. 모집단의 분산이 알려진 경우와 그렇지 않은 경우에 따라 어떠한 통계량을 사용하는가에 주목해 볼 필요가 있다.

### ☑ 모분산이 알려진 경우

현실적으로 이런 경우가 존재할 것 같지 않으나 일단 모집단의 분산 $\sigma^2$이 알려진 정규

모집단 $N(\mu, \sigma^2)$에서 크기가 $n$인 표본을 추출할 때 최소분산의 불편추정량 $\hat{\mu}=\bar{X}$는 정규분포 $\bar{X} \sim N(\mu, \sigma^2/n)$를 가진다. 따라서 유효추정량 $\hat{\mu}$의 표준오차는

$$S.E.(\hat{\mu}) = \sqrt{Var(X)} = \frac{\sigma}{\sqrt{n}} \tag{8.3.1}$$

이고, $\bar{X}$의 정규화된 랜덤변수 $Z$는

$$Z = \frac{\bar{X}-\mu}{\sigma/\sqrt{n}} \sim N(0,1) \tag{8.3.2}$$

이므로

$$P\left(\left|\frac{\bar{X}-\mu}{\sigma/\sqrt{n}}\right| < z_{\alpha/2}\right) = P\left(|\bar{X}-\mu| < z_{\alpha/2}\frac{\sigma}{\sqrt{n}}\right) = 1-\alpha \tag{8.3.3}$$

이다.(그림 6.10참조) 이때 $z_{\alpha/2}\cdot(\sigma/\sqrt{n})$는 $|\bar{X}-\mu|$에 대한 $100(1-\alpha)\%$에 대한 오차한계이며, $z_{0.05}=1.645$, $z_{0.025}=1.96$, $z_{0.005}=2.58$이므로

$$P\left(\left|\frac{\bar{X}-\mu}{\sigma/\sqrt{n}}\right| < 1.645\right) = P\left(|\bar{X}-\mu| < 1.645\frac{\sigma}{\sqrt{n}}\right) = 0.90$$

$$P\left(\left|\frac{\bar{X}-\mu}{\sigma/\sqrt{n}}\right| < 1.96\right) = P\left(|\bar{X}-\mu| < 1.96\frac{\sigma}{\sqrt{n}}\right) = 0.95$$

$$P\left(\left|\frac{\bar{X}-\mu}{\sigma/\sqrt{n}}\right| < 2.58\right) = P\left(|\bar{X}-\mu| < 2.58\frac{\sigma}{\sqrt{n}}\right) = 0.99 \tag{8.3.4}$$

에 해당한다. $|\bar{X}-\mu|$에 대한 90%, 95%, 99%의 오차한계를 구하면 다음과 같다.

$|\bar{X}-\mu|$에 대한 90% 오차한계 : $1.645\frac{\sigma}{\sqrt{n}}$

$$|\overline{X}-\mu| \text{ 에 대한 95\% 오차한계} : 1.96\frac{\sigma}{\sqrt{n}}$$

$$|\overline{X}-\mu| \text{ 에 대한 99\% 오차한계} : 2.58\frac{\sigma}{\sqrt{n}} \tag{8.3.5}$$

따라서 신뢰도 100(1−α)%에 대한 신뢰구간의 통계량, 하한과 상한 $L$과 $U$는 각각

$$L=\overline{X}-z_{\alpha/2}\cdot S.E.(\overline{X})=\overline{X}-z_{\alpha/2}\frac{\sigma}{\sqrt{n}}\ ,\ U=\overline{X}+z_{\alpha/2}\cdot S.E.(\overline{X})=\overline{X}+z_{\alpha/2}\frac{\sigma}{\sqrt{n}} \tag{8.3.6}$$

이다. 여기서 $L$과 $U$는 일종의 랜덤변수로 표본이 달라지면 다른 값을 갖게 되며, 경우에 따라서는 실제 모평균을 포함할 수도 있으며 그렇지 않을 수도 있다. 그런데 이 구간에 모평균이 포함되는 경우가 100(1−α)%임 주의하기 바란다. 그림 8.5는 이러한 모분산이 알려진 경우 모평균의 구간추정을 요약하고 있다.

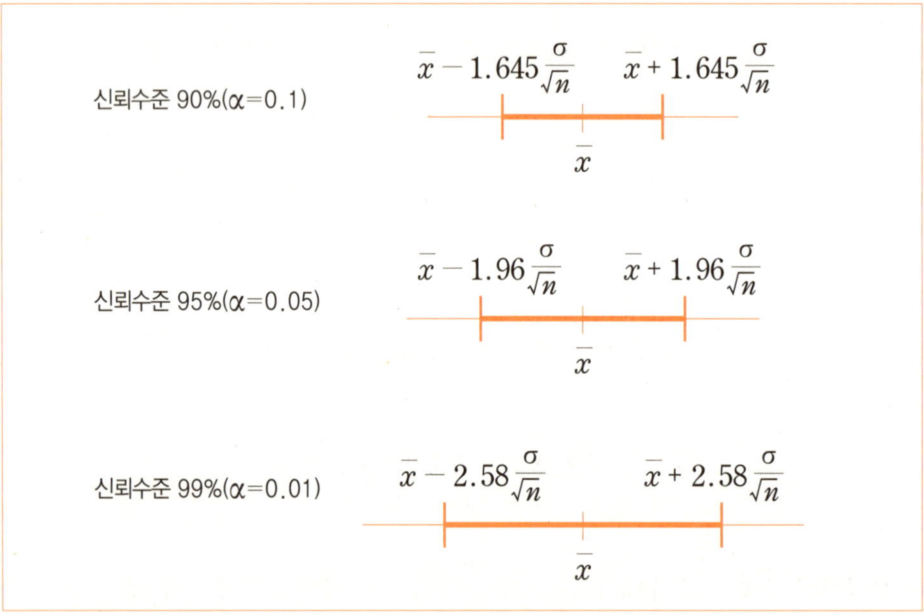


[그림 8.5] 모평균의 구간추정 (모분산이 알려진 경우)

**예제 1 ▸▸▸**

모표준편차 $\sigma=5$인 정규모집단인 모의고사 성적에서 표본으로 10개의 자료 $D$를 다음과 같이 추출하였다.

$$D=\{72, 81, 83, 88, 71, 75, 95, 86, 98, 97\}$$

(1) 모평균에 대한 점추정 값을 구하시오.

(2) $|\overline{X}-\mu|$에 대한 95% 오차한계를 구하시오.

(3) $\mu$에 대한 95% 신뢰구간을 구하시오.

**풀이 ▸▸▸**

(1) $\overline{x}=\dfrac{1}{10}(72+81+83+88+71+75+95+86+98+97)$

$=84.60$

(2) $n=10$, $\sigma=5$이므로 $\overline{\mu}=95\%$에 대한 오차한계는

$$1.96\frac{\sigma}{\sqrt{n}}=\frac{(1.96)(5)}{\sqrt{10}}=3.16.$$

(3) $\overline{x}=84.60$이므로 $\mu$에 대한 95%의 신뢰구간 하한과 상한은 각각

$$l=\overline{x}-(1.96)\cdot S.E.(\overline{x})=84.60-(1.96)\cdot\frac{\sigma}{\sqrt{n}}=84.60-3.16=81.44$$

$$u=\overline{x}+(1.96)\cdot S.E.(\overline{x})=84.60+(1.96)\cdot\frac{\sigma}{\sqrt{n}}=84.60+3.16=87.76$$

이므로, $\mu$에 대한 95%의 신뢰구간은 (81.44, 87.76)이다.

### ☑ 모분산이 알려지지 않은 경우

앞서 언급한 바와 같이 모평균을 모르는데 모분산이 주어지는 경우는 상상하기 현실적으로 힘들 것이다. 이런 경우 모평균을 추정하기 위해서는 모분산 $\sigma^2$대신 표본분

산 $s^2$를 사용하며, 7장에서 살펴본 (스튜던트) $t$-분포를 이용할 수 있다. 즉 유효추정량 $\hat{\mu}$의 표준오차를

$$S.E.(\hat{\mu}) = \sqrt{Var(\bar{X})} = \frac{S}{\sqrt{n}} \tag{8.3.7}$$

로 대체하고, $\bar{X}$의 정규화된 랜덤변수

$$T = \frac{\bar{X} - \mu}{S/\sqrt{n}} \sim t(n-1) \tag{8.3.8}$$

이므로

$$P\left(\left|\frac{\bar{X}-\mu}{S/\sqrt{n}}\right| < t_{\alpha/2}(n-1)\right) = P\left(|\bar{X}-\mu| < t_{\alpha/2}(n-1)\frac{S}{\sqrt{n}}\right) = 1-\alpha \tag{8.3.9}$$

이다. 여기서 $t_{\alpha/2}(n-1)$은 $t$-분포에서 오른쪽 꼬리확률이 $\alpha/2$되는 지점이다. 이때 $(S/\sqrt{n})\cdot t_{\alpha/2}(n-1)$는 $|\bar{X}-\mu|$에 대한 $100(1-\alpha)$%에 대한 오차한계이며,

$$\begin{aligned}
P\left(\left|\frac{\bar{X}-\mu}{S/\sqrt{n}}\right| < t_{0.05}(n-1)\right) &= P\left(|\bar{X}-\mu| < t_{0.05}(n-1)\frac{S}{\sqrt{n}}\right) = 0.90 \\
P\left(\left|\frac{\bar{X}-\mu}{S/\sqrt{n}}\right| < t_{0.025}(n-1)\right) &= P\left(|\bar{X}-\mu| < t_{0.025}(n-1)\frac{S}{\sqrt{n}}\right) = 0.95 \\
P\left(\left|\frac{\bar{X}-\mu}{S/\sqrt{n}}\right| < t_{0.005}(n-1)\right) &= P\left(|\bar{X}-\mu| < t_{0.005}(n-1)\frac{S}{\sqrt{n}}\right) = 0.99
\end{aligned} \tag{8.3.10}$$

에 해당한다. (그림 7.5참조) 따라서 $|\bar{X}-\mu|$에 대한 90%, 95%, 99%의 오차한계를 구하면 다음과 같다.

$|\bar{X}-\mu|$에 대한 90% 오차한계 : $t_{0.05}(n-1)\dfrac{S}{\sqrt{n}}$

$$|\overline{X}-\mu| \text{에 대한 95\% 오차한계} : t_{0.025}(n-1)\frac{S}{\sqrt{n}}$$

$$|\overline{X}-\mu| \text{에 대한 99\% 오차한계} : t_{0.005}(n-1)\frac{S}{\sqrt{n}} \tag{8.3.11}$$

또한 신뢰도 $100(1-\alpha)\%$에 대한 신뢰구간의 통계량 하한과 상한 $L$과 $U$는 각각

$$L=\overline{X}-t_{\alpha/2}(n-1)\frac{S}{\sqrt{n}},$$

$$U=\overline{X}-t_{\alpha/2}(n+1)\frac{S}{\sqrt{n}} \tag{8.3.12}$$

이다. 그림 8.6는 모분산을 모르는 경우의 모평균의 구간추정을 요약하고 있다.

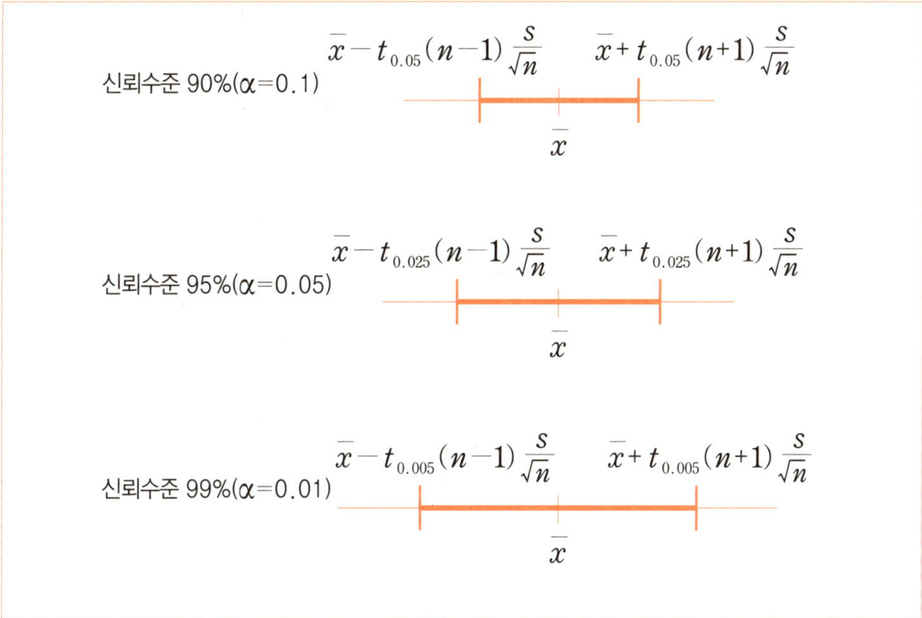


[그림 8.6] 모평균의 구간추정 (모분산을 모르는 경우)

**예제 2 ▸▸▸**

모평균과 모분산이 알려지지 않은 정규 모집단인 모의고사 성적에서 5개의 표본을 추출한 결과 집합

$$D=\{83, 67, 85, 72, 75\}$$

를 얻었다.

(1) 모평균의 점추정 값을 구하시오.

(2) $|\bar{X}-\mu|$에 대한 95% 오차한계를 구하시오.

(3) 신뢰구간의 하한과 상한을 구하시오.

**풀이 ▸▸▸**

(1) $\bar{x} = \frac{1}{5}(83+67+85+72+75)$

$= 76.40$

(2) 표본분산

$$s^2 = \frac{1}{4}\{(83-76.4)^2+(67-76.4)^2+(85-76.4)^2+(72-76.4)^2+(75-76.4)^2)\}$$
$$= 56.80$$

과 표본 표준편차 $s=\sqrt{56.80}=7.537$이며

$$S.E.(\bar{x})=\frac{s}{\sqrt{n}}=\frac{7.537}{\sqrt{5}}=3.371,\ \ t_{0.025}(n-1)=t_{0.025}(4)=2.776$$

이므로 $\bar{\mu}=95\%$에 대한 오차한계는

$$t_{0.025}(4)\cdot\frac{s}{\sqrt{n}}=(2.776)\cdot(3.371)=9.357.$$

(3) $\bar{x}=76.40$이므로 $\mu$에 대한 95%의 신뢰구간 하한과 상한은 각각

$$l = \bar{x} - t_{0.025}(4) \cdot S.E.(\bar{x}) = 76.40 - 9.357 = 67.043$$

$$u = \bar{x} + t_{0.025}(4) \cdot S.E.(\bar{x}) = 76.40 + 9.357 = 85.757$$

이므로, $\mu$에 대한 95%의 신뢰구간은 (67.043, 85.757)이다.

### ☑ 모분산을 모르는 집단에서 대단위 표본을 추출하는 경우

대단위 표본의 경우는 중심극한 정리에 의해 표본평균은 정규분포로 근사화되고, 표본분산은 모분산에 가까워지게 된다. 따라서 모분산을 모르는 경우에도 표본수가 커지면 표본분산을 사용하여 표본평균을 표준정규분포로 근사화할 수 있다. 따라서 $n$이 큰 경우는 근사적으로

$$Z = \frac{\bar{X} - \mu}{S/\sqrt{n}} \sim N(0, 1) \tag{8.3.13}$$

이며, 이를 이용하여 모분산을 아는 경우와 동일한 방법으로 구간추정을 할 수 있다.

**예제 3 ▸▸▸**

전국 65세 이상 노인 100명을 대상으로 혈압을 측정한 결과 평균이 124.6mmHg로 나타났다. 만일 이 자료의 표준편차가 15mmHg라면 전국 60세 이상 노인의 혈압에 대한 95% 신뢰구간은 얼마인가?

**풀이 ▸▸▸** 신뢰구간의 상한과 하한은 각각

$$l = \bar{x} - (1.96) \cdot S.E.(\bar{X}) = 124.6 - (1.96) \cdot \frac{s}{\sqrt{n}} = 124.6 - 2.94 = 121.66$$

$$u = \bar{x} - (1.96) \cdot S.E.(\bar{X}) = 124.6 - (1.96) \cdot \frac{s}{\sqrt{n}} = 124.6 + 2.94 = 127.54$$

이다. 따라서 신뢰구간은 (121.66, 127.54)에 해당한다.

### ☑ 단측 신뢰구간

지금까지의 신뢰구간은 모두 표본평균을 중심으로 상하 양측에서 대칭적으로 취하였다. 그러나 경우에 따라서는 신뢰구간의 상한이 무한히 클 경우, 또는 하한이 무한히 작을 경우들이 발생할 수 있다. 즉 표본평균을 중심으로 신뢰구간의 상한 또는 하한 둘 중에 하나 이미 결정된 경우가 있다는 것이다. 이러한 경우는 표본평균의 분포에서 꼬리부분의 확률이 $\alpha/2$인 부분을 취하는 것이 아니고, $\alpha$가 되는 곳을 취하여 신뢰구간의 상한 또는 하한을 산정한다. 따라서 모집단이 정규분포라는 가정에서 앞서 사용된 표본분포는 달라지지 않으며, 오로지 꼬리부분의 확률을 취하는 부분이 달라진다.(그림 6.10참조)

모집단의 분산을 아는 경우는

$$Z = \frac{\bar{X}-\mu}{\sigma/\sqrt{n}} \sim N(0,1) \tag{8.3.14}$$

이며

$$P\left(\frac{\bar{X}-\mu}{\sigma/\sqrt{n}} < z_\alpha\right) = P\left(\mu > \bar{X} - \frac{\sigma}{\sqrt{n}} z_\alpha\right) = 1-\alpha$$

$$P\left(\frac{\bar{X}-\mu}{\sigma/\sqrt{n}} < -z_\alpha\right) = P\left(\mu < \bar{X} + \frac{\sigma}{\sqrt{n}} z_\alpha\right) = 1-\alpha \tag{8.3.15}$$

에 해당한다. 따라서 모평균 $\mu$에 대한 $100\cdot(1-\alpha)\%$의 상단측 신뢰구간과 하단측 신뢰구간은 각각

$$\left(\bar{x} - \frac{\sigma}{\sqrt{n}} z_\alpha,\ \infty\right) \text{과 } \left(-\infty,\ \bar{x} + \frac{\sigma}{\sqrt{n}} z_\alpha\right) \tag{8.3.16}$$

이며, $\left(\bar{x} - \frac{\sigma}{\sqrt{n}} z_\alpha\right)$를 하한 신뢰경계, $\left(\bar{x} + \frac{\sigma}{\sqrt{n}} z_\alpha\right)$를 상한 신뢰경계라 한다.

또한 모집단의 분산을 모르는 경우의 표본분포는

$$T=\frac{\overline{X}-\mu}{S/\sqrt{n}}\sim t(n-1) \tag{8.3.17}$$

과 같으며,

$$P\left(\frac{\overline{X}-\mu}{S/\sqrt{n}}<t_\alpha(n-1)\right)=P\left(\mu>\overline{X}-\frac{S}{\sqrt{n}}t_\alpha(n-1)\right)=1-\alpha$$

$$P\left(\frac{\overline{X}-\mu}{S/\sqrt{n}}>-t_\alpha(n-1)\right)=P\left(\mu<\overline{X}+\frac{S}{\sqrt{n}}t_\alpha(n-1)\right)=1-\alpha \tag{8.3.18}$$

따라서 모평균 $\mu$에 대한 $100\cdot(1-\alpha)$%의 상단측 신뢰구간과 하단측 신뢰구간은 각각

$$\left(\overline{x}-\frac{s}{\sqrt{n}}t_\alpha(n-1),\ \infty\right)\text{과 }\left(-\infty,\ \overline{x}+\frac{s}{\sqrt{n}}t_\alpha(n-1)\right) \tag{8.3.19}$$

이다. 따라서 하한 신뢰경계와 상한 신뢰경계는 각각 $\left(\overline{x}-\frac{s}{\sqrt{n}}t_\alpha(n-1)\right)$과 $\left(\overline{x}+\frac{s}{\sqrt{n}}t_\alpha(n-1)\right)$에 해당한다.

한편 모집단의 분산을 모르나 표본의 크기가 큰 경우

$$Z=\frac{\overline{X}-\mu}{S/\sqrt{n}}\sim N(0,1) \tag{8.3.20}$$

로 근사화된 정규분포를 사용하며, 같은 방법으로 모평균 $\mu$에 대한 $100\cdot(1-\alpha)$의 상단측 신뢰구간과 하단측 신뢰구간은 각각

$$\left(\overline{x}-\frac{s}{\sqrt{n}}z_\alpha,\ \infty\right)\text{과 }\left(-\infty,\ \overline{x}+\frac{s}{\sqrt{n}}z_\alpha\right) \tag{8.3.21}$$

이다. 정규모집단의 모평균에 대한 단측 신뢰구간은 그림 8.7과 같다.

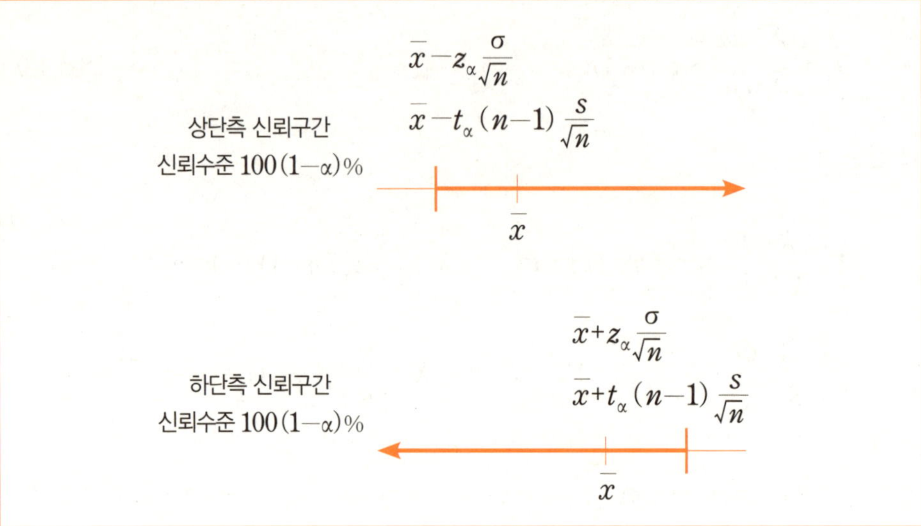


[그림 8.7] 단측 신뢰구간

**예제 4 ▸▸▸**

어떤 지역의 정육식당에서 파는 고기 1인분의 무게는 정규분포를 가지며 분산이 100이라 하자. 이 지역의 정육식당 31개소를 임으로 추출하여 고기 1인분의 무게를 측정한 결과 평균 205g이었다고 하자. 이 지역의 정육식당 고기 1인분 무게에 대한 95% 하한 신뢰경계와 단측 신뢰구간을 구하시오,

**풀이 ▸▸▸** 모분산을 알고 있기 때문에 통계량 식 (8.3.14)를 이용하며, $\bar{x}=205$, $\sigma^2=100$, $n=31$, $z_{0.05}=1.645$에 해당하므로 하한 신뢰경계는

$$l=\bar{x}-z_{0.05}\cdot\sigma/\sqrt{n}=205-1.645\cdot 10/\sqrt{31}=202.0$$

에 해당하며, $\mu$에 대한 95%의 상단측 신뢰구간은 $(202.0, \infty)$에 해당되며 평균 무게 202.0g 이상으로 추정한다.

**예제 5 ▸▸▸**

예제 4에서 고기 1인분의 무게가 정규분포를 가지며 분산을 모른다고 하자. 이 지역의 정육식당 31개소를 임으로 추출하여 1인분의 무게를 측정한 결과 평균 205g이며, 표본표준편차는 11.5g이었다고 하자. 이 지역의 고기 1인분의 평균무게에 대한 95% 하한신뢰경계와 단측 신뢰구간을 구하시오,

**풀이 ▸▸▸** 모분산을 모르기 때문에 식 (8.3.17)을 사용하여 $\overline{x}=205$, $n=31$, $s=11.5$, $t_{0.05}(30)=1.697$에 해당하므로 하한 신뢰경계는

$$l=\overline{x}-t_{0.05}(n-1)\cdot s/\sqrt{n}=205-(1.697)(2.065)=201.50$$

이다. 따라서 $\mu$에 대한 상단측 신뢰구간은 $(201.50, \infty)$에 해당되며 평균무게는 201.50g일 이상으로 추정한다.

## ☑ 모평균의 차에 대한 구간추정

두 모집단이 정규분포를 가지며, 각각의 모집단에서 독립적인 표본을 추출하여 표본평균을 취하는 경우를 고려해 보자. 모집단의 분산들을 알고 있다고 가정하면 이 표본평균들은 정규분포를 가지며 이 표본평균 역시 독립적이기 때문에, 그 차이에 해당하는 랜덤변수도 7장에서 언급한 바와 같이 정규분포이다. 또한 두 모집단의 분산이 같으나 모른다면 합동 표본분산을 이용할 수 있으며 이경우 각각의 표본평균 차의 분포는 $t$-분포이다. 따라서 가정에 따라 이들 두 통계량을 선택적으로 이용하여 두 모평균의 차에 대한 구간추정을 수행할 수 있다.

### - 모집단의 분산을 아는 경우

모집단의 분산을 아는 두 정규모집단 $X\sim N(\mu_X, \sigma_X^2)$과 $Y\sim N(\mu_Y, \sigma_Y^2)$에서 각각 크기가 $n$과 $m$인 표본을 추출하여 표본평균 $\overline{X}$와 $\overline{Y}$를 구했다고 하자. 이들 두 표본

평균은 표본평균의 성질에 의해 각각

$$\overline{X} \sim N(\mu_X, \sigma_X^2/n), \qquad \overline{Y} \sim N(\mu_Y, \sigma_Y^2/m)$$

이다. 이 두 모집단의 평균의 차 $\mu_X - \mu_Y$를 $100 \cdot (1-\alpha)\%$의 신뢰도로 구간추정을 수행한다면 $\overline{X} - \overline{Y}$를 이용할 수 있다. 이 두 표본평균의 차로 정의된 랜덤변수는 정규분포로 (그림 7.3 참조)

$$\overline{X} - \overline{Y} \sim N(\mu_X - \mu_Y, \sigma_X^2/n + \sigma_Y^2/m)$$

이기 때문에, 표준 정규분포로 바꾸어

$$\frac{(\overline{X} - \overline{Y}) - (\mu_X - \mu_Y)}{\sqrt{\sigma_X^2/n + \sigma_Y^2/m}} \sim N(0, 1) \tag{8.3.22}$$

를 이용하여 구간추정을 할 수 있다. 즉 $\overline{X} - \overline{Y}$의 표준오차는

$$S.E.(\overline{X} - \overline{Y}) = \sqrt{Var(\overline{X} - \overline{Y})} = \sqrt{\frac{\sigma_X^2}{n} + \frac{\sigma_Y^2}{m}} \tag{8.3.23}$$

이고,

$$\begin{aligned} &P\left(\left|\frac{(\overline{X} - \overline{Y}) - (\mu_X - \mu_Y)}{\sqrt{\sigma_X^2/n + \sigma_Y^2/m}}\right| < z_{\alpha/2}\right) \\ &= P\left(|(\overline{X} - \overline{Y}) - (\mu_X - \mu_Y)| < z_{\alpha/2} \cdot \sqrt{\frac{\sigma_X^2}{n} + \frac{\sigma_Y^2}{m}}\right) = 1 - \alpha \end{aligned} \tag{8.3.24}$$

이다. 여기서 $|(\overline{X} - \overline{Y}) - (\mu_X - \mu_Y)|$의 $100 \cdot (1-\alpha)\%$에 대한 오차한계는

$$z_{\alpha/2} \cdot \sqrt{\frac{\sigma_X^2}{n} + \frac{\sigma_Y^2}{m}}$$

이며, $z_{0.05}=1.645$, $z_{0.025}=1.96$, $z_{0.005}=2.58$ 의 경우

$$P\left(|(\bar{X}-\bar{Y})-(\mu_X-\mu_Y)|<1.645\cdot\sqrt{\frac{\sigma_X^2}{n}+\frac{\sigma_Y^2}{m}}\right)=0.9$$

$$P\left(|(\bar{X}-\bar{Y})-(\mu_X-\mu_Y)|<1.96\cdot\sqrt{\frac{\sigma_X^2}{n}+\frac{\sigma_Y^2}{m}}\right)=0.95$$

$$P\left(|(\bar{X}-\bar{Y})-(\mu_X-\mu_Y)|<2.58\cdot\sqrt{\frac{\sigma_X^2}{n}+\frac{\sigma_Y^2}{m}}\right)=0.99 \tag{8.3.25}$$

이다. 따라서 $(\bar{X}-\bar{Y})-(\mu_X-\mu_Y)$ 에 대한 90%, 95%, 99%의 오차한계를 구하면 각각

$|(\bar{X}-\bar{Y})-(\mu_X-\mu_Y)|$ 에 대한 90% 오차한계 : $1.645\cdot\sqrt{\frac{\sigma_X^2}{n}+\frac{\sigma_Y^2}{m}}$ ,

$|(\bar{X}-\bar{Y})-(\mu_X-\mu_Y)|$ 에 대한 95% 오차한계 : $1.96\cdot\sqrt{\frac{\sigma_X^2}{n}+\frac{\sigma_Y^2}{m}}$ ,

$|(\bar{X}-\bar{Y})-(\mu_X-\mu_Y)|$ 에 대한 99% 오차한계 : $2.58\cdot\sqrt{\frac{\sigma_X^2}{n}+\frac{\sigma_Y^2}{m}}$

(8.3.26)

이며, 신뢰도 $100(1-\alpha)$%에 대한 신뢰구간의 하한과 상한 통계량 $L$과 $U$는 각각

$$l=(\bar{x}-\bar{y})-z_{\alpha/2}\cdot\sqrt{\frac{\sigma_X^2}{n}+\frac{\sigma_Y^2}{m}},$$

$$u=(\bar{x}-\bar{y})+z_{\alpha/2}\cdot\sqrt{\frac{\sigma_X^2}{n}+\frac{\sigma_Y^2}{m}} \tag{8.3.27}$$

이다. 따라서 식(8.3.27)으로 교체하면 그림 8.5의 모평균의 구간 추정에서와 동일한 방법을 적용할 수 있다.

**예제 6** ▸▸▸

분산이 각각 1.462, 0.869인 두 정규모집단의 평균의 차이의 신뢰구간을 알아보기 위해 두 모집단으로부터 각각 10개, 20개의 표본을 추출하여 조사해보니 평균이 각각 14.47, 12.64였다고 한다. 두 모집단 평균의 차이에 대한 95% 신뢰구간의 상한과 하한을 구하시오.

**풀이** ▸▸▸ $\sigma_X^2=1.462$, $\sigma_Y^2=0.869$, $\bar{x}=14.47$, $\bar{y}=12.64$, $n=10$, $m=20$이며, $z_{0.025}=1.96$ 이므로 상한과 하한은 각각

$$l=(14.47-12.64)-1.96\cdot\sqrt{\frac{1.462}{10}+\frac{0.869}{20}}=1.83-0.8536=2.6836$$

$$u=(14.47-12.64)-1.96\cdot\sqrt{\frac{1.462}{10}+\frac{0.869}{20}}=1.83+0.8536=0.9764.$$

– 모집단의 분산이 같지만 모르는 경우

분산은 서로 같으나 그 값을 모르는 두 정규모집단 $X\sim N(\mu_X,\sigma^2)$과 $Y\sim N(\mu_Y,\sigma^2)$에서 각각 크기가 $n$과 $m$인 표본을 추출하여 표본평균 $\bar{X}$와 $\bar{Y}$를 구했다고 하자. 이들 두 표본평균은 표본평균의 성질에 의해 각각

$$\bar{X}\sim N(\mu_X,\sigma^2/n) \qquad \bar{Y}\sim N(\mu_Y,\sigma^2/m)$$

이다. 이 두 표본평균의 차인 랜덤변수는 정규분포로

$$\bar{X}-\bar{Y}\sim N(\mu_X-\mu_Y,\sigma^2/n+\sigma^2/m)$$

이며, 합동 표본분산은

$$\frac{n+m-2}{\sigma^2} S_p^2 \sim \chi^2(n+m-2)$$

이기 때문에

$$\frac{\bar{X}-\bar{Y}-(\mu_X-\mu_Y)}{S_p\sqrt{(1/n+1/m)}} \sim t(n+m-2) \tag{8.3.28}$$

를 구간 추정에 이용할 수 있다. 따라서 $\bar{X}-\bar{Y}$ 표준오차는

$$S.E.(\bar{X}-\bar{Y}) = S_p \cdot \sqrt{\frac{1}{n}+\frac{1}{m}} \tag{8.3.29}$$

이며,

$$\begin{aligned} &P\left(\left|\frac{\bar{X}-\bar{Y}-(\mu_X-\mu_Y)}{S_p\sqrt{(1/n+1/m)}}\right| < t_{\alpha/2}(n+m-2)\right) \\ &=P\left(|(\bar{X}-\bar{Y})-(\mu_X-\mu_Y)| < t_{\alpha/2}(n+m-2)\cdot S_p\sqrt{\frac{1}{n}+\frac{1}{m}}\right)-1-\alpha \end{aligned} \tag{8.3.30}$$

이다. 여기서 $|(\bar{X}-\bar{Y})-(\mu_X-\mu_Y)|$의 $100(1-\alpha)\%$에 대한 오차한계는

$$t_{\alpha/2}(n+m-2)\cdot s_p\sqrt{\frac{1}{n}+\frac{1}{m}} \tag{8.3.31}$$

이며, 신뢰도 $100(1-\alpha)\%$에 대한 신뢰구간 $(L, U)$는

$$\left((\bar{X}-\bar{Y})-t_{\alpha/2}(n+m-2)\cdot s_p\sqrt{\frac{1}{n}+\frac{1}{m}},\ (\bar{X}-\bar{Y})+t_{\alpha/2}(n+m-2)\cdot s_p\sqrt{\frac{1}{n}+\frac{1}{m}}\right). \tag{8.3.32}$$

**예제 7 ▸▸▸**

남학생과 여학생의 모집단에서 4명을 선정하여 키를 측정한 결과 다음과 같은 자료를 얻었다.

남학생 키: {178, 171, 165, 182}　　여학생 키: {162, 155, 158, 164}

남녀 학생들의 키의 분산이 같다고 가정할 경우 다음 질문에 답하시오.

(1) 남녀 학생들의 키 차이에 대한 점추정 값을 구하시오.

(2) 남녀 학생들의 키 차이에 대한 90% 신뢰도의 오차한계와 신뢰구간을 구하시오.

**풀이 ▸▸▸** (1) $\overline{x}=174.00$, $\overline{y}=159.75$이므로, 점추정 값은 $\overline{x}-\overline{y}=174.00-159.75=14.25$

(2) 표본의 크기 $n=m=4$, 합동분산

$$s_p{}^2=\frac{1}{n+m-2}\left[\sum_{i=1}^{n}(x_i-\overline{X})^2+\sum_{j=1}^{m}(y_j-\overline{Y})^2\right]$$

$$=\frac{1}{6}\left[\sum_{i=1}^{4}(X_i-174.00)^2+\sum_{j=1}^{4}(Y_j-159.75)^2\right]=36.46$$

이다. 따라서 남녀 몸무게 차이 $\overline{X}-\overline{Y}$ 에 대한 표준오차

$$S.E.(\overline{X}-\overline{Y})=s_p\cdot\sqrt{1/n+1/m}=\sqrt{36.46}\cdot\sqrt{1/4+1/4}=4.270$$

이며, $t_{0.05}(6)=1.943$이기 때문에 오차한계는

$$t_{0.05}(6)\cdot S.E.(\overline{X}-\overline{Y})=1.943\cdot 4.270=8.296$$

이다. 따라서 신뢰구간은 $14.25\pm 8.296$ 즉, (5.954, 22.546)에 해당한다.

### ☑ 모평균의 구간추정 요약

앞서 살펴본 모평균 및 모평균의 차이에 대한 구간추정에서는 어떤 경우이든 점추정 값에 해당하는 표본평균 또는 표본평균의 차이를 이용하고 있으며, 신뢰구간을 얻는 과정에서 가정에 따라 서로 다른 표본분포를 참조하는 점이 다르다. 이들 가정과 표본분포를 활용하는 방법을 요약하면 표 8.1과 같다. 다만 상단측 신뢰구간의 경우 하한 신뢰경계는 $-z_{\alpha/2}$(또는 $-t_{\alpha/2}$) 대신에 $-z_{\alpha}$(또는 $-t_{\alpha}$)로 바꾸고 상단측 신뢰구간의 경우 상한 신뢰경계는 $+z_{\alpha/2}$ (또는 $+t_{\alpha/2}$) 대신에 $+z_{\alpha}$(또는 $+t_{\alpha}$)로 바꾸어 주면 된다.

<table>
<tr><th>추정<br>대상</th><th>모집단<br>분포</th><th>모분산</th><th>표본<br>크기</th><th>추정량<br>분포</th><th>신뢰구간</th></tr>
<tr><td rowspan="4">모평균</td><td rowspan="3">정규분포</td><td>알고 있음</td><td>-</td><td>정규분포</td><td>$\bar{x} \pm z_{\alpha/2}\dfrac{\sigma}{\sqrt{n}}$</td></tr>
<tr><td rowspan="2">모름</td><td>작음</td><td>$t$-분포</td><td>$\bar{x} \pm t_{\alpha/2}(n-1)\dfrac{s}{\sqrt{n}}$</td></tr>
<tr><td>큼</td><td>정규분포</td><td rowspan="2">$\bar{x} \pm z_{\alpha/2}\dfrac{s}{\sqrt{n}}$</td></tr>
<tr><td>비정규분포</td><td>-</td><td>큼</td><td>정규분포</td></tr>
<tr><td rowspan="4">모평균차이</td><td rowspan="3">정규분포</td><td>알고 있음</td><td>-</td><td>정규분포</td><td>$\bar{x} \quad \bar{y} \pm z_{\alpha/2}\sqrt{\dfrac{\sigma_1^2}{n}+\dfrac{\sigma_2^2}{m}}$</td></tr>
<tr><td rowspan="2">같지만<br>모름</td><td>작음</td><td>$t$-분포</td><td>$(\bar{x}-\bar{y}) \pm t_{\alpha/2}(n+m-2)\cdot S_p\sqrt{\dfrac{1}{n}+\dfrac{1}{m}}$</td></tr>
<tr><td>큼</td><td>정규분포</td><td rowspan="2">$\bar{x} - \bar{y} \pm z_{\alpha/2}\sqrt{\dfrac{S_X^2}{n}+\dfrac{S_Y^2}{m}}$</td></tr>
<tr><td>비정규분포</td><td>-</td><td>큼</td><td>정규분포</td></tr>
</table>

[표 8.1] 모평균의 구간추정 요약

## 연습문제

1. 어느 학교 학생들 36명의 키를 표본 조사한 결과 평균이 169.7cm 였다. 만약 이 학생들 키가 정규분포를 따르며 분산이 16일 경우 실제 평균 키에 대한 95%의 신뢰구간을 구하시오. 만약 분산을 모르며 표본분산을 구한 결과가 19.1였으며 평균이 동일하게 169.7cm 였다면 실제 평균 키에 대한 95%의 신뢰구간은 어떠한가? 또한 이 학생들의 키의 분포를 모른다고 할 경우 150명의 표본을 통해 평균 169.7cm, 표본분산 19.1이었다면 평균키의 95% 신뢰구간은 어떠한가?

2. 어느 직장의 건강검사에서 15명의 직원을 표본 추출하여 공복혈당을 측정한 결과 다음과 같은 결과를 얻었다. 다음의 경우 각각에 대해 이 직장 사람들의 공복혈당의 평균치에 대한 90%의 신뢰구간을 결정하시오.

| | | | | |
|---|---|---|---|---|
| 127 | 83 | 96 | 152 | 113 |
| 105 | 98 | 132 | 117 | 103 |
| 101 | 89 | 94 | 38 | 97 |

(1) 공복혈당이 정규분포이며 $N(\mu, 68)$ 인 경우

(2) 공복혈당이 정규분포이나 분산을 모르는 경우

3. 모평균이 $\mu$인 정규모집단에서 크기 13인 표본을 임의로 추출하여 $\overline{x}=87.3$와 $s^2=12$의 결과를 얻었다. 모평균 $\mu$에 대한 90%, 95%, 99% 신뢰구간을 구하시오.

4. 문제 2의 공복혈당에 대하여 90%의 하한 신뢰경계와 상단측 신뢰구간을 구하시오.

5. A와 B 두 지역 학생들의 학업성취도의 차이를 알아보기 위해 각각 크기가 18, 25인 표본을 추출하여 평균을 조사한바 각각 $\overline{x}_A = 83$, $\overline{x}_B = 78$로 나타났다. A와 B 두 지역 학생들의 학업성취도는 독립적이며 $N(\mu_A, 9)$와 $N(\mu_B, 11)$이라 하자.

(1) 모평균 차의 점추정 값을 구하시오.

(2) $\overline{X}_A - \overline{X}_B$의 표준오차를 구하시오.

(3) $|(\overline{X}_A - \overline{X}_B) - (\mu_A - \mu_B)|$에 대한 95% 오차한계를 구하시오.

(4) $(\mu_A - \mu_B)$에 대한 95%의 신뢰구간을 구하시오.

6. 모분산이 동일한 두 정규분포에서 크기가 12, 10인 표본을 임의로 추출하여 $\overline{x} = 82.5$, $\overline{y} = 74.5$인 결과를 얻었다. 또한 이 표본들로부터 구한 표본 표준편차가 각각 $s_X = 5$, $s_Y = 5.2$였다면 모평균의 차 $\mu_X - \mu_Y$에 대한 99%의 신뢰구간을 구하시오.

7. 도시와 농촌지역의 남자 평균수명의 차를 알아보기 위해 각 지역 10명의 표본에 대해 생존연령을 조사한 결과 다음과 같은 자료를 얻었다.

| 도시지역 | 78 | 83 | 62 | 48 | 71 | 82 | 80 | 79 | 86 | 92 |
|---|---|---|---|---|---|---|---|---|---|---|
| 농촌지역 | 82 | 65 | 72 | 77 | 82 | 83 | 78 | 81 | 93 | 91 |

(1) 각 지역의 평균 생존연령에 대한 95% 신뢰구간을 구하시오.

(2) 모분산이 동일하다는 가정아래 합동표본 표준편차를 구하시오.

(3) (2)를 이용하여 도시와 농촌지역의 평균생존연령의 차이에 대한 95% 신뢰구간을 구하시오.

## 8.4 모분산과 모비율의 구간추정

본 절에서는 정규모집단으로부터 추출한 표본으로부터 모집단의 분산을 추정하는 방법과 베르누이 분포를 갖는 모집단에서 모비율을 추정하는 방법을 소개한다. 이들 모두 표본을 이용하기 때문에 7장에서 소개된 추출된 표본의 함수로 구성된 랜덤변수, 즉 표본 통계량들을 이용한다.

### ☑ 모분산의 구간추정

정규모집단 $X \sim N(\mu_1, \sigma^2)$에서 $n$개의 표본을 추출하여 표본분산

$$S^2 = \frac{1}{n-1}\left(\sum_{i=1}^{n}(X_i - \bar{X})^2\right)$$

을 구하고, 7장에서 언급한 바와 같이 정규화하면

$$\frac{n-1}{\sigma^2}S^2 \sim \chi^2(n-1) \tag{8.4.1}$$

로 자유도 $(n-1)$의 $\chi^2$-분포를 갖는다. 따라서

$$P\left(\chi^2_{1-\alpha/2}(n-1) < \frac{n-1}{\sigma^2}S^2 < \chi^2_{\alpha/2}(n-1)\right) = 1-\alpha$$

또는

$$P\left(\frac{(n-1)S^2}{\chi^2_{\alpha/2}(n-1)} < \sigma^2 < \frac{(n-1)S^2}{\chi^2_{1-\alpha/2}(n-1)}\right) = 1-\alpha \tag{8.4.2}$$

이 성립한다. 모분산의 $100(1-\alpha)\%$의 신뢰도에 대한 신뢰구간은

$$\left(\frac{(n-1)s^2}{\chi^2_{\alpha/2}(n-1)},\ \frac{(n-1)s^2}{\chi^2_{1-\alpha/2}(n-1)}\right) \tag{8.4.3}$$

이며, 모표준편차의 신뢰구간은

$$\left(\sqrt{\frac{(n-1)s^2}{\chi^2_{\alpha/2}(n-1)}},\ \sqrt{\frac{(n-1)s^2}{\chi^2_{1-\alpha/2}(n-1)}}\right) \tag{8.4.4}$$

이다. (그림 7.4참조) 그림 8.8에는 정규 모집단의 모분산의 구간추정을 요약하였다.

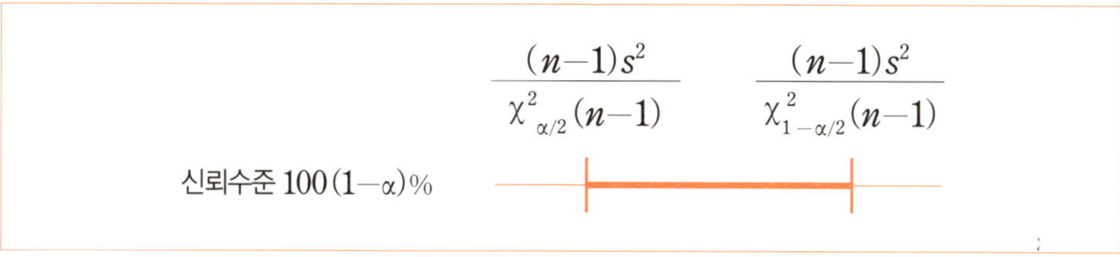


[그림 8.8] 정규 모집단의 모분산 구간추정

**예제 1 ▸▸▸**

정규 모집단 $N(\mu, \sigma^2)$를 가지는 모의고사 성적에서 크기 10인 표본을 추출하여 다음과 같은 자료를 얻어다.

{72, 81, 83, 88, 71, 75, 95, 86, 98, 97}

(1) 모분산 $\sigma^2$의 점추정 값을 구하시오.

(2) 모분산 $\sigma^2$의 95% 신뢰도에 대한 신뢰구간을 구하시오.

**풀이 ▸▸▸** (1) 표본평균

$$\bar{x} = \frac{1}{10}(72 + 81 + \cdots + 97) = 84.60$$

이며, 표본분산

$$s^2 = \frac{1}{9}((71-84.60)^2 + (81-84.60)^2 + \cdots + (97-84.60)^2) = 10.036$$

이다. 따라서 모분산의 점추정값 $\hat{\sigma}^2 = 10.036$에 해당한다.

(2) 표본크기가 10이므로 $\chi_{0.025}(9)$와 $\chi_{0.975}(9)$를 구하면 각각 2.7과 19.02이므로 95% 신뢰도의 신뢰구간은

$$\left( \frac{9 \cdot 10.036}{19.02}, \frac{9 \cdot 10.036}{2.7} \right) = (4.749, 33.435).$$

### ☑ 모비율의 구간추정

통상 여론조사를 통한 지지도 조사를 발표할 때 "신뢰수준 95%의 표본오차를 ±3%" 등의 문구를 넣는 것을 볼 수 있다. 이는 모비율 즉 지지도에 대한 95% 신뢰도의 구간추정을 수행한 결과 발표된 지지도로부터 신뢰구간이 ±3%의 범위에 해당한다는 의미이다. 앞서 언급한 바와 같이 동일한 표본 크기로 같은 작업을 100번 반복하면 95번 정도는 신뢰구간 안에 모비율의 참값을 포함한다는 것을 의미한다. 그렇다면 모비율의 구간추정은 어떻게 하는 것일까? 그림 8.10은 베르누이 분포 $B(1, p)$를 가지는 모집단에서 크기 $n$의 표본을 임으로 추출하고 표본비율을 구하는 과정을 보여주고 있다.

이미 7장에서 베르누이 분포 $B(1, p)$인 모집단에서 $n$개의 표본을 추출할 경우 표본비율은 정규분포로 $\hat{p} \sim N(p, pq/n) = N(p, p(1-p)/n)$ 임을 살펴보았다. (그림 7.6참조)이를 정규화하여 표준정규분포로 변환하면

$$Z = \frac{\hat{p} - p}{\sqrt{\frac{p(1-p)}{n}}} \sim N(0, 1),$$

이며

$$P=(-z_{\alpha/2}<Z<z_{\alpha/2})=P\left(-z_{\alpha/2}<\frac{\hat{p}-p}{\sqrt{\frac{p(1-p)}{n}}}<z_{\alpha/2}\right)$$

$$=P\left(\hat{p}-z_{\alpha/2}\cdot\sqrt{\frac{p(1-p)}{n}}<p<\hat{p}+z_{\alpha/2}\cdot\sqrt{\frac{p(1-p)}{n}}\right)=1-\alpha \qquad (8.4.5)$$

이다. 따라서 표준오차는

$$S.E.(\hat{p})=\sqrt{\frac{p(1-p)}{n}}\,, \qquad (8.4.6)$$

이며, $(1-\alpha)\cdot 100\%$ 신뢰도의 오차한계는

$$|\hat{p}-p|<z_{\alpha/2}\cdot S.E.(\hat{p})=z_{\alpha/2}\cdot\sqrt{\frac{p(1-p)}{n}} \qquad (8.4.7)$$

신뢰구간은

$$\left(\hat{p}-z_{\alpha/2}\cdot\sqrt{\frac{p(1-p)}{n}},\ \hat{p}+z_{\alpha/2}\cdot\sqrt{\frac{p(1-p)}{n}}\right) \qquad (8.4.8)$$

이다. 그런데 여기서 문제가 되는 것은 오차한계나 신뢰구간에 추정하려하는 모비율이 포함되어 있다는 것이다. 이를 해결하기 위해 통상 알려지지 않은 모비율 대신에 표본비율을 사용한다. 이 표본비율 $\hat{p}=x_n/n$ 을 사용할 경우 $(1-\alpha)\cdot 100\%$의 신뢰도의 오차한계는

$$|\hat{p}-p|<z_{\alpha/2}\cdot\sqrt{\frac{\hat{p}(1-\hat{p})}{n}}=z_{\alpha/2}\cdot\frac{1}{n}\sqrt{\frac{x_n(n-x_n)}{n}}\,, \qquad (8.4.9)$$

신뢰구간은

$$\left(\hat{p}-z_{\alpha/2}\cdot\sqrt{\frac{\hat{p}(1-\hat{p})}{n}},\ \hat{p}+z_{\alpha/2}\cdot\sqrt{\frac{\hat{p}(1-\hat{p})}{n}}\right), \tag{8.4.10}$$

또는

$$\left(\hat{p}-z_{\alpha/2}\cdot\frac{1}{n}\sqrt{\frac{x_n(n-x_n)}{n}},\ \hat{p}+z_{\alpha/2}\cdot\frac{1}{n}\sqrt{\frac{x_n(n-x_n)}{n}}\right) \tag{8.4.11}$$

에 해당한다. 그림 8.9에는 모비율 $p$에 대한 구간추정을 요약하였다.

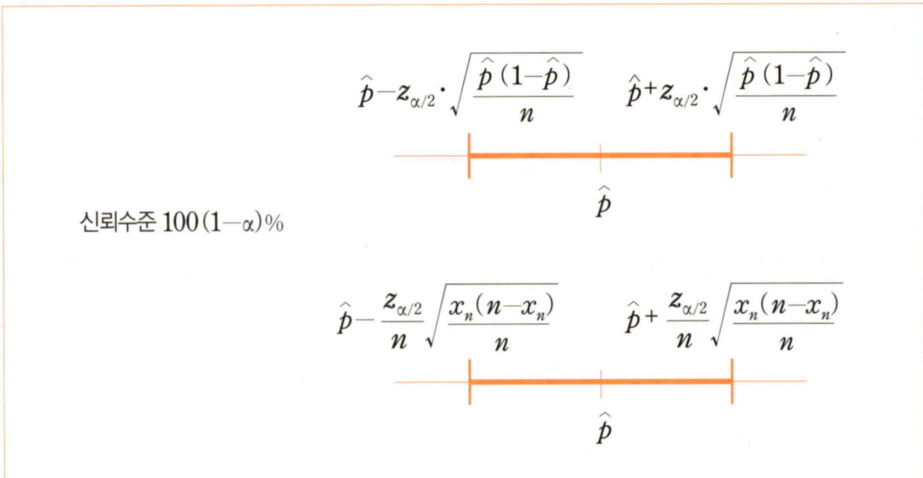


[그림 8.9] 모비율 $p$의 구간추정

**예제 2 ▸▸▸**

어떤 정책의 지지도를 알아보기 위해 200명을 임의로 추출하여 조사해보니 137명이 지지를 표명했다. 이 정책의 지지도에 대한 95%의 신뢰구간을 구하시오.

**풀이 ▸▸▸** 표본비율 $\hat{p}=137/200=0.685$, $z_{0.025}=1.96$이며, 오차한계는

$$S.E.(\hat{p}) = \frac{1}{200} \cdot \sqrt{\frac{137(200-137)}{200}} = 0.0328.$$

따라서 95%의 신뢰구간은

$$\hat{p} \pm z_{\alpha/2} \cdot S.E. = 0.685 \pm 1.96 \cdot 0.0328 = 0.685 \pm 0.064.$$

단측 신뢰구간을 구하는 방법 역시 이전에 모평균의 단측 신뢰구간 추정방법과 동일한 방법을 적용할 수 있다. 즉 $(1-\alpha) \cdot 100\,\%$ 신뢰도의 경우

$$P\left(\hat{p} - z_{\alpha} \cdot \sqrt{\frac{\hat{p}(1-\hat{p})}{n}} < p\right) = 1-\alpha \quad \text{또는}$$

$$P\left(\hat{p} + z_{\alpha} \cdot \sqrt{\frac{\hat{p}(1-\hat{p})}{n}} > p\right) = 1-\alpha \tag{8.4.12}$$

이기 때문에,

$$(1-\alpha) \cdot 100\,\% \text{ 의 하한 신뢰경계 } \hat{p} - z_{\alpha} \cdot \sqrt{\frac{\hat{p}(1-\hat{p})}{n}}$$

$$(1-\alpha) \cdot 100\,\% \text{ 의 상한 신뢰경계 } \hat{p} + z_{\alpha} \cdot \sqrt{\frac{\hat{p}(1-\hat{p})}{n}}\ . \tag{8.4.13}$$

**예제 3 ▸▸▸**

어떤 정당의 지지도를 알아보기 위해 1,500명을 임의로 추출하여 조사한 결과 630명이 지지하는 것으로 나타났다. 이 정당 지지도의 90%의 하한 신뢰경계를 구하시오.

**풀이 ▸▸▸** 표본비율 $\hat{p} = 630/1500 = 0.420$, $z_{0.1} = 1.282$이다. 따라서 90%의

하한 신뢰경계는

$$\hat{p}-z_{\alpha}\cdot\sqrt{\frac{\hat{p}(1-\hat{p})}{n}}$$

$$=0.420-1.282\cdot\sqrt{\frac{0.420(1-0.420)}{1500}}=0.420-0.0163=0.4037.$$

### ☑ 모비율의 차에 대한 구간추정

베르누이 분포 $B(1,p_1)$, $B(1,p_2)$를 갖는 독립적인 두 모집단의 모비율 차에 대한 구간추정을 알아보자. 우선 모집단 $B(1,p_1)$과 $B(1,p_2)$에서 각각 $n$과 $m$개의 표본을 얻어 표본비율 $\hat{p}_1$과 $\hat{p}_2$를 정의한다면, 이들은 각각

$$\hat{p}_1\sim N(p_1,\ \frac{p_1(1-p_1)}{n})\text{과 }\hat{p}_2\sim N(p_2,\ \frac{p_2(1-p_2)}{m})$$

에 해당한다. 정규분포를 갖는 독립적인 두 랜덤변수 $\hat{p}_1$과 $\hat{p}_2$의 차이 역시 정규분포로

$$\hat{p}_1-\hat{p}_2\sim N(p_1-p_2,\ \frac{p_1(1-p_1)}{n}+\frac{p_2(1-p_2)}{m})$$

를 갖는다. 따라서 표준오차

$$S.E.(\hat{p}_1-\hat{p}_2)=\sqrt{\frac{p_1(1-p_1)}{n}+\frac{p_2(1-p_2)}{m}} \tag{8.4.14}$$

에 해당되고, $(1-\alpha)\cdot 100\%$의 오차한계는

$$\left|(\hat{p}_1-\hat{p}_2)-(p_1-p_2)\right|=z_{\alpha/2}\cdot\sqrt{\frac{p_1(1-p_1)}{n}+\frac{p_2(1-p_2)}{m}} \tag{8.4.15}$$

에 해당한다. 실제 모비율 $p_1$과 $p_2$는 추정대상이며 알려지지 않았기에, $\hat{p}_1$과 $\hat{p}_2$를 사용하면 신뢰구간은

$$\left((\hat{p}_1-\hat{p}_2)-z_{\alpha/2}\cdot\sqrt{\frac{\hat{p}_1(1-\hat{p}_1)}{n}+\frac{\hat{p}_2(1-\hat{p}_2)}{m}},(\hat{p}_1-\hat{p}_2)+z_{\alpha/2}\cdot\sqrt{\frac{\hat{p}_1(1-\hat{p}_1)}{n}+\frac{\hat{p}_2(1-\hat{p}_2)}{m}}\right) \tag{8.4.16}$$

에 해당되며, 여기서

$$\hat{p}_1=\frac{n_1}{n}, \qquad \hat{p}_2=\frac{m_2}{m} \tag{8.4.17}$$

이며, $n_1$과 $m_2$는 각각의 추출된 표본에서 관심의 대상이 되는 성질을 만족하는 표본의 개수를 의미한다.

### 예제 4 ▸▸▸

어느 정당에 대한 지역별 지지율 차이를 추정하고자 한다. A지역의 경우는 500명을 추출하여 180명이 해당 정당을 지지하였다고 하고, B지역의 경우 450명을 추출하여 그 중에 225명이 지지했다고 하자. 두 지역의 해당 정당의 지지율의 차이를 점추정하고, 95%의 신뢰도를 가지는 신뢰구간을 추정하시오.

**풀이 ▸▸▸** A지역의 경우 지지율의 점추정 값은 $\hat{p}_1=180/500=0.360$이며, B지역의 경우 지지율의 점추정 값은 $\hat{p}_2=225/450=0.500$이다. 또한 두 모비율의 차이에 대한 점추정 값은

$$\hat{p}_1-\hat{p}_2=0.360-0.500=-0.140$$

에 해당한다. 이제 구간추정을 위해 표준오차를 구하면

$$S.E.(\hat{p}_1 - \hat{p}_2) = \sqrt{\frac{0.360(1-0.360)}{500} + \frac{0.500(1-0.500)}{450}} = 0.032$$

이며, 신뢰구간은 $-0.140 \pm 0.032 = (-0.108, -0.172)$에 해당한다.

### ☑ 모비율과 모분산에 관련된 구간추정 요약

앞서 살펴본 모비율 및 모분산에 관련된 구간추정 방법을 요약하면 표 8.2과 같다.

| 추정 대상 | 구분 | 참조 확률분포 | 신뢰구간 |
|---|---|---|---|
| 모비율 | 모비율 | $N\left(\hat{p}, \frac{\hat{p}(1-\hat{p})}{n}\right)$ | $\hat{p} \pm z_{\alpha/2}\sqrt{\frac{\hat{p}(1-\hat{p})}{n}}$<br>또는 $\hat{p} \pm z_{\alpha/2}\frac{1}{n}\sqrt{\frac{x_n(n-x_n)}{n}}$ |
| | 모비율 차이 | $N\left(\hat{p}_1-\hat{p}_2, \frac{\hat{p}_1(1-\hat{p}_1)}{n} + \frac{\hat{p}_2(1-\hat{p}_2)}{m}\right)$ | $(\hat{p}_1-\hat{p}_2) \pm z_{\alpha/2} \cdot \sqrt{\frac{\hat{p}_1(1-\hat{p}_1)}{n} + \frac{\hat{p}_2(1-\hat{p}_2)}{m}}$ |
| 모분산 | 모분산 | $\chi^2(n-1)$ | $\left(\sqrt{\frac{(n-1)s^2}{\chi^2_{\alpha/2}(n-1)}}, \sqrt{\frac{(n-1)s^2}{\chi^2_{1-\alpha/2}(n-1)}}\right)$ |

[표 8.2] 모비율 및 모분산에 관련된 구간추정 요약

## 연습 문제

1. 어느 치킨 집에 납품된 30마리의 닭의 무게를 조사한 결과 표준편차가 15g임을 알았다. 이 치킨 집에 납품되는 닭의 무게가 정규분포를 갖는다고 가정할 경우 모분산에 대해 95%의 신뢰구간을 구하시오.

2. 직경 100cm의 PVC 배수관을 생산하는 공장에서 20개의 표본을 조사한 결과 직경이 100cm에서 다음과 같은 편차를 가지는 것을 확인하였다. 이 회사의 배수관의 직경이 평균 100cm의 정규분포를 갖는 다고 가정할 경우, 분산과 표준편차에 대한 95% 신뢰구간을 구하시오.

3.2 -2.1 1.8 -2.9 0.4 -1.2 0.9 2.1 -1.7 0.4
1.2 0.1 -0.7 -2.2 1.4 1.0 -0.7 -0.1 1.4 2.4

3. 어느 대선후보의 지지도를 조사하기 위해 1,000명을 임의로 선정하여 조사한 결과 370명의 지지를 받았다. 이 후보의 지지율에 대해 다음을 구하시오.

(1) 전체 유권자의 지지율을 추정하시오.

(2) 표본비율 $\hat{p}$의 표준오차를 구하시오.

(3) $|\hat{p}-p|$에 대한 95% 오차한계를 구하시오.

(4) 전체 유권자 지지율에 대한 95%의 신뢰구간을 구하시오.

4. 어느 지역의 원전건설에 대한 찬반여론을 조사하기 위해 임의로 선정된 300명의 주민을 대상으로 설문조사 결과 52명이 찬성한다고 대답하였다. 이 조사결과에 대한 다음질문에 답하시오.

(1) 이 지역 원전건설의 찬성률에 대한 추정값을 구하시오.

(2) 표준오차를 구하시오.

(3) 90%의 오차한계를 구하시오.

(4) 원전건설의 찬성률에 대한 90%의 신뢰구간을 구하시오.

5. 1,000명의 유권자를 임의로 선정하여 두 사람의 대선후보 A, B의 지지도를 조사한바 A 후보는 278명, B 후보는 425명이 지지하는 것으로 나타났다. 두 후보의 지지율 차이에 대한 95%의 신뢰구간을 구하시오.

## 8.5 표본의 크기

일반적으로 표본의 크기가 크면 점추정의 경우 추정량의 분산이나 평균제곱오차가 줄어들어 추정대상인 모집단의 파라메타에 근접해가며, 구간추정의 경우 오차한계나 신뢰구간이 줄어들어 추정의 정확성이 증가한다. 그러나 표본의 수가 늘어나면 시간과 비용이 증가하기 때문에 추정의 정확성과 표본수와는 적절한 타협이 필요하다. 본 절에서는 오차한계나 신뢰구간이 주어질 경우 얼마 이상의 표본크기가 필요한지를 알아본다. 통계조사의 시간과 비용을 절약하기 위해서는 최소한의 표본크기로 원하는 신뢰도에서 주어진 신뢰구간을 만족시켜야 한다.

### ☑ 모평균을 추정하기 위한 표본의 크기

정규모집단 $X \sim N(\mu, \sigma^2)$에서 모분산 $\sigma^2$을 알고 있는 경우 표본평균 $\bar{X}$로 모평균 을 $\mu$ 추정한다고 하자. 크기 $n$의 표본을 추출하여 표본평균을 구하여 모평균 $\mu$를 $(1-\alpha)100\%$의 신뢰도로 신뢰구간을 추정할 경우

$$P\left(\left|\frac{\bar{X}-\mu}{\sigma/\sqrt{n}}\right|<z_{\alpha/2}\right)=P\left(|\bar{X}-\mu|<z_{\alpha/2}\frac{\sigma}{\sqrt{n}}\right)=1-\alpha$$

이며 오차한계는 $z_{\alpha/2}\cdot\sigma/\sqrt{n}$이기 때문에 신뢰구간의 길이

$$L = 2\cdot z_{\alpha/2}\cdot\frac{\sigma}{\sqrt{n}} \tag{8.5.1}$$

에 해당한다. 따라서 $(1-\alpha)100\%$의 신뢰구간의 최소길이 $L_0$가 주어졌을때 표본의 크기는

$$n \geq \frac{4 \cdot z^2_{\alpha/2} \cdot \sigma^2}{L_0^2} \tag{8.5.2}$$

일 경우 주어진 신뢰구간에 맞출 수 있게 된다.

**예제 1 ▸▸▸**

어느 시계공장에서 생산된 시계의 평균수명을 알아보기 위해서 표본을 추출하여 조사하고자 한다. 신뢰구간이 0.2시간 미만이고 결과가 99%의 신뢰도를 갖게 하고자 한다. 과거의 경험으로 모표준편차가 1.34시간이라면 표본의 크기는 얼마로 해야 할까?

**풀이 ▸▸▸** 표준정규분포에서 $z_{\alpha/2}=z_{0.005}=2.58$이며, $L_0=0.2$, $\sigma^2=(1.34)^2$이기 때문에

$$n \geq \frac{4(2.58 \cdot 1.34)^2}{(0.2)^2}=1195.24$$

이다. 따라서 $n=1196$으로 취하면 경제적일 것이다.

### ☑모비율을 추정하기 위한 표본의 크기

모비율을 추정하기 위한 $100 \cdot (1-\alpha)\%$의 신뢰구간은

$$\left(\hat{p} - z_\alpha \cdot \sqrt{\frac{\hat{p}(1-\hat{p})}{n}}, \hat{p} + z_\alpha \cdot \sqrt{\frac{\hat{p}(1-\hat{p})}{n}}\right)$$

이며, 신뢰구간의 길이

$$L = 2z_\alpha \cdot \sqrt{\frac{\hat{p}(1-\hat{p})}{n}} \tag{8.5.5}$$

이다. 따라서 신뢰구간의 길이를 $L_0$보다 작게 하는 표본의 크기는

$$n \geq \frac{4 \cdot z^2_{\alpha/2} \cdot \hat{p}(1-\hat{p})}{L_0^2} \tag{8.5.6}$$

이다. 그러나 $\hat{p}$는 표본조사를 통해서 얻어지는 값이기 때문에 표본의 수를 모르고는 이를 구할 수 있는 방법이 없다. 따라서 안전한 표본의 크기를 산출하기 위해서는 부등식의 우변의 값이 최대일 경우이기 때문에 $\max(\hat{p}(1-\hat{p}))$를 취하게 된다. $\max(\hat{p}(1-\hat{p}))$는 $\hat{p}=0.5$일 경우 $\max(\hat{p}(1-\hat{p}))=1/4$이므로

$$n \geq \frac{z^2_{\alpha/2}}{L_0^2} \tag{8.5.7}$$

로 표본의 크기를 안전하게 선택할 수 있다.

**예제 2 ▸▸▸**

대통령 지지도를 신뢰수준 95%에서 오차범위 ±3%의 신뢰구간을 가지는 표본조사를 수행할 경우 얼마나 많은 표본을 추출해야 하는가?

**풀이 ▸▸▸** $L_0=0.06, z_{\alpha/2}=z_{0.025}=1.96$이므로

$$n \geq \frac{z^2_{\alpha/2}}{L_0^2} = \frac{(1.96)^2}{(0.06)^2} = 1067.11$$

이다. 따라서 $n=1068$명 이상을 조사해야 한다.

## 연습문제

1. 어느 공장에서 생산되는 생수병의 평균무게에 대한 추정이 95% 신뢰구간이 0.5g 이하가 되도록 하고자 한다. 사전조사에 의하면 생수병 무게는 정규분포를 가지며 표준편차가 2g을 넘지 않는다고 할 경우 원하는 구간추정을 위해 얼마나 큰 표본을 추출해야 하는가?

2. 동일한 직경의 PVC 배수관을 생산하는 공장에 A, B 두 생산라인이 있다. 이 생산라인들에서 만들어진 제품의 평균 직경의 차이에 대한 추정이 ±0.5cm 오차범위에서 99% 신뢰구간을 얻고자 한다. 이 두 생산라인에서 생산한 배수관 직경의 모 표준편차가 각각 2.5cm, 2.43cm라면, 얼마나 많은 표본을 조사해야 하는가? 두 생산라인에서 만들어진 제품의 직경은 정규분포를 따르며 표본의 크기는 동일하다고 가정하라.

3. 어느 정당지지도의 대한 95% 신뢰구간의 길이를 ±3%로 하기 위해서는 얼마나 많은 표본의 설문조사가 필요한가?

## 8.6 컴퓨터 실습

앞서 100 (1−α)%의 신뢰수준에 따른 신뢰구간은 100번 조사할 경우, 약 100 (1−α)% 번 참값을 포함하는 구간을 제공한다고 하였다. 컴퓨터 실습에서는 여러 가지 경우의 모집단 파라메타의 구간추정에서 구간추정을 100번 시행하여 몇 번 참값을 포함하는

가를 알아보고자 한다. 여기서 주의해야 할 점은 100(1−α)%의 신뢰수준이라 해서 100번 시행에 반드시 100 (1−α)% 참값이 추정된 구간에 존재한다는 것은 아니며, 이 역시 100 (1−α)% 이상이 될 수도 있으며, 그 이하가 될 수도 있다. 즉 유한번 추월하면 근사적으로 신뢰수준을 만족한다는 의미이다.

### ☑ 모평균의 구간추정과 참값

그림 8.10는 정규모집단에서 모평균을 추정하는 프로그램으로 표본수 n=20으로 m=100회 구간추정을 시도한다. 모평균 mu=4이며 모표준편차 Sigma=2이다. 모분산을 아는 경우에는 n개의 표본을 모집단에서 추출하여 표본평균을 구하고 95%의 신뢰수준을 가지는 신뢰구간의 하한 interval_low와 상한interval_high를 구했다. 이런 구간에 모평균 mu가 들어있는 횟수를 success에 카운트하고, 만약 모평균의 참값이 신뢰구간을 벗어난 경우에는 하한과 상한을 프린트하였다.

처음 부분은 모집단의 모분산(표준편차)를 아는 경우의 정규분포를 이용하는 구간추정이며, 나중부분은 모분산(표준편차)를 모르는 경우 표본분산을 구하고 $t$-분포를 이용하여 구간추정을 하는 경우이다. 프로그램의 수행결과 명령 윈도우에 프린트된 내용은 그림 8.11에 표현하였다. m=100번 구간추정에서 모평균의 참값을 포함하는 경우가 모분산을 아는 경우 98회, 모분산을 모르는 경우 97회 포함하는 것으로 나타났다.

### ☑ 모평균의 차이의 구간추정과 참값

그림 8.10 프로그램을 바꾸어 모분산을 모르는 두 정규모집단의 평균의 차에 대한 구간추정 결과를 검증해 볼 수 있다. 그림 8.12는 두 정규모집단의 평균의 차이를 구간 추정한 결과를 검증하는 프로그램이다. 그림에서 두 정규모집단의 모평균 mu1=4, mu2=1에 해당하며 알려지지 않은 모표준편차는 Sigma=1로 두 모집단에서 같은 값을 갖는다고 가정하였다. 정규모집단에서 각각 n1=20, n2=10 개의 표본을 추출하였으며 표본평균의 차와 표본표준편차를 구하고 합동 표본표준편차를 구했다. $t$−분포를 이용하여 95%의 신뢰수준에서 신뢰구간의 하한과 상한을 구하였으며, m=100번 구간추

정을 시도하여 참값을 포함하는 경우를 카운트 하였다.

그림 8.13은 프로그램 시행 결과로 명령 윈도우에는 m=100번 구간추정을 시도하여 참값을 포함하지 않는 구간추정의 경우 그 하한과 상한을 표시하였고, 추정된 구간이 참값을 포함하는 회수를 표현하였다.

## ☑ 모분산의 구간추정과 참값

그림 8. 14는 모분산(표준편차)의 구간추정을 m=100회 시행하는 프로그램이다. 여기서 표본은 모평균 mu=4, 모표준편차 Sigma=2의 정규분포로부터 n=10개 추출하였으며, 95%의 신뢰수준에서 신뢰구간의 하한 interval_low와 상한 interval_high를 구하였다. 이렇게 구한 신뢰구간에 참값 Sigma가 존재하면 success를 증가시켜서 m=100번 구간추정 가운데 몇 번이나 참값을 포함하는가를 알아보았다.

그림 8.15는 이 프로그램의 시행결과로 명령 윈도우에 표시된 내용을 보여주고 있다.

```
% 정규분포 모평균의 구간추정
m=100; % 구간추정 횟수
n=20; s_n = sqrt(n); % 표본수 및 sqrt(표본수)
mu=4; % 평균

% 모분산을 아는 경우 정규분포 활용 z 추정
Sigma = 2; % 모 표준편차
z_alpha = 1.96; % 95%의 임계값
success = 0; % m번 구간추정 중에 참값을 포함하는 횟수
for i = 1:m
    z = normrnd(mu, Sigma,n,1); % matlab 함수 normrnd()를 이용한 표본생성
    interval_low = mean(z)-z_alpha*(Sigma/s_n); % 신뢰구간의 하한
    interval_high = mean(z)+z_alpha*(Sigma/s_n); % 신뢰구간의 하한
    if mu >= interval_low && mu <= interval_high
        success = success+1;
    else    % 구간을 벗어난 경우의 상한과 하한
        fprintf('Lower = %f₩t Upper = %f₩n',interval_low, interval_high);
    end
end
fprintf('number of success = %d₩n', success);
```

```
% 모분산을 모르는 경우 t 분포 활용 t 추정
t_19_25 = 2.093;
success = 0; % m번 구간추정 중에 참값을 포함하는 횟수
for i = 1:m
    z = normrnd(mu, Sigma,n,1); % matlab 함수 normrnd()를 이용한 표본생성
    interval_low = mean(z)-t_19_25*(std(z)/s_n); % 신뢰구간의 하한
    interval_high = mean(z)+t_19_25*(std(z)/s_n); % 신뢰구간의 하한
    if mu >= interval_low && mu <= interval_high
        success = success+1;
    else    % 구간을 벗어난 경우의 상한과 하한
        fprintf('Lower = %f\t Upper = %f\n',interval_low, interval_high);
    end
end
fprintf('number of success = %d\n', success);
```

[그림 8.10] 모평균의 구간추정

```
Lower = 4.147300      Upper = 5.900377
Lower = 4.319730      Upper = 6.072807
number of success = 98
Lower = 4.055723      Upper = 5.718137
Lower = 2.140691      Upper = 3.643269
Lower = 4.205819      Upper = 6.144046
number of success = 97
```

[그림 8.11] 모평균 구간추정 프로그램 시행 결과

```
% 정규분포 모평균 차의 구간추정
m=100; % 구간추정 횟수
n1=20; % 모집단 1의 표본수
n2=10; % 모집단 2의 표본수
root=sqrt(1/n1 + 1/n2); % 합동분산의 스케일
mu1=4; % 모집단 1의 평균
mu2=1; % 모집단 2의 평균
true_diff = mu1-mu2; %모평균의 차 = 3
Sigma = 2; % 두 모집단의 분산

% 모분산을 모르는 경우 t 분포 활용 t 추정
t_29 = 2.045;
success = 0; % m번 구간추정 중에 참값을 포함하는 횟수
for i = 1:m
    z1 = normrnd(mu1, Sigma,n1,1); % 모집단 1 표본생성
    z2 = normrnd(mu2, Sigma,n2,1); % 모집단 2 표본생성
    sp = (n1-1)*std(z1)^2+(n2-1)*std(z2)^2;
    sp = sqrt(sp/(n1+n2-2)); % 합동 표준편차
    av1 = mean(z1); av2 = mean(z2);
    diff = av1-av2;
```

```
    interval_low = diff-t_29*sp*root; % 신뢰구간의 하한
    interval_high = diff+t_29*sp*root; % 신뢰구간의 상한
    if true_diff >= interval_low && true_diff <= interval_high
        success = success+1;
    else   % 구간을 벗어난 경우의 상한과 하한
        fprintf('Lower = %f₩t Upper = %f₩n',interval_low, interval_high);
    end
end
fprintf('number of success = %d₩n', success);
```

[그림 8.12] 모평균 차이의 구간추정과 참값

```
Lower = -0.315713    Upper = 2.815550
Lower = 3.704300     Upper = 6.320545
Lower = 3.005750     Upper = 6.390011
Lower = -0.382104    Upper = 2.394344
Lower = 0.500781     Upper = 2.851117
number of success = 95
```

[그림 8.13] 모평균 차이의 구간추정 시행 결과

```
% 모분산의 구간추정
m=100; % 구간추정 횟수
n=10; % 표본수
mu=4; % 평균
Sigma = 2; % 모 표준편차
chi_half_alpha = 19.02; chi_1_half_alpha = 2.7; % 95%의 임계값
scale_low = sqrt((n-1)/chi_half_alpha);
scale_high = sqrt((n-1)/chi_1_half_alpha);

success = 0; % m번 구간추정 중에 참값을 포함하는 횟수
for i = 1:m
    z = normrnd(mu, Sigma,n,1); % matlab 함수 normrnd()를 이용한 표본생성
    interval_low = std(z)*scale_low; % 신뢰구간의 하한
    interval_high =  std(z)*scale_high; % 신뢰구간의 상한
    if Sigma >= interval_low && Sigma <= interval_high
        success = success+1;
    else   % 구간을 벗어난 경우의 상한과 하한
        fprintf('Lower = %f₩t Upper = %f₩n',interval_low, interval_high);
    end
end
fprintf('number of success = %d₩n', success);
```

[그림 8.14] 모분산(표준편차)의 구간추정과 참값

```
Lower = 0.739759      Upper = 1.963422
Lower = 0.656221      Upper = 1.741701
Lower = 0.677829      Upper = 1.799050
number of success = 97
```

[그림 8.15] 모분산(표준편차)의 구간추정 시행 결과

## 연습 문제

1. 그림 8.12의 모평균의 구간추정 프로그램에서 신뢰수준을 90%로 설정하고 동일한 실험을 반복해 보시오.

2. 그림 8.16의 모분산(표준편차)의 구간추정 프로그램에서 신뢰수준을 99%로 바꾸어 동일한 실험을 반복해 보시오.

3. 모비율의 구간추정 프로그램을 구성하여 앞서와 같은 방법으로 신뢰구간을 결정하고 참값이 어떤 빈도로 신뢰구간에 포함되는가를 확인해 보시오.

chapter. 9

# 가설검정

8장에서는 표본을 이용하여 모집단의 모평균, 모분산 또는 모표준편차, 모비율 등의 값을 추정해내는 방법을 배웠다. 하지만 이런 추정을 통해 얻은 결과가 과연 믿을 수 있는가는 또 다른 문제이다. 왜냐하면 전수조사가 아니라 표본조사를 통해 얻은 결과이기 때문에 표본이 달라진다면 이런 통계적인 추정 결과 역시 달라지기 때문이다.

본 장에서 다루어질 가설검증은 모집단의 파라메타에 관한 어떤 특정 명제나 주장의 진위여부를 판정하는 방법을 제공한다. 즉 통계적 추정에서는 모집단 파라메타를 점 또는 구간으로 추정하는 방법을 제공하지만, 가설검정에서는 모집단 파라메타 값에 대한 주장의 타당성을 검정하는 방법을 제공한다.

가설검정을 위해서는 먼저 모집단 파라메타 값들에 대해 어떤 형태의 가설을 설정할 것인가를 결정해야 한다. 그리고 일단 가설이 설정되면 통계적 추정과 마찬가지로 모집단과 파라메타 및 표본 크기에 따라 적절한 통계량을 설정해야 한다. 이러한 통계량은 추출된 표본의 함수로 정의되는 랜덤변수이기 때문에 고유의 확률분포를 따르게 되며, 이 확률분포에 따라 $z$-검정, $t$-검정, $\chi^2$-검정 등을 사용하게 된다. 또한 검정될 가설의 채택과 기각 여부는 마치 구간추정의 신뢰수준과 같이 어느 정도의 수준에서 가설이 타당할 것인가를 검정하게 된다. 이러한 검정에서 오차의 허용수준을 유의수준이라고 하며, 이 유의수준에 따라서 가설의 채택여부가 달라질 수 있다.

본 장에서는 먼저 가설검정의 개요와 절차를 소개하고, 이를 활용한 모평균과 모평균 차의 $z$-검정과 $t$-검정방법을 살펴본다. 이어서 모비율과 모비율의 차에 대한 $z$-검정 방법을 알아보며, 모분산의 $\chi^2$-검정 방법을 소개한다. 컴퓨터 프로그램에서는 검정에 있어서 유의수준 등 오류의 의미를 컴퓨터 프로그램으로 살펴본다.

## 9.1 가설검정 개요

### ☑ 귀무가설 및 대립가설

가설검정(hypothesis test)이란 모집단이나 모집단의 파라메타에 관해 설정된 가설의 타당성을 추출된 표본을 기초로 얻은 어떤 관찰 값에 의해 통계적으로 분석하고 인정 여부를 판정하는 방법을 의미한다. 예를 들어 우리나라 남자 대학생의 신장이 정규분포를 가진다고 하고 표본을 추출하여 표본평균을 구한 값이 174 cm라고 하자. 그렇다면 표본평균 값을 이용한 $\mu=174$ 라는 주장이 과연 인정될 수 있는 것인가, 또는 그렇지 않은가를 판정하는 것이 가설검증이라는 것이다. 여기서 "우리나라 남자 대학생의 평균 신장은 174cm이다.($\mu=174$)"라는 주장을 귀무가설(null hypothesis, $H_0$)이라 하며 진위여부를 판별하여 부정될 때까지는 참인 것으로 인정되는 모집단 파라메타에 대한 가설이다. 반면에 귀무가설이 거짓이라면 참이 되는 가설을 대립가설(alternative hypothesis, $H_1$)이라 한다. 앞선 예에서 대립가설은 "우리나라 남자 대학생의 평균 신장은 174cm가 아니다.($\mu\neq174$)"에 해당한다. 이 예를 요약하면 다음과 같은 두 가지 가설을 설정할 수 있다.

귀무가설($H_0$): 우리나라 남자 대학생의 평균 신장은 174cm이다.($\mu=174$)
대립가설($H_1$): 우리나라 남자 대학생의 평균 신장은 174cm가 아니다.($\mu\neq174$)

### ☑ 가설검정의 형태

앞선 예에서 $\mu=174$라는 귀무가설과 $\mu\neq174$라는 대립가설을 설정하였다. 그러나 이런 모집단의 파라메타에 대해 한 값의 형태로 가설을 설정하고 검정하는 것만은 아니다. 모집단 파라메타 값의 범위로 귀무가설과 대립가설을 설정하고 검정할 수도 있다.

－양측검정 모집단 $\theta$가 $\theta_0$ 라는 주장 $H_0$와 이에 상반되는 주장 $H_1$으로 다음과 같

이 구성된다.

$$H_0 : \boldsymbol{\theta} = \boldsymbol{\theta}_0$$
$$H_1 : \boldsymbol{\theta} \neq \boldsymbol{\theta}_0 \qquad (9.1.1)$$

－상단측 검정 모집단 파라메타 $\boldsymbol{\theta}$가 $\boldsymbol{\theta}_0$ 이하 또는 파라메타 $\boldsymbol{\theta}$가 $\boldsymbol{\theta}_0$ 라는 주장 $H_0$와 이에 상반되는 주장 $H_1$으로 구성된다.

$$H_0 : \boldsymbol{\theta} \leq \boldsymbol{\theta}_0 \text{ 또는 } \boldsymbol{\theta} = \boldsymbol{\theta}_0$$
$$H_1 : \boldsymbol{\theta} > \boldsymbol{\theta}_0 \qquad (9.1.2)$$

－하단측 검정 모집단 파라메타 $\boldsymbol{\theta}$가 $\boldsymbol{\theta}_0$ 이상 또는 파라메타 $\boldsymbol{\theta}$가 $\boldsymbol{\theta}_0$ 라는 주장 $H_0$와 이에 상반되는 주장 $H_1$으로 구성된다.

$$H_0 : \boldsymbol{\theta} \geq \boldsymbol{\theta}_0 \text{ 또는 } \boldsymbol{\theta} = \boldsymbol{\theta}_0$$
$$H_1 : \boldsymbol{\theta} < \boldsymbol{\theta}_0 \qquad (9.1.3)$$

여기서 모집단 파라메타가 모평균인 경우 $\boldsymbol{\theta} = \mu$, $\boldsymbol{\theta}_0 = \mu_0$ , 모분산인 경우 $\boldsymbol{\theta} = \sigma^2$, $\boldsymbol{\theta}_0 = \sigma_0^2$ , 모비율인 경우 $\boldsymbol{\theta} = p$, $\boldsymbol{\theta}_0 = p_0$ 에 해당한다.

**예제 1 ▸▸▸**

우리나라 신생아의 평균 몸무게에 관한 양측, 상단측, 하단측 검정의 귀무가설과 대립가설을 예를 들어 구성해 보시오.

**풀이 ▸▸▸** 양측검정의 경우 신생아의 몸무게 평균이 3.4kg 이라 주장한다면

$H_0 : \mu = 3.4$ $\qquad$ $H_1 : \mu \neq 3.4$

로 구성할 수 있다. 상단측 검정의 경우 신생아 몸무게의 평균치가 통상 많아야 4.0kg 보다는 작다고 주장하고자 한다면

$$H_0 : \mu \leq 4.0 \ (\text{또는 } \mu = 4.0) \qquad H_1 : \mu > 4.0$$

과 같이 구성할 수 있다. 하단측 검정의 경우는 신생아 몸무게의 평균치가 적어도 2.8kg 보다는 크다고 주장하고자 한다면

$$H_0 : \mu \geq 2.8 \ (\text{또는 } \mu = 2.8) \qquad H_1 : \mu < 2.8$$

와 같이 구성 가능하다.

### ☑ 채택과 기각, 임계값

채택(accept)이란 귀무가설 $H_0$가 타당하여 이를 인정하는 경우를 의미하며, 기각(reject)이란 그 반대로 $H_1$이 타당하여 이를 인정하는 경우를 의미한다. (반대로 채택의 경우는 $H_1$을 인정하지 않는다는 의미이고, 기각의 경우는 $H_0$를 인정하지 않는다는 의미임.) 즉 채택과 기각은 항상 귀무가설 $H_0$를 중심으로 이야기한다는 것이다. 이러한 채택과 기각은 어떤 경계값을 중심으로 판단하며, 귀무가설 $H_0$가 채택되는 범위를 채택역, $H_0$가 기각되는 범위를 기각역이라 하며, 이때 그 경계가 되는 값을 임계값(critical value)이라 한다.

### ☑ 오류와 그 종류

한편 추출된 표본으로부터 가설의 인정여부를 검정하기 때문에 가설의 진위여부 판정에는 필연적으로 오류의 가능성을 포함되게 된다. 이러한 오류의 종류에는 다음과 같은 종류들이 존재한다.

- 제 1종 오류(Type I error) 귀무가설 $H_0$가 실제는 참인데 이를 기각시킴으로 생기

는 오류를 의미 한다. 제 1종 오류는

$$\alpha = P(H_0\text{: 기각} \mid H_0\text{: 참}) \tag{9.1.4}$$

이다. 11장의 분류문제에서는 이 제1종 오류를 *FNR*(False Negative Rate)율이라고도 한다.

– 제 2종 오류 귀무가설 $H_0$가 실제는 거짓인데 이를 채택함으로 생기는 오류를 의미 한다. 제 2종오류는

$$\beta = P(H_0\text{: 채택} \mid H_0\text{: 거짓}) \tag{9.1.5}$$

을 의미한다. 11장의 분류문제에서는 이 제2종 오류를 *FPR*(False Positive Rate)율이라고 한다. 이들 오류를 정리하면 표 9.1과 같다.

| | 귀무가설의 실제상태 | |
|---|---|---|
| 검정결과 | $H_0$ 참 | $H_0$ 거짓 |
| $H_0$ 채택 | 올바른 결정($1-\alpha$) | 제 2종 오류($\beta$) |
| $H_0$ 기각 | 제 1종 오류($\alpha$) | 올바른 결정($1-\beta$) |

[표 9.1] 가설검정에 수반되는 오류와 그 종류

## ☑ 유의수준과 검정력

유의수준(level of significance) $\alpha$란 제1종 오류를 범할 확률 즉 $P(H_0\text{: 기각} \mid H_0\text{: 참})$을 의미한다. 따라서 $(1-\alpha)$는 제1종 오류를 범하지 않을 확률, 즉 $P(H_0\text{: 채택} \mid H_0\text{: 참})$을 의미한다. 반면 $\beta$란 제2종 오류를 범할 확률 $P(H_0\text{: 채택} \mid H_0\text{: 거짓})$을 의미한다. 마찬가지로 검정력(power of test)에 해당하는 $(1-\beta)$는 제2종 오류를 범하지 않을 확률로 $P(H_0\text{: 기각} \mid H_0\text{: 거짓})$을 의미한다. 표 9.1에서 괄호에 해당하는 확률들을 주의해 보기 바란다.

통상 가설검정에서 유의수준 $\alpha$는 1%, 5%, 10%를 이용한다. 여기서 유의수준 1%라

는 것은 귀무가설 $H_0$를 기각하기로 결정하였다 하더라도 제1종 오류를 범할 확률이 1%라는 의미로 100번 조사하더라도 한 번 정도 실제 참인데 거짓으로 판명하는 오류를 범할 수 있다는 의미이다. 이 경우 유의수준 10%보다 더 많이 귀무가설 $H_0$를 채택해야하기 때문에 채택하는 영역(채택역)이 커지며 결국 더 느슨하게 채택판정을 내린다는 것을 의미한다.

### ☑ 가설검정과 채택역 및 기각역

가설검정은 통계적 추정과 마찬가지로 표본을 이용하며, 결국 표본의 함수로서의 랜덤변수인 통계량(statistics)과 그 분포를 활용하고, 여기에 임계값을 설정하고 채택역과 기각역을 결정한다. 즉 검정에서는 유의수준 $\alpha$에 따라 임계값(critical point)을 설정하며, 이를 기준으로 표본조사를 통해 통계량의 관찰값을 얻어 이 값이 채택역에 있으면 채택, 그렇지 않고 기각역에 있으면 기각이라 판정한다.

그림 9.1은 여러 종류의 검정에서 임계값과 채택역 및 기각역을 보여주고 있다. 양측검정에서는 유의수준에 따라 검정 통계량 분포의 오른쪽과 왼쪽 꼬리부분의 확률이 $\alpha/2$인 부분에 임계값이 설정되며, 이를 기준으로 채택역과 기각역이 구분된다. 만약 표본으로부터 얻은 검정통계량의 관찰 값이 채택역에 들면 귀무가설을 채택하고 그렇지 않으면 기각하게 된다.

상단측 검정이란 관찰값이 확률 $\alpha$에 의해 설정된 임계값 이상이면 기각하는 검정으로 임계값이 오른쪽 꼬리 부분에 설정된다. 반면에 하단측 검정이란 관찰값이 확률 $\alpha$에 의해 설정된 임계값 이하이면 기각하는 검정으로 임계값은 통계량의 확률분포에서 왼쪽 꼬리 부분에 설정된다.

(a) 양측 검정

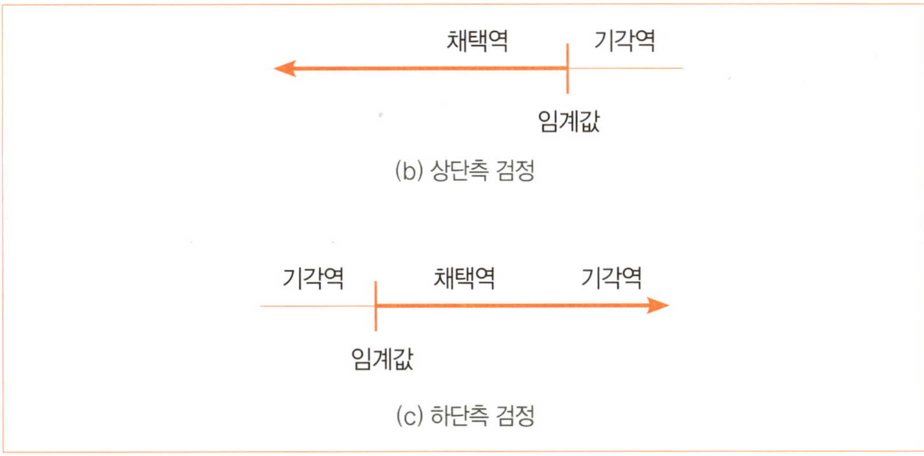


[그림 9.1] 검정형태에 따른 채택역과 기각역

### ☑ $p$-값(유의확률)과 기각역

$p$-값이란 검정 통계량의 관찰값에서 얻은 확률로서 귀무가설의 타당성 또는 신빙성을 나타내는 척도라 간주할 수 있다. 만약 통계량 $\hat{\boldsymbol{\theta}}$의 관찰값이 $\hat{\theta}$라면 상단측 검정에서 $p$-값은 $P(\hat{\boldsymbol{\theta}} \geq \hat{\theta})$에 해당하며, 이 확률이 유의수준 $\alpha$보다 작으면 귀무가설 $H_0$는 기각하게 되고, 이 확률이 $\alpha$보다 크면 채택하게 된다. 다른 식으로 해석해 보면 $p$-값이란 관찰값을 근거로 귀무가설을 거짓으로 판정할 경우에 오류를 범할 확률에 해당한다고 볼 수 있어서, 이 값이 유의수준 $\alpha$보다 작으면 거짓으로 판단하는 것이 오류 확률이 적어서 바람직하다는 것이다. 반대로 $p$-값이 유의수준 $\alpha$보다 크다면 이는 귀무가설이 크게 타당하다는 의미로, 이 경우 귀무가설을 거짓으로 판정한다면 오류의 확률이 그 만큼 증가하기 때문에 채택해야 한다.

반면에 하단측 검정에서는 $p$-값은 $P(\hat{\boldsymbol{\theta}} \leq \hat{\theta})$에 해당하며 이 확률이 유의수준 $\alpha$보다 크면 귀무가설 $H_0$를 채택하고 그렇지 않으면 기각한다. 즉 $p$-값이 크면 그만큼 귀무가설의 타당성이 커진다고 볼 수 있다. 뿐만 아니라 양측검정에서 $p$-값은 $P(\hat{\boldsymbol{\theta}} \leq \hat{\theta}$ 또는 $\hat{\boldsymbol{\theta}} \geq \hat{\theta})$에 해당하며, 이 값이 $\alpha$보다 크면 귀무가설을 채택하고 그렇지 않으면 기각한다. 표 9.2는 표본을 이용한 통계량의 관찰값으로 부터 구한 $p$-값과 유의수준 $\alpha$에 따른 귀무가설 $H_0$의 채택과 기각을 보여주고 있다.

| 검정형태 | $p$-값 | 조건 | $H_0$의 채택과 기각 |
|---|---|---|---|
| 양측 검정 | $P(\hat{\boldsymbol{\theta}} \le \hat{\theta}$ 또는 $\hat{\boldsymbol{\theta}} \ge \hat{\theta})$ | $p \ge \alpha$ | 채택 |
| | | $p < \alpha$ | 기각 |
| 상단측 검정 | $P(\hat{\boldsymbol{\theta}} \ge \hat{\theta})$ | $p \ge \alpha$ | 채택 |
| | | $p < \alpha$ | 기각 |
| 하단측 검정 | $P(\hat{\boldsymbol{\theta}} \le \hat{\theta})$ | $p \ge \alpha$ | 채택 |
| | | $p < \alpha$ | 기각 |

[표 9.2] $p$-값과 유의수준 $\alpha$에 따른 귀무가설 $H_0$의 채택과 기각

### ☑ 가설검정의 절차

모집단의 파라메타에 관한 가설을 검정하는 절차는 파라메타가 무엇인가에 따라 검정통계량이 달라지기는 하지만 검정방법은 동일한 순서로 진행된다. 가설검정에서는 먼저 양측, 하단측, 상단측 검정을 선택하고 이에 따라 귀무가설과 대립가설을 설정한다. 이런 가설설정이 끝나면 표본을 선정하고 모집단 파라메타에 따라 검정통계량을 선택하게 된다. 이 단계에서는 모집단 파라메타에 따라 합당한 통계량 선택이 중요하며, 7장과 8장의 표본분포와 통계적 추정에서 이용했던 표본으로부터 얻은 랜덤변수들이 활용된다. 그러고 난후에는 귀무가설의 정당성 주장 정도에 따라 원하는 유의수준을 선택한다. 즉 정당성이 커서 꼼꼼한 검정을 원한다면 10%의 유의수준, 중간정도면 5%, 느슨한 검정을 원한다면 1%의 유의수준을 선택할 수 있다. 이러한 유의수준은 통계량 분포에 임계값을 설정하여 귀무가설의 채택역과 기각역을 설정하는 근거가 된다. 여기서 주의할 점은 더 꼼꼼한 검정을 위해서는 유의수준을 높여야 한다는 것이다. 즉 유의 수준이 증가되면 기각역이 커지기 때문에 더 엄격한 검정이 된다는 의미이다. 그런 다음에는 표본으로부터 검정 통계량의 관찰값이 기각역에 있는지 또는 채택역에 있는지에 따라 귀무가설을 기각 또는 채택하게 된다.

한편 $p$-값을 근거로 할 경우에는 단계 1부터 단계 3까지는 동일하고 검정 통계량의

관찰값으로 부터 $p$-값을 산출하고, 이 값이 미리 설정된 유의수준보다 작으면 귀무가설을 기각하고 크면 채택하게 된다. 이러한 과정을 정리하면 가설검정 방법은 표 9.3과 같다.

| 단계 | 임계값 활용 | $p$-값 활용 |
|---|---|---|
| 1. 가설 설정 | 귀무가설 $H_0$ 와 대립가설 $H_1$ 을 설정 | |
| 2.검정통계량 선택 | 가설에 나타난 모집단의 파라메타에 따라 합당한 검정통계량을 선택 | |
| 3.유의수준 설정 | 검정에 필요한 유의수준 α를 설정 | |
| 4.관찰값 획득 | 표본으로부터 검정통계량의 관찰값을 계산하여 획득 | |
| 5.검정 | 유의수준에 따른 임계값과 관찰값을 비교하여 관찰값이 채택역에 있으면 채택, 그렇지 않으면 기각 | 관찰값으로부터 $p$-값을 구하고 $p$-값이 유의수준 α보다 크면 채택, 그렇지 않으면 기각 |

[표 9.3] 가설검정 절차

## 연습문제

1. 어느 대학 신입생의 수능시험 평균점수에 대한 가설검정을 실시하고자 한다. 이전의 경험으로 평균이 320점 정도로 주장하고자 한다면 양측, 상단측, 하단측 검정에 사용될 각각의 귀무가설과 대립가설을 설정해 보시오.

2. 만약 유의수준 10%에서 귀무가설의 타당성을 검정한다면 유의수준 1%의 경우보다 귀무가설이 채택될 가능성이 높아지겠는가? 아니면 낮아지겠는가? 또한 유의수준 10%와 1%의 경우 제2종 오류의 확률은 일반적으로 어떻게 될 것으로 예상되는가?

## 9.2 모평균의 검정

9.1절의 가설검정의 순서에 따라 정규모집단의 모평균에 대한 가설검정을 시행해 보자. 가설검정의 절차는 대동소이하며 다만 가정에 따라 어떠한 검정 통계량을 이용하는가를 주목해 보기 바란다.

### ☑ 모분산이 알려진 경우

정규모집단의 평균에 대한 가설검정에서 모분산이 알려진 경우는 8장의 추정에서와 같이 표준정규분포를 사용할 수 있다.

#### – 양측검정

모분산 $\sigma^2$가 알려진 정규모집단에 모평균의 양측검정을 수행할 경우, 귀무가설 $H_0$: $\mu=\mu_0$의 진위를 알아보기 위해서는 표본평균 $\overline{X}$를 이용한다. 즉 검정 통계량은 표본평균 $\overline{X}$이며, 표준정규분포로 바꾸면

$$Z=\frac{\overline{X}-\mu}{\sigma/\sqrt{n}} \sim N(0,1)$$

이다. 따라서 이러한 검정을 $z$-검정($z$-test)이라 하며, 여기서 귀무가설에 대한 대립가설은 $H_1$:$\mu\neq\mu_0$이다. 설정된 유의수준 $\alpha$란 귀무가설 $H_0$:$\mu=\mu_0$이 참임에도, 이를 기각시킬 확률이므로, 기각역의 임계점이 $c$라면

$$\begin{aligned}
\alpha &= P(H_0\text{ 기각}\mid H_0\text{ 참})\\
&= P(\overline{X}\neq\mu_0\mid \overline{X}\sim N(\mu_0,\sigma^2/n))\\
&= P(\overline{X}<c\mid \overline{X}\sim N(\mu_0,\sigma^2/n))+P(\overline{X}>c\mid \overline{X}\sim N(\mu_0,\sigma^2/n))\\
&= P\left(Z<\frac{c-\mu_0}{\sigma/\sqrt{n}}\right)+P\left(Z>\frac{c-\mu_0}{\sigma/\sqrt{n}}\right)
\end{aligned}$$

$$= P(Z < -z_{\alpha/2}) + P(Z > z_{\alpha/2}) \tag{9.2.1}$$

이다. 따라서 귀무가설 $H_0$를 기각 시킬 임계점은

$$c = \mu_0 - z_{\alpha/2}\frac{\sigma}{\sqrt{n}} \text{ 또는 } c = \mu_0 + z_{\alpha/2}\frac{\sigma}{\sqrt{n}} \tag{9.2.2}$$

이며, 기각역은

$$R: Z < -z_{\alpha/2} \text{ 또는 } R: Z > z_{\alpha/2} \tag{9.2.3}$$

이며, 이를 다시 표현하면

$$R: \overline{X} < \mu_0 - z_{\alpha/2}\frac{\sigma}{\sqrt{n}} \text{ 또는 } R: \overline{X} > \mu_0 + z_{\alpha/2}\frac{\sigma}{\sqrt{n}} \tag{9.2.4}$$

이다. 즉 표본평균의 관찰값 $\bar{x}_0$에 대해

$$\bar{x}_0 < \mu_0 - z_{\alpha/2}\frac{\sigma}{\sqrt{n}} \text{ 또는 } \bar{x}_0 > \mu_0 + z_{\alpha/2}\frac{\sigma}{\sqrt{n}}, \tag{9.2.5}$$

또는

$$z_0 = \frac{\bar{x}_0 - \mu_0}{\sigma/\sqrt{n}} < -z_{\alpha/2} \text{ 또는 } z_0 = \frac{\bar{x}_0 - \mu_0}{\sigma/\sqrt{n}} > z_{\alpha/2} \tag{9.2.6}$$

이면, 귀무가설 $H_0$를 기각시킨다.

그림 9.2는 유의수준에 따른 임계값 결정과 이 를 활용하는 모평균의 양측검정을 도식적으로 보여주고 있다. 한편 양측검정에 대한 $p$-값을 이용한 양측검정은 통계량의 관찰값 $z_0$에 대하여

$$p\text{-값} = P(Z < -z_0) + P(Z > z_0) = 2(1 - \Phi(z_0)) \tag{9.2.7}$$

로 정의되며, 여기서 $\Phi(z_0)$는 표준정규분포의 누적 확률분포함수이다. 앞서 살펴본 바와 같이 $p$-값을 이용한 검정에서는 $p$-값이 유의수준 $\alpha$보다 작으면 귀무가설 $H_0$를 기각한다. 그림 9.2는 $z$-검정을 이용한 모평균에 대한 양측검정을 보여주고 있다.

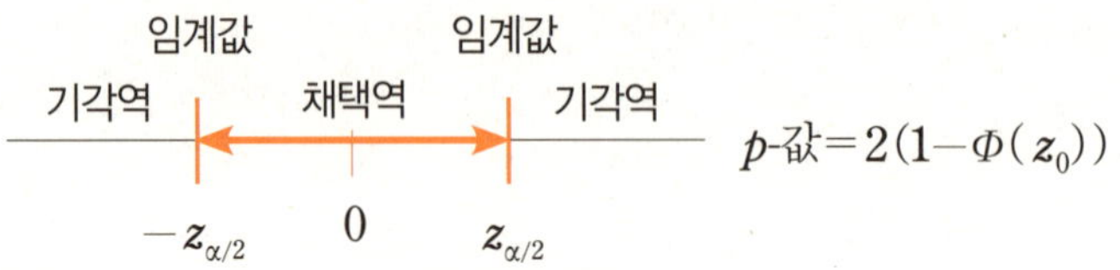


[그림 9.2] 모평균의 양측 검정($z$-검정)

**예제 1 ▶▶▶**

어떤 모집단이 $N(15, 10^2)$이라 하자. 그런데 모집단 평균이 틀린 것 같다고 생각되어 50개의 표본을 임의로 추출하여 조사한 결과 $\bar{x}_0 = 12$였다.

(1) 유의수준 5%로 모집단의 평균이 15라고 말할 수 있는지를 검정하시오.

(2) $p$-값을 구해보고 채택 또는 기각을 결정하시오.

(3) 만약 유의수준이 1%의 경우는 어떠한가?

**풀이 ▶▶▶** (1) 귀무가설 $H_0 : \mu = 15$에 해당하며 대립가설 $H_1 : \mu \neq 15$이다. 5%의 유의수준이므로 $z_{\alpha/2}$는 1.96에 해당하며, 검정통계량

$$\bar{x}_0 < \mu_0 - z_{\alpha/2}\frac{\sigma}{\sqrt{n}} = 15 - 1.96\frac{10}{\sqrt{50}} = 12.227$$

이다. 따라서 $\bar{x}_0 = 12$는 귀무가설 $H_0 : \mu = 15$의 기각역에 들어가 귀무가설은 기각된다. 즉 유의수준 5%에서 $\mu = 15$라 말할 수 없다. 다시 말해 귀무가설이 참인데 거짓으로 오류를 저지를 확률 5%이내에서는 $\mu = 15$라 말할 수 없다는 의미이다.

(2) 검정 통계량의 값 $\bar{x}_0 = 12$는

$$z_0 = \frac{12-15}{10/\sqrt{50}} = -2.12$$

에 해당하며

$$p\text{-값} = 2 \cdot P(Z > 2.12)) = 2(1-0.9830) = 0.034$$

이다. 이는 유의수준 5%보다 작으므로 동일하게 귀무가설은 기각된다.

(3) 유의수준 1%의 경우 $z_{\alpha/2}$는 2.58에 해당된다. $\bar{x}_0 = 12$이기 때문에

$$\bar{x}_0 > \mu_0 - z_{\alpha/2}\frac{\sigma}{\sqrt{n}} = 15 - 2.58\frac{10}{\sqrt{50}} = 11.35$$

이며, 이 경우 귀무가설은 채택된다.

### − 상단측 검정

상단측 검정에서는 귀무가설 $H_0 : \mu \le \mu_0$ 또는 $H_0 : \mu = \mu_0$(대립가설 $H_1 : \mu > \mu_0$)라는 주장의 진위를 판별한다. 검정 통계량은 양단측이나 하단측 검정과 같이 표본평균 $\bar{X}$이며

$$Z = \frac{\bar{X} - \mu}{\sigma/\sqrt{n}} \sim N(0, 1)$$

이다. 표본평균의 관찰값 $\bar{x}_0$ 를 얻었다면 설정된 유의수준 α란

$$\begin{aligned}\alpha &= P(H_0 \text{ 기각} \mid H_0 \text{ 참}) \\ &= P(\bar{X} > c \mid \bar{X} \sim N(\mu_0, \sigma^2/n)) \\ &= P\left(Z > \frac{c - \mu_0}{\sigma/\sqrt{n}}\right) \\ &= P(Z > z_\alpha) \qquad (9.2.8)\end{aligned}$$

이다. 따라서 귀무가설 $H_0$를 기각 시킬 임계점은

$$c=\mu_0+z_\alpha\frac{\sigma}{\sqrt{n}} \tag{9.2.9}$$

이며 기각역은

$$R:Z>z_\alpha \text{ 또는 } R:\overline{X}>\mu_0+z_\alpha\frac{\sigma}{\sqrt{n}} \tag{9.2.10}$$

에 해당한다. 즉 표본평균의 관찰값 $\overline{x}_0$ 에 대해

$$\overline{x}_0>\mu_0+z_\alpha\frac{\sigma}{\sqrt{n}} \text{ 또는 } z_0=\frac{\overline{x}_0-\mu_0}{\sigma/\sqrt{n}}>z_\alpha \tag{9.2.11}$$

이면 귀무가설 $H_0$를 기각시킨다.

한편 상단측 검정에서 $p$-값을 이용한 검정은 통계량의 관찰값 $z_0$에 대하여

$$p\text{-값}=P(Z>z_0)=1-\Phi(z_0) \tag{9.2.12}$$

로 정의된다. 마찬가지로 $p$-값을 이용한 검정에서 $p$-값이 유의수준 $\alpha$보다 작으면 귀무가설 $H_0$를 기각한다. 그림 9.3은 $z$-검정을 활용한 모평균에 대한 상단측 검정을 보여주고 있다.

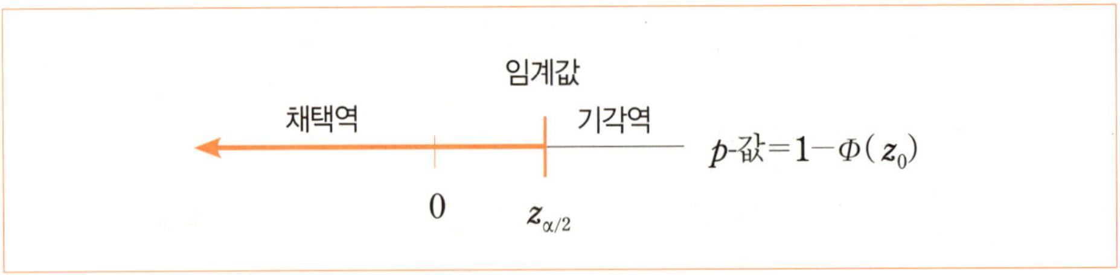


[그림 9.3] 모평균의 상단측 검정($z$–검정)

-하단측 검정

하단측 검정에서는 귀무가설 $H_0 : \mu \geq \mu_0$또는 $H_0 : \mu = \mu_0$(대립가설 $H_1 : \mu < \mu_0$) 라는 주장의 인정여부를 결정한다. 검정 통계량은 양단측 검정과 마찬가지로 표본평균 $\bar{X}$이며

$$Z = \frac{\bar{X} - \mu}{\sigma/\sqrt{n}} \sim N(0, 1)$$

이다. 표본평균의 관찰값 $\bar{x}_0$를 얻었다면 설정된 유의수준 $\alpha$란

$$\begin{aligned} \alpha &= P(H_0 \text{ 기각} \mid H_0 \text{ 참}) \\ &= P(\bar{X} < c \mid \bar{X} \sim N(\mu_0, \sigma^2/n)) \\ &= P\left(Z < \frac{c - \mu_0}{\sigma/\sqrt{n}}\right) \\ &= P(Z < -z_\alpha) \end{aligned} \tag{9.2.13}$$

이다. 따라서 귀무가설 $H_0$를 기각 시킬 임계점은

$$c = \mu_0 - z_\alpha \frac{\sigma}{\sqrt{n}} \tag{9.2.14}$$

이며, 기각역은

$$R : Z < -z_\alpha \quad \text{또는} \quad R : \bar{X} < \mu_0 - z_\alpha \frac{\sigma}{\sqrt{n}} \tag{9.2.15}$$

에 해당한다. 즉 표본평균의 관찰값 $\bar{x}_0$에 대해

$$\bar{x}_0 < \mu_0 - z_\alpha \frac{\sigma}{\sqrt{n}} \quad \text{또는} \quad z_0 = \frac{\bar{x}_0 - \mu_0}{\sigma/\sqrt{n}} < -z_\alpha \tag{9.2.16}$$

이면, 귀무가설 $H_0$를 기각시킨다.

한편 하단측 검정에서 $p$-값을 이용한 검정은 통계량의 관찰값 $z_0$에 대하여

$$p\text{-값} = P(Z < -z_0) = \Phi(-z_0) \tag{9.2.17}$$

로 정의된다. 따라서 $p$-값을 이용한 검정에서 $p$-값이 유의수준 $\alpha$보다 작으면 귀무가설 $H_0$를 기각한다. 그림 9.4는 $z$-검정을 활용한 모평균에 대한 하단측 검정을 보여주고 있다.

[그림 9.4] 모평균의 하단측 검정($z$-검정)

**예제 2 ▸▸▸**

모분산을 아는 정규모집단의 모평균 $\mu$에 대한 귀무가설 $H_0 : \mu \leq 18$에 대한 진위를 판별하기 위해 크기 15의 표본을 임의로 추출하여 조사한 결과 $\bar{x}_0 = 20.8$ 를 얻었다. 모표준편차 $\sigma = 6.5$라면

(1) 모평균에 대한 가정이 타당한지를 유의수준 $\alpha = 0.05$에서 검정하시오.

(2) $p$-값을 이용하여 유의수준 5%에서 검정하시오.

**풀이 ▸▸▸** (1) 검정통계량의 관찰값 $\bar{x}_0 = 20.8$을 이용하면

$$z_0 = \frac{\bar{x}_0 - \mu_0}{\sigma/\sqrt{n}} = \frac{20.8 - 18}{6.5/\sqrt{15}} = 1.66$$

이며 $\alpha=0.05$의 상단측검정의 임계값 $z_{0.05}=1.645$이다. 따라서 $z_0>z_{0.05}$이며 이는 기각역에 해당한다. 따라서 모평균에 대한 귀무가설은 기각되며 $\mu\leq10$라는 주장은 5%의 유의수준에서 타당성이 없다.

(2) 상단측 검정의 $p$-값은 $1-\Phi(z_0)=1-\Phi(1.66)=0.0485$에 해당한다. 이는 유의수준 0.05보다 작은 값으로 귀무가설은 기각된다.

**예제 3 ▸▸▸**

모분산을 아는 정규모집단의 모평균 $\mu$에 대한 귀무가설 $H_0:\mu\geq75$에 대해 진위를 판별하기 위해 크기 49개의 표본을 임의로 추출하여 조사한 결과 $\bar{x}_0=71.10$ 를 얻었다. 모표준편차 $\sigma=14.00$라면

(1) 귀무가설을 표본평균의 관찰값을 이용하여 유의수준 5%에서 검정하시오.

(2) 귀무가설을 표본평균의 관찰값을 이용하여 유의수준 1%에서 검정하시오.

(3) $p$-값을 구하고 (1)과 (2)의 결과를 확인하시오.

**풀이 ▸▸▸** (1) 대립가설은 $H_1:\mu<75$에 해당하며 검정통계량의 관찰값 $\bar{x}_0=71.10$를 이용하면

$$z_0=\frac{\bar{x}_0-\mu_0}{\sigma/\sqrt{n}}=\frac{71.10-75}{14.00/\sqrt{49}}=-1.95$$

이며, $\alpha=0.05$의 하단측 검정의 임계값은 $-z_{0.05}=-1.645$이므로 $z_0<-z_\alpha$에 해당하여 기각역에 들게 된다. 따라서 귀무가설은 기각되며 타당성이 없다.

(2) 마찬가지 방식으로 $\alpha=0.01$에 대한 하단측 검정의 임계값은 $-z_{0.01}=-2.326$이며 이는 $z_0\geq-z_\alpha$이므로 채택역에 들게 된다. 따라서 귀무가설은 채택된다.

(3) 하단측 검정의 경우 $p$-값은 $\Phi(-z_0)=\Phi(-1.95)$이므로 0.0256에 해당된다. 이는 0.05보다는 작고 0.01보다는 크기 때문에 (1)에서의 귀무가설은 기각되고 (2)에서의 귀무가설은 채택된다.

### ☑ 모분산을 모르는 경우

정규모집단의 평균에 대한 가설검정에서 모분산을 모르는 경우는 추정에서와 같이 $t$-분포를 사용할 수 있다. $t$-분포는 정규분포와 확률밀도함수가 유사한 형태이기때문에 앞서 모분산을 아는 경우의 양측, 하단측 및 상단측 검정과 사용하는 통계량만 다를 뿐 동일하다.

#### -양측 검정

양측검정의 경우 귀무가설 $H_0: \mu=\mu_0$라는 주장의 진위를 알아보기 위해서는 크기 $n$인 표본을 임의로 추출하여 표본평균 $\bar{X}$를 이용하여 검정하는데, 이제는 모분산을 모르기 때문에 표본분산(표본표준편차) $S^2(S)$의 값인 $s^2(s)$를 이용한다. 따라서 $H_0: \mu=\mu_0$이 참이라는 조건아래서

$$T=\frac{\bar{X}-\mu}{S/\sqrt{n}} \sim t(n-1)$$

이 성립하며, 이 통계량에 의한 검정을 $t$-검정($t$-test)이라 한다. 설정된 유의수준이 $\alpha$라면

$$P\left(\left|\frac{\bar{X}-\mu_0}{S/\sqrt{n}}\right|<t_{\alpha/2}(n-1)\right)=1-\alpha$$

이므로, 귀무가설 $H_0$를 기각 시킬 임계점은

$$c=\mu_0-t_{\alpha/2}(n-1)\frac{s}{\sqrt{n}} \quad \text{또는} \quad c=\mu_0+t_{\alpha/2}(n-1)\frac{s}{\sqrt{n}} \tag{9.2.18}$$

이며, 기각역은

$$R: T<t_{\alpha/2}(n-1) \quad \text{또는} \quad R: T>t_{\alpha/2}(n-1), \tag{9.2.19}$$

또는

$$R : \overline{X} < \mu_0 - t_{\alpha/2}(n-1)\frac{S}{\sqrt{n}} \quad \text{또는} \quad R : \overline{X} > \mu_0 + t_{\alpha/2}(n-1)\frac{S}{\sqrt{n}} \tag{9.2.20}$$

에 해당한다. 즉 표본평균의 관찰값 $\overline{x}_0$에 대해

$$\overline{x}_0 < \mu_0 - t_{\alpha/2}(n-1)\frac{s}{\sqrt{n}} \quad \text{또는} \quad \overline{x}_0 > \mu_0 + t_{\alpha/2}(n-1)\frac{s}{\sqrt{n}}, \tag{9.2.21}$$

또는

$$t_0 = \frac{\overline{x}_0 - \mu_0}{s/\sqrt{n}} < -t_{\alpha/2}(n-1) \quad \text{또는} \quad t_0 = \frac{\overline{x}_0 + \mu_0}{s/\sqrt{n}} > t_{\alpha/2}(n-1) \tag{9.2.22}$$

이면, 귀무가설 $H_0$를 기각시킨다. 한편 양측검정에 대한 $p$-값을 이용한 검정은 통계량의 관찰값 $t_0$에 대하여

$$p\text{-값} = P(|T| \geq t_0) = 2 \cdot P(T \geq t_0) \tag{9.2.23}$$

로 정의된다. 그림 9.5는 모분산을 모르는 경우 $t$-검정을 활용한 모평균의 양측검정을 보여주고 있다.

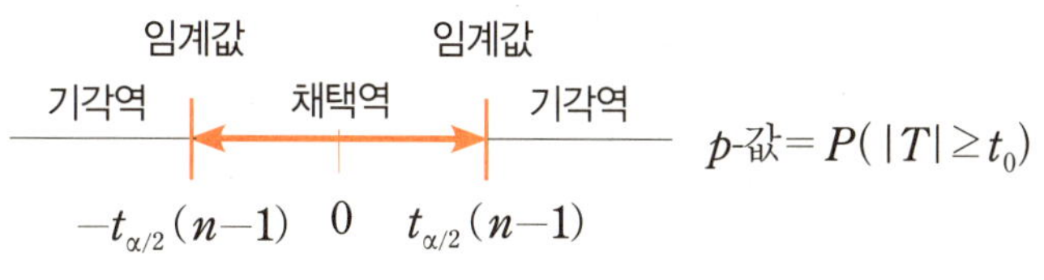


[그림 9.5] 모분산을 모르는 경우 모평균의 양측검정

### -상단측 및 하단측 검정

동일한 방법으로 귀무가설이 $H_0 : \mu \leq \mu_0$(또는 $H_0 : \mu = \mu_0$)일 때, 상단측 검정에 의한 기각역은

$$R: T > t_\alpha(n-1) \text{ 또는 } R: \overline{X} > \mu_0 + t_\alpha(n-1)\frac{s}{\sqrt{n}} \qquad (9.2.24)$$

에 해당한다. 또한 $p$-값을 이용한 검정은 통계량의 관찰값 $t_0$에 대하여

$$p\text{-값} = P(T \geq t_0) \qquad (9.2.25)$$

로 정의된다.

또한 귀무가설이 $H_0: \mu \geq \mu_0$(또는 $H_0: \mu = \mu_0$)일 때, 하단측 검정에 의한 기각역은

$$R: T < -t_\alpha(n-1) \text{ 또는 } R: \overline{X} < \mu_0 - t_\alpha(n-1)\frac{s}{\sqrt{n}} \qquad (9.2.26)$$

에 해당한다. 또한 $p$-값을 이용한 검정은 통계량의 관찰값 $-t_0$에 대하여

$$p\text{-값} = P(T \leq -t_0) \qquad (9.2.27)$$

로 정의된다. 그림 9.6과 그림 9.7은 각각 모분산을 모르는 경우, $t$-검정을 활용한 모평균의 상단측 및 하단측 검정을 보여주고 있다.

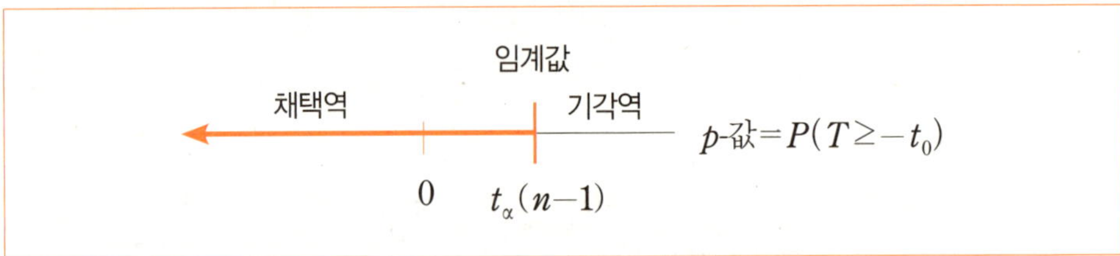


[그림 9.6] 모분산을 모르는 경우 모평균의 상단측 검정 ($t$-검정)

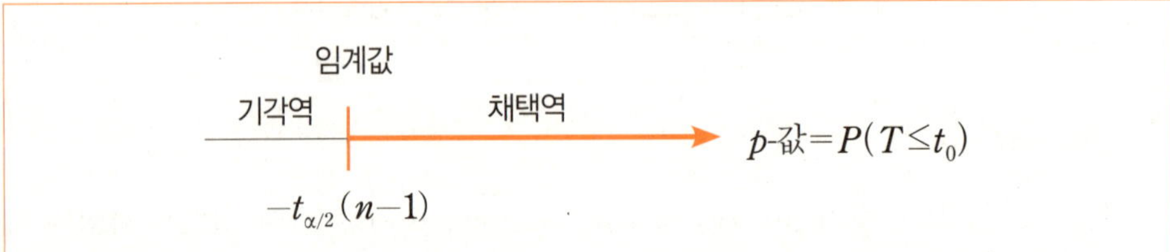


[그림 9.7] 모분산을 모르는 경우 모평균의 하단측 검정 ($t$-검정)

**예제 4 ▸▸▸**

기존 시판되고 있는 냉방기의 전력소모량은 시간당 50kw로 알려져 있다. 새로 개발된 냉방기의 전력소모량을 알아보기 위해 15개 시제품의 시험결과 평균이 47kw, 표준편차가 4kw로 조사되었다. 이를 근거로 새로 개발된 냉방기의 전력소모량이 5kw이상 줄었는지를 유의수준 5%로 검정하시오. 단 냉방기의 전력소모량은 정규분포를 갖는다고 가정한다.

**풀이 ▸▸▸** 귀무가설 $H_0 : \mu \le 45$이며 대립가설은 $H_1 : \mu > 45$에 해당한다. 표본표준편차 $s = 4$이므로 통계량은

$$T = \frac{\overline{X} - 45}{4/\sqrt{15}} \sim t(14)$$

이며, 유의수준 $\alpha = 0.05$에 대한 상단측 검정의 임계값은 $t_{0.05}(14) = 1.761$에 해당한다. 표본평균 $\overline{x}_0 = 47$이기 때문에

$$t_0 = \frac{47 - 45}{4/\sqrt{15}} = 1.936$$

이며, $t_0 > t_{0.05}(14)$이기 때문에 귀무가설은 기각되며, 유의수준 5%에서 새로운 냉방기의 전력소모량이 5kw이상 줄었다고 주장할 수 없다. 뿐만 아니라 $t$-분포는 원점을 중심으로 대칭이며, 자유도 14에서 $P(T < 1.936) \simeq 0.038$이기 때문에 $p$-값이 유의수준 $\alpha$보다 작아 귀무가설은 기각된다.

**예제 5 ▸▸▸**

수능시험 다음날 자연계 학생 20명을 임의 추출하여 가채점한 결과 평균 247.2, 표준편차 25.33으로 지난해 자연계 평균 232.9 보다 높았다고 하자. 이 결과를 가지고 올해 자연계 수능성적이 평균 15점 이상 상승할 것이라는 주장의 타당성을 유의수준 5%로

검증하시오.

**풀이 ▸▸▸** 하단측 검정의 귀무가설은 $H_0 : \mu \geq 247.9$이며, 검정 통계량의 관찰값

$$t_0 = \frac{247.2 - 247.9}{25.33/\sqrt{20}} = -0.124$$

이다. 또한 유의수준 $\alpha = 0.05$에 대한 하단측 검정의 임계값은 $-t_{0.05}(19) = -1.729$이며, 이는 $t_0$보다 작기 때문에 채택역에 들게 된다. 따라서 귀무가설은 채택되며, 유의수준 $\alpha = 0.05$에서 지난해 보다 자연계 수능점수가 15점 이상 상승했다고 주장할 수 있다.

### ☑ 모집단의 정보를 모르고 표본수가 큰 경우

이미 6장과 7장에서 임의 모집단 분포에서 표본의 크기가 커지면 표본평균 $\overline{X}$는 중심극한정리에 의해 정규분포에 근접한다는 것을 살펴보았다. 뿐만 아니라 $n \to \infty$면 표본분산은 모분산에 접근하기 때문에 표본표준편차 $S$를 이용하여

$$\frac{\overline{X} - \mu}{S/\sqrt{n}} \approx N(0,1)$$

와 같이 근사적으로 표준 정규분포를 얻을 수 있다. 따라서 모분산을 모르지만 표본수가 클 경우는 통계량

$$Z = \frac{\overline{X} - \mu_0}{S/\sqrt{n}} \tag{9.2.28}$$

를 이용할 수 있다. 즉 유의수준 $\alpha$에 대한 가설검정은 사용하는 통계량을 식(9.2.28)을 사용하는 것을 제외하고는 정규모집단의 경우와 전혀 동일하다.

**예제 6 ▸▸▸**

선박엔진의 수명에 대한 검정을 위해 400대의 엔진의 수명시험을 한 결과 평균이 5.3년 표준편차는 1.5년으로 조사되었다. 기존에 개발된 엔진 수명이 5년일 경우 엔진 수명이 1년 이상 연장되었는지를 유의수준 5%로 검정하시오.

**풀이 ▸▸▸** 하단측 검정의 귀무가설은 $H_0 : \mu \geq 6$로 설정할 수 있으며 대립가설은 $H_1 : \mu < 6$ 이다. 표본수가 400으로 크기 때문에, 검정 통계량의 값은

$$z_0 = \frac{5.3-6}{1.5/\sqrt{400}} = -9.33$$

이다. 유의수준 $\alpha = 0.05$에서 하단측 검정의 임계값 $-z_{0.05} = -1.645$에 해당한다. 따라서 $z_0 < -z_{0.05}$이므로 귀무가설은 기각된다. 즉 유의수준 5%에서 엔진 수명이 1년 이상 늘었다고 주장할 수 없다. 또한 관찰값 $z_0$에서 $p$-값이 거의 0에 가깝기 때문에 유의수준 $\alpha$보다 작으며 귀무가설은 기각된다.

## ☑ 두 모평균 차에 대한 검정

### - 모분산을 알거나 모분산을 모르지만 표본수가 큰 경우

서로 독립적인 두 정규모집단 $N(\mu_X, \sigma_Y)$과 $N(\mu_X, \sigma_Y)$의 모평균의 차이에 대한 가설검증을 살펴보자. 모분산을 알고 있는 경우 두 모집단에서 각각 $n$과 $m$인 표본을 취하여 표본평균 $\overline{X}, \overline{Y}$를 구하면 이들 표본평균은 각각 $\overline{X} \sim N(\mu_X, \sigma^2{}_X/n)$ , $\overline{Y} \sim N(\mu_Y, \sigma^2{}_Y/m)$에 해당한다. 또한 이들의 차이 $\overline{X} - \overline{Y}$ 역시 정규분포로

$$\overline{X} - \overline{Y} \sim N(\mu_X - \mu_Y, \frac{\sigma_X{}^2}{n} + \frac{\sigma_Y{}^2}{m})$$

이다. 따라서 귀무가설 $H_0 : \mu_X - \mu_Y = \delta_0$(대립가설 $H_0 : \mu_X - \mu_Y \neq \delta_0$ )을 검정하기 위한 검정통계량의 확률분포는

$$Z=\frac{\overline{X}-\overline{Y}-(\mu_X-\mu_Y)}{\sqrt{\frac{{\sigma_X}^2}{n}+\frac{{\sigma_Y}^2}{m}}}=\frac{\overline{X}-\overline{Y}-\delta_0}{\sqrt{\frac{{\sigma_X}^2}{n}+\frac{{\sigma_Y}^2}{m}}}\sim N(0,1) \tag{9.2.29}$$

이며, 검정 통계량의 관찰값은

$$z_0=\frac{\overline{x}-\overline{y}-\delta_0}{\sqrt{\frac{{\sigma_X}^2}{n}+\frac{{\sigma_Y}^2}{m}}} \tag{9.2.30}$$

이다. 따라서 유의수준 $\alpha$에서 두 정규모집단 모평균 차이에 대한 검정방법과 그에 따른 기각역 그리고 $p$-값은 식 (9.2.30)을 이용하는 것을 제외하고는 그림 9.2, 그림 9.3과 그림 9.4의 모평균의 $z$-검정과 동일한 방식으로 검정할 수 있다.

한편 표본의 크기가 클수록 ${S_X}^2$과 ${S_Y}^2$이 각각 ${\sigma_X}^2$과 ${\sigma_Y}^2$와 일치하므로 두 모집단의 모분산을 모르더라도 표본분산을 이용할 수 있다. 즉 두 표본의 크기 $n$과 $m$이 충분히 크다면, 설정된 두 모평균 차이에 대한 귀무가설 $H_0 : \mu_1-\mu_2=\delta_0$을 검정하기 위해 근사적으로

$$\overline{X}-\overline{Y}\approx N\left(\mu_X-\mu_Y,\ \frac{{s_X}^2}{n}+\frac{{s_Y}^2}{m}\right)$$

을 이용할 수 있으며, 귀무가설 $H_0$에 대한 검정 통계량과 확률분포는

$$Z=\frac{\overline{X}-\overline{Y}-(\mu_X-\mu_Y)}{\sqrt{\frac{{s_X}^2}{n}+\frac{{s_Y}^2}{m}}}=\frac{\overline{X}-\overline{Y}-\delta_0}{\sqrt{\frac{{s_X}^2}{n}+\frac{{s_Y}^2}{m}}}\approx N(0,1) \tag{9.2.31}$$

와 같다. 따라서 검정 통계량의 관찰값은

$$z_0=\frac{\overline{x}-\overline{y}-\delta_0}{\sqrt{\frac{{s_X}^2}{n}+\frac{{s_Y}^2}{m}}} \tag{9.2.32}$$

이다. 유의수준 $\alpha$에서 두 모평균 차이에 대한 검정방법과 그에 따른 기각역, 그리고 $p$-값은 식 (9.2.32)를 이용하는 것을 제외하고는 그림 9.2, 그림 9.3, 그림 9.4를 이용하는 것은 동일하다.

**예제 7 ▸▸▸**

도시와 농어촌지역 학생의 수능시험 평균성적차이가 10점 이상이라는 입시기관에서 주장의 타당성을 알아보기 위해 각 지역의 학생을 각각 20명씩 임의로 표본을 추출하여 평균점수를 알아본 결과, 도시지역 242.5점, 농촌지역 231.7점을 얻었다. 두 지역의 수능성적이 정규분포를 가지며, 각각의 모표준편차가 10점, 15점일 경우 이 주장의 타당성을 유의수준 5%에서 검정하시오.

**풀이 ▸▸▸** 도시지역의 수능성적 평균을 $\mu_X$, 농어촌지역 수능성적 평균을 $\mu_Y$라 하면 귀무가설 $H_0 : \mu_X - \mu_Y \geq 10$, 대립가설 $H_1 : \mu_X - \mu_Y < 10$을 설정할 수 있다. 또한 도시지역과 농어촌지역 학생의 수능성적의 표본평균을 각각 $\overline{X}$, $\overline{Y}$라 하면 검정통계량은

$$Z = \frac{\overline{X} - \overline{Y} - \delta_0}{\sqrt{\frac{\sigma_X^2}{n} + \frac{\sigma_Y^2}{m}}} = \frac{\overline{X} - \overline{Y} - 10}{\sqrt{\frac{100}{20} + \frac{225}{20}}} \sim N(0, 1)$$

이다. 유의수준 $\alpha = 0.05$에 대한 하단측 검정의 임계값은 $z_{0.05} = -1.645$이며, 기각역은 $Z < -1.645$에 해당한다. 표본평균의 관찰값들은 $\overline{x} = 242.5$, $\overline{y} = 231.7$이기 때문에 검정통계량의 관찰값은

$$z_0 = \frac{(242.5 - 231.7) - 10}{\sqrt{\frac{100}{20} + \frac{225}{20}}} = \frac{0.8}{4.03} = 0.199$$

이다. 따라서 $z_0 > -1.645$이므로 귀무가설은 채택할 수 있으며, 입시기관의 주장은 유의수준 5%에서 타당하다.

- 모분산을 모르지만 서로 같고 표본수가 작은 경우

두 정규모집단 $N(\mu_X, \sigma^2)$, $N(\mu_Y, \sigma^2)$에서 $\sigma_X^2 = \sigma_Y^2 = \sigma^2$로 분산이 같지만 알려지지 않았을 경우, 모평균의 차이에 대한 귀무가설 $H_0: \mu_X - \mu_Y = \delta_0$의 타당성을 검정한다고 하자. 두 모집단에서 각각 크기가 $n$과 $m$인 표본을 취하여 표본평균을 각각 $\overline{X}$, $\overline{Y}$, 또한 표본분산을 각각 $S_X^2$, $S_Y^2$라 하면 합동표본분산

$$S_P^2 = \frac{(n-1)S_X^2 + (m-1)S_Y^2}{n+m-2}$$

과 검정통계량

$$T = \frac{\overline{X} - \overline{Y} - (\mu_X - \mu_Y)}{S_p\sqrt{\frac{1}{n} + \frac{1}{m}}} = \frac{\overline{X} - \overline{Y} - \delta_0}{S_p\sqrt{\frac{1}{n} + \frac{1}{m}}} \sim t(n+m-2) \tag{9.2.33}$$

을 정의할 수 있고, 이를 활용하여 $t$-검정을 수행할 수 있다. 즉 (9.2.33)을 이용하는 것을 제외하고는 그림 9.5, 9.6, 9.7의 검정방법과 동일하다.

### 예제 8 ▸▸▸

강남북에 위치한 A, B 두 지역에서 각각 15가구와 16가구를 표본으로 추출하여 두 지역의 가구당 월소득을 조사한 결과 평균이 각각 390만원과 340만원이었으며, 표본 표준편차는 각각 46만원, 62만원이었다. 두 지역의 월 소득은 모분산이 서로 같은 정규분포를 가진다고 가정하고, 두 지역 월 평균소득의 차이가 있는지 유의수준 5%로 검정하시오.

**풀이** ▸▸▸ 두 지역의 소득수준의 차이를 검정하기 때문에 귀무가설 $H_0 : \mu_X - \mu_Y = 0$ 이며, 대립가설은 $H_1 : \mu_X - \mu_Y \neq 0$로 설정한다. $\bar{x} = 390$, $\bar{y} = 340$, $s_1 = 46$, $s_2 = 62$ 이므로 합동 표본분산의 값은

$$s_P^2 = \frac{14 \cdot (46)^2 + 15 \cdot (62)^2}{29} = 3009.8$$

이며, 합동표준편차 $s_p = 54.86$이다. 따라서 검정통계량의 확률분포는

$$T = \frac{\bar{X} - \bar{Y} - 0}{s_p \sqrt{\frac{1}{n} + \frac{1}{m}}} = \frac{\bar{X} - \bar{Y}}{54.86 \sqrt{\frac{1}{15} + \frac{1}{16}}} \sim t(29)$$

에 해당한다. 유의수준 $\alpha = 0.05$에 대한 임계값은 자유도 29인 $t$-분포에서 양측 검정이기 때문에 $t_{0.025}(29) = 2.045$이며, 기각역은 $T \geq 2.045$와 $T \leq -2.045$에 해당한다. 또한 검정통계량의 관찰값은

$$t_0 = \frac{\bar{x} - \bar{y}}{54.86 \sqrt{\frac{1}{15} + \frac{1}{16}}} = \frac{390 - 340}{54.86 \cdot (0.3594)} = 2.536$$

로, 기각역 안에 들어 있다. 따라서 두 지역의 가구당 월 평균 소득의 차이가 없다는 주장은 유의수준 5%에서 타당성이 없다.

## ☑ 모평균의 가설검정 요약

앞서 살펴본 정규분포를 가지는 모집단의 모평균에 대한 가설검정을 요약해 보면 양측, 하단측, 상측 검정에 따라 귀무가설과 대립가설이 설정되면, 모집단 및 표본크기의 가정에 따라 서로 다른 통계량으로부터 유의수준에 맞는 기각역을 결정하고 관찰값이 기각 또는 채택역에 들어가는가 여부를 판별하여 귀무가설의 기각 또는 채택 여부를 결정한다. (또한 통계량의 관찰값으로부터 $p$-값을 계산하여 유의수준보다 작

으면 귀무가설을 기각, 그렇지 않으면 채택할 수 있다.) 이를 요약하면 표 9.4와 같다.

<table>
<tr><th>검정 대상</th><th>모분산</th><th>표본 크기</th><th>검정통계량</th><th>검정 형태</th><th>기각역 및 $p$-값</th></tr>
<tr><td rowspan="7">모평균</td><td rowspan="3">알고 있음</td><td rowspan="3">-</td><td rowspan="3">$Z=\dfrac{\bar{X}-\mu}{\sigma/\sqrt{n}}$</td><td>양측</td><td>$R:|Z|\le z_{\alpha/2}$, $2(1-\Phi(z_0))$</td></tr>
<tr><td>상단측</td><td>$R:Z>z_{\alpha}$, $1-\Phi(z_0)$</td></tr>
<tr><td>하단측</td><td>$R:Z<-z_{\alpha}$, $\Phi(-z_0)$</td></tr>
<tr><td rowspan="4">모름</td><td rowspan="3">작음</td><td rowspan="3">$T=\dfrac{\bar{X}-\mu}{s/\sqrt{n}}\sim t(n-1)$</td><td>양측</td><td>$R:|T|\le t_{\alpha/2}(n-1)$, $P(|T|\ge t_0)$</td></tr>
<tr><td>하단측</td><td>$R:T\le -t_{\alpha}(n-1)$, $P(T\le -t_0)$</td></tr>
<tr><td>상단측</td><td>$T\ge t_{\alpha}(n-1)$, $P(T\ge t_0)$</td></tr>
<tr><td>큼</td><td>$Z=\dfrac{\bar{X}-\mu}{s/\sqrt{n}}$</td><td colspan="2">모평균 검정의 모분산을 아는 경우와 같음</td></tr>
<tr><td rowspan="5">모평균 차이</td><td>알고 있음</td><td>-</td><td>$Z=\dfrac{\bar{X}-\bar{Y}-\delta_0}{\sqrt{\sigma_X^2/n+\sigma_Y^2/m}}$</td><td colspan="2">모평균 검정의 모분산을 아는 경우와 같음</td></tr>
<tr><td>모름</td><td>큼</td><td>$Z=\dfrac{\bar{X}-\bar{Y}-\delta_0}{\sqrt{s_X^2/n+s_Y^2/m}}$</td><td colspan="2">모평균 검정의 모분산을 아는 경우와 같음</td></tr>
<tr><td rowspan="3">서로 같으나 모름</td><td rowspan="3">작음</td><td rowspan="3">$T=\dfrac{\bar{X}-\bar{Y}-\delta_0}{S_p\sqrt{1/n+1/m}}$<br>$\sim t(n+m-2)$</td><td>양측</td><td>$R:|T|\le t_{\alpha/2}(n+m-2)$, $P(|T|\ge t_0)$</td></tr>
<tr><td>하단측</td><td>$R:T\le -t_{\alpha}(n+m-2)$, $P(T\le -t_0)$</td></tr>
<tr><td>상단측</td><td>$R:T\ge t_{\alpha}(n+m-2)$, $P(T\ge t_0)$</td></tr>
</table>

[표 9.4] 모평균의 가설검정 요약

## 연습 문제

1. 정규모집단 $N(\mu, 4)$에 대한 가설 $H_0:\mu=30, H_1:\mu\neq30$을 검정하기 위해

크기가 16인 표본을 조사한 결과 $\overline{x}=28.7$이었다.

(1) 유의수준 10%에서 귀무가설 $H_0$의 채택여부를 검정하시오.

(2) 유의수준 5%에서 귀무가설 $H_0$의 채택여부를 검정하시오.

(3) $p$-값을 구하고 10% 와 5%의 유의수준에서 귀무가설 $H_0$의 채택여부를 결정하시오.

2. 문제 1의 정규모집단에서 모분산을 모른다고 가정하고, 크기가 30인 표본을 조사한 결과 표본평균 $\overline{x}=28.7$, 표본표준편차 $s=2$였다고 하자. 문제 1과 동일한 질문에 답하시오.

3. 문제 1에서 모집단에 관한 가정이 없으며, 표본 225개로부터 얻은 $\overline{x}=28.7$, 표본표준편차 $s=2$였다고 하자. 문제 1과 동일한 질문에 답하시오.

4. 어떤 지역의 남자 대학생들의 키가 정규분포를 가지며 $N(\mu, 3.6^2)$이라 하자. 그런데 50개의 표본을 임의로 추출하여 조사한 결과 표본평균값이 $\overline{x}=177.3$으로 조사되었다.

(1) 유의수준 5%로 모집단의 평균이 $H_0: \mu \leq 175$라 주장할 수 있는지를 검정하시오.

(2) $p$-값을 구해보고 채택 또는 기각여부를 결정하시오.

(3) 만약 유의수준이 1%의 경우는 어떠한가?

5. 문제 4에서 정규분포라는 가정이 없고 표본수를 250으로 늘려서 조사한 결과 표본평균값이 $\overline{x}=177.3$, 표본표준편차 $s=4.2$였다고 하자. 문제 4와 동일한 질문에 답하시오.

6. 문제 4에서 정규분포의 모분산을 모른다고 하고 표본수 31개를 조사한 결과, 표본평균값이 $\overline{x}=177.3$, 표본표준편차 $s=4.2$였다고 하자. 문제 4와 동일한

질문에 답하시오.

7. 지난해 어느 지역의 소득 백분위 20%에 속하는 가구당 월 소득수준이 정규분포를 가지며 $N(620, 52^2)$만원이었다. 이런 가구들의 소득이 얼마나 변화되었는지 알아보기 위해 금년에 표본 20가구를 임의로 추출하여 표본평균을 구해본 바 표본평균이 683만원으로 조사되었다. 이에 지자체에서는 지난해보다 소득이 50만원 이상 올랐다고 주장한다면, 이 주장의 타당성을 유의수준 5%에서 검정하시오. 단 모분산은 전년도와 동일하다고 가정하시오.

8. 성인 남녀의 신장 차이를 알아본 결과 남자가 여자보다 평균 12cm이상 더 큰 것으로 보도된 바 있다. 이러한 보도의 진위를 알아보기 위해 남녀 20명의 무작위 추출 표본에 대한 신장을 조사한바 남자의 표본평균이 173.2cm 여자의 표본평균이 160.8cm였다. 만약 남녀의 신장이 독립적인 정규분포를 가지며, 남자 신장의 모표준편차가 4.2cm, 여자 신장의 모표준편차가 4.8cm이라면, 이 보도의 주장을 유의수준 5%에서 검정하시오.

9. 8번 문제에서 독립적인 정규분포인 남녀 신장의 모표준편차를 모르지만 같다고 가정하고, 남녀 각각 20명의 표본을 조사한 결과 남녀의 신장의 표본표준편차가 각각 4.2cm, 4.8cm일 경우, 문제 8의 검정을 반복하시오.

## 9.3 모비율과 모비율의 차이에 대한 검정

9.1절의 가설검정의 순서에 따라 모비율의 가설검정을 살펴보자. 모비율의 가설검정의 과정 역시 가정에 따라 검정통계량을 어떻게 정의하고 이용하는가를 주목할 필

요가 있다.

### ☑ 모비율의 검정

베르누이 분포를 가지는 모집단 $B(1, p)$에서 모비율 $p$에 대한 양측검정에서 귀무가설 $H_0 : p=p_0$(대립가설 $H_1 : p \neq p_0$)의 검정은 표본비율 $\hat{p}$을 이용한다. 이미 표본비율은 표본의 크기 $n$이 충분히 큰 경우

$$\hat{p} \sim N\left(p,\ \frac{p(1-p)}{n}\right) \tag{9.3.1}$$

임을 살펴본바 있다. 여기서 표본비율은

$$\hat{p} = \frac{n_x}{n} \tag{9.3.2}$$

로, $n_x$는 표본의 크기 $n$에서 관심의 대상이 되는 사건이 일어난 횟수를 의미한다. 따라서 검정통계량은

$$Z = \frac{\hat{p} - p_0}{\sqrt{p_0(1-p_0)/n}} = \frac{n_x - np_0}{\sqrt{np_0(1-p_0)}} \sim N(0, 1) \tag{9.3.3}$$

을 사용한다. 즉 모집단 평균에 대한 $z$-검정을 그대로 사용할 수 있으며, 유의수준 $\alpha$에서 양측검정, 하단측 검정, 상단측 등 검정형태에 따라 임계값을 구하고, 표본비율 $\hat{p}$의 관측값인 $z_0$, 또는 관심의 대상이 되는 사건의 횟수 $n_x$의 관측값인 $n_{x_0}$를 구해 귀무가설을 채택 또는 기각하는 방법은 동일하다. 뿐만 아니라 $z_0$에서 $p$-값을 구해 이 값이 유의수준 $\alpha$보다 작으면 기각하고 크면 채택하는 방법도 동일하다.

**예제 1 ▸▸▸**

당뇨병 원인의 20%는 유전적 요인에 의한 것이란 주장이 있다. 이를 확인하기 위해서 200명의 당뇨 환자의 부모들의 병력을 조사한 결과 43명이 부모 중 적어도 한 명이 당

뇨 환자였던 것으로 조사되었다. 당뇨병 원인의 20%는 유전적인 요인에 의한 것이라는 주장에 대해 유의수준 5%로 양측검정을 수행하시오.

**풀이 ▸▸▸** 귀무가설 $H_0: p=0.2$와 대립가설 $H_1: p\neq 0.2$를 설정하고, $Z$-통계량을 선택하여

$$Z=\frac{\hat{p}-p_0}{\sqrt{p_0(1-p_0)/n}}=\frac{n_x-np_0}{\sqrt{np_0(1-p_0)}}$$

통계량의 관찰값을 구하면

$$z_0=\frac{43-200\cdot 0.2}{\sqrt{200\cdot 0.2\cdot(1-0.2)}}=\frac{3}{5.657}=0.530$$

이다. 유의수준 0.05에서 양측검정이므로 임계값은 $z_{0.025}=1.96$이며, 귀무가설의 기각역은 $|Z|>1.96$이다. 따라서 $z_0$는 채택역에 해당하므로, 유의수준 5%에서 당뇨병의 원인의 20%는 유전적인 요인이란 주장은 타당하다. 또한 $p$-값은 $2(1-\Phi(0.530))=2(1-0.7019)=0.5962$이다. 따라서 $p$-값이 유의수준 0.05보다 크므로 귀무가설은 채택된다.

**예제 2 ▸▸▸**

한일 간의 어떠한 축구시합도 승률이 반반이라는 주장의 타당성을 알아보기 위해, 무승부 경기를 제외하고 지난 30회의 한일전의 승패가 갈린 경기결과를 조사한바 한국이 17회 이기고 일본이 13회 이겼다고 하자. 한국과 일본의 승률이 반반이라는 주장을 유의수준 10%에서 검정하시오.

**풀이 ▸▸▸** 귀무가설 $H_0: p=0.5$와 대립가설 $H_1: p\neq 0.5$를 설정하고, $Z$-통계량을 선택하여 통계량의 관찰값을 구하면

$$z_0 = \frac{17 - 30 \cdot 0.5}{\sqrt{30 \cdot 0.5 \cdot (1-0.5)}} = 0.730$$

이다. 유의수준 0.10에서 양측검정이므로 임계값은 $z_{0.05} = 1.645$이며, 귀무가설의 기각역은 $|Z| > 1.645$이다. 따라서 $z_0$는 채택역에 해당하므로 유의수준 10%에서 한일간의 축구대항전의 승률이 반반이란 주장은 타당하다. 또한 $p$-값은 $2(1-\Phi(0.730)) = 2(1-0.7673) = 0.4654$이므로 이는 유의수준 $\alpha = 0.1$보다 크므로 귀무가설은 채택된다.

### ☑ 모비율의 차이에 대한 검정

독립적인 두 모집단의 모비율을 각각 $p_1$과 $p_2$라 할 때 $p_1 - p_2$에 대한 가설검정을 살펴보자. 두 모집단으로부터 각각 크기가 $n$, $m$인 표본을 추출하여 두 표본 중에 관심의 대상이 되는 사건의 횟수를 각각 $n_1$와 $m_2$라 하면 이들은 각각 $n_1 \sim B(n, p_1)$, $m_2 \sim B(m, p_2)$인 이항분포이며, 표본비율 $\hat{p}_1 = n_1/n$와 $\hat{p}_2 = m_2/m$의 차이 $\hat{p}_1 - \hat{p}_2$는 정규분포로 근사적화되어

$$\hat{p}_1 - \hat{p}_2 \sim N\left(p_1 - p_2, \frac{p_1 q_1}{n} + \frac{p_2 q_2}{m}\right) \tag{9.3.4}$$

임을 살펴본 바 있다. 따라서 이를 표준화하면

$$Z = \frac{\hat{p}_1 - \hat{p}_2 - (p_1 - p_2)}{\sqrt{\frac{p_1 q_1}{n} + \frac{p_2 q_2}{m}}} \sim N(0, 1) \tag{9.3.5}$$

으로 근사화되며, 모비율의 차이에 대한 귀무가설 $H_0 : p_1 - p_2 = \delta_0$을 검정하기 위해 $z$-검정법을 사용할 수 있다. 이때 표본의 크기 $n, m$이 충분히 크면

$$\hat{p}_1 \approx p_1, \ \hat{q}_1 \approx q_1, \ \hat{p}_2 \approx p_2, \ \hat{q}_2 \approx q_2$$

이기 때문에, 식 (9.3.5)는

$$Z = \frac{\hat{p}_1 - \hat{p}_2 - (p_1 - p_2)}{\sqrt{\frac{\hat{p}_1\hat{q}_1}{n} + \frac{\hat{p}_2\hat{q}_2}{m}}} \approx N(0, 1) \tag{9.3.6}$$

로 근사화하여 사용할 수 있다. 따라서 앞서 두 모비율의 차이에 대한 검정은 모평균 차이에 대한 검정에서 $\mu_1$와 $\mu_2$를 각각 $p_1$과 $p_2$로 바꾸면 동일한 방법을 사용할 수 있다.

한편 귀무가설 $H_0 : p_1 - p_2 = 0$은 두 모비율이 동일하다는 가설이므로 이를 검정하기 위해서는 합동표본비율(pooled sample proportion)

$$\hat{p} = \frac{n_1 + m_2}{n + m} \tag{9.3.7}$$

를 이용하며, 따라서 검정통계량은

$$Z = \frac{\hat{p}_1 - \hat{p}_2}{\sqrt{\hat{p}\hat{q}\left(\frac{1}{n} + \frac{1}{m}\right)}} \approx N(0, 1) \tag{9.3.8}$$

을 사용할 수도 있다.

**예제 3 ▸▸▸**

A, B 지역별 특정 정당의 지지도를 알아보기 위해 각 지역에서 성인남녀 1,000명씩을 표본으로 선정하여 지지율을 조사한바 A지역의 경우 438명이 지지한 반면 B지역의 경우 395명이 지지하는 것으로 조사되었다. 두 지역의 정당에 대한 지지도의 차이가 있는지 유의수준 5%에서 검정하시오.

**풀이 ▸▸▸** A, B 각 지역의 특정 정당의 지지도를 $p_1$과 $p_2$라 할 때 귀무가설 $H_0$: $p_1 - p_2 = 0$과 대립가설 $H_1 : p_1 - p_2 \neq 0$을 설정하고, 합동표본비율을 구하면

$$\hat{p} = \frac{n_1 + m_2}{n + m} = \frac{833}{2000} = 0.4165 \qquad \hat{q} = 1 - 0.4165 = 0.5835$$

이다. 각 지역의 지지도는 $\hat{p}_1 = 0.438$, $\hat{p}_2 = 0.395$이며, 검정통계량의 관찰값은

$$z_0 = \frac{\hat{p}_1 - \hat{p}_2}{\sqrt{\hat{p}\hat{q}\left(\frac{1}{n} + \frac{1}{m}\right)}} = \frac{0.438 - 0.395}{\sqrt{0.4165 \cdot 0.5835\left(\frac{1}{1000} + \frac{1}{1000}\right)}} = 1.95$$

이다. 유의수준 $\alpha = 0.05$에 대한 양측검정의 임계값은 $z_{0.05} = 1.96$이므로 기각역은 $|Z| \geq 1.96$이다. 따라서 관찰값이 기각역에 놓이지 않기 때문에 유의수준 $\alpha = 0.05$에서 두 지역의 특정정당에 대한 지지도 차이는 없다는 주장을 채택할 수 있다. 또한 $z_0$에서의 $p$-값은 0.0512로 유의수준 $\alpha = 0.05$보다 크므로 역시 귀무가설을 채택한다.

### 예제 4 ▸▸▸

어떤 대통령 후보가 특정 공약을 내걸었을 때와 그렇지 않았을 때 지지도의 차이가 2% 이상이라는 주장을 검정한다고 하자. 이 공약을 내걸지 않았을 때와 내걸었을 때 200명의 유권자에 대해 지지도 조사를 한 결과 공약을 내걸지 않았을 경우 83명, 공약을 내건다는 가정에서 85명 지지하는 것으로 나타났다. 과연 공약을 내걸었을 때 그렇지 않았을 때에 비해 2%이상의 지지도의 차이가 있다고 할 수 있는지를 유의수준 5%에서 검정하여라.

**풀이 ▸▸▸** 공약을 내걸었을 경우와 그렇지 않았을 경우의 지지도를 각각 $p_1$과 $p_2$라 할 때 귀무가설 $H_0: p_1 - p_2 \geq 0.02$와 대립가설 $H_1: p_1 - p_2 < 0.02$을 설정하고 하단측 검정을 실시한다. 표본의 크기가 충분히 크기 때문에 표본비율들

$$\hat{p}_1 = \frac{85}{200} = 0.425,\ \hat{p}_2 = \frac{83}{200} = 0.415,\ \hat{q}_1 = 0.575,\ \hat{q}_2 = 0.585$$

을 이용하여, 검정통계량의 관찰값을 구하면

$$z_0 = \frac{0.425 - 0.415 - 0.02}{\sqrt{\frac{0.425 \cdot 0.575}{200} + \frac{0.415 \cdot 0.585}{200}}} = -0.203$$

이다. 유의수준 $\alpha = 0.05$에서 하단측 검정의 임계값은 $-z_{0.05} = -1.645$이며 기각역 $R : Z < -1.645$이기 때문에 $z_0$는 기각역에 놓이지 않는다. 따라서 공약을 내걸었을 때 지지도의 차이가 2%이상이라는 주장은 유의수준 5%에서 타당성이 있다. 또한 $p$-값은 $z_0 = -0.203$에서 0.4090으로 $\alpha = 0.05$ 보다 크므로 귀무가설은 채택된다.

### ☑ 모비율 가설검정의 요약

앞서 살펴본 바와 같이 모비율은 $z$-검정을 이용한다. 따라서 양측, 하단측, 상측 검정에 따라 귀무가설과 대립가설이 설정되면, $z$-검정 통계량의 유의수준에 따라 기각역을 결정하고 관찰값이 기각 또는 채택역에 들어가는가 여부를 판별하여 귀무가설의 기각 또는 채택여부를 결정한다. (또한 통계량의 관찰값으로 부터 $p$-값을 계산하여 유의수준보다 작으면 귀무가설을 기각, 그렇지 않으면 채택할 수 있다.) 이를 요약하면 표 9.5와 같다.

| 검정대상 | 검정통계량 | 기각역 및 $p$-값 | |
|---|---|---|---|
| 모비율 | $Z = \frac{\hat{p} - p_0}{\sqrt{p_0(1-p_0)/n}} = \frac{n_x - np_0}{\sqrt{np_0(1-p_0)}}$ | 양측 | $R : \lvert Z \rvert \le z_{\alpha/2},\ 2(1-\Phi(z_0))$ |
| | | 하단측 | $R : Z < -z_\alpha,\ \Phi(-z_0)$ |
| | | 상단측 | $R : Z > z_\alpha,\ 1-\Phi(z_0)$ |
| 모비율 차이 | $Z = \frac{\hat{p}_1 - \hat{p}_2 - (p_1 - p_2)}{\sqrt{\hat{p}_1\hat{q}_1/n + \hat{p}_2\hat{q}_2/m}} = \frac{\hat{p}_1 - \hat{p}_2 - \delta_0}{\sqrt{\hat{p}_1\hat{q}_1/n + \hat{p}_2\hat{q}_2/m}}$ | 양측 | $R : \lvert Z \rvert \le z_{\alpha/2},\ 2(1-\Phi(z_0))$ |
| | | 하단측 | $R : Z < -z_\alpha,\ \Phi(-z_0)$ |
| | ($\delta_0 = 0$인 경우) $Z = \frac{\hat{p}_1 - \hat{p}_2}{\sqrt{\hat{p}\hat{q}(1/n + 1/m)}}$ | 상단측 | $R : Z > z_\alpha,\ 1-\Phi(z_0)$ |

[표 9.5] 모비율의 가설검정 요약

## 연습문제

1. 컴퓨터 시각을 이용한 장치로 끼어들기 위반차량을 검지한다고 하자. 이 장치를 만든 사람들은 $H_0: p = 0.98$, 즉 "98%이상의 위반차량을 검지한다."라고 주장한다고 하자. 그러나 실제 위반한 100대의 차량 중에 97대를 적발하는 성능을 보였다면 유의수준 95%에서 이 가설의 타당성을 검정하시오.

2. 어느 공장에서는 자신들이 생산한 제품의 불량률이 5%이하라고 주장하고 있다. 이에 실제 121개의 제품을 표본 조사한바 3개의 불량품을 확인하였다. 이 공장의 주장이 유의수준 10%에서 타당한가를 검정하시오.

3. 최근 우리나라의 신혼 3년 이내 이혼율이 9.2%라는 신문보도가 있었다. 이에 실제 결혼한지 3년 이내의 신혼부부 150쌍을 표본 추출하여 조사한 결과 18쌍이 이혼했음을 확인했다. 이 신문보도의 주장을 5% 유의수준에서 검정하시오.

4. 어느 나라의 대통령의 지지도가 남녀 간에 차이가 있는가를 알아보기 위해 성인남녀 2,000명씩을 표본으로 선정하여 지지율을 조사한바 남자의 경우 812명이 지지한 반면 여성의 경우 987명이 지지하는 것으로 조사되었다. 남녀 간에 대통령 대한 지지도의 차이가 있는지 유의수준 5%에서 검정하시오.

5. 어느 회사에서 자신들이 생산한 가금류 영양제를 사료와 함께 먹이면 폐사율을 15%이상 줄일 수 있다고 주장하고 있다. 이에 두 개의 양계장 A, B를 선정하여 A양계장에 있는 닭에게는 영양제를 사료와 함께 먹이고, B양계장은 사료만 먹이며 폐사율을 관찰하여 다음 표와 같은 폐사율을 얻었다. 이 회사의 주장이 타당한지 유의수준 5%에서 가설검정을 수행하시오.

| | A양계장 | B양계장 |
|---|---|---|
| 표본수 | 300 | 370 |
| 폐사율 | 3.5% | 17.2% |

## 9.4 모분산의 $\chi^2$- 검정

7장에서 정규모집단 $N(\mu, \sigma^2)$으로부터 임의로 추출된 $n$개의 표본 $X_1, X_2, \ldots, X_n$에 대해 표본분산

$$S^2 = \frac{1}{n-1} \sum_{i=1}^{n} (X_i - \overline{X})$$

의 확률분포는

$$V = \frac{(n-1)S^2}{\sigma^2} \sim \chi^2(n-1) \tag{9.4.1}$$

임을 살펴본바 있다. 그러므로 모분산 가설검정의 통계량은

$$V = \frac{(n-1)S^2}{\sigma^2} \tag{9.4.2}$$

이며, 통계량 $V$가 자유도 $(n-1)$의 $\chi^2$-분포이기 때문에 $\chi^2$-검정이라 한다.

모분산 $\sigma^2$대한 귀무가설과 이에 대한 대립가설 $H_1$의 설정은 모평균의 가설검정과 동일한 방법으로 설정하며, 단지 $\chi^2$-검정을 이용하는 부분만이 다를 뿐이다. 그러나 $\chi^2$-검정에 사용되는 $\chi^2$-분포는 표준정규분포와 다르게 좌우 대칭이 아니므로 오른쪽 꼬리 확률표로부터 유의수준에 따라 상한과 하한의 임계점을 분리해서 결정하여, 기각역과 선택역을 구분해야 한다. 모분산에 대한 양측검정, 상단측 검정, 하단측 검정의

귀무가설과 대립가설, 귀무가설의 기각역을 요약하면 각각 그림 9.8, 그림 9.9와 그림 9.10과 같다.

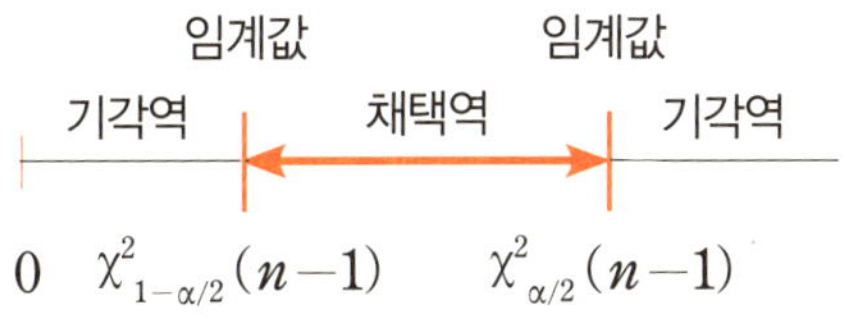


[그림 9.8] 모분산의 양측 검정($\chi^2$-검정)

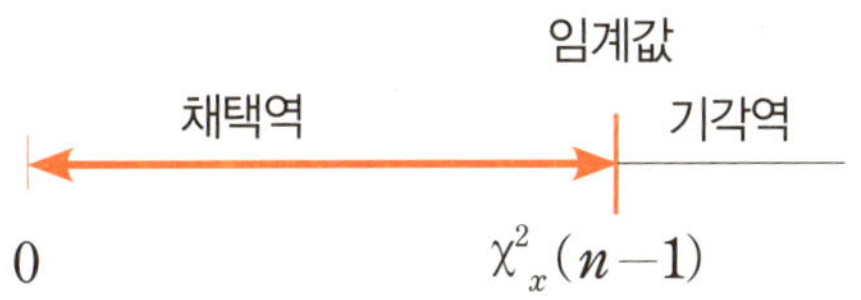


[그림 9.9] 모분산의 상단측 검정($\chi^2$-검정)

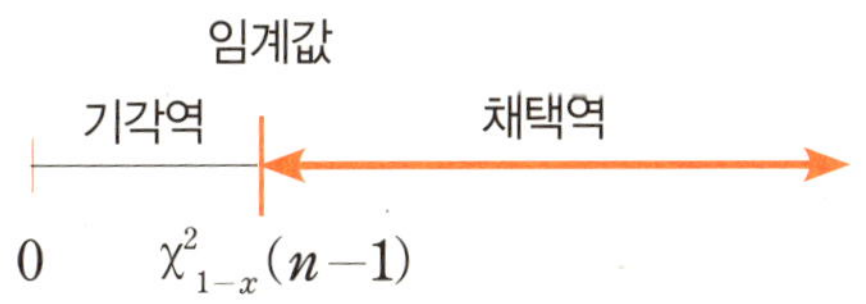


[그림 9.10] 모분산의 하단측 검정($\chi^2$-검정)

**예제 1 ▸▸▸**

수능시험 영어 교과목의 난이도로 볼 때 영어점수는 표준편차가 $\sigma=15$인 정규분포라고 한다. 이러한 입시기관의 주장을 입증하기 위해 어떤 고등학교 3학년 수험생을 임의로 28명 선출하여 표본표준편차를 구해본 결과 표본 표준편차 $s=12.75$를 얻었다. 이 입시기관의 주장에 대한 타당성을 유의수준 5%에서 양측검정을 수행하시오.

**풀이 ▸▸▸** 표준편차가 $\sigma=15$라는 주장에 대한 가설검정이므로 귀무가설 $H_0: \sigma^2=(15)^2=225$이며 대립가설은 $H_1: \sigma^2 \neq 225$에 해당한다. 표본의 크기는 28이기에 자유도는 27이며 통계량의 관찰값은

$$v_0=\frac{(n-1)s^2}{\sigma^2}=\frac{27\cdot(12.75)^2}{225}=19.508$$

이다. $\alpha=0.05$에 대한 양측검정의 임계값은 $\chi^2_{0.975}(27)=14.57$, $\chi^2_{0.025}(27)=43.19$이고, 기각역은 $V \leq 14.57$ 또는 $V \geq 43.19$이다. 결국 $v_0$는 기각역에 놓이지 않기 때문에 귀무가설을 기각할 수 없으며, 유의수준 5%에서 영어점수의 표준편차가 $\sigma=15$라는 주장은 타당성이 있다.

**예제 2 ▸▸▸**

---

전국적으로 판매되는 고추의 산지가격 표준편차가 1kg당 1,000원 이하라는 당국의 주장을 확인하기 위해 15개 지역을 대상으로 산지 고추가격을 조사하여 표본표준편차를 계산한 결과 1kg 당 1,326원으로 조사되었다. 유의수준 5%에서 당국의 주장에 대한 타당성을 검증하시오.

**풀이 ▸▸▸** 당국의 주장은 귀무가설 $H_0: \sigma^2 \leq (1000)^2=1000000$에 해당되며, 대립가설은 $H_1: \sigma^2 > 1000000$이다. 표본의 크기는 20이기에 자유도는 14이며 통계량의 관찰값은

$$v_0=\frac{(n-1)s^2}{\sigma^2}=\frac{14\cdot(1236)^2}{10^6}=21.38$$

이다. $\alpha=0.05$에 대한 상단측 검정의 임계값은 $\chi^2_{0.05}(14)=23.68$이고, 기각역은 $V \geq 23.68$이다. 결국 $v_0$는 기각역에 놓이지 않기 때문에 귀무가설을 기각할 수 없으며, 유의수준 5%에서 표준편차가 1kg당 1,000원이하라는 당국의 주장은 타당성이 있다.

## 연습문제

1. 정규 모집단에서 크기 20의 표본을 취하여 표본평균을 구한 결과 $\overline{x}=720$, 표본분산이 $s^2=36$ 인 것으로 조사되었다.

(1) 모평균이 725라는 주장을 유의수준 5%에서 검정하시오.

(2) 모분산이 34라는 주장을 유의수준 5%에서 검정하시오.

2. 정규모집단에서 크기 25의 표본을 추출하여 조사한바 표본분산이 0.8이었다.

(1) 모분산이 1.0보다 작은지를 검정하기 위한 귀무가설과 대립가설을 설정하시오.

(2) 유의수준 1%에서 귀무가설의 채택여부를 결정하시오.

## 9.5 컴퓨터 실습

본 장의 내용인 모집단 파라메타에 대한 검정은 검정 대상인 파라메타, 유의수준 및 관찰값을 얻은 표본의 수 등에 따라 그 결과가 달라지기 때문에 개별적인 검정을 컴퓨터 프로그램으로 모의 실험하는 것은 큰 의미가 없다. 따라서 본 실습에서는 모평균 검정 및 모비율 검정에서의 유의수준등 수반되는 오류의 의미를 살펴보는 실습만을 수행한다.

### ☑ 모평균 검정의 제1종 오류(유의수준)와 제2종 오류 실습

그림 9.11의 프로그램에서는 모평균이 mu_0=5, 모표준편차 sigma=3인 정규모집단에서 표본을 n=10개 추출하여 $H_0$:$\mu=5$인 귀무가설을 유의수준 alpha=5%로 검정하

였다. 이 경우 임계값 z_alpha=1.96에 해당한다. 프로그램에서는 일단 귀무가설의 평균과 모평균이 일치되는 정규모집단에서 표본을 n개 추출하고 m=1000번의 $z$-검정을 수행하였다. 그 결과 귀무가설이 채택되는 경우를 세고 이를 m으로 나누어 채택율과 기각율을 계산하였으며, 이를 유의수준 alpha와 비교하였다. 그 결과 근사적으로 유의수준만큼의 비율로 채택되어야 할 귀무가설을 기각하는 것을 확인할 수 있었다. 또한 정규모집단의 모평균이 mu_0+3=8이며, 모표준편차 sigma=3인 정규모집단에서 표본을 n=10개 추출하여 $H_0{:}\mu=5$인 귀무가설을 검정하였다. 이 경우는 당연히 귀무가설이 기각되어야 하는데, 프로그램에서는 채택되는 빈도 count와 기각되는 빈도 및 이들의 비율을 구하였다.

또한 동일한 실험을 유의수준 alpha=10%일 경우, 즉 임계값 z_alpha=1.645인 경우 반복하여 귀무가설이 참인데 기각되는 비율과 귀무가설이 거짓인데 기각되는 빈도를 비교해 보았다. 그림 9.16은 이러한 결과들을 명령어 윈도우에 표시하여 비교한 결과이다. 그림에서 유의수준이 감소하면 귀무가설이 참인데 거짓으로 기각하는 비율(true_but_reject)은 줄어들지만, 귀무가설이 거짓임에도 참으로 채택되는 비율이 늘어 귀무가설을 기각하는 비율(false_but_reject)도 줄어드는 것을 확인할 수 있다.

```
% z-검정을 이용한 모평균의 양측검정
sigma = 3;
mu_0 = 5;
%z_alpha = 1.96; % 5파센트 유의수준
z_alpha = 1.645;
n=10; %  표본수
upper = mu_0 + z_alpha*sigma/sqrt(n);
lower = mu_0 - z_alpha*sigma/sqrt(n);
m = 1000;
count  = 0;
for i = 1:m
    z = normrnd(mu_0, sigma,n,1); % matlab 함수 normrnd()를 이용한 표본생성
    g(i) = mean(z); % n 표본의 표본평균
    if g(i) > lower && g(i) < upper % 채택여부 결정
        count = count +1;
    end
end
P = count/m;  % 채택빈도
true_but_reject = 1-P; % 귀무가설이 참인데 기각 빈도
fprintf('true but reject ratio:...%f\n',...
    true_but_reject); % 실제 귀무가설이 참인데 기각된 빈도
```

```
count   = 0;
for i = 1:m
    z = normrnd(mu_0+3, sigma,n,1); %  normrnd()를 이용한 표본생성
    g(i) = mean(z); % n 표본의 표본평균
    if g(i) > lower && g(i) < upper % 채택여부 결정
        count = count +1;
    end
end

P = count/m;  % 귀무가설이 거짓인데 채택되는 빈도
false_but_reject = 1-P; % 귀무가설이 거짓인데 기각 빈도
fprintf('false but reject ratio:...%f\n',...
    false_but_reject); % 실제 귀무가설이 거짓인데 기각된 빈도
```

[그림 9.11] 모평균의 양측검정 실험

```
true but reject ratio:...0.044000
false but reject ratio:...0.879000
true but reject ratio:...0.052000
false but reject ratio:...0.866000
true but reject ratio:...0.055000
false but reject ratio:...0.885000
true but reject ratio:...0.049000
false but reject ratio:...0.903000
true but reject ratio:...0.049000
false but reject ratio:...0.879000
```

(a) $\alpha$=5%

```
true but reject ratio:...0.085000
false but reject ratio:...0.930000
true but reject ratio:...0.096000
false but reject ratio:...0.924000
true but reject ratio:...0.112000
false but reject ratio:...0.944000
true but reject ratio:...0.121000
false but reject ratio:...0.931000
true but reject ratio:...0.094000
false but reject ratio:...0.940000
```

(b) $\alpha$=10%

[그림 9.12] 모평균의 양측검정 실험결과

## ☑ 모비율의 가설검정

9.3절의 예제 1을 컴퓨터 프로그램으로 구현하여 실습해 보자. 모비율 p=0.2이며 베르누이 분포의 표본 200개를 만들어 부모 중에 적어도 한명이 당뇨 환자였는지를 조사해야 한다. 프로그램 그림 9.13에서는 이 값이 n_x 이며 관찰값 z_0를 계산하여, 임계값 z_alpha/2=1.96에 따라 채택과 기각 여부를 결정한다.

그림 9.13에서는 m번 동일한 검정을 반복하여 채택되는 경우를 count에 헤아려 채택비율과 기각비율을 결정하고 유의수준과 비교하였다. 그 결과는 그림 9.14와 같으며 귀무가설이 참인데도 기각되는 비율이 5% 미만으로 나타나는 것을 확인할 수 있다.

```
% z-검정을 이용한 모비율의 양측검정
s = rand('state');
n= 200; % 표본수
p = 0.2; n_p = n*p; % 모비율 및 이항분포의 평균
z_alpha = 1.96; % 5% 유의수준의 양측검정 임계값
upper = z_alpha; lower = -z_alpha; % 양측 검정의 상한 및 하한
denom = sqrt(n*p*(1-p)); % 검정 통계량의 분모
m = 1000; % 검정 횟수
count = 0;
for i = 1:m
  n_x = 0;
  for j = 1:200  % 표본 추출
      if rand() < p
         n_x = n_x+1;
      end
  end
  z_0 = (n_x-n_p)/denom; % 검정 통계량
  if z_0 > lower && z_0 < upper
     count = count + 1;
   end
end

P = count/m;  % 채택빈도
true_but_reject = 1-P; % 귀무가설이 참인데 기각 빈도
fprintf('true but reject ratio:...%f\n',...
    true_but_reject); % 실제 귀무가설이 참인데 기각된 빈도
```

[그림 9.13] 모비율의 가설검정 실험

```
true but reject ratio:...0.042000
true but reject ratio:...0.036000
true but reject ratio:...0.040000
true but reject ratio:...0.048000
true but reject ratio:...0.039000
```

[그림 9.14] 모비율 가설검정 실험 결과 (귀무가설이 참인데 기각되는 비율)

## 연습 문제

1. 그림 9.17 프로그램에서 유의수준이 바뀌면 어떤 변화가 있는지를 관찰하시오.

2. 그림 9.17의 모비율의 검정 프로그램에서 모비율 $p=0.4$인 모집단으로부터 표본을 200개 발생시키고 $H_0$:$p=0.2$의 귀무가설을 검정한다고 하자. 즉 귀무가설은 기각되어야 마땅하나 검정에 의해 귀무가설이 채택(또는 기각) 되는 비율을 구하는 프로그램을 만들어 실험해 보시오.

3. 9.4절의 모분산 검정의 예제 2에서 모집단 분포를 $N(15000, 950^2)$라고 하고 표본을 20개씩 추출하여 표본분산을 구하고, 이 표본분산으로부터 $H_0$:$\sigma^2 \leq (1000)^2 = 1000000$의 귀무가설을 유의수준 5%에서 검정하는 프로그램을 구현해 보시오. 또한 이러한 검정을 10,000번 반복하여 유의수준 5%를 만족하는지 여부를 확인해 보시오.

chapter. 10

# 랜덤과정 Random Process

6장까지는 랜덤변수 또는 유한개의 랜덤변수를 모아놓은 랜덤벡터들에 대해 살펴보았다. 이제 무한히 많은 랜덤변수를 모아놓은 랜덤과정에 대해 알아보기로 하자. 여기서 과정이란 말은 시간의 함수라는 의미이며, 랜덤과정을 공부한다는 것은 시간에 대한 랜덤함수를 공부한다는 것이다.

예를 들어 동전을 던져서 앞면일 경우는 1, 뒷면일 경우는 0을 표현하기로 하고 이런 실험을 계속한다면 1과 0으로 된 비트열을 얻을 수 있을 것이다. 이런 실험을 여러 사람이 반복해서 서로 다른 비트열을 얻었다면, 이런 비트열들을 모아놓은 것은 특별한 랜덤과정 모델이 되는 것이다. 또한 상장된 전자업계의 매일 주가 변동을 모았다고 하자. 이 역시 특별한 랜덤과정 모델이다. 이들 랜덤과정에서 시간을 고정하고 한 순간에서 관찰하면 이는 랜덤변수이기 때문에, 시간에 따라 생성되는 랜덤변수는 시간이 계속되는 한 무한히 많이 발생하게 된다.

본 장에서는 랜덤과정의 정의와 함께 다양한 예를 통해 랜덤과정이 무엇인가를 알아보며 랜덤과정의 확률분포 등 표현방법에 대해 알아본다. 또한 독립성 또는 정상성을 만족하는 램덤과정을 개략적으로 살펴본다. 이어서 베르누이 랜덤과정을 정의하며 이런 베르누이 과정을 통해 사건을 세는 이항 랜덤과정, 새로운 사건이 발생하는 시간이 지수함수 분포를 가지는 포아송 랜덤과정을 살펴본다. 이항 랜덤과정이나 포아송 랜덤과정에서 증분의 확률분포는 시간에 따라 변하지 않으며 독립적이다. 따라서 이와 같이 정상적이며 독립적인 증분을 가지는 랜덤과정의 성질을 소개하고, 이런 부류의 랜덤과정인 브라운 운동과 위너 과정을 소개한다. 또한 일반적인 가우시언 과정을 정의하고 이런 가우시언 과정에서의 정상성을 고찰한다.

이어서 소개되는 랜덤과정의 자기 상관함수, 상호 상관함수 등은 넓은 의미의 정상성을 가지는 랜덤과정의 응용인 신호 및 시스템분석 분야 등에서 중요하다. 또한 에르고딕 랜덤과정과 시간평균의 의미를 소개하고, 자기 상관함수의 푸리에 변환인 전력스펙트럼 밀도, 선형시스템과 랜덤과정 등에 대해 살펴본다.

본 장의 도입부분과 카운팅 과정, 정상적이며 독립적인 증분을 가지는 랜덤과정, 가우시언 과정까지는 랜덤과정 전체를 이해하는데 중요한 부분이며, 후반부의 넓은 의미의 정상성을 만족하는 랜덤과정의 자기 상관함수부터 전력 스펙트럼밀도, 선형시스템 부분은 신호 및 시스템 분야를 공부하는데 도움이 되는 부분이다.

## 10.1 랜덤과정의 개요

2장에서 랜덤변수 $X$란 표본공간 $S$에서 상태공간 $S_X$로 매핑하는 함수로 정의하였다. 따라서 상태공간 $S_X$의 값 즉 랜덤변수의 표본 값 또는 상태공간의 부분집합의 확률은 상태공간으로 매핑이전의 표본공간 $S$에서 부분집합의 확률과 같다고 정의하였다. 마찬가지로 방식으로 랜덤과정 $X(t)$은 표본공간 $S=\{\omega_1, \omega_2, \ldots, \omega_3\}$에서 시간에 따라 변화하는 수열 또는 함수들의 집합으로 구성된 상태공간 $S_{X(t)}$로 매핑하는 함수 $X(\omega, t)$로 정의할 수 있다. 그림 10.1은 이러한 랜덤과정을 개념적으로 보여주고 있다.

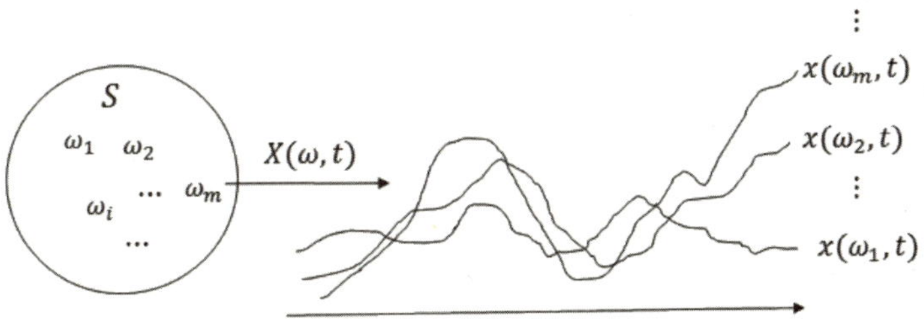


[그림 10.1] 랜덤과정의 개념

예를 들어 전자회로 실험에 사용하는 함수발생기 여러 대를 동일한 정현파, 동일한 주파수, 동일한 진폭으로 고정하고, 동일한 순간에 전원을 인가하면, 비록 모든 것이 같지만 정현파를 시작하는 부분이 일정하지 않아 위상만 서로 다른 시간함수를 얻을 수 있을 것이다. 여기서 서로 다른 함수발생기들의 집합을 표본공간 $S$, 위상만 다른 정현파 함수들을 모아놓은 것을 상태 공간 $S_{X(t)}$라 하면, 랜덤과정이란 이들 사이의 매핑 함수로 볼 수도 있을 것이다. 그런데 이런 방식으로 랜덤과정을 정의하는 것은 수학적으로 엄격할지 모르지만 직관적이지 못한 측면이 있다.

따라서 앞서와 같이 동전을 던지는 실험을 통해 얻는 비트열이든지, 또는 전자업계의 주가변동이라든지, 위상만 다른 정현파라든지 등의 다양한 예를 통해 랜덤과정이 무엇인가를 직관적으로 이해하는 것이 바람직할 수도 있다. 이들 예에서 보면 랜덤과정이란 시간에 따라 변화하는 비트열들의 집합, 주가 변동함수들을 모아놓은 집합, 진폭과 주파수가 같고 위상만 다른 정현파들의 집합으로 볼 수 있다. 이 랜덤과정의 원소는 시간에 따라 변화하는 수열과 함수들인데 이들을 표본수열(sample sequence) 또는 표본함수(sample function)라 한다.

한편 세상에 존재하는 표본수열 또는 표본함수들을 모아놓은 집합을 랜덤과정의 원소라 간주할 수도 있지만 이런 방법으로 랜덤과정을 규정하고 분석하는 것은 쓸모가 없고, 대신에 시간에 따라 변화하는 특별한 측정치들을 모아서 이들의 공통된 특징을 표현하거나 분석하고 그 결과를 이용하는 것이 필요하다. 예를 들어 주식시장의 주가 변동을 매일 측정하여 이들 만을 모아서 분석할 수 있을 것이며, 전기적으로 정현파와 같은 함수를 발생하는 장치의 진폭과 주파수를 고정시키고 위상만 다른 정현파의 모습을 모아서 분석할 수도 있다. 이렇게 동종의 신호 또는 시계열의 이산적인 데이터들을 모아서 집합으로 표현한 것을 앙상블(ensemble)이라 한다. 따라서 앞서 예로 들은 랜덤과정들은 각각이 앙상블이라고 할 수 있다. 즉 시간의 함수인 상태공간 $S_{X(t)}$를 공유하는 표본수열 또는 표본함수들의 집합이 바로 앙상블인 것이다.

한편 랜덤과정을 정의하는 시간은 앞서 위상만 다른 정현파와 같이 연속적일 수도 있으며 비트열의 예에서와 같이 이산적일 수도 있다. 또한 이들 앙상블을 이루는 표본함수의 값이 연속적일 수도 있으며 이산적일 수도 있다. 그림 10.2는 연속적인 시간에 연속적인 표본값을 가지는 연속 랜덤과정의 앙상블과 이산적인 시간에 이산적인 표본값을 가지는 랜덤과정의 앙상블을 표현하고 있다.

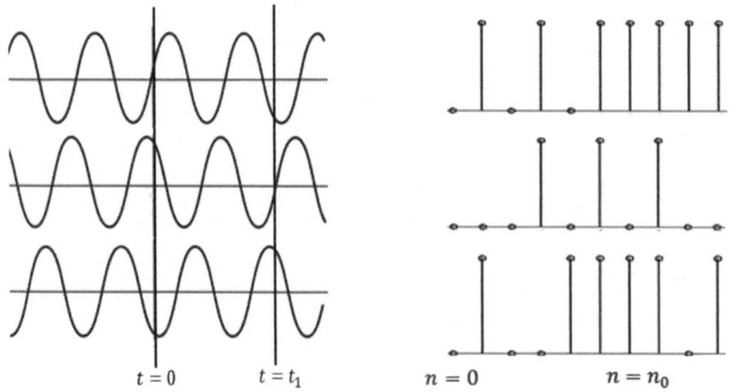


(a) 정현파 신호의 표본함수와 앙상블 (b) 랜덤 비트열의 표본함수와 앙상블

[10.2] 표본함수들과 앙상블의 예

이러한 앙상블에서 시간 $t$ 또는 순서 $n$을 고정시키고 모든 표본함수 또는 수열의 평균을 구한 결과를 앙상블 평균(ensemble average)이라고 하며, 특정 표본함수 또는 표본수열의 평균을 시간평균(time average)라 한다.

**예제 1 ▸▸▸**

우리나라 각 지역의 매 시간 기온을 일 년 동안 측정하여 기록한 것을 모은 데이터를 앙상블이라 볼 수 있는가? 또한 이것이 앙상블이라면 앙상블 평균과 시간평균이란 무엇인가?

**풀이 ▸▸▸** 특정 지역의 시간에 따른 기온변화는 표본함수에 해당할 것이며, 이러한 표본함수들을 모든 지역에 대해 모아놓으면 이는 앙상블이라 볼 수 있다. 여기서 특정 시간에 각 지역의 기온은 표본 값들이 되며 이들을 모아 놓으면 랜덤변수에 해당하며, 앙상블 평균이란 이 특정한 시간에 각 지역의 온도들의 평균치이다. 시간평균이란 특정지역의 전체 일 년 동안의 기온의 평균을 의미한다.

### ☑ 랜덤과정의 확률분포 및 표현방법

랜덤과정에서 $n$ 또는 $t$를 고정하면 이는 한 순간에 $S_{X(n)}$또는 $S_{X(t)}$의 상태공간에서 다양한 값을 가지는 랜덤변수이며 시간에 따라 끝없이 많은 랜덤변수를 고려할 수 있기 때문에 무한차원의 랜덤벡터라 간주할 수 있다. 따라서 랜덤과정의 확률분포는 원리적으로 랜덤벡터를 표현하는 결합 확률분포를 이용하여 표현할 수 있다. 즉 이산적인 표본함수 값을 가지는 랜덤과정의 경우는 결합 확률 질량함수 $P_{X_1X_2\cdots X_n\cdots}(x_1, x_2, \dots, x_n, \dots)$로 확률분포를 표현할 수 있으며, 연속적인 표본함수 값을 가지는 랜덤과정의 경우는 결합 확률밀도함수 $f_{X_{(t_1)}X_{(t_2)}\cdots X_{(t_n)}\cdots}(x_1, x_2, \dots, x_n, \dots)$로 표현할 수 있다. 즉 어떤 시간 단면에서의 랜덤변수의 확률 질량이나 확률 밀도함수 뿐만 아니라 매 순간 발생하는 앙상블 랜덤변수 상호간의 결합 확률분포가 가장 충실하고 완벽한 표현이라는 것이다.

그럼 이런 결합 확률분포가 현실적인 것인가? 그렇지 않다. 랜덤변수 몇 개를 모아 놓은 랜덤벡터의 결합 확률분포의 표현도 복잡한데, 하물며 이론적으로 무한히 많은 랜덤변수를 모아 놓은 랜덤과정에서는 현실적이지 못하다.

이미 랜덤변수를 근사적으로 표현하는 방법으로 평균을 살펴보았던 것과 같이 특정 시간 $n$ 또는 $t$에서 랜덤과정의 값들을 모은 랜덤변수 $X(n)$ 또는 $X(t)$의 기댓값을 얻어

$$\mu_X(n) = E[X(n)] = \sum_{x_i \in S_{X(n)}} x_i P[X(n) = x_i]$$

또는

$$\mu_X(t) = E[X(t)] = \int_{-\infty}^{\infty} x f_{X(t)}(x)\,dx \tag{10.1.1}$$

와 같이 앙상블 평균을 표시할 수 있다. 당연히 평균은 이산적인 시간 열 또는 연속적인 시간의 함수이기 때문에 표본수열(sample sequence) 또는 표본함수(sample function)라는 표현을 사용한다. 분산 역시 마찬가지로 시간의 함수이며

$$\sigma_X^2(n) = Var(X(n)) = \sum_{x_i \in S_{X(n)}} (x_i - \mu_X(n))^2 P[X(n) = x_i]$$

$$\sigma_X^2(t) = Var(X(t)) = \int_{-\infty}^{\infty} (x - \mu_X(t))^2 f_{X(t)}(x)\,dx \tag{10.1.2}$$

로 표현할 수 있으며 분산수열(variance sequence) 또는 분산함수(variance function)라 한다. 그러나 이들 평균함수와 분산함수는 특정 시간 값 $n$ 또는 $t$에서의 랜덤변수만의 평균과 분산으로 결합 확률분포가 가지는 유용한 정보들 중 지극히 일부만을 표현한 것에 불과하다. (앞으로 전개될 내용에서 특별히 구별이 필요한 경우를 제외하고 이산적인 시간 열 또는 연속적인 시간은 그냥 시간으로 표현하고, 표본함수 값이 이산적이든 연속적이든 연속적인 것으로 통일해서 확률밀도 표현을 사용할 것이니 문맥에 따라 다르게 해석하기 바람.)

한편 좀 더 많은 정보를 포함시키기 위해서 두 개의 서로 다른 시간에서 고려한 랜덤

변수 $X(t_1)$과 $X(t_2)$를 함께 고려하여 자기 상관(auto correlation)함수

$$R_X(t_1, t_2) = E[X(t_1)X(t_2)]$$

자기 공분산(covariance)함수

$$Cov_X(t_1, t_2) = E[(X(t_1) - E[X(t_1)])(X(t_2) - E[X(t_2)])]$$

을 고려할 수 있으며, 이들은 모두 $t_1, t_2$의 함수이다. 한편 이들은 $n$개의 유한한 시간들 $t_1, t_2, \ldots, t_n$ 에서 서로 쌍으로 고려하여 $n \times n$ 의

상관 행렬 $R = [R_X(t_i, t_j)]_{n \times n}$과 공분산 행렬 $\sum = [Cov_X(t_i, t_j)]_{n \times n}$

의 형태로 표현 할 수도 있다. 그러나 이들 모두는 고려하고 있는 앙상블 랜덤 과정의 일부분을 근사적으로 표현할 따름이며 정확하고 완벽한 표현인 결합 확률밀도함수와는 거리가 있다. 이런 자기 상관함수나 자기 공분산함수에 대해서는 나중에 특별한 제약조건이 있는 랜덤과정에 대해 더 자세히 알아보게 될 것이다.

한편 랜덤과정으로 모델링된 입력신호에 대한 시스템의 응답을 표현할 때에는 또 다른 형태의 결합 확률분포를 사용할 수도 있다. 즉 시스템의 입력 신호에 해당되는 랜덤과정 $X(t)$와 시스템의 어떤 부분 또는 출력의 상태를 표현하는 랜덤과정 $Y(t)$ 사이의 결합 확률분포가 여기에 해당된다. 이들을 함께 고려하는 경우 일반적인 결합 확률 밀도함수는

$$f_{X(t_1)X(t_2)\cdots X(t_n)\cdots Y(t'_1)Y(t'_2)\cdots Y(t'_n)\cdots}(x_1, x_2, \ldots, x_n, \ldots, y'_1, y'_2, \ldots, y'_n, \ldots) \qquad (10.1.3)$$

와 같은 형태로 단일 랜덤과정의 결합 확률밀도함수보다 더욱 복잡하게 된다. 만약 두 랜덤과정의 시간 $t_1$과 $t_2$에서의 두 랜덤변수 $X(t_1)$와 $Y(t_2)$의 상호상관(mutual correlation)함수를 계산한다면

$$E[X(t_1)Y(t_2)] = \int_{-\infty}^{\infty}\int_{-\infty}^{\infty} xyf_{X(t_1)Y(t_2)}(x, y)\,dxdy. \qquad (10.1.4)$$

과 같다.

**예제 2 ▸▸▸**

다음과 같은 정현파 신호에 독립적인 잡음이 더해진 랜덤과정 $X(t)$의 평균함수와 분산함수를 구하시오. 단 $\psi$ 는 $[0, 2\pi]$의 균일 랜덤변수이며 $\eta_t \sim N(0, \sigma^2)$이다.

$$X(t) = V_0 \cos(\omega_0 t + \psi) + \eta_t$$

**풀이 ▸▸▸** 평균함수

$$\begin{aligned}\mu_{X(t)} &= E[X(t)] = E[V_0 \cos(\omega_0 t + \psi) + \eta_t] \\ &= V_0 E[\cos(\omega_0 t + \psi)] + E[\eta_t]\end{aligned}$$

이다. 여기서

$$E[\cos(\omega_0 t + \psi)] = \int_0^{2\pi} \cos(\omega_0 t + \psi) \cdot \frac{1}{2\pi}\,d\psi = 0$$

이며, $E[\eta_t] = 0$이므로 $\mu_{X(t)} = 0$이다. 또한 분산은 신호와 잡음이 독립적이기 때문에

$$\sigma^2_{X(t)} = Var(V_0 \cos(\omega_0 t + \psi)) + Var(\eta_t)$$

이며, 여기서 $E[\cos(\omega_0 t + \psi)] = 0$이기 때문에

$$Var(V_0 \cos(\omega_0 t + \psi)) = \int_0^{2\pi} V_0^2 \cos^2(\omega_0 t + \psi) \cdot \frac{1}{2\pi}\,d\psi = \frac{V_0^2}{2}$$

이며, $Var(\eta_t) = \sigma^2$이므로

$$\sigma^2_{X(t)} = \frac{V_0^{\ 2}}{2} + \sigma^2$$

이다. 즉 평균함수와 분산함수는 시간에 따라 변화하지 않으며 일정하다.

**예제 3 ▸▸▸**

그림 10.3에서의 양극성 비동기 펄스열의 앙상블 $Z(t)$를 고려해 보자. 펄스가 양의 값 $V$또는 음의 값 $-V$를 가질 확률이 동일하다면 이 랜덤과정의 평균과 분산을 구하시오.

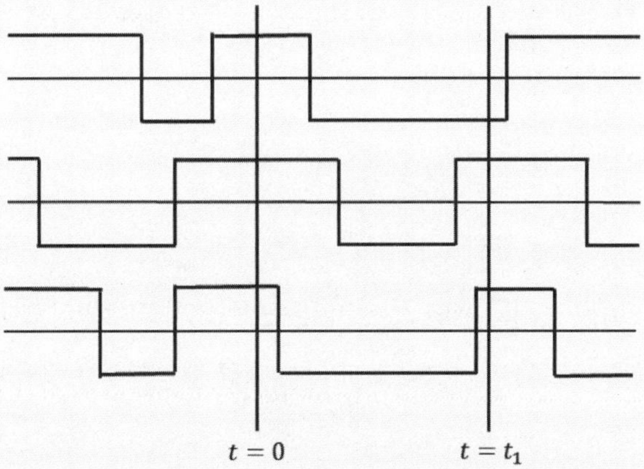

[그림 10.3] 양극성 비동기 펄스열의 신호의 표본함수들

**풀이 ▸▸▸** 랜덤과정 $Z(t)$의 확률 밀도함수는 시간 $t$와는 무관하게 $P(Z(t)=V)$ $=P(Z(t)=-V)=1/2$이다. 따라서 평균

$$\mu_{Z(t)}=E[Z(t)]=(V)\cdot\frac{1}{2}+(-V)\cdot\frac{1}{2}=0$$

이다. 또한 분산

$$Var(Z(t))=E[Z^2(t)]=V^2\cdot\frac{1}{2}+(-V)^2\cdot\frac{1}{2}=V^2.$$

### ☑ 독립성

어떤 랜덤과정이 독립이라면 임의의 시간들 $t_1, t_2, \ldots, t_n$ 에서 고려하는 랜덤변수들이 서로 독립으로

$$f_{X(t_1)X(t_2)\cdots X(t_n)\cdots}(x_1, x_2, \ldots, x_n, \ldots) = f_{X(t_1)}(x_1) f_{X(t_2)}(x_2) \cdots f_{X(t_n)}(x_n) \cdots \qquad (10.1.6)$$

와 같다. 또한 두 랜덤과정 $X(t)$와 $Y(t)$가 서로 독립이라면

$$\begin{aligned} & f_{X(t_1)X(t_2)\cdots X(t_n)\cdots Y(t'_1)Y(t'_2)\cdots Y(t'_n)\cdots}(x_1, x_2, \ldots, x_n, \ldots, y'_1, y'_2, \ldots, y'_n, \ldots) \\ & = f_{X(t_1)X(t_2)\cdots X(t_n)\cdots}(x_1, x_2, \ldots, x_n) \cdot f_{Y(t'_1)Y(t'_2)\cdots Y(t'_n)\cdots}(y'_1, y'_2, \ldots, y'_n, \ldots) \end{aligned} \qquad (10.1.7)$$

와 같다. 즉 이런 특별한 경우는 결합 확률분포가 각각의 확률분포의 곱으로 표현되기 때문에 비교적 단순한 형태이다.

**예제 4 ▸▸▸**

주사위를 던져서 나온 눈금을 세어 표본수열을 만든 앙상블이 있다고 하자. 이 앙상블의 표본함수열들을 예로 들어 나열해 보고 결합 확률 질량함수를 구하시오. 또한 평균함수와 분산함수를 구해보시오.

**풀이 ▸▸▸** 주사위를 던져서 나온 눈금을 나열해 보면 표본수열은

$$X(n) = 1, 4, 2, 6, 5, 2, 6, 4, 2, 1, \ldots..$$

등의 형태로 나타나게 될 것이다. 특정 시간열 $n_i$에서의 상태공간 $S_{X(n_i)} = \{1, 2, 3, 4, 5, 6\}$이며, 임의의 시간 $n_i$와 $n_j$에서 $X(n_i), X(n_j)$는 서로 독립이기 때문에

$$\begin{aligned} & P_{X(1)X(2)\cdots}(x_1, x_2, \ldots, x_n, \ldots) = P[X(1) = x_1, X(2) = x_2, \ldots, X(n) = x_n, \ldots] \\ & = P[X(1) = x_1] P[X(2) = x_2] \cdots P[X(n) = x_n] \cdots \end{aligned}$$

이다. 따라서 위에 예로든 랜덤과정의 결합 확률 질량함수는

$$P_{X(1)X(2)\cdots}(x_1, x_2, \ldots, x_n, \ldots) = P[X(1)=1, X(2)=4, \ldots,] = \left(\frac{1}{6}\right)\left(\frac{1}{6}\right)\cdots$$

에 해당한다.

### ☑ 정상성(stationarity)

앞서 일반적인 랜덤과정을 결합 확률분포로 표현할 경우 이는 머릿속에서 상상할 수 있을 수 있더라도 실제 이용하기에는 대단히 복잡하다는 점을 지적하였다. 정상성이란 독립성과 같이 랜덤과정에 부여되는 일종의 제약조건으로 두 가지 형태로 정의된다. 그 첫 번째는 까다로운 정상성(strict-sense stationarity)으로

$$f_{X(t_1+\tau)X(t_2+\tau)\cdots X(t_n+\tau)\cdots}(x_1, x_2, \ldots, x_n, \ldots) = f_{X(t_1)X(t_2)\cdots X(t_n)\cdots}(x_1, x_2, \ldots, x_n, \ldots) \tag{10.1.8}$$

로 정의된다. 이는 시간 축을 이동하더라도 그 결합 확률분포는 동일하다는 의미로 시간에 따라 결합 확률분포가 변화되지 않는다는 의미이다.

두 번째는 넓은 의미의 정상성(wide-sense stationarity)으로 평균과 분산이 시간의 함수가 아닌 상수이며, 자기상관함수가 시간차 $\tau = t_2 - t_1$만의 함수로 표현될 경우이다. 이는 까다로운 정상성의 제약조건을 헐겁게 하여 비교적 많은 랜덤과정을 포함하게 하는 제약조건이다. 이 넓은 의미의 정상성을 수식으로 표현하면

$$E[X(t)] = const_1 = \mu_X, \qquad Var(X(t)) = const_2 = \sigma_X^2,$$
$$E[X(t_1)X(t_1+\tau)] = E[X(t)X(t+\tau)] \tag{10.1.9}$$

과 같다. 한편 일반적으로 넓은 의미의 정상성을 가지는 랜덤과정에서 임의시간에서의 상관은

$$E[X(t)X(t)] = E[X^2(t)] = Var(X(t)) + E^2[X(t)] = \sigma_X^2 + \mu_X^2 \tag{10.1.10}$$

이 성립한다. 또한 까다로운 정상성을 갖는 랜덤과정은 넓은 의미의 정상성을 만족하지만 그 역은 성립하지 않는다. 즉 까다로운 정상성을 만족하는 랜덤과정은 넓은 의미의 정상성을 만족하는 랜덤과정의 부분집합이라는 것이다. 한편 전자공학에서는 식 (10.1.10)의 $E[X^2(t)]$를 랜덤과정 $X(t)$의 평균전력(average power)이라고도 하며, $\sigma^2_X$를 ac-성분의 평균전력, $\mu^2_X$을 dc-성분의 평균전력이라고도 한다. 따라서 넓은 의미의 정상성을 가지는 랜덤과정의 평균전력은 ac-성분의 평균전력과 dc-성분의 평균전력의 합이라 말할 수 있다.

**예제 5 ▸▸▸**

$X_1, X_2, \dots$를 독립이고 동일한 분포(i.i.d.)의 랜덤변수들이 연속되는 랜덤과정이라 하자. 이 랜덤과정을 까다로운 의미의 정상성을 만족하는가?

**풀이 ▸▸▸** 독립성에 의해

$$f_{X(t_1)X(t_2)\cdots X(t_n)\cdots}(x_1, x_2, \dots, x_n) = f_{X(t_1)}(x_1)f_{X(t_2)}(x_2)\cdots f_{X(t_n)}(x_n)$$

이며, 동일분포이므로 $f_{X(t_i+\tau)}(x_i) = f_{X(t_i)}(x_i)$이다. 따라서

$$f_{X(t_1+\tau)X(t_2+\tau)\cdots X(t_n+\tau)\cdots}(x_1, x_2, \dots, x_n, \dots) = f_{X(t_1)X(t_2)\cdots X(t_n)\cdots}(x_1, x_2, \dots, x_n, \dots).$$

즉 예제 4의 주사위 눈금으로 이루어진 랜덤과정은 까다로운 의미의 정상성을 만족한다.

**예제 6 ▸▸▸**

까다로운 의미의 정상성을 만족하는 랜덤과정이면 넓은 의미의 정상성을 만족하는 랜덤과정임을 보이시오.

**풀이** ▸▸▸ (1) 결합 확률분포에 대해 식 (10.1.8)의 관계를 만족하면 주변 확률분포에 대해서도

$$f_{X(t_1)}(x_1)=f_{X(t_1+\tau)}(x_1)$$

관계가 만족되며

$$E[X(t_1+\tau)]=\int_{-\infty}^{\infty}x_1 f_{X(t_1+\tau)}(x_1)\,dx_1=\int_{-\infty}^{\infty}x_1 f_{X(t_1)}(x_1)\,dx_1=E[X(t_1)].$$

모든 $\tau$에 대해 이 관계가 만족되므로

$$E[X(t)]=const_1=\mu_X.$$

(2) 분산에 대해서도 평균함수와 같은 방식으로 증명할 수 있다.

(3) 결합 확률분포에 대해 식 (10.1.8)의 관계를 만족하면, 양변의 주변 확률분포에 해당하는 한 쌍의 랜덤변수들에 대해서도

$$f_{X(t_1)X(t_2)}(x_1,x_2)=f_{X(t_1+\tau)}(x_1)f_{X(t_2+\tau)}(x_2)$$

이 성립한다. 따라서

$$E[X(t_1)X(t_2)]=\int_{-\infty}^{\infty}x_1x_2 f_{X(t_1)X(t_2)}(x_1,x_2)\,dx_1dx_2$$

$$=\int_{-\infty}^{\infty}x_1x_2 f_{X(t_1+\tau)X(t_2+\tau)}(x_1,x_2)\,dx_1dx_2=E[X(t_1+\tau)E[X(t_2+\tau)]$$

이는 시간 $t_1$, $t_2$가 어떤 값을 가져도 성립하기 때문에 $t_2=t_1+\tau$라 놓으면

$$E[X(t_1)X(t_1+\tau)]=E[X(t_1+\tau)X(t_1+2\tau)]$$

이며, 우변의 시간 $t=t_1+\tau$라 놓으면

$$E[X(t_1)X(t_1+\tau)]=E[X(t)X(t+\tau)].$$

## 연습문제

1. 우리 주변에서 볼 수 있는 이산적인 시간과 연속적인 시간에서의 랜덤과정의 예를 보이고, 이 앙상블에서 표본함수와 특정한 시간에서의 랜덤변수가 이산적인지 또는 연속적인지를 구분해서 지적해 보시오.

2. 정현파신호 랜덤과정

$$X(t) = V \cdot \cos\omega t, \quad t \geq 0$$

에서 $\omega =$ 상수이며, 진폭 $V$가

$$f_V(v) = \begin{cases} 1, & 0 \leq v \leq 1 \text{일 경우} \\ 0, & \text{그 외의 경우} \end{cases}$$

일 경우 다음 질문에 답하시오.

(1) 이 랜덤과정의 표본함수를 몇 개 스케치하여 보시오.

(2) 랜덤변수 $X(t)$의 $t = 0, \pi/4\omega, 2\pi/4\omega, 3\pi/4\omega, 4\pi/4\omega$에서의 확률밀도함수를 구하시오.

(3) 이 랜덤과정의 평균함수를 구해보시오.

(4) 이 랜덤과정의 분산함수를 구해보시오.

(5) 이 랜덤과정에서 서로 다른 시간에 만들어진 두 개의 랜덤변수는 서로 독립적인가? 그 이유와 함께 답하시오.

(6) 이 랜덤과정이 까다로운 정상성을 만족하는지, 또는 넓은 의미의 정상성을 만족하는지를 이유와 함께 지적해 보시오.

3. 정현파신호 랜덤과정

$$X(t) = \cos(\omega t + Z), \quad -\infty \leq t \leq \infty$$

에서, $\omega=$ 상수 이며 위상 $Z$의 확률분포

$$f_Z(z)=\begin{cases} 1/2\pi, 0 \le z \le 2\pi\text{일 경우} \\ 0 \quad\quad ,\text{그 외의 경우} \end{cases}.$$

(1) 평균함수와 분산함수를 구해 보시오.

(2) 이 랜덤과정에서 서로 다른 시간에 만들어진 두 개의 랜덤변수는 서로 독립적인가? 그 이유와 함께 답하시오.

4. 랜덤과정

$$X(t)=Z, \quad -\infty \le t \le \infty$$

이며, 여기서 $Z \sim N(0, 1)$이라 하자. (힌트: 일단 표준정규분포에서 표본 값이 결정되면 그 값으로 시간에 따라 변화하지 않는 표본함수를 가진다. 따라서 한 번 금수저면 영원한 금수저, 흙수저면 영원한 흙수저인 랜덤과정이다.)

(1) 이 랜덤과정의 전형적인 표본함수들을 스케치 해 보시오.

(2) 이 랜덤과정의 평균함수와 분산함수를 구해보시오.

(3) 이 랜덤과정이 까다로운 정상성을 만족하는지, 또는 넓은 의미의 정상성을 만족하는지를 이유와 함께 지적해 보시오.

## 10.2 카운팅 과정(counting process)

카운팅 과정이란 특정한 사건을 세는 랜덤과정으로 표본함수 값들은 이산적이며, 시간은 이산적일 수도 있으며 연속적일 수도 있다. 먼저 이항 랜덤과정이라는 카운팅 과정을 이해하기 위해서 베르누이 과정으로부터 시작하며, 앞서 5장에서 언급한 바

있는 포아송 과정을 다른 관점에서 살펴보자.

### ☑ 베르누이 과정 $X(n)$ (또는 $X_n$) $\sim B(1,p)$

앞서 여러 차례 예를 든 베르누이 과정을 살펴보자. 만약 어떤 사람이 독립적인 베르누이 시행 $B(1,p)$에서 시행횟수 $n$을 무한히 반복한다고 하자. 이는 무한히 긴 0과 1의 비트열을 생성할 것이며, 만약 수많은 사람이 이런 시행을 한 시간에 한 번씩 반복한다면 이 사람들의 시행에서 발생되는 비트열을 모은 앙상블을 생각할 수 있을 것이다. 엄격하게 이야기하면 $X(1)\times X(2)\times\cdots\times X(n)\times\cdots$의 i.i.d. 랜덤변수 $X(i)\sim B(1,p)$가 무한히 반복되는 것이다. 즉 매 순간 여러 사람으로부터 발생되는 0 또는 1의 한 비트들을 모으면 이는 $B(1,p)$의 베르누이 랜덤변수이며, 이런 랜덤변수가 $n$차원 랜덤벡터가 아니라 무한차원인 것이다. 그림 10.4는 이러한 비트열들을 보여주며, 그림 10.5는 이를 그림으로 보여주고 있다. 여기서 특정 시행의 비트열들 각각은 표본수열 $x(n)$에 해당되며, 첫 번째 표본들의 집합, 두 번째 표본들의 집합 등에서와 같이 특정 순간의 표본들은 베르누이 분포를 가지는 랜덤변수이다.

| | | |
|---|---|---|
| 실험 1 | (0,1,1,1,0,1,0,0,1,........) | 비트열 첫 번째 표본들의 집합: {0,1,1........} |
| 실험 2 | (1,0,0,0,1,1,1,0,0,........) | 비트열 두 번째 표본들의 집합: {1,0,1,.......} |
| 실험 3 | (1,1,1,0,0,1,1,1,1,........) | 비트열 세 번째 표본들의 집합: {1,0,1,.......} |
| ....... | | ...... |
| 실험 $m$ | (1,1,0,0,0,1,1,0,1,.........) | 비트열 아홉번째 표본들의 집합: {1,0,1,........} |
| ....... | | |

[그림 10.4] 베르누이 과정의 예

앞서 여러 차례 언급한 바와 같이 랜덤과정의 완벽한 표현방법은 결합 확률질량함수나 결합 확률밀도함수와 같이 결합 확률분포를 사용하는 것이다. 그런데 베르누이 랜덤과정에서 각각의 $n$의 베르누이 랜덤변수는 독립적이며 항등분포(i.i.d.)를 가지기 때문에

$$P_{X_1X_2\cdots X_n\cdots}(x_1, x_2, \ldots, x_n, \ldots) = P_{X_1}(x_1)P_{X_2}(x_2)\cdots P_{X_n}(x_n)\cdots = \prod_{i=1}^{\infty} P_X(x_i) \tag{10.2.1}$$

로 표현할 수 있다. 또한 베르누이 과정은

$$P_{X_1X_2\cdots X_n\cdots}(x_1, x_2, \ldots, x_n, \ldots) = P_{X_{1+\tau}X_{2+\tau}\cdots X_{n+\tau}\cdots}(x_1, x_2, \ldots, x_n, \ldots)$$

이기 때문에 앞서 예제에서 살펴본 바와 같이 까다로운 의미의 정상성을 만족한다.

뿐만 아니라 각각의 $n$에서의 앙상블 평균값과 앙상블 분산을 수열의 형태로 모으면 평균수열과 분산수열을 생각할 수 있으며, 이는 각각

$$E[X(n)] = 1 \cdot p + 0 \cdot p = p, \quad Var(X(n)) = E[X^2(n)] - E^2[X(n)] = p(1-p) \tag{10.2.2}$$

에 해당한다. 또한 서로 다른 시간에서의 랜덤변수들은 독립이기 때문에 공분산

$$Cov(X(n)X(m)) = E[X(n)X(m)] - E[X(n)]E[X(m)] = 0\,. \tag{10.2.3}$$

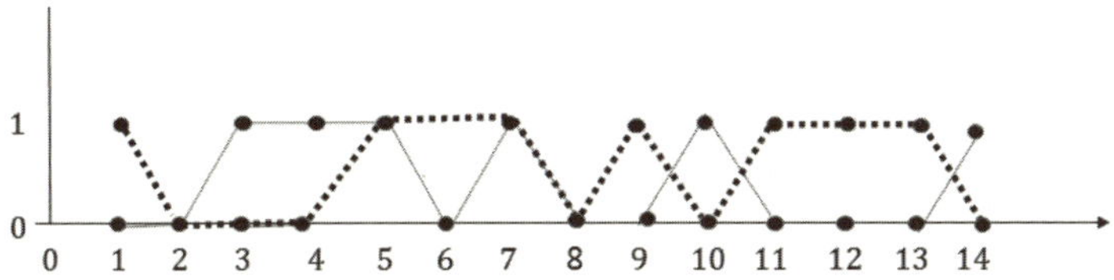


[그림 10.5] 전형적인 베르누이 랜덤과정의 표본 수열

**예제 1 ▸▸▸**

$X \sim B(1, 0.7)$의 베르누이 랜덤변수를 100번 반복 시행한다고 하자. 다음을 구하시오.

(1) $P_{X_1X_2\cdots X_{100}}$(31회의 0, 69회의 1) (2) $E[X(n)]$ (3) $Var(X(n))$

**풀이 ▸▸▸** (1) 독립적이기 때문에 각각의 결합사건의 확률은 언제 시행에서 1 또

는 0이 일어났는가는 관계없고 전체 0 또는 1이 일어난 수에 관계있으며

$$P_{X_1X_2\cdots X_{100}}(31\text{회의 }0,\ 69\text{회의 }1) = (1-p)^{31}p^{69} = 0.3^{31}0.7^{69}$$

(2) $n$에 상관없이 $E[X(n)] = 0.7$.

(3) $n$에 상관없이 $Var(X(n)) = (0.3)(0.7) = 0.21$.

### ☑ 이항과정(binomial process) $Y(n)$ (또는 $Y_n$) $\sim B(n, p)$

앞서 살펴본 예인 베르누이 과정에서 0에서부터 출발해서 비트열의 0 또는 1을 더해간다고 가정해 보자. 즉 $n=0$에서는 $Y_0=0$이며, $n=1$에서 $Y_1$은 0 또는 1, $n=2$에서 $Y_2$는 0 또는 1 또는 2의 이항 랜덤변수가 되며, 일반적으로 $n$일 경우 $Y_n \sim B(n, p)$임을 알 수 있다. 이런 방식의 이항 랜덤변수가 무한히 계속되는 랜덤과정을 이항과정(binomial process)이라 한다.

따라서 이항과정의 어떤 순간 $n$에서는 이항분포 $B(n, p)$의 이항 랜덤변수이며, 표본수열은 이런 랜덤변수의 수열로서 줄어들지는 않고 1씩 증가 또는 그대로 머무르는 수열이 될 것이다. 그림 10.4의 베르누이 과정에 대한 이항과정을 표현해 보면 그림 10.6과 같으며, 그림 10.7은 대표적인 이항과정의 표본수열을 보여주고 있다.

| | | |
|---|---|---|
| 실험 1 | 0(0,1,2,3,3,4,4,4,5,........) | 첫번째 표본들의 집합: {0,1,1,...1,.....} |
| 실험 2 | 0(1,1,1,1,2,3,4,4,4,........) | 두번째 표본들의 집합: {1,1,2,...2,.....} |
| 실험 3 | 0(1,2,3,3,3,4,5,6,7,........) | 세번째 표본들의 집합: {2,1,3,...2,.....} |
| ....... | | ...... |
| 실험 m | 0(1,2,2,2,2,3,4,4,5,.........) | 아홉번째 표본들의 집합: {5,4,7,...5,....} |
| ....... | | ....... |

[그림 10.6] 이항과정의 예

이러한 이항과정을 확률분포를 표현하기 위해서는 결합 확률 질량함수 $P_{Y_1Y_2\cdots Y_n\cdots}($

$y_1, y_2, ..., y_n, ...$)을 사용할 수 있으나 $Y_i$들이 이전의 베르누이 과정과는 다르게 독립적이지도 않으며, 항등도 아니기 때문에 단순하게 표현할 수 없고 그냥 머리로만 상상할 수 밖에 없다. 그러나 주의할 점은 이항과정에서 현재 $n$과 이전 $n-1$의 랜덤수열의 차이들의 분포는 베르누이 분포로 독립적이며, 서로 동일한 베르누이 분포 $B(1, p)$에 해당한다는 것이다. 즉 $X_i$가 베르누이 과정이라면, 이항과정

$$Y_n - Y_{n-1} = X_{n-1} \sim B(1, p) \ . \tag{10.2.4}$$

이항과정의 평균수열은 결국 베르누이 시행을 $n$번 반복한 후의 이항분포와 같기 때문에

$$E[Y(n)] = \sum_{i=1}^{n} i \cdot \binom{n}{i} p^i (1-p)^{n-i} = np \tag{10.2.5}$$

이며, 분산수열은 독립적인 베르누이 랜덤변수의 합이기 때문에

$$Var(Y(n)) = np(1-p) \tag{10.2.6}$$

에 해당한다. 뿐만 아니라

$$Var(Y_m - Y_n) = Var\left(\sum_{i=1}^{|m-n|} X_i\right) \tag{10.2.7}$$

이며, 여기서 $X_i$들은 동일하고 독립적인(i.i.d.) 베르누이 랜덤변수이므로

$$Var(Y_m - Y_n) = |m-n| \cdot p(1-p) \tag{10.2.8}$$

이다. 또한 일반적으로 분산

$$Var(Y_m - Y_n) = Var(Y_m) + Var(Y_n) - 2Cov(Y_m, Y_n)$$

이므로

$$2Cov(Y_m, Y_n) = Var(Y_m) + Var(Y_n) - Var(Y_m - Y_n)$$
$$= mp(1-p) + np(1-p) - |m-n|p(1-p)$$

이며,

$$Cov(Y_m, Y_n) = \min(m, n) \cdot p(1-p). \tag{10.2.9}$$

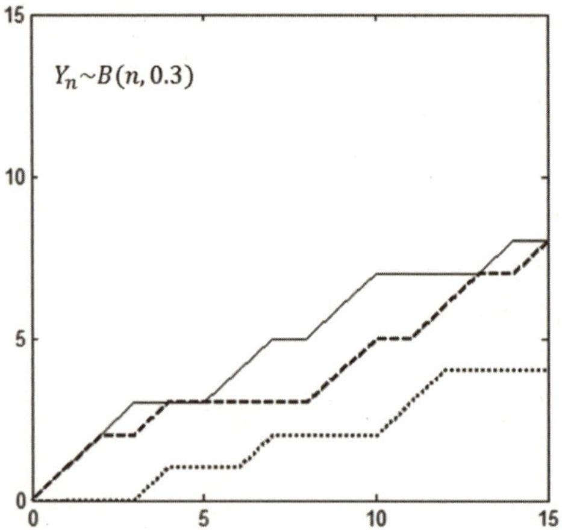


[그림 10.7] 전형적인 이항과정의 표본수열

**예제 2 ▸▸▸**

$Y_n \sim B(n, 0.3)$에 대한 다음 질문에 답하시오.

(1) $Y_3$의 확률질량함수를 구하시오.

(2) $P_{Y_2 Y_3}(y_2, y_3)$의 결합 확률질량함수를 구하시오.

(3) 평균수열, 분산수열을 구하시오.

(4) $Cov(Y_4, Y_7)$을 구하시오.

(5) 이항과정이 넓은 의미의 정상성도 만족하지 못하는 이유를 설명하시오.

**풀이 ▸▸▸** (1) $Y_3$는 $B(3, 0.3)$에 해당하므로

$$P(Y_3=0)=(0.7)^3,\ P(Y_3=1)=3(0.7)^2(0.3),$$
$$P(Y_3=2)=3(0.7)^1(0.3)^2,\ P(Y_3=3)=(0.3)^3$$

(2) 일반적으로

$$P(Y_{n+1}=Y_n \mid Y_n)=0.7,\ P(Y_{n+1}=Y_n+1 \mid Y_n)=0.3$$

이므로

$$P(Y_3=0, Y_2=0)=0.7P(Y_2=0) \qquad P(Y_3=1, Y_2=0)=0.3P(Y_2=0)$$
$$P(Y_3=1, Y_2=1)=0.7P(Y_2=1) \qquad P(Y_3=2, Y_2=1)=0.3P(Y_2=1)$$
$$P(Y_3=2, Y_2=2)=0.7P(Y_2=2) \qquad P(Y_3=3, Y_2=2)=0.3P(Y_2=2)$$

따라서

$$P(Y_3=0, Y_2=0)=0.7(0.7)^2 \qquad P(Y_3=1, Y_2=0)=0.3(0.7)^2$$
$$P(Y_3=1, Y_2=1)=0.7\cdot 2(0.7)(0.3) \qquad P(Y_3=2, Y_2=1)=0.3\cdot 2(0.7)(0.3)$$
$$P(Y_3=2, Y_2=2)=0.7(0.3)^2 \qquad P(Y_3=3, Y_2=2)=0.3(0.3)^2.$$

(3) 평균수열은 $E[Y_n]=np=0.3n$이며, 분산수열은 $Var(Y_n)=npq=(0.3)(0.7)n=0.21n$이다.

(4) $Cov(Y_4, Y_7)=\min(4,7)p(1-p)=4(0.3)(0.7)$.

(5) 평균수열과 분산수열이 시간에 따라 증가하며 상수가 아니기 때문에 넓은 의미의 정상성을 만족시키지 못한다.

### ☑ 포아송 과정(Poisson process) $X(t)$ (또는 $X_t$) $\sim P(\lambda t)$

앞서 5장의 포아송 과정을 설명하는 또 다른 방법을 소개해 보고, 5장의 내용을 복습해 보자. 포아송 과정의 $X(t)$를 시간 $t$에서 발생한 사건의 횟수라고 한다면 이는 랜덤변수이며 표본함수값 $x(t)$는 시간 $t$에서의 사건의 횟수에 대한 표본 값이다. 그러나 여기서 시간 $t$는 사건이 일어나는 시간이기 때문에 연속적인 값을 가지게 되는 점이 이전의 베르누이 과정이나 이항과정과는 다르다. 그림 10.8은 포아송 과정의 표본함수를 보여주고 있다. 그림에서 알 수 있듯이 포아송 과정의 시간축은 연속적이나 표본함수의 값은 이산적이다.

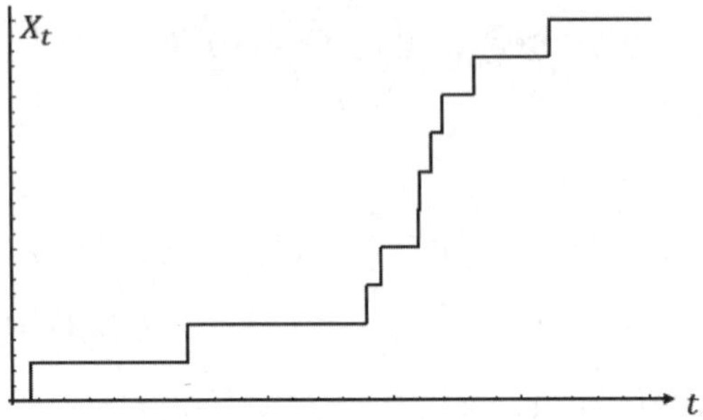


[그림 10.8] 포아송 과정의 표본함수

이제 포아송 랜덤변수 또는 포아송 랜덤과정의 확률분포를 유도해 보자. 만약 어떤 시간구간에서의 증가된 값이 다른 시간구간에서의 증가된 값과 독립적일 경우 이러한 과정을 독립적으로 증가(independent increment)하는 과정이라 한다. 이제 시간구간이 작을 때 $\Delta t \to 0$일 경우 많아야 한 개의 사건이 발생하고, 발생확률이 $p=\lambda\Delta t$, 발생하지 않을 확률이 $q=1-\lambda\Delta t$라 가정하자. $P(k, t)$를 시간 $t$에서 $k$개의 사건이 발생할 확률이라 하면, 시간 원점 0에서부터 $t+\Delta t$사이에 한 번도 사건이 발생하지 않을 확률은

$$P(0, t+\Delta t)=P(\{\{0 \text{ 사건} \in (0,t]\} \cap \{0 \text{ 사건} \in (t, t+\Delta t]\}\})$$

이며, 독립적으로 증가한다는 가정으로

$$P(0, t+\Delta t)=P(\{0 \text{ 사건} \in (0,t]\})\cdot P(\{0 \text{ 사건} \in (t, t+\Delta t]\})$$

이다. 또한 두 번째 가정에 의해

$$P(0, t+\Delta t)=P(0,t)\cdot(1-\lambda\Delta t)=P(0,t)-\lambda P(0,t)\Delta t$$

이다. 여기서 $\Delta t \to 0$라면 미분방정식

$$\frac{d}{dt}P(0, t) = -\lambda P(0, t), \ \ t \geq 0 \tag{10.2.10}$$

으로 모델링할 수 있으며, $P(0, 0)=1$ (시간 원점에서 사건 수는 항상 0일 확률이 1임.)을 이용하여 미분방정식의 해를 구하면

$$P(0, t) = e^{-\lambda t}, \ \ t \geq 0 \tag{10.2.11}$$

에 해당하며, 이는 시간 $t$에서 한 번도 사건이 일어나지 않을 확률로 5장에서 생존함수에 해당한다. 이제 $k>0$인 경우에 대해 $(0, t+\Delta t]$에서 정확하게 $k$개의 사건이 발생한다고 가정하자. 이 $k$개의 사건은 첫째 $k$개의 사건이 $(0, t]$에서 발생하고 $(t, t+\Delta t]$에서는 사건이 발생하지 않거나, 둘째 $k-1$개의 사건이 $(0, t]$에서 발생하고 $(t, t+\Delta t]$에서는 1개의 사건이 발생하는 두 가지 경우로 생각할 수 있으며, 이들 두 경우는 상호 배타적이다. 따라서

$$P(k, t+\Delta t) = P(k, t)\cdot(1-\lambda\Delta t) + P(k-1, t)\cdot\lambda\Delta t$$

이며, 이를 정리하고 $\Delta t \to 0$라면

$$\frac{d}{dt}P(k, t) + \lambda P(k, t) = \lambda P(k-1, t), \ \ t \geq 0 \tag{10.2.12}$$

로 모델링할 수 있다. 식 (10.2.12)에서 $k=1$일 경우 우변에 식 (10.2.11)을 대입하고 미분방정식을 풀면

$$P(1, t) = \lambda e^{-\lambda t}, \ \ t \geq 0 \tag{10.2.13}$$

이며, 이는 익숙한 지수분포 랜덤변수의 확률분포 함수이다. 즉 의미적으로 사건이 한번 발생할 때까지의 시간을 지수분포 랜덤변수로 해석한 5장의 내용을 다른 방식으로 서술한 것이다. 한편 식 (10.2.13)을 식 (10.2.12)의 우변에 대입하고 계속적으로 $k=2, \ldots$ 등에 대해 반복하면, 5장에서 언급한 포아송 랜덤과정의 확률 질량함수

$$P(k, t) = \frac{(\lambda t)^k}{k!} e^{-\lambda t}, t \geq 0 \tag{10.2.14}$$

를 얻을 수 있으며, 이는 시간 $t$에서의 관찰된 사건의 횟수 $k$에 관한 확률 질량이다.

이미 5장에서 살펴본 바와 같이, 포아송 과정 $X(t)$의 평균함수와 분산함수는 각각

$$\mu_{X(t)} = E[X(t)] = \lambda t, \qquad Var(X(t)) = \lambda t \tag{10.2.15}$$

이다.

한편 5장에서 언급한 바와 같이 지수분포는 포아송 과정에서 어떤 사건이 처음 일어날 때까지의 시간에 관한 랜덤변수를 의미하며, 포아송 과정의 독립적인 증가성질 때문에 $k$번의 사건이 일어나는 시간 $T_k$는 독립적인 지수분포 랜덤변수의 합으로 감마분포 $\Gamma(k, 1/\lambda)$에 해당한다. 여기서 감마분포 $\Gamma(\alpha, \beta)$의 확률 밀도함수

$$f_{T_k}(t) = \frac{1}{\Gamma(\alpha)\beta^\alpha} t^{\alpha-1} e^{-t/\beta}, \ t > 0, \ \alpha, \beta > 0 \tag{10.2.16}$$

에서 $\alpha = k$로 자연수를 취하고 $\beta = 1/\lambda$로 취하면, 이는

$$f_{T_k}(t) = \frac{\lambda^k t^{k-1}}{(k-1)!} e^{-\lambda t}, \ t \geq 0, \ \lambda > 0, \ k = \text{정수} \tag{10.2.17}$$

와 같으며, 이를 어랑(Erlang) 랜덤변수라고도 부른다. 즉 감마 랜덤변수의 특별한 형태인 어랑 랜덤변수는 포아송 과정에서 $k$개의 사건이 일어나는 시간에 관한 랜덤변수라는 의미이다. 어랑 랜덤변수의 평균과 분산은 각각

$$E[T_k] = \frac{k}{\lambda}, \qquad Var(T_k) = \frac{k}{\lambda^2} \tag{10.2.18}$$

이며, 이는 동일하고 독립적인(i.i.d.) 지수분포 랜덤변수를 $k$번 더한 것과 같다.

### 예제 3 ▸▸▸

$X_t \sim P(3t)$ 인 포아송 과정에 대한 질문에 답하시오.

(1) 시간 $t$까지 사건이 한 번도 일어나지 않을 확률을 구하시오.

(2) 사건이 한 번 일어날 시간의 확률밀도함수를 구하시오. 또한 이 시간의 평균과 분산을 구하시오.

(3) 시간 $t$에 사건이 $k$번 일어날 확률을 구하시오. 또한 이 사건수의 평균과 분산을 구하시오.

(4) 사건이 $k$번 일어날 시간의 확률밀도함수를 구하시오. 또한 이 시간의 평균과 분산을 구하시오.

**풀이** ▸▸▸ (1) 식 (10.2.11)에 따라 시간 $t$까지 사건이 한 번도 일어나지 않을 확률은

$$P(0, t) = e^{-3t}, \ t \geq 0$$

로 지수 함수적으로 줄어든다.

(2) 사건이 한 번 일어날 시간의 확률밀도함수는 식 (10.1.13)으로

$$P(1, t) = 3e^{-3t}, \ t \geq 0$$

이며, 평균은 1/3이며 분산은 1/9에 해당한다. 이는 단위시간당 평균 3번 사건이 일어나므로 1번 사건이 일어나는 한번 사건이 일어나는 평균시간은 1/3이라는 점이라는 사실과 부합한다.

(3) 이는 포아송 랜덤변수이다. 따라서 식 (10.1.14)에 따라

$$P(k, t) = \frac{(3t)^k}{k!} e^{-3t}, \ t \geq 0$$

이며, 평균과 분산은 $3t$에 해당한다. 즉 평균 단위시간당 3번 사건이 일어나므로

시간 $t$에서는 평균 $3t$번 일어난다는 사실과도 부합한다.

(4) 사건이 $k$번 일어날 시간의 확률밀도함수 식 (10.1.17)에 따라

$$f_{T_k}(t)=\frac{3^k t^{k-1}}{(k-1)!}e^{-3t},\ t\geq 0,\ \lambda>0,\ k=\text{정수}$$

이며, 평균은 $k/3$, 분산은 $k/9$에 해당한다.

**예제 4 ▸▸▸**

어떤 라우터에 도착하는 데이터 패킷이 초당 10개씩의 포아송 과정을 따른다고 하자. $M_k$가 $k$번째의 1시간 동안 도착하는 패킷수라 할 때 $M_1$과 $M_2$의 결합 확률질량함수를 구하시오.

**풀이 ▸▸▸** 포아송 과정에서 두 개의 1시간 구간에 도착하는 패킷의 수는 독립적이다. 따라서 결합 확률질량함수는 첫 번째 1시간 동안의 패킷수의 확률질량함수와 두 번째 1시간 동안의 패킷수의 확률 질량함수의 곱과 같다. 즉

$$P_{M_1M_2}(m_1, m_2)=\frac{(36000)^{m_1}}{m_1!}e^{-36000}\cdot\frac{(36000)^{m_2}}{m_2!}e^{-36000}.$$

## 연습문제

1. $S_{X_i}=\{1,-1\}$이며 $X_i\sim B(1, 0.4)$인 베르누이 과정에 관한 질문에 답하시오.

(1) 표본수열들을 2개만 예로써 그려보시오. 만약 $i=1, \ldots, 100$까지 표본수열을 그린다면 $X_i=1$인 경우는 몇 번정도 될 것인가?

(2) 베르누이 과정 $X_n$의 평균수열과 분산수열을 구해보시오.

(3) (2)에서 구한 분산수열은 $S_{X_i}=\{1,0\}$인 경우에 비해 커질 것인가 또는 작아질 것인가?

2. $S_{X_i}=\{1,0\}$이며 $X_i \sim B(1, 0.8)$인 이항과정 $Y_n$에 관한 질문에 답하시오.

(1) $Y_4$까지의 표본수열의 모든 가능한 값들과 $Y_4$에서 표본 값의 확률을 구하시오.

(2) $Y_n$의 평균수열과 분산수열을 구하시오.

(3) 평균수열과 분산수열 증가의 기울기는 얼마인가?

3. 어느 도시에 일 년간 발생하는 평균 교통사고 건수가 48건이라고 하자.

(1) 1개월이 지나도록 교통사고가 한 번도 일어나지 않을 확률을 구하시오.

(2) 교통사고가 일어난 후로부터 보름(0.5개월) 이내에 교통사고가 한 건 발생할 확률을 구하시오. 또한 다음 교통사고가 발생할 시간의 평균값과 분산을 구하시오

(3) 6개월 만에 사건이 20건 일어날 확률을 구하시오. 또한 6개월만의 교통사고 건수의 평균과 분산을 구하시오.

(4) 사건이 4번 일어날 시간의 확률밀도함수를 구하시오. 또한 이 시간의 평균과 분산을 구하시오.

(5) 어느 해에 발생한 교통사고 건수와 다음해에 발생한 교통사고 건수의 결합 확률질량함수를 구하시오.

## 10.3 정상적이며 독립적으로 증가되는 랜덤과정 및 가우시언 랜덤과정

10.2장에서 살펴본 이항 랜덤과정과 포아송 랜덤과정의 특징은 어떤 순간에서 다음 순간까지의 증분이 독립적이며 그 확률분포가 변화되지는 않는 특징들을 가지고 있다. 즉 $t_2 > t_1$인 경우 두 시간 사이의 증분

$$Y(t_2)-Y(t_1)=\sum_{t=t_1}^{t_2} X(t) \text{ 와 } Y(t_1)-Y(t_0)=\sum_{t_0=0}^{t_1} X(t)$$

는 서로 독립적이며, 이는 시간 차이가 일정하면 확률질량함수, 또는 확률밀도함수가

$$P_{Y(t_2-t_1)}(y)=P_{Y(t_2+\tau-(t_1+\tau))}, \quad f_{Y(t_2-t_1)}(y)=f_{Y(t_2+\tau-(t_1+\tau))}(y) \tag{10.3.1}$$

와 같이 동일하다.

**예제 1 ▸▸▸**

이항 과정에서 두 시간차이$(n-m)$이 10일 경우의 증분에 관한 확률분포를 구하시오.

**풀이 ▸▸▸** 서로 동일한 확률분포를 가지므로 $P_{Y_{10}}(y)$는 $B(10, p)$의 이항분포를 가진다. 따라서

$$P_{Y_{10}}(y)=\binom{10}{y}(p)^y(1-p)^{10-y}$$

에 해당하며, 이는 어떤 시점에서도 시간차가 10인 경우에는 동일하다.

뿐만 아니라 포아송 과정 역시 이런 독립적인 증분성질을 만족하며, 동일한 시간간격에 발생한 사건의 확률분포는 동일하다. (이 부분은 실제 잘 만족하지 않는 듯하다. 예를 들어 술집에 손님이 많이 드는 요일과 시간대가 있게 마련인데 그런 시간대에는 단위시간당 손님 수 $\lambda$값이 커져야 하지 않을까?)

한편 이러한 정상성을 가진 독립적인 증분들의 합으로 표현되는 랜덤과정 $Y(t)$은 공통된 성질을 가지고 있다. 평균의 경우

$$\begin{aligned} E[Y(t_1+t_2)] &= E[Y(t_1+t_2)-Y(t_1))+(Y(t_1)-Y(t_0))] \\ &= E[Y(t_1+t_2)-Y(t_1)]+E[Y(t_1)-Y(t_0)] \end{aligned}$$

이며, 여기서 증분의 정상성에 의해 $E[Y(t_1+t_2)-Y(t_1)]=E[Y(t_1+t_2-t_1)-Y(t_1-t_1)]$이며 이를 적용하면

$$E[Y(t_1+t_2)]=E[Y(t_2)-Y(t_0)]+E[Y(t_1)-Y(t_0)]$$

이며 $Y(t_0)=0$라면

$$E[Y(t_1+t_2)]=E[Y(t_2)]+E[Y(t_1)]$$

에 해당한다. 이러한 선형함수(linear functional)관계를 이용하면

$$E[Y(t)]=m\cdot t \tag{10.3.2}$$

이며, 여기서 $m=E[Y(1)]$에 해당한다. 뿐만 아니라 분산의 경우도 이런 관계가 성립하여

$$Var(Y(t_1+t_2))=Var(Y(t_2)+Var(Y(t_1))$$

이며,

$$Var(Y(t_1)-Y(t_2))=\sigma^2\cdot|t_1-t_2| \quad \text{또는} \quad Var(Y(t_1))=\sigma^2\cdot t_1 \tag{10.3.3}$$

이다. 또한 공분산은

$$Cov(Y(t_1),Y(t_2))=\sigma^2\cdot\min(t_1,t_2) \tag{10.3.4}$$

이며, 여기서 $\sigma^2=Var(Y(1))$에 해당하며, 이항과정에서의 특별한 경우가 식 (10.2.9)이다. 결국 이항과정이나 포아송 과정의 평균과 분산, 공분산 등은 이러한 정상성을 가지는 독립적인 증분의 랜덤과정의 특별한 경우라 간주할 수 있다.

**예제 2 ▸▸▸**

1km 당 0.1개의 결함이 있는 광케이블이 있다. 다음 질문에 답하시오.

(1) 이 광케이블을 10km 단위로 롤에 감는다면 한 롤의 평균 결함수와 분산은 얼마인가?

(2) 이 광케이블 10롤의 결함 개수의 분산은 얼마인가?

(3) 10롤을 첫째 롤부터 10번째 롤까지 늘어놓았다. 5번째 롤까지의 결함 수와 8번째 롤까지의 결함 수의 공분산은 얼마인가?

**풀이 ▸▸▸**

(1) 포아송 분포의 평균은 단위 10km 당 1개이므로 1이며, 분산 역시 1이다.

(2) 독립적이고 동일한 증분을 가지므로 10롤의 결함 개수의 분산은 $1 \cdot 10 = 10$.

(3) 공분산 $Cov(Y(5), Y(8)) = Var(Y(1)) \cdot \min(5, 8) = 1 \cdot 5 = 5$.

### ☑ 랜덤 걸음 (random walk)

한편 이항과정에서 베르누이 랜덤변수의 값이 {0, 1}대신에 {−1, 1}이라면, 이제는 계속 증가하기만 하는 이항과정이 아니라, 증가와 감소를 되풀이 할 수 있을 것이다. 이런 랜덤과정을 1차원 랜덤걸음이라 한다. 이는 종종 술 취한 사람의 걸음에도 비유되는데, 만약 $P[X_i = -1] = 1-p$이며 $P[X_i = 1] = p$인 베르누이 랜덤변수라면

$$Y_n = \sum_{i=1}^{n} X_i \tag{10.3.5}$$

은 1 차원 랜덤걸음에 해당한다.

**예제 3 ▸▸▸**

동전을 던져서 앞면의 경우 1, 뒷면의 경우 −1로 매핑하는 베르누이 랜덤변수, 즉 상태공간이 $S_{X_i} = \{1, -1\}$인 $X_i \sim B(1, p)$를 가정하자. 만약 이러한 베르누이 랜덤변수를

시행하여 이항과정

$$Y_n = \sum_{i=1}^{n} X_i$$

을 얻는다고 할 경우 다음 질문에 답하시오.

(1) $Y_4$까지의 표본 열의 모든 가능한 값들과 각각의 $Y_2$에서 표본 값의 확률을 구해보시오.

(2) $Y_n$의 평균수열과 분산수열을 구해보시오.

**풀이** ▸▸▸

(1) $Y_4$까지의 표본 열의 가능한 값들은 그림 10.9와 같다. 각각의 점에서 다음 $n$에서 움직일 수 있는 경로는 두 가지 +1 또는 $-1$에 해당하며 그 값에 따라 값이 하나 증가하기도 하고 감소하기도 한다.

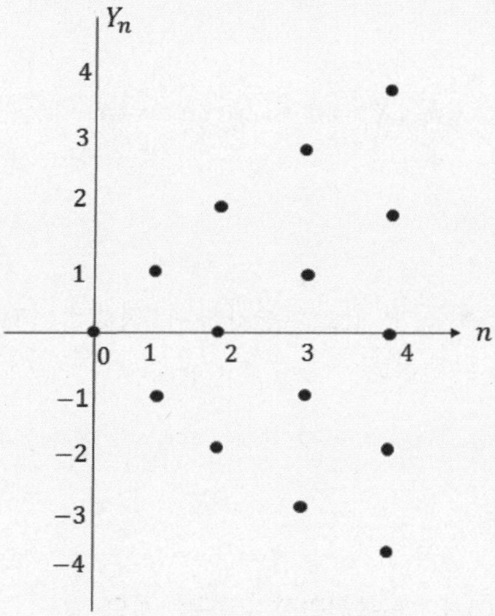


[그림 10.9] 예제 3의 랜덤과정의 표본 값들

$n=1 \qquad P(Y_1=1)=P(X_1=1)=p,\ P(Y_1=-1)=1-p$

$n=2 \qquad P(Y_2=2)=P(X_1=1, X_2=1)=p^2,$

$$P(Y_2=0)=P(X_1=1, X_2=-1)+P(X_1=-1, X_2=+1)$$
$$=p(1-p)+(1-p)p = 2p(1-p)$$
$$P(Y_2=-2)=P(X_1=-1, X_2=-1)=(1-p)(1-p)=(1-p)^2$$

(2) 기댓값의 성질에 의해 평균 수열

$$E[Y_n]=E[X_1+X_2+\cdots+X_n]=nE[Y_i]=n(2p-1)$$

이다. 분산 수열은

$$Var(Y_n)=Var(X_1+X_2+\cdots+X_n)$$

이며, 이들 $X_i$들이 독립이기 때문에

$$Var(Y_n)=n\cdot Var(X_i)$$

이며, $Var(X_i)=E[X_i^2]-E^2[X_i]=1-(2p-1)^2=4p-4p^2$이므로

$$Var(Y_n)=n\cdot(4p-4p^2).$$

즉 분산은 $n$이 증가할수록 선형적으로 증가하며, 정상적이며 독립적으로 증가하는 랜덤과정의 성질을 만족한다.

**예제 4 ▸▸▸**

1차원 랜덤걸음의 $Y_3$, $Y_4$에서의 확률질량함수를 구하시오.

**풀이 ▸▸▸** $Y_3$는 세 번의 독립적인 베르누이 시행중에 $\{-1, 1\}$이 몇 번 나타났는가에 따라 상태공간이 $\{3, 1, -1, -3\}$으로 나타난다. 즉

$$P(Y=3)=P(3\text{회 모두 1인 경우})=\binom{3}{3}p^3(1-p)^0$$

$$P(Y=1)=P(2회\ 1이며, 1회\ -1인\ 경우)=\binom{3}{2}p^2(1-p)^1$$

$$P(Y=-1)=P(1회\ 1이며, 2회\ -1인\ 경우)=\binom{3}{1}p^1(1-p)^2$$

$$P(Y=3)=P(3회\ -1인\ 경우)=\binom{3}{0}p^0(1-p)^3$$

이다. $Y_4$의 상태공간은 $\{4, 2, 0, -2, -4\}$에 해당하며, 확률 질량들은

$$P(Y=4)=P(4회\ 모두\ 1인\ 경우)=\binom{4}{4}p^4(1-p)^0$$

$$P(Y=2)=P(3회\ 1이며, 1회\ -1인\ 경우)=\binom{4}{3}p^3(1-p)^1$$

$$P(Y=0)=P(2회\ 1이며, 2회\ -1인\ 경우)=\binom{4}{2}p^2(1-p)^2$$

$$P(Y=-2)=P(1회\ 1이며, 3회\ -1인\ 경우)=\binom{4}{1}p^1(1-p)^3$$

$$P(Y=-4)=P(4회\ -1인\ 경우)=\binom{4}{0}p^0(1-p)^4 .$$

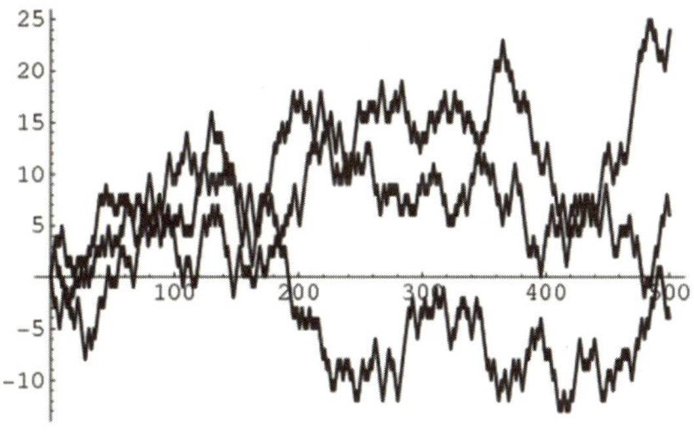


[그림 10.10] 랜덤걸음의 표본수열

그림 10.10은 이러한 랜덤걸음에 대한 표본수열들을 보여주고 있다. 또한 이런 1차원 랜덤걸음을 {동, 서, 남, 북}의 2차원으로 확장하여 2차원 랜덤걸음으로 확장할 수

있으며, 이 경우 정해진 확률분포에 따라 각 단계마다 표본함수를 전개해 나가면 2차원 평면상에 움직임을 묘사할 수 있고, 이런 방식으로 프랙탈(fractal) 그림을 얻을 수도 있다.

### ☑ 브라운 운동 (Brownian motion)과 위너(Wiener) 과정 $Y(t)$(또는 $Y_t$)

정상성을 가지며 독립적인 증분을 더해 얻어지는 랜덤과정에는 브라운 운동도 포함된다. 액체내의 공간 상에서 입자의 운동인 브라운 운동을 간략하게 표현하기 위해 1차원 직선상에 투영한 결과를 1차원 브라운 운동이라 하며 $n$개의 순간 $t_1, t_2, t_3, \dots, t_n$이 $t_1 < t_2 < t_3 < \cdots < t_n$이며, $x_k \equiv y(t_k) - y(t_{k-1})$라면, 이 증분은 독립적인 랜덤변수들인 $X_k(k=1, 2, \dots, n)$의 표본으로 표현될 수 있다. 뿐만 아니라 $t=0$에서 입자가 원점에 위치한다면

$$Y(t_n) = \sum_{k=1}^{n} X_k \tag{10.3.6}$$

이며, 정상성을 가지며 독립적인 증분을 더한 이 랜덤과정 $Y(t)$를 1차원 브라운 운동이라 한다. 따라서 브라운 운동은 앞서 살펴본 평균, 분산, 공분산에 관련한 식 (10.3.2), 식 (10.3.3), 식 (10.3.4)등이 모두 성립한다.

이러한 브라운 운동에서 $t > t' \geq 0$인 모든 시점에서 증분 $Y_t - Y_{t'}$이

$$f_{Y_t - Y_{t'}}(y) = \frac{1}{\sqrt{2\pi}\,\sigma(Y_t - Y_{t'})} e^{-\left(\frac{y^2}{2\sigma^2(Y_t - Y_{t'})}\right)} \tag{10.3.7}$$

와 같이 정규분포를 가진다면, 이러한 랜덤과정을 위너(Wiener) 과정이라 한다. 한편 위너과정은 브라운 운동으로 정상성을 가진 독립적인 증분의 합이기 때문에

$$\sigma^2(Y_t - Y_{t'}) = \sigma^2 \cdot (t - t') \tag{10.3.8}$$

이며, 여기서 $\sigma^2 = [Var(Y_t)]_{t=1}$에 해당한다. 이는 시간 간격이 커지면 증분의 평균

은 0이지만 분산은 선형적으로 증가하는 랜덤과정이라는 의미이다.

**예제 5 ▸▸▸**

위너 과정 $Y(t)$의 확률밀도 함수가

$$f_{Y(t)}(y) = \frac{1}{\sqrt{2\pi}\, t\sigma} e^{-\left(\frac{y^2}{2\sigma^2 t}\right)}$$

임을 보이시오.

**풀이 ▸▸▸** 식 (10.3.7)에서 $t' = 0$에서 $Y_{t'} = 0$이라면

$$f_{Y(t)}(y) = \frac{1}{\sqrt{2\pi}\sigma(Y_t)} e^{-\left(\frac{y^2}{2\sigma^2(Y_t)}\right)}$$

이며, 여기서 식 (10.3.8)에 의해 $\sigma^2(Y_t) = \sigma^2 t$이 성립한다. 즉 위너 과정 $Y(t)$는 평균이 0이며 분산은 시간에 따라 선형적으로 증가하는 브라운 운동 랜덤과정으로 입지의 위치는 시간이 지나면서 불확실성이 커지게 된다.

한편 위너 과정에서 $n$개의 순간 $t_1, t_2, \ldots, t_n$에서 랜덤변수 $Y(t_1), Y(t_2), \ldots, Y(t_n)$들의 결합 확률밀도는 $n$변수의 다변량 정규분포를 따르게 되며, 이때 평균벡터는 0이며 공분산 행렬의 요소들은

$$Cov(Y(t_i), Y(t_j)) = R(Y(t_i), Y(t_j)) = \sigma^2 \cdot \min(t_i, t_j) \tag{10.3.9}$$

에 해당한다. 프랙탈 그래픽에서는 이 브라운 운동에 파라메터를 동원하며 일반화하여 프랙탈 브라운 운동(fractional Brownian motion)이라 정의하고, 파라메터에 따라 서로 다른 복잡성을 갖는 표본함수를 얻어내어 해안선의 모습 등을 모델링하는데 사용

하기도 한다.

### ☑ 가우시언(Gaussian) 랜덤과정

이제까지 10.3절에서는 시간에 따른 증분이 독립적이며 확률분포가 변화하지 않는 랜덤과정들을 살펴보았다. 이제 이들과 같은 성질을 가지지는 않으나 아주 자주 사용되는 가우시언 랜덤과정을 소개해보자. 임의의 시간들에서의 앙상블의 결합 확률분포가 다변량 정규분포를 가진다면 이러한 랜덤과정을 가우시언 랜덤과정이라 한다. 즉 가우시언 랜덤과정이란 다변량 정규분포를 가지는 랜덤벡터의 연장으로 간주할 수 있다. 따라서 가우시언 랜덤과정은 임의의 시간 $t_1, t_2, \ldots, t_n$들에 대해

$$f_{X(t)}(x) = f_{X(t_1)X(t_2)\cdots X(t_n)\cdots}(x_1, x_2, \ldots, x_n, \ldots)$$
$$= \frac{1}{(2\pi)^{n/2}\,|\Sigma|^{1/2}} exp\left(-\frac{1}{2}(x-\mu)^t \Sigma^{-1}(x-\mu)\right) \quad (10.3.10)$$

와 같으며, 여기서 평균 $\mu$와 공분산 행렬 $\Sigma$는 각각 다음과 같다.

$$\mu = \begin{pmatrix} \mu_{X(t_1)} \\ \mu_{X(t_2)} \\ \mu_{X(t_3)} \\ \cdots \\ \mu_{X(t_n)} \\ \cdots \end{pmatrix} \text{과 } \Sigma = \begin{pmatrix} Cov(X(t_1),X(t_1))\,Cov(X(t_1),X(t_2))\cdots Cov(X(t_1),X(t_n))\cdots \\ Cov(X(t_2),X(t_1))\,Cov(X(t_2),X(t_2))\cdots Cov(X(t_2),X(t_n))\cdots \\ \cdots \quad Cov(X(t_i),X(t_j))\cdots \quad \cdots\cdots \\ Cov(X(t_n),X(t_1))\,Cov(X(t_n),X(t_2))\cdots Cov(X(t_n),X(t_n))\cdots \end{pmatrix}$$

(10.3.11)

이러한 가우시언 랜덤과정이 넓은 의미에서 정상성을 만족한다면, 평균벡터는 상수벡터에 해당하며, 공분산 행렬의 요소들은

$$Cov(X(t_i), X(t_j)) = Cov_X(t_i - t_j) \quad (10.3.12)$$

로 시간차만의 함수이다. 이 경우 가우시언 랜덤과정의 결합 확률밀도함수는 오직 평균 $\mu$와 공분산 행렬 $\Sigma$에 의해 규정되며, 평균 $\mu$가 시간의 함수가 아닌 상수이며 공분

산 행렬 Σ는 시간차의 함수이기 때문에, 결합 확률밀도 역시 시간차만의 함수이다. 따라서 가우시언 랜덤과정이 넓은 의미의 정상성을 만족한다면 이는 까다로운 정상성도 만족된다는 것을 의미한다. 최근 머신러닝 분야에서는 이 가우시언 랜덤과정을 회귀문제 등에 이용하기도 한다.

**예제 6 ▸▸▸**

$X(t)$는 $\mu_X=0$이며 자기 상관함수가 $R_X(\tau)=2^{-|\tau|}$인 정상성을 만족하는 가우시언 랜덤과정이다. $X(t)$와 $X(t+1)$의 결합 확률밀도함수를 표현하시오.

**풀이 ▸▸▸** 특정 시간 $t$에 관계없이 평균 벡터는 $[0, 0]^t$이며, 공분산 행렬은

$$\begin{pmatrix} 2^{-0} & 2^{-1} \\ 2^{-1} & 2^{-0} \end{pmatrix} = \begin{pmatrix} 1 & 1/2 \\ 1/2 & 1 \end{pmatrix}$$

이다. 따라서 결합 확률밀도함수는 이들 평균벡터와 공분산 행렬로 규정되는 2변량 정규분포에 해당한다.

## 연습문제

1. $S_{X_i}=\{1, -1\}$ 이며 $X_i \sim B(1, 0.5)$ 인 랜덤걸음 과정 $Y_n$에 관한 질문에 답하시오.

(1) $Y_4$에서 표본값의 확률분포를 구하시오.

(2) $Var(Y_8-Y_4)$와 $Cov(Y_8, Y_4)$를 구하시오.

(3) $Y_n$의 평균수열과 분산수열을 구하시오.

2. 어떤 가게에 매일 평균 손님수가 70명인 포아송 분포를 이룬다고 한다. 이 가게의 1주일간의 손님수의 평균과 분산은 얼마인가? 또한 매달 초로부터 시작하여 15일과 20일에 드는 손님수의 공분산은 얼마인가?

3. $S_{X_i} = \{1, 0\}$ 이며 $X_i \sim B(1, 0.3)$ 인 이항과정 $Y_n$에 관한 질문에 답하시오.

(1) 평균과 분산 수열을 구하시오.

(2) $Cov(Y_{20}, Y_{100})$을 구해 보시오.

4. $X(t)$는 $\mu_X(t) = 0$이며 자기 상관함수가

$$R_X(\tau) = \begin{cases} 1, & \tau = 0\text{일 경우} \\ 0, & \text{그 외의 경우} \end{cases}$$

인 정상성을 만족하는 가우시언 랜덤과정이다. $X(t), X(t+1), \ldots, X(t+k)$의 결합 확률밀도함수를 표현하시오. 이러한 랜덤과정을 백색잡음이라고도 한다.

5. 예제 6에서 $X(t), X(t+1), X(t+2)$의 결합 확률밀도함수를 수식으로 표현해 보시오.

## 10.4 넓은 의미의 정상성을 갖는 랜덤과정의 상관함수

앞서 여러 차례 지적했듯이 일반적인 랜덤과정의 결합 확률분포는 그 표현이 머릿속에서만 존재할 뿐 표현하기도 어려울 뿐 아니라 실용적이지도 못하다. 따라서 공학과 같이 실제적인 응용분야에서는 통상 랜덤과정에 넓은 의미의 정상성이라는 제약조건을 부여하고, 이런 가정 하에서 자기 상관함수를 이용하여 대상 신호나 시스템의

응답을 모델링하고 해석한다. 본 절에서는 이런 넓은 의미의 정상성을 가지는 랜덤과정의 자기 상관함수와 상호 상관함수 등을 살펴본다.

### ☑ 자기 상관함수(autocorelation function)

일반적으로 랜덤과정에서 평균함수 $\mu_{X(t)}$과 분산함수 $Var(X(t))$, 또는 한 시점에서의 랜덤변수의 확률 분포 $f_{X(t)}(x)$(또는 $P_{X(t)}(x)$)등은 랜덤과정이 담고 있는 충분한 정보를 표현하고 있지 못하다. 즉 일반적인 결합 확률분포의 모든 정보 중에 극히 일부만을 담고 있을 따름이다. 이제 조금 더 정보를 포함시킨다면 두 지점에서의 확률분포에서 얻을 수 있는 10.1절의 자기 상관함수(autocorrelation function)

$$R_X(t_1, t_2) = E[(X(t_1)X(t_2)]$$

를 추가할 수 있다. (이는 랜덤과정의 서로 다른 시간에서 정의된 두 개의 랜덤변수 곱의 기댓값으로 이미 4장에서 살펴본 상관(correlation)과 같은 의미임.) 또한 넓은 의미의 정상성을 만족하는 랜덤과정에서는 아래 관계가 성립한다.

$$R_X(t_1, t_2) = E[(X(t_1)X(t_2)] = E[(X(t_1)X(t_1+\tau)] = E[(X(t)X(t+\tau)] \tag{10.1.9}$$

식 (10.1.9)의 의미는 특정시간 $t$와는 관련이 없기 때문에 자기 상관 함수는 시간차 $\tau$만의 함수로

$$R_X(\tau) = E[(X(t)X(t+\tau)] \tag{10.4.1}$$

와 같이 표현할 수 있으며, 여기에 $\tau$대신 $-\tau$를 대입하면 $R_X(-\tau) = E[X(t)X(t-\tau)]$이다. 여기서 $t-\tau = t'$로 치환하면 $R_X(-\tau) = E[X(t'+\tau)X(t')] = E[X(t')X(t'+\tau)]$이므로

$$R_X(\tau) = E[(X(t)X(t+\tau)] = E[X(t'+\tau)X(t')] = R_X(-\tau) \qquad (10.4.2)$$

이며, 넓은 의미의 랜덤과정의 자기 상관 함수가 우함수(even fundtion)임을 보여준다.

또한 넓은 의미의 정상성을 갖는 랜덤과정 $X(t)$가

$$X(t) = X(t+T)$$

로 주기함수라면, 자기 상관함수도 동일한 주기 $T$를 갖는 주기함수이다. 이는

$$R_X(\tau+T) = E[X(t)X(t+T+\tau)] = E[X(t)X(t+\tau)] = R_X(\tau) \qquad (10.4.3)$$

와 같이 쉽게 증명될 수 있다.

뿐만 아니라 넓은 의미의 정상성을 갖는 랜덤과정은

$$|R_X(\tau)| \leq R_X(0) \qquad (10.4.4)$$

이다. 이는 $E[(X(t) \pm X(t+\tau))^2] \geq 0$이기 때문에, 이를 전개하면

$$E[X^2(t) + X^2(t+\tau) \pm 2X(t)X(t+\tau)] \geq 0$$

이며,

$$E[X^2(t)] + E[X^2(t+\tau)] \pm 2E[X(t)X(t+\tau)] = 2R_X(0) \pm 2R_X(\tau) \geq 0$$

이기 때문이다. 이러한 넓은 의미의 정상성을 만족하는 랜덤과정의 자기 상관함수 $R_X(\tau)$의 성질을 요약하면 다음과 같다.

첫째, $R_X(\tau)$는 우함수이다.

둘째, 랜덤과정 $X(t)$가 주기 $T$를 가진다면 자기 상관함수도 주기 $T$를 가지는 주기함수이다.

셋째, $|R_X(\tau)| \leq R_X(0)$, 즉 시간차이 $\tau = 0$에서 최대이다.

### 예제 1 ▸▸▸

$\psi$가 0 부터 $2\pi$의 균일 랜덤변수인 랜덤과정

$$X(t) = V_0 \cos(\omega_0 t + \psi)$$

이 넓은 의미의 정상성을 가지는지를 랜덤과정의 자기 상관함수를 구하여 판별하시오.

**풀이** ▸▸▸ 10.1절의 예제 2에서 이미 $E[X(t)] = 0, Var(X(t)) = V_0/2$임을 구한 바 있다. 자기 상관함수는

$$R_X(\tau) = E[X(t)X(t+\tau)] = \int_0^{2\pi} V_0 \cos(\omega_0 t + \psi) V_0 \cos(\omega_0(t+\tau) + \psi) \cdot \frac{1}{2\pi} d\psi$$

이며, 이를 정리하면

$$R_X(\tau) = \frac{V_0^2}{2} \cos(\omega_0 \tau) \tag{10.4.5}$$

이며, 이는 $X(t)$가 넓은 의미의 정상성을 가지는 랜덤과정임을 알 수 있다. 또한 $R_X(\tau)$는 우함수이며 그림 10.11과 같다. 그림에서 알 수 있듯이 이 자기 상관함수는 주기함수이기도 하다.

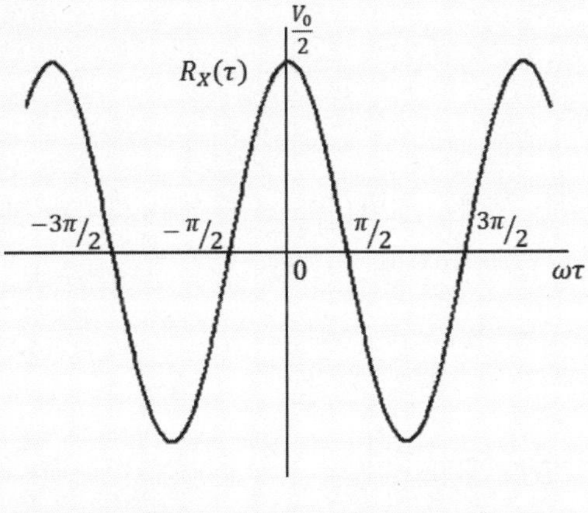


[그림 10.11] 예제 1의 자기 상관함수

**예제 2 ▸▸▸**

다음 함수 중에 자기 상관함수로 타당한 것은 어떤 것인가?

(1) $R_1(\tau)=e^{-|\tau|}$ (2) $R_1(\tau)=e^{-\tau^2}$

(3) $R_3(\tau)=e^{-\tau}\cos\tau$ (4) $R_1(\tau)=e^{-\tau^2}\sin\tau$

**풀이 ▸▸▸** (1), (2), (3)은 넓은 의미의 정상성을 갖는 랜덤과정의 자기 상관함수의 성질을 만족하나, (4)는 우함수도 아니며 $|R_X(\tau)| \le R_X(0)$의 성질도 만족하지 못하여 자기 상관함수가 아니다.

### ☑ 상호 상관함수(cross-correlation function)

자기 상관함수는 동일한 랜덤과정의 서로 다른 시점에서의 상관이라면 상호 상관함수는 서로 다른 랜덤과정의 두 시점에서의 상관을 의미한다. 이는 시스템의 입력과 출력의 상태를 표현하는 랜덤과정 사이의 관계를 규명하는데 의미가 있다. $X(t)$와 $Y(t)$가 모두 넓은 의미의 정상성을 만족하는 경우 상호 상관함수는

$$R_{XY}(\tau)=E[X(t)Y(t+\tau)] \text{ 또는 } R_{YX}(\tau)=E[Y(t)X(t+\tau)] \tag{10.4.6}$$

와 같이 정의된다. 일반적으로 상호 상관함수는

$$R_{XY}(-\tau)=R_{YX}(\tau) \tag{10.4.7}$$

의 관계를 만족하며, 이는 우함수가 아니다. 또한 넓은 의미의 정상성을 만족하는 랜덤과정 $X(t)$와 $Y(t)$ 모두 주기 $T$를 가진다면 상호 상관함수 $R_{XY}(\tau)$도 주기 $T$를 가진다.

### ☑ 공분산함수(covariance function)

만약 넓은 의미의 정상성을 갖는 두 랜덤변수 $X(t)$, $Y(t)$가 평균함수가 0이 아니며

$$E[X(t)] = \mu_X,\ E[Y(t)] = \mu_Y$$

라면 공분산함수를 다음과 같이 정의할 수 있다. 자기 공분산(covariance)함수는

$$C_X(\tau) = E[(X(t) - \mu_X)X(t+\tau) - \mu_X] = R_X(\tau) - \mu^2_X \quad (10.4.8)$$

로 정의되며 $R_X(0) = E[X^2(t)]$ 이기 때문에 $C_X(0) = E[X^2(t)] - \mu^2_X = R_X(0) - \sigma^2_X$ 에 해당한다.

마찬가지 방법으로 넓은 의미의 정상성을 갖는 두 랜덤과정의 상호 공분산(cross-covariance) 함수는

$$C_{XY}(\tau) = E[(X(t) - \mu_X)Y(t+\tau) - \mu_Y] = R_{XY}(\tau) - \mu_X \mu_Y \quad (10.4.9)$$

로 정의된다.

**예제 3 ▸▸▸**

그림 10.12(a)와 같은 표본함수를 갖는 랜덤 텔레그래프 과정의 자기 공분산함수가

$$C_X(t_1, t_2) = \frac{1}{4} e^{-2\lambda |t_1 - t_2|} = \frac{1}{4} e^{-2\lambda |\tau|} \quad (10.4.10)$$

임을 보이려 한다. 여기서

$$P[X(t) = 0] = 1/2 = P[X(t) = 1]$$

이며, 시간차이 $\tau$ 동안의 변화횟수 $N$은 포아송 분포

$$P(N = k) = \frac{(\lambda\tau)^k}{k!} e^{-\lambda\tau}$$

를 가진다.

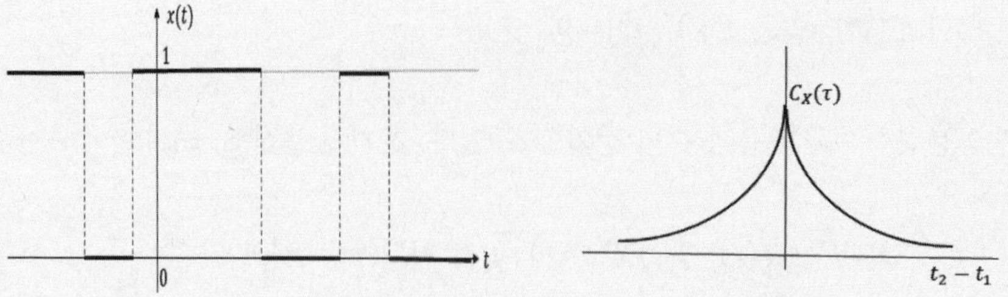


(a) 랜덤 텔레그래프 과정의 표본함수 (b) 공분산 함수

[그림 10.12] 랜덤 텔레그래프 과정의 표본함수와 공분산 함수

(1) $E[X(t)]=1/2$을 보이시오.

(2) $R_X(t_1,t_2)=E[X(t_1)=1, X(t_1)=1]=(1/2)P[k=even]$ 임을 보이시오.

(3) (2)에서 $P[k=even]=\dfrac{1}{2}+\dfrac{1}{2}e^{-2\lambda|t_2-t_1|}$ 임을 보이시오.

(4) $C_X(t_1,t_2)=\dfrac{1}{4}e^{-2\lambda|t_1-t_2|}=\dfrac{1}{4}e^{-2\lambda\tau}, \tau=|t_2-t_1|$ 임을 보이시오.

**풀이 ▸▸▸** (1) $E[X(t)]=1\cdot(1/2)+(0)=1/2$.

(2)
$$\begin{aligned}R_X(t_1,t_2)&=0\cdot0\cdot E[X(t_1)=0,X(t_2)=0]+1\cdot0\cdot E[X(t_1)=1,X(t_2)=0]\\&+0\cdot1\cdot E[X(t_1)=0,X(t_2)=1]+1\cdot1\cdot E[X(t_1)=1,X(t_2)=1]\\&=E[X(t_1)=1,X(t_2)=1]\end{aligned}$$

이며, 이는 짝수번의 변화들 중에 반에 해당하는 1에서 1로의 변화이므로

$$R_X(t_1,t_2)=E[X(t_1)=1,X(t_1)=1]=(1/2)P[k=even].$$

(3) 포아송 분포로부터

$$\begin{aligned}P[k=even]&=\left(\frac{(\lambda\tau)^0}{0!}+\frac{(\lambda\tau)^2}{2!}+\ldots\right)e^{-\lambda\tau}=\frac{(e^{\lambda\tau}+e^{-\lambda\tau})^0}{2}e^{-\lambda\tau}\\&=\frac{1}{2}+\frac{1}{2}e^{-2\lambda\tau}.\end{aligned}$$

(4) (2)와 (3)에서

$$R_X(t_1, t_2) = R_X(\tau) = \frac{1}{4} + \frac{1}{4} e^{-2\lambda\tau}$$

이며, $C_X(\tau) = R_X(\tau) - \mu^2{}_X$이므로 $C_X(t_1, t_2) = \frac{1}{4}\ e^{-2\lambda|t_1 - t_2|} = \frac{1}{4}\ e^{-2\lambda\tau}$. 이를 그림으로 표현하면, 그림 10.12(b)와 같다.

### ☑ 넓은 의미의 정상성을 갖는 두 랜덤과정의 합

신호처리 분야에서는 정보를 포함한 신호와 잡음의 합과 같이, 두 신호의 합을 고려할 경우가 종종 발생한다. 일반적인 랜덤과정을 고려하는 것은 해석상의 어렵기 때문에 두 랜덤과정 $X(t), Y(t)$가 모두 정상성을 갖는다는 가정아래

$$Z(t) = X(t) + Y(t)$$

의 자기 상관함수와 $X(t), Y(t)$의 상호 상관함수를 고려해 보자. 새로운 랜덤과정 역시 정상성을 가지며

$$\begin{aligned} R_Z(\tau) &= E[Z(t)Z(t+\tau)] = E[(X(t)+Y(t))(X(t+\tau)+Y(t+\tau)] \\ &= R_X(\tau) + R_Y(\tau) + R_{XY}(\tau) + R_{YX}(\tau) \end{aligned}$$

에 해당한다. 만약 상호 상관함수 $R_{XY}(\tau) = R_{YX}(\tau) = 0$인 조건을 만족한다면

$$R_Z(\tau) = R_X(\tau) + R_Y(\tau) \tag{10.4.11}$$

이다. 여기서 상호 상관함수가 0인 두 랜덤과정을 통상 직교(orthogonal)한다고 한다. 두 랜덤과정이 독립이라면

$$R_{XY}(\tau) = E[X(t)Y(t+\tau)] = E[X(t)]E[Y(t+\tau)] = \mu_X \mu_Y$$

이며, 같은 방식으로 $R_{YX}(\tau)=\mu_X\mu_Y$이다. 따라서 독립적인 두 랜덤과정 중에 하나만 이라도 평균함수가 0이면 직교성을 만족하게 된다.

**예제 4 ▸▸▸**

$Y(t)=X(t)+N(t)$이며, $X(t)$와 $N(t)$는 넓은 의미의 정상성을 갖는 랜덤과정으로 독립이며 $E[X(t)]=\mu_X$, $E[N(t)]=0$이다.

(1) $X(t)$와 $N(t)$가 서로 직교함을 보이시오.

(2) $Y(t)$는 넓은 의미의 정상성을 만족하는가?

(3) $R_{YX}(t,t+\tau)=R_{YX}(\tau)$를 만족하는가?

(4) $R_{YN}(t,t+\tau)=R_{YN}(\tau)$를 만족하는가?

**풀이 ▸▸▸** (1) $X(t)$와 $N(t)$는 독립이며, $E[N(t)]=0$이기 때문에

$$R_{XN}(\tau)=R_{XN}(t,t+\tau)=E[X(t)N(t+\tau)]=E[X(t)]E[N(t+\tau)]=0$$
$$R_{NX}(\tau)=R_{NX}(t,t+\tau)=E[N(t)X(t+\tau)]=E[N(t)]X[N(t+\tau)]=0$$

(2) $E[Y(t)]=E[X(t)+N(t)]=E[X(t)]+E[N(t)]=\mu_X$

$$\begin{aligned}R_Y(t,t+\tau)&=E[Y(t)Y(t+\tau)]\\&=E[(X(t)+N(t))(X(t+\tau)+N(t+\tau))]\\&=R_X(\tau)+E[X(t)N(t+\tau)]+E[N(t)X(t+\tau)]+R_N(\tau)\end{aligned}$$

여기서 $X(t)$와 $N(t)$는 서로 직교하기 때문에 $R_Y(t,t+\tau)=R_X(\tau)+R_N(\tau)$이며 두 랜덤과정의 합은 넓은 의미의 정상성을 만족한다.

(3) $$\begin{aligned}R_{YX}(t,t+\tau)&=E[(X(t)+N(t))X(t+\tau)]\\&=R_X(\tau)+E[N(t)X(t+\tau)]=R_X(\tau).\end{aligned}$$

따라서 시간 $t$에 관계없이 $R_{YX}(t,t+\tau)=R_{YX}(\tau)$이다.

(4) $R_{YN}(t,t+\tau)=E[(X(t)+N(t))N(t+\tau)]$

$$=E[X(t)N(t+\tau)]+R_N(\tau)=R_N(\tau)$$

따라서 $R_{YN}(t,t+\tau)=R_{YN}(\tau)$를 만족한다.

### ☑ 상수와 주기적인 항을 포함하는 랜덤과정

랜덤과정 $X(t)$가 상수 $\mu_X$와 주기적인 항의 합을 포함하면 자기 상관함수 역시 상수 $\mu^2_X$와 주기적인 항의 합

$$R_X(\tau)=\mu^2_X+\sum_{k=1}^{\infty}\frac{V^2_k}{2}\cos(2\pi k\tau/T) \qquad (10.4.12)$$

으로 표현된다. 이는 앞서 살펴본 주기적인 랜덤과정의 자기 상관함수가 주기적이라는 사실과 직교하는 랜덤과정의 상호 상관함수가 0인 사실로부터 유도되며, 자기 상관함수에서 주기적인 랜덤과정의 위상정보는 잃게 된다. 이런 결과는 랜덤과정과 선형시스템에 푸리에 해석(Fourier analysis)을 적용할 수 있게 하는 근거가 된다.

한편 자기 상관함수는 일종의 넓은 의미의 정상성을 갖는 랜덤과정의 두 시점에서의 랜덤변수 $X(t)$와 $X(t+\tau)$ 유사성 측도로 볼 수 있다. 따라서 랜덤과정이 주기 $T$를 가지면 자기 상관함수 역시 주기 $T$로 랜덤변수의 유사성이 반복된다는 것을 의미한다.

일반적으로 주기가 없는 잡음(noise)의 경우는 시간이 지날수록 유사성이 떨어지며 결국

$$\lim_{\tau\to\infty}R_X(\tau)=0 \qquad (10.4.13)$$

으로 시간차가 크면 유사성이 없어진다고 볼 수 있다. 따라서 정보를 담은 신호와 백색잡음이 합해진 신호에 해당하는 랜덤과정의 경우, 시간차가 커지면 백색잡음의 자기 상관부분은 없어지고 신호성분의 자기 상관부분만이 남게 된다.

### 예제 5 ▸▸▸

예제 1과 같이 정보를 담은 신호 $X(t)$ 에 백색 잡음 $N(t)$ 가 혼합된

$$W(t) = X(t) + N(t)$$

의 자기상관함수를 구하시오. 단 $X(t) = A\cos(\omega_0 t + \psi)$, $\psi \sim U(0, 2\pi)$이며, 백색잡음과는 독립이다. 한편 백색잡음의 $E[N(t)]=0$, $R_N(\tau) = \sigma^2_N \delta(\tau)$ 이다. 여기서 $\delta(\tau)$는 임펄스(impulse)라 부르는 디락 델타(dirac delta) 함수로 $\delta(0) = 1$이며, $\tau \neq 0$인 곳에서 $\delta(\tau) = 0$이다. (한편 이 예에서 같이 정보를 담은 신호에 더해지는 형식의 잡음을 가산성 잡음(additive noise)라고 부른다.)

**풀이** ▸▸▸ 독립적인 랜덤과정이고 $E[N(t)]=E[X(t)]=0$이기 때문에

$$R_W(\tau) = R_X(\tau) + R_N(\tau)$$

이다. 또한 예제 1의 식 (10.4.5)에서

$$R_X(\tau) = \frac{A^2}{2}\cos(\omega_0 \tau)$$

이기 때문에

$$R_W(\tau) = \frac{A^2}{2}\cos(\omega_0 \tau) + \sigma^2_N \delta(\tau)$$

에 해당한다. 따라서 신호의 평균전력 $R_X(0) = A^2/2$ 이며 백색잡음의 평균전력은 $\sigma^2_N$으로 신호대 잡음비(signal-to-noise ratio, SNR)는 $A^2/2\sigma^2_N$에 해당한다. 그림 10.13은 랜덤과정 $W$의 자기 상관함수를 표현하고 있다.

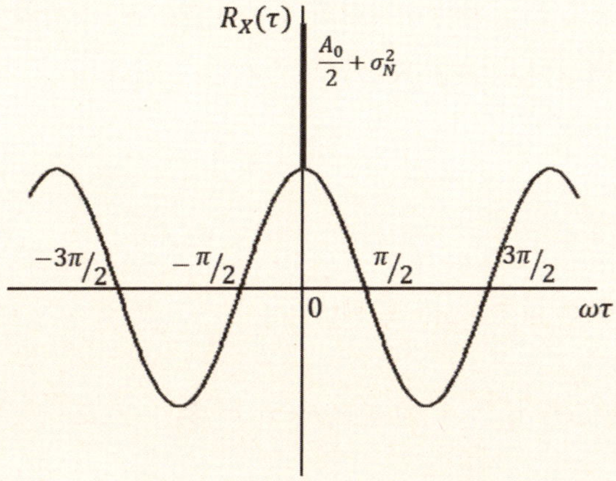


[그림 10.13] 예제 5의 자기 상관함수

### ☑ 넓은 의미의 정상성을 갖는 랜덤과정의 곱

신호처리에서 변복조나 승산성 잡음(multiplicative noise)의 경우에는 독립적이며 넓은 의미에서 정상성을 갖는 두 랜덤과정이 곱해지는 경우가 있다. 즉

$$W(t) = X(t) \cdot Y(t) \tag{10.4.14}$$

라면

$$\mu_W = E[W(t)] = E[X(t) \cdot Y(t)] = E[X(t)]E[Y(t)] = \mu_X \cdot \mu_Y \tag{10.4.15}$$

이며

$$\begin{aligned}\sigma^2_W &= E[(X(t)Y(t) - \mu_X\mu_Y)^2] = E[X^2(t)Y^2(t)] - \mu_X{}^2\mu_Y{}^2 \\ &= E[X^2(t)]E[Y^2(t)] - \mu_X{}^2\mu_Y{}^2 = (\sigma^2_X + \mu_X{}^2)(\sigma^2_Y + \mu_Y{}^2) - \mu_X{}^2\mu_Y{}^2\end{aligned} \tag{10.4.16}$$

이다. 또한 자기상관함수는

$$\begin{aligned}R_W(\tau) &= E[W(t)W(t+\tau)] = E[X(t)Y(t)X(t+\tau)Y(t+\tau)] \\ &= E[X(t)X(t+\tau)]E[Y(t)Y(t+\tau)] = R_X(\tau)R_Y(\tau)\end{aligned} \tag{10.4.17}$$

이다. 즉 두 랜덤과정의 곱은 평균이 각각의 평균의 곱, 자기 상관함수가 각각의 자기 상관함수의 곱으로 표현되는 정상성을 가지는 랜덤과정이다.

**예제 6 ▸▸▸**

넓은 의미에서 정상적이며 독립적인 두 랜덤과정

$$X(t) = A\cos(\omega_1 t + \Theta_1), \quad Y(t) = B\cos(\omega_2 t + \Theta_2)$$

의 곱 $W(t) = X(t)Y(t)$의 자기 상관함수를 구하시오. (단 $\Theta_1,\ \Theta_2 \sim U(0, 2\pi)$)

**풀이 ▸▸▸** 식 (10.4.5)에서 각각의 랜덤과정의 자기 상관함수는

$$R_X(\tau) = \frac{A^2}{2}\cos(\omega_1\tau) \qquad R_Y(\tau) = \frac{B^2}{2}\cos(\omega_2\tau)$$

이며, 식 (10.4.17)에 의해

$$R_W(\tau) = \frac{A^2}{2}\cos(\omega_1\tau)\,\frac{B^2}{2}\cos(\omega_2\tau) = \frac{A^2B^2}{8}[\cos(\omega_1+\omega_2)\tau + \cos(\omega_1-\omega_2)\tau].$$

## 연습문제

1. $Z(t) = Y\cos t + X\sin t,\ -\infty < t < \infty$인 랜덤 과정에서 $X$와 $Y$는 서로 독립이며, $-1$에서 2/3, +2에서 1/3의 확률을 가지는 랜덤변수이다.

(1) $E[Z(t)]$와 $R(t_1, t_2)$를 구하시오.

(2) 두 랜덤과정 $Y\cos t$와 $X\sin t$가 서로 직교함을 보이시오.

(3) 이 랜덤과정이 넓은 의미의 정상성을 만족함을 보이시오.

2. $X(n)$은 자기 상관함수 $R_X(k)$를 갖는 넓은 의미의 정상성을 만족하는 랜덤수열이다. 한편 랜덤수열 $Y(n)$은 $X(n)$에서 번갈아 가며 랜덤변수의 부호를 바꾸어 가며 얻는다고 하자. 즉 $Y(n)=(-1)^n X(n)$이다.

(1) $Y(n)$의 자기 상관함수를 $R_X(k)$를 이용하여 표현하시오.

(2) $Y(n)$은 넓은 의미의 정상성을 만족하는가?

(3) $X(n)$과 $Y(n)$의 상호 상관함수를 $R_X(k)$를 이용하여 표현하시오.

3. $X(t)$는 자기 상관함수 $R_X(\tau)$를 갖는 랜덤과정이고 $C(t)=A\cos(\omega_0 t+\theta)$이며 $\theta \in [-\pi, \pi]$는 균일분포 랜덤변수로 $X(t)$와 $C(t)$는 서로 독립적이다. 랜덤과정 $W(t)=X(t)C(t)$일 경우 다음 질문에 답하시오.

(1) $E[W(t)]$는 얼마인가?

(2) $W(t)$에 대한 자기 상관함수를 구하시오.

(3) $W(t)$는 넓은 의미의 정상성을 만족하는가?

4. 평균이 0이고 주기가 $T$인 주기적인 신호는 푸리에 급수를 이용하여 다음과 같이 표현할 수 있다.

$$x(t)=\sum_{k=1}^{\infty} A_k \cos(k\omega_0 t+\varnothing_k)$$

여기서 $\omega_0=2\pi/T$이다. 이런 신호의 위상이 $\pm T/2$에서 랜덤하게 이동할 수 있다면, 이렇게 만들어진 신호들의 앙상블은 랜덤과정

$$X(t)=\sum_{k=1}^{\infty} A_k \cos(k\omega_0 t+\varnothing_k+k\theta)$$

으로 정의할 수 있다. 여기서 $\theta \in [-\pi, \pi]$의 균일 랜덤변수일 경우 랜덤과정 $X(t)$의 자기 상관함수가

$$R_X(\tau)=\sum_{k=1}^{\infty} \frac{A_k^2}{2} \cos(k\omega_0 \tau)$$

임을 보이고자 한다. 다음 질문에 답하시오.

(1) 랜덤과정 $X(t)$를 구성하는 임의의 $k$에서의 랜덤과정을 $X_k(t)$라 하자. 평균 $E[X_k(t)]$을 구하시오.

(2) 임의의 $k=k_1$과 $k=k_2$에서의

$$E[X_{k1}(t)X_{k2}(t+\tau)] = \begin{cases} \dfrac{A_k^2}{2}\cos(k\omega_0\tau), & k_1=k_2 \text{ 일 경우} \\ 0 & , k_1 \neq k_2 \text{일 경우} \end{cases}$$

임을 보이시오.

(3) (2)의 관계를 이용하여 $R_X(\tau)$가 주어진 식과 같음을 보이시오.

5. 예제 3의 랜덤 텔레그래프 과정이 0과 1사이의 펄스가 아니라 −1과 1사이의 펄스라 하자. 이 랜덤과정의 평균이 0이며, 이제 $t_1$과 $t_2$에서 같은 값을 가질 확률

$$P(A) = \frac{1}{2} + \frac{1}{2}e^{-2\lambda|t_2-t_1|}$$

일 경우 자기 공분산함수 $C_X(t_1, t_2)$를 구하시오.

6. 랜덤과정 $X(t)$와 $Y(t)$는 평균이 0이며 서로 독립이며 넓은 의미의 정상성을 갖는다고 하자. 랜덤과정 $U(t)$와 $V(t)$가

$$U(t) = X(t) + Y(t)$$
$$V(t) = X(t) - Y(t)$$

라면, $R_U(\tau)$, $R_V(\tau)$, $R_{UX}(\tau)$, $R_{VY}(\tau)$및 $R_{UV}(\tau)$를 $R_X(\tau)$와 $R_Y(\tau)$로 표현하시오.

## 10.5 에르고딕(ergodic) 랜덤과정

10장에서 지금까지 살펴본 내용에서 $E[\cdot]$는 앙상블 평균을 의미하는 기호였다. 즉 랜덤과정의 한 시간 단면에서의 표본함수 값의 분포든 두 시간단면에서의 랜덤변수들의 결합 확률분포든 또는 그 이상의 랜덤변수들의 결합 확률분포이든 확률분포를 이용한 기댓값 계산이었다. 본 절에서는 랜덤과정이 에르고딕 하다는 의미와 이를 바탕으로 단일 표본함수의 시간평균으로 앙상블 평균을 대체하는 방법을 살펴본다.

### ☑ 에르고딕 랜덤과정의 정의

실제 앙상블을 구성하는 일이 가능할까? 예를 들어 *EEG*신호들의 모음을 생각해보자. 세상에 존재하는 모든 *EEG*신호를 모아서 랜덤과정을 구성하고 어떤 특정시간들에서 랜덤변수들을 만들어 해당 결합 랜덤변수의 확률분포를, 아니 그 보다는 훨씬 못 미치는 평균함수나 자기 상관함수를 만들어 내는 일이 현실적으로 가능할까? 불가능하다. 일반적인 랜덤변수에서도 가능한 모든 값들에서의 확률분포를 얻고 이를 활용하는 것이 현실적으로 불가능한 일이 아닌데, 하물며 랜덤과정에서는 더더욱 가능한 일이 아니다. 그러면 우리가 일상에서 접하는 것을 무엇일까? 이는 랜덤변수의 표본들이거나 또는 랜덤과정의 표본함수, 즉 랜덤변수나 랜덤과정이 현현現顯한 것에 불과한 것이다. 이는 마치 랜덤변수나 랜덤과정은 그저 가정된 모델일 뿐 이라는 말과 같은 의미이다. 따라서

$$R_{XY}(\tau)=E[X(t)Y(t+\tau)]$$

라고 표현한 식에서 $E[\cdot]$ 부분은 이론적으로 모델에서나 가능할 수 있다는 것이다.

그러면 랜덤과정에서 현실적으로 우리가 만나는 것은 무엇일까? 바로 표본함수라는 것이다. 하나의 표본함수의 시간에 따른 평균을 시간 평균(time average) $<\cdot>$이라

하며, 이 시간평균은

$$<x(t)> = \lim_{T\to\infty} \frac{1}{T} \int_{-T/2}^{T/2} x(t)dt \tag{10.5.1}$$

로 정의된다. 여기서 $T \to \infty$ 라 함은 안정된 값을 얻기에 충분한 기간을 의미한다. 또한 시간 평균으로서 자기 상관함수는

$$<x(t)x(t+\tau)> = \lim_{T\to\infty} \frac{1}{T} \int_{-T/2}^{T/2} x(t)x(t+\tau)dt \tag{10.5.2}$$

이다. 만약 랜덤과정의 앙상블을 모아서 $E[\cdot]$ 연산자를 이용하여 구한 평균 $E[X(t)]$와 자기 상관함수 $R(t, t+\tau)$가 각각 시간평균 $<x(t)>$와 자기 상관함수 $<x(t)x(t+\tau)>$와 서로 같다면 이를 넓은 의미의 에르고딕 과정이라 한다.

**예제 1 ▸▸▸**

다음 랜덤과정이 에르고딕임을 보이시오. 여기서 $\psi \in [0, 2\pi]$의 균일분포 랜덤변수이다.

$$X(t) = V_0 \cos(\omega_0 t + \psi)$$

**풀이 ▸▸▸** 일단 표본함수 $x(t) = V_0\cos(\omega_0 t + \theta)$ 를 취해 시간평균에 의해 자기상관함수를 구하면

$$\begin{aligned} <x(t)x(t+\tau)> &= \lim_{T\to\infty} \frac{1}{T} \int_{-T/2}^{T/2} V_0\cos(\omega_0 t + \theta)\, V_0\cos(\omega_0(t+\tau) + \theta)\, dt \\ &= \frac{V_0^2}{2} \lim_{T\to\infty} \frac{1}{T} \int_{-T/2}^{T/2} (\cos(2\omega_0 t + \omega_0\tau + 2\theta) + \cos(\omega_0\tau))\, dt \end{aligned}$$

여기서 $\cos(2\omega_0 t + \omega_0\tau + 2\theta)$ 의 적분은 주기함수이기 때문에 0이며 결국

$$<x(t)x(t+\tau)> = \frac{V_0^2}{2} \cos(\omega_0\tau)$$

임을 알 수 있다. 이는 시간평균이 10.4절의 예제 1에서 살펴본 앙상블 평균과 같고 자기 상관함수 역시 $<x(t)x(t+\tau)>$와 같은 에르고딕 랜덤과정임을 보여준다.

한편 실제적인 경우 표본함수는 무한한 길이를 가질 수 없으며 일정시간 구간 $T$에서만 관측될 수 있다. 따라서 관측된 구간에서만 의미 있으며 그렇지 않은 구간에서는 0이라고 가정하여

$$x_T(t) = \begin{cases} x(t),\ 0<t<T\text{일 경우} \\ 0 \quad\ ,\ \text{그 외의 영역} \end{cases} \tag{10.5.3}$$

만을 고려한다. 이 경우 에르고딕 과정의 자기상관함수는

$$R_X(\tau) \approx \hat{R}_X(\tau) = \frac{1}{T}\int_0^{T-\tau} x(t)x(t+\tau)dt,\ \ \tau > 0 \tag{10.5.4}$$

으로 근사화된다.

### ☑ 에르고딕 이산 랜덤과정의 경우

연속 랜덤과정의 표본함수의 시간평균은 적분을 포함하기 때문에 종종 시간 축을 이산화하여 이산 랜덤과정으로 바꾼 표본수열로부터 계산될 수 있다. 만약 $N$개의 데이터를 가진다면 자기 상관함수는

$$r_X(n) = \frac{1}{N}\sum_{k=0}^{N-1-n} x(k)x(k+n) \tag{10.5.5}$$

로 계산될 수 있다.

### ☑ 에르고딕 랜덤과정의 상호 상관함수

두 랜덤과정 $X(t)$와 $Y(t)$가 결합적으로 에르고딕 랜덤과정들이라면 상호 상관함수는

$$<x(t)y(t+\tau)> = \lim_{T\to\infty}\frac{1}{T}\int_{-T/2}^{T/2} x(t)y(t+\tau)dt = E[X(t)Y(t+\tau)] = R_{XY}(\tau) \tag{10.5.6}$$

$$<y(t)x(t+\tau)> = \lim_{T\to\infty}\frac{1}{T}\int_{-T/2}^{T/2} y(t)x(t+\tau)dt = E[Y(t)X(t+\tau)] = R_{YX}(\tau) \tag{10.5.7}$$

의 관계가 성립한다. 이산적인 에르고딕 랜덤수열로부터 상호 상관함수는

$$r_{XY}(n) = \frac{1}{N}\sum_{k=0}^{N-1-n} x(k)y(k+n), \tag{10.5.8}$$

$$r_{YX}(n) = \frac{1}{N}\sum_{k=0}^{N-1-n} y(k)x(k+n). \tag{10.5.9}$$

## 연습 문제

1. 다음 랜덤수열은 에르고딕 랜덤과정으로부터 샘플링하여 얻어졌다. 이 랜덤수열의 $n=0, 1, 2$ 일 경우의 자기 상관함수를 식 (10.5.5)를 적용하여 구하시오.

| $k$ | 0 | 1 | 2 | 3 | 4 | 5 | 6 | 7 | 8 | 9 |
|---|---|---|---|---|---|---|---|---|---|---|
| $x(k)$ | 1.5 | 2.1 | 1.0 | 2.2 | -1.6 | -2.0 | -2.5 | 2.5 | 1.6 | -1.8 |

## 10.6 전력스펙트럼 밀도

일반적으로 푸리에 변환은 적분 가능한 함수에 대해서만 정의될 수 있기 때문에 랜덤과정 $X(t)$의 표본함수 $x(t)$에 창 함수(window function)를 고려하여 일정 구간에서만 0이 아닌 표본함수

$$x_T(t) = \begin{cases} x(t), & |t| \le T/2 \\ 0 & , |t| > T/2 \end{cases} \tag{10.6.1}$$

를 대상으로 한다. 이런 유한한 길이(support)의 표본함수에 대한 순방향 푸리에 변환은

$$X_T(\omega)=F\{x_T(t)\}=\int_{-\infty}^{\infty} x_T(t)e^{-j\omega t}dt \tag{10.6.2}$$

와 같이 정의되며, 역변환은

$$x_T(t)=F^{-1}\{X_T(\omega)\}=\frac{1}{2\pi}\int_{-\infty}^{\infty} X_T(\omega)e^{j\omega t}d\omega \tag{10.6.3}$$

로 정의된다. 원래 신호 $x(t)$의 폭 $T$에서의 평균전력을

$$P_T = \frac{1}{T}\int_{-T/2}^{T/2} x^2(t)dt$$

로 정의하면, 이는 유한한 길이의 표본함수로 대치하여

$$P_T = \frac{1}{T}\int_{-\infty}^{\infty} x^2{}_T(t)dt \tag{10.6.4}$$

로 쓸 수 있다. 여기서 $x^2(t)$의 한편에 푸리에 역변환식을 대입하고 적분의 순서를 바꾸면

$$P_T = \frac{1}{2\pi T}\int_{-\infty}^{\infty} x_T(t)\int_{-\infty}^{\infty} X_T(\omega)e^{j\omega t}d\omega dt = \frac{1}{2\pi T}\int_{-\infty}^{\infty} X_T(\omega)\int_{-\infty}^{\infty} x_T(t)e^{j\omega t}dtd\omega$$

이며, 이는

$$P_T = \frac{1}{2\pi T}\int_{-\infty}^{\infty} X_T(\omega)X_T(-\omega)d\omega \tag{10.6.5}$$

에 해당한다. 실수 값을 제공하는 함수 $x_T(t)$에서 $X_T(-\omega)=X^*_T(\omega)$이기 때문에

$$P_T = \frac{1}{2\pi T}\int_{-\infty}^{\infty} |X_T(\omega)|^2 d\omega$$

에 해당한다. 이러한 결과를 요약하면

$$P_T \cdot T = \int_{-\infty}^{\infty} x^2{}_T(t)dt = \frac{1}{2\pi}\int_{-\infty}^{\infty} |X_T(\omega)|^2 d\omega \tag{10.6.6}$$

와 같으며 이는 시간 영역의 에너지와 주파수 영역의 에너지가 서로 같다는 파스발(Parseval)의 정리에 해당한다.

이제 표본함수로부터 얻어진 결과를 식(10.6.6)의 앙상블에 적용하기 위해 $x_T(t) \to X_T(t)$, $X_T(\omega) \to X_T(\omega)$로 교체하면 (이후 $X_T(\omega)$는 랜덤과정 $X_T(t)$의 푸리에 변환을 의미함.)

$$\int_{-\infty}^{\infty} X^2{}_T(t)dt = \frac{1}{2\pi}\int_{-\infty}^{\infty} |X_T(\omega)|^2 d\omega \tag{10.6.7}$$

가 되며, 이는 이전 표본함수의 결과를 포함한다. 식(10.6.7)의 양변에 앙상블 평균 $E[\cdot]$를 취하면, 기대치의 선형성으로 적분기호 안으로 들어갈 수 있기 때문에

$$\int_{-T/2}^{T/2} E[X^2(t)]dt = \frac{1}{2\pi}\int_{-\infty}^{\infty} E[|X_T(\omega)|^2]d\omega \tag{10.6.8}$$

이며, 넓은 의미의 정상성을 갖는 랜덤과정에서는 $E[X^2(t)] = const$ (평균과 분산이 상수이기 때문에 2차 모멘트도 상수임.)이기 때문에

$$T \cdot E[X^2(t)]dt = \frac{1}{2\pi}\int_{-\infty}^{\infty} E[|X_T(\omega)|^2]d\omega\ .$$

한편 여기에 $T \rightarrow \infty$의 극한치를 취하하면

$$R_X(0) = E[X^2(t)] = \frac{1}{2\pi}\int_{-\infty}^{\infty} \lim_{T\rightarrow\infty} \frac{1}{T} E[|X_T(\omega)|^2]d\omega \tag{10.6.9}$$

로 정리할 수 있다. 여기서 넓은 의미의 정상성을 갖는 랜덤과정 $X(t)$의 전력스펙트럼밀도(power spectral density)를

$$S_X(\omega) = \lim_{T\rightarrow\infty} \frac{1}{T} E[|X_T(\omega)|^2] \tag{10.6.10}$$

로 정의하면, 랜덤과정의 평균전력

$$R_X(0) = \frac{1}{2\pi}\int_{\infty}^{\infty} S_X(\omega)d\omega \tag{10.6.11}$$

에 해당한다. 여기서 전력스펙트럼밀도는 어느 주파수 영역에 평균전력이 얼마나 분포되어 있는 가를 표현하며 이를 모두 더하고 $2\pi$로 나누어 정규화하면 시간영역의 평균전력과 같다는 것이다.

### ☑ 대칭성

전력스펙트럼밀도의 특징을 살펴보자. 우선 정의로부터 절대치의 제곱에 대한 기대치이기 때문에 모든 $\omega$에서 $S_X(\omega) \geq 0$이다. 또한 이 절대치의 제곱은 일반적으로 복소수인 푸리에 변환 결과와 공액복소수(complex conjugate)의 곱이기 때문에 $\omega$에 대한 실함수이며 이는 허수부가 없다는 것을 의미한다. 따라서 $S_X(\omega) = S^*_X(\omega)$에 해당한다. 또한 실함수 $x_T(t)$에서 $X_T(-\omega) = X^*_T(\omega)$이기 때문에

$$S_X(-\omega)=\lim_{T\to\infty}\frac{1}{T}E[|X_T(-\omega)|^2]=\lim_{T\to\infty}\frac{1}{T}E[|X^*_T(\omega)|^2]=S_X(\omega)$$

(10.6.12)

이 성립하여 우함수(even function)임을 알 수 있다. 이러한 성질을 이용하면

$$R_X(0)=\frac{1}{\pi}\int_0^\infty S_X(\omega)d\omega \qquad (10.6.13)$$

로 평균전력을 계산할 수 있다.

**예제 1 ▸▸▸**

그림 10.14와 같은 전력 스펙트럼밀도함수를 갖는 랜덤과정의 평균전력 $R_X(0)$를 구하시오.

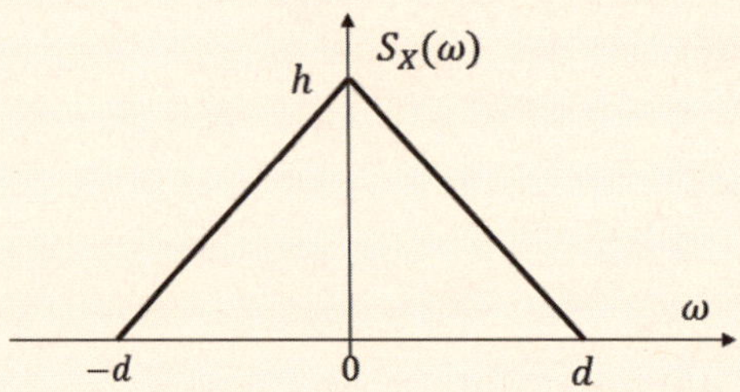


[그림 10.14] 예제 1 랜덤과정의 전력 스펙트럼 밀도

**풀이 ▸▸▸** 평균전력

$$R_X(0)=\frac{1}{2\pi}\int_{-\infty}^{\infty}S_X(\omega)d\omega=\frac{1}{2\pi}\cdot(\text{전체면적})$$

에 해당하며 따라서

$$R_X(0)=\frac{1}{2\pi}\cdot\left(\frac{1}{2}\times 2d\times h\right)=\frac{dh}{2\pi}.$$

### ☑ 위너-킨친(Wiener-Khinchin) 관계

위너-킨친의 관계란 일반적으로 넓은 의미의 정상성을 갖는 랜덤과정 $X(t)$의 전력스펙트럼밀도와 자기 상관함수는 푸리에 변환(Fourier transform)쌍을 이룬다는 것이다. 즉

$$S_X(\omega) = \int_{-\infty}^{\infty} R_X(\tau) e^{-j\omega\tau} d\tau \qquad (10.6.14)$$

이며

$$R_X(\tau) = \frac{1}{2\pi} \int_{-\infty}^{\infty} S_X(\omega) e^{j\omega\tau} d\omega \qquad (10.6.15)$$

이다. 만약 $\tau = 0$라면 식 (10.6.15)는 평균전력과 전력스펙트럼밀도의 관계식임을 주목하기 바란다. 표 10.1은 대표적인 자기상관함수와 전력스펙트럼밀도의 관계들을 보여주고 있다.

| | 자기상관함수 $R_X(\tau)$ | 전력스펙트럼밀도 $S_X(\omega)$ |
|---|---|---|
| 1. dc 성분 | $\mu_X^2$ | $2\pi\mu_X^2\delta(\omega)$ |
| 2. 코사인(cos) 함수 | $\cos(\omega_0\tau)$ | $\pi[\delta(\omega-\omega_0)+\delta(\omega+\omega_0)]$ |
| 3. 임펄스 함수 | $\delta(\tau)$ | 1 |
| 4. 지수 함수 | $e^{-a\vert\tau\vert}, a>0$ | $2a/(\omega^2+a^2)$ |
| 5. 삼각형 모양 함수 | $\begin{cases} T(1-\vert\tau\vert/T), & \vert\tau\vert \le T\text{일 경우} \\ 0, & \text{그 외의 경우} \end{cases}$ | $T^2\dfrac{\sin(\omega T/2)}{(\omega T/2)}$ |

[표 10.1] 자기상관함수와 전력스펙트럼밀도

**예제 2 ▸▸▸**

전력스펙트럼밀도가 모든 주파수에서 상수 값 $A$를 갖는다면 이에 상응하는 자기 상관 함수는 무엇인가?

**풀이 ▸▸▸** 모든 유한한 $\omega$에서 $S_X(\omega)=A$이므로 이를 역 푸리에 변환하면

$$R_X(\tau)=\frac{1}{2\pi}\int_{-\infty}^{\infty} Ae^{j\omega t}d\omega=\frac{A}{2\pi}\int_{-\infty}^{\infty} e^{j\omega t}d\omega$$

이고, 여기서 표 10.1의 dc성분이 1임을 이용하면

$$R_X(\tau)=A\delta(\tau)$$

이며 이는 이상적인 백색잡음의 자기 상관함수이다. 즉 백색잡음은 모든 주파수에서 고른 전력스펙트럼 밀도를 가지며, $R_X(0)=A=\sigma_X^2$이며, 그 외의 곳에서는 0인 자기 상관함수를 가진다.

### ☑ 넓은 의미의 정상성을 갖는 두 랜덤과정의 합과 곱

넓은 의미의 정상성을 갖는 두 랜덤과정 $X(t)$와 $Y(t)$가 평균이 0이며 서로 독립이라면, 두 랜덤과정의 합 $Z(t)=X(t)+Y(t)$의 자기상관함수는 $R_Z(\tau)=R_X(\tau)+R_Y(\tau)$이며, 푸리에 변환의 선형성 때문에

$$S_Z(\omega)=S_X(\omega)+S_Y(\omega) \tag{10.6.16}$$

또한 넓은 의미의 정상성을 갖는 두 랜덤과정의 곱 $Z(t)=X(t)\cdot Y(t)$의 자기 상관함수 $R_Z(\tau)=R_X(\tau)\cdot R_Y(\tau)$이기 때문에

$$S_Z(\omega)=\int_{-\infty}^{\infty} R_X(\tau)R_Y(\tau)e^{-j\omega\tau}d\tau \tag{10.6.17}$$

이며, $R_Y(\tau)$를 전력스펙트럼밀도의 역변환으로 치환하면

$$S_Z(\omega)=\int_{-\infty}^{\infty}R_X(\tau)\frac{1}{2\pi}\int_{-\infty}^{\infty}S_Y(\alpha)e^{j\alpha\tau}d\alpha e^{-j\omega\tau}d\tau$$

이며, 적분의 순서를 바꾸면

$$S_Z(\omega)=\frac{1}{2\pi}\int_{-\infty}^{\infty}S_Y(\alpha)\int_{-\infty}^{\infty}R_X(\tau)e^{-j(\omega-\alpha)\tau}d\tau d\alpha$$

이며, 전력스펙트럼밀도의 정의에 의해

$$S_Z(\omega)=\frac{1}{2\pi}\int_{-\infty}^{\infty}S_Y(\alpha)S_X(\omega-\alpha)d\alpha \tag{10.6.18}$$

에 해당하며, 이를 두 전력스펙트럼밀도의 콘볼루션(convolution)이라 부른다.

**예제 3 ▸▸▸**

10.4절의 예제 5에서 정보를 담은 신호 $X(t)=Acos(\omega_0\tau+\psi)$에 백색 잡음 $N(t)$가 혼합된

$$W(t)=X(t)+N(t)$$

의 자기상관함수는

$$R_W(\tau)=\frac{A^2}{2}\cos(\omega_0\tau)+\sigma_N^2\delta(\tau)$$

과 같다. 이 혼합된 랜덤과정 $W$의 전력스펙트럼밀도를 구하시오.

**풀이** ▸▸▸ 표 10.1의 두 번째와 세 번째 항목에 의해

$$\frac{A^2}{2}\cos(\omega_0\tau) \to \frac{A^2}{2}\pi[\delta(\omega-\omega_0)+\delta(\omega+\omega_0)]$$

$$\sigma_N^2\delta(\tau) \to \sigma_N^2$$

이며, 푸리에 변환의 선형성에 의해

$$S_W(\omega) = \frac{A^2}{2}\pi[\delta(\omega-\omega_0)+\delta(\omega+\omega_0)] + \sigma_N^2.$$

**예제 4** ▸▸▸

---

10.4절의 예제 6에서 넓은 의미에서 정상적이며 독립적인 두 랜덤과정

$$X(t) = A\cos(\omega_1 t + \Theta_1),\ \ Y(t) = B\cos(\omega_2 t + \Theta_2)$$

의 곱 $W(t)=X(t)\,Y(t)$의 자기상관함수는 다음과 같았다.

$$R_W(\tau) = \frac{A^2}{2}\cos(\omega_1\tau)\,\frac{B^2}{2}\cos(\omega_2\tau) = \frac{A^2B^2}{8}\,[\cos(\omega_1+\omega_2)\tau + \cos(\omega_1-\omega_2)\tau]$$

이 랜덤과정 $W$의 전력 스펙트럼 밀도를 구하시오.

**풀이** ▸▸▸ 표 10.1의 두 번째 항목과 푸리에 변환의 선형성에 따라

$$\frac{A^2B^2}{8}\,[\cos(\omega_1+\omega_2)\tau] \to \frac{A^2B^2}{8}\,\pi\,[\delta(\omega-(\omega_1+\omega_2))+\delta(\omega+(\omega_1+\omega_2))]$$

$$\frac{A^2B^2}{8}\,[\cos(\omega_1-\omega_2)\tau] \to \frac{A^2B^2}{8}\,\pi\,[\delta(\omega-(\omega_1-\omega_2))+\delta(\omega+(\omega_1-\omega_2))].$$

그러므로

$$S_W(\omega) = \frac{A^2B^2}{8}\pi\,[\delta(\omega-(\omega_1+\omega_2))+\delta(\omega+(\omega_1+\omega_2))$$
$$+\delta(\omega-(\omega_1-\omega_2))+\delta(\omega+(\omega_1-\omega_2))].$$

### ☑ 상호 스펙트럼밀도(cross-spectrum deusity)

전력스펙트럼밀도가 자기상관함수의 푸리에 변환된 결과인 것과 같이 상호 스펙트럼밀도는 상호 상관함수의 푸리에 변환으로 정의 할 수 있다. 즉

$$S_{XY}(\omega) = \int_{-\infty}^{\infty} R_{XY}(\tau)e^{-j\omega\tau}d\tau \qquad (10.6.19)$$

로 정의되며

$$R_{XY}(\tau) = \frac{1}{2\pi}\int_{-\infty}^{\infty} S_{XY}(\omega)e^{j\omega\tau}d\omega \qquad (10.6.20)$$

이다. 상호스펙트럼밀도는 $R_{XY}(\tau)=R_{YX}(-\tau)$인 성질을 이용하면

$$S^*_{XY}(\omega) = \int_{-\infty}^{\infty} R_{XY}(\tau)e^{j\omega\tau}d\tau = \int_{-\infty}^{\infty} R_{YX}(\tau')e^{-j\omega\tau'}d\tau' = S_{YX}(\omega)$$
$$S_{XY}(-\omega) = \int_{-\infty}^{\infty} R_{XY}(\tau)e^{j\omega\tau}d\tau = \int_{-\infty}^{\infty} R_{YX}(\tau')e^{-j\omega\tau'}d\tau' = S_{YX}(\omega). \qquad (10.6.21)$$

## 연습문제

1. 10.4절의 예제 3에서의 랜덤과정의 전력스펙트럼밀도를 구하시오.

2. 넓은 의미의 정상성을 가지는 랜덤과정의 전력스펙트럼밀도가 아래 그림과

같다. 질문에 답하시오.

(1) 이 그림을 두 개의 랜덤과정들의 합의 전력스펙트럼밀도라면 각각의 랜덤과정의 전력스펙트럼밀도는 어떻게 되겠는가를 스케치해 보시오.

(2) 이 랜덤과정의 평균전력 $R_X(0)$은 얼마인가?

(3) 이 랜덤과정의 $|\mu_X|$를 구하시오.

(4) (2)(3)으로부터 $\sigma_X^2$를 구하시오.

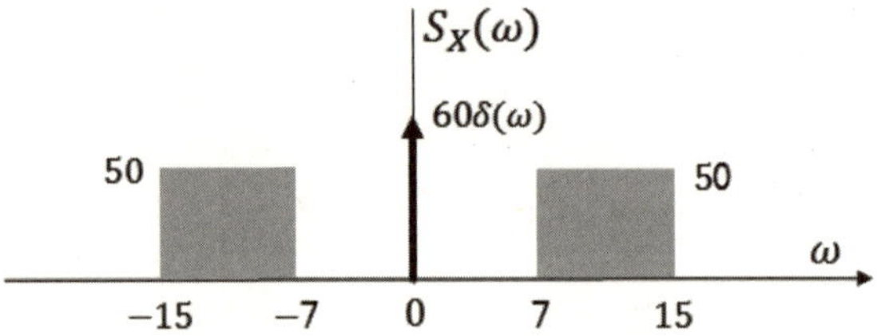


[그림 P2]

3. 다음 그림과 같은 전력스펙트럼 밀도를 갖는 랜덤과정 $X(t)$가 있다고 하자. 이 랜덤과정에 또 다른 랜덤과정을 곱하여 얻은 랜덤과정

$$Y(t)=X(t)\cos(\omega_0 t+\theta)$$

의 전력 스펙트럼 밀도를 각각의 전력스펙트럼 밀도로 표현해 보시오. 여기서 $W \ll \omega_0$이며 $\theta \in [-\pi, \pi]$의 균일분포 랜덤변수라 하자.

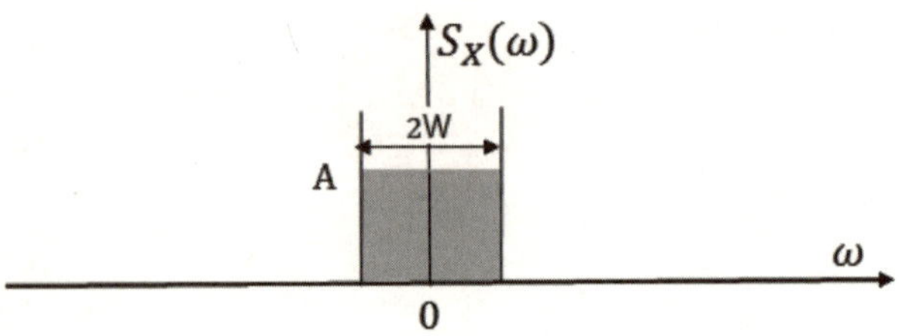


[그림 P3]

## 10.7 랜덤과정과 선형 시스템

전력스펙트럼밀도는 시스템 공학에서 원하는 주파수 특성을 가지는 시스템을 설계하는데 사용되기도 한다. 우리는 이미 선형시스템에 랜덤변수 입력이 주어질 때 출력을 어떻게 얻을 것인가를 살펴본 바 있다. 앞선 5장에서 관심 사는 입력이 단순한 랜덤변수의 표본이 아니라 이들 확률분포를 가지고 표본들을 발생시키는 랜덤변수이며 출력 역시 랜덤변수이고, 이 출력 랜덤변수의 확률분포는 입력의 분포와 어떤 관계를 가지는가 였다. 사실 결정론적인 정적(static)시스템에 한 값이 입력되면 그 값에 대응하는 출력은 단순히 시간과는 관련 없는 정적인 함수관계로부터 얻어진다.

마찬가지로 랜덤과정, 즉 유사한 성질을 갖는 신호들의 앙상블이 동적인(dynamic) 선형시스템에 입력되면 출력 랜덤과정의 통계학적인 특성이 입력의 통계적인 특징과 어떤 관계를 가지는가를 알아보는 것이 중요한 일이며, 입력 랜덤과정의 표본함수로부터 선형시스템의 출력이 어떻게 되는가는 이미 결정론적 시스템분석의 문제로 이제는 단순한 정적인 함수관계가 아니라 시간이 관련되어 있는 동적인 관계이다.

일반적으로 결정론적 시스템 이론에서 선형(linear), 시불변(time invariant), 인과(causal), 수동(passive) 시스템은 입력 임펄스 $\delta(t)$에 대한 시스템의 출력, 즉 임펄스 응답(impulse response)이라 부르는 함수 $h(t)$로 표현하며, 이 임펄스 응답은 인과 시스템에서는 시간 $t=0$에서 입력 임펄스가 인가되었기 때문에 $t \geq 0$에서만 0이 아닐 수 있다. 이런 선형시스템에 입력신호 $x(t)$가 인가되면 출력

$$Y(t)=\int_0^{\infty} h(t)X(t-u)\,du \tag{10.7.1}$$

이다. 이러한 시간 영역에서의 임펄스 응답과 입력신호의 콘볼루션으로 출력을 얻는 방식을 주파수 영역으로 푸리에 변환하면

$$Y(\omega)=H(j\omega)X(\omega) \tag{10.7.2}$$

로 표현할 수 있다. 여기서 $X(\omega)$, $H(j\omega)$, $Y(\omega)$는 각각 $x(t)$, $h(t)$와 $y(t)$의 주파수 응답에 해당한다. 즉 시간영역에서의 콘볼루션이 주파수 영역에서는 푸리에 변환된 결과의 곱으로 표현된다는 것이다.

이제 입력이 하나의 신호가 아니라 랜덤과정 $X(t)$라면 출력 랜덤과정은

$$Y(t)=\int_0^\infty h(t)X(t-u)\,du$$

에 해당할 것이다. 그러나 넓은 의미의 정상성을 갖는 랜덤과정의 경우는 단순한 표본함수의 응답보다는 $E[\cdot]$ 연산자에 의한 앙상블 전체에 대한 평균적인 응답에 관심을 둔다.

### ☑ 출력 $Y(t)$의 평균, $\mu_Y$

출력의 평균은 $E[\cdot]$ 연산자의 선형성 때문에 적분기호 안에 들일 수 있으며

$$\mu_Y=E[Y(t)]=\int_0^\infty h(u)E[X(t-u)]\,du$$

이며, 여기서 입력 랜덤과정의 정상성 때문에 $\mu_X=E[X(t)]$는 상수이며

$$\mu_Y=E[Y(t)]=\mu_X\int_0^\infty h(u)du$$

이는

$$\mu_Y=E[Y(t)]=\mu_X\int_0^\infty h(u)\left[e^{-j\omega u}\right]_{\omega=0}du=\mu_X H(0) \tag{10.7.3}$$

에 해당한다. 여기서 $H(0)$는 전달함수라 부르는 시스템의 주파수응답 $H(j\omega)$의 $\omega=0$에서의 직류(dc) 응답이다. 따라서 출력의 평균은 시스템의 직류응답 $H(0)$와 입력 랜덤과정의 직류성분(dc-component)인 평균과의 곱과 같다.

### ☑ 입력 $X(t)$와 $Y(t)$의 상호 상관관계

넓은 의미의 정상성을 갖는 두 랜덤과정 $X(t)$와 $Y(t)$의 상호 스펙트럼관계를 알아보자. 마찬가지로 $E[\cdot]$ 연산자의 선형성 때문에 적분기호 안에 들일 수 있으며

$$R_{XY}(\tau)=E[X(t)Y(t+\tau)]=\int_{0}^{\infty}h(u)E[X(t)X(t+\tau-u)]du$$

이를 간소화하면

$$R_{XY}(\tau)=\int_{0}^{\infty}h(u)R_X(\tau-u)du \qquad (10.7.4)$$

이다. 이를 푸리에 변환하면

$$S_{XY}(\omega)=\int_{0}^{\infty}h(u)\int_{-\infty}^{\infty}R_X(\tau-u)e^{-j\omega\tau}d\tau du$$

이며, 변수 $v=\tau-u$를 치환하고 정리하면

$$\begin{aligned} S_{XY}(\omega)&=\int_{0}^{\infty}h(u)\int_{-\infty}^{\infty}R_X(v)e^{-j\omega(v+u)}dvdu \\ &=\int_{0}^{\infty}h(u)e^{-j\omega u}du\int_{-\infty}^{\infty}R_X(v)e^{-j\omega v}dv \\ &=H(j\omega)S_X(\omega). \end{aligned} \qquad (10.7.5)$$

즉 입력과 출력의 상호스펙트럼밀도는 입력의 전력스펙트럼밀도와 시스템의 주파수응답의 곱으로 표현된다는 것이다.

만약 $X(t)$가 평균 $\mu_X=0$인 백색잡음이라면 입력의 전력스펙트럼밀도는

$$S_X(\omega)=\sigma_X^2$$

와 같으며, 상호 스펙트럼밀도는

$$S_{XY}(\omega)=\sigma_X^2\cdot H(j\omega)$$

이다. 이 결과는 시스템에 입력으로 백색잡음을 인가하여 상호 스펙트럼밀도를 계산하면 미지의 시스템 주파수 응답 $H(j\omega)$를 추정할 수 있음을 의미한다. 한편 $X(t)$가 평균 $\mu_X=0$인 백색잡음이라면 자기 상관함수는

$$R_X(\tau)=\sigma_X^2\delta(\tau)$$

이며, 따라서 식 (10.7.4)에서

$$R_{XY}(\tau)=\int_0^{\infty}h(u)\cdot\sigma_X^2\delta(\tau-u)du=\sigma_X^2\cdot h(\tau) \tag{10.7.6}$$

에 해당한다. 즉 상호 상관함수와 상호스펙트럼밀도는 푸리에 변환쌍임을 의미한다.

**예제 1 ▸▸▸**

저역통과 필터의 임펄스 응답 $h_{LBP}(t)$과 주파수 응답 $H_{LBP}(j\omega)$가 각각

$$h_{LBP}(t)=\begin{cases}\dfrac{1}{\lambda}e^{-t/\lambda}, & t\ge 0\\ 0 & ,\text{ 그 외의 경우}\end{cases} \quad \text{와} \quad H_{LBP}(j\omega)=\frac{1}{1+j\omega\lambda}$$

라 하자. 평균이 0인 백색잡음 $X(t)$가 입력될 경우 상호 스펙트럼밀도와 상호 상관함수를 구하시오.

**풀이 ▸▸▸** $S_{XY}(\omega)=H_{LBP}(j\omega)S_X(\omega)$이므로

$$S_{XY}(\omega)=H_{LBP}(j\omega)S_X(\omega)=\frac{\sigma_X^2}{1+j\omega\lambda}$$

이며, 상호 상관함수

$$R_{XY}(\tau)=\sigma_X^2\cdot h_{LBP}(\tau)=\frac{\sigma_X^2}{\lambda}e^{-\tau/\lambda},\ \ \tau\geq 0\,.$$

☑ 출력 $Y(t)$의 자기 상관함수 $R_Y(\tau)$와 전력스펙트럼밀도 $S_Y(\omega)$

출력 $Y(t)$의 자기 상관함수

$$R_Y(\tau)=E[Y(t)Y(t+\tau)]=\int_0^\infty h(v)\int_0^\infty h(u)E[X(t-v)X(t+\tau-u)]dudv$$

$$=\int_0^\infty h(v)\int_0^\infty h(u)R_X(\tau+v-u)dudv \qquad (10.7.7)$$

이며, 식(10.7.4)의 상호 상관함수를 도입하면

$$R_Y(\tau)=\int_0^\infty h(v)\ R_{XY}(\tau+v)dv \qquad (10.7.8)$$

로 쓸 수 있다. 한편 입력의 자기상관함수와의 관계 식 (10.7.7)을 푸리에 변환하면

$$S_Y(\omega)=\int_0^\infty h(v)\int_0^\infty h(u)\int_{-\infty}^\infty R_X(\tau+v-u)e^{-j\omega\tau}d\tau dudv$$

이며, 여기서 $z=\tau+v-u$로 변수를 치환하여 다시 쓰면

$$S_Y(\omega)=\int_0^\infty h(v)e^{j\omega v}dv\int_0^\infty h(u)e^{-j\omega u}du\int_{-\infty}^\infty R_X(z)e^{-j\omega z}dz$$

$$=H(-j\omega)H(j\omega)S_X(\omega)$$

$$=|H(j\omega)|^2S_X(\omega) \qquad (10.7.9)$$

로 정리할 수 있다. 여기서 $|H(j\omega)|^2$을 전력필터(power filter)함수라 하며, 이 식은 입력 랜덤과정의 전력스펙트럼밀도와 출력의 전력스펙트럼밀도와의 관계를 규정하는

중요한 결과이다. 만약 입력이 평균이 0이고 전력스펙트럼밀도가 $\sigma_X^2$인 백색잡음이 라면 출력의 전력스펙트럼밀도는

$$S_Y(\omega) = |H(j\omega)|^2 \cdot \sigma_X^2 \tag{10.7.10}$$

에 해당한다. 이 경우

$$R_Y(0) = \frac{\sigma_X^2}{2\pi}\int_{-\infty}^{\infty} |H(j\omega)|^2 d\omega = \sigma_Y^2 + \mu_Y^2 \tag{10.7.11}$$

이며, $\mu_X = 0$이므로 $\mu_Y = 0$이며, 결국 분산

$$\sigma_Y^2 = R_Y(0) = \frac{\sigma_X^2}{2\pi}\int_{-\infty}^{\infty} |H(j\omega)|^2 d\omega\,. \tag{10.7.12}$$

**예제 2 ▸▸▸**

앞선 예제 1에서 백색잡음이 저역통과필터에 인가될 때 출력의 자기 상관함수와 분산을 구하시오.

**풀이 ▸▸▸** $S_Y(\omega) = |H(j\omega)|^2 \cdot \sigma_X^2$이며,

$$|H(j\omega)|^2 = \left|\frac{1}{1+j\omega\lambda}\right|^2 = \frac{1}{1+(\omega\lambda)^2}$$

이기 때문에

$$S_Y(\omega) = \frac{\sigma_X^2}{1+(\omega\lambda)^2}$$

이다. 출력의 자기 상관함수는 전력스펙트럼밀도의 푸리에 역변환이므로 표 10.1을 이용하여

$$R_Y(\tau) = \frac{\sigma_X^2}{2\pi}\int_{-\infty}^{\infty} \frac{1}{1+(\omega\lambda)^2} e^{j\omega\tau} dw = \frac{1}{2\lambda}\sigma_X^2 e^{-|\tau|/\lambda}.$$

그림 10.15는 출력 $Y(t)$의 자기 상관함수와 전력스펙트럼밀도의 개관을 표현하고 있다. 출력 $Y(t)$의 분산은 입력 $\mu_X = 0$이기 때문에 $\mu_Y = 0$이며,

$$Var(Y(t)) = R_Y(0) = \frac{1}{2\lambda}\sigma_X^2.$$

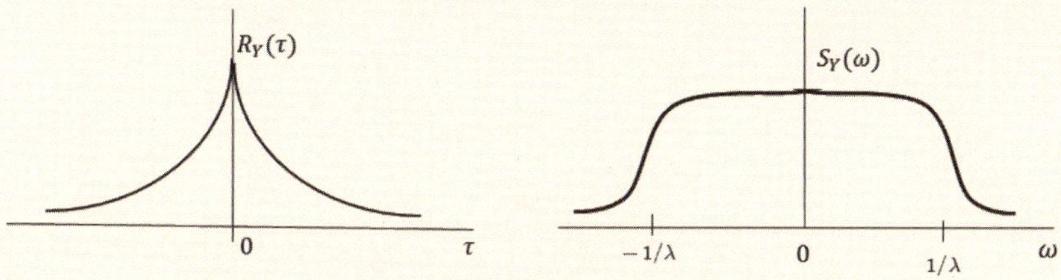


[그림 10.15] 출력 $Y(t)$의 자기 상관함수와 전력스펙트럼밀도

## 연습문제

1. 선형시스템의 전달함수가 다음과 같다.

$$H(j\omega) = \frac{1}{j\omega + 3} e^{-j0.2\omega}$$

(1) 평균 $\mu_X = 3$인 넓은 의미의 정상성을 갖는 입력 랜덤과정 $X(t)$에 대한 출력 랜덤과정의 평균 $E[Y(t)]$는 얼마인가?

(2) 평균이 0이고 분산이 10인 백색잡음이 입력 랜덤과정 $X(t)$라면 출력 랜덤과정 $Y(t)$의 전력 스펙트럼밀도를 구하시오.

(3) (2)와 같은 입력에 대한 출력 랜덤과정의 $Y(t)$의 자기 상관함수를 구하시오.

2. 선형시스템의 전달함수가 다음과 같다.

$$H(j\omega) = \frac{1}{j\omega + 7}$$

(1) 평균이 0이고 분산이 16인 백색잡음이 입력 랜덤과정 $X(t)$라면 출력 랜덤과정 $Y(t)$의 전력스펙트럼밀도와 자기 상관함수를 구하시오.

(2) (1)과 동일한 입력 랜덤과정 $X(t)$와 출력 랜덤과정 $Y(t)$의 상호 스펙트럼밀도와 상호  상관함수를 구하시오

## 10.8 컴퓨터 실습

본 장의 컴퓨터 실습에서는 랜덤과정을 이해하기 위한 각종 랜덤과정의 표본함수 또는 표본수열을 만드는 프로그램과 랜덤과정이 에르고딕한 경우 표본함수로부터 식 (10.5.5)에 따라 자기 상관함수를 계산하는 실습을 수행한다. 랜덤과정의 전력스펙트럼 밀도 및 선형시스템 등의 실습은 푸리에 변환 등의 지식을 필요로 하기 때문에 제외하였다.

### ☑ 베르누이 랜덤과정의 표본수열 생성

그림 10.16은 베르누이 랜덤과정의 표본수열을 생성하고, 4개의 표본수열을 그림으로 보여주며, 평균수열을 만들어 내는 프로그램이다. 프로그램에서는 m=400개의 베르누이 랜덤과정의 표본수열을 만들며, 각 수열의 길이 n=10이다. 그림 10.16 프로그램의 수행결과는 그림 10.17과 같다. 그림의 각 부분은 4개의 표본수열을 보여주며, 명령윈도우에는 생성된 표본수열의 일부와 평균수열을 함께 보여주고 있다. 베르누이 랜덤변수의 파라메타 확률 $p=0.4$이기 때문에 표본수열의 1의 발생빈도가 0의 발

생빈도보다 적고 평균수열이 0.4에 근접함을 관찰할 수 있다. 만약 m을 증가시켜 더 많은 표본수열을 고려한다면 앙상블 평균수열 0.4에 더 근접해 갈 것이다.

### ☑ 정현파 랜덤과정의 표본함수

그림 10.18은 그림 10.1(a)와 같은 정현파 랜덤과정의 표본함수를 생성하고, 4개의 표본함수를 그림으로 보여주며, 이 표본함수들의 평균함수를 만들어 함께 보여주는 프로그램이다. 프로그램에서는 m=500개의 정현파 랜덤과정의 표본함수를 만들며, 각각의 함수는 n=300개의 점에서, 시간으로 보면 0부터 2.99까지에서 평가되어 y에 저장된다. 각 주파수 omega=2π, 진폭은 A=0.9이며 위상차 psi가 0부터 2π까지 균일 랜덤변수로 결정되어 서로 다른 표본함수를 만들어 낸다.

그림 10.18 프로그램의 수행결과는 그림 10.19와 같다. 그림의 각 부분은 4개의 표본함수를 보여주며 마지막 subplot에 평균함수를 함께 보여주고 있다. 이 평균함수는 m=500개에 대한 것으로, m이 증가해 가면 더욱 0으로 접근해 이론적인 앙상블 평균함수에 근접해 갈 것이다.

### ☑ 비동기 랜덤과정의 표본함수

그림 10.20은 그림 10.3과 같은 표본함수를 m=4개 생성하고 이들을 그림으로 보여주는 프로그램이다. 프로그램에서 펄스가 양의 값 또는 음의 값을 가질 확률 p=0.5로 설정하였으며, 비동기식이기 때문에 처음 시작되는 펄스 값뿐만 아니라 위치를 균일 랜덤변수로부터 발생시켜 표본함수를 생성하였다. 펄스가 양 또는 음의 값을 가질 것인가의 결정은 half_period = 200마다 확률 p에 따라 결정된다. 그림 10.20 프로그램의 수행결과는 그림 10.21과 같다. 그림의 각 부분은 4개의 표본함수를 보여준다.

### ☑ 이항 랜덤과정의 표본수열과 평균수열

그림 10.22는 식 (10.2.4)의 이항 랜덤과정의 표본수열을 생성하고, 4개의 표본수열을 그림으로 보여주며, 이 표본수열들의 평균수열을 만들어 함께 보여주는 프로그램이다. 프로그램에서는 m=200개의 이항 랜덤과정의 표본수열을 만들며, 각각의 수열

은 n=20개의 점에서 평가되어 y에 저장된다. 그림 10.22 프로그램의 수행결과는 그림 10.23과 같다. 각 부분은 4개의 표본수열을 계단 형태로 보여주며 마지막 subplot에 열은 색 계단으로 평균수열을 함께 보여주고 있다. 이 평균함수는 m=200개에 대한 것으로, m이 증가해 가면 더욱 이론적인 앙상블 평균함수에 근접해 갈 것이다. 여기서 이론적인 앙상블 평균함수는 계단이 0.5씩 증가해가는 모습임을 주의하기 바란다.

### ☑ 포아송 랜덤과정의 표본함수

그림 10.24는 10.2절의 포아송 랜덤과정의 표본함수를 m=4개 생성하고 이들을 그림으로 보여주는 프로그램이다. 프로그램에서 단위 시간당 $\lambda$=0.1번 사건이 발생한다고 가정하였으며, 지수함수 분포로부터 다음 사건시간을 결정하였다. 시간 해상도는 0.01로 하여 표본함수를 만들었으며 그 결과는 그림 10.25와 같다.

### ☑ 랜덤걸음의 표본함수

그림 10.22의 이항 랜덤과정을 발생시키는 프로그램을 수정하면 랜덤걸음을 쉽게 발생시킬 수 있다. 즉 이항 랜덤과정에서는 베르누이 시행의 결과 1 또는 0을 더하는 방식인데, 이를 1 또는 −1을 더하는 방식으로 고치면 랜덤걸음을 발생시키는 프로그램이 된다. 즉 그림 10.22에서 y(j) = y(j-1) 대신에 y(j) = y(j-1)-1로 바꾸면 된다는 의미이다. 그림 10.26은 그림 10.22를 이렇게 고치고 n=200으로 하여 랜덤걸음을 만든 결과를 보여주고 있다. 그림에서 마지막 subplot의 열은 색 그래프는 평균함수를 표현하며 m이 증가하면 앙상블 평균함수인 0에 접근해 갈 것이다.

### ☑ 에르고딕 랜덤과정의 자기 상관함수 계산

10.4절의 예제 5의 랜덤과정의 자기 상관함수를 식 (10.5.5)를 이용하여 계산해 보자. 먼저 식 (10.5.5)는 에르고딕 랜덤과정을 전제로 하나의 표본함수로부터 구한 자기 상관함수이며 앙상블로부터 얻은 자기 상관함수가 아님을 상기하기 바란다. 그림 10.27에서는 정현파 랜덤과정의 표본함수에 백색잡음 랜덤과정의 표본함수를 만들어 합하고 있다. 또한 이 표본함수를 그림으로 표현하고 자기 상관함수를 MATLAB

함수 xcorr()을 이용하여 구하고, 이를 그림으로 함께 표현하고 있다. 그림 10.28은 프로그램 수행 결과를 보여주고 있다. 이 그림은 예제 5의 결과인 그림 10.13과 형태는 유사하나 MATLAB의 자기 상관함수의 최대치가 1로 정규화되어있음에 주의하기 바란다.

```
% 베르누이 랜덤과정의 표본수열 생성
s=rand('state');
p=0.4; q=0.6; % 확률 지정
n=10; % 수열의 길이
m=400; % 표본 수열의 수
f=zeros(m,n); % 표본수열 저장
sum = zeros(1,n);
for i=1:m % m개의 표본수열 발생
  fprintf('Sample Squence No %d:₩n₩t',i);
  for j=1:n
     x=rand; % 베르누이 랜덤넘버 발생
     if x < p
         f(i,j)=1;
     else
         f(i,j)=0;
     end
     sum(j)=sum(j)+f(i,j); % 평균수열을 위한 합
     fprintf('%d₩t',f(i,j)); % 표본수열의 프린트
  end
  if (i <= 4) % 표본수열 4개 그림그리기
     subplot(2,2,i);
     stem(f(i,:));
     axis([0 10 0 1.2]);
  end
  fprintf('₩n');
end
% 평균수열 프린트
fprintf('mean sequence₩n₩t');
for j=1:5
      fprintf('%f₩t',sum(j)/m);
end
fprintf('₩n');
for j=6:10
      fprintf('₩t%f',sum(j)/m);
end
```

[그림 10.16] 베르누이 랜덤과정의 표본수열 생성

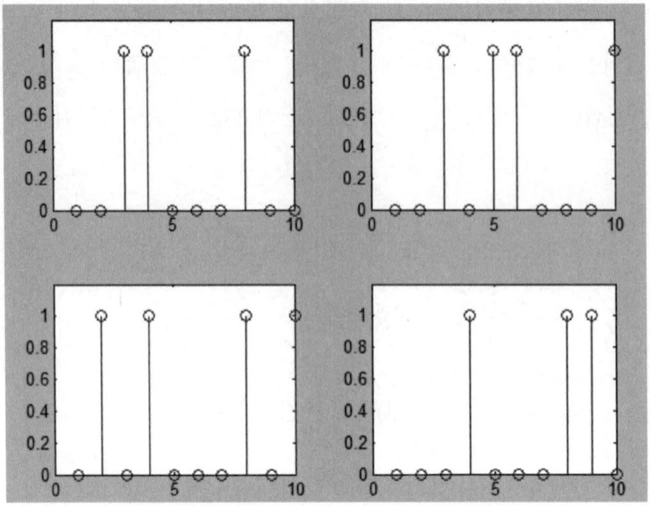

```
Sample Squence No 398:
    0   0   1   1   0   1   0   1   1   0
Sample Squence No 399:
    1   0   0   1   0   0   1   1   0   0
Sample Squence No 400:
    1   0   0   1   1   1   1   0   1   0
mean sequence
    0.400000    0.372500    0.452500    0.410000    0.460000
    0.395000    0.422500    0.407500    0.415000    0.387500
```

[그림 10.17] 베르누이 랜덤과정의 표본수열과 평균수열

```
% 정현파 랜덤과정
s=rand('state');
m=500; n=300; % 표본함수의 수, 표본함수 당 표본 값
delta = 0.01; % 시간축 증분
t = 1:300;
y = zeros(1,n); % 표본함수 값 저장
sum = zeros(1,n); % 표본함수 값의 합 저장
A=0.9; omega = 2*pi*1.0; % 진폭, 각 주파수 = 2*pi*주파수

for i = 1:m
    psi = rand()*2*pi; % 랜덤 위상값 설정
    for j = 1:n
      y(j) = A*sin(omega*(j-1)*delta+psi); % 표본함수 값 계산
      sum(j) = sum(j)+y(j); % 표본함수 값의 누적
    end
    if i <= 4
       subplot(2,2,i);
```

```
        plot((t-1)*delta,y); % 표본함수의 그림
    end
end
hold on
plot((t-1)*delta,sum/m); % 평균함수의 그림 중첩
hold off
```

[그림 10.18] 정현파 랜덤과정의 표본함수 생성

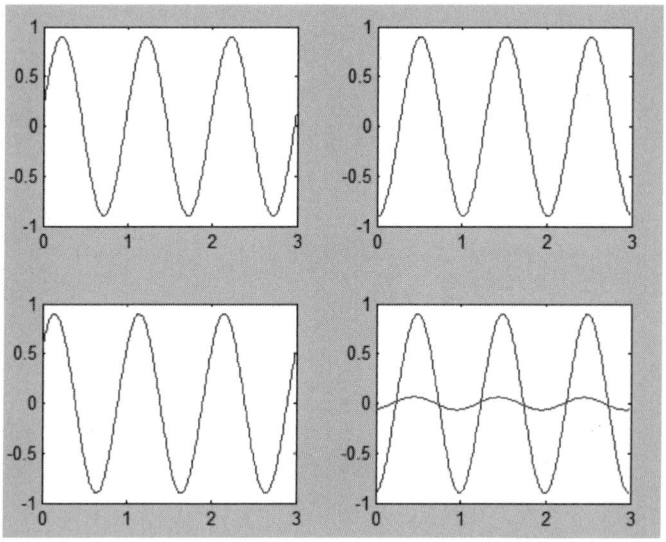


[그림 10.19] 정현파 랜덤과정의 표본함수와 평균함수

```
% 비동기 양극성 펄스 랜덤과정
s= rand('state');
p = 0.5; % +ve -ve 펄스의 확률
half_period = 200; % 펄스 변화 최소주기
m = 4; % 표본 함수의 수
for kk = 1:m
    % 초기치 결정
    if rand() < p
        t(1) = 1;
    else
        t(1) = -1;
    end
    start =1;
    K = floor(rand()*half_period); % 초기변화가능 위치 결정
    for j=start+1:start+K-1 % 초기 변화위치 까지 유지
        t(j)=t(j-1);
    end

    for i = 1:15   % 15회 펄스변화 결정
      if rand() < p  % 펄스변화 결정
         t(start+K) = 1;
      else
         t(start+K) = -1;
      end
      start = start+K; % 시작위치의 변화
      K = half_period; % 다음 시작위치
      for j=start+1:start+K-1 % 결정된 펄스 값 유지
        t(j)=t(j-1);
      end
    end
    x = 1:start+K-1; % 전체 표본값의 수

    subplot(2,2,kk);
    stairs(x*0.01,t(1:(start+K-1))); % 계단그래프 그리기
    axis([0 30 -1.2 1.2]);
end
```

[그림 10.20] 비동기 펄스 랜덤과정의 표본함수 생성

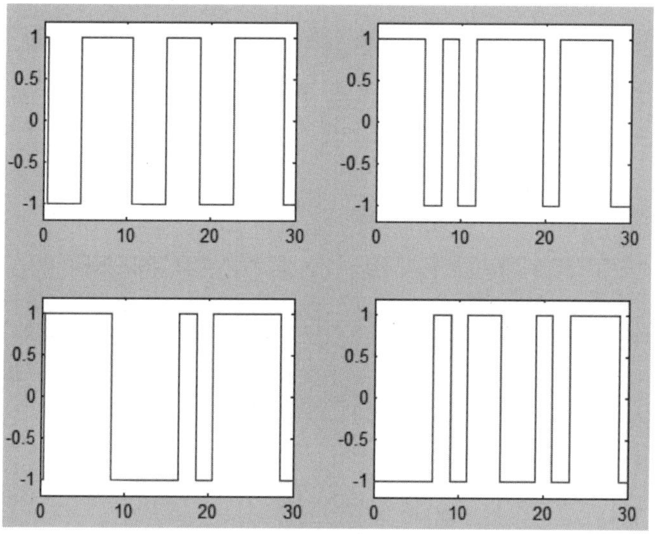


[그림 10.21] 비동기 펄스 랜덤과정의 표본함수

```
% 이항 랜덤과정의 표본수열과 평균수열
s=rand('state');
p = 0.5; % 이항분포 파라메터
n=20; m=200; % 19회 반복시행, 200개의 표본수열
t = 0:1:(n-1); % 그림의 시작과 끝
sum = zeros(1,n);
for i = 1:m
    y = zeros(1,n);
    for j=2:n
        x = rand();
        if x < p
            y(j) = y(j-1)+1;
        else
            y(j) = y(j-1);
        end
    end
    sum = sum + y;
    if i <= 4
        subplot(2,2,i);
        stairs(t,y);
    end
end
hold on
stairs(t,sum/m,'r');

hold off
```

[그림 10.22] 이항 랜덤과정의 표본수열 생성

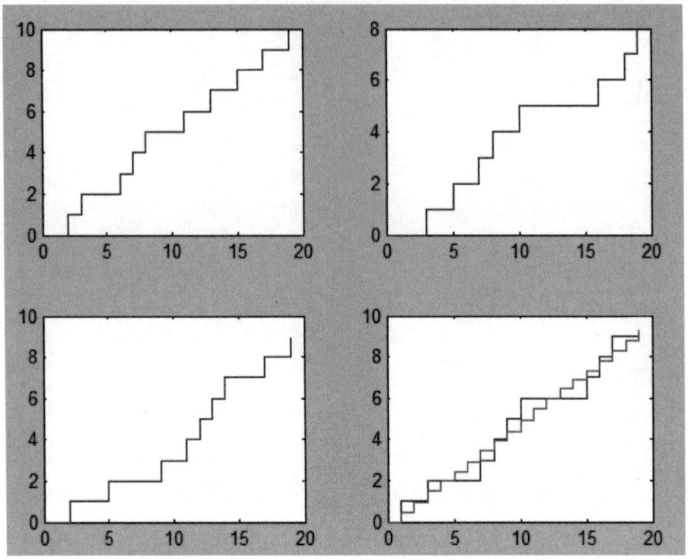

[그림 10.23] 이항 랜덤과정의 표본수열 및 평균수열

```
% 포아송 과정의 표본함수 생성
lambda = 0.1; % 단위시간당 0.1번 발생하는 사건
m=4; % 표본함수의 수
for k =1:m
   P_count=zeros(1,20000);
   start =1; % 초기시간 설정
   P_count(start) = 0;
   T_sum = 0; % 사건 발생시간
   for i = 1:10  % 10회 사건발생까지
     T = exprnd(1/lambda); % 다음 사건시간 T는 지수함수 분포
     T_sum = T_sum+T; % 다음 발생시간 결정
     K = floor(T/0.01);  % 시간 해상도는 0.01
     for j=start+1:start+K-1
       P_count(j)=P_count(j-1); % 다음 발생시간 전까지의 카운트 값 유지
     end
     P_count(start+K) = P_count(start+K-1)+1; % 사건 카운트 값을 증가
     start = start + K; % 초기시간 재설정
   end
   x = 1:start; % 전체 시간
   subplot(2,2,k);
   stairs(x*0.01,P_count(1:start));
end
```

[그림 10.24] 포아송 랜덤과정의 표본함수 생성

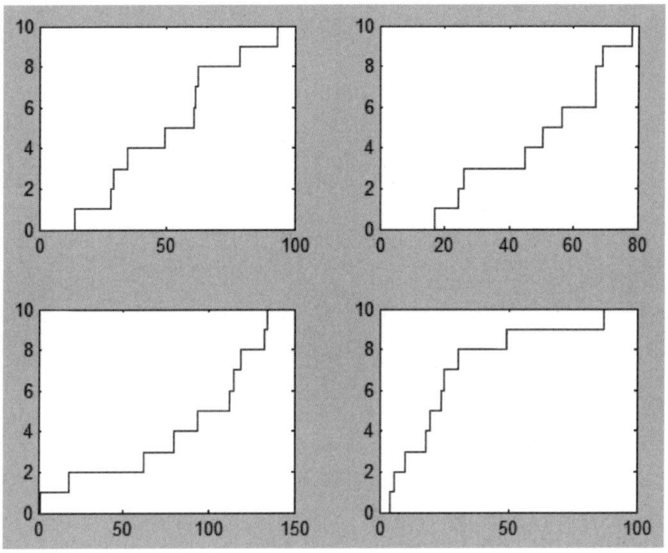


[그림 10.25] 포아송 랜덤과정의 표본함수

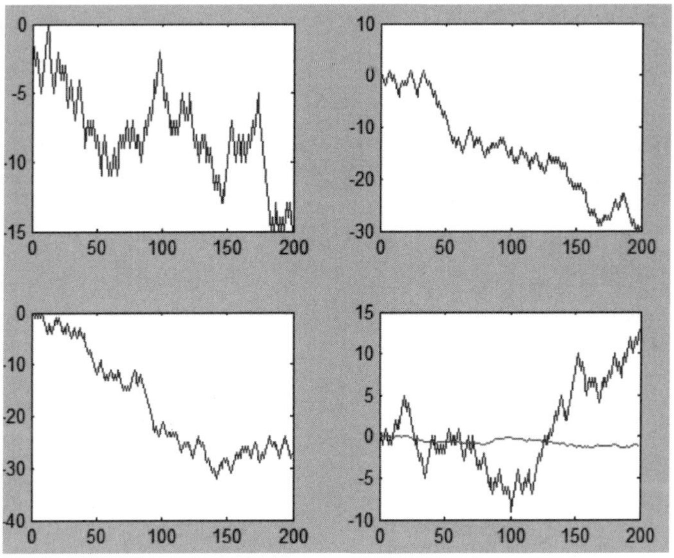


[그림 10.26] 랜덤걸음의 표본함수와 평균함수

```
% 정현파 랜덤과정의 자기상관 함수
s=rand('state');
k = 0:999;
m=1; n=length(k); % 표본함수의 수, 표본함수 당 표본 값
delta = 0.01; % 시간축 증분
A=1; omega = 2*pi*1.0; % 진폭, 각 주파수 = 2*pi*주파수
sigma = 0.5; avg =0;
y  = zeros(1,n);
noise = zeros(1,n);
for i = 1:m
    psi = rand()*2*pi; % 랜덤 위상값 설정
      for j = 1:n
      y(j) = A*cos(omega*(j-1)*delta+psi); % 표본함수 값 계산
      noise(j) = avg + sigma*randn(1,1); % 잡음과정
      y(j)= y(j) + noise(j); % 잡음과정이 포함된 정현파 랜덤과정
    end
end
subplot(2,2,1);
plot(k, y);
subplot(2,2,2);
[c_ww, lags]= xcorr(y,100,'coeff'); % 자기상관 함수의 계산
plot(lags, c_ww);
```

[그림 10.27] 백색잡음이 더해진 정현판 랜덤과정의 자기 상관함수

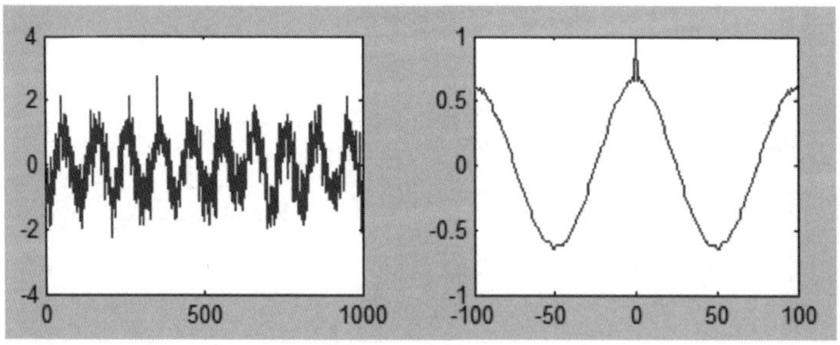


[그림 10.28] 잡음이 포함된 정현파 과정의 표본함수와 자기 상관함수 결과

## 연습문제

1. 그림 10.18의 정현파 랜덤과정의 앙상블 평균과 시간평균이 같음을 보이는 컴퓨터 프로그램을 만들어 확인해 보시오.

2. 그림 10.22의 이항 랜덤과정에서 분산수열을 구해서 그래프로 표현해 보시오.

3. 그림 10.24의 포아송 랜덤과정에서 분산수열을 구해서 그래프로 표현해 보시오.

4. 그림 10.20의 비동기 펄스 랜덤과정의 자기 상관함수를 식 (10.5.5)를 이용하여 구하고, 이를 그림으로 표현해 보시오.

5. 평균이 0이며, 표준편차가 $\sigma$, $Y_0 = 0$인 위너 랜덤과정의 표본함수들을 4개만 만들어 그려 보시오. 단, 증분 $\Delta n = 1$.

chapter. 11

# 기타 유용한 사항들

본 장에서는 이제까지 이 책에서 다루지 않은 부분들이지만 지금까지 쌓은 지식으로 쉽게 이해할 수 있는 조금은 높은 수준의 확률 통계에 관련된 내용들을 소개한다. 이 장에서 언급된 내용들은 비록 충분한 깊이를 가지지 않았을지라도 확률 통계와 관련되어 고학년에서 이어지는 교과목과 직접적으로 연결될 뿐만 아니라 지금까지 공부한 내용을 정리하는데도 도움이 될 수 있다.

이러한 목적으로 본 장에서는 먼저 10장의 랜덤과정의 연속선 상에서 랜덤필드를 소개하고 있으며, 마르코프 체인을 이해한다면 쉽게 확장할 수 있는 마르코프 랜덤필드에 대해 언급한다. 이어서 8장에서 소개한 추정에 덧붙여 특정한 확률분포를 가정하고 부수되는 파라메타를 표본으로부터 추정하여 확률분포 자체를 추정하는 ML(Maximum Likelihood) 추정방법을 소개한다. 이 ML방법은 머신러닝 또는 베이즈 의사결정 분야에서 광범위하게 사용되는 확률분포 추정방법이다.

이어서 우리가 흔히 보는 관측변수가 많은 데이터에서 반드시 필요한 관측변수들을 분석하여 그 들의 수를 줄이거나 또는 관측변수들의 숨은 의미에 따라 그룹화하는데 활용되는 주성분 분석과 요인분석을 소개한다. 물론 통계학에서는 이 책에서 소개된 도구 이외에 여러 가지 방법들을 데이터 분석에 활용하는데 비전공자로서, 더 구체적이고 다양한 방법을 원한다면 통계 패키지의 활용법 등에 관한 단기 강좌를 권하고 싶다. 이 책의 내용을 포괄적으로 이해하는 사람은 그런 강의의 내용을 수월하게 소화할 수 있으며, 더 실제적인 도구사용법을 접하게 될 것이기 때문이다.

또한 본 장에서는 베이즈 분류기를 중심으로 베이즈 의사결정 방법과 의사결정에 따르는 여러 가지 성능평가 척도를 ROC곡선과 함께 소개한다. 비록 분류기 설계라는 특별한 문제를 예로 들었지만 우리가 여러 분야에서 접하는 통계적인 의사결정 방법의 전형이기 때문에 기본적인 사항을 이해한다면 고학년으로 이어지는 심화된 교과목의 내용을 이해하는데 도움이 될 것으로 확신한다.

## 11.1 랜덤필드와 마르코프 랜덤필드

앞서 10장에서 랜덤과정은 연속적인 시간 $t$, 또는 이산적인 순서 $n$의 함수였다. 여기서 1차원 독립변수 $t$ 또는 $n$을 2차원 이상으로 확장한 랜덤과정을 랜덤필드라 한다. 따라서 랜덤필드라 해서 특별한 것이 아니고 단순히 랜덤과정이 정의되는 독립변수의 수가 늘어난다는 것이다. 랜덤필드의 가장 좋은 예는 영상 데이터의 경우이다. 예를 들어 $(x, y)$위치에서 영상신호의 값, 즉 화소 값을 $i(x, y)$라 하자. 또한 이러한 영상의 앙상블 $I(x, y)$를 랜덤필드라 가정할 수 있으며, 이 앙상블 중에 하나인 특정 영상 $i(x, y)$은 표본함수로 간주할 수 있다. 또한 영상의 가로, 세로가 각 $M$과 $N$개의 격자로 이산화 되었다면 이는 $M \times N$개의 랜덤변수들을 포함하는 랜덤벡터라 볼 수도 있을 것이다. 본 절에서는 이런 2차원 영역에 정의된 랜덤필드를 중심으로 살펴보고자 한다.

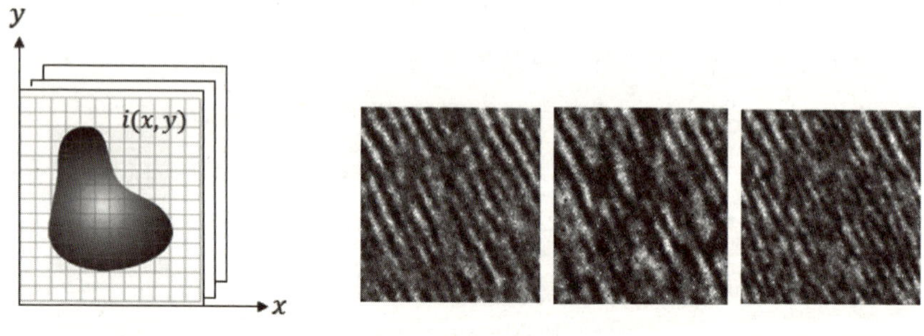


(a) 랜덤필드의 영역 및 앙상블　　　(b) 랜덤필드의 표본함수들의 영상표현

그림 11.1 랜덤필드의 예로서 $M \times N$영상 및 표본함수들

### ☑ 랜덤필드의 표현

2차원 평면에 정의된 랜덤필드를 표현하는 방법은 일반 1차원 랜덤과정과 동일하다. 즉 랜덤필드를 구성하는 모든 랜덤변수들의 결합 확률분포로 표현할 수 있다는 것이다. 즉 랜덤필드 $I(x, y)$의 결합 확률분포는

$$f_I(i) = f_{I(1,1)\cdots I(M,N)}(i_{(1,1)}, i_{(1,2)}, \ldots, i_{(M,N)}) \tag{11.1.1}$$

로 표현할 수 있다. 그러나 앞서 랜덤과정에서와 같이 특별한 경우를 제외하고는 이 결합확률분포 표현은 너무 복잡하기 때문에 현실적으로 큰 의미를 가지지는 못한다. 또한 랜덤과정에서와 같이 평균과 분산 역시 정의할 수 있는데, 이들 각각은 모두 위치의 함수로

$$\mu_I(x, y) = \int_{-\infty}^{\infty} i \cdot f_{I(x,y)}(i)\,di \tag{11.1.2}$$

$$Var(I(x, y)) = \int_{-\infty}^{\infty} (i - \mu_I(x, y))^2 f_{I(x,y)}(i)\,di \tag{11.1.3}$$

로 정의할 수 있다. 평균과 분산 각각이 모든 위치에서 일정하면 평균함수 또는 분산함수는 상수이다.

또한 랜덤필드가 독립적이라면 결합 확률분포가

$$f_I(i) = f_{I(1,1)}(i_{(1,1)}) \cdot f_{I(1,2)}(i_{(1,2)}) \cdots\cdots f_{I(M,N)}(i_{(M,N)}) \cdots\cdot \tag{11.1.4}$$

인 경우를 의미한다. 그렇다면 과연 우리가 접하는 영상이라는 랜덤필드가 독립적일까? 이 질문은 동전을 던져서 앞 뒷면이 나올 때 마다 1 또는 0으로 영상의 화소에 해당하는 랜덤변수의 값을 결정한다고 하면 과연 표본함수는 우리가 접하는 영상과 가까운 모습일까 하는 질문과 비슷한 질문이다. 실제 $M \times N$ 이진 영상은 이런 방법으로 $M \times N$번 동전을 던져서 결정할 수도 있는데 불행하게도 우리가 접하는 영상과는 다른 모습이 된다는 것이다. 따라서 우리가 접하는 영상은 일반적으로 독립적인 랜덤필드의 표본함수는 아닐 것이라는 것이다. (이 경우 우리가 접하는 표본함수인 이진 영상들은 $M \times N$차원 공간의 한 점으로 볼 수 있으며, 이러한 점들이 이 공간에 골고루 분포하는 것이 아니라 특정한 곡면에만 분포되어 있다고 이야기한다. 이러한 표본들이 분포하는 특정한 곡면을 $M \times N$차원 공간의 매니폴드(manifold)라고 한다.)

또한 랜덤필드의 경우도 랜덤과정과 동일한 방법으로 까다로운 정상성(strict-sense stationarity)과 넓은 의미(wide-sense stationarity)의 정상성을 모두 랜덤필드에 적용할

수 있다. 까다로운 정상성의 경우

$$
\begin{aligned}
& f_{I(x_1+\tau,\ y_1+\xi)I(x_2+\tau,\ y_2+\xi)\cdots I(x_n+\tau,\ y_n+\xi)\cdots}(i_1, i_2, \ldots, i_n, \ldots) \\
& = f_{I(x_1,\ y_1)I(x_2,\ y_2)\cdots I(x_n,\ y_n)\cdots}(i_1, i_2, \ldots, i_n, \ldots) \qquad (11.1.5)
\end{aligned}
$$

로 정의된다. 이는 좌표축을 이동하더라도 그 결합 확률분포는 동일하다는 것으로 좌표에 따라 결합 확률분포가 변화되지 않는다는 의미이다. 또한 넓은 의미의 정상성은 평균과 분산이 위치의 함수가 아닌 상수이며, 자기 상관함수가 좌표 값의 차이 $(\tau, \xi) = (x_2 - x_1, y_2 - y_1)$만의 함수로 표현될 경우로 이를 수식으로 표현하면

$$
\begin{aligned}
& E[I(x, y)] = const_1 = \mu_I \qquad Var(I(x, y)) = const_2 = \sigma_I^2 \\
& R(\tau, \xi) = E[I(x, y)I(x+\tau, y+\xi)] \qquad (11.1.6)
\end{aligned}
$$

이다. 통상 자기 상관함수 등의 2차 통계치(second order statistics)까지를 이용하는 영상분석에서는 넓은 의미의 정상성을 가정한 랜덤필드 모델을 사용한다.

**예제 1 ▸▸▸**

동영상의 앙상블 $I(x, y, n)$, $1 \le x \le M, 1 \le y \le N, n = 1, 2, 3, \ldots$ 이 있다고 하자. 이 동영상 앙상블은 랜덤필드인가?

**풀이 ▸▸▸** 동영상 앙상블 $I(x, y, n)$는 $n$이 변화하면서 매 순간 $MN$개의 랜덤변수 $I(x, y)$들이 생성되는 랜덤과정으로 볼 수 있다. 또한 이 $MN$개의 랜덤변수들은 랜덤필드로 볼 수 있기 때문에 공간적으로는 랜덤필드, 시간에 따라서는 랜덤과정이라 간주할 수 있다. 이러한 동영상 앙상블을 확률분포는 공간뿐만 아니라 시간에 따라서도 결합 확률분포로 표현하는 것을 상상할 수 있을 것이다. 또한 정상성 역시 공간적인 정상성과 시간에 따른 정상성을 각각, 또는 동시에 고려할 수 있을 것이다.

**예제 2 ▸▸▸**

해수면의 높이를 랜덤필드 $H(x, y)$라 하자. 이 랜덤필드의 평균 $\mu_H(x, y) = 0$, 분산 $Var(H(x,y)) = 4$이며 $R(\tau, \xi) = 4e^{-(\tau^2+\xi^2)/100}$일 경우 다음 질문에 답하시오.

(1) 어떤 지점의 해수면 높이가 4보다 높을 확률의 최대치는 얼마인가?

(2) 어떤 지점과 그 지점으로부터 거리가 10만큼 떨어진 지점의 공분산은 얼마인가?

**풀이 ▸▸▸** (1) 체비세프 부등식

$$P(|X-\mu| \geq k\cdot\sigma) \leq \frac{1}{k^2}$$

에서 $\mu=0, k=2, \sigma=2$이기 때문에 확률은 0.25보다는 작다. 따라서 확률의 최대치는 0.25이다.

(2) 거리가 10이면 $\tau^2 + \xi^2=100$이다. 따라서 자기 상관함수의 값은 $4e^{-1}=1.47$이며, 평균이 0이기 때문에 공분산 값과 자기 상관함수의 값은 같다.

## ☑ 마르코프 랜덤과정과 마르코프 랜덤필드

우리는 이미 3장에서 마르코프 체인을 살펴본 바가 있다. 마르코프 랜덤과정을 언급하기 위해 3장의 부분을 잠깐 복습해 보도록 하자. 결합사건 $A_1 \cap A_2 \cap A_3 \cap \cdots \cap A_n$의 확률은 일반적으로

$$P(A_1 \cap A_2 \cap A_3 \cap \cdots \cap A_n) = P(A_1)P(A_2|A_1)\cdots P(A_n|A_1 \cap A_2 \cap \cdots \cap A_{n-1}) \tag{11.1.7}$$

와 같이 계산된다. 만약 여기서 $n$개의 사건 $A_1 \cap A_2 \cap A_3 \cap \cdots \cap A_n$이 서로 독립이라면

$$P(A_1 \cap A_2 \cap A_3 \cap \cdots \cap A_n) = P(A_1)P(A_2)\cdots P(A_n) \tag{11.1.8}$$

로 표현될 수 있다. 그러나 1차 (first order) 마르코프 체인에서는

$$P(A_1 \cap A_2 \cap A_3 \cap \cdots \cap A_n) = P(A_1)P(A_2|A_1)P(A_3|A_2)\cdots P(A_n|A_{n-1}) \tag{11.1.9}$$

와 같이 단순화시켜 사용하며, 이 의미는 바로 이전의 사건이 다음 사건에 영향을 미치지만 그 이전의 사건은 직접적인 영향을 미지치 않음을 의미한다.

이제 이 마르코프 체인으로 시간에 따라 변화하는 1차원 음성 데이터를 모델링하면 어떨까? 음성 데이터의 앙상블 $X(n)$이라는 랜덤과정의 결합 확률은

$$\begin{aligned} &P(X(1)=x_1, X(2)=x_2, \cdots\cdots, X(n)=x_n) \\ &= P(X(1)=x_1)P(X(2)=x_2|X(1)=x_1)\cdots P(X(n)=x_n|X(n-1)=x_{n-1}) \end{aligned} \tag{11.1.10}$$

와 같게 될 것이다. 이런 랜덤수열을 1차 마르코프 과정이라 하며, 만약 천이확률 $P(X(n)=x_n|X(n-1)=x_{n-1})$이 시간 $n$에 따라 변화하지 않는다면, (이 또한 정상성을 의미함.) 3장의 마르코프 체인으로 모델링 가능할 것이다.

이런 마르코프 랜덤과정을 2차원 영상 데이터에 도입하면 어떻게 될 것인가? 결합사건 $A_1 \cap A_2 \cap A_3 \cap \cdots \cap A_n$는 랜덤필드의 표본함수, 즉 어떤 영상의 각 화소에서의 값들의 배열을 의미한다. 따라서 일반적인 경우에 $P(A_1 \cap A_2 \cap A_3 \cap \cdots \cap A_n)$는 영상이 각 화소에 어떤 값들을 가지고 나타나는가에 대한 확률로 이는 $P(A_1)P(A_2|A_1)\cdots P(A_n|A_1 \cap A_2 \cap \cdots \cap A_{n-1})$ , 즉 첫 번째 화소 값의 확률, 이를 전제로 한 두 번째 화소의 확률, 앞선 두 화소 값을 전제로 한 세 번째 화소의 확률 등을 모두 알아야 계산된다는 모델이다. 반면에 독립성에 대한 가정은 각각의 화소 값의 확률들의 곱으로 표본함수인 영상의 확률이 계산된다는 것이다. 일반적인 경우는 너무나 모델이 복잡하고 독립성의 가정은 이미 앞서 지적한대로 일반적인 영상의 모습과는 거리가 있다.

그렇다면 1차 마르코프 체인에 대응되는 마르코프 랜덤필드의 가정은 무엇인가? 여기서 조건부 확률의 전제가 되는 사건은 이웃(neighbor) 화소들의 상태로 볼 수 있다. 그리고 어떤 영상, 즉 표본함수의 확률은 이웃하는 화소 값의 상태를 전제한 조건부

확률들의 곱으로 계산할 수 있다는 것이다. 이를 엄밀하게 정의하면

$$\begin{aligned} &P(I(x, y)) = i(x, y) \mid I(x', y') = i(x', y'),\ \forall (x', y') \neq (x, y)) \\ &= P(I(x, y) = i(x, y) \mid I(x', y') = i(x', y'),\ \forall (x', y') \in Neighbor(x, y)) \end{aligned} \tag{11.1.11}$$

와 같다. 식 (11.1.11)은 현재 영상의 $(x, y)$ 위치에서의 값을 제외한 위치에서의 화소 값들을 가정한 경우 $i(x, y)$의 확률은 현재 영상의 $(x, y)$ 위치의 이웃하는 화소 값들을 가정한 $i(x, y)$의 확률과 같다는 것이다. 즉 마르코프 체인의 1차원 시간 축상의 이웃의 개념을 2차원 공간상으로 확장한 것에 불과한 것이다. 그림 11.2는 마르코프 랜덤필드를 정의하기 위한 이웃의 예를 표현하고 있다.

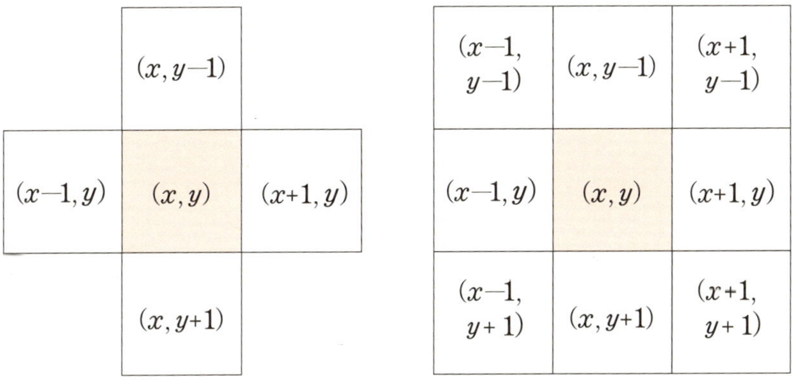


[그림 11.2] 영상 랜덤필드에서 이웃의 정의 (좌:4-이웃, 우:8-이웃)

**예제 3 ▸▸▸**

어떤 이진 영상이 1차 마르코프 랜덤필드이며 화소의 위치 $(x, y)$에 관계없이 4-이웃에 따라 결정된다고 하자. 마르코프 체인을 구성한다면 조건부 확률표는 몇 개의 이웃 상태에 따라 표현되어야 하는가?

**풀이 ▸▸▸** 4개의 이웃화소가 각각 0 또는 1의 값을 가지기 때문에 16개의 상태가

존재하며 이 각각의 상태에 따라 $(x, y)$위치의 화소 값이 0 또는 1일 될 확률을 표현해야 한다.

## 연습 문제

1. 어떤 영상 앙상블 $I_1(x, y)$이 넓은 의미의 정상성을 만족하며, 평균이 0이며, $R_1(\tau, \xi) = e^{-(\tau^2+\xi^2)/10}$ 이다. 또한 다른 영상 앙상블 $I_2(x, y)$도 넓은 의미의 정상성을 만족하며, 평균이 0이며, $R_2(\tau, \xi) = e^{-(\tau^2+\xi^2)/20}$이라 하자. 어떤 영상 앙상블의 표본영상이 공간적으로 더 변화가 심한 모습을 보일까?

2. 우리 주위에 마르코프 랜덤과정이나 랜덤필드로 모델링 될 만한 것들을 찾아보시오.

## 11.2 ML(Maximum likelihood) 추정방법

ML추정방법이란 8장의 추정에서와 같이 주어진 표본 데이터로부터 확률모델의 파라메타를 추정하는 방법이다. 여기서 확률모델이란 앞서 다루어진 추정에서 모집단의 분포를 의미하고, 파라메타란 모집단의 확률분포를 규정하는 변수들을 의미한다. 8장에서 다루어온 추정방법과 다른 점은 앞서의 추정에서는 표본의 함수로부터 얻어진 통계량들의 확률분포를 알아내고 이를 이용하여 점추정 또는 구간 추정을 통해 모평균, 모분산, 모비율 등을 추정한 반면, ML추정에서는 주어진 표본 데이터로부터 우도(likelihood)라는 척도를 정의하고, 이 척도를 최대화 하는 방식으로 각종 확률모델에 부수되는 파라메타를 추정하는 점이다. 여기서 확률 모델을 가정하고 이에 부수되는 파라메타를 추정하면 결국 확률분포를 알아낼 수 있기 때문에, ML 방법은 결국 확률분포를 추정하게 되는 것이다.

만약 표본 데이터 $D=\{x_1, x_2, \dots, x_n\}$가 주어지고 이들 표본이 추출된 모집단의 확률 분포 $f(\cdot|\boldsymbol{\theta})$가 가정되었다고 하자. 여기서 $\boldsymbol{\theta}$는 확률모델의 파라메타로, 추정하고자 하는 대상이다. 일단 파라메타 $\boldsymbol{\theta}$가 상수라고 가정하고 표본들이 이 확률분포로부터 독립적으로 추출했다면 우도

$$l(\boldsymbol{\theta})=f(D|\boldsymbol{\theta})=f(x_1|\boldsymbol{\theta})f(x_2|\boldsymbol{\theta})\dots f(x_n|\boldsymbol{\theta})=\prod_{i=1}^{n}f(x_i|\boldsymbol{\theta}) \tag{11.2.1}$$

와 같이 정의할 수 있다. 여기서 $D=\{x_1, x_2, \dots, x_n\}$라는 독립적인 표본들은 자신들이 추출된 확률분포를 규정하는 $\boldsymbol{\theta}$와 다르다면 우도 값은 작을 것이며, 만약 자신을 규정하는 정확한 파라메타라면 우도 값은 클 것이다.

**예제 1 ▸▸▸**

균일분포 $U(\min, \max)$를 가정한 모집단에서 $D=\{-11, 8, 7, -2, 5, 10\}$과 같은 표본데이터를 얻었다고 하자. $\boldsymbol{\theta}=(\min, \max)$로 두 파라메타를 다음과 같이 가정했을 때 우도를 구해보고 언제 최대 우도가 될 것인지를 지적해 보시오.

$$\hat{\boldsymbol{\theta}}_1=[-100, 10],\ \boldsymbol{\theta}_2=[-10, 10],\ \boldsymbol{\theta}_3=[-11, 20]$$

**풀이 ▸▸▸** 균일랜덤변수의 파라메타 값에 따른 확률밀도함수에 따라 다음과 같은 결합 확률밀도로 우도 값을 얻을 수 있다.

$$\begin{aligned} f(D|\hat{\boldsymbol{\theta}}_1) &= f(-11|\hat{\boldsymbol{\theta}}_1)\cdot f(8|\hat{\boldsymbol{\theta}}_1)\cdot f(7|\hat{\boldsymbol{\theta}}_1)\cdot f(-2|\hat{\boldsymbol{\theta}}_1)\cdot f(5|\hat{\boldsymbol{\theta}}_1)\cdot f(10|\hat{\boldsymbol{\theta}}_1) \\ &= \frac{1}{110}\cdot\frac{1}{110}\cdot\frac{1}{110}\cdot\frac{1}{110}\cdot\frac{1}{110}\cdot\frac{1}{110}=\left(\frac{1}{110}\right)^6 \end{aligned}$$

$$f(D|\hat{\boldsymbol{\theta}}_2) = f(-11|\hat{\boldsymbol{\theta}}_2)\cdot f(8|\hat{\boldsymbol{\theta}}_2)\cdot f(7|\hat{\boldsymbol{\theta}}_2)\cdot f(-2|\hat{\boldsymbol{\theta}}_2)\cdot f(5|\hat{\boldsymbol{\theta}}_2)\cdot f(10|\hat{\boldsymbol{\theta}}_2)$$
$$= \frac{0}{20}\cdot\frac{1}{20}\cdot\frac{1}{20}\cdot\frac{1}{20}\cdot\frac{1}{20}\cdot\frac{1}{20} = 0$$

$$f(D|\hat{\boldsymbol{\theta}}_3) = f(-11|\hat{\boldsymbol{\theta}}_3)\cdot f(8|\hat{\boldsymbol{\theta}}_3)\cdot f(7|\hat{\boldsymbol{\theta}}_3)\cdot f(-2|\hat{\boldsymbol{\theta}}_3)\cdot f(5|\hat{\boldsymbol{\theta}}_3)\cdot f(10|\hat{\boldsymbol{\theta}}_3)$$
$$= \frac{1}{31}\cdot\frac{1}{31}\cdot\frac{1}{31}\cdot\frac{1}{31}\cdot\frac{1}{31}\cdot\frac{1}{31} = \left(\frac{1}{31}\right)^6$$

위 세 우도 값을 관찰해 보면 $\hat{\boldsymbol{\theta}} = [-10, 10]$와 같이 데이터를 모두 포함하지 못하는 범위이면 우도 값이 0이 되며, 모두 포함하더라도 작은 범위에 포함하는 $\hat{\boldsymbol{\theta}}_3 = [-11, 20]$가 $\hat{\boldsymbol{\theta}}_1 = [-100, 10]$보다 우도 값이 커지는 것을 알 수 있다. 따라서 최대 우도를 갖는 파라메타는 $\hat{\boldsymbol{\theta}}_3 = [-11, 20]$이 됨을 알 수 있다.

ML추정이란 결국 이 우도를 최대로 하는 모집단 확률분포의 파라메타를 찾는 방법이다. 정규분포나 지수분포 등 종종 확률분포의 모델이 지수함수를 가지기 때문에 우도 역시 지수함수를 포함하며 독립성으로 인해 여러 개의 지수함수들이 곱해진 형태를 취하게 된다. 따라서 이런 표현의 복잡성을 감소시키기 위해 우도 값에 단조 증가하는 성질이 있는 로그함수를 취하고, 이 로그 우도(log-likelihood)값을 최대화하는 파라메타를 찾을 수도 있다. 즉 로그 우도 값이란

$$\ln\{l(\boldsymbol{\theta})\} = \ln\{f(D|\boldsymbol{\theta})\} = \ln\{f(x_1|\boldsymbol{\theta})f(x_2|\boldsymbol{\theta})\cdots f(x_n|\boldsymbol{\theta})\} = \sum_{i=1}^{n}\ln\{f(x_i|\boldsymbol{\theta})\} \tag{11.2.2}$$

이며 ML추정법이란

$$\hat{\boldsymbol{\theta}} = \arg_\theta \max[\ln\{l(\boldsymbol{\theta})\}] = \arg_\theta \max\left[\sum_{i=1}^{n}\ln\{f(x_i|\boldsymbol{\theta})\}\right] \tag{11.2.3}$$

에 해당한다고 볼수도 있다.

한편 ML방법으로 추정한 결과 역시 표본에 따라 달라지는 랜덤변수로 간주할 수

있다. 이 책의 범위를 벗어나기 때문에 증명은 생략하지만 ML추정은 표본의 수가 많아지면 점점 실제 파라메타 값에 가까운 추정치를 제공하는 일관된 추정방법이다.

또한 확률모델의 파라메타가 상수가 아니라 랜덤변수라는 가정을 토대로 하는 추정방법이 있다. 이 경우는 확률모델의 파라메타가 알려지지 않은 랜덤변수로 선험적인 분포(prior distribution) 모델을 가진다고 가정하고 베이즈 정리에 의해 파라메타의 사후확률(a posteriori) 분포로부터 파라메타를 추정하기도 한다.

**예제 2 ▸▸▸**

동전 던지기를 80회 수행하여 49회 앞면이 나오는 결과를 얻었다. 이항분포를 가정하여 우도를 정의하고 ML추정방법에 의해 동전의 앞면이 나올 확률을 구하시오.

**풀이 ▸▸▸** 우도는

$$l(p)=f(\text{앞면의 수}=49\,|\,p)=\binom{80}{49}p^{49}(1-p)^{31}$$

와 같이 정의할 수 있으며, 이를 최대화하기 위해 $p$에 대해 편미분하고 0으로 놓으면

$$\begin{aligned}\frac{\delta l(p)}{\delta p}&=0=\binom{80}{49}(49p^{48}(1-p)^{31}-31p^{49}(1-p)^{30})\\&=p^{48}(1-p)^{30}(49-80p)=0\end{aligned}$$

이며, $p=0$ 또는 $p=1$인 경우는 우도가 0이기 때문에 $p_{ML}=\frac{49}{80}$인 경우에 해당된다.

**예제 3 ▸▸▸**

정규분포라는 가정아래 $D=\{x_1, x_2, \ldots, x_n\}$를 표본으로 추출하였다. ML추정을 이용하

여 정규분포의 평균과 분산을 추정하시오.

**풀이** ▸▸▸ 우도는

$$f(x_1, x_2, \ldots, x_n | \mu, \sigma^2) = \prod_{i=1}^{n} f(x_i | \mu, \sigma^2) = \prod_{i=1}^{n} \frac{1}{\sqrt{2\pi}\sigma} exp\left(-\frac{(x_i-\mu)^2}{2\sigma^2}\right)$$

$$= \left(\frac{1}{2\pi\sigma^2}\right)^{n/2} exp\left(-\frac{\sum_{i=1}^{n}(x_i-\mu)^2}{2\sigma^2}\right)$$

와 같다. 양변에 로그함수를 취하면

$$l(\mu, \sigma^2) = (-n/2)\ln(2\pi\sigma^2) - \frac{1}{2\sigma^2}\sum_{i=1}^{n}(x_i-\mu)^2$$

이다. $\mu$를 ML추정에 의해 구하기 위해서, 로그 우도함수를 $\mu$에 대해 편미분하고 0으로 놓으면

$$\frac{\delta l(\mu, \sigma^2)}{\delta \mu} = \frac{1}{\sigma^2}\sum_{i=1}^{n}(x_i-\mu) = 0$$

따라서 $\mu_{ML} = \frac{1}{n}\sum_{i=1}^{n} x_i = \overline{x}$ 에 해당한다. 따라서 $\mu_{ML}$은 표본평균으로 이는 이미 8장에서 살펴본 바와 같이 불편이며 일관된 추정이다. 한편 로그 우도함수를 $\sigma$에 대해 편미분하면

$$\frac{\delta l(\mu, \sigma^2)}{\delta \sigma} = \frac{-n}{\sigma} + \frac{1}{\sigma^3}\sum_{i=1}^{n}(x_i-\mu)^2 = 0.$$

이 식을 정리하고, $\mu$에 $\overline{x}$ 를 대입하면

$$\sigma^2_{ML} = \frac{1}{n}\sum_{i=1}^{n}(x_i-\mu)^2 = \frac{1}{n}\sum_{i=1}^{n}(x_i-\overline{x})^2$$

이다. 8장의 결과와 비교해 보면 분산의 ML추정은 불편추정이 아님을 알 수 있다. 8장에서 분산에 대한 불편추정은 다음과 같았다.

$$\hat{\sigma}^2 = \frac{1}{n-1}\sum_{i=1}^{n}(x_i-\mu)^2.$$

## 연습 문제

1. 정규분포를 가지는 어떤 랜덤변수로부터

$$\{2, -3, 0, 3, 1, -2, 4\}$$

과 같은 표본을 추출했다고 하자. ML추정 방법으로 평균과 분산을 추정하시오.

2. 어떤 회사에서 생산된 $n$개의 제품표본에 대한 수명을 조사한 바

$$D=\{x_1, x_2, x_3, \dots, x_n\}$$

로 나타났다. 이들 제품의 수명의 확률밀도함수가 $x \geq 0$에서 $f_X(x)=\lambda e^{-\lambda x}$인 지수분포라 할 때 다음 질문에 답하시오.

(1) $l(D|\lambda)=f_X(x_1|\lambda)\cdot f_X(x_2|\lambda)\cdot \dots \cdot f_X(x_n|\lambda)$로 우도를 표현하고 로그우도 함수로 바꾸어 보시오.

(2) (1)의 로그우도를 최대로 하는 $\lambda_{ML}$을 구해보시오.

(3) 만약

$$D=\{3, 4, 2.7, 3.1, 2.8, 3.3, 2.9\}$$

라면 $\lambda_{ML}$은 얼마인가?

## 11.3 요인분석과 주성분 분석

우리가 다루는 데이터의 여러 랜덤변수(변량, 속성)들이 과연 모두 의미 있는 것일까? 혹시 어떤 변수은 다른 변수들에 종속적이기 때문에 큰 의미를 부여하지 못할 수도 있지 않을까? 그렇다면 어떤 변수들이 꼭 필요한 변수가 될 수 있을까? 이런 질문들에 답을 제공하는 통계적 도구가 요인분석 또는 주성분 분석이다. 본 절에서는 이들 방법들을 개략적으로 알아보고 두 분석의 관계를 살펴본다.

### ☑ 요인분석(factor analysis)

요인분석이란 상관관계가 있는 관측 변수들 사이의 다양성을 요인(factor)이라 부르는 관측변수들의 수보다 작은 수의 잠재된 숨은(latent) 변수들로 표현하는 통계적 방법이다. 예를 들어 학생들의 국어, 영어, 수학, 과학, 음악, 미술과 같은 6개 과목(관측변수)의 성적 데이터가 있다고 하자. 과연 이 데이터의 다양성을 표현하기 위해 6개 과목 데이터가 모두 필요할까? 그렇지 않을 수 있다. 왜냐하면 국어와 영어, 수학과 과학, 음악과 미술 등은 서로 관련되어 있어서 6개 보다 작은 수의 잠재된 숨은 변수(요인)들의 값으로 표현할 수도 있을 것이다.

평균벡터가 $\mu=(\mu_1,\mu_2,\ldots,\mu_p)^t$인 관측 랜덤벡터 $x=(x_1,x_2,\ldots,x_p)^t$가 있다고 하고, 각 성분을

$$x_i-\mu_1=l_{i1}F_1+l_{i2}F_2+\cdots+l_{ik}F_k+\epsilon_i\,,\quad 1\le i\le p \tag{11.3.1}$$

와 같이 표현한다고 하자. 여기서 $l_{ij}\,(j=1,2,\ldots,k)$는 부하(loading)이라 부르는 상수이며, $F_j\,(j=1,2,\ldots,k)$는 잠재된 숨은 변수(latent variable)로 일반적으로 $k<p$이다. 또한 $\epsilon_i\,(i=1,2,\ldots,p)$는 서로 다른 관측 변수들에 대해서 독립적인 오차들로 $p$차원의 랜덤벡터 $\epsilon$의 평균벡터 $E[\epsilon]=0$라면 공분산 행렬

$$Cov(\epsilon)=diag(\psi_1, \psi_2, \dots, \psi_p)=\psi \tag{11.3.2}$$

이며, 여기서 $\psi_i=Var(\epsilon_i)$이다. 이를 행렬을 이용하여 정리하면

$$x-\mu=LF+\epsilon \tag{11.3.3}$$

와 같으며, 여기서 $L$은 $p\times k$행렬, $F=[F_1, F_2, \dots, F_k]^t$의 숨은 랜덤벡터로서, $F_i$상호 간에 독립적일 뿐만 아니라 $\epsilon$과도 독립적이며, $E[F]=0$, $Cov(F)=I$ 라면 이 벡터를 요인(factor)이라 한다. 여기서

$$\Sigma\equiv Cov(x-\mu)=Cov(LF+\epsilon)$$

라면, $F$와 $\epsilon$의 독립성에 의해 $Cov(LF+\epsilon)=Cov(LF)+Cov(\epsilon)$이며, 랜덤벡터의 선형변환과 공분산 관계에 따라 $Cov(LF)=LCov(F)L^t$이므로

$$\Sigma\equiv Cov(x-\mu)=LCov(F)L^t+Cov(\epsilon) \tag{11.3.4}$$

이며, 세 번째 조건 때문에

$$\Sigma\equiv Cov(x-\mu)=LL^t+\psi \tag{11.3.5}$$

와 같이 표현할 수 있다. 먼저 요인분석을 위해 유용한 데이터는 우리가 가지고 있는 표본들로서 표본 공분산 행렬을 얻을 수 있다. 한편 식 (11.3.5)를 만족하는 부하 $L$과 이에 따른 요인 $F$는 유일하지 않으며, 이를 결정하는 방법 또한 여러 가지 방법이 있다. 그 중에 보편적으로 사용하는 요인 선택방법이 바로 주성분 분석이라는 방법이다.

### ☑ 주성분 분석(PCA: principal component analysis)

식 (11.3.5)의 $\Sigma\equiv Cov(x-\mu)$는 $p\times p$의 실수 성분을 가지며 대칭행렬로 특이값 분해(singular value decomposition)라는 행렬분해가 가능하다. 즉 $\Sigma$의 고유값(eigen value)과 이에 상응하는 고유벡터들을 이용하여 표현하면

$$\Sigma e_i = \lambda_i e_i\,, \quad i=1,\ldots,p \tag{11.3.6}$$

이다. 여기서 고유값들을 크기순으로 $\lambda_1 \geq \lambda_2 \geq \cdots \geq \lambda_p$정렬하고, 고유벡터의 크기 $|e_i|=1$이며, 고유벡터들이 직교한다면 ($\Sigma$가 실수값들을 가지며 대칭이므로 직교화가 가능), 행렬

$$A^t = [\,e_1 | e_2 | \cdots | e_p] \tag{11.3.7}$$

를 정의할 수 있으며,

$$\Sigma = A^t \Lambda A \tag{11.3.8}$$

형태로 특이값 분해(Singular Value Decomposition)가 가능하다. 여기서 행렬

$$\Lambda = diag(\lambda_1, \lambda_2, \ldots, \lambda_p) \tag{11.3.9}$$

에 해당되며, 만약

$$y = A(x-\mu) \tag{11.3.10}$$

와 같은 선형변환을 취하면

$$Cov(y) = \Lambda = A\Sigma A^t \tag{11.3.11}$$

에 해당한다. 여기서 식 (11.3.10)의 첫 번째 성분

$$y_1 = e^t{}_1(x-\mu) \tag{11.3.12}$$

를 주성분이라 하며, 이 주성분의 $Var(y_1) = \lambda_1$, $E[\,y_1] = 0$에 해당한다. 따라서 주성분은 $p$차원의 랜덤벡터 $x$의 다양성(variability)을 최대로 하는 $e_1$방향으로의 투영(projection)을 의미하며, 그 다음의 주성분은 $e_2$방향으로의 투영으로 마찬가지로 평균은 0이며 분산은 $\lambda_2$이다. 이런 방식으로 데이터의 다양성을 최대로 하는 방향들로 순

서대로 투영하는 변환을 KL(Karhunen−Loève) 변환이라고도 하며 Hotelling 변환이라고도 한다.

주성분 분석이란 이들 주성분들을 순서대로 취해가며 다양성의 손실을 최소화 하면서 랜덤벡터의 차원을 줄이는 방법으로

$$\sum_{i=1}^{p} Var(x_i) = \sigma^2_1 + \sigma^2_2 + \cdots + \sigma^2_p = \lambda_1 + \lambda_2 + \cdots + \lambda_p = \sum_{i=1}^{p} Var(y_i) \qquad (11.3.13)$$

이기 때문에, $j$-번째 주성분에 의해 설명되는 전체 분산의 비율은 $\lambda_j / \sum_{i=1}^{p} \lambda_i$라 할 수 있으며, 이 분산의 비를 설명력이라고 한다.

실제 $p$-차원의 랜덤벡터의 공분산 행렬 $\Sigma$는 $p$-차원 표본데이터 $x$로부터 얻어지며 데이터의 개수가 $N$개이면 표본평균 $\mu$벡터와 표본 공분산 행렬 $\Sigma$는 각각

$$\mu = \frac{1}{N}\sum_{i=1}^{N} x_i \qquad \Sigma = \frac{1}{N}\sum_{i=1}^{N} x_i x^t_i - \mu\mu^t \qquad (11.3.14)$$

로 계산된다. 따라서 주성분 분석의 순서를 보면 다음과 같다.

### − 주성분 분석의 순서

**단계** 1: $N$개의 $p$-차원 데이터로 상응하는 표본 평균벡터 $\mu$벡터와 표본 공분산 행렬 $\Sigma$을 구한다.

**단계** 2: 공분산 행렬의 고유값과 고유벡터들을 구하고, 이들을 고유값의 크기순으로 나열한다. 또한 고유벡터들은 정규화하여 크기가 1이 되도록 한다.

**단계** 3: 가장 큰 고유값의 고유벡터와 $y_1 = e^t_1(x - \mu)$를 수행하여 첫 번째 주성분을 구한다.

**단계** 4: 전체 분산에 대한 누적 비율을 구해 만족할 만한 가를 평가한다.

**단계** 5: 만족할 수 없다면 단계 3으로부터 다음 큰 고유값의 고유벡터를 포함하여다음 주성분을 구한다. 만족스럽다면 주성분 분석을 마무리한다. 이때 전체 분산에 대해 나머지 비율이 설명력의 손실이 된다. (단계 5의 판단은 일반적으로 누적비율의 증가가 심하게 느려지는 부분으로 한다.)

**예제 1 ▸▸▸**

다음 표와 같은 경영학과 학생들의 재정학, 마켓팅 및 정책 교과목의 성적 데이터를 얻었으며, 이를 이용하여 요인분석을 시행하려 한다. 질문에 답하시오.

| 학생 | 재정학 | 마켓팅 | 정책 |
|---|---|---|---|
| 1 | 3 | 6 | 5 |
| 2 | 7 | 3 | 3 |
| 3 | 10 | 9 | 8 |
| 4 | 3 | 9 | 7 |
| 5 | 10 | 6 | 5 |

[표 11.1] 경영학과 학생 성적 데이터

(1) 평균벡터를 구하시오.

(2) 표본 공분산 행렬을 구하시오.

(3) 만약 요인분석을 수행한다면 어떤 요인들을 생각할 수 있을 것인가를 추리해 보시오.

**풀이 ▸▸▸** 1) 식 (11.2.14)에 의해 재정학의 평균이 6.6, 마켓팅 6.6, 정책 5.6이며 이를 벡터로 표현하면 $(6.6, 6.6, 5.6)^t$이다.

(2) 식 (11.3.14)에 따라 표본 공분산은

$$\Sigma = \frac{1}{5}\left\{\begin{pmatrix}3\\6\\5\end{pmatrix}(3\,6\,5)+\begin{pmatrix}7\\3\\3\end{pmatrix}(7\,3\,3)+\begin{pmatrix}10\\6\\5\end{pmatrix}(10\,6\,5)\right\}-\begin{pmatrix}6.6\\6.6\\5.6\end{pmatrix}(6.6\ 6.6\ 5.6)$$

$$=\begin{pmatrix}9.84 & -0.36 & 0.44\\ -0.36 & 5.04 & 3.84\\ 0.44 & 3.84 & 3.04\end{pmatrix}$$

(3) (2)의 결과로부터 재정학은 타 과목에 비해 정량적인 능력이 중시되고, 마켓팅이나 정책의 경우는 비교적 언어능력이나 정성적인 판단을 요하기 때문에 재정학과 다른 교과목과는 상관관계가 음이거나 0에 가깝다는 것을 알 수 있다. 또한 마켓팅과 재정학 과목은 서로 양의 상관관계를 가짐을 알 수 있다. 따라서 두 개의 요인을 가질 것으로 추측된다.

**예제 2 ▶▶▶**

두 랜덤변수의 표본 데이터로부터 얻은 표본 공분산 행렬

$$\Sigma = \begin{bmatrix} 7 & 1 \\ 1 & 7 \end{bmatrix}$$

이라하자. 주성분을 구하시오.

**풀이 ▶▶▶** 고유값을 구하기 위해

$$|\Sigma - \lambda I| = \begin{vmatrix} 7-\lambda & 1 \\ 1 & 7-\lambda \end{vmatrix} = (7-\lambda)^2 - 1 = (\lambda-6)(\lambda-8) = 0$$

이며, 고유값은 $\lambda_1 = 8, \lambda_2 = 6$에 해당한다. 또한 고유벡터를 계산해 보면 $(\Sigma-\lambda_1 I)v_1 = \begin{bmatrix} -1 & 1 \\ 1 & -1 \end{bmatrix} v_1 = 0$ 이며 $v_1 = \begin{bmatrix} 1 \\ 1 \end{bmatrix}$을 얻을 수 있으며, 이를 정규화하면 $e_1 = \frac{1}{\sqrt{2}} \begin{bmatrix} 1 \\ 1 \end{bmatrix}$이다. 또한 $(\Sigma-\lambda_2 I)v_2 = \begin{bmatrix} 1 & 1 \\ 1 & 1 \end{bmatrix} v_2 = 0$ 이며 $v_2 = \begin{bmatrix} 1 \\ -1 \end{bmatrix}$ 을 얻을 수 있으며, 이를 정규화하면 $e_1 = \frac{1}{\sqrt{2}} \begin{bmatrix} 1 \\ -1 \end{bmatrix}$ 에 해당한다. 따라서 첫 번째 주성분은 데이터 $x = (x_1, x_2)^t$를

$$y_1 = 1/\sqrt{2}(x_1 - \mu_1) + 1/\sqrt{2}(x_2 - \mu_2)$$

로 변환하며, 전체 분산에서 차지하는 비율, 즉 설명력은 8/(8+6)=8/14에 해당한다. 또한 두 번째 주성분은 데이터를

$$y_2 = 1/\sqrt{2}(x_1 - \mu_1) - 1/\sqrt{2}(x_2 - \mu_2)$$

로 변환하며, 이를 포함하면 전체 분산은 변화되지 않는다.

### ☑ 요인분석과 주성분 분석의 관계

이제 주성분 분석과 요인분석의 관계를 살펴보자. 식 (11.3.4)에서 공분산 $Cov(F)=I$의 제약조건을 제거한다면

$$\Sigma \equiv Cov(x-\mu)=LCov(F)L^t+\psi \tag{11.3.15}$$

에 해당하며, 만약 $p=k$로 $F$와 $x$의 차원이 같고 오차의 공분산 $\psi=0$라면

$$\Sigma \equiv LCov(F)L^t \tag{11.3.16}$$

에 해당한다. 또한 $L$이 직교행렬이라면

$$Cov(F)=L^t\Sigma L \tag{11.3.17}$$

에 해당된다. 따라서 식 (11.3.8)과 식 (11.3.16)에서

$$L=A^t=[e_1|e_2|\cdots|e_P] \tag{11.3.18}$$

임을 알 수 있으며, $k<p$라면

$$L_k \equiv [e_1|e_2|\cdots|e_k] \tag{11.3.19}$$

로 정의할 수 있고

$$x-\mu \simeq L_kF \tag{11.3.20}$$

로 표현할 수 있다. 여기서 $F$의 $i$번째 성분(요인)은 데이터 $x-\mu$의 $i$번째 주성분에 해당한다. 따라서 주성분 분석은 요인을 찾는 한 방법이 될 수 있다.

### ☑ 요인분석과 주성분 분석의 차이점

결국 요인을 찾는 방법에 주성분 분석을 동원한다면 요인분석과 주성분 분석은 동일하다고 볼 수 있으며, 차이점은 단지 용도에 따라 달라질 뿐이다. 즉 주성분 분석에서는 랜덤변수의 표본데이터의 차원을 축소하는 것이 목적이라면 요인분석의 경우는 랜덤변수의 그룹화에 초점을 맞추고 있다. 즉 요인분석을 통해 특정한 랜덤변수 $x_i - \mu_i$의 요인 벡터 $(F_1, F_2, \ldots, F_k)$의 부하를 살펴보아 랜덤변수들을 그룹화 할 수 있다. 이러한 방법으로 어떤 요인들의 영향을 많이 받는 원 랜덤변수들을 그룹화하여 요인들의 의미를 부여하기도 한다.

**예제 3 ▸▸▸**

예제 1의 데이터에 대해 주성분 분석과 요인분석에 해당하는 다음 질문에 답하시오.

(1) 공분산 행렬의 고유값과 고유벡터들을 구해보시오.

(2) 두 개의 주성분을 취해서 $x=$ (재정학, 마케팅, 정책)$^t$을 숨은 요인들로 표현해보시오.

(3) (2)에서 구한 표현을 이용하여 표 1의 다섯 개의 데이터에 대한 숨은 요인 값을 구하시오.

**풀이 ▸▸▸** (1) 공분산 행렬의 고유치와 고유벡터들은 각각

$$\lambda_1 = 12.3414, \qquad e_1 = (0.9983, -0.0421, 0.0406)^t$$
$$\lambda_2 = 10.0099, \qquad e_2 = (-0.0084, -0.7908, -0.6120)^t$$
$$\lambda_3 = 0.0487, \qquad e_3 = (-0.0579, -0.6106, -0.7898)^t$$

에 해당한다. 여기서 두 개 주성분의 설명력은 $(\lambda_1 + \lambda_2)/(\lambda_1 + \lambda_2 + \lambda_3)$에 해당한다.

(2) 식 (11.3.20)에 따라

$$x - \mu \simeq \begin{pmatrix} 0.9983 & -0.0084 \\ -0.0421 & -0.7908 \\ 0.0406 & -0.6120 \end{pmatrix} \begin{pmatrix} F_1 \\ F_2 \end{pmatrix}$$

로 표현할 수 있다. 여기서 행렬을 구성하는 두 개의 열벡터들은 부하 $l_{i1}$과 $l_{i2}$에 해당한다. 두 개의 부하들 성분의 절대치로 보아 재정학과 같이 정량적인 부분의 능력 평가와 다른 하나는 마켓팅이나 정책 등과 같이 언어능력이나 정성적인 판단 능력을 생각하는 것이 합리적일 것이다. 첫 번째 부하는 첫 번째 성분의 절대치가 큰 값을 가지며 두 번째 부하는 그 반대로 두 번째 세 번째 성분들의 절대치가 상대적으로 큰 값을 보이기 때문이다.

(3) 한편 세 개의 요인을 가정하면 (2)의 결과는 다음과 같이 표현할 수 있으며, 각각의 데이터에 대한 숨은 요인 값들은 표 11.2와 같다.

$$x-\mu=\begin{pmatrix}0.9983 & -0.0084 & -0.0579\\ -0.0421 & -0.7908 & -0.6106\\ 0.0406 & -0.6120 & 0.7898\end{pmatrix}\begin{pmatrix}F_1\\ F_2\\ F_3\end{pmatrix}$$

| | $F_1$ | $F_2$ | $F_3$ |
|---|---|---|---|
| 1 | -3.5930 | 0.8720 | 0.1009 |
| 2 | 0.4451 | 4.4348 | 0.1216 |
| 3 | 3.3908 | -3.3954 | 0.2333 |
| 4 | -3.6379 | -2.7245 | -0.1514 |
| 5 | 3.3950 | 0.8131 | -0.3043 |

[표 11.2] 데이터의 요인 값들

## 연습 문제

1. 두 개의 관측 랜덤변수 $Y_1, Y_2$가 숨은 요인 $F$와 다음과 같이 선형적인 관계를 가진다하자.

$$Y_1=\beta_{10}+\beta_{11}F+e_1$$

$$Y_2 = \beta_{20} + \beta_{21}F + e_2$$

(1) 식 (11.3.5)의 형태의 공분산 행렬을 표현해 보시오. 이를 이론적인 공분산 행렬이라 한다. 여기서 $(\beta_{10}, \beta_{20})^t$는 관측 랜덤벡터 $(Y_1, Y_2)^t$의 평균벡터에 해당된다.

(2) 만약 4개의 데이터의 $Y_1$과 $Y_2$가 다음과 같이 관측되었다면 관측 값으로 부터의 공분산 행렬을 구하시오.

| $Y_1$ | $Y_2$ |
|---|---|
| 10 | -5 |
| - 4 | 2 |
| 0 | 1 |
| 6 | -3 |

(3) 주성분 분석을 이용하여 부하 $(\beta_{11}, \beta_{21})^t$을 구해 보시오.

(4) 이 주성분의 설명력은 몇 %인가?

(5) 각 데이터의 요인 값을 구해보시오.

## 11.4 베이지언(Bayesian) 의사결정

앞서 확률분포를 규정하는 파라메타의 ML추정에서도 잠깐 언급한 바와 같이 베이즈 규칙을 이용하는 의사결정은 대단히 유용하고 널리 활용되는 일반적인 문제풀이 방법이다. 본 절에서는 먼저 베이지언 의사결정을 하는데 수반되는 것들의 용어들을 정의해 보고, 특별히  분류(classifier) 문제를 중심으로 베이지언 의사결정방법을 설명하고자 한다.

### ☑ 베이지언 의사결정의 용어정의

사전확률(prior) $P(\omega_i)$란 베이즈 규칙에서 언급한 바와 같이 미리 정해진 확률 또는 확률분포를 의미한다. 일반적으로 이 사전확률을 구하는 것이 불가능하기 때문에 선험적으로 주어지게 되며 그 모든 정보가 없을 때에는 균일분포로 주어지며, 경우에 따라서는 수학적인 편의성을 이유로 문제에 따라 특별한 분포(conjugate prior)를 가정하기도 한다.

일반화된 베이즈 의사결정에는 손실함수(loss function)를 포함한다. 예를 들어 상태 집합 $\Omega=\{\omega_1, \omega_2, \dots, \omega_c\}$ 이라하자. 분류 문제에서는 실제의 데이터가 속하는 부류들을 의미할 수 있다. 또한 의사결정시의 행동의 선택 집합 $A=\{\alpha_1, \alpha_2, \dots, \alpha_a\}$ 라 하자. 그러면 손실함수 $\lambda(\alpha_i|\omega_j)$는 상태 $\omega_j$에 대해 $\alpha_i$라는 행동을 취했을 때의 손실함수에 해당한다. 예를 들어 상태집합이 $\Omega=\{$적기, 아군기$\}$ 라 하고, $A=\{$미사일 발사, 무시$\}$ 의 행동 선택이 있다면 적기라 판단하고 미사일을 발사하는 행위에 따르는 손실 $\lambda$(미사일 발사|적기)의 경우는 손실함수가 작을 것이며, 적기임에도 불구하고 무시해 버릴 경우의 손실 $\lambda$(무시|적기)은 커져야 할 것이다. 특별히 분류문제에서는 통상 부류 집합의 원소수와 행동선택 집합의 원소수를 일치시키고

$$\lambda(\alpha_i|\omega_j)=\begin{cases}0, & i=j\\ 1, & i\neq j\end{cases} \tag{11.4.1}$$

와 같은 0-1 손실함수를 사용한다.

손실의 기댓값 또는 조건부 손실(conditional loss)이란

$$R(\alpha_i|x)=\sum_{j=1}^{c}\lambda(\alpha_i|\omega_j)P(\omega_j|x) \tag{11.4.2}$$

로 정의되며, 이는 입력 $x$의 모든 가능한 부류들에 대해 $\alpha_i$라는 행동을 선택했을 때의 손실을 의미한다. 이러한 조건부 손실은 0-1 손실함수를 사용한다면

$$R(\alpha_i|x)=\sum_{j=1}^{c}P(\omega_j|x)=1-P(\omega_i|x) \tag{11.4.3}$$

에 해당하며, 이 조건부 손실을 최소로 하는 행동을 선택하는 것이 바람직하다.

결국 의사결정 규칙이란 관찰된 입력공간에서 행위공간(action space)으로의 매핑

$$\alpha(x): x \in R^d \rightarrow \{\alpha_1, \alpha_2, \dots, \alpha_a\} \tag{11.4.4}$$

로 볼 수 있다.

만약 $\alpha(x)$라는 의사결정 규칙이 있다면 이 규칙의 기대 손실을 총체화된 위험도(overall risk)라 하며

$$R = \int R(\alpha(x) | x) f_X(x) dx \tag{11.4.5}$$

로 표현할 수 있다.

### ☑ 베이지언 의사결정

베이지언 의사결정은 총체화된 위험도를 최소화하는 의사결정으로 만약 입력의 확률분포가 균등하다면 식 (11.4.2)의 조건부 손실을 최소로 하는 의사결정이다. 즉 베이지언 의사결정

$$\begin{aligned} \alpha^* &= \text{argmim}_{\alpha_i} R(\alpha_i | x) \\ &= \text{argmim}_{\alpha_i} \sum_{j=1}^{c} \lambda(\alpha_i | \omega_j) P(\omega_j | x) \end{aligned} \tag{11.4.6}$$

을 의미한다.

만약 두 개의 부류와 두 개의 행동을 가정한다면 조건부 손실은

$$\begin{aligned} R(\alpha_1 | x) &= \lambda_{11} P(\omega_1 | x) + \lambda_{12} P(\omega_2 | x) \\ R(\alpha_2 | x) &= \lambda_{21} P(\omega_1 | x) + \lambda_{22} P(\omega_2 | x) \end{aligned} \tag{11.4.7}$$

과 같다. 여기서 $\lambda_{ij} = \lambda(\alpha_i | \omega_j)$이다. 따라서 최적의 의사결정은 $R(\alpha_1 | x) \leq R(\alpha_2 | x)$

이면 $\omega_1$을 취하고, 그렇지 않으면 $\omega_2$를 취하는 것이 바람직할 것이다. 이를 다시 써보면

$$(\lambda_{12}-\lambda_{22})P(\omega_2|x) \le (\lambda_{21}-\lambda_{11})P(\omega_1|x) \tag{11.4.8}$$

이면 $\omega_1$을 취하고, 그렇지 않으면 $\omega_2$를 취하는 것이다. 여기에 베이즈 규칙을 적용하면

$$(\lambda_{12}-\lambda_{22})f_X(x|\omega_2)P(\omega_2) \le (\lambda_{21}-\lambda_{11})f_X(x|\omega_1)P(\omega_1) \tag{11.4.9}$$

또는

$$\frac{f_X(x|\omega_1)}{f_X(x|\omega_2)} \ge \frac{(\lambda_{12}-\lambda_{22})P(\omega_2)}{(\lambda_{21}-\lambda_{11})P(\omega_1)} = \theta_T \tag{11.4.10}$$

이면 $\omega_1$을 취하고, 그렇지 않으면 $\omega_2$를 취하는 것이다. 여기서 부등식의 좌변을 우도 비율(likelihood ratio)이라고도 한다. 따라서 이 경우 베이지언 의사결정 규칙은 우도비율이 우변의 문턱치 $\theta_T$를 넘으면 $\omega_1$이라 결정하고, 그렇지 않으면 $\omega_2$를 결정하는 것이다.

일반적인 분류 문제에서는 분별함수(discriminant function) $g_i(x)$을 정의하고 이를 이용하여 의사결정 규칙을 표현하는 것이 편리하다. 여기서 분별함수를 이용한 분류 문제의 의사결정 규칙은 다음과 같다.

$$\text{만약 } g_i(x) > g_j(x) \quad \forall j \neq i \text{이면 } \omega_i \text{로 결정한다.} \tag{11.4.11}$$

이를 다른 식으로 표현하면

$$i^* = \text{argmax}_i\, g_i(x) \text{ 이면 } \omega_i^* \text{ 로 결정} \tag{11.4.12}$$

과 같다. 분별함수는 일반적인 경우

$$g_i(x) = -R(\alpha_i|x) = -\sum_{j=1}^{c} \lambda(\alpha_i|\omega_j)P(\omega_j|x) \tag{11.4.13}$$

로 정의되기도 한다. 여기서 조건부 손실이 양의 값으로 클 경우 음의 값을 취하면 작아지기 때문에 분별함수가 큰 부류로의 의사결정은 일관성을 잃지 않게 되는 점을 주목하라. 만약 0-1 손실함수를 가정하면 베이지언 의사결정 규칙에 따른 분류함수는

$$g_i(x) = P(\omega_i|x) = \frac{f_X(x|\omega_i)P(\omega_i)}{P(x)} = \frac{f_X(x|\omega_i)P(\omega_i)}{\sum_{j=1}^{c} f_X(x|\omega_j)P(\omega_j)} \tag{11.4.14}$$

로 단순화 된다. 식 (11.4.14)에서 분모는 모든 분류함수에 공통으로 들어 있기에 크기 비교에 무의미하며

$$g_i(x) = f_X(x|\omega_i)P(\omega_i) \tag{11.4.15}$$

로 정의하더라도 동일한 규칙을 제공한다. 또한 여기에 단조 증가함수인 로그함수를 적용하여

$$g_i(x) = \ln f_X(x|\omega_i) + \ln P(\omega_i) \tag{11.4.16}$$

로 하더라도 무방하다. 일반적으로 분류문제에서는

$$\text{만약 } g_i(x) > g_j(x) \ \ \forall j \neq i \text{이면 } x \in \text{Region}_i \tag{11.4.17}$$

에 따라 분류한다. 여기서 $\text{Region}_i$를 $i$번째 부류의 결정영역(decision region)이라하고, 그 경계를 의사결정 경계(decision boundary)라고 한다. 식 (11.4.15)에서 확률밀도함수는 표본 데이터로부터 간접적으로 얻을 수 있으며 ML추정과 같은 파라메타를 이용하는 방법을 사용할 수 있다.

**예제 1 ▸▸▸**

정규분포를 가지는 두 부류의 2차원 데이터가 있다고 하자. 즉 부류 1의 데이터는 $N(\mu_1, \Sigma_1)$으로부터 생성되고 부류 2의 데이터는 $N(\mu_2, \Sigma_2)$으로부터 생성된다고 하자. 사전확률 $P(\omega_1)=P(\omega_2)$라면, 0-1 손실함수를 가정할 때 의사결정 경계를 구하시오.

$$\mu_1=\begin{pmatrix}3\\6\end{pmatrix},\quad \Sigma_1=\begin{pmatrix}1/2 & 0\\ 0 & 2\end{pmatrix},\quad \mu_2=\begin{pmatrix}3\\-2\end{pmatrix},\quad \Sigma_2=\begin{pmatrix}2 & 0\\ 0 & 2\end{pmatrix}$$

**풀이 ▸▸▸** 일단 공분산 행렬의 역행렬을 살펴보면

$$\Sigma_1^{-1}=\begin{pmatrix}2 & 0\\ 0 & 1/2\end{pmatrix},\quad \Sigma_2^{-1}=\begin{pmatrix}1/2 & 0\\ 0 & 1/2\end{pmatrix}$$

이다. 각각의 분별함수는 결합 확률밀도함수와 같으며

$$g_1(x)=f_X(x|\omega_1)=\frac{1}{(2\pi)^{n/2}|\Sigma_1|^{1/2}}exp\left(-\frac{1}{2}(x-\mu_1)^t\Sigma_1^{-1}(x-\mu_1)\right)$$

$$g_2(x)=f_X(x|\omega_2)=\frac{1}{(2\pi)^{n/2}|\Sigma_2|^{1/2}}exp\left(-\frac{1}{2}(x-\mu_2)^t\Sigma_2^{-1}(x-\mu_2)\right)$$

이다. 또한 각각의 로그함수(ln)를 취한 분별함수를 고려하면

$$g_1(x)=-\ln(2\pi)-(x_1^2-6x_1+x_2^2/4-3x_2+18)$$
$$g_2(x)=-\ln(4\pi)-(x_1^2-6x_1+x_2^2+4x_2+13)/4.$$

따라서 의사결정 경계는 $g_1(x)=g_2(x)$에서 생기며, 이를 구하면

$$x_2=3.514-1.125x_1+0.1875x_1^2$$

에 해당한다. 이 의사결정 경계는 비선형적임을 주목하기 바란다.

### ☑ ROC(Receiver Operating Curve) 곡선

일반적인 두 부류의 분류문제에서의 베이지언 의사결정은 우도비율을 판별하여

$$\frac{f_X(x|\omega_1)}{f_X(x|\omega_2)} \geq \frac{(\lambda_{12}-\lambda_{22})P(\omega_2)}{(\lambda_{21}-\lambda_{11})P(\omega_1)} = \theta_T \qquad (11.4.18)$$

이면 $\omega_1$으로, 그렇지 않으면 $\omega_2$로 분류한다. 만약 실제 부류가 $\omega_1$인데 우도 비율도 우변의 문턱치를 넘어서 $\omega_1$으로 분류되면 이는 올바른 분류(TP: True-Positive)라고 한다. 반면에 실제 부류가 $\omega_1$인데 이 문턱치를 넘지 못한 경우 이는 $\omega_2$로 오분류(FN: False-Negative)경우에 해당한다. 검정에서는 유의수준이 낮으면 오분류는 줄어든다. 또한 실제는 $\omega_1$이 아닌 즉 $\omega_2$인데 문턱치를 넘어서 $\omega_1$으로 분류된 경우를 허위경고(FP: False-Positive)이라 하며, 실제는 $\omega_1$이 아닌 즉 $\omega_2$인데 문턱치에 미달하여 $\omega_2$로 분류한 경우를 옳은 거부(TN: True-Negative)이라 한다. (일단 관심의 대상을 $\omega_1$에 둔다(True)고 가정하자.) 문턱치를 높게 설정하면 당연히 $\omega_1$으로 결정되기는 어려워지며 반대로 $\omega_2$로 결정되기 쉬워지며, 실제 $\omega_2$인데 $\omega_1$으로 결정되는 경우도 줄어들어 허위경고의 경우도 줄어들게 된다. 또한 문턱치가 작아지면 올바른 분류의 경우는 많아지지만 허위경고의 경우도 많아지게 된다. 따라서 이들의 비율(rate)을

$$TP = \frac{No.\ of\ positive\ objects\ among\ true\ objects}{No.\ of\ true\ objects} \qquad (11.4.19)$$

$$FN = \frac{No.\ of\ negative\ objects\ among\ true\ objects}{No.\ of\ true\ objects} \qquad (11.4.20)$$

$$FP = \frac{No.\ of\ positive\ objects\ among\ false\ objects}{No.\ of\ false\ objects} \qquad (11.4.21)$$

$$TN = \frac{No.\ of\ negative\ objects\ among\ false\ objects}{No.\ of\ false\ objects} \qquad (11.4.22)$$

라 정의하면 $FP$를 가로축 $TP$를 세로축에 문턱치를 변화시키며 곡선을 그려갈 수 있다. 이 곡선을 ROC곡선이라 한다.

그림 11.3은 이러한 비율들과 $\omega_1$과 $\omega_2$의 확률분포사이의 관계를 보여주고 있다. 그림에서

$$TP = \int_{\theta_T}^{\infty} f_X(x|\omega_1)dx \qquad FN = \int_{-\infty}^{\theta_T} f_X(x|\omega_1)dx$$

$$FP = \int_{\theta_T}^{\infty} f_X(x|\omega_2)dx \qquad TN = \int_{-\infty}^{\theta_T} f_X(x|\omega_2)dx\,.$$

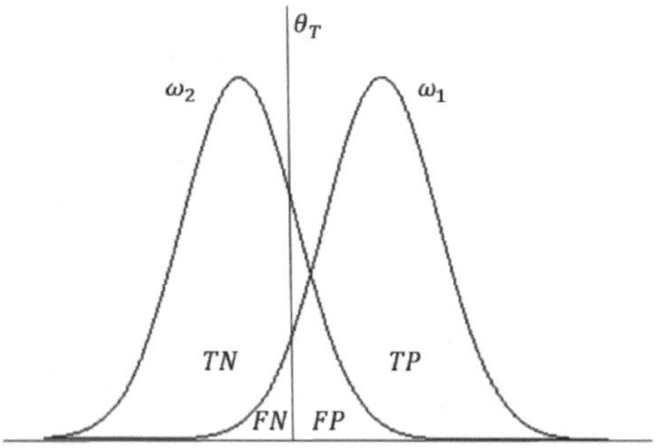


| | $\omega_1$ | $\omega_2$ |
|---|---|---|
| $\omega_1$ 결정 | $TP$ | $FP$ |
| $\omega_2$ 결정 | $FN$ | $TN$ |
| | 1 | 1 |

[그림 11.3] 확률분포와 분류기 평가척도를 결정하는 비율들

그림 11.4는 분류기들의 ROC곡선의 예를 보여주고 있다. 만약 이상적인 분류기(ideal test)라면 $FP$가 작아 0에 가깝더라도 $TP$가 1에 가깝게 올라가서 완벽한 분류 성능을 보이게 될 것이다. 반면에 $FP=TP$라면 분류기에 아무런 논리 없이 랜덤하게 객체들을 두 분류로 분류(no predictive value)하는 경우의 분류기에 해당될 것이다. 따라서 통상의 실질적인 분류기(actual test)는 이 이상적인 분류기와 랜덤 분류기 사이에 있게 된다. 또한 앞서 살펴본 바와 같이 문턱치 $\theta_T$와 같은 분류기 파라메타에 따라 분류기의 성능은 ROC곡선의 다른 지점에 위치하게 된다. 따라서 분류기 파라메타의 선택은 $FP$는 될수록 작고 $TP$는 될수록 큰 부분에 설정하는 것이 바람직하다. 즉 실제 ROC곡선에서 그림 11.4의 오른쪽 상단의 모서리 지점과 가까운 점에 해당하는 파라메타를 설정하는 것이 바람직하다.

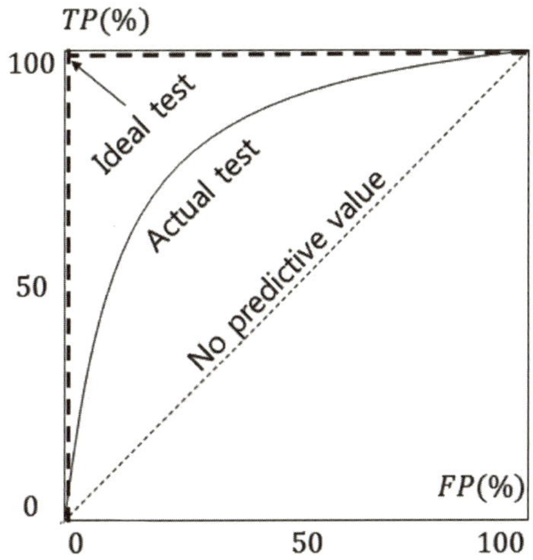


[그림 11.4] ROC 곡선의 예

### 예제 2 ▸▸▸

다음 표와 같은 값을 제공하는 분류기들이 있다. 이들을 ROC에 표현하고 어떤 분류기가 가장 바람직한 것인가를 찾아보시오.

| 분류기 | $TP$ | $FN$ | $FP$ | $TN$ |
|---|---|---|---|---|
| A | 63 | 37 | 28 | 72 |
| B | 77 | 23 | 77 | 23 |
| C | 24 | 76 | 88 | 12 |
| D | 76 | 24 | 12 | 88 |

[표 11.3] 분류기 성능

**풀이 ▸▸▸** 각 분류기의 $TP$와 $FP$비율 ($TP$, $FP$)는 분류기 A의 경우 (0.63,0.28), 분류기 B의 경우 (0.77, 0.77), 분류기 C의 경우 (0.24, 0.88), 분류기 D의 경우 (0.76, 0.12)이다. 이들을 ROC 공간에 표현하면 그림 11.5와 같으며 가장 이상적인 분류기에 근접한 분류기는 D이다.

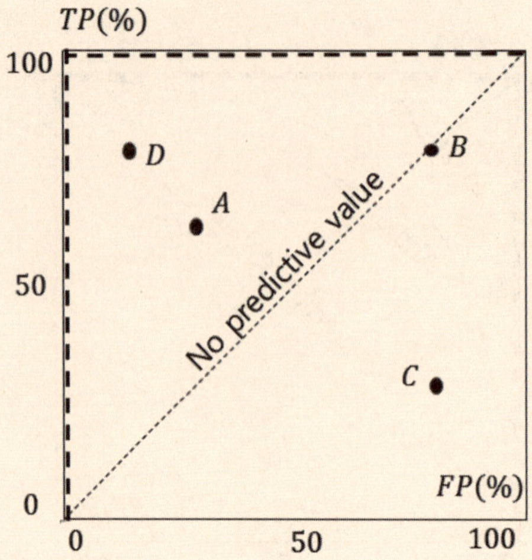


[그림 11.5] 예제 2의 분류기의 ROC 공간위치

## 연습문제

1. (순진한(naive) 베이즈 분류기) 다음과 같은 표에 의해 속성 값과 부류가 주어졌다. 만약 속성에 해당하는 랜덤변수들이 독립적이며 베르누이 분포를 이룬다고 가정하고 질문에 답하시오.

| 170cm 이상여부 | 눈 빛깔 | 머리 길이 | 성별 |
|---|---|---|---|
| No | 녹색 | 짧음 | 남성 |
| Yes | 갈색 | 김 | 여성 |
| No | 녹색 | 김 | 여성 |
| No | 녹색 | 김 | 여성 |
| Yes | 갈색 | 짧음 | 남성 |
| No | 녹색 | 김 | 여성 |
| Yes | 갈색 | 짧음 | 여성 |
| Yes | 녹색 | 김 | 남성 |

표. 연습문제 1의 데이터

(1) 각각의 속성에 해당하는 베르누이 랜덤변수의 파라메타 $p$를 ML추정으로 구하려한다. 여기서 속성 $X$의 $i$-번째 데이터를 $x_i$라 하면 $x_i \in \{1, 0\}$이며, 이 속성 데이터 $D=\{x_1, x_2, \dots, x_n\}$ 에 대한 우도

$$l(D \mid p)=\prod_{i=1}^{n} p^{x_i}(1-p)^{1-x_i}$$

와 같으며, 로그우도는

$$\log(l(D \mid p))=\sum_{i=1}^{n}\left(x_i \ln p+(1-x_i)\ln(1-p)\right)$$

이다. 위식을 $p$에 대해 미분하고 이를 0으로 놓아서 $p$의 ML추정치

$$p_{\text{ML}}=\frac{\text{1이 일어난 데이터의 수}}{\text{전체 데이터의 수}}$$

임을 보이시오.

(2) (1)의 결과를 이용하여 다음 확률들을 구해보시오.

$P$(170$cm$ 이상 | 남성) $P$(갈색 | 여성) $P$(짧음) $P$(김 | 여성) $P$(남성)

(3) 독립성의 가정을 이용하여 다음 확률들을 구해보시오.

$P$(170$cm$ 미만, 갈색, 짧음 | 남성) $P$(170$cm$ 이상, 녹색, 김 | 여성)

(4) 베이즈 규칙을 이용하여 다음 확률들을 구해보시오.

$P$(남성 | 170$cm$ 미만, 갈색, 짧음) $P$(남성 | 170$cm$ 이상, 갈색, 짧음)

(5) (4)로부터 170$cm$ 미만이고 갈색 눈을 가졌으며 머리가 짧은 사람은 남성으로 구분하는 것이 좋은가, 아니면 여성으로 구분하면 좋겠는가? 또한 170$cm$ 이상이고 갈색 눈에 머리가 짧은 사람은 무엇으로 구분하는 것이 바람직한가?

2. 차량 번호판 검출시스템이 있다. 이 시스템이 번호판으로 검출한 500개 중에 실제 차량 번호판이 380개였으며 120개는 번호판이 아님에도 불구하고 번호판으로 검출하였다. 또한 번호판임에도 불구하고 번호판 검출에서 놓친 것이 전체 번호판 아닌 것으로 판정한 500개 중에 130개였다고 하다. $TP, TN, FP, FN$의 비율을 구하시오.

## 11.5 컴퓨터 실습

11장에 제시된 내용의 대부분은 응용 예에 따라서는 많은 데이터와 복잡한 프로그램을 요구한다. 따라서 이런 내용들은 이 책의 범위를 벗어나기 때문에 본 절에서는 주성분 분석과 요인분석을 하는 간단한 MATLAB프로그램을 만들어 보았다. 그림 11.6은 주성분 분석과 이를 이용하는 요인분석의 예를 보여주고 있다. 그림 11.6의 결과는 명령 윈도우에 표현하게 하였으며 그림 11.7과 같다.

```
% 주성분분석과 이를 이용한 요인분석
X = [230 125 200 109; 181 99 55 107; 165 97 105 98;...
    150 115 85 71; 97 120 0 82; 192 100 150 103;...
    181 80 85 111; 189 90 120 93; 172 125 130 78;...
    170 125 130 78]; % 10개의 4 차원 데이터 입력
means=mean(X); % 평균벡터 구하기
centered=X-repmat(means,10,1); % 평균벡터가 0인 데이터로 변환
covariance=(centered'*centered)/(9); % 공분산 행렬

[V,D]=eig(covariance); % 공분산 행렬의 고유벡터와 고유치 행렬
[e,i]=sort(diag(D),'descend'); % 고유치의 크기에 따라 정렬
sorted=V(:,i); % 고유벡터를 정렬하여 프린트
e
sorted
% 각 고유치의 설명력 계산 및 표현
sum = 0;
```

```
for i=1:4
    sum = sum + e(i);
end
exp= e./sum
% 요인과 부하의 표현
factors=sorted(:,1:2)
PCA=X*factors
```

[그림 11.6] 주성분 분석과 이를 이용한 요인분석

```
e =

  1.0e+003 *

    3.9296
    0.5490
    0.0975
    0.0462


sorted =

    0.5009    0.4913    0.4519   -0.5509
    0.0221   -0.6163    0.7795    0.1099
    0.8610   -0.3219   -0.3126    0.2393
    0.0852    0.5246    0.3007    0.7920


exp =

    0.8501
    0.1188
    0.0211
    0.0100
```

```
factors =

    0.5009    0.4913
    0.0221   -0.6163
    0.8610   -0.3219
    0.0852    0.5246


PCA =

  299.4534   28.7531
  149.3178   66.3326
  183.5431   38.8874
  156.9069   12.6999
   58.2192   16.7127
  236.3054   38.4400
  175.0696   70.4831
  207.9002   47.5413
  207.4893    6.5309
```

[그림 11.7] 주성분 분석과 요인분석 결과

## 연습 문제

1. 11.3절의 예제 1과 3의 데이터를 그림 11.6과 같이 주성분 분석을 통해 검증해 보시오.

# 참고문헌

## 국내문헌

1. 이재원, 이욱기, 김건호, 이승주 공저, 공학인증을 위한 확률통계, 카오스북(2013)

2. 박대철 저, 확률과 통계, 도서출판 인터비전(2010)

3. 전영호, 박희석, 임태진, 홍정완 공저, 공학도를 위한 통계학, 창민사(2013)

4. 우용길, 김인수, 유철중, 장옥배 저, 통계의 이해,  학문사(2000년)

## 국외문헌

1. Richard H. Williams, *Probability, Statistics, and Random Processes for Engineers*, THOMSON BROOKS/COLE(2013)

2. Roy D. Yates, David J. Goodman, *Probability and Stochastic Processes – A Friendly Introduction for Electrical and Computer Engineers*, John Willey & Sons, Inc.(2005)

3. Wilbur B. Davenport, JR. *Probability and Random Processes*, McGraw-Hill, New York(1970)

4. Richard O. Duda, Peter E. Hart, David G. Srtork, *Pattern Classification*,  John Willey & Sons, Inc.(2001)

5. Alvin W. Drake, *Fundamentals of Applied Probability Theory*, *McGraw-Hill Series in Probability and Statistics*, McGraw-Hill Inc.(1967)

6. Alberto Leon-Garcia, *Probability and Random Processes for Electrical Engineering, Second Edition*, Addison-Wesley Publishing Company, Inc.(1994)

7. Sheldon M. Ross, *Introduction to Probability and Statistics for Engineers and Scientists, Fourth Edition*, Elsevier Academic Press(2009)

8. Athanasios Popoulis, *Probability, Random Variables, and Stochastic Processes*, McGraw-Hill Kogakusha, Ltd.(1965)

# 참고그림

## *chapter.1* 서술적 통계학

그림 1.3 http://www.epixanalytics.com/modelassist/CrystalBall/Model_Assist.htm#Probability_theory_and_statistics/The_basics/Probability_parameters/Other_moments_(measures_of_shape).htm

그림 1.4 http://flowjo.typepad.com/.shared/image.html?/photos/uncategorized/2007/10/15/central_tendancy.jpg

그림 1.5 http://www.texample.net/tikz/examples/box-and-whisker-plot/

그림 1.6 http://onlinestatbook.com/chapter4/intro.html

그림 1.9 https://datasciencescrete.wordpress.com/2014/04/29/correlation-analysis/

그림 1.11 http://www.sthda.com/english/wiki/scatterplot3d-3d-graphics-r-software-and-data-visualization

## *chapter.2* 확률

그림 2.2 http://namulog.tistory.com/156 http://coronasdk.tistory.com/60

## *chapter.3* 랜덤변수

그림 3.1 http://namulog.tistory.com/156 http://coronasdk.tistory.com/60

그림 3.2 http://archive.cnx.org/contents/877fc7e2-afee-40ad-8f5a-bd2aec51d91b@1/review-of-propability-and-random-variables

그림 3.7 http://www.nationalpower.info/winning-probability/

그림 3.12 https://en.wikipedia.org/wiki/Entropy_(information_theory)

## *chapter.4* 다수의 랜덤변수, 랜덤벡터

그림 4.2 http://stackoverflow.com/questions/8545035/scatterplot-with-marginal-histograms-in-ggplot2

그림 4.3 http://stackoverflow.com/questions/8545035/scatterplot-with-marginal-histograms-in-ggplot2

그림 4.4 https://imagej.nih.gov/ij/plugins/color-inspector.html

그림 4.7 http://www.astroml.org/book_figures/chapter3/fig_conditional_probability.html

그림 4.12 https://en.wikipedia.org/wiki/Mutual_information

## *chapter.5* 이산 랜덤변수 모델

그림 5.7
http://www.boost.org/doc/libs/1_36_0/libs/math/doc/sf_and_dist/html/math_toolkit/dist/dist_ref/dists/negative_binomial_dist.html

그림 5.8 http://www.slideshare.net/mohammadnouman3/hypergeometric-distribution-60026990

그림 5.11 http://wiki.webpopix.org/index.php/Models_for_count_data

## *chapter.6* 연속 랜덤변수 모델

그림 6.7 http://www.slideshare.net/g33ktalk/machine-learning-meetup-12182013

그림 6.13 http://www.stat.cmu.edu/~kass/KEB/RHTML/R/bivariateNormalPerspectives.r.html

그림 6.16 https://en.wikipedia.org/wiki/Student%27s_t-distribution

그림 6.17 https://en.wikipedia.org/wiki/F-distribution

## *chapter.7* 표본분포

그림 7.2 https://johannesgijsbers.wordpress.com/2013/09/29/the-central-limit-theorem-what-is-it-good-for/

## *chapter.8* 통계적 추정

그림 8.1 https://kr.pinterest.com/pin/323907398173567715/

그림 8.2 http://www.unc.edu/~nielsen/soci708/m9/m9.htm

그림 8.3 https://en.wikipedia.org/wiki/Consistent_estimator

## *chapter. 9* 가설검정

**그림 9.1** http://www.kean.edu/~fosborne/bstat/07hyp.html

## *chapter. 10* 랜덤과정

**그림 10.10** http://mathworld.wolfram.com/RandomWalk1-Dimensional.html

## *chapter. 11* 기타 유용한 사항들

**그림 11.1(a)** https://gear.kku.ac.th/~nawapak/178353/Chapter02.ppt

**그림 11.1(b)** http://www.ux.uis.no/~tranden/brodatz.html

**그림 11.2** https://www.cs.auckland.ac.nz/courses/compsci773s1c/lectures/ImageProcessing-html/topic3.htm

**그림 11.3, 그림 11.4** https://en.wikipedia.org/wiki/Receiver_operating_characteristic#/media/File:Receiver_Operating_Characteristic.png

# 부록 A: 표준정규분포 $N(0,1)$의 누적분포함수

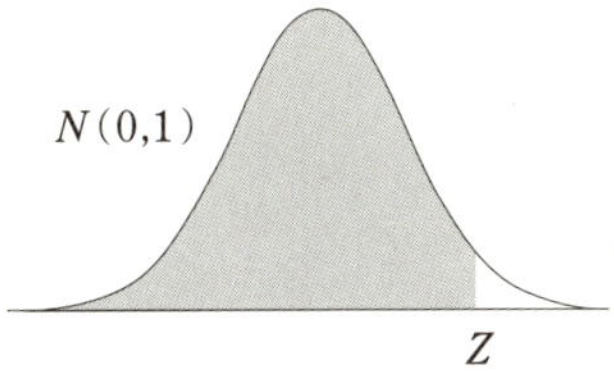


| z | .00 | .01 | .02 | .03 | .04 | .05 | .06 | .07 | .08 | .09 |
|---|---|---|---|---|---|---|---|---|---|---|
| 0.0 | .50000 | .50399 | .50798 | .51197 | .51595 | .51994 | .52392 | .52790 | .53188 | .53586 |
| 0.1 | .53983 | .54380 | .54776 | .55172 | .55567 | .55962 | .56356 | .56749 | .57142 | .57535 |
| 0.2 | .57926 | .58317 | .58706 | .59095 | .59483 | .59871 | .60257 | .60642 | .61026 | .61409 |
| 0.3 | .61791 | .62172 | .62552 | .62930 | .63307 | .63683 | .64058 | .64431 | .64803 | .65173 |
| 0.4 | .65542 | .65910 | .66276 | .66640 | .67003 | .67364 | .67724 | .68082 | .68439 | .68793 |
| 0.5 | .69146 | .69497 | .69847 | .70194 | .70540 | .70884 | .71226 | .71566 | .71904 | .72240 |
| 0.6 | .72575 | .72907 | .73237 | .73565 | .73891 | .74215 | .74537 | .74857 | .75175 | .75490 |
| 0.7 | .75804 | .76115 | .76424 | .76730 | .77035 | .77337 | .77637 | .77935 | .78230 | .78524 |
| 0.8 | .78814 | .79103 | .79389 | .79673 | .79955 | .80234 | .80511 | .80785 | .81057 | .81327 |
| 0.9 | .81594 | .81859 | .82121 | .82381 | .82639 | .82894 | .83147 | .83398 | .83646 | .83891 |
| 1.0 | .84134 | .84375 | .84614 | .84849 | .85083 | .85314 | .85543 | .85769 | .85993 | .86214 |
| 1.1 | .86433 | .86650 | .86864 | .87076 | .87286 | .87493 | .87698 | .87900 | .88100 | .88298 |
| 1.2 | .88493 | .88686 | .88877 | .89065 | .89251 | .89435 | .89617 | .89796 | .89973 | .90147 |
| 1.3 | .90320 | .90490 | .90658 | .90824 | .90988 | .91149 | .91309 | .91466 | .91621 | .91774 |
| 1.4 | .91924 | .92073 | .92220 | .92364 | .92507 | .92647 | .92785 | .92922 | .93056 | .93189 |
| 1.5 | .93319 | .93448 | .93574 | .93699 | .93822 | .93943 | .94062 | .94179 | .94295 | .94408 |
| 1.6 | .94520 | .94630 | .94738 | .94845 | .94950 | .95053 | 95154 | .95254 | .95352 | .95449 |
| 1.7 | .95543 | .95637 | .95728 | .95818 | .95907 | .95994 | .96080 | .96164 | .96246 | .96327 |
| 1.8 | .96407 | .96485 | .96562 | .96638 | .96712 | .96784 | .96856 | .96926 | .96995 | .97062 |
| 1.9 | .97128 | .97193 | .97257 | .97320 | .97381 | .97441 | .97500 | .97558 | .97615 | .97670 |
| 2.0 | .97725 | .97778 | .97831 | .97882 | .97932 | .97982 | .98030 | .98077 | .98124 | .98169 |
| 2.1 | .98214 | .98257 | .98300 | .98341 | .98382 | .98422 | .98461 | .98500 | .98537 | .98574 |
| 2.2 | .98610 | .98645 | .98679 | .98713 | .98745 | .98778 | .98809 | .98840 | .98870 | .98899 |
| 2.3 | .98928 | .98956 | .98983 | .99010 | .99036 | .99061 | .99086 | .99111 | .99134 | .99158 |
| 2.4 | .99180 | .99202 | .99224 | .99245 | .99266 | .99286 | .99305 | .99324 | .99343 | .99361 |
| 2.5 | .99379 | .99396 | .99413 | .99430 | .99446 | .99461 | .99477 | .99492 | .99506 | .99520 |
| 2.6 | .99534 | .99547 | .99560 | .99573 | .99585 | .99598 | .99609 | .99621 | .99632 | .99643 |
| 2.7 | .99653 | .99664 | .99674 | .99683 | .99693 | .99702 | .99711 | .99720 | .99728 | .99736 |
| 2.8 | .99744 | .99752 | .99760 | .99767 | .99774 | .99781 | .99788 | .99795 | .99801 | .99807 |
| 2.9 | .99813 | .99819 | .99825 | .99831 | .99836 | .99841 | .99846 | .99851 | .99856 | .99861 |
| 3.0 | .99865 | .99869 | .99874 | .99878 | .99882 | .99886 | .99889 | .99893 | .99896 | .99900 |
| 3.1 | .99903 | .99906 | .99910 | .99913 | .99916 | .99918 | .99921 | .99924 | .99926 | .99929 |
| 3.2 | .99931 | .99934 | .99936 | .99938 | .99940 | .99942 | .99944 | .99946 | .99948 | .99950 |
| 3.3 | .99952 | .99953 | .99955 | .99957 | .99958 | .99960 | .99961 | .99962 | .99964 | .99965 |
| 3.4 | .99966 | .99968 | .99969 | .99970 | .99971 | .99972 | .99973 | .99974 | .99975 | .99976 |
| 3.5 | .99977 | .99978 | .99978 | .99979 | .99980 | .99981 | .99981 | .99982 | .99983 | .99983 |
| 3.6 | .99984 | .99985 | .99985 | .99986 | .99986 | .99987 | .99987 | .99988 | .99988 | .99989 |
| 3.7 | .99989 | .99990 | .99990 | .99990 | .99991 | .99991 | .99992 | .99992 | .99992 | .99992 |
| 3.8 | .99993 | .99993 | .99993 | .99994 | .99994 | .99994 | .99994 | .99995 | .99995 | .99995 |
| 3.9 | .99995 | .99995 | .99996 | .99996 | .99996 | .99996 | .99996 | .99996 | .99997 | .99997 |

# 부록 B: $t$-분포의 오른쪽 꼬리 확률표

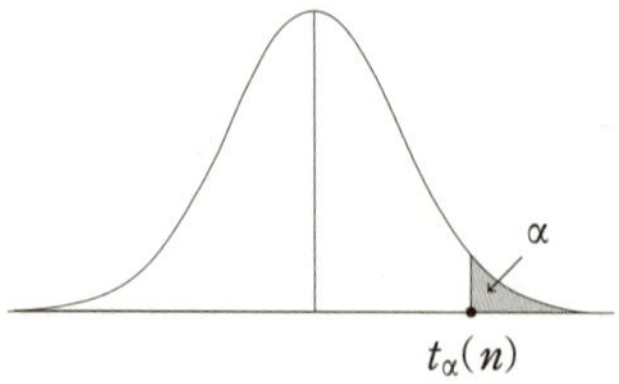


| n \ α | 0.40 | 0.25 | 0.10 | 0.05 | 0.025 | 0.01 | 0.005 | 0.001 | 0.0005 |
|---|---|---|---|---|---|---|---|---|---|
| 1 | 0.325 | 1.000 | 3.078 | 6.314 | 12.706 | 31.821 | 63.657 | 318.309 | 636.619 |
| 2 | 0.289 | 0.816 | 1.886 | 2.920 | 4.303 | 6.965 | 9.925 | 22.327 | 31.599 |
| 3 | 0.277 | 0.765 | 1.638 | 2.353 | 3.182 | 4.541 | 5.841 | 10.215 | 12.924 |
| 4 | 0.271 | 0.741 | 1.533 | 2.132 | 2.776 | 3.747 | 4.604 | 7.173 | 8.610 |
| 5 | 0.267 | 0.727 | 1.476 | 2.015 | 2.571 | 3.365 | 4.032 | 5.893 | 6.869 |
| 6 | 0.265 | 0.718 | 1.440 | 1.943 | 2.447 | 3.143 | 3.707 | 5.208 | 5.959 |
| 7 | 0.263 | 0.711 | 1.415 | 1.895 | 2.365 | 2.998 | 3.499 | 4.785 | 5.408 |
| 8 | 0.262 | 0.706 | 1.397 | 1.860 | 2.306 | 2.896 | 3.355 | 4.501 | 5.041 |
| 9 | 0.261 | 0.703 | 1.383 | 1.833 | 2.262 | 2.821 | 3.250 | 4.297 | 4.781 |
| 10 | 0.260 | 0.700 | 1.372 | 1.812 | 2.228 | 2.764 | 3.169 | 4.144 | 4.587 |
| 11 | 0.260 | 0.697 | 1.363 | 1.796 | 2.201 | 2.718 | 3.106 | 4.025 | 4.437 |
| 12 | 0.259 | 0.695 | 1.356 | 1.782 | 2.179 | 2.681 | 3.055 | 3.930 | 4.318 |
| 13 | 0.259 | 0.694 | 1.350 | 1.771 | 2.160 | 2.650 | 3.012 | 3.852 | 4.221 |
| 14 | 0.258 | 0.692 | 1.345 | 1.761 | 2.145 | 2.624 | 2.977 | 3.787 | 4.140 |
| 15 | 0.258 | 0.691 | 1.341 | 1.753 | 2.131 | 2.602 | 2.947 | 3.733 | 4.073 |
| 16 | 0.258 | 0.690 | 1.337 | 1.746 | 2.120 | 2.583 | 2.921 | 3.686 | 4.015 |
| 17 | 0.257 | 0.689 | 1.333 | 1.740 | 2.110 | 2.567 | 2.898 | 3.646 | 3.965 |
| 18 | 0.257 | 0.688 | 1.330 | 1.734 | 2.101 | 2.552 | 2.878 | 3.610 | 3.922 |
| 19 | 0.257 | 0.688 | 1.328 | 1.729 | 2.093 | 2.539 | 2.861 | 3.579 | 3.883 |
| 20 | 0.257 | 0.687 | 1.325 | 1.725 | 2.086 | 2.528 | 2.845 | 3.552 | 3.850 |
| 21 | 0.257 | 0.686 | 1.323 | 1.721 | 2.080 | 2.518 | 2.831 | 3.527 | 3.819 |
| 22 | 0.256 | 0.686 | 1.321 | 1.717 | 2.074 | 2.508 | 2.819 | 3.505 | 3.792 |
| 23 | 0.256 | 0.685 | 1.319 | 1.714 | 2.069 | 2.500 | 2.807 | 3.485 | 3.768 |
| 24 | 0.256 | 0.685 | 1.318 | 1.711 | 2.064 | 2.492 | 2.797 | 3.467 | 3.745 |
| 25 | 0.256 | 0.684 | 1.316 | 1.708 | 2.060 | 2.485 | 2.787 | 3.450 | 3.725 |
| 26 | 0.256 | 0.684 | 1.315 | 1.706 | 2.056 | 2.479 | 2.779 | 3.435 | 3.707 |
| 27 | 0.256 | 0.684 | 1.314 | 1.703 | 2.052 | 2.473 | 2.771 | 3.421 | 3.690 |
| 28 | 0.256 | 0.683 | 1.313 | 1.701 | 2.048 | 2.467 | 2.763 | 3.408 | 3.674 |
| 29 | 0.256 | 0.683 | 1.311 | 1.699 | 2.045 | 2.462 | 2.756 | 3.396 | 3.659 |
| 30 | 0.256 | 0.683 | 1.310 | 1.697 | 2.042 | 2.457 | 2.750 | 3.385 | 3.646 |
| 35 | 0.255 | 0.682 | 1.306 | 1.690 | 2.030 | 2.438 | 2.724 | 3.340 | 3.591 |
| 40 | 0.255 | 0.681 | 1.303 | 1.684 | 2.021 | 2.423 | 2.704 | 3.307 | 3.551 |
| 50 | 0.255 | 0.679 | 1.299 | 1.676 | 2.009 | 2.403 | 2.678 | 3.261 | 3.496 |
| 60 | 0.254 | 0.679 | 1.296 | 1.671 | 2.000 | 2.390 | 2.660 | 3.232 | 3.460 |
| 120 | 0.254 | 0.677 | 1.289 | 1.658 | 1.980 | 2.358 | 2.617 | 3.160 | 3.373 |
| ∞ | 0.253 | 0.674 | 1.282 | 1.645 | 1.960 | 2.326 | 2.576 | 3.090 | 3.291 |

# 부록 C: $\chi^2$-분포의 오른쪽 꼬리 확률표

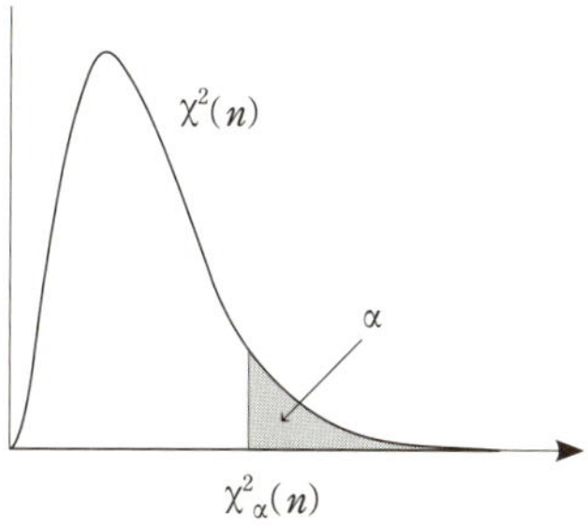


| $n$ \ $\chi^2$ | $\chi^2_{.995}$ | $\chi^2_{.990}$ | $\chi^2_{.975}$ | $\chi^2_{.950}$ | $\chi^2_{.900}$ | $\chi^2_{.100}$ | $\chi^2_{.050}$ | $\chi^2_{.025}$ | $\chi^2_{.010}$ | $\chi^2_{.005}$ |
|---|---|---|---|---|---|---|---|---|---|---|
| 1 | 0.000 | 0.000 | 0.001 | 0.004 | 0.016 | 2.706 | 3.841 | 5.024 | 6.635 | 7.879 |
| 2 | 0.010 | 0.020 | 0.051 | 0.103 | 0.211 | 4.605 | 5.991 | 7.378 | 9.210 | 10.597 |
| 3 | 0.072 | 0.115 | 0.216 | 0.352 | 0.584 | 6.251 | 7.815 | 9.348 | 11.345 | 12.838 |
| 4 | 0.207 | 0.297 | 0.484 | 0.711 | 1.064 | 7.779 | 9.488 | 11.143 | 13.277 | 14.860 |
| 5 | 0.412 | 0.554 | 0.831 | 1.145 | 1.610 | 9.236 | 11.070 | 12.833 | 15.086 | 16.750 |
| 6 | 0.676 | 0.872 | 1.237 | 1.635 | 2.204 | 10.645 | 12.592 | 14.449 | 16.812 | 18.548 |
| 7 | 0.989 | 1.239 | 1.690 | 2.167 | 2.833 | 12.017 | 14.067 | 16.013 | 18.475 | 20.278 |
| 8 | 1.344 | 1.646 | 2.180 | 2.733 | 3.490 | 13.362 | 15.507 | 17.535 | 20.090 | 21.955 |
| 9 | 1.735 | 2.088 | 2.700 | 3.325 | 4.168 | 14.684 | 16.919 | 19.023 | 21.666 | 23.589 |
| 10 | 2.156 | 2.558 | 3.247 | 3.940 | 4.865 | 15.987 | 18.307 | 20.483 | 23.209 | 25.188 |
| 11 | 2.603 | 3.053 | 3.816 | 4.575 | 5.578 | 17.275 | 19.675 | 21.920 | 24.725 | 26.757 |
| 12 | 3.074 | 3.571 | 4.404 | 5.226 | 6.304 | 18.549 | 21.026 | 23.337 | 26.217 | 28.300 |
| 13 | 3.565 | 4.107 | 5.009 | 5.892 | 7.042 | 19.812 | 22.362 | 24.736 | 27.688 | 29.819 |
| 14 | 4.075 | 4.660 | 5.629 | 6.571 | 7.790 | 21.064 | 23.685 | 26.119 | 29.141 | 31.319 |
| 15 | 4.601 | 5.229 | 6.262 | 7.261 | 8.547 | 22.307 | 24.996 | 27.488 | 30.578 | 32.801 |
| 16 | 5.142 | 5.812 | 6.908 | 7.962 | 9.312 | 23.542 | 26.296 | 28.845 | 32.000 | 34.267 |
| 17 | 5.697 | 6.408 | 7.564 | 8.672 | 10.085 | 24.769 | 27.587 | 30.191 | 33.409 | 35.718 |
| 18 | 6.265 | 7.015 | 8.231 | 9.390 | 10.865 | 25.989 | 28.869 | 31.526 | 34.805 | 37.156 |
| 19 | 6.844 | 7.633 | 8.907 | 10.117 | 11.651 | 27.204 | 30.144 | 32.852 | 36.191 | 38.582 |
| 20 | 7.434 | 8.260 | 9.591 | 10.851 | 12.443 | 28.412 | 31.410 | 34.170 | 37.566 | 39.997 |
| 21 | 8.034 | 8.897 | 10.283 | 11.591 | 13.240 | 29.615 | 32.671 | 35.479 | 38.932 | 41.401 |
| 22 | 8.643 | 9.542 | 10.982 | 12.338 | 14.041 | 30.813 | 33.924 | 36.781 | 40.289 | 42.796 |
| 23 | 9.260 | 10.196 | 11.689 | 13.091 | 14.848 | 32.007 | 35.172 | 38.076 | 41.638 | 44.181 |
| 24 | 9.886 | 10.856 | 12.401 | 13.848 | 15.659 | 33.196 | 36.415 | 39.364 | 42.980 | 45.559 |
| 25 | 10.520 | 11.524 | 13.120 | 14.611 | 16.473 | 34.382 | 37.652 | 40.646 | 44.314 | 46.928 |
| 6 | 11.160 | 12.198 | 13.844 | 15.379 | 17.292 | 35.563 | 38.885 | 41.923 | 45.642 | 48.290 |
| 27 | 11.808 | 12.879 | 14.573 | 16.151 | 18.114 | 36.741 | 40.113 | 43.195 | 46.963 | 49.645 |
| 28 | 12.461 | 13.565 | 15.308 | 16.928 | 18.939 | 37.916 | 41.337 | 44.461 | 48.278 | 50.993 |
| 29 | 13.121 | 14.256 | 16.047 | 17.708 | 19.768 | 39.087 | 42.557 | 45.722 | 49.588 | 52.336 |
| 30 | 13.787 | 14.953 | 16.791 | 18.493 | 20.599 | 40.256 | 43.773 | 46.979 | 50.892 | 53.672 |
| 40 | 20.707 | 22.164 | 24.433 | 26.509 | 29.051 | 51.805 | 55.758 | 59.342 | 63.691 | 66.766 |
| 50 | 27.991 | 29.707 | 32.357 | 34.764 | 37.689 | 63.167 | 67.505 | 71.420 | 76.154 | 79.490 |
| 60 | 35.534 | 37.485 | 40.482 | 43.188 | 46.459 | 74.397 | 79.082 | 83.298 | 88.379 | 91.952 |
| 70 | 43.275 | 45.442 | 48.758 | 51.739 | 55.329 | 85.527 | 90.531 | 95.023 | 100.425 | 104.215 |
| 80 | 51.172 | 53.540 | 57.153 | 60.391 | 64.278 | 96.578 | 101.879 | 106.629 | 112.329 | 116.321 |
| 90 | 59.196 | 61.754 | 65.647 | 69.126 | 73.291 | 107.565 | 113.145 | 118.136 | 124.116 | 128.299 |
| 100 | 67.328 | 70.065 | 74.222 | 77.929 | 82.358 | 118.498 | 124.342 | 129.561 | 135.807 | 140.169 |

# 찾아보기

## ㅈ



## ㅊ

IT 공학도를 위한
# 확률, 랜덤변수, 통계 및 랜덤과정

**지은이** 이준환
**펴낸이** 이남호
**펴낸곳** 전북대학교출판문화원

**초판 1쇄 인쇄** 2017. 7. 31
**초판 1쇄 발행** 2017. 8. 7

**전북대학교출판문화원** 전라북도 전주시 완산구 어진길 32 (풍남동2가)
**전화** (063) 219-5321~2
**FAX** (063) 219-5323
**출판등록** 2012년 8월 20일 제465-2012-000021호



값 25,000원

**ISBN** 979-11-87892-44-1 93410

이 도서의 국립중앙도서관 출판예정도서목록(CIP)은 서지정보유통지원시스템 홈페이지(http://seoji.nl.go.kr)와 국가자료공동목록시스템(http://www.nl.go.kr/kolisnet)에서 이용하실 수 있습니다. (CIP제어번호 : CIP2017018056)